Galaxies in the Universe

An Introduction SECOND EDITION

우주와 외부은하

저자 | L.S. Sparke and J.S. Gallagher, III
역자 | 천문석 · 손영종

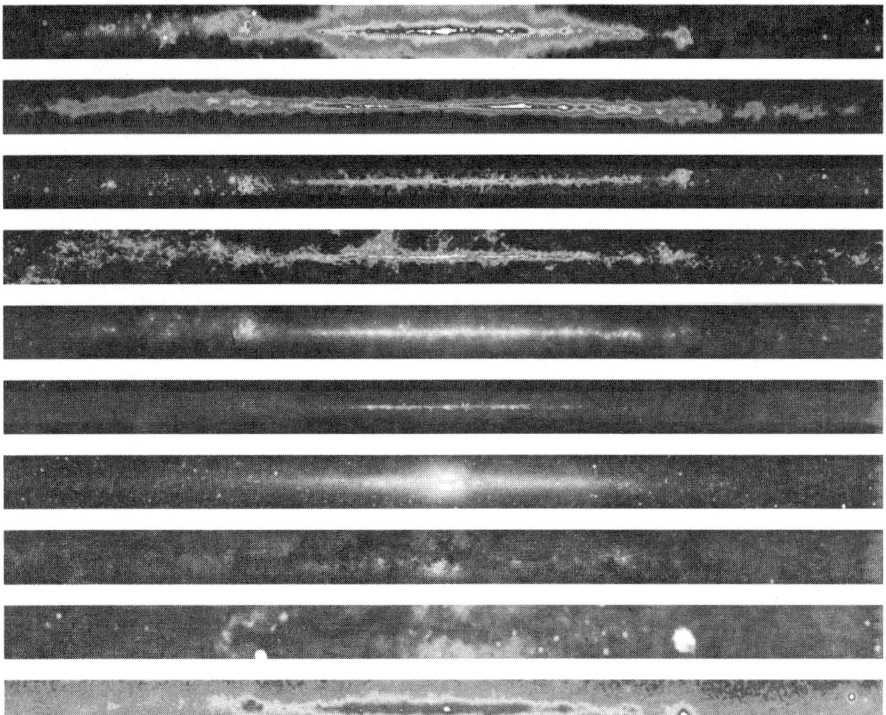

청범출판사 CAMBRIDGE

우주와 외부은하

은하는 가스로부터 항성이 만들어지는 곳이며, 항성은 대부분의 원소를 만드는 핵반응을 에너지 원으로 한다. 그러나 가스와 항성은 은하의 극히 일부에 지나지 않으며, 중력적 현상에 의해서만이 확인할 수 있는 암흑물질이 은하의 대부분을 차지한다. 현재 관측되는 항성들의 나이, 화학조성, 운동, 그리고 항성들의 분포 형태로부터 은하들의 과거 역사를 알 수 있다. 이 교과서는 초기 우주로부터 시작된 은하 천체물리학을 기술한다. 이 책은 제 2 판으로서 가장 최근의 관측적 자료를 많이 보여준다. 은하단, 감마선 폭발, 그리고 초질량 블랙홀에 대한 새로운 내용을 포함하고 있다. 우주 거대구조와 초기 은하를 기술한 장에서는 암흑에너지와 같은 최근의 새로운 발견들에 대한 설명을 위해 내용을 대대적으로 보완하였다.

항성의 기본 특성으로부터 시작하여, 우리은하, 가까운 은하들, 그리고 초기 은하들이 나다니는 먼 우주에 대한 탐구가 이어진다. 은하의 구조, 그리고 은하의 진화에 대한 논의를 이어가며, 이러한 사실들이 우주의 진화와 어떠한 연관이 있는지 알아본다. 선사기 스펙트럼으로부터 은하를 관측하는 방법과, 물질과 빛의 중력적 상호작용에 의한 암흑 물질 탐사에 대해서도 알아본다.

이 책은 주제에 따라 필요한 천문학적 배경지식과 함께 힌트가 있는 문제도 함께 제시하는 통합형 교과서이다. 천문학과 천체물리학을 전공하는 상급 학생들에게 아주 적합한 책이다.

Linda Sparke는 위스콘신대학교 천문학과 교수이며, 미국물리학회 특별회원이다. John Gallagher는 위스콘신대학교 천문학과 W. W. Morgan 석좌교수이며, 미국 천문학회지 편집장이다.

머리말

이 교과서는 대학 1학년 또는 2학년 수준의 물리학 과정을 이수한 현재 대학 3학년 또는 4학년 천문학 전공의 학생들에 맞추어있다. 관련 대학원생 또는 연구자들 역시 이 분야에 대한 개관으로 매우 유용할 것이다. 천문학적인 배경지식이 있으면 매우 좋지만, 서론 부분에서 필수 사항과 개념을 요약하도록 노력하였으며, 전 내용에 대한 참고 문헌을 제시한다. 이 교과서는 한 학기 이상의 충분한 분량을 제공하기 때문에, 강의자에 따라 강조할 부분과 뺄 부분에 대해 다를 수 있다. 이 교과서를 전체적으로 공부하게 되면, 학생들은 Binney와 Tremaine의 Galactic Astronomy와 같은 대학원 과정의 교과서 공부를 할 준비가 되며, 또한 Annual Reviews of Astronomy and Astrophysics와 같은 연구 논문을 살펴볼 수 있는 준비가 된다.

천문학은 물리학과 같은 실험 과학이 아니며, 지질학 또는 대기과학과 유사한 자연과학이다. 알게 된 그대로의 우주로부터, 물질의 기본 특성이 한 시점에서 형성된 은하에 어떻게 적용되어 왔는지 추론해야한다. 때로는 구체적이지 않고 일반적인 이해를 하는 경우도 있다. 태양열이 지구 바다의 물을 얼마나 증발시키는지 계산할 수 있으며, 이 양은 대략 하루에 오는 강우량과 비슷하다. 바람의 속력은 대략 지표와 공기가 흡수한 태양에너지를 분산시키는 것과 유사하다. 그러나 언제 바람이 불고 언제 비가 내릴지 물리적 원리를 가지고 예측할 수 없다. 이와 유사하게, 왜 항성의 질량이 지금 현재의 경우보다 아주 크거나 아주 작을 수 없다는 것은 알고 있지만, 각각의 질량을 가지고 생겨나는 항성의 상대적 개수를 예측할 수 없다. 은하의 광도와 항성의 궤도 속력과의 비교적 뚜렷한 상관관계와 같은 다수의 명확한 규칙성들이 아직도 충분히 이해되고 있지 못하다. 그러나 이러한 사실들은, 수소 연소단계의 항성들에 대한 색-등급 관계는 질량 순서로 밝혀진 바와 같이, 그 원리를 알게 될 것을 믿는다. 처음 보기에 은하 천문학은 서로 관련없는 사실들이 복잡하게 얽혀 있는 것처럼 보이지만, 우표수집이 아닌 대기과학이나 식물학과 유사한 경우라는 사실을 알게 되기를 기대한다.

다소 어렵고 복잡한 내용들은 각 절의 마지막 부분에 넣었다. 처음 공부할 때 어떤 부분이 어렵게 여겨지는 경우에는 다음 절로 넘어가고 이후 다시 그 부분을 공부하면 된다. 예제들도 포함되어 있다. 여기서 학생들은 어려운 수학 자체 보다, 계산 방법을 이해하게 되며, 정량적 크기에 대해 잘 알게 된다. 때로는 본문 중에 나와 있는 내용들이 예제에서 더 확장되는데, 이들을 살펴봄으로써 학생들은 교과서의 다른 부분들에서 매우 유용하다는 사실을 발견할 것이다.

벡터의 표현은 강조체로 하였다. 이 책이나 다른 천문학 문헌들에서 보이는 물리적 개념이나, 천문학적으로 특별히 사용되는 용어들은 이탤릭체로 하였다. 천문학자들은 매우 큰 거리와 긴 시간을 사용하므로, 특정한 경우에 대하여 특별한 단위를 사용한다. 이를 부록에 변환 인자와 함께 나타내었다. 조금 더 혼동되는 것은, 대부분 cgs 단위를 쓰고 있는 것인데, 전자기 공식들에 대해서는 cgs 단위와 SI 단위에 대한 변환을 교과서에서 제공한다. 다른 경우에 대해서는 부록의 내용을 참고하여 이 두 단위계에 대한 변환을 비교적 쉽게 할 수 있을 것이다. 허블 상수 H_0에 대하여 여전히 천문학자들은 우주의 거리 척도에 대해 의견의 일치를 보지 못하고 있다. 이에 대한 광도, 거리등의 불확실성에 대해서는 명백히 나타내었으나, 그러지 않는 경우에는 $H_0 = 75$km $s^{-1}Mpc^{-1}$을 사용하였다. 우주의 나이가 요구되는 경우이거나 우주의 미세 부분에 대해 알려고 하는 경우에는 $\Omega_\Lambda = 0.7$, $\Omega m = 0.3$, 그리고 $H_0 = 70$km $s^{-1}Mpc^{-1}$의 기준 우주론을 적용한다.

수학적으로 완전 일치하는 경우 또는 정확도가 수 퍼센트 이내인 경우 = 로 표시하였다. 정밀도가 10-20%인 경우 ≈로 표시하였고, 관계가 두 배 수 정도 이상 좋지 않을 때에는 ~로 표시하였다. 전문적인 문헌들에서와 같이, 오차는 ± 또는 그림에서 수평과 수직 막대로 표시하였다. 천문학 관례에 따라, 이러한 오차는 가우스 분포를 가정하는 경우 1σ 오차에 해당된다. 2σ 또는 3σ에 익숙한 사람들에 대해서는, 이와 같은 경우가 서로 다른 연구자들의 결과의 차이를 더욱 확실하게 보여준다.

이 교과서는 동료 연구자와 학생들의 도움, 조언 그리고 충고로 더욱 잘 꾸려졌다. Eric Wilcots는 학부 강의에서 시범 수업을 실시하였다. 동료 연구자 Bob Bless, John Knapen, John Mathis, Lynn Mattews, 그리고 Alan Watson 은 이 교과서 전체를 읽고 구체적인 조언을 하였다. Bob Benjamin은 성간 물질에 대해 우리를 올바르게 해 주었다. 그림과 그림의 내용을 제공하기 위해 많은 시간을 할애한 동료 연구자들에게 특별히 감사드리며, 그림 설명에 나타내었다. Bruno Binggeli, Dap Hartnabbm, John Hibbardm, Jonathan McDowell, Neil Reid 그리고 Jerry Sellwood 은 재분석, 재계산, 그리고 그림 구성을 새롭게 해 주었으며, Andrew Cole은 항성 에너지 부분을 계산하였고, Evan Gnam은 궤도 계산을 하였으며, Peter Erwin은 매우 복잡한 영상들을 처리하는데 도움을 주었다. Wanda Ashman은 대충 그린 그림을 말끔하게 그려 주었다. 제 2 판을 내는데 있어서, Bruno Binggeli는 우리 은하군을 더욱 잘 표현하는데 도움을 주었으며, David Yu는 복잡한 그림을 그리는 일을 도와주었고, Tammy Smecker-Hane과 Eric Jensen은 연습 문제를 수정하는 데 있어서 조언을 해 주었다. 이 모두에게 큰 감사를 표한다.

Linda Sparke는 1996-7년과 2004-5년에 걸쳐 연구년을 허락하여준 위스콘신 대학교에 감사하며, Terry Miller와 위스콘신 대학교 대학원, 빌라스 재단, 위스콘신 동문연구재단의 지원에 감사한다. 또한 이 교과서의 제 1판을 쓰는 동안 호의를 제공해 준 네델란드 그로닝헨 대학교 캡타인 천문학 연구소, 호주 국립대학의 Mount Stromlo Siding Spring 천문대, 영국 캐임브리지 대학교의 Issac Newton 수리과학 연구소, 시카고 대학교의 Yerkes 천문대에 감사한다. 또한 제 2 판을 쓰는 동안 장소를 제공해 주신 캐나다 도미니언 천체물리연구소, 독일 막스 플랑크 천체물리연구소, 캘리포니아 파사데나의 카네기 천문대에 대해 감사한다. 두 저자는 이 교과서를 쓰는 동안 함께 하여준 매디슨의 동료 연구자들에게 깊이 감사드린다. Jay Gallagher은 인내와 지원을 하여준 가족들에게 감사드린다.

두 저자 모두 정확한 교정을 하지 못했을지 모른다. 제 1판에서 틀린 부분들을 찾아주신 독자들에게 감사드리며, 이 내용은 웹사이트에 올려두었다. 제 2 판에서도 역시 같은 방법으로 수정 작업을 할 것이며 컴퓨터에서 읽을 수 있는 도표로 제공할 것이다. 현재의 홈페이지 주소는 www.astro.wisc.edu/~sparke,~jsg 이다.

역자 서문

태양계를 이루는 근간들은 태양과 행성들이고 은하는 항성들이 그 근간을 이루고 있다. 이와 같이 우주를 이루고 있는 격자는 우리가 외부 은하라고 부르는 은하들로 이루어져 있다. 천문학은 인류가 이 지구상에 나타났을 때부터 가지기 시작한 천체에 관한 호기심과 천체의 변화에 따라 원시 인류에게 직간접적으로 영향을 미쳤으므로 천체의 현상을 면밀히 관측하여 기록을 남기거나 후손들에게 전해지면서 자연스럽게 학문으로 발전한 것은 당연한 일이다. 이런 이유로 학문적으로 천문학은 가장 오래된 학문분야로 분류된다. 그러나 천문학의 연구범위는 16세기 까지 행성의 운동에 국한되어 있었으며, 19세기에 들어와서야 별들의 공간 분포로부터 우주의 모습을 알려고 하는 시도가 이루어졌다. 수천 년의 긴 천문학 역사에 비교하여 우주의 기본 단위인 외부 은하가 우리에게 알려진 것은 1920년대의 일이니 은하들의 연구는 겨우 80여년의 역사만 가지고 있다. 성운으로만 알려져 있던 천체들이 우리은하에 속한 천체들이 아니고 우리은하와 같은 수천억 개의 별들의 십단이라는 사실은 태양이 우주의 중심이고 태양을 중심으로 별들의 밀도가 차츰 줄어들면서 우주가 이루어져 있다는 단순 우주론에 종지부를 찍게 만들었다. 은하들의 연구로부터 우주의 구조와 진화를 알려고 하는 연구는 1920년대부터 시작된 대형망원경의 건설 때문에 가능해 졌다. 외부은하의 발견과 이들에서 나타난 적색편이 현상은 우주의 팽창을 증명하는 허블의 법칙을 낳게 하였으며, 20세기 후반부터 본격화된 우주망원경과 초대형 망원경들은 지금까지 관측되지 않았던 우주초기의 은하의 관측을 가능하게 하고 있다. 이는 관측 장비의 발달과 더불어 은하와 우주에 대한 교과서적인 많은 사실들이 항상 바뀌고 있다는 것을 말해주고 있다.

은하, 우주를 강의하면서 언제나 문제로 다가온 이런 문제점들을 다소나마 풀어줄 수 있는 교과서를 찾고 있던 우리에게 Sparke와 Gallagher의 Galaxies in the Universe는 교재로 쓰기에 매우 만족할 만한 것이었다. 그러나 좀 더 새로운 관측적 사실에 목말라 있던 우리에게 Galaxies in the Universe 2nd Edition은 우리의 기대에 부응하는 것이었기에 이를 번역하기로 결심하고 이제 그 번역본을 내 놓는다. 번역을 위해 함께 애써주신 연세대학교 천문우주학과 대학원생들에게 감사를 드린다. 그들의 적극적 노력이 이 역서를 가능하게 해 주었기 때문이다. 또한 이 역서의 출판은 청범 출판사의 도움이 없었으면 출간될 수 없는 것이었다. 출혈을 무릅 쓰고 이 역서의 출간을 결심해 주신 청범 출판사의 연규산 대표님께 감사를 드린다.

차 례

1. 서론

은하는 수천광년 크기의 거대한 빛 구름 형태로 하늘에 보인다(1.3절의 그림들 참조). 은하들 각각은 수백만 개의 항성에서부터 수천억 개 이상의 항성까지 포함하고 있다. 중력은 항성들을 함께 묶어두는 역할을 하기 때문에, 항성들은 우주 공간을 자유롭게 떠다니지 않는다. 이 장은 은하가 어떻게 구성되어 있는가를 이해하기 위해 요구되는 천문학적인 정보를 제공한다.

은하의 빛의 대부분은 은하 내부의 항성들에 의해 발산된다. 이 교과서의 첫머리는 우리가 항성들에 대해 아는 것, 아는 것에 대해 생각하는 바, 그리고 우리가 잘못 생각하고 있는 것에 대해 요약한다. 기본적인 관측 자료를 논의하고, 항성진화 이론에 따른 항성들의 진화 역사를 설명한다. 가장 가까운 항성들조차 지구상에서는 희미하게 보인다. 항성의 빛을 정확히 측정하는 것은 주의를 필요로 할 뿐 만아니라, 정교한 장비와 처리 과정을 필요로 한다. 이 장의 마지막에서는 등급게, 필터 대역, 색지수와 같은 항성 측광에 대해 구체적으로 설명한다.

1.2절에서 중앙 팽대부와 납작한 원반부 형태를 가진 우리 은하를 소개한다. 우리 은하와 다른 은하들은 항성들 이외에 가스와 먼지를 포함한다. 우리는 이러한 가스와 먼지들이 어떻게 그들의 존재를 나타내는지 살펴본다. 그리고 은하내의 항성들의 위치를 구체적으로 나타내기 위해 사용하는 좌표계를 설명하면서 마무리한다. 1.3절에서는 다른 은하들 사이에서 발견되는 다양성들을 설명하고 은하 내부의 빛의 분포를 측정하는 방법에 대해 논의한다. 은하의 가장 밝은 은하핵만으로도 밤하늘의 빛보다 더 밝은 빛을 낼 수 있다. 그러나 은하의 빛의 대부분은 희미한 바깥 영역에서부터 온다. 따라서 은하의 측광은 항성의 측광보다 훨씬 더 어렵다.

20세기 위대한 발견 중의 하나로서 우주는 정적이지 않고, 팽창한다는 것이다. 다시 말해, 은하들은 각각 서로로부터, 우리로부터 멀어진다. 우주는 과거의 그리 멀지않은 시기, 즉 지구보다 세 배 많은 나이에 빅뱅을 겪었던 것처럼 보인다. 1.4절은 우주의 팽창과 그 팽창이 은하들로부터 받는 빛에 어떻게 영향을 미치는지를 다룬다. 마지막으로 1.5절은 빅뱅이후, 처음 수백만 년에 일어났던 일들과, 초기의 역사가 오늘날 우리가 보고 있는 것을 결정해 온 방식에 대해 요약한다.

1.1 항성

1.1.1_ 항성의 빛, 항성의 밝기

우리가 태양보다 더 멀리 있는 항성들에 대해 가지고 있는 모든 정보는 항성들의 전자기 복사, 주로 스펙트럼의 적외선, 가시광선, 그리고 자외선 영역을 관측함으로써 추론되어진다. 항성이 방출하는 빛은 주로 그것의 표면과 바깥층의 온도와 화학조성, 즉 각 원소들의 상대적 개수에 의해 결정된다. 이러한 요소들이 항성 표면 상태를 결정하기 때문에 직접적이지는 않지만, 항성의 질량, 나이, 내부의 구성요소에 대해 알 수 있다. 항성의 빛에 의해 제공된 정보를 해석할 때, 항성구조 이론의 기반으로 여겨지는 물질과 복사의 특징에 대한 실험실에서 얻어지는 지식을 적용한다.

항성의 *광도*는 1 초당 방출하는 에너지의 양으로, 와트 또는 초당 에르그로 측정된다. 항성의 *겉보기 밝기* 또는 *선속*은 관측자의 망원경의 평방미터(또는 평방 센티미터)에서 초당 받는 총에너지로서, 단위는 $\mathrm{Wm^{-2}}$, 또는 $\mathrm{ergs^{-1}cm^{-2}}$이다. 항성이 모든 방향에서 동일한 밝기로 빛난다면, 우리는 거리 d와 측정된 선속 F로부터 항성의 광도 L을 추정하기 위해 *역제곱 법칙*을 이용할 수 있다.

$$F = \frac{L}{4\pi d^2} \tag{1.1}$$

때로는 거리 d 에 대해 불확실하며, 추정된 광도 L 은 d^2 에 비례한다는 것을 이 계산에서 반드시 고려해야한다. 태양의 *총 광도*는 $L_\odot = 3.86\times10^{26}\,\mathrm{W}$, 또는 $3.86\times10^{33}\,\mathrm{ergs^{-1}}$이다. 항성들의 광도는 서로 매우 다르다. 가장 밝은 경우 태양의 수백 만 배 이상이지만, $10^{-4}L_\odot$ 만큼 희미한 항성들도 관측된다.

천문학에서 길이는 보통 *작은 각에 적용되는 공식*을 이용하여 측정한다. 예를 들면, 만약 거리 d 만큼 떨어진 곳에 있는 쌍성에서의 두 항성이 하늘에서 각 α만큼 분리된 것으로 나타난다면, 항성들 사이의 거리 D 는 다음과 같이 표현된다.

$$\alpha(\text{라디안}) = D/d \tag{1.2}$$

일반적으로 초각의 단위로 각도 α를 측정한다. 1 초각(1″) 은 1/60 분각(1′)이고, 1 분각은 1/60도 이다. 길이의 단위로는 주로 천문단위 AU를 사용하는데, 지구의 평균 궤도 반경, 150,000,000 km 가 1AU에 해당한다. 또한 파섹(parsec)을 사용하는데 이는 $D = 1\,\mathrm{AU}$ 이고, $\alpha = 1''$일 때의 거리 $d = 1\,\mathrm{pc} = 3.09 \times 10^{13}\,\mathrm{km}$ 또는 3.26 광년에 해당한다.

서로의 주위를 도는 두 항성들의 궤도로부터 각 항성들의 질량을 결정할 수 있게 한다. 만약 두 항성들이 하늘에서 명백하게 분리되어 있다면, 식 1.2를 이용하여 서로간의 거리를 측정한다. 항성들의 속력은 스펙트럼선에서 *Doppler 이동*으로부터 결정한다(1.2절 참조). 3.1절에서의 중력에 대한 Newton 방정식으로부터 질량을 결정한다. 지구와 다른 행성들의 궤도로부터 결정된 태양의 질량은 $\mathcal{M}_{\odot} = 2 \times 10^{30}\,\mathrm{kg}$, 또는 $2 \times 10^{33}\,\mathrm{g}$이다.

항성의 질량은 그들의 광도에 비해 훨씬 작은 범위를 나타낸다. 가장 무거운 항성은 대략 $100\mathcal{M}_{\odot}$의 값을 갖는다. 항성은 핵융합 반응체이고, 이보다 더 무거운 가스를 가진 구는 짧은 순간 자체적으로 폭발할 만큼 격렬하게 탈 것이다. 가장 적은 질량을 가진 항성들은 대략 $0.075\mathcal{M}_{\odot}$이다. 더 작은 물체의 중심부는 결코 항성의 일생의 주요한 수소에서 헬륨으로 변하는 핵융합 반응을 시작할 만큼 충분히 뜨거워지지 않는다.

문제 1.1 태양이 단위질량당 생성하는 에너지는 인간이 평균적으로 내는 대략 $1\,\mathrm{W\,kg^{-1}}$의 에너지에 비해 10000배보다 작음을 보여라.

항성의 반경은 직접적으로 측정하기 어렵다. 태양의 반지름은 $R_{\odot} = 6.96 \times 10^5\,\mathrm{km}$이지만, 다른 항성들의 경우 지구에서 보통 망원경으로 볼 때 원반의 형태로 나타나지 않는다. 가장 큰 항성들조차 단지 0.05″, 1/20 초각에 불과하다. 매우 어렵지만, 간섭계로부터 가까운 항성들의 반경을 측정하는 것이 가능하다. 식쌍성의 경우, 궤도의 크기와 식의 기간을 측정함으로써 두 항성들의 반경을 계산할 수 있다. 적색거성과 같은 가장 큰 항성들은 태양의 약 1000 배되는 반경을 가지고 있는 반면, 여전히 활발하게 핵연료를 연소 시키고 있는 가장 작은 항성들은 $0.1\,R_{\odot}$ 정도의 반경을 갖는다.

항성은 밀도가 매우 높은 뜨거운 가스 구체이며, 3,000 K부터 100,000 K까지의 온도에 해당하는 *흑체* 스펙트럼을 보이며, 항성대기 외곽층의 원자 또는 분자에 의해 흡수선 또는 방출선이 나타난다. 흑체는 이상적인 복사체 또는 완전한 흡수체이다. 온도 T에서, 반경 R을 가진 흑체의 광도 L은 *Stefan-Boltzmann*(SB) 공식에 의해 다음과 같이 주어진다.

$$L = 4\pi R^2 \sigma_{SB} T^4 \tag{1.3}$$

상수 $\sigma_{SB} = 5.67 \times 10^{-8}$ $\mathrm{W m^{-2} K^{-4}}$이다. 광도 L과 반경 R을 가진 항성에 대해서, 동일한 총 에너지를 방출하는 같은 반경을 가진 흑체의 온도로서 *유효온도* T_{eff}를 정의한다. 유효온도는 일반적으로 항성의 표면, 즉 *광구*에서의 평균온도에 가깝다. 광구는 빛이 우주로 탈출할 수 있는 층이다. 태양의 유효온도는 $T_{eff} \approx 5780$ K이다.

문제 1.2 태양의 광도와 유효온도로 부터 태양 반지름 $R_\odot$을 추정하기 위한 식 1.3을 이용하여, 표면에서의 중력가속도 g가 지구의 중력 가속도보다 약 30배 더 크다는 것을 보여라.

문제 1.3 오리온자리에 있는 적색거성 베텔게우스는 $T_{eff} \approx 3500$ K이고, 지름은 $0.045''$이다. 거리를 $d = 140$ pc이라 가정할 때, 반지름은 $R \approx 700 R_\odot$이고 광도 L은 $10^5 L_\odot$임을 보여라.

일반적으로 우리는 항성으로부터의 모든 빛을 측정하지 못하고, 주어진 파장이나 주파수 영역에 도착한 것을 측정한다. 파장 λ와 $\lambda + \Delta\lambda$ 사이에서 받은 빛의 에너지에 대하여 $F_\lambda(\lambda)\Delta\lambda$로 하는 *단위 파장 당 선속* F_λ를 정의한다. 파장의 측정 정밀도에 잘 부합되도록, 광학 천문학자들은 19세기 분광학자 Anders Ångström의 이름을 딴 단위로 파장을 측정한다. 즉, 1Å = 10^{-8} cm 또는 10^{-10} m 선속 F_λ의 단위는 $\mathrm{W m^{-2} Å^{-1}}$ 또는 $\mathrm{erg s^{-1} cm^{-2} Å^{-1}}$의 단위를 사용한다. 단위 주파수당 선속 F_ν은 유사하게 정의된다. 주파수 ν와 $\nu + \Delta\nu$사이에서 받는 에너지는 $F_\nu(\nu)\Delta\nu$이고, 따라서, $F_\lambda = (\nu^2/c)F_\nu$이다. 전파 천문학자들은 보통 *janskys*(1 Jy = 10^{-26} $\mathrm{W m^{-2} Hz^{-1}}$)로 F_ν를 측정한다. 겉보기 밝기 F는 전주파수 또는 전 파장에 대한 적분이다.

$$F \equiv \int_0^\infty F_\nu(\nu)\mathrm{d}\nu = \int_0^\infty \mathrm{F}_\lambda(\lambda)\mathrm{d}\lambda \tag{1.4}$$

흑체의 온도가 높을수록 빛은 더 푸르다. 온도 T에서 F_λ의 최대값은 다음의 파장에서 나타난다.

$$\lambda_{\max} = [2.9/T(\mathrm{K})]\ \mathrm{mm} \tag{1.5}$$

태양의 경우 약 5000 Å 에서의 노란색 빛에 해당된다. 또한, 인간의 몸, 지구의 대기, 그리고 망원경의 비 냉각부들은 주로 적외선 영역, 약 10 μm 에서 복사한다.

1.1.2_ 항성 스펙트럼

[그림 1.1]은 주로 관측되는 항성의 형태에 대해서 가장 차가운 것부터 뜨거운 것까지 차례로 F_λ를 나타낸다. 가장 뜨거운 항성들은 가장 푸르고, 스펙트럼은 많이 이온화된 원자 흡수선을 보여준다. 차가운 항성들은 적색 파장대 혹은 적외선 영역에서 대부분의 빛을 방출하고 중성 원자 또는 분자 흡수선을 가진다. 19세기의 천문학자들은 중성 수소 HI의 *Balmer*선의 세기에 따라 항성을 분류했다. 가장 강한 선을 가진 것은 A형의 항성이고, 그 다음 강한 선을 가진 것은 B형과 같이 분류하였으며 이후, 분류군 중 많은 형이 폐기되었다. 1880년대, 하버드의 Antonia Maury는 분류를 OBAFGKM의 순서로 정리하면 수소선의 세기만이 아니라, 모든 스펙트럼선들의 세기가 순서에 따라 연속적으로 변화한다는 사실을 알게 되었다. 최초의 큰 규모의 분류는 1911년과 1949년 사이에 하버드 대학 천문대에서 만들어졌는데, 거의 400,000개의 항성들이 *Henry Draper 목록*과 그 부록에 포함되었다. Maury의 스펙트럼 순서는 항성의 표면온도가 감소하는 순서로 되어있다. 각 분류에서 가장 뜨거운 0부터 가장 차가운 9까지의 소분류로 나누어진다. 태양은 G2 항성이다. 최근에 적외선 관측에 의해 분류 L과 T 가 추가되었다. 천문학자들은 이러한 순서의 시작부분에 있는 항성들을 조기형이라하고, 끝부분에 있는 항성들은 만기형이라고 한다.

O형의 항성들의 온도는 30,000K보다 높다. [그림 1.1]에서 가장 강한 선은 HeII(한번 이온화된 헬륨)과 CIII(두 번 이온화된 탄소)의 선들이다. 수소의 Balmer 선들은 수소가 거의 완전히 이온화되었기 때문에 상대적으로 약하다. 더 차가운 B형의 항성들의 스펙트럼은 중성헬륨, HeI의 선들과 함께 수소선이 더욱 강하게 나타난다. 11,000K이하의 온도를 가진 A형의 항성들은 충분히 차가워서 그 항성들의 대기 내의 수소는 거의 중성이다. A형의 항성들은 가장 강한 Balmer 선과 칼슘과 같은 중원소들의 한 번 이온화된 선들을 갖는다. 선속은 3800Å이하의 파장 대에서 급격하게 감소한다. 이것을 *Balmer 불연속*라고 부른다. 유사한 *Paschen 불연속*는 $3^2/2^2$배 더 긴 파장대인 8550Å에서 나타난다.

F형의 항성들의 스펙트럼에서 수소선은 A형의 항성들에서보다 약하고, 중성 금속선이 나타나기 시작한다. 태양과 같은 G형의 항성들은 6000K보다 더 차갑다. 가장 뚜렷한 흡수 특징은 칼슘(CaII)이 한 번 이온화된 'H와 K'선들과, 4300Å에서의 CH의 G 대역이다. 이 흡수선들은 태양 스펙트럼에서 강한 흡수선을 발견한 Joseph Fraunhofer에 의해 1815년에 명명되었으며, 빨간 색부터 푸른 색 순서로 A부터 K까지 분류하였다. 5890Å과 5896Å 에서 중성 나트륨(NaI)의 D선들의 쌍과 같은 중성 금속선들은 뜨거운 항성들에서 보다 더 강하다.

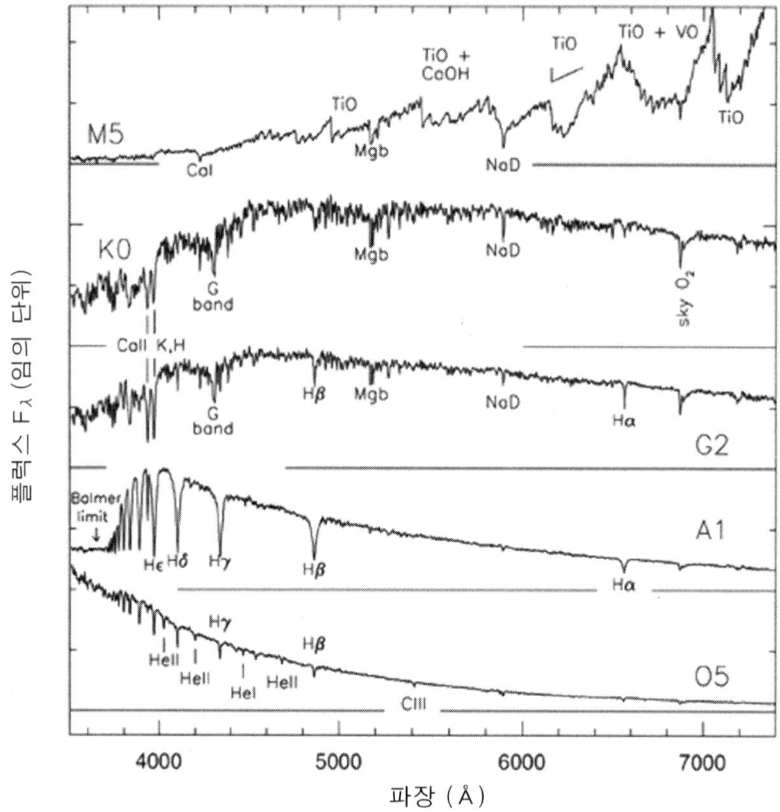

[그림 1.1] 태양과 화학 조성이 비슷한 주계열성들의 가시광 스펙트럼. 표면온도가 높은 순서로 위로부터 스펙트럼 분류 M5, K0, G2, A1, 그리고 O5 차례이다. – G. Jacoby *et al.* 스펙트럼 목록

K형의 항성 스펙트럼에서는 주로 중성 금속선들과 TiO(산화티타늄)과 같은 분자선들이 발견된다. 4000 Å 보다 짧은 파장 영역에서 금속선들이 많은 빛을 흡수하기 때문에, *4000 Å 강하 현상*이 나타난다. 약 4000 K 보다 차가운 M형의 항성의 스펙트럼은 TiO와 VO(산화 바나듐)의 넓은 흡수 대역뿐만 아니라, 중성 금속선들을 보여준다. 이것은 M형의 항성들이 티타늄이 풍부해서라기보다 이 분자들이 매우 효율적으로 적색의 빛을 흡수하고, 대기가 충분히 차가워서 분리되지 않기 때문이다. L형의 항성들은 약 2500 K 이하의 표면온도를 가지며, 대기의 티타늄과 바나듐의 대부분은 먼지알갱이들로 응축된다. 따라서 TiO와 VO 대역은 M형의 항성 스펙트럼들에서 보다 더 약하고 세슘과 같은 중성 금속선들이 나타난다. 반면에 나트륨 D선들은 매우 강하고 넓다. T형의 항성들은 1400 K 보다 차가운 표면을 가지고 있으며 이들의 스펙트럼들은 거대행성의 대기와 같이 물과 메탄에 의한 강한 선들을 보인다.

쌍성계를 이루는 이러한 왜성들을 관측하고 진화모형과 비교하여, 이러한 왜성들의 질량을 측정할 수 있다. 여러 연구로부터 주계열인 M5형의 항성의 질량은 $\mathscr{M} \approx 0.15\mathscr{M}_{\odot}$이며, L0－L1형 쌍성계의 하나의 항성 질량은 $\mathscr{M} \approx 0.08\mathscr{M}_{\odot}$임이 밝혀졌다. 태양 근처의 M, L과 T형의 왜성들의 개수 측정으로부터 $0.3M_{\odot}$보다 가벼운 항성들은 우리 은하의 얇은 원반부의 총질량에 거의 영향을 미치지 않음을 알 수 있다. L5형의 항성보다 차가운 항성들은 항성 핵 내의 수소 연소를 유지하기에는 너무 적은 질량을 가지고 있다. 사실 이들은 항성이 아니라 자체무게로 천천히 수축되며 식어가는 *갈색왜성*이다. 처음 100Myr 정도 후, 갈색왜성은 스펙트럼형이 M인 별에서 L형 혹은 심지어 T형의 항성의 온도까지 차가워지며 항성 수명의 후반부 동안 아주 천천히 떨어지게 된다.

은하는 온도가 다른 여러 항성들에 의해 섞인 빛의 복합 스펙트럼을 갖는다. 뜨거운 항성들은 푸른빛의 대부분을 방출하고, 우리 은하와 같은 은하 스펙트럼의 푸른 영역에서 관측된 선들은 주로 A, F, 또는 O형의 항성들의 선이다. 은하가 최근의 별 형성을 하지 않은 경우, O형, B형 항성은 드물게 나타날 것이며, 가시광선에 많은 기여를 하지 않을 것이다. 스펙트럼의 붉은 영역에서는 은하의 붉은 빛의 대부분을 생산하는 차가운 K형의 항성들로 부터의 선들이 나타난다. 따라서 우리 은하와 같은 은하의 스펙트럼의 푸른 영역은 수소의 Balmer 선을 나타내며, 반면에 TiO밴드는 붉은 영역에서 존재한다.

가까운 파장 영역 선속에 대한 상대적 스펙트럼선 세기를 측정하는 것이 넓은 파장대에서 $F_{\lambda}(\lambda)$를 결정하는 것보다 더 쉽다. 성간 먼지와 지구의 대기에 의한 흡수와 산란은 항성의 붉은 빛보다 푸른 빛에 더 영향을 미친다. 푸른 빛과 붉은 빛은 망원경과 분광기를 통하여 다르게 전달된다. 실제로, 항성의 온도는 스펙트럼 흡수선의 관측된 깊이와 *모형 항성 대기*의 예측을 비교함으로써 추정할 수 있다. 이것은 빛이 주어진 온도와 화학 조성을 가진 항성 대기를 통해 확산되는 방식에 대한 컴퓨터 계산이다. 따라서 이 계산은 F_{λ}가 정밀하게 측정된 항성들을 기준으로 하여 보정한다.

또한 항성 스펙트럼의 선들은 표면 중력에 대한 정보를 제공한다. [그림 1.2]는 전반적인 흡수선의 세기가 유사한 세 개의 A형 항성들의 스펙트럼을 나타낸다. 그러나 A형 왜성의 Balmer 선들은 거성과 초거성들의 Balmer 선들보다 더 넓다. 이것은, 광구의 원자들은 더 가깝게 밀집되어 있기 때문이며, 이것은 *Stark 효과*로 알려져 있다. 항성의 표면 중력을 계산하기 위해 모형 대기를 이용하고, 또한 항성의 질량을 알고 있다면, 항성의 반지름을 알아낼 수 있다. 대부분 항성에 대하여 표면 중력은 태양에서의 표면 중력에 대해 3배수 이내이다. 따라서 이러한 항성들 중 가장 뜨거운 항성들이 매우 크고 밝다고 하더라도, *주계열성*이며, *왜성*으로 알려져 있다.

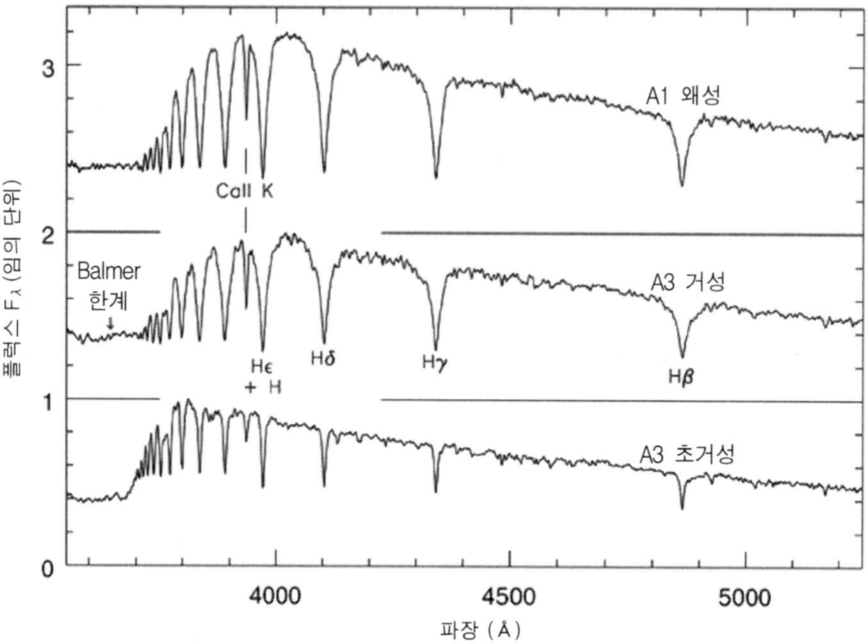

[그림 1.2] A1 왜성, A3 거성, 그리고, A3 초거성의 스펙트럼 : 가장 밝은 항성이 가장 미세한 분광선을 가진다. – G. Jacoby *et al.* 스펙트럼 목록.

모든 주계열성들은 중심핵에서 수소를 태워 헬륨을 생성한다. 특정 분광형에 대해, 주계열 항성들은 거의 동일한 구조를 가지기 때문에 거의 동일한 질량과 광도를 갖는다. 가장 뜨거운 항성들이 가장 무겁고, 가장 밝고, 가장 크다. 주계열성의 반지름은 $0.1\,R_\odot$과 $25\,R_\odot$ 사이의 범위에 있으며, 대략적으로 다음과 같은 관계식을 보인다.

$$R \sim R_\odot \left(\frac{\mathcal{M}}{\mathcal{M}_\odot}\right)^{0.7}, \quad L \sim L_\odot \left(\frac{\mathcal{M}}{\mathcal{M}_\odot}\right)^{\alpha} \tag{1.6}$$

여기서 $\mathcal{M} \le \mathcal{M}_\odot$에 대해서 $\alpha \approx 5$, $\mathcal{M} \le \mathcal{M}_\odot \le 10\mathcal{M}_\odot$에 대해서 $\alpha \approx 3.9$이다. 가장 무거운 $\mathcal{M} \ge 10\mathcal{M}_\odot$ 항성들에 대해서, $L \sim 50L_\odot(\mathcal{M}/\mathcal{M}_\odot)^{2.2}$이다. *거성*과 *초거성*은 더 낮은 표면 중력을 가지며 훨씬 더 많이 팽창하여 가장 큰 경우 $1000\,R_\odot$을 초과하는 반경을 가진다. 식 1.3은 그 항성들이 같은 분광형의 주계열성들보다 더 밝다는 것을 보여준다. 아래에서, 이것은 항성의 후기 진화단계를 나타낸다는 사실을 알게 될 것이다. *백색왜성*은 주계열성이 아니며, 더 큰 표면 중력과 더 작은 반경을 갖는다. 백색왜성은 $R \approx 0.01\,R_\odot$로 단지 지구 정도의 크기에 지나지 않는다. 항성을 핵융합에 의해 에너지를 발생시키는 특징으로 정의한다면, 백색왜성은 더 이상 항성이 아니라, 단지 항성 핵의 잔재가 될 것이다. 백색왜성은 핵연료 고갈상태로 서서히 어두워짐에 따라 차가워지고 있다. *중성자성*은 훨씬 더 작은 항성의 잔재이다. 이 항성들은 태양보다 큰 질량을 가지고 있음에도 불구하고, 고작 직경이 20km밖에 되지 않는다.

더 읽어보기

항성에 대한 학부수준의 서론서. D. A. Ostlie & B. W. Carroll, 1996, *An Introduction to Modern Stellar Astrophysics*(Addison-Wesley, Reading, Massachusetts); D. Prialnik, 2000, *An Introduction to the Theory of Stellar Structure and Evolution* (Cambridge University Press, Cambridge, UK).

주어진 스펙트럼선의 세기는 그 선이 형성된 층에서의 항성의 온도와 다양한 원소들의 함량의 정도에 의존한다. 다양한 선들의 세기와 뜨거운 가스에 대해서 계산된 선 세기와의 비교를 통해, Cecelia Payne-Gaposhkin은 태양과 다른 항성들은 주로 수소로 이루어져있다는 것을 밝혀내었다. 태양의 표면층은 질량으로 나타낸 때 약 72%가 수소, 약 26%가 헬륨, 그리고 약 2%정도의 다른 원소들로 이루어져있다. 비록 탄소, 질소, 산소와 같은 물질들은 일반적으로 금속으로 여겨지지 않지만, 천문학자들은 헬륨보다 무거운 원소들을 전체적으로 *중원소* 또는 *금속*으로 간주한다.

다른 원소들과 수소와 헬륨을 구분 짓는 데는 나름대로 좋은 이유가 있다. 이 원자들은 빅뱅이후, 우주가 생겨난 후 30분 이내에 만들어 졌다; 우주의 중성자와 양성자는 약 3/4의 수소와 1/4의 헬륨, 그리고 약간의 리튬으로 혼합되었다. 그 이후에, 항성들은 수소를 태워 헬륨을 만들고, 헬륨은 중원소들로 변환된다(다음 절 참조). [그림 1.3]은 태양 광구의 가장 일반적인 원소들의 함량을 보여준다. 중원소들 중 가장 풍부한 산소 조차도 수소에 비해 1000배 이상 더 희박하다. 대부분의 '중원소들'은 정확하지는 않지만, 다른 항성들에서와 거의 같은 비율로 발견된다. 작은 차이들은 항성을 만드는 데 영향을 미친 물질들의 역사를 알려준다(4.3절 참조).

중원소의 질량비를 Z로 나타낸다. 태양의 함량은 $Z_\odot \approx 0.02$이다. 반면, 우리 은하의 중원소 함량이 적은 항성들은 태양 함량의 1/10,000 이하이다. 만약 임의의 항성 내의 산소와 같은 특정한 원소의 비율을 나타내고자 한다면, 대양 함량에 상대적인 값에 대한 대수 값으로 나타낸다.

$$[A/B] \equiv \log_{10}\left\{\frac{(A\text{원자수}/B\text{원자수})_\star}{(A\text{원자수}/B\text{원자수})_\odot}\right\} \tag{1.7}$$

여기서 $\star$는 항성을 나타내고, $\odot$는 태양을 나타낸다. 따라서 $[\mathrm{Fe/H}] = -2$를 가진 항성의 경우, 철은 태양 함량의 1%이다.

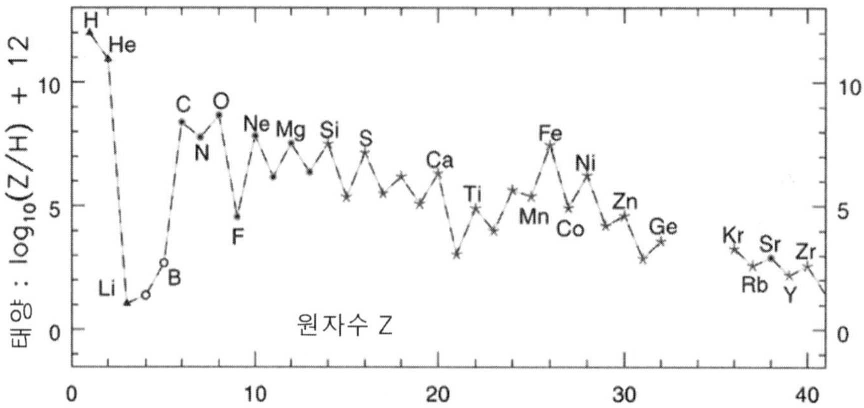

[그림 1.3] 1012개의 수소 원자에 대해서, 태양에서 발견되는 원소들의 원자 개수의 로그 값. 수소, 헬륨, 리튬은 빅뱅에서 주로 생겨났다. 다음의 두 원소들은 더 큰 원자들에서 분리되어 나왔고, 나머지 원소들은 항성에서 만들어졌다. 검은 점들은 조용한 연소에서 주로 생겨난 원소들이며, 별표들은 초신성의 폭발적인 연소 동안 만들어진 것들을 가리킨다. – M. Asplund *et al.* astro–ph/0410214.

주의할 사항은 [Fe/H]는 측정된 철의 양으로 사용되는 것이 아니라, 태양에 상대적인 항성의 평균 중원소 함량으로도 사용된다는 것이다.

1.1.3_ 항성의 일생

항성들이 일생의 다른 단계를 거쳐 어떻게 진화하는지 이해하게 된 것은 20세기 후반 천체물리학의 성과 중의 하나이다. 1960년대와 1970년대의 빠른 디지털 컴퓨터와 더불어, 1940년대와 1950년대의 핵융합 과정에 대한 발견은 원시항성 가스 구름으로부터 백색왜성까지의 죽음이나 초신성 폭발에서의 격렬한 죽음까지의 항성 진화의 상세한 과정을 밝혀 주었다.

주계열 항성들의 대부분의 양상에 대해서는 상당히 잘 이해하고 있다. 오래동안 이해하지 못했던 태양 핵에서의 핵융합 반응에서 예측되는 뉴트리노의 개수와 지구에서 검출한 뉴트리노의 개수의 차이는 최근에 들어와서야 항성 모형으로부터 설명이 가능해 졌다. 즉, 뉴트리노들은 기대한 만큼 생성되나 많은 양이 지구에 오는 과정에서 변화되기 때문이다. 현재 이론은 항성진화과정의 시작부분, 즉, 가스구름에서 별의 형성이나 질량의 변화에 대해 잘 알지 못하며, 끝 부분, 특히 $\mathcal{M} \geq 8\mathcal{M}_{\odot}$의 무거운 항성들에 대해서와, 쌍성계로 묶인 항성들의 진화과정에 대해서도 잘 알지 못한다. 이에 대한 이해의 부족은 은하의 항성 형성 비율을 결정하는 요인이 무엇인지 여전히 모른다는 것을 의미한다. 즉, 각 항성에 의해 생성되는 헬륨보다 무거운 원소들의 양과 이 원소

[표 1.1] [그림 1.4]로부터 나타낸 태양의 중원소를 가진 항성 모형.

질량 ($\mathcal{M}_\odot$)	L_{ZAMS} ($L_\odot$)	$T_{\rm eff}$ (K)	분광형	$\tau_{\rm MS}$ (Myr)	$\tau_{\rm red}$ (Myr)	$\int (Ld\tau)_{\rm MS}$ (Gyr× $L_\odot$)	$\int (Ld\tau)_{\rm pMS}$ (Gyr× $L_\odot$)
0.8	0.24	4,860	K2	25000	_	10	_
1.0	0.69	5,640	G5	9800	3200	10.8	24
1.25	2.1	6,430	–	3900	1650	11.7	38
1.5	4.7	7,110	F3	2700	900	16.2	13
2	16	9,080	A2	1100	320	22.0	18
3	81	12,250	B7	350	86	38.5	19
5	550	17,180	B4	94	14	75.2	23
9	4,100	25,150	–	26	1.7	169	40
15	20,000	31,050	–	12	1.1	360	67
25	79,000	37,930	–	6.4	0.64	768	145
40	240,000	43,650	O5	4.3	0.47	1500	112
60	530,000	48,190	–	3.4	0.43	2550	9
85	1,000,000	50,700	–	2.8	–	3900	–
120	1,800,000	53,330	–	2.6	–	5200	–

Note L과 $T_{\rm eff}$는 영년주계열에 대한 값이다. 분광형은 [표 1.3]의 값이다. $\tau_{\rm MS}$ 는 주계열 수명이다. $\tau_{\rm red}$는 적색거성으로서 보낸 시간이다($T_{\rm eff} \le 6{,}000\,{\rm K}$). 적분값은 주계열(MS)과 그 이후의 단계(pMS)에서의 총에너지 방출량을 나타낸다.

들이 어떻게 성간 가스로 되돌아가 다음 세대의 항성을 만드는가에 대해 모른다는 것이다.

항성의 질량은 거의 전적으로 항성의 구조와 최종적인 운명을 결정짓는다. 화학조성은 작은 역할만을 한다. 항성은 자체 중력에 의한 수축을 시작할 정도로 충분히 밀도가 높은 가스 구름으로서 일생을 시작한다. 압축에 의해 가스는 가열되며, 압력이 높아져 외곽층의 무게를 지탱한다. 그러나 뜨거워진 가스는 에너지를 복사하고, 압력을 감소시켜, 가스구름은 더 수축하게 된다. 이러한 *원시성* 단계에서 중력에너지의 방출은 복사에 의해 잃었던 효과를 상쇄시킨다. 원시성처럼 태양은 지금보다 더 차가왔지만, 몇 배 더 밝았을 것이다. 주계열에서 10 Gyr 동안 연소할 태양에 대해 이 과정은 단지 50 Myr을 지속했을 정도로 매우 짧다. 따라서 원시성들은 은하의 밝기에 큰 기여를 하지 않는다.

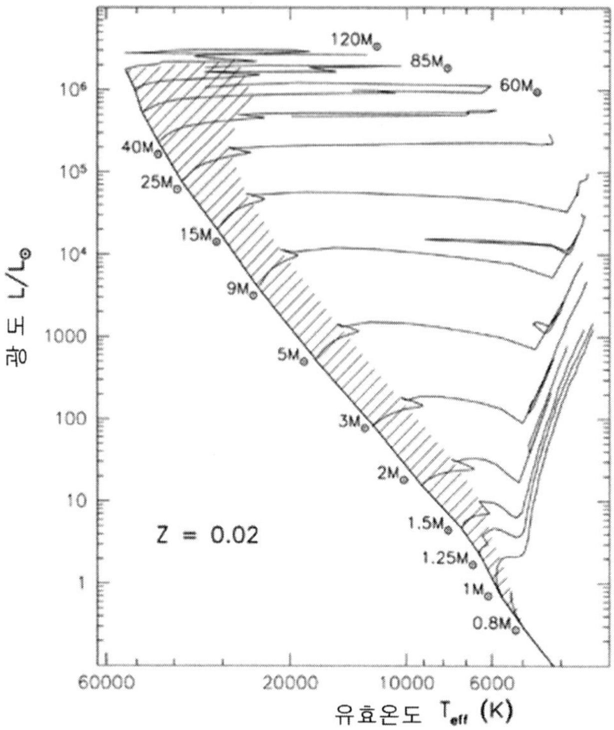

[그림 1.4] 태양 화학조성을 갖는 항성의 주계열과 그 이후 진화단계의 광도와 유효온도. 빗금친 부분은 항성 중심핵 수소연소 단계이다. $0.8\mathcal{M}_\odot$ 항성에 대해서는 주계열 정도만 나타난다. – Geneva 천문대 항성진화 경로.

원시성 단계에 걸쳐서 중심에서의 온도는 지속적으로 상승한다. 온도가 약 10^7 K 정도에 다다르면, 항성은 원자핵융합 반응에 의해 수소를 헬륨으로 연소시키기에 충분히 뜨거워진다. 수소 원자 네 개가 헬륨 원자 한 개로 융합될 때, 질량의 0.7%는 아인슈타인의 공식 $\mathcal{E} = \mathcal{M}c^2$에 따라 에너지로 바뀌게 된다. 항성의 핵에서의 핵반응은 이제 중심에서 압력을 유지하기위해 충분한 에너지를 공급하고 수축은 멈춘다. 항성은 이제 매우 안정적으로 *주계열성 단계*를 시작하게 된다. [표 1.1]은 *영년주계열*에서 서로 다른 질량을 가진 항성들의 광도와 유효온도를 나타낸다. 이 값들은 태양과 동일한 화학조성을 가정한 항성 내부 구조에 대한 모형으로 계산되었다. [그림 1.4]에서의 각 선으로 표시된 진화경로는 이 양들이 별의 일생동안 어떻게 변화하는지 나타낸다. 1910년대 Hertzsprung-Russell이 항성의 광도를 분광형(또는 색이나 온도)에 대해 그리면, 대부분의 항성은 대각선 주계열에 위치한다는 사실을 인식한 이후 이 그림을 *Hertzsprung-Russell*도라고 부른다. 분광형인 OBAFGKM의 순서에 맞추어 수평축의 왼쪽으로 갈수록 온도는 증가한다. 수소가 헬륨으로 연소됨에 따라, 항성을 구성하는 입자들의 평균 질량은 천천히 증가하며, 항성의 핵의 온도는 더 높아져 밀도가 높아진 항성을 지탱하며 붕괴를 막는다. 핵반응은 더 높은 온도에서 더 빨리 진행되고, 항성은 더 밝아진다. 태양은 이제 대략 4.5Gyr의 나이를 가지며, 태양의 광도는 주계열에 처음 진입했을 때보다 거의 50% 더 밝다.

문제 1.4 우리가 관측하는 태양의 광도를 유지하기 위해 태양은 얼마의 수소 질량을 매초마다 헬륨으로 바꾸어야 할까? 만약 태양이 초기 수소 전부를 헬륨으로 전환시켰다면, 태양은 그 비율로 얼마의 기간 동안 연소할 수 있을까? 태양은 핵에서 수소만을 태울 수 있고, 점차적으로 밝아지고 있기 때문에, 수명의 1/10 동안만 주계열에 머무를 것이다.

문제 1.5 식 1.3과 [표 1.1]의 값을 이용하여 태앙이 주계열에 도달했을 때, 반경이 대략 $0.87R_\odot$이 됨을 보여라.

열핵반응 연소가 항성의 핵에서 전체의 약 10% 만큼의 수소를 소비할 때까지 주계열에 머무른다. [표 1.1]은 각각의 질량을 가진 항성이 주계열에서 보내는 시간 $\tau_{\rm MS}$를 목록화 한 것이며, 주계열은 항성 일생의 대부분을 차지한다. 따라서 임의의 주어진 시산에, 내부분의 은하의 항성들은 주계열에 있을 것이다. 식 1.6에서 평균값 $\alpha \sim 3.5$에 대하여, 다음과 같은 관계식을 얻는다.

$$\tau_{\rm MS} = \tau_{\rm MS,\odot}\frac{\mathcal{M}/{\rm L}}{\mathcal{M}_\odot/{\rm L}_\odot} \sim 10\ {\rm Gyr}\left(\frac{\mathcal{M}}{\mathcal{M}_\odot}\right)^{-2.5} = 10\ {\rm Gyr}\left(\frac{\rm L}{{\rm L}_\odot}\right)^{-5/7} \tag{1.8}$$

가장 좋은 가정은 아래와 같다.

$$\log(\tau_{MS}/10\,{\rm Gyr}) = 1.015 - 3.49\log(\mathcal{M}/\mathcal{M}_\odot) + 0.83[\log(\mathcal{M}/\mathcal{M}_\odot)]^2 \tag{1.9}$$

가장 무거운 항성들은 태양보다 오래전에 연소할 것이다. 오늘날 반짝이는 O형 항성들은 1억 년 전, 공룡들이 지구에 존재할 때 형성된 것은 없고, 지금 관측되는 O형 항성들은 태양이 우리 은하 주변을 다시 한 바퀴 돌기 이전에 다 연소될 것이다. 그러나 $\mathcal{M} < 0.8\mathcal{M}_\odot$인 별들은 과거 ~14 Gyr 전 빅뱅 이후 주계열에 남아있는 것이 없기 때문에, [그림 1.4]에 포함시키지 않았다. 은하의 대부분의 항성 질량은 이러한 어두운 늙은 항성들에 의한 것이다.

[그림 1.5]에서와 같이 항성에서 중원소 함량의 비율이 감소하면 더 밝아지고 더 푸른색을 띄게 된다. 중원소는 *불투명도*의 원인이며, 항성의 내부의 핵과 대기 밖으로 에너지를 이동시키는 광자의 탈출을 막는다. 만약 중원소 함량이 낮다면, 빛은 더 쉽게

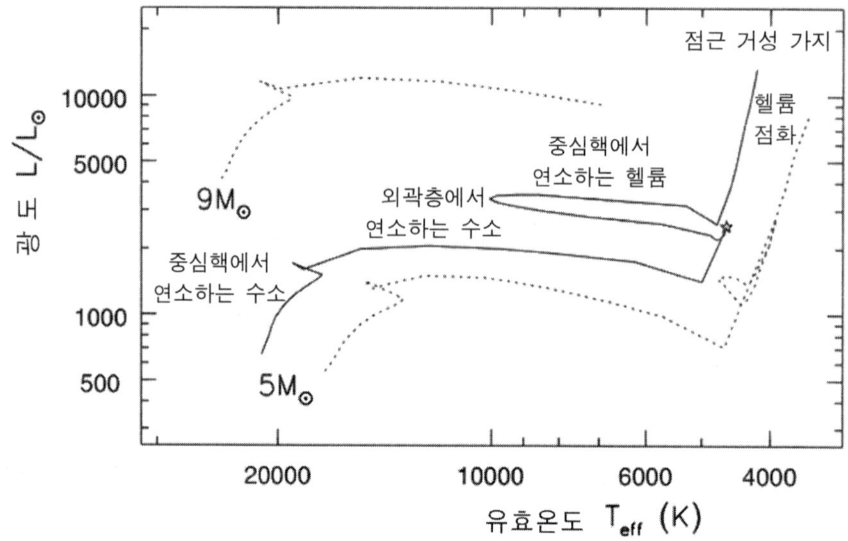

[그림 1.5] 태양과 같은 화학 조성을 가진 $5\mathcal{M}_\odot$과 $9\mathcal{M}_\odot$의 항성의 진화 경로(점선), 그리고 $Z = 0.001 \approx Z_\odot/20$인 중원소 함량이 부족한 $5\mathcal{M}_\odot$의 항성의 진화경로(실선). 중원소가 부족한 항성은 핵에서 헬륨을 태우는 동안 '푸른 루프'를 그리며, 태양과 같은 중원소 함량을 가진 동일한 질량의 항성보다 항상 더 밝고 더 푸르다. – Geneva 천문대 항성진화 경로.

항성의 표면 방향으로 이동한다. 그 결과로, 중원소가 부족한 항성은 더 압축되며, 밀도가 높아진다. 따라서 이러한 항성의 핵은 더 뜨거워지며, 더 많은 에너지를 생산한다. 결론적으로, 핵연료를 더 빠르게 소모한다.

광자가 항성의 표면을 향하여 에너지를 전달하는 항성의 구역에서, 원자들 간의 충돌은 핵 연소의 재와 초기 물질을 혼합시키지 않는다. 균질한 가스구로 시작한 항성은 다른 화학조성을 가진 층으로 발달한다. 대류는 항성 내부를 교란하며 항성의 층을 혼합시킨다. 여기서 제공되는 그림과 표는 회전축에 대한 빠른 회전이 없는 항성에 대한 계산 값들이다. 빠른 회전은 대류의 원인이 되며, 항성의 핵으로 신선한 수소를 운반하며 주계열에서의 항성의 일생을 증가시킨다.

주계열의 마지막 단계에서, 항성은 [그림 1.4]의 평행선으로 이루어진 부분에 남게 된다. 그 지점 이후의 항성의 일생은 복잡하고 질량에 매우 많이 의존한다. 약 $0.6\mathcal{M}_\odot$ 이하의 모든 항성들은 매우 오랫동안 주계열 상태를 겪으므로 우주 역사에 남긴 것이 없다. $0.6\mathcal{M}_\odot \le \mathcal{M} \le 2\mathcal{M}_\odot$인 *낮은 질량의 항성들*에서는, 수소가 고갈된 핵은 수축에 의해 에너지를 내면서 점점 더 밀도가 높아지는 반면, 항성의 외곽층은 이전 크기의 백 배 정도 퍼져 나아간다. 항성은 이제 더 큰 영역에서 에너지를 복사한다. 따라서 식 1.3에서 항성의 표면온도는 떨어져야하며, 그 결과, 항성은 차갑고 붉어지게 된다. 이것이 *준거성*의 단계이다.

핵 바로 바깥 영역의 온도가 충분히 상승할 때, 외곽층에서 수소가 연소하기 시작한다. 이때 항성은 *적색거성*이 된다. 헬륨의 '재'는 중심핵에 쌓이게 되고, 항성은 더 수축되며 온도는 상승한다. 외곽층은 또한 점점 더 뜨거워져, 이에 따라 더 많은 에너지가 생성되며, 항성은 점점 더 밝아진다. 이 과정 동안, $\mathcal{M} \leq 2\mathcal{M}_{\odot}$의 항성들의 진화경로는 적색 거성 가지를 형성하며 [그림 1.4]의 오른쪽에 근접해서 놓인다. 표1.1에서와 같이, $\mathcal{M} \leq 1.5\mathcal{M}_{\odot}$의 항성들은 적색거성과 그 이후 진화단계에서 대부분의 에너지를 낸다. 주계열성들과 대조적으로, 적색거성의 광도와 색은 그 질량에 매우 적게 의존한다. 그러므로 다른 나이의 항성계에서의 거성 가지들은 매우 유사하다. 주계열성들과 같이, 낮은 중원소 함량을 갖는 항성들은 더 푸르고 더 밝다.

적색 거성의 수축과 함께, 핵은 다른 원자들의 전자와 서로 강하게 상호작용할 만큼 충분히 밀도가 높아진다. 이에 따라, 핵은 *축퇴*되고 가스보다는 고체나 액체와 같은 특성을 보인다. 핵의 온도가 약 10^8 K까지 상승하였을 때, 헬륨이 연소되어 탄소가 되는데, 이때의 에너지는 핵을 가열시킨다. 가스내에서는 팽창이 지속적인 에너지 흐름을 생성하기 위해 핵반응율을 낮춘다. 그러나 축퇴핵은 팽창하지 않는다. 대신에 액체나 고체처럼, 밀도가 거의 변하지 않아, 축퇴핵의 연소는 지구에서의 통제되지 않은 핵반응 원자로에서처럼 폭발적이다. 이것이 *헬륨섬광*으로써, 이 현상은 [그림 1.4]에서의 적색 거성 가지의 가장 위쪽에서 일어난다. 대략 100초 내에, 항성의 핵은 보통의 가스 상태로 되돌아 갈 만큼 충분히 가열되고 팽창한다.

적색 거성 가지에서, 항성의 광도는 항성의 헬륨 핵의 질량에 의해 정해진다. 헬륨섬광이 일어났을 때, $\sim 2\mathcal{M}_{\odot}$보다 가벼운 모든 항성들에 대해 핵은 거의 같은 질량을 가진다. 그러므로 이러한 항성들은 적색 거성 꼭대기에서 같은 광도에 도달한다. 2-3 Gyr 보다 나이가 많은 항성 종족들에서, $2\mathcal{M}_{\odot}$ 보다 무거운 항성들은 이미 그 일생을 마쳤다. 만약 중원소 함량이 $\sim 0.5 Z_{\odot}$보다 낮으면, 적색 거성은 거의 같은 색을 가진다. 따라서 적색 거성 꼭대기의 겉보기 밝기는 가까운 은하의 거리를 측정하는데 쓰이기도 한다.

헬륨은 이제 핵 내에서, 수소는 주변외곽부에서 꾸준히 연소한다. [그림 1.4]는 $1 \sim 2\mathcal{M}_{\odot}$의 항성들은 이 과정 동안 차갑고 붉은 색을 띤다는 것을 나타내며, 이것이 *적색 덩어리 항성*이다. [그림 2.2]에서는 항성의 광도와 색은 태양과 거의 유사하게 되며, 적색 덩어리 항성들이 모여 있는 것으로 나타난다. 청색 *수평 가지* 항성들은 동일한 연소 단계이다. 그러나 이 항성들의 바깥의 외피에는 거의 물질이 남아있지 않아서, 외부의 가스는 뜨거운 핵에서 나온 복사에 대하여 상대적으로 투명하다. 덜 무겁고, 중원소가 부족한 항성들은 수평가지 항성이 된다.

헬륨연소는 수소연소보다 더 적은 에너지를 낸다. [표 1.1]로부터 이 과정은 항성의 주계열성으로써의 일생의 단지 30%만 지속함을 알 수 있다. 핵이 헬륨을 고갈시키면 다시 수축하고, 외피는 다시 팽창한다. 이 항성은 *점근 거성 가지(AGB)*로 이동한다. 이때, 외곽부에서 헬륨과 수소를 함께 연소시키며, 적색거성만큼 더 밝고 차가워진다. [그림 1.4]에서 이 단계 항성 진화를 확인할 수 있다.

점근거성단계에서 외곽부의 양쪽은 매우 빠른 연소의 맥동을 겪으며, 이 동안 외곽층의 느슨한 가스를 *초항성풍*으로 잃게 된다. 최종적으로, *백색왜성으로서* 뜨거운 핵 상태가 노출되며, 자외선 복사는 *행성상 성운*처럼 방출된 가스를 이온화 시킨다. 태양과 유사한 백색왜성은 $0.6\mathcal{M}_{\odot}$ 정도의 질량을 가지며, 이 질량은 원래 질량의 적어도 절반을 잃어버린 것을 의미한다. 백색왜성의 핵은 더 이상 연소할 수 없고, 점점 온도가 낮아진다.

$2\mathcal{M}_{\odot}$부터 $6 \sim 8\mathcal{M}_{\odot}$까지의 *중간 질량*의 항성은 헬륨이 핵에서 연소할 때까지의 지점까지 거의 동일한 과정을 따른다. 중심 밀도가 주어진 온도에서 더 낮기 때문에, 헬륨핵은 연소를 시작하기 전에 축퇴되지 않는다. 이 항성들은 또한 붉어지게 되나, 적색거성보다 더 밝다는 것을 [그림 1.4]를 통해 보여준다. 항성 진화 경로는 더 낮은 질량의 항성들에 대한 경로 위에 놓인다. 헬륨연소가 진행되면, 항성은 더 푸른색을 띤다. 그 항성들 중 일부는 1일과 50일의 주기로 맥동하는 F와 G형의 초거성인 *세페이드 변광성*이 된다. 세페이드는 맥동주기가 항성의 광도와 관계가 있다는 점에서 천문학자들에게 매우 유용하다. 가장 밝으며, 가장 무거운 항성들은 가장 긴 주기를 보여준다. 따라서 항성의 주기와 겉보기 밝기를 측정하면, 식 1.1을 이용하여 항성의 거리를 결정할 수 있다. 세페이드는 우리 은하를 훨씬 넘어서도 보일 만큼 충분히 밝다. 1920년대 천문학자들은 다른 은하들이 우리 은하 밖에 존재한다는 사실을 보여주었다.

세페이드 변광성의 핵이 헬륨을 소모시키면, 이 항성들은 다시 붉은 색을 띠고, 외곽부에서 수소와 헬륨을 동시에 연소하는 점근 거성 가지항성이 된다. 연소의 빠른 맥동은 느린 중성자 포획과정인 *s-과정*에 의해 항성에서 만들어진 탄소와 같은 더 무거운 원자들의 가스를 항성의 깊은 내부로부터 표면으로 퍼낸다. 예를 들면, 일부 점근거성들의 대기는 짧은 시간 지속되는 방사능 원소인 테크네튬의 흔적을 나타낸다. 초항성풍은 표면 가스를 성간 공간으로 밀어 낸다. 따라서 이 점근거성들은 은하의 탄소와 질소 원소들의 주요 근원이다.

중간 질량의 항성은 외곽층이 빛을 내뿜고 뜨거운 중심핵에 의해 이온화됨에 따라 화려한 행성상 성운을 만든다. 이후에 그 핵은 차가워지며 백색왜성이 된다. 이 질량 범위에 대하여 더 작은 질량을 갖는 항성들은 주로 탄소와 산소로 구성된 핵을 남긴다. 더 무거운 항성들의 잔재는 산소, 네온, 마그네슘의 혼합이다. $1.4\mathcal{M}_{\odot}$ 이상의 항성들은 백색왜성이 될 수 없다. 따라서 이 항성들은 물질의 대부분을 성간가스로 되돌려 보낸다.

$\mathcal{M} \geq 8\mathcal{M}_{\odot}$의 *무거운 항성*들에서 헬륨 연소의 재로 남은 탄소, 산소, 그리고 다른 원소들이 차례대로 연소한다. 베텔게우스는 핵에서 헬륨 연소를 시작하는 적색거성이다. $12\mathcal{M}_{\odot}$과 $17\mathcal{M}_{\odot}$ 사이의 질량으로 10 – 20 Myr 전에 주계열의 일생을 시작했다. 베텔게우스는 더 무거운 원소들을 태우기 시작할 것이고 결국, 2 Myr 이내에 초신성으로 폭발할 것이다. 베텔게우스와 같은 무거운 항성들은 주계열 단계를 겪은 후에 청색 혹은 노란색 초거성으로 수명의 대부분을 보낼 것이다. 백조자리에 있는 가장 밝은 항성인 데네브가 노란색 초거성이다. 헬륨은 $25\mathcal{M}_{\odot}$ 항성이 주계열에 있을 때보다 약간 온도가 낮은 청색 초거성 단계에 있을 때, 핵에서 연소하기 시작한다. 핵의 헬륨이 고갈되면 이 항성은 적색 초거성이 된다. 그러나 질량 손실에 의해 마지막 폭발 전에 다시 한 번 청색 초거성으로 전환될 수 있다.

$\mathcal{M} \geq 40\mathcal{M}_{\odot}$의 항성의 후반부 일생은 여전히 명확하지 않은데, 이는 얼마나 많은 질량이 강한 *항성풍*에 의해 손실되는지와 초기의 대류 혼합에 대해 이해도가 낮기 때문이다. 대략 $50\mathcal{M}_{\odot}$의 항성은 매우 빨리 질량을 손실하여 결코 적색 초거성이 되지 못한다. 그러나 핵연소 핵으로 노출되어 청색 *울프-레이에* 항성으로 나타난다. 이 항성은 빠른 항성풍으로부터 나온 헬륨, 탄소, 질소에 의한 강한 방출선 특성을 가진 매우 고온의 항성이다. 외곽층이 오래전에 날아가 버렸기 때문에, 항성풍은 수소가 매우 부족하다. 울프-레이에 항성은 10 Myr 이하의 수명을 가진다는 점에서 최근에 별들이 형성된 지역에서만 발견된다.

핵에서의 헬륨연소가 종결되면, 무거운 항성의 수명은 거의 끝이 난다. 탄소핵은 조용하게 네온, 마그네슘, 그리고 무거운 원소들로 연소한다. 그러나 이 과정은 매우 빠르며 거의 에너지를 발산하지 않는다. 이 에너지의 대부분은 항성의 외곽층에서 쉽게 벗어나며 약하게 상호작용하는 입자인 *중성미자*에 의해 운반된다. $10\mathcal{M}_{\odot} \leq \mathcal{M} \leq 40\mathcal{M}_{\odot}$로 주계열을 시작한 항성은 항상 핵을 철로 연소시킬 것이다. 그러한 핵은 더 이상 에너지의 근원이 아니다. 철은 모든 핵에 가장 단단히 묶여있고, 그 핵을 더 무거운 원소로 결합시키기 위하여 에너지를 필요로 할 것이다. 핵은 붕괴하고, 그것의 중성자는 너무 단단히 압착되어서 축퇴될 것이다. 빛의 속도의 1/10로 떨어지는 항성의 외곽층은 단단한 핵에서 갑자기 되튀고 폭발하는 *II형 초신성*에서 뿜어져 나간다. 대마젤란 성운에서 폭발한 초신성 1987A는 스펙트럼에서 강한 수소선이 두드러지는 형태의 초신성이다. 철과 같은 무거운 원소들을 결합한 이 항성의 핵은 *중성자성*으로 남거나 *블랙홀*로 집중된다. 이 가스는 산소, 마그네슘, 그리고 중간의 원자량을 가진 다른 원소들이 풍부하다.

$8\mathcal{M}_{\odot}$과 $10\mathcal{M}_{\odot}$ 사이의 초기 질량을 가진 항성 또한 II형 초신성으로 일생을 마치지만 약간의 다른 과정을 거친다. 핵이 철로 연소되기 전에 붕괴한다. 폭발 후에 중성자성으로 남거나 아래에서 설명하는 Ia형 초신성과 같이 자체를 완전히 밖으로 날려버릴지도 모른다. *울프-레이에* 항성 역시 초신성이 된다. *울프-레이에* 항성이 수소를 잃기 때문에, 그 스펙트럼에서 수소선은 나타나지 않으며 이는 Ic형의 초신성으로 분류된다. 이 초신성들은 9.2절에서 다루게 될 강력한 γ선 폭발의 원인이기도 하다. 2.1절에서 나타나는 것처럼 무거운 항성들은 전체의 작은 부분에 달하지 않으나, 은하에 산소와 무거운 원소를 제공하는 주요 생산자이다. 무거운 항성의 후반부 일생에 대한 상세한 연구는 각 원소의 얼마나 많은 양이 항성풍이나 초신성 폭발에 의해 성간 가스로 되돌아가느냐와 더불어 얼마나 중성자성이나 블랙홀에 묶여있을 것인가를 알려줄 수 있다. 4.3절에서는 다양한 원소들의 함량이 어떻게 우리 은하와 다른 은하의 역사에 대해 말해 줄 수 있는지에 대해 논의 할 것이다.

더 읽어보기

Ostlie and Carroll의 책, Prialnik의 책. 주계열 이상의 항성 진화에 대해서는 D. Arnett, 1996, *Supernovae and nucleosynthesis* (Princeton University Press, Princeton, New Jersey).

1.1.4_ 쌍성

대부분의 항성들은 단일 형태로 발견되지 않고, *쌍성계*나 *다중성계*로 발견된다. 정밀하게 관측하지 않는다면 쌍성은 단일 천체로 보이기 쉽기 때문에, 천문학자들은 관측되는 '보이는 두 개의 항성들 내에 세 개는 쌍성계에 포함되어 있다'라고 말한다. 대부분의 쌍성들은 넓게 분리되어 있고, 단일항성처럼 진화한다. 이 계는 근처의 은하에서조차 쌍성을 분리된 천체로 볼 수 없기 때문에 어려움을 유발한다. 우리가 쌍성을 관측할 때, 하나의 항성으로 인식하지만 실제로는 두 개의 항성이 합쳐져 있는 것이다.

근접 쌍성계에서, 하나의 항성은 다른 항성의 물질을 빼앗을 수 있다. 항성의 중력은 부푼 외곽층에 강하게 영향을 미치지 못하기 때문에, 적색거성이나 AGB 항성으로부터 가스를 빼앗기가 특히 쉽다. 이 과정에서 극적인 효과가 발생한다. 예를 들면, 두 항성들 중 하나가 백색왜성이 된다면, *고전적인 신성*으로 나타나는 돌발 섬광에서 폭발적으로 수소를 헬륨으로 연소할 만큼 충분히 밀도가 높아질 때까지 동반성으로부터 수소가 풍부한 가스를 표면으로 쏟아낼 수 있다. 만약 밀도가 더 큰 중성자성 혹은 블랙홀이라면 가스는 X-선을 방출할 수 있는 열을 가할만한 힘으로 표면 위에 떨어진다.

쌍성계에서 백색왜성은 스펙트럼에서 수소선이 부족하며 탄소와 수소의 폭발적인 연소의 결과인 *Ia형 초신성*으로 폭발할 수 있다. 만일 백색왜성이 그 동반성으로부터 충분히 물질을 공급받는다면, 약$1.4\mathscr{M}_{\odot}$의 *Chandrasekhar 한계* 이상에 다다를 수 있다. 백색왜성은 $1.4\mathscr{M}_{\odot}$보다 더 무거울 수 없다. 만일 더 많은 질량을 얻는다면, 가장 무거운 항성의 철 핵처럼 붕괴될 것이다. 그러나 철 핵과는 달리, 백색왜성은 여전히 핵융합 연료를 가지고 있으며, 탄소와 산소는 에너지를 방출하며 더 무거운 원소로 연소한다. 이 과정에서 잔여물은 없으며, 핵과 다른 요소들은 성간 공간으로 흩어진다. 지금 지구와 태양에서 발견되는 모든 철은 이러한 초신성에서 생겨났다. 근접 쌍성계는 상대적으로 드물지만, 그것의 모은하의 일생에 큰 차이를 만들어낼 수 있다.

Ia형 초신성은 광도 $2\times10^9 L_{\odot} \le L \le 2\times10^{10} L_{\odot}$을 가진 전체은하 만큼의 밝기를 가질 수 있다. 초신성이 더 밝을수록, 그 빛이 사라지는 데 더 오랜 시간이 소요된다. 따라서 만일 우리가 초신성 폭발 이후의 몇 주 동안 그것의 겉보기 밝기를 측정한다면, 원래의 밝기를 추정할 수 있고, 식 1.1을 이용하여 거리를 알아낼 수 있다. 최근에, Ia형 초신성은 10^{10}광년 이상 떨어진 은하에서도 관측되어, 먼 우주의 구조를 연구하는데 활용된다.

1.1.5_ 항성 측광: 등급계

광학 천문학자들과 근자외선과 근적외선을 연구하는 천문학자들은 항성의 겉보기 밝기를 *겉보기 등급*으로 표현한다. 원래, 이것은 맨눈으로 A0 항성 α Lyrae(Vega)의 밝기와 비교하여 얼마나 희미하게 보이는가에 관한 측정이있다. 밝은 항성은 수치적으로 더 작은 등급을 갖게 되는데, 하늘에서 가장 밝게 보이는 항성이 1등급이었고, 그 다음으로 밝은 것이 2등급이었다. 선속 F_1, F_2를 가지는 항성의 겉보기 밝기 m_1, m_2는 다음의 관계를 가진다.

$$m_1 - m_2 = -2.5\log_{10}(F_1/F_2) \tag{1.10}$$

따라서 $m_2 = m_1 + 1$이라면, 1등급의 항성은 2등급의 항성보다 2.5배 더 밝은 것처럼 보인다. 이와 같은 등급 단계는 자연 로그의 경우와 비슷한데, 0.1 등급의 차이는 밝기의 약 10%의 차이에 해당된다.

문제 1.6 동일한 광도의 두 항성이 근접 쌍성계를 이루고 있다면, 함께 측정되는 계의 겉보기 밝기는 개별적인 항성보다 약 0.75 등급 더 밝다는 것을 보여라.

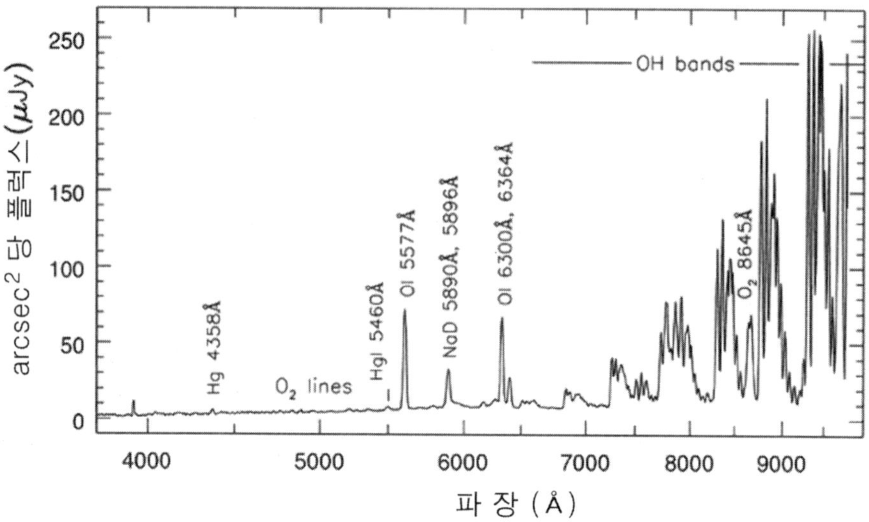

[그림 1.6] 카나리 군도의 라팔마 천문대에서의 가시광 영역의 하늘 방출선들. – C.Benn.

우리는 항성의 스펙트럼을 측정한다고 자연스럽게 이야기 했지만, 사실 이것은 거의 불가능하다. 912 Å 이하의 원자외선 파장 대에서, 우리와 항성 사이에서 작은 양의 수소 가스조차 많은 빛을 흡수한다. 지구의 대기는 3000 Å 이하, 수 마이크론이상의 파장대의 빛을 가로막는다. 인간에 의해 야기된 광오염에 추가로, 밤하늘 자체적으로 빛을 방출한다. [그림 1.6]은 하늘이 4000 Å 과 5500 Å 사이에서 상대적으로 희미하고 더 긴 파장대에서는 지구 대기에서의 원자와 분자로부터의 방출이 더 많이 끼어들고 있음을 보여준다. 희미한 항성에 대해 높은 분해능의 스펙트럼을 얻기 위해서는 많은 시간이 소요된다. 이러한 모든 이유 때문에, 우리는 다양한 넓은 영역의 파장대에서 빛을 측정하는 것으로 대신한다. 따라서 측정하는 등급과 겉보기 밝기는 대부분 특별한 파장영역의 스펙트럼을 다루는 것이다.

파장 λ에서 통과하는 빛의 비율인 $0 \leq T(\lambda) \leq 1$로서 나타나는 *표준 필터 대역*을 정의한다. 모든 항성의 빛이 필터를 통과하면 $T=1$이고, 빛이 이 파장을 통과하지 않는다면 $T=0$이다. 그렇다면 필터 T_{BP}로 표현되는 파장 대역에서의 항성의 겉보기 밝기는 다음과 같다.

$$F_{BP} \equiv \int_0^\infty T_{BP}(\lambda) F_\lambda \mathrm{d}\lambda \approx F_\lambda(\lambda_{eff}) \Delta\lambda \tag{1.11}$$

여기에서 유효파장 λ_{eff}과 폭 $\Delta\lambda$는 [표 1.2]에서 정의하였다. [그림 1.7]의 아래 그림은 스펙트럼의 가시광 영역과 근 적외선 부분의 표준 대역에 대한 하나의 예를 보여준다. R과 I 파장영역은 Cousins 측광계이다. 'Johnson측광' 계는 동일한 이름을 가지

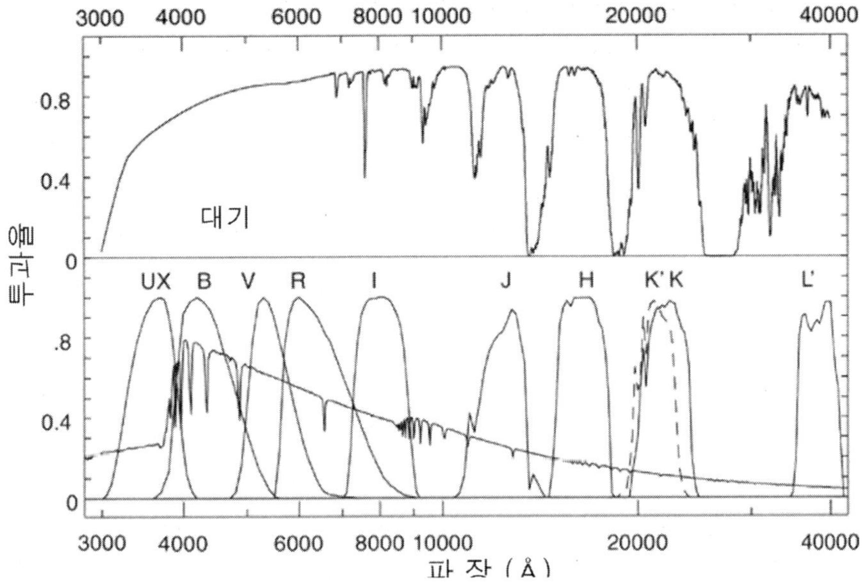

[그림 1.7] 위 ; 가시광과 근 적외선에서의 대기의 투과. 아래 ; Bessell의 표준 필터에 대한 투과 곡선 $T(\lambda)$에 대한 A0 모형 항성의 선속 F_λ, Bessell(1990 *PASP*, 102, 1181). *UX*는 대기의 흡수를 값으로 한 하나의 *U*필터이다. *JHK′KL′*에 대해, $T(\lambda)$는 대기와 이후 필터에 대한 투과율이다.

지만 파장대역이 다르기 때문에 혼동하지 말아야 한다. 가시광 영역에서 이 대역들은 원래 특별히 고안된 유리 필터의 투과와 사진 건판이나 광전자 증배관의 민감도에 의해 정의된다.

[그림 1.7]의 위 그림의 곡선은 지구 대기의 투과율이다. 천문학자들은 대략 3400 Å에서 8000 Å까지의 상당히 투명한 파장대를 *가시광*으로 간주한다. 이 영역의 적색 끝에서, 물의 흡수 대역과 산소분자와 같은 대기 분자들의 흡수대역이 나타난다. 9000 Å과 20 μm 사이에서 투명한 대기의 창이 빛이 거의 완전히 막힌 영역들과 함께 교대로 나타난다. $\lambda \geq 20\,\mu$m 이상 수 밀리미터까지, 대기는 완전하게 불투명하지 않아, [그림 1.15]에서 볼 수 있듯이 약간의 밝게 빛을 방출한다. 표준 적외선대역은 상대적으로 투명한 영역에 위치해 있다. K' 대역은 K와 매우 유사하지만 대기의 분자와 망원경의 따뜻한 부분이 강하게 방출하는 K 대역의 긴 파장영역의 끝에서 나오는 빛을 차단하기 때문에 K' 대역이 더 일반적이다. 이러한 표준 대역에서 측정되는 광도는 일반적으로 지구 대기의 소광효과를 제거하며, 마치 우주공간에서 항성을 관측한 것처럼 보정한다.

[그림 1.7]의 아래 그림은 또한 A0 모형 항성의 스펙트럼을 보여준다. B대역의 푸른 쪽 끝에서 Balmer 불연속이 일어난다. 따라서 U와 B등급 사이의 차이는 Balmer

불연속의 세기를 나타내며, 항성의 온도를 측정하는 데 사용할 수 있다. U 대역의 짧은 파장과 긴 파장의 끝에서 대기 투과율이 상당히 변하기 때문에, 투과에 대한 보정은 얼마나 항성의 선속 $F_\lambda(\lambda)$이 파장대역에 따라 얼마나 변화하는지에 의존한다. 따라서 U 파장영역 선속은 측정하기 까다롭고, 대신 파장대 폭이 더 좁은 필터가 사용된다. R 파장영역은 Balmer Hα 선을 포함한다. 고온의 항성들이 많아 주위의 가스를 이온화시키며 Hα 방출은 R 파장영역의 광도에 상당히 기여할 수 있다. $T_{BP}(\lambda)$로 정의되는 동일한 파장영역에서 측정되는 두 항성의 겉보기 등급은 다음과 같다.

$$m_{1,BP} - m_{2,BP} = -2.5\log_{10}\left[\int_0^\infty T_{BP}(\lambda)F_{1,\lambda}(\lambda)d\lambda \Big/ \int_0^\infty T_{BP}(\lambda)F_{2,\lambda}(\lambda)d\lambda\right] \tag{1.12}$$

해당 대역내의 등급은 일반적으로 아래 첨자를 통하여 나타낸다. 다시 말해, [그림 1.7]의 m_B는 B 파장대역의 겉보기 등급을 나타내고, m_R은 R 파장대역에서의 겉보기 등급을 나타낸다. 원래, 베가성은 모든 가시광 파장 대역에서 0의 겉보기 등급을 가진다고 정의하였다. 최근에는, A0 항성 집합은 영점을 정의하기 위해 사용되고, 베가성은 V 대역에서 0.03의 겉보기 등급을 갖는다. 밤하늘에서 가장 밝은 항성으로 보이는 시리우스는 겉보기 등급 $m_V \approx -1.45$를 갖고, 측정되는 항성 중 가장 희미한 항성들은 $m_V = 28$의 근처의 값을 나타내며, 시리우스에 비해 거의 10^{12}배만큼 더 희미하다. [표 1.2]는 A0 표준 항성에 대한 다양한 필터의 *유효파장*, 즉, 투과 평균파장과 각 필터에서 겉보기 등급 $m=0$에 해당되는 선속 F_λ와 F_ν의 값을 보여준다.

자외선 파장대는 등급계를 정의하기 위해 잘 측정된 표준항성들이 없는 대신에, 선속을 기반으로 하는 등급이 개발되어 있다. T_{BP}로 특정 지워지는 파장대역에서의 선속 $F_\lambda(\lambda)$을 가지는 항성의 겉보기 등급 m_{BP}는 다음과 같다.

$$m_{BP} = -2.5\log_{10}\left(\frac{\langle F_{BP}\rangle}{\langle F_{V,0}\rangle}\right) \quad \text{여기서} \quad \langle F_{BP}\rangle \equiv \frac{\int T_{BP}(\lambda)F_\lambda(\lambda)d\lambda}{\int T_{BP}(\lambda)d\lambda} \tag{1.13}$$

여기에서 $\langle F_{V,0}\rangle \approx 3.63\times10^{-9}\mathrm{erg\,s^{-1}cm^{-2}\,Å^{-1}}$로서, $m_V = 0$을 갖는 항성의 V대역에 대한 평균 F_λ값이다. 같은 개념으로 $\langle F_{BP}\rangle$를 $\mathrm{erg\,s^{-1}cm^{-2}\,Å^{-1}}$단위로 측정할 때, 아래의 식을 얻을 수 있다.

$$m_{BP} = -2.5\log_{10}\langle F_{BP}\rangle - 21.1 \tag{1.14}$$

[표 1.2] [그림 1.7]의 대역에서 $m=0$을 가지는 표준 A0항성의 선속

	UX	B	V	R	I	J	H	K	L'
λ_{eff}	3600 Å	4360 Å	5450 Å	6410 Å	7980 Å	1.22 μm	1.63 μm	2.19 μm	3.80 μm
F_λ	4150	6360	3630	2190	1130	314	114	39.6	4.85
F_ν	1780	4050	3635	3080	2420	1585	1020	640	236
영점 ZP_λ	−0.15	−0.61	0.0	0.55	1.27	2.66	3.76	4.91	7.18
영점 ZP_ν	0.78	−0.12	0.0	0.18	0.44	0.90	1.38	1.89	2.97

Note 대역 *UX*는 [그림 1.7]에서 정의하였다 :Bessell *et al.* 1998 *AAp* 333,231 그리고 M. McCall
각 필터에 대해, 유효 파장은 $\lambda_{eff} \equiv \int \lambda T_{BP} F_\lambda(\lambda) d\lambda / \int T_{BP} F_\lambda(\lambda) d\lambda$ 이다. 여기에서 유효폭 $\Delta\lambda = \int T_{BP}\, d\lambda$이다. F_ν는 Jansky 단위이고, F_λ는 $10^{-12} erg\, s^{-1} cm^{-2}$ Å^{-1} 또는 $10^{-11} Wm^{-2} \mu m^{-1}$의 단위를 가진다.
영점 ZP: $m = -2.5\log_{10} F_\lambda + 8.90 - ZP_\lambda$ 또는 $m = -2.5\log_{10} F_\nu + 8.90 - ZP_\nu$

[표 1.3] Sloan Digital Sky Survey 에 쓰이는 측광 파장 영역

파장 대역	u	g	r	i	z
평균 $\langle\lambda\rangle$	3551 Å	4686 Å	6165 Å	7481 Å	8931 Å
폭 $\Delta\lambda$	580 Å	1260 Å	1150 Å	1240 Å	995 Å
태양의 등급 : $M_\odot$	6.55	5.12	4.68	4.57	4.60

Note $\langle\lambda\rangle$는 평균 파장이고, $\Delta\lambda$는 그 영역의 FWHM이다. 천청으로부터 각 *ZA* 떨어진 곳의 점광원을 관측할 때, $1/\cos(ZA) = 1.3$(1.3 airmass)이다.: $M_\odot$은 각 파장대역에서의 태양의 절대 등급이다.: Data Release 4

[표 1.2]의 영점 ZP_λ값은 플럭스 기준 등급에 대해서 모두 0으로 일치시킨다. 이러한 척도에서의 등급은 V대역을 제외하고는 기존의 방식에서의 등급과 일치하지 않으며, 표준 A0항성에 대해서 더 이상 $m_{BP} = 0$이 아니다. Sloan Digital Sky Survey 는 하늘의 1/4 이상에 있는 1억 개의 항성과 은하들의 밝기를 측정하기 위해 특별하게 만들어진 2.5m의 망원경을 사용하였으며, 이 중 100만 개에 대해서는 스펙트럼을 얻었다. 이 조사는 [표 1.3]에 있는 필터에 대하여 플럭스 기준 등급을 사용하였다.

[표 1.4] 주계열성, 광도계급 V에 대한 평균 등급과 색

	M_V	BC	$U-B$	$B-V$	$V-R$	$V-I$	$J-K$	$V-K$	T_{eff}
O3	−5.8	4.0	−1.22	−0.32	_	_	_	_	44500
O5	−5.2	3.8	−1.19	−0.32	−0.14	−0.32	−0.25	−0.99	41000
O8	−4.3	3.3	−1.14	−0.32	−0.14	−0.32	−0.24	−0.96	35000
B0	−3.7	3.0	−1.07	−0.30	−0.13	−0.30	−0.23	−0.91	30500
B3	−1.4	1.6	−0.75	−0.18	−0.08	−0.2	−0.15	−0.54	18750
B6	−1.0	1.2	−0.50	−0.14	−0.06	−0.13	−0.09	−0.39	14000
B8	−0.25	0.8	−0.30	−0.11	−0.04	−0.09	−0.06	−0.26	11600
A0	0.8	0.3	0.0	0.0	0.0	0.0	0.0	0.0	9400
A5	1.8	0.1	0.08	0.19	0.13	0.27	0.08	0.38	7800
F0	2.4	0.1	0.06	0.32	0.16	0.33	0.16	0.70	7300
F5	3.3	0.1	−0.03	0.41	0.27	0.53	0.27	1.10	6500
G0	4.2	0.2	0.05	0.59	0.33	0.66	0.36	1.41	6000
Sun	4.83	0.07	0.14	0.65	0.36	0.72	0.37	1.52	5780
G5	4.93	0.2	0.13	0.69	0.37	0.73	0.41	1.59	5700
K0	5.9	0.4	0.46	0.84	0.48	0.88	0.53	1.89	5250
K5	7.5	0.6	0.91	1.08	0.66	1.33	0.72	2.85	4350
K7	8.3	1.0	_	1.32	0.83	1.6	0.81	3.16	4000
M0	8.9	1.2	_	1.41	0.89	1.80	0.84	3.65	3800
M2	11.2	1.7	_	1.52	1.0	2.2	0.9	4.3	3400
M4	12.7	2.7	_	1.60	1.2	2.9	0.9	5.3	3200
M6	16.5	4.3	_		1.9	4.1	1.0	7.3	2600

BC는 식 1.16에서 정의한 복사보정이다.

천문학을 전공하지 않는 사람들은 왜 다루기 어려운 방식의 등급계를 사용하고 있는지, 단순히 겉보기 밝기를 $\mathrm{W\,m^{-2}}$으로 나타내면 안 되는지에 대한 의문을 갖는다. 하지만, 천문학에서의 대답은 일반적으로 상대적인 측정이 절대적인 측정보다 훨씬 더 정확하다는 것이다. 동일한 검출장비를 갖춘 동일한 망원경을 통해 관측되는 두 항성의 상대적인 밝기는 1%이내로 나타낼 수 있다. 태양의 전체광도(복사광도)는 잘 결정되었지만, 다른 항성들의 겉보기 밝기는 실험실 표준 값에 비해 약 3%이상 정확하지 않다. 주원인은 항성의 빛이 망원경에 도달하기 위해 거쳐야 하는 지구의 대기이다. [표 1.2]의 선속은 지구 대기흡수에 대한 보정보다 더 정확한 것으로 판명된 모형 항성대기를 이용하여 산출되었다. 수 마이크론보다 긴 파장대에서는 물리적 단위를 사용하는데 그 이유는 망원경의 반응율이 불안정하기 때문이다. 하나의 전파원에 대한 세기는 단 10%정도만 알려져 있어서 지상의 전파원과의 비교는 하늘에서 두 천체에 대한 상호 비교 정도만큼 정확하다.

*항성의 색*은 두 파장대역에서 받는 빛의 양의 차이로 정의한다. 만일 어느 한 항성이 다른 항성보다 더 푸르다면, 더 짧은 파장대에서 상대적으로 더 많은 빛을 낼 것이다. 이것은 $m_B - m_R$가 적색 항성에서 보다 푸른 항성에서 더 작다는 것을 의미한다. 천문학자들은 이 양을 '$B-R$ 색'으로 정의하고 $B-R$로 표기한다. $V-K$와 같은 다른 색 역시 같은 방식으로 정의한다. 낮은 값이나 음수가 청색 항성에 해당되고, 높은 값이 적색항성에 해당되도록 항상 더 짧은 파장대역의 겉보기 등급에서 더 긴 파장대역의 겉보기 등급을 뺀다. [표 1.4]는 [그림 1.7]에 있는 대부분의 파장대역에서의 각 분광형에 해당되는 주계열성에 대한 색을 나타낸다.

천문학자들은 적절하게 선택된 파장대역에서의 색과 알려진 형태의 항성의 색을 비교하여 항성의 분광형을 추정하고 온도를 측정한다. 푸른 색 $B-V$는 A, F, G항성들의 분광형에 대한 좋은 지시자 이다. 그러나 적색과 적외선 파장대에서 대부분의 빛을 방출하는 차가운 M항성들은 유사한 $B-V$값을 갖는다. 대신에, 적외선영역인 $V-K$ 색이 M항성의 분광형과 온도에 대해서 훨씬 훌륭한 안내자 역할을 한다. 더불어, [표 1.5]와 [표 1.6]에서 볼 수 있는 것처럼, 거성과 초거성의 색은 왜성의 색과 다소 다르다.

가시광 영역과 근적외선 영역의 색은 분광형보다 상호간 그리고 항성의 유효 온도에 대하여 더 밀접한 관계를 갖는다. 예를 들면, 동일한 색과 유효 온도를 가지는 태양과 매우 유사한 항성들은 G1 또는 G3의 분광형을 가질 수 있다. [표 1.4], [표 1.5], [표 1.6]에 목록화된 색은 다양한 방출원으로부터 수집된 것이고, 등급에서 수백분의 일 정도의 정확성을 가진다. 그러나 다른 항성들의 색은 동일한 방식으로 측정되기 때문에, 두 항성들 간의 색의 *차이*는 각각의 개별적인 색보다 더 정확하게 나타날 수 있다.

표준 거리 10 pc에서의 겉보기 등급으로서 방출원의 *절대등급* M을 정의한다. 항성의 절대 등급은 광도와 동일한 정보를 제공한다. 만일 우리와 항성 사이에 먼지나 다른 흡수 물질들이 없다면, 식 1.1관련 측정된 겉보기 등급 m과 거리 d는 다음과 같은 관계를 나타낸다.

$$M = m - 5\log_{10}(d/10\,\mathrm{pc}) \tag{1.15}$$

겉보기 등급의 경우에서처럼, 측정된 항성의 절대등급에 대한 파장대역은 아래 첨자로 나타낸다. 태양은 $M_B = 5.48$, $M_V = 4.83$, $M_K = 3.31$의 절대등급을 가진다. 또한 태양은 A0항성보다 더 적색을 띠기 때문에, 절대등급은 더 긴 파장대역에서 수치적으로 더 작은 값을 가진다. 초거성은 $M_V \sim -6$을 가지고 이 대역에서의 태양보다 만 배 이상 더 밝다.

[표 1.5] 적색 거성 광도 계급 III에 대한 평균 등급과 색

	M_V	BC	$U-B$	$B-V$	$V-R$	$V-I$	$J-K$	$V-K$	T_{eff}
B0	-5.1	2.8							29500
G5	0.9	0.3	0.50	0.88	0.48	0.93	0.57	2.10	5000
K0	0.7	0.4	0.90	1.02	0.52	1.00	0.63	2.31	4800
K5	0.3	1.1	1.87	1.56	0.84	1.63	0.95	3.60	3900
M2	-0.4	1.3	1.96	1.55	0.88	1.78	1.01	3.85	3850
M4	-0.6	1.8	1.83	1.59	1.10	2.47	1.13	4.40	3700
M6	-0.4	3	1.56	1.57	1.31	3.05	1.23	5.96	3400
M7	v	5	0.94	1.69	3.25	5.56	1.21	8.13	3100

Note 광도계급 III의 M7형 항성의 경우 때로는 변광성이 포함된다.

[표 1.6] 초거성, 광도계급 I에 대한 평균 등급과 색

	M_V	BC	$U-B$	$B-V$	$V-R$	$V-I$	$V-K$	T_{eff}
O8	-6.3	3.2	-1.07	-0.24				33000
09.5	-6.3	2.9						30500
B0	-6.3	2.8	-1.03	-0.22	-0.08	-0.2		29000
B6	-6.2	1.0	-0.72	-0.09	-0.01	-0.07		13500
A0	-6.3	0.2	-0.44	0.02	0.05	0.11	0.9	9600
F0	-6.6	-0.1	0.16	0.17	0.12	0.25		7700
G5	-6.2	0.4	0.84	1.02	0.44	0.82	3	4850
K5	-5.8	1.0	1.7	1.60	0.81	1.50		3850
K0	-5.6	1.4	1.9	1.71	0.95	1.91	4	3650

Note 거성은 특정 분광형에서 광도의 큰 범위를 갖는다. 다시 말해, Ia(밝은)형과 Ib(덜 밝은)형 초거성은 2에서 3 등급의 차이를 보일 수 있다.

표에 목록화 된 V 절대등급은 각 분광형 세부 분류에 대한 평균값이다. 태양 근처의 주계열성에 대하여, 각 세부 분류에 대하여 등급으로 측정된 M_V의 분산은 A형 항성과 조기 F형 항성들에 대하여 약 0.4에서부터 만기 K형 과 조기 G형 항성에 대해서는 약 0.5까지의 범위를 가지며, 만기 K형 항성과 조기 M형 항성들에 대해서는 약 0.3까지 떨어진다. 이 작은 변화는 항성이 진화하고 중원소 함량이 달라짐에 따라 색과 광도가 변화하기 때문에 나타난다. 그러나 동일한 분광형을 갖는 초거성은 2 또는 3등급의 광도차이가 있을 수 있다.

관측과 이론적 모형을 비교하기 위해, 전 파장 영역에 대하여 적분된 항성의 총에너지 양을 알아야 하며, 이것을 항성의 *복사 광도* L_{bol}라고 한다. 항성의 모든 빛을 측정할 수 없기 때문에, 직접 관측할 수 없는 영역에서 얼마나 많은 에너지가 방출되는지

를 알아내기 위해 항성 대기의 모형을 사용한다. 따라서 *복사 등급* M_{bol}을 정의할 수 있다. 이 척도의 영점은 태양의 절대 복사 등급을 $M_{\mathrm{bol},\odot}=4.75$로 고정함으로서 설정한다. 각각 [표 1.4], [표 1.5], [표 1.6]의 두 번째 열은 복사등급을 얻기 위해 M_V로부터 빼야하는 *복사 보정*을 나타낸다.

$$M_{\mathrm{bol}}=M_V-\mathrm{BC} \tag{1.16}$$

태양에 대해서 $\mathrm{BC}\approx 0.07$이다. 복사보정은 스펙트럼의 청녹의 영역에서 대부분의 빛을 방출하는 항성에 대해서는 작은 값을 가진다. 이러한 복사보정은 더 푸른 파장대에서 대부분의 빛을 방출하는 고온의 항성에 대해서 큰 값을 나타내며 차가운 적색성에 대해서도 큰 값을 가진다.

[주의] 일부 천문학자들은 식 1.16에서 +부호로 복사 보정을 정의하는 것을 선호한다.

마지막으로, 우리는 항성과 은하의 광도를 태양의 광도의 배수로서 표현하기로 한다. 근자외선의 파장대에서부터 수 마이크론의 근적외선 파장 대까지, 주어진 파장대역에서 한 항성의 광도가 동일한 파장대역에서 태양의 10배라면 $L=10\,L_\odot$ 이라고 나타낸다. 그러나 X-선과 전파 영역과 같이 태양이 많은 복사를 하지 않는 주파수영역에서는 한 항성의 광도가 태양의 *복사 광도*의 10배일 때 주어진 스펙트럼 영역에서 $L=10L_\odot$으로 나타낸다. 이 후자의 정의는 모든 파장대에 대해서 사용되기도 한다.

문제 1.7 주계열 전향점에 있는 200개의 F5형의 항성과 20개의 K0III형의 거성을 가지고 있는 성단이 있다. [표 1.2]와 1.4를 사용하여 V파장 영역에서의 절대 등급이 $M_V\approx-3.25$, 색지수 $B-V\approx 0.68$임을 보여라(이 값들은 4 Gyr 나이를 갖는 성단 M67의 경우와 비슷하다: 표 2.2 참조).

문제 1.8 먼지에 의한 소광효과를 보정한 후(1.2절 참조), 항성 베텔게우스는 평균 겉보기 등급은 $m_V=0$ 이고 색은 $V-K\approx 5$이다(많은 초거성과 같이, 이 항성은 변광성이다: m_V는 100−400일에 걸쳐 등급이 변한다). 거리가 $d=140\,\mathrm{pc}$라고 했을 때, V와 K파장영역에서의 절대 등급을 구하라.
베텔게우스가 K파장영역에서 광도가 태양과 비교해서 매우 큰 값 ($L_K\approx 4.1\times10^5 L_{K,\odot}$)을 가지는 반면, V파장영역에서 $L_V\approx 1.7\times10^4 L_{V,\odot}$임을 보여라. [표 1.4]를 사용하여 색지수 $V-K\approx 5$를 가진 항성의 대략적인 복사보정을 찾고, 복사 등급이 $M_{\mathrm{bol}}\approx-8$이며 복사 광도는 $L_{\mathrm{bol}}\approx 1.2\times10^5 L_{\mathrm{bol},\odot}$임을 보여라. 문제 1.3을 참고하여, 항성이 대략 $4.6\times10^{31}\,\mathrm{W}$의 빛을 복사함을 보여라(때로는 등급계의 혼돈이 있을 수 있다).

1.2 우리 은하

우리는 우리 은하라고 불리는 은하에 살고 있으며, 영어로 the Galaxy(G는 대문자)로 표현한다. 여기에서, 우리는 전형적인 거대 나선 은하의 항성과 가스의 양에 대하여 구체적으로 알아볼 것이다. 이번 절에서는 우리 은하의 개략적인 구조와 어떻게 항성들 사이의 가스와 먼지를 관측하는지에 대한 정보를 제공한다. 더불어 천구와 우리 은하 내 천체의 위치에 대한 몇 개의 좌표계에 대한 정의를 알아본다.

외부의 관측자는 [그림 1.8]에서 보이는 것과 같이 우리 은하를 볼 것이다. 태양은 우리 은하의 가장 두드러진 특징인 항성 원반 내에 존재하며, 중심에서 떨어진 곳에 위치한다. 항성 원반부라는 명칭이 함축하는 것처럼, 원반부는 얇고 거의 원형의 형태를 보인다. 또한 우리가 어두운 밤에 그것을 관측할 때, 원반부 항성들은 마치 하늘을 가로지르는 밝은 띠처럼 보인다. 이 띠의 어두운 부분들은 먼지와 밀도가 높은 가스들이 모여 있는 곳이다. 남반구의 하늘에서 밝은 중심 영역은 원반부 위 아래로 팽창한 팽대부이다. 중앙팽대부의 중심에는 밀도가 높은 항성의 핵이 있고, 전파원이 존재하며, $\mathcal{M} \approx 4\times10^6\mathcal{M}_\odot$의 질량을 갖는 블랙홀이 있다.

우리 은하내의 거리를 측정하기 *킬로파섹*을 이용하는데, 1 kpc은 1000 pc 또는 약 3×10^{16}km 이다. 우리 은하의 중앙 팽대부는 수킬로파섹의 반경을 가진다. 반면에, 항성 원반부는 적어도 15 kpc까지 뻗어 있으며, 태양은 항성 원반부의 중앙에서부터 8 kpc 지점에 위치해있다. 원반부 내의 항성의 밀도 n은 반경 R에서 *길이 척도* h_R만큼의 변화에 따라 $n(R) \propto e^{-R/h_R}$이 되도록 e배만큼 떨어진다. h_R은 $2.5-4.5$ kpc의 범위에 놓인다.

*얇은 원반부*는 원반부 항성들의 95%와 젊고 무거운 항성들을 포함하고 있다. 이 얇은 원반의 *높이 척도*, 즉, e배 만큼의 밀도 감소를 위해 이동해야 하는 수직거리는 $300-400$ pc 정도의 값을 갖는다. 나머지 항성들은 1 kpc의 더 큰 높이 척도를 가지는 *두꺼운 원반부*를 구성한다. 2장에서는 두꺼운 원반부의 항성들이 얇은 원반부 항성들에 비해 은하형성 초기에 생성되었으며, 부족한 중원소 함량을 보인다는 사실을 소개할 것이다. 원반부의 가스와 먼지는 매우 얇은 층 내에 놓여있으며, 태양의 위치 근처에 존재하는 중성 수소 가스의 대부분은 은하 평면의 100 pc이내 분포한다. 은하 중심으로부터의 거리가 증가할수록 이 층의 두께도 증가한다.

우리 은하의 원반부와 팽대부는 회전하고 있다. 원반부 내의 항성들은 은하 중심에 대하여 200 km s^{-1}의 속도로 궤도 운동을 한다. 따라서 태양의 경우, 한 주기의 궤도를 완성하는 데 거의 250 Myr 의 시간이 소요된다. 원반부 내의 항성들은 거의 원궤도로

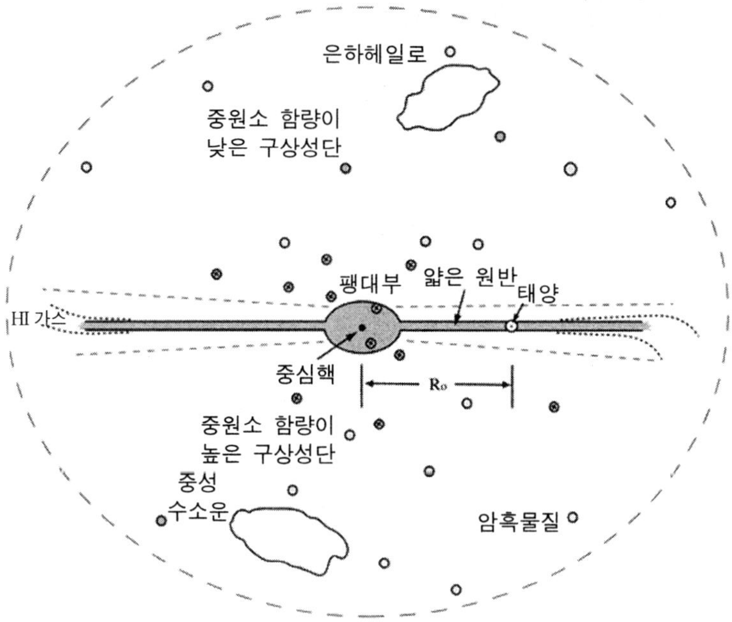

[그림 1.8] 우리 은하의 측면구조

운동을 하며, 초당 수십 킬로미터를 갖는 약간의 무작위한 운동을 한다. 팽대부 내의 항성들은 더 큰 속도로 무작위 운동을 한다. 이것은 3장에서 알게 되겠지만, 팽대부 내의 항성들은 약 $100\,\mathrm{km\,s^{-1}}$ 의 더 낮은 평균 속력으로 은하 중심을 궤도 운동 해야 한다는 것을 의미한다. 중원소 *함량이 낮은 헤일로*의 항성들과 구상 성단들은 은하 중심 주위에서 어떤 유기적인 회전도 보이지 않는다. 이들의 궤도는 태양계의 혜성들처럼 무작위한 방향을 따르며, *이심률*이 매우 큰 특성을 가진다. 따라서 은하의 외곽부에서 대부분의 시간을 보내게 되나, 근점을 향하여 깊숙이 진입한다.

원반부의 광도는 약 $(15-20)\times10^9 L_\odot$ 이며, 항성들의 질량은 약 $60\times10^9 \mathcal{M}_\odot$ 이다. 팽대부의 경우, 그 광도는 약 $L\approx5\times10^9 L_\odot$ 이고, 항성들의 질량은 약 $20\times10^9\mathcal{M}_\odot$ 이다. 헤일로 항성들은 단지 $10^9\mathcal{M}_\odot$ 정도로 은하 질량의 작은 부분만을 차지한다. 우리 은하의 중심에서부터 먼 거리에 있는 가스, 항성, 성단의 궤도 속력을 측정하고, 궤도를 유지하기 위해 요구되는 질량을 찾기 위해 식 3.20을 이용하여 결정하면, 은하의 전체 질량은 항성들과 가스에 존재하는 것보다 더 커야 한다는 것을 알 수 있다. 특히, 대부분의 은하의 질량은 상대적으로 항성들이 적게 존재하는 은하 중심에서부터 10 kpc 너머에 분포하는 것으로 보인다. 이것을 *암흑 물질*이라고 부르며, 일반적으로 구형의 암흑 헤일로에 위치한다고 가정한다. 우리 은하 및 외부 은하의 *암흑 헤일로*를 구성하는 보이지 않는 물질의 특성은 오늘날 천문학의 주요한 연구 영역 중 하나이다.

1.2.1_ 우리 은하 내의 가스

태양 근처 지역에서는 대략 매 10 pc^3 당 하나의 별이 존재한다. 태양 정도의 항성의 직경은 대략 10^{-7}pc정도여서, 대부분의 성간 공간에는 항성들이 거의 없으며, 가스와 먼지로 채워져 있다. 이 희박한 물질은 자신을 통과하는 항성 빛의 복사를 흡수하며, 자체 방출에 의해 존재를 드러낸다. 우리는 우리 은하 내의 *이온화된* 가스 (원자가 하나 또는 그 이상의 전자를 잃는다.), 중성 원자, 분자로부터 복사를 받는다. 이러한 복사는 방출선의 형태이거나, 혹은 선들이 없는 *연속적인* 스펙트럼의 연속선 방출이다.

원자와 이온은 그 전자들 중 하나가 낮은 에너지 준위로 양자 점프를 할 때, 에너지를 복사하며, 광자는 에너지 준위 사이의 차이와 동등한 에너지를 내어 놓는다. 만약 m번 이온화된 원소 X(X^{+m}으로 표기한다)가 하나의 전자를 얻었을 때, 이는 $X^{+(m-1)}$로 되어 전형적으로 들뜬 상태가 된다. 이 새로운 재결합된 이온이 기저 상태로 돌아갈 때, 전체 *재결합 복사*가 방출된다. 겨우 속박된 높은 준위 사이의 천이는 전파 주파수를 갖는 광자들을 생산하는 반면, 낮은 준위로 떨어지는 전자들은 가시광을 낸다. 수소의 Balmer선은 $n=2$로 떨어지는 천이로부터의 결과이다. 이러한 천이는 수소가 거의 완전히 이온화된 고온의 항성 주위인, *HII 지역*에서 관측된다. 가장 낮은 에너지 준위로의 천이는 더 많은 에너지를 가진 광자들을 발생시킨다. H^+가 하나의 전자를 포획하여 중성이 되고, 수소의 전자가 $n=2$에서부터 기저상태 $n=1$로 떨어질 때, 1216Å(10.2eV)에서 라이먼-α선의 자외선 광자가 방출된다. 더 무거운 원자에서는 가장 낮은 준위의 전자들이 더 강하게 속박되어 있고, 이 상태로의 천이는 X-선 광자들을 낸다. 매우 고온의 가스로부터는 24가로 이온화된 철, Fe^{+24}의 6.7keV K선을 볼 수 있다.

에너지를 가진 광자가 그 원자로부터 전자를 자유롭게 함으로써 가스는 *광이온화*가 가능하다. O형과 B형의 항성들은 수소를 기저 상태로부터 이온화 시키는데 필요한 912Å 보다 짧은 파장 또는 13.6 eV이상의 에너지를 가진 자외선 광자를 만들어낸다. 이 항성들이 HII 영역을 만들게 되며, 차가운 별들은 그렇지 못하다. 원자는 또한 전자간의 충돌로부터 높은 에너지 준위로 들뜰 수도 있다. 가스 온도 T가 충분히 높아 평균 입자 에너지 k_BT가 에너지 준위 차이에 해당하는 방출된 광자의 에너지 νh_P와 비교할 만큼 정도가 될 때, *충돌 이온화*는 중요해 진다. 원자 A과 원자 B와 충돌하여 들뜬 상태 A^*가 될 때, 다음과 같은 반응이 일어난다.

$$A+B \rightarrow A^*+B, \quad A^* \rightarrow A+\nu h_P$$

그러나, A^*가 다시 충돌하기 전에 붕괴되어야만 방출선 관측이 가능하다. 붕괴가 급하게 일어난다거나, 가스의 밀도가 낮을 때 가능하다. *금지선*은 원자가 다시 기저 상태로 돌아갈 때 가능한 천이들(쌍극전자)의 양자 역학적 법칙에 맞지 않는다. 이러한 비규칙적 천이는 확률이 매우 낮은 느린 과정에서 나타난다. 이는 밀도가 높은 실험실의 플라즈마에서는 관측이 불가능한데, 그 이유는 A^* 상태가 붕괴되기 전에 충돌하기 때문이다. 수소 원자의 전자는 Hα광자 복사에 의해 $n=3$부터 $n=2$까지 이동하는데 단지 10^{-8}초밖에 걸리지 않으나, 금지선은 1초 또는 그 이상의 시간이 소요된다. *임계 밀도* $n_{\rm crit}$일 때, 선의 세기는 거의 최대에 도달하며, 밀도가 높은 가스의 경우 충돌이 빈번하게 일어나 대부분의 A^*의 들뜬 상태는 광자를 방출하기 전에 사라진다.

금지선들의 세기는 이와 같은 물리량에 매우 강하게 의존하기 때문에, 방출 가스의 밀도나 온도에 관한 자세한 정보를 제공한다. 천문학자들은 대괄호를 이용하여 금지선을 표현한다. 예를 들면, 5007 Å 에 있는 [OIII]선과 같이 표현한다. OII 또는 OIII(한 번, 두 번 이온화된 산소), NII와 SII 와 같은 이온화된 금속들의 금지선들은 HII영역에서 방출되는 에너지의 대부분을 차지한다. [표 1.7]은 일반적인 금지선을 나타내었다.

미세 구조의 천이는 전자의 궤도 각운동량과 회전 사이의 상호관계를 반영한다. 이러한 천이는 주 에너지 준위사이의 차이보다 단지 $1/137^2$배 만큼의 차이에 해당된다. 중성원자나 이온화 정도가 낮은 이온들에 대해서는 원적외선의 파장대를 의미한다. 탄소, 산소, 그리고 질소의 미세 구조 선은 10 − 300 μm의 범위에 있으며, 이러한 복사는 성층권에서 항공기를 이용하거나 우주에서 관측된다. 들뜬 상태의 에너지는 적기 때문에 이러한 선들은 낮은 온도에서 중요하다. 158 μm에서 한번 이온화된 탄소의 CII선과 63 μm와 145 μm에서 중성 산소 선들은 우리 은하내의 $T \sim 100$K를 갖는 원자 가스에 의해 방출되는 대부분의 에너지를 가지고 있다. 선의 밝기는 C^+ 이온이 충분한 에너지를 가진 전자 또는 H_2분자와 충돌하는 비율에 의해 결정된다. 158 μm의 광자 에너지는 $T=91.2$K에 해당하며, 이 차가운 가스에서 충돌은 매우 느려서 CII를 그 윗 단계로 들뜨게 하지 못한다. $\rm cm^3$ 당 n_e개의 전자와 $n(C^+)$개의 탄소이온을 가진 희박한 가스에서 다음과 같은 비율로 에너지가 빙출된다.

$$\Lambda(\mathrm{C}^+) = n_e n(\mathrm{C}^+) T^{-1/2} \exp(-91.2\mathrm{K}/T) \times 8 \times 10^{-20} \mathrm{erg\ cm^{-3}\ s^{-1}} \tag{1.17}$$

식 3.58의 *맥스웰* 에너지 분포에 따른 전자 때문에 지수항이 나타난다. 선의 밝기는 온도가 100K 보다 낮을 때, 급속하게 떨어진다.

[표 1.7] 원자들의 일반적인 가시광선, 적외선에서의 금지선

원자	천이	파장	$n_{crit}(cm^{-3})$
CI	$^3P_1 \rightarrow {}^3P_0$	610 μm	500
	$^3P_2 \rightarrow {}^3P_1$	371 μm	1000
CII(C^+)	$^2P_{3/2} \rightarrow {}^2P_{1/2}$	158 μm	50
NII(N^+)	$^1D_2 \rightarrow {}^3P_2$	6583 Å	66000
	$^1D_2 \rightarrow {}^3P_1$	6548 Å	66000
OI	$^1D_2 \rightarrow {}^3P_2$	6300 Å	2×10^6
	$^3P_1 \rightarrow {}^3P_2$	63.2 μm	30000
	$^3P_0 \rightarrow {}^3P_1$	145.5 μm	8000
OII(O^+)	$^2D_{5/2} \rightarrow {}^2S_{3/2}$	3729 Å	3400
	$^2D_{3/2} \rightarrow {}^4S_{3/2}$	3726 Å	15000
OIII(O^{++})	$^1D_2 \rightarrow {}^3P_2$	5007 Å	7×10^5
	$^1D_2 \rightarrow {}^3P_1$	4959 Å	7×10^5
	$^1S_0 \rightarrow {}^1D_2$	4363 Å	2×10^7
	$^3P_2 \rightarrow {}^3P_1$	51.8 μm	4000
	$^3P_1 \rightarrow {}^3P_0$	88.4 μm	2000
NeII(Ne^+)	$^2P_{1/2} \rightarrow {}^2P_{3/2}$	12.8 μm	7×10^5
NeIII(Ne^{++})	$^3P_1 \rightarrow {}^3P_2$	15.6 μm	2×10^5
	$^3P_0 \rightarrow {}^3P_1$	36.0 μm	3×10^4
NeV(Ne^{+4})	$^1D_2 \rightarrow {}^3P_2$	3426 Å	2×10^7
SII(S^+)	$^2D_{5/2} \rightarrow {}^4S_{3/2}$	6716 Å	2000
	$^2D_{3/2} \rightarrow {}^4S_{3/2}$	6731 Å	2000
SIII(S^{++})	$^3P_2 \rightarrow {}^3P_1$	18.7 μm	10000
	$^3P_1 \rightarrow {}^3P_0$	33.5 μm	2000
SiII(Si^+)	$^2P_{1/2} \rightarrow {}^2P_{3/2}$	34.8 μm	3×10^5
FeIII(Fe^{++})	$a^4D_{7/2} \rightarrow a^4P_{9/2}$	1.64 μm	3×10^5

Note 임계 밀도 n_{crit}에서 선들은 최대 세기를 가진다. 파장 영역 $< 1\ \mu$m에 있는 선들의 경우, n_{crit}은 $T = 10000$ K에서의 전자와의 충돌로부터 계산하였으며, 그 외는 HI원자와의 충돌로부터 계산하였다.

초미세 천이는 핵의 회전과 궤도 운동하는 전자에 의해 생성된 자기장 사이의 상호 관계에 의한 결과이다. 이러한 천이는 미세 구조선보다 2000 배 더 작은 에너지 분리를 갖는다. 초미세 천이에서 가장 중요한 특징은 수소 원자에서 나타나는데, 이것은

전자의 회전이 양성자 회전에 대해 평행한 방향에서 반대 방향으로 갑자기 변화할 때 나타나는 것이다. 21 cm 선의 광자는 아주 작은 방출 에너지를 갖는다. 평균적으로 수소 원자는 이러한 천이를 만드는데 11 Myr 보다 다소 오랜 시간이 소요된다. 그러나 수소는 가장 풍부한 원소이기 때문에, 21 cm 전파의 방출은 우리 은하의 전 영역에서 같이 나타난다.

문제 1.9 21cm 방출선의 세기를 구하기 위해서, 얼마나 자주 수소 원자가 서로 충돌하는가에 대해 알아보아야 한다. 만약 원자들이 평균 속도 $v_{\rm th}$를 가지고 있다고 하면, 각각의 운동에너지는 $m_{\rm p}v_{\rm th}^2/2 = 3k_{\rm B}T/2$이다: $T = 100\,{\rm K}$일 때, $v_{\rm th} \approx 2\,{\rm km\,s^{-1}}$임을 보이시오. 각각의 원자들은 보어 반경 $a_0 = h_{\rm P}^2/(4\pi^2 m_e e^2) = 0.529 \times 10^{-8}\,{\rm cm}$을 가지며 질량 $m_{\rm P}$를 갖는다고 간주한다. ${\rm cm}^3$ 당 $n_{\rm H}$개의 원자가 있을 때, 하나의 원자가 다른 하나에 충돌하는 평균 시간 $t_{\rm coll}$은 다음과 같다.

$$\frac{1}{t_{\rm coll}} = n_{\rm H}\pi a_0^2 v_{\rm th}, \quad \text{따라서} \quad t_{\rm coll} \approx 3000\left(\frac{1\,{\rm cm}^{-3}}{n_{\rm H}}\right)\left(\frac{1000\,{\rm K}}{T}\right)^{1/2} {\rm yr} \tag{1.18}$$

가까운 $n_{\rm H} \geq 0.1$인 중성 구름(표 2.4 참조)에서, $t_{\rm coll}$은 21 cm 광자가 방출되는데 필요한 시간보다 훨씬 짧다. 들뜬 상태와 기저 상태의 에너지 차이가 작기 때문에, 빈복되는 충돌 후에 각 기능한 준위에서의 원자의 개수는 같을 것이다. 같은 방향의 회전(각운동량 단위)을 가진 들뜬 상태의 원자는 세 가지의 준위를 가지며, 기저 상태의 원자(반대 방향 회전과 0의 각운동량을 가진다)는 단 하나이다. 그러므로 각각의 입방 cm에서 11 Myr 당 $3n_{\rm H}/4$의 광자를 방출한다.

*분자*는 에너지 준위 사이에서 전자가 움직여 복사하는 원자처럼 복사할 수 있다. 그러나 분자를 이루고 있는 원자들 역시 진동의 양자 준위와 질량 중심에 대한 회전 양자 준위를 가지고 있다. 분자의 이러한 준위 이동에 의한 복사를 관측할 수 있다. CO, CS, HCN 와 같이 일반적으로 작은 분자들의 진동 준위는 수 마이크론에서 방출되는 에너지에 의해 나누어지는 반면, 회전에 의한 천이는 밀리미터파가 된다. 대칭적인 H_2 분자는 자기 쌍극 모멘트를 가지고 않으며 따라서 회전 천이는 대략 137^2배 더 느리다. H_2 분자의 가장 적은 에너지를 가진 천이는 20 μm 에서의 방출이며, 따라서 저온의 H_2분자는 거의 복사하지 않는다. 단지, 온도 $T \sim 1000\,{\rm K}$을 갖는 충격 가스는 강한 방출을 보여준다. 2000 Å 이하의 자외선 광자는 두 개의 떨어진 수소 원자들의 에너지보다 강한 에너지로 수소 분자를 더 높은 전자 준위로 들뜨게 한다. 이 분자들의 약 10%가 두 개의 수소 원자로 *분리된다*. 나머지는 자외선 광자를 방출하여 기저 상태로 돌아간다. 뜨거운 항성들의 자외선 스펙트럼에서 우리와 항성 사이의 차가운 H_2에서 나오는 많은 흡수선들이 나타난다.

[표 1.8]은 일반적으로 관측되는 분자선들을 보여준다. H_2는 종종 자외선에 의해 들뜨지만, 다른 분자들은 주로 충돌에 의해 들뜬다. 전형적인 열적 에너지 k_BT가 그 윗단계의 에너지 E_{upper} 를 초과할 때만 그 선들을 관측할 수 있다. 주파수 ν 에서의 선에 대한 붕괴율은 ν^3에 비례하고, 상위 준위들은 유지 시간이 길다. 선의 세기는 가스의 밀도, 온도, 구성과 복사에 비례한다. 원자선들과 달리, CO, CS, HCN와 같은 분자들의 강한 회전 천이는 광학적으로 두꺼우며, 분자 구름으로부터 탈출하고자 하는 광자의 선은 다른 분자에 의해 흡수되기도 하여 들뜬 상태가 되기도 한다. 그러므로 원자선에 대해서와 같이 분자선에서는 쉽게 임계 밀도를 정의할 수 없다.

H_2다음으로 가장 많은 분자인 CO에서, 1.3 mm과 2.6 mm의 회전 천이는 밀도 $n(H_2) \sim 10^3 - 10^4\,\text{cm}^{-3}$에서 가장 강하고 여기를 위해서는 단지 $T \sim 10 - 20\,\text{K}$가 요구된다. 또한 더 짧은 파장영역에서 더 높은 천이를 위해서는 더 큰 밀도와 더 높은 온도가 요구되므로, 복합적인 선들을 관측함으로써 가스 방출 상태를 조사할 수 있다. NH_3, CS, HCN로부터의 방출은 CO보다 각각 10 - 1000배 정도 더 큰 밀도에서 가장 크다. 규소 먼지 입자들이 충격으로 분리되어 깨진 곳에서 SiO 방출선을 볼 수 있다. 우리 은하 너머에서, CO와 같은 선들은 무거운 원소들이 거의 없는 왜소 은하의 가스 때문에 일반적으로 왜소 은하에서 약하게 나타난다. HCN은 밀집된 가스에서 강한 복사를 방출하고 있는 활동성 핵을 가진 은하들에서 강하게 나타나지만, 활동성 핵으로부터 나오는 X 선이 HCO^+를 쉽게 파괴한다.

밝은 항성과 원시성 근처와 활동성 은하 핵 주변(9.1절 참조)에서, *메이저* 현상은 1.7 GHz에서의 OH의 천이와 22 GHz에서의 물과 H_2O의 천이와 같은 분자 천이 내에서 일어날 수 있다. 빠르게 움직이는 고온의 H_2 분자들의 충돌과 항성의 강한 적외선 복사는 분자들을 두 에너지 상태 중 더 큰 상태로 여기 시킬 수 있다. 따라서 이러한 방출에 의해 더 낮은 상태로 떨어지는 천이에서의 복사가 증폭된다. 방출이 우리의 시선방향에 대해 일치할 때, 메이저 현상 지역을 관측할 수 있으며, 매우 작고, 복사는 매우 강하다.

가스운이나 항성의 속도를 측정하기 위해 방출선과 흡수선을 이용한다. 만약 광원이 우리로부터 멀어진다면, 관측하는 선의 파장 λ_{obs} 선은 방출한 파장 λ_e보다 더 길어질 것이다. 반면에, 광원이 우리를 향해 다가온다면, $\lambda_{\text{obs}} < \lambda_e$이다. *적색편이*는 파장의 상대적 변화로서 $z = \lambda_{\text{obs}}/\lambda_e - 1$이다. 빛의 속력보다 아주 작은 속력에 대해서, *도플러* 공식은 다음과 같다.

$$1 + z \equiv \frac{\lambda_{\text{obs}}}{\lambda_e} = 1 + \frac{V_r}{c} \tag{1.19}$$

[표 1.8] 분자 구름에서 나오는 일반적으로 관측되는 선들

분 자	천 이	주파수 ν	파 장 λ	E_{upper}/k_B (K)	[a]전형적인 n_H (cm^{-3})
H_2	v=1−0, S(1)	140THz	2.128μm		
H_2 ortho	v=0−0, S(0)	11THz	28.2μm	510	
	v=0−0, S(2)	24THz	12.3μm	1682	
H_2 para	v=0−0, S(1)	18THz	17.1μm	1015	
CO	$J=1\rightarrow 0$	115.3GHz	2.6mm	5.5	~100
	$J=2\rightarrow 1$	230.5GHz	1.3mm	17	~1000
	$J=3\rightarrow 2$	345.8GHz	0.87mm	34	10^3-10^4
CS	$J=1\rightarrow 0$	49GHz	6.1mm	2.4	>5000
	$J=5\rightarrow 4$	244GHz	1.2mm	35	10^6
SiO	$J=2\rightarrow 1$	86.8GHz	3.5mm	6.3	[c]shocks
	$J=5\rightarrow 4$	217.1GHz	1.4mm	31.3	[c]shocks
	$J=8\rightarrow 7$	347.3GHz	0.86mm	75	[c]shocks
HCO^+	$J=1\rightarrow 0$	89GHz	3.4mm	4.3	>3000
	$J=3\rightarrow 2$	268GHz	1.1mm	26	>30000
HCN	$J=1\rightarrow 0$	89GHz	3.4mm	4.3	>10000
	$J=3\rightarrow 2$	266GHz	1.1mm	26	$>10^5$
HNC	$1\rightarrow 0$	91GHz	3.3mm	4.3	4×10^6
	$3\rightarrow 2$	272GHz	1.1mm	26	10^7
NH_3 para	$(J, K)=(1, 1)-(1, 1)$	23.69GHz	12.7mm	23	2×10^3
	$(J, K)=(2, 2)-(2, 2)$	23.72GHz	12.6mm	64	
NH_3 ortho	$(J, K)=(3, 3)-(3, 3)$	23.87GHz	12.6mm	122	
H_2CO ortho	$2_{12}\rightarrow 1_{11}$	140.8GHz	2.1mm	21.9	10^5
	$3_{12}\rightarrow 2_{11}$	225.7GHz	1.3mm	33.5	5×10^5
	$5_{33}\rightarrow 4_{32}$	364.3GHz	0.82mm	158.4	10^6
H_2CO para	$2_{02}\rightarrow 1_{01}$	145.6GHz	2.1mm	10.5	2×10^5
	$3_{32}\rightarrow 2_{21}$	218.5GHz	1.4mm	68.1	2×10^5
	$5_{23}\rightarrow 4_{22}$	365.4GHz	0.82mm	99.7	2×10^6
[b]OH	$^2\Pi_{3/2}, J=3/2$	1.7GHz	18cm	0.1	10^4-10^6
[b]H_2O ortho	$6_{16}\rightarrow 5_{23}$	22.2GHz	13.5mm	640	10^7-10^9

[a] 밀도는 구름 크기, 복사 등에 비례한다.

[b] 이 선은 종종 메이저처럼 보인다.

[c] 이 선은 10−40 $km\,s^{-1}$ 속도의 충격이 먼지 알갱이를 붕괴시키는 것을 의미한다.

V_r은 *시선속도*로서, 우리로부터 멀어지는 광원의 속력을 나타낸다. 그리고 c는 빛의 속도이다. 전파 망원경은 관례적으로 10^6의 1로 파장과 속도를 측정하여, 광학 망원경은 대체로 10^5의 1 정도이다. 1년 동안 계속적으로 변화 하는 지구의 운동에 대하여 보정하여 태양에 대해 상대적인 값으로 *태양 중심* 속도를 결정한다.

우리 은하의 중심부와 은하단, 은하군 내에 있는 고온의 가스는 $T \sim 10^7 - 10^8\,\mathrm{K}$의 온도를 가지며, 이에 의한 자유-자유 복사는 주로 X-선 복사이다. $T \sim 10^4\,\mathrm{K}$를 갖는 고온의 항성들 주위의 HII지역의 이온화된 가스는 주변의 먼지가 많은 가스를 관통하는 전파 파장대에서의 자유-자유 방출로서 관측될 수 있다. 또한 강한 전기장 때문에 전자들은 곡선 경로로 바뀌게 된다. 만약 전자들이 빛의 속도에 가깝게 이동한다면, 강하게 편광된 싱크로트론 복사를 일으킨다. 이 과정은 초신성 잔해와 우리 은하 핵의 전파원의 동력이 된다. 만약 전자가 매우 큰 에너지를 가지고 있다면, *싱크로트론* 복사는 가시광 그리고 X-선 에너지에서 조차 생성될 수 있다.

밀도가 낮은 흩어진 이온화된 가스는 연속체 복사를 한다. *자유-자유* 복사(*브렘슈트랄룽* 또는 제동복사라 불리우는) 는 이온들과 다른 전자들로 부터의 전기력이 자유전자를 곡선경로로 편향시킬 때 발생한다. 우리 은하의 중심부와 은하단, 은하군 내에 있는 고온의 가스는 $T \sim 10^7 - 10^8\,\mathrm{K}$의 온도를 가지며, 이에 의한 자유-자유 복사는 주로 X-선 복사이다. $T \sim 10^4\,\mathrm{K}$를 갖는 고온의 항성들 주위의 HII지역의 이온화된 가스는 주변의 먼지가 많은 가스를 관통하는 전파 파장대에서의 자유-자유 방출로서 관측될 수 있다. 또한 강한 전기장 때문에 전자들은 곡선 경로로 바뀌게 된다. 만약 전자들이 빛의 속도에 가깝게 이동한다면, 강하게 편광된 싱크로트론 복사를 일으킨다. 이 과정은 초신성 잔해와 우리 은하 핵의 전파원의 동력이 된다. 만약 전자가 매우 큰 에너지를 가지고 있다면, *싱크로트론* 복사는 가시광 그리고 X-선 에너지에서 조차 생성될 수 있다.

성간 물질 질량의 약 1%는 $1\mu m$ 보다 작은 직경을 갖는 규산염과 탄소화합물의 작은 먼지 입자들로 주로 구성되어있다. 이 티끌 알갱이들은 자신의 크기보다 작은 파장대에서 효율적으로 복사를 산란시키고 흡수한다. 확산된 항성 복사에 의해 가열된 먼지는 $T \sim 10 - 20\,\mathrm{K}$의 온도를 가지고 $\sim 200\,\mu\mathrm{m}$에서 빛을 발한다. 밝은 항성 근처의 먼지들은 더 뜨겁다.

먼지가 균일하게 분포하고 있을 때, 먼지가 있는 가스를 지나오는 빛은 매 파섹당 같은 비율로 에너지를 잃는다. 만약 두 명의 관측자가 x 와 $x + \Delta x$의 위치에서 x의 반대 방향에 있는 항성을 본다면, 가까운 관측자에게는 더 밝게 보일 것이다. 파장 λ에서의 겉보기 밝기는 다음과 같다.

$$F_\lambda(x+\Delta x) = F_\lambda(x)[1-\kappa_\lambda \Delta x] \tag{1.20}$$

여기서 *불투명도* κ는 빛이 흡수되는 정도를 나타낸다. 만약 멀리 있는 항성이 $x_0 < x$에 위치하고 있다면 아래와 같은 관계를 얻을 수 있다.

$$\frac{dF_\lambda}{dx} = -\kappa_\lambda F_\lambda, \text{ 그러므로, } F_\lambda(x) = F_{\lambda,0}\, e^{-\kappa_\lambda(x-x_0)} = F_{\lambda,0}\, e^{-\tau_\lambda} \tag{1.21}$$

여기서 $F_{\lambda,0}$은 먼지가 없을 때 측정할 수 있는 겉보기 밝기이고, τ_λ 는 먼지층의 *광학적 깊이*이다. 푸른빛과 자외선 영역의 복사는 붉은 빛보다 먼지에 의해 더 강하게 흡수되고 산란되므로, 우리와 항성사이의 먼지들은 항성을 더 붉고 희미하게 보이게 한다. 성간 먼지에 대해서, $3000\,\text{Å} < \lambda < 1\,\mu\text{m}$ 범위의 가시광 파장에서 $\kappa_\lambda \propto 1/\lambda$을 가정할 수 있다.

문제 1.10 $e^{-\tau_\lambda}$의 값만큼 광원이 희미해질 때, 식 1.10에 따라 겉보기 등급이 $A_\lambda = 1.086\,\tau_\lambda$의 값만큼 증가함을 보이시오. A_λ는 파장 λ에서의 소광이다.

문제 1.11 태양 근처의 밀도가 낮은 흩어진 성간 가스는 1 입방 센티미터 당 약 1개의 원자 (1원자/cm^{-3})의 밀도를 가진다. 한 면이 30km인 가스 입방체를 지구의 정상 대기 밀도와 압력(22.4 l당 6×10^{23}개의 원자: 10cm의 입방체는 1 l 의 부피를 가진다.)으로 가져오기 위해 입방체의 체적을 1cm^{3}로 압축해야 함을 보여라. 성간 가스는 실험실의 적절한 진공상태에서 보다 10^{10}배 더 희박하며, 지구의 대기 보다는 대략 10^{10}배 더 밀도가 낮다.
각 먼지 알갱이는 $0.1\,\mu m$의 반경을 가진 구이며, 매 10^{12}의 원자당 하나의 알갱이를 포함하는 가스를 가정하자. 빛이 이와 같이 압축된 가스의 1cm를 이동할 때, 빛의 약 1% 정도가 차단된다는 것을 보여라. $\kappa = 0.015\,\text{cm}^{-1}$임을 보이고, 이 때 약 70cm 두께의 층이 빛의 $1/e$만큼 막히도록 ($\tau_\lambda = 1$) 함을 보여라. 만약 우리 주위를 둘러싼 공기가 성간공간 만큼 먼지를 갖는다면, Charles Dickens에 의해 설명된 런던의 안개처럼 1미터 이상의 시야를 확보할 수 없을 것이다.

문제 1.12 우리 은하의 밝기를 $L \approx 2\times10^{10} L_\odot$이라 가정하고 반경이 5kpc인 구와 가깝다고 할 때, 식 1.3을 이용하여, $T_{eff} \approx 5\,\text{K}$의 흑체로서 복사함을 보이라. 태양 근처에서 항성의 빛은 성간먼지를 $15-20\,\text{K}$로 가열시킨다.

약 1pc보다 큰 영역에 대해서, 먼지는 은하 가스와 잘 섞여 있다. 은하 북극을 향하여 보았을 때, 멀리 있는 천체가 V 파장대에서 평균 0.15 등급, 또는 13% 만큼 희미해짐을 볼 수 있다. 만약 먼지 층이 일정한 두께 z_0를 가진다면, 은하극에서 각도 b만큼 떨어진 곳에서 볼 수 있는 은하수 너머의 천체들은 $z_0/\cos b$만큼의 먼지 가스를 통과하여 보여진다. 그러므로 τ_λ와 항성의 겉보기 등급 증가는 $1/\cos b$의 비율을 가진다. 먼지 가스가 약간 덩어리 져 있다면, 고위도 지역에서 중성 수소를 측정하기 위한 21cm 방출선 사용과 먼지의 양을 가정함으로서, *은하 소광*을 잘 측정할 수 있다. 대략적으로, V 파장대에서의 소광 A_V는 cm^2 당 수소 원자의 개수 N_H와 관계가 있다.

$$N_H \approx 1.8 \times 10^{21}\ \mathrm{cm}^{-2} \times A_V(\mathrm{magnitudes}) \tag{1.22}$$

2.4절에서 우리 은하의 성간 가스에 대해서 더 자세히 다뤄 볼 것이며, 다른 은하들의 경우에 대해서는 4, 5, 6장에서 다룰 것이다.

1.2.2_ 우리 은하에서의 위치 : 좌표계

우리가 지구위의 한 점의 위치를 나타내기 위하여 위도와 경도를 사용하듯이, 하늘의 항성들의 위치를 나타내기 위한 방법이 필요하다. 일반적으로, 우리는 [그림 1.9]에서 볼 수 있는 것과 같이 *적도 좌표계*를 사용한다. 항성들은 지구를 중심으로 한 거대한 *천구*에 놓인다고 생각하며, 지구의 남극과 북극에서 바로 위에 있는 점들을 *천구의 극*으로 정의 한다. *천구 적도*는 지구의 적도 바로 위에 놓이는 천구의 대원이다.

지구의 위도와 유사한 항성의 *적위*는 천구상의 항성의 위치와 가장 가까운 천구 적도 지점과의 사이 각이다. 천구의 북극에 있는 천체의 적위 $\delta = 90°$ 이며, 천구의 남극에 위치한 천체의 적위는 $\delta = -90°$ 이다. 북극위에서 볼 때, 지구는 시계 반대 방향으로 회전하기 때문에 항성이 동쪽에서 떠서 천구의 극 주위를 선회하면서 서쪽으로 향하는 것처럼 보인다. 각각의 항성은 적위에 해당하는 위도의 원이 동쪽의 지평선을 가르는 지점에서 뜨고, 그 원이 서쪽의 지평선을 교차하는 곳으로 진다.

일 년에 걸쳐서, 태양은 항성을 배경으로 서쪽에서부터 동쪽으로 천천히 이동하는 것처럼 보인다. 태양은 *황도* 대원을 따라 6월에는 천구 적도의 위쪽에 놓이고 1월에는 천구 적도의 아래쪽에 놓인다. 황도는 *춘분점*과 *춘분점*을 교차하며 천구적도에 23°27′기울어져 있다. 따라서 태양은 천구 적도를 일 년에 두 번 지나는데, 봄에는 대략 3월 21일경에 춘분점을 지나가고, 가을에는 6월 23일에 추분점을 지나간다. 하늘에서 경도를 정의하기 위해, 지구의 그리니치 자오선과 같이 영점으로 춘분점을 사용한다. 항성의 경도는 *적경*이라고 하며, α로 표기한다. 적경은 춘분점으로부터 동쪽 방향으로 시간 단위로 측정하며, 전체 한 바퀴에 대해 24시간이 된다.

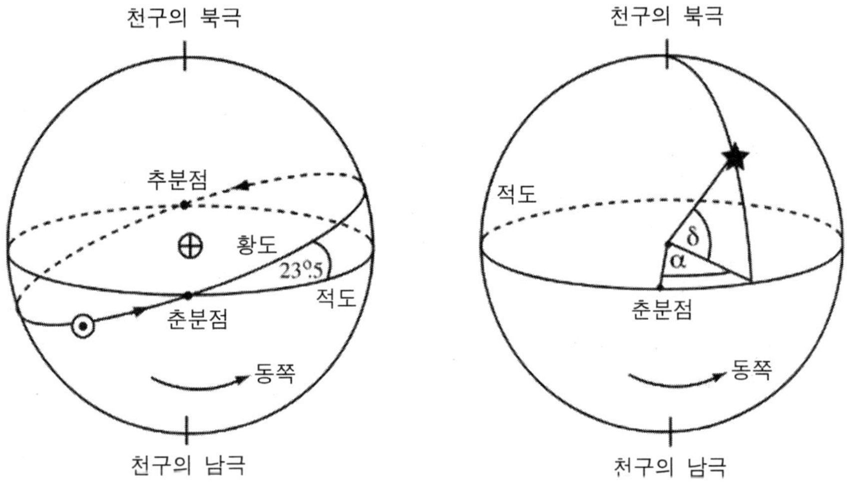

[그림 1.9] 황도가 표시된 천구 : 적경 α는 춘분점으로부터 동쪽으로 측정하고, 적위 δ는 천구 적도에서부터 측정한다.

지구의 회전축의 방향은 *세차 운동* 때문에 천천히 변화한다. 따라서 천구의 극과 적도는 하늘의 고정된 위치에 머무르지 않는다. 춘분점은 일 년당 약 50″씩 황도를 따라 서쪽으로 움직인다. 이로 인해, 한 춘분점에서 다음 춘분점까지의 한 주기를 나타내는 *회귀년*은 지구의 궤도 주기를 나타내는 *항성년*보다 약 20분 더 짧다. 그러므로 항성의 좌표를 나타내는 α, δ는 좌표계의 기준년 선정에 따라 다르다. 일반적으로 1950년 또는 2000년 기준이나, 현재 기준에 대한 좌표계를 사용한다. 컴퓨터 프로그램으로 쉽게 이들 좌표계들을 변환시킬 수 있다. 천문학자들은 기준년 지정을 잊고 잘못된 방향에 망원경을 위치하기도 한다.

순간적으로 하늘의 가장 높은 점에 도달한 항성들은 천구의 극과 머리 바로 위의 점인 *천정*을 통과하는 대원 위에 놓인다. 이 항성들은 모두 동일한 적경을 가지고 있다. 9월의 추분점의 날에, 춘분점의 위치와 적경이 0인 모든 항성들은 자정에 하늘에서 가장 높은 곳에 위치한다. 지구의 회전의 8분의 1을 지났을 때, 즉, 3시간 후에 항성들은 적경 3^h를 갖고 동쪽에 있던 항성들이 가장 높은 위치로 오게 된다. 따라서 항성의 위치는 시간을 알려주기 위해 활용될 수 있다. 순간적으로 가장 높은 위치에 있는 항성의 적경을 지방항성시, *항성시*라고 한다. 또한 모든 관측소는 항성시뿐만 아니라 일반적 시간을 나타내기 위한 시계가 있다.

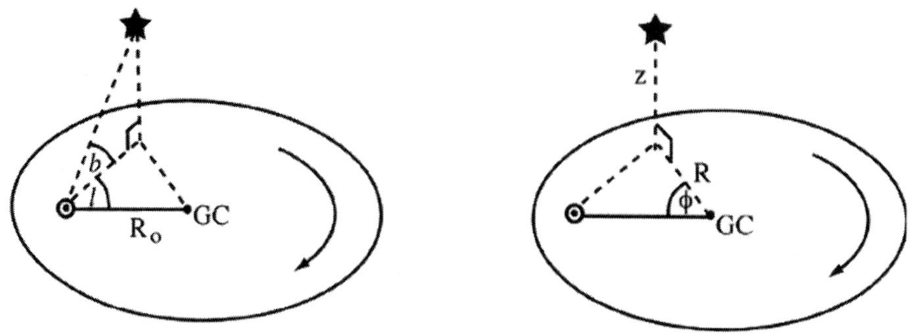

[그림 1.10] 왼쪽, 태양 중심의 은경 l과 은위 b ; 오른쪽, 은하의 중심을 원점으로 하는 원통 극 좌표계 R, ϕ, z

문제 1.13 지구가 한 해 동안 태양의 주위를 궤도 운동하는 것에 대하여 항성에 대해서는 자전 축에 대하여 $366\frac{1}{4}$ 회전한다는 것을 그림을 그려 설명하라. 한 해의 항성일의 수는 새벽부터 자정까지 측정된 태양일의 수보다 하루 이상 많다. 따라서 1 항성일은 $23^h 56^m$ 만이다.

우리 은하와 관계가 있는 항성들을 관측함에 있어서 항성의 위치를 나타내기 위해, [그림 1.10]의 왼쪽 그림에서처럼 은위와 은경으로 표현되는 태양 중심 좌표계를 사용한다. 은하의 중심은 $\alpha = 17^h 42^m 24^s, \delta = -28°55'$의 방향에 놓인다(1950년 기준). 은경 l은 원반부 평면에서 $l=0$으로 정의되는 태양 중심선으로부터 $l = 90°$인 태양의 회전 방향을 향하여 측정한다. $0 < l < 180°$ 영역은 지구의 북반구에서 볼 수 있기 때문에, 은하의 북반구라고 부른다. 반면에, $180° < l < 360°$은 은하의 남반구이다. 위도 b는 원반부의 평면으로부터 떨어진 항성의 각을 나타낸다. b는 $\alpha = 12^h 49^m$, $\delta = 27°24'$(1950년)에 있는 *북쪽의 은하극* 쪽을 양의 방향으로 하여 측정된다. 북쪽의 은하극은 지구의 북반구에서 볼 수 있는 원반부의 극이다. 지구의 회전축과 우리 은하의 회전축은 $120°$ 만큼 떨어져 있으며, 우리 은하의 회전은 위에 있는 북쪽의 은하극에서 볼 때는 시계 방향이며, 회전축은 남쪽의 은하극에 가까운 방향이다.

3차원으로 항성의 위치를 나타내기 위하여, [그림 1.10]에서처럼 은하중심 원통 극 좌표계 R, ϕ, z를 사용할 수 있다. 반경 R은 원반부에서 은하 중심으로부터의 거리를 측정한다. 원반부의 가운데 평면에서 위로의 높이는 z로 주어지고 북쪽의 은하극 방향이 $z > 0$이다. 방위각 ϕ는 태양을 향하는 방향으로부터 $l = 90°$ 방향이 양의 값이 되도록 측정한다. 태양근처의 운동에 대해서, 직교 좌표계 x, y, z를 사용하는데, x는 시선 방향 바깥쪽을 향하고 있으며, y는 태양 회전의 방향이다.

우리 은하에 대한 더 자세한 사항은 2장과 3장에서 다루도록 할 것이다.

1.3 외부 은하

이번 절은 우리 은하외의 은하들에 대한 연구를 소개한다. 가시광에서 나타나는 은하의 외적인 모습에 따른 은하의 분류 방법과, 은하가 내는 빛의 양을 측정하는 방법에 대하여 논의한다. 비록 거대한 은하들이 빛의 대부분을 방출하지만, 은하의 가장 일반적인 형태는 작고 희미한 왜소 은하이다.

외부 은하의 존재는 1920년대에 확립되었다. 이 시기 이전에는 *성운*의 목록에 포함되어있었으며, 성운은 망원경에서 불분명하게 보이는 항성이 아닌 천체였고, 더 나은 해상도를 가진 영상으로부터 일부 성운에서 항성들로 구별되었다. 윌슨 산의 새로운 100″ 망원경을 사용하여, Edwin Hubble은 안드로메다 '성운' M31에 있는 변광성을 찾을 수 있었다. 그는 그 항성들의 빛이 우리 은하 내의 세페이드 변광성과 동일하게 변화하는 경향을 따른다는 것을 보여주었다. 그는 이와 같은 모든 항성들이 동일한 형과 동일한 광도를 가지고 있다고 가정함으로서, 식 1.1로부터 상대적인 거리를 측정할 수 있었다. 그는 안드로메다의 항성들이 적어도 우리 은하로부터 300 kpc이상 떨어져 있고, 그 성운은 은하가 틀림없다는 결론을 내렸다. 우리는 오늘날 안드로메다 은하가 약 800 kpc 떨어져있음을 알고 있다.

Hubble은 1936년 발간한 책, *The Realm of the Nebulae*에서 은하의 분류체계를 세웠다. 이후의 추가 작업과 수정을 거쳐 [그림 1.11]의 분류는 오늘날에도 여전히 이용되고 있다. Hubble은 타원형 은하, 렌즈형 은하, 나선형 은하로 은하를 주요한 세 가지 형태로 인식하였다. 더불어, 다른 어떤 범주에도 적절치 않은 형태의 은하를 불규칙 은하라 하여 네 번째 분류를 만들었다.

타원 은하는 보통 매끈하고, 둥글며, 나선형 팔이나 먼지 띠와 같은 두드러진 특징이 거의 없다. 타원 은하는 일반적으로 저온의 가스가 부족하며, 따라서 젊은 청색 항성이 거의 없다. 타원 은하는 하늘에서 거의 모두 타원 형태로 보이지만, 많은 연구로부터 크고 밝은 타원 은하들은 작고 희미한 것들과 다소 다른 구조를 가진다는 것이 알려져 있다.

타원 은하는 많은 수의 은하들로 이루어진 은하단에서 두드러진다. 그리고 타원 은하 중에서 가장 큰 *초거대 타원 은하(cD 은하)*는 이러한 은하단의 가장 밀집된 영역에서 발견된다. 타원의 핵 주위로 초거대 타원 은하의 거대하게 흩어진 외피는 수백 킬로파섹까지 뻗쳐있다. 이러한 구조는 우리 은하보다 백 배 더 밝다. 일반적인 타원 은하나 거대 타원 은하는 수십 킬로파섹의 특징적인 크기를 가지며, 우리 은하보다 수배 더 밝다. 이와 같이 밝은 타원 은하의 항성들은 은하 중심에 대한 궤도 운동이

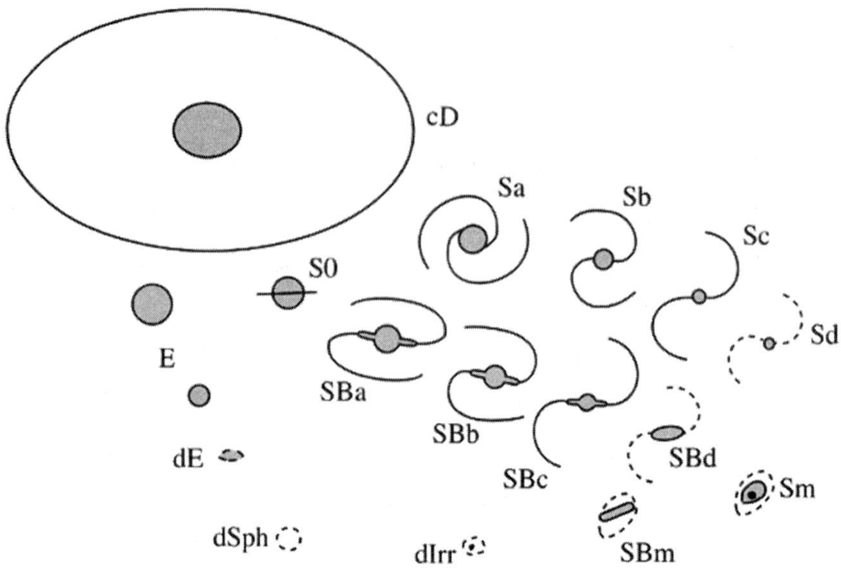

[그림 1.11] 은하 분류 : Hubble의 분류의 수정된 형태

무작위의 방향을 향해서, 회전과 같은 유기적인 운동을 보여주지 않는다. [그림 1.12]의 왼쪽 그림은 거대 타원 은하로서, 활동성 핵을 가지고 있으며 (9.1절 참조) 밝고 아주 작은 전파원이기도 하다.

밝기가 상대적으로 어두운 타원 은하내의 항성들은 회전 운동이 더 크며, 무작위 운동은 더 적다. 때로는 타원체 내에 깊숙이 박힌 원반의 흔적이 있다. 우리 은하 밝기의 1/10이하를 갖는 매우 희미한 타원 은하들은 두 개의 종류로 나뉜다. 첫 번째는 M32와 같은 드문 조밀 타원 은하들이다. 다른 종류는 희미하며 밀도가 낮은 *왜소 타원*(dE) 은하들과, 밀도가 낮고 퍼져있어 거의 보이지 않을 정도로 상대적으로 덜 밝은 *왜소 구형* 은하들이다. [그림 1.12]의 오른쪽 그림은 M31의 왜소타원 위성 은하를 보여준다. 왜소 타원 은하와 왜소 구형 은하는 정형화된 회전을 거의 보이지 않는다.

*렌즈형 은하*는 중앙부의 타원형 팽대부와 더불어 회전하는 원반부를 보여준다. 그러나 원반은 나선 팔이나 확장된 먼지 띠를 거의 가지고 있지 않다. 이와 같은 은하들은 *S0*라고 표시하며, 타원 은하와 나선 은하의 천이 단계로 분류한다. 렌즈형 은하들은 확장된 가스와 먼지가 부족하다는 면과 은하들로 밀집되어 있는 영역을 선호하는 면에서 타원 은하와 비슷하다. 그러나 얇고 빠르게 회전하는 항성 원반을 가진다는 점에서 나선 은하와 그 특징을 공유한다. [그림 1.13]의 왼쪽그림은 중앙에 직선모양의 막대를 가진 SB0 은하를 보여준다.

[그림 1.12] 왼쪽, 거대 타원 은하 NGC 3998; 중심으로 갈수록 밝기가 급격하게 증가하여 과다 노출이 되었다. 대부분의 뭉쳐있는 희미한 물체들은 구상성단들이다. 오른쪽, *V* 파장 대역에서의 근처의 왜소 타원 은하 NGC 147. 그림의 외곽 부분에서 보이는 개별적인 항성들 중 가장 밝은 항성들은 앞부분에 위치해 있으며 우리 은하에 속해 있는 것들이다 – WIYN 망원경

나선 은하([그림 1.14])는 초기의 사진건판에 가장 흔히 나타나던 두드러진 청색광에서의 밝은 나선 팔에 의해 명명되었다. 나선 팔은 고온의 밝은 항성인 O, B형 항성들의 덩어리와, 이러한 항성들이 형성되는 압축 먼지 가스들에 의해 대략적 형태를 나타낸다. 모든 나선형 은하와 렌즈형 은하들의 대략 절반 정도가 중앙에 직선 모양의 막대를 가지고 있다. 막대를 가진 은하들의 경우, SB0, SBa, ..., SBd와 같이 막대를 가지지 않은 은하들과 동일한 순서로 배열된다. 나선 은하의 경우, Sa에서부터 Sc와Sd의 순서에 따라 중앙팽대부는 빠르게 회전하는 원반에 대해 상대적으로 덜 중요한 반면에, 나선 팔은 더 많이 열려있고 원반의 가스와 젊은 항성들의 비율은 증가한다. 우리 은하는 아마도 Sc나 Sbc형이다. M31은 Sb형이다. 평균적으로, Sc와 Sd 은하들은 Sa와 Sb의 은하들보다 낮은 밝기를 나타낸다. 그러나 일부 Sc 은하들은 전형적인 Sa보다 훨씬 더 밝다.

나선 은하의 분류 순서의 마지막을 차지하고 있는 Sd 은하의 나선 팔은 들쭉날쭉하고 덜 정돈되어있다. Sm와 SBm의 분류는 대 마젤란 성운을 원형으로 하는 *마젤란형 나선 은하*이다. 이 분류에서 나선 팔은 단 하나의 짧고 굵은 팔로 줄어들기도 한다. 또한 은하의 광도가 감소함에 따라, 원반의 회전 속도도 감소한다. 다시 말해, 은하가 더 희미할수록, 더 작은 질량을 가진다는 것이다. 대 마젤란 성운은 우리 은하 회전의 삼분의 일 속도인 $80\,\mathrm{km\,s^{-1}}$로 회전한다. 또한 더 작은 은하들에서는 무작위한 항성

[그림 1.13] 두 원반 은하의 반전 영상. 왼쪽, 밝은 막대를 가진 $L \approx 2 \times 10^{10} L_{\odot}$의 S0형 은하인 NGC 936이며, 매끄러운 원반은 먼지 띠나 나선 팔을 가지고 있지 않다. 사진에서 밝은 영역이 가장 어둡게 나타난다. – CTIO Blanco 망원경. 오른쪽, 가스가 약간 풍부한 은하로서 $L \approx 4 \times 10^{9} L_{\odot}$인 불규칙 은하 혹은 SBm으로 분류되는 NGC 4449다. 밝은 항성 형성 지역들이 원반을 뒤덮고 있다. – A. Aloisi, F. Annibali, and J. Mack; Hubble Space Telescope/NASA/ESA.

[그림 1.14] 우리와 가장 가까운 안드로메다 은하 M31. 북쪽은 오른쪽에 있고, 동쪽은 위쪽에 있다. 이와 같은 Sb 은하의 거대한 중앙 팽대부와 원반의 먼지가 많은 나선 팔에 주목하라. 두 개의 위성 은하, M32와 NGC205을 볼 수 있는데, M32는 둥글고 중앙에 더 가깝게 있고, NGC205는 서쪽에 있는 가늘고 긴 천체이다. – O. Nielsen.

운동이 감소한다. 그렇다하더라도 질서 있는 회전 운동은 전체 에너지의 적은 부분을 차지한다. 이와 같은 은하들은 [그림 1.11]에서 Sd의 왼쪽에 위치하고 있음을 알 수 있다.

은하들을 타원 은하에서부터 S0s 에서 Sa, Sb, Sc까지의 나선 은하로 분류하여 순서에 따라 은하들의 위치를 설명하기 위해 '조기형'과 '만기형'이라 용어를 사용한다. 일부 천문학자들은 이러한 차례가 타원 은하에서 S0s 로, 그 다음엔 나선 은하로 변해가는 은하들의 일생주기를 설명할 수 있을 것이라고 믿었던 적이 있다. 이러한 이론이 이미 폐기 되었음에도 불구하고, 용어는 아직 남아있다. 혼돈스럽게도, '조기형' 은하에는 '만기형' 항성들이 많으며, 그 반대의 경우도 마찬가지이다.

Hubble은 그가 만든 다른 분류에 일치하지 않는 모든 은하들을 *불규칙* 은하 분류에 포함시켰다. 오늘날, 우리는 유기적인 나선 팔이나 다른 구조가 없는 작은 청색 은하들에 대해서만 이 명칭을 사용한다([그림 1.13]). 불규칙 은하들 중 가장 작은 것은 *왜소 불규칙 은하*라 부르며, 이들은 가스와 젊은 청색 항성을 가지고 있다는 점에서 왜소 구형 은하와 다르다. 왜소 구형 은하는 그것의 가스의 전부를 잃었거나 소모한 작은 왜소 불규칙 은하일 가능성이 있다. 국지적으로, 적절히 밝은 은하들의 약 70% 가 나선 은하이며, 30%가 타원 은하 또는 S0 은하이고, 3%가 불규칙 은하이다.

Hubble이 불규칙 은하라 명명한 은하들 중에는 *항성 형성 은하*가 포함되어 있다. 이러한 은하는 가까운 과거에 많은 항성들을 생성하였고, 혼란스러운 겉모양 중 일부는 초신성 폭발에 의해 분출된 가스에 의한 것이다. 두 개 이상의 은하가 서로 가깝게 다가가고, 두 개 또는 그 이상의 은하들의 합병처럼 보이는 상호작용하는 은하들 역시 이 부류에 포함된다. 우리는 은하들이 '섬우주'가 아니라, 은하들은 각각의 일생을 통하여 상호간의 진화에 영향을 미친다는 사실을 알게 되었다. 이 책의 4, 5, 6장은 가까운 은하들의 구조에 대해 논의할 것이며, 7장에서는 은하군, 은하단 내에서 어떻게 은하들이 상호 작용하는가를 다룰 것이다.

우리는 은하를 분류할 때, 번호를 매겨서 은하 목록을 만든다. Charles Messier의 1784년 목록은 작은 망원경에서 희미하게 나타나는 109개의 천체를 목록화하였다. 이 목록에는 M31로 알려진 안드로메다 은하가 포함되어 있다. 7000개 이상의 비 항성 천체들에 대한 *New General Catalogue*에는 성단과 가스 성운 뿐만 아니라, 은하를 포함한다. NGC 목록은 J.L.E. Dreyer에 의해 1888년에 출판되었고, 1895년과 1908년에 추가 되었다. 이 목록은 천왕성을 발견한 William Herschel과 그의 여동생 Caroline, 그의 아들 John Herschel의 업적에 주로 기초하고 있다. 안드로메다 은하는 NGC224이다.

밝은 은하들에 대한 최근의 목록은 1991년에 G. and A. de Vaucouleurs 와 그들의 동료들에 의한 *Third Reference Catalog of Bright galaxies*이다. 이 목록은 모든 NGC 은하들과 1973년에 웁살라 천문대의 P.Nilson에 의해 작성된 은하들의 UGC(*Uppsala General Catalogue of Galaxies*) 뿐만 아니라, 1982년 유럽 남반구 천문대(ESO)의 A. Lauberts의 *ESO/Uppsala Survey of the ESO(B)*를 포함한다. 전파, X-선의 파장대에서 밝게 나타나는 은하들 역시 이와 같은 목록들에서 볼 수 있다. NASA 외부 은하 자료(http://ned.ipac.caltech.edu)와 같은 많은 최근의 목록들은 전자 출판되어 있다.

더 읽어보기

E. Hubble, 1936, *The Realm of the Nebulae*(Yale University Press: reprinted by Dover, New York); Hubble의 분류를 도식화하는 그림들을 살펴보기 위한 도서, A. Sandage, 1961, *The Hubble Atlas of Galaxies*(Carnegie Institute of Washington; Washington, DC). 대학원 수준의 참고서, S. van den Bergh, 1998, *Galaxy Morphology and Classification*(Cambridge University Press, Cambridge, UK)

1.3.1_ 은하 측광

항성들과 달리, 은하는 점광원으로 보이지 않고 하늘에 확장된 형태의 천체로 나타난다. 지구대기난류는 은하 영상을 희미하게 하는 '*시상*'효과를 발생시킨다. 시상효과 때문에, 지상의 광학 망원경은 약$1/3''$ 보다 작은 세부 사항들을 거의 보여주지 못한다. 더 선명한 영상을 위해, 우주 망원경이나 간섭계, 적응 광학과 같은 첨단기술을 이용해야 한다.

여전히 은하의 분류는 광학 영상에 나타난 외양을 바탕으로 하고 있지만, 은하에 대한 대부분의 연구는 얼마나 많은 빛이 어떤 파장대에서, 다른 영역들에서 방출되는지 측정하는 정량적인 작업이다. 은하의 ***표면 밝기*** $I(x)$은 영상의 특정 지점 x에서 arcsec^2당 빛의 양이다. 각 $\alpha = D/d$를 이루도록 거리 d를 갖는 은하 내 미소 면적의 변 D를 고려하자. 만약 이 지역 내의 모든 항성들의 혼합광도가 L이고, 식 1.1에 의해 겉보기 밝기F가 주어진다고 하면, 표면 밝기는 다음과 같다.

$$I(x) \equiv \frac{F}{\alpha^2} = \frac{L/4\pi d^2}{D^2/d^2} = \frac{L}{4\pi D^2} \tag{1.23}$$

I는 일반적으로 $\mathrm{mag\,arcsec}^{-2}$(은하의 영상의 1 arcsec^2 영역에서의 밝기를 나타내는 항성의 겉보기 등급) 또는 $L_\odot\,\mathrm{pc}^{-2}$의 단위로 나타낸다. 어떤 지점에서의 표면

밝기는, 거리 d가 너무 커서 우주의 팽창이 $I(x)$를 감소시키는 효과를 갖지 않는다면, 거리에 의존하지 않는다. 이 내용은 8.3절에서 좀 더 자세하게 다룰 것이다. 은하 영상에서 일정한 표면 밝기에 대한 윤곽선을 등광도선이라고 한다. 식 1.23은 은하 내에서 등광도선의 위치가 관측자의 거리에 무관함을 보여준다.

은하 측광도, 항성 측광에서처럼 주어진 파장대에서 표면 밝기를 일반적으로 측정한다. 은하 중심부의 표면 밝기는 단지 $I_B \approx 18\,\mathrm{mag\ arcsec^{-2}}$ 또는 $I_R \approx 16\,\mathrm{mag\ arcsec^{-2}}$에 달하며, 항성 원반부는 훨씬 더 희미하다. 은하의 가장자리는 선명하게 나타나지 않기 때문에, 특정등광도선에서 크기를 측정한다. 일반적 방법 중 하나는 R_{25}로 표기하는 청색 B 파장영역에서의 25등급을 갖는 등광도선의 반경이다. 이것은 평균 밤하늘 밝기의 1%에 해당되며, CCD측광 이전에는 적절히 측정되는 한계 수준이었다(5.1절 참조). 또 다른 방법은 $I_B(x) \approx 26.5\,\mathrm{mag\,arcsec^{-2}}$에서의 *Holmberg 반경*이다. 은하 전체광도를 찾기 위해, 주어진 반경에서 발생하는 빛이 반경이 증가함에 따라 어떻게 증가하는지 측정하고 외삽하여 전체광도를 결정한다.

문제 1.14 $d\,$Mpc의 거리에 있는 은하에서, 태양과 유사한 항성의 겉보기 B 등급은 어떻게 되는가? 이 은하 내에서, $1''$가 $5d\,pc$과 일치한다는 것을 보여라. 만약 표면 밝기가 $I_B = 27\,\mathrm{mag\ arcsec^{-2}}$라면, 태양과 비교하여 은하가 1 arcsecond^2 당 방출하는 B 파장 대역에서의 빛의 양은 얼마인가? $I_I = 27\,\mathrm{mag\ arcsec^{-2}}$가 I 파장 대역에서 단지 $0.3L_\odot\,\mathrm{pc^{-2}}$에 해당할 때, 이것이 B 파장 대역에서의 $L_\odot\,\mathrm{pc^{-2}}$과 동등함을 보여라.

[표 1.9]는 [그림 1.7]의 파장영역에서 측정되는 *밤하늘*의 표면 밝기를 나타낸다. 하늘의 밝기는 태양의 활동(흑점의 주기)과 지상 관측소의 위치, 하늘의 방향에 의존하기 때문에, 이 표면 밝기는 대략의 평균값이다. 대체로, 하늘은 은하의 내부 핵보다 더 밝고, 달빛이 있는 밤에는 그 중심조차 밝은 하늘 속으로 사라질 우려가 있다. 따라서 지구 표면에서의 은하의 광학 관측은 달이 없는 동안 이루어 져야 한다.

만약 인간의 눈이 이렇게 낮은 수준의 색을 인식할 수 있다면, 대기 분자에 의한 파장영역 방출로 인해 붉게 반짝이는 하늘을 볼 수 있을 것이다. $2\,\mu\mathrm{m}$의 근적외선 대역에서는, 대부분의 천문대에서의 하늘은 우주공간에서보다 수천 배 더 밝을 것이다. [그림 1.15]는 하늘의 방출이 긴 파장대에서, *열적 적외선*으로서 더 급격히 일어난다는 것을 보여준다. 매우 추운 남극이 이 파장대 관측에 가장 좋은 지구상에서의 위치이지만 하늘은 여전히 우주에서보다 밝다. 표준적외선필터는 대기가 가장 투명한 파장영역에 맞추어 선택한다. 이 영역들 사이에서 불투명 층의 온도에 해당하는 흑체 스펙트럼을 볼 수 있다.

[표 1.9] UV, 가시광선, 적외선 대역에서의 하늘밝기

대역	파장	보름달 하늘 (mag arcsec^{-2})	어두운 하늘 (mag arcsec^{-2})	우주 밝기 (mag arcsec^{-2})	우주 밝기 (μ Jy arcsec^{-2})	남극 하늘 (μ Jy arcsec^{-2})
	1500 Å			25.0		
	2000 Å			26.0		
	2500 Å			25.6		
U	3700 Å		22.0	23.2		
B	4400 Å	19.4	22.7	23.4	1.8	
V	5500 Å	19.7	21.8	22.7		
R	6400 Å	19.9	20.9	22.2		
I	8000 Å	19.2	19.9	22.2	3.2	
J	1.2μm	15.0	15.0	20.7	2.4	300-600
H	1.6μm	13.7	13.7	20.9	4.4	800-2000
K	2.2μm	12.5	12.5	21.3	1.9	300-700
K'	2.2μm	13.7	13.7	21.3	1.9	500
L	3.3μm				1.1	10^5
M	4.9μm				8.0	10^6
N	10.6μm				220	4×10^7
Q	19μm				400	3×10^8

우주 밝기라고 적혀 있는 두 개의 열은 단위가 다르다.

K 필터 대신에 K' 필터를 사용하여 방출선의 3분의 2를 제거하는 것과 같이, 가장 강한 선들을 제거하도록 필터를 고안함으로써 하늘빛을 추출해낼 수 있다. [표 1.9]를 통해, 지상으로부터의 관측 시, 적외선 대역의 하늘이 은하보다 *항상* 더 밝다는 것이 분명해진다. 표면밝기를 정확하게 알아내기 위해서, 은하와 하늘의 합을 측정하는 것 만큼 정확하게 시간에 따라 변화하는 좁은 영역의 빈 하늘에 대한 밝기를 반드시 측정해야한다. 이 둘의 작은 차이로부터 $I(x)$를 얻는다. 우주 망원경을 사용하면 적색과 적외선 파장영역에서 더 어두운 하늘 값을 가지며, 하늘 밝기가 더 낮은 지역인 근자외선 파장영역에서의 관측도 가능하다.

하늘에는 크고 밝은 은하들보다 작고 희미한 은하들이 훨씬 더 많이 있다. [그림 1.16]은 Anglo-Australian 천문대의 2dF 탐사에 의한 절대등급 $M(B_J)$에서 측정된 은하들의 개수를 보여준다. 대부분의 매우 밝은 은하들이 붉은색이라는 점을 명심하자. 이들은 타원 은하와 S0 은하들이다. 흐린 은하들 대부분은 나선 은하 또는 불규칙 은하로서, 이들은 최근 형성된 무거운 항성들을 가지고 있기 때문에 푸르다. 비록 나선 은하와 불규칙 은하가 수적으로 우세하여도, 타원 은하들이 항성 총 질량의 반을 포함하고 있다.

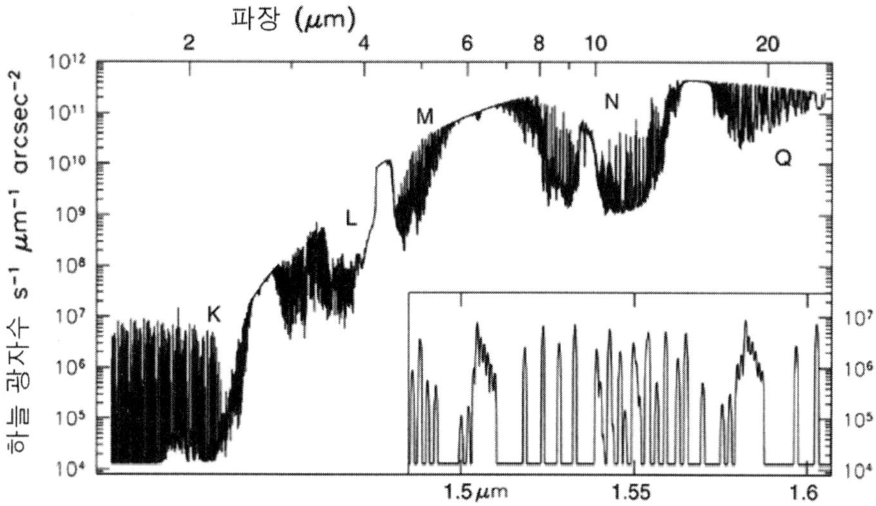

[그림 1.15] 하와이에 있는 4000m 높이의 마우나케아 산에서의 하늘방출. 표준적외선 파장 영역이 표시되어 있다. 내부 그림에서 하늘 배경은 주로 밀집된 방출선으로 구성됨을 보여준다. – Gemini 망원경.

[그림 1.16]의 실선은 Mpc^3당 광도 L과 $L+\Delta L$사이의 은하의 개수 $\Phi(L)\Delta L$이 디옴괴 같이, 나티날 때 기대되는 결괴이다.

$$\Phi(L)\Delta L = n_\star\left(\frac{L}{L_\star}\right)^\alpha \exp\left(-\frac{L}{L_\star}\right)\frac{\Delta L}{L_\star} \tag{1.24}$$

이 함수를 *Schechter 함수*라고 부른다. 이 공식에 따르면, 광도 $L_\star$보다 밝은 은하늘의 개수는 매우 급격히 감소한다. 따라서 왜소 은하와 대조해서 '밝은' 혹은 '거대한' 은하를 정의하기 위해 $L \geq 0.1L_\star$의 기준을 사용한다. [그림 1.16]의 실선곡선은 $M_\star(B_J) = -19.7 + 5\log_{10}h$에 해당하는 $L_\star \approx 9\times10^9 h^{-2}L_\odot$에 대하여 나타낸 것이다. 다음 장에서 설명하겠지만, 매개 변수 h는 우주의 팽창률을 나타낸다. $h=0.7$에 대하여, 우리 은하의 광도와 거의 같은 $L_\star \approx 2\times10^{10}L_\odot$임을 알 수 있다.

$L < L_\star$일 때의 절대광도의 각 단위 간격당 은하의 개수는 거의 일정하다. 실선곡선은 $n_\star = 0.02h^3\mathrm{Mpc}^{-3}$과 $\alpha = -0.46$에 대해서 그린 것이다. Schechter 공식은 아주 희미한 은하들의 밀도를 과도하게 계산한다. 일례로, $\alpha \leq -1$에 대해서, 은하들의 총 개수 $\int_L^\infty \Phi(L)\mathrm{d}L$은 $L\to0$에 따라 무한히 증가한다. 그러나 점선은 빛의 대부분이 $L_\star$에 가까운 은하들로부터 나와야 한다는 것을 보여준다. 식 1.24를 적분하여, 총 광도 밀도를 추정하면, 다음과 같다.

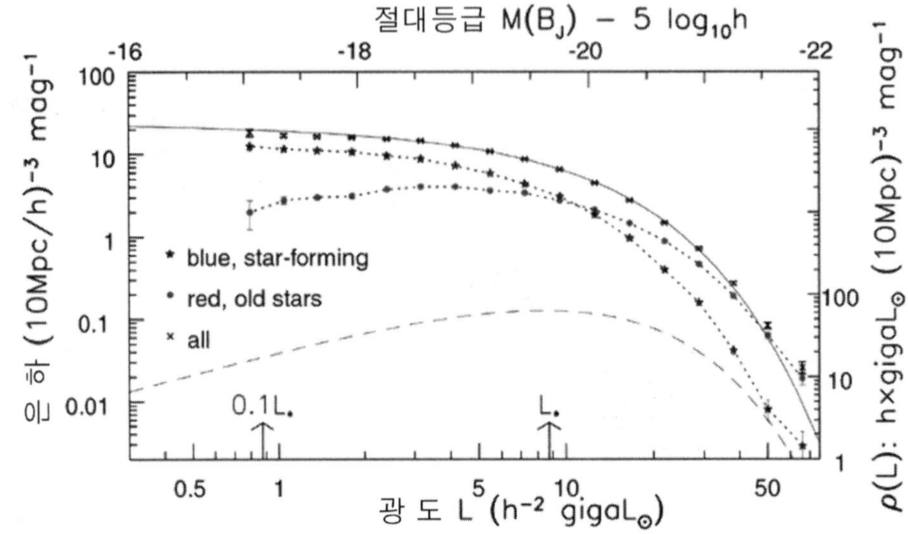

[그림 1.16] 절대광도 $M(B_J)$과 $M(B_J)+1$사이에 있는 10 Mpc 입방부피당 은하의 개수. 점선은 총 개수를 이루고 있는 푸른 은하(별표)와 붉은 은하(채워진 점)의 개수를 보여준다. 수직의 막대는 오차를 나타낸다. 실선은 식 1.24의 광도함수를 나타내고 파선은 $\Phi(M)\times L/L_\star$로서, 각각의 절대등급 간격에서의 은하로 부터의 광도를 나타낸다. 푸른 파장 대역 B_J는 은하들을 선택하기 위해 사용된 사진건판과 잘 부합된다. – 2dF survey, D. Croton.

$$\rho_L(B_J)=\int_0^\infty \Phi(L)L\mathrm{d}L = n_\star L_\star \Gamma(\alpha+2) \approx 2\times 10^8 hL_\odot \,\mathrm{Mpc}^{-3} \tag{1.25}$$

여기에서 Γ는 감마 함수며, j가 정수일 때, $\Gamma(\alpha+2)=\mathrm{j}!$이다. 근적외선 K 파장영역에서 $\rho_L(K)\approx 6\times 10^8 hL_\odot\,\mathrm{Mpc}^{-3}$이며, 이는 $\rho_L(B_J)$보다 큰데 이는 대부분의 빛들이 태양보다 붉은 항성에서부터 오기 때문이다.

1.4 팽창 우주 속의 은하

우주는 팽창하고 있으며, 외부 은하들은 우리로부터 멀어지고 있다. 은하 분광선의 도플러 이동에 의해 측정되는 후퇴속력은 더 먼 은하에 대하여 더 크다. 우주 *빅뱅*의 시작을 추정하기 위해 이러한 움직임을 과거로 외삽할 수 있다. 이렇게 함으로써, 은하에 대하여 측정하는 후퇴속도 혹은 *적색편이*와, 빛을 내보낸 빅뱅 이후의 시간을 연결시킨다. 따라서 적색편이는 그 빛이 방출되었을 시점의 은하나이의 측정값이다.

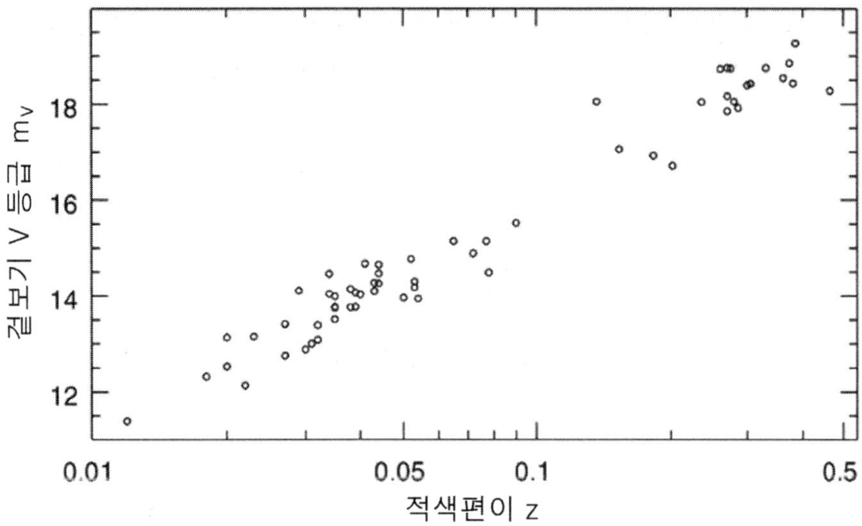

[그림 1.17] 은하들의 밀도가 큰 은하단에서 가장 밝은 은하들에 대한 V 파장영역의 겉보기 등급. 은하의 거리는 은하의 후퇴속도 cz에 비례한다고 할 때, 등급은 적색편이 z의 로그 값에 비례하여 증가한다. – 1975년 ApJ 195, 255에 나와 있는 J. E. Gunn과 J. B. Oke로 부터의 자료.

Hubble은 1929년에 22개의 가까운 은하들에 대한 시선속도 측정값과 10배정도 잘못 측정된 몇 개의 거리 추정치를 기초로 하여, 은하들이 거리 d에 비례하여, 속력 V_r로 우리로부터 멀어지고 있다고 주장했다.

$$V_r \approx H_0 d \tag{1.26}$$

이후의 연구는 그가 옳다는 것을 입증했고, 이 관계는 *Hubble의 법칙*으로 알려져 있다. *Hubble 상수* H_0에 대한 현재 추정치는 $60 \sim 75\ \mathrm{km s^{-1} Mpc^{-1}}$이다. [그림 1.17]은 빠르게 후퇴하는 은하들은 실제로 더 희미하며, 동일한 광도를 가지는 경우 희미한 은하가 더 멀리 있다는 것을 나타낸다.

은하들의 측정된 속도들로부터 거리를 추정하기위해 Hubble의 법칙을 이용한다. 일반적으로, $100\ \mathrm{km\,s^{-1} Mpc^{-1}}$의 H_0의 값 대신에 h를 표기함으로써, Hubble상수의 불확정성을 나타낸다. 즉, 식 1.26은 다음과 같이 나타낼 수 있다.

$$d = h^{-1}[V_r(\mathrm{km\,s^{-1}})/100]\,\mathrm{Mpc} \tag{1.27}$$

은하의 거리를 시선 속도 V_r로부터 알아내면, 산출된 광도는 $L \propto h^{-2}$이다. 그러한 이유로 식 1.24의 $L_\star$는 h^{-2}에 비례하는 값을 가지며, 밀도의 경우도 유사하게 밀도

$n_\star \propto h^3$이다. 만약 우리가 중력에 대한 Newton 방정식(3.1절 참조)과 식 1.27로부터의 거리, 그리고 식 1.2를 통해 은하의 질량 $\mathcal{M}$을 추정한다면, $\mathcal{M} \propto h^{-1}$이다.

만약 은하들의 평균 속력이 항상 일정하게 유지되었다면, 다음에서 주어지는 현재 이전의 시간 t_H에 서로 가장 멀리 떨어져 있게 된다.

$$t_H = \frac{1}{H_0} = 9.78h^{-1}\text{Gyr} = 15\,\text{Gyr} \times \frac{67\text{km s}^{-1}\text{Mpc}^{-1}}{H_o} \tag{1.28}$$

이것이 *Hubble 시간*으로서, 빅뱅이후의 시간, 즉, 우주의 나이를 대략적으로 추정할 때 Hubble시간을 사용한다.

문제 1.15 한 은하가 절대등급 M을 가진다고 할 때, 식 1.1과 1.27을 사용하여 겉보기등급 m은 $m = M + 5\log_{10}z + C$에 의해 식 1.19의 적색편이 $z = V_r/c$ 와 관계가 있음을 보여라. 여기에서, C는 모든 은하에 대하여 동일한 상수이다. 또한, [그림 1.17]의 점들에 대략적인 직선을 그려보고, 그 기울기가 밀도가 높은 은하단의 가장 밝은 은하는 항상 동일한 광도를 가진 경우 예측되는 것과 유사함을 검토하라.

은하에 대한 대략적인 거리를 알아내기 위해 Hubble의 법칙을 이용하여, 우주 공간에서의 은하들의 분포를 조사할 수 있다. [그림 8.3]은 [그림 1.16]의 2dF 탐사영역을 보여준다. 은하들이 공간에 균일하게 퍼져 있지 않고, 은하군과 은하단에 집중되어 있다. 밀도가 큰 은하단에서 은하들의 궤도는 최고 1500 km s^{-1}의 고유 속도를 가진다. 그러므로 위치를 찾기 위해 식 1.27 을 사용한다면 실제보다 더 가깝거나 더 먼 것으로 나타날 것이다. 측정된 은하의 시선속도 V_r은 두 가지 성분을 갖는다. 하나는 우주 팽창이고, 다른 하나는 *고유 속도* V_{pec}이다. 따라서 식 1.26은 다음과 같이 수정된다.

$$V_r = H_0 d + V_{\text{pec}} \tag{1.29}$$

은하단 사이에는, 8 장에서 볼 수 있듯이 개별 은하들과 작은 은하군들이 필라멘트 또는 거대한 면을 따라 놓여있다. 필라멘트와 면내에 있는 은하들의 모임과 은하군은 은하단보다 밀도가 크진 않지만, 더 많은 개수를 가지고 있다. 우리 은하와 이웃에 있는 안드로메다 은하는 1 − 2 Mpc의 반경 이내에 수십 개의 더 작은 은하계들을 포함하는 *우리 은하군*을 형성한다. 면과 필라멘트 사이에는 매우 거대한 빈 영역이 존재하며, 이 공동에서는, 단지 몇 개의 독립적 은하들만이 발견되었다.

1.4.1_ 밀도와 나이

8.2절에서 우리는 우주 팽창에 관한 역학과 그것이 우주 내 물질의 밀도와 에너지와는 어떠한 관계가 있는지 알아 볼 것이다. 우주의 평균 밀도가 *임계 밀도*보다 더 커진다면, 팽창은 결국 수축으로 역전될 것이다. 우주의 평균 밀도가 임계 밀도보다 더 작을 경우, 은하들은 영원히 서로로부터 후퇴를 지속할 것이다. 임계 밀도는 다음과 같이 계산한다.

$$\rho_{\rm crit}(\text{현재}) = \frac{3H_0^2}{8\pi G} = 1.9\times 10^{-29}h^2 g\,cm^{-3} \tag{1.30}$$

$$= 2.8\times 10^{11}h^2\mathcal{M}_{\odot}\mathrm{Mpc}^{-3}$$

$H_0 = 67\,\mathrm{km\,s^{-1}\,Mpc^{-1}}$에 대하여, 임계 밀도는 각 Mpc^3에서 한 개의 보통의 은하, 혹은 m^3당 약 5개의 수소 원자에 해당하는 값을 가진다. 만약 우주 내의 물질이 정확하게 임계 밀도를 갖는다면, 빅뱅부터 지금까지의 시간 t_0는 다음과 같다.

$$t_0 = \frac{2}{3H_0} \approx 10\,\mathrm{Gyr}\times\left(\frac{67\,\mathrm{km\,s^{-1}\,Mpc^{-1}}}{H_0}\right) \tag{1.31}$$

만약 평균밀도가 $\rho_{\rm crit}$를 초과한다면, 우주는 더 젊을 것이다. 반면에, 평균밀도가 $\rho_{\rm crit}$보다 작다면, 우주의 나이는 더 많을 것이다. 평균밀도는 임계값보다 크지 않을 것이고, 빅뱅이후의 시간은 적어도 식 1.31에서 주어진 값을 가질 것이다. 일반 상대론의 공식이 은하들을 서로 밀어내는 힘인 *암흑 에너지*를 포함하여 수정된다면, 현재 나이 t_0는 $t_{\rm H}$보다 클 수 있다.

다음 절에서 일반적인 물질은 단지 임계밀도의 약 4% 만을 차지하고 있음을 알 수 있다. 우주 팽창에 대해 현재의 *기준 모형*에서 총 밀도는 정확하게 임계밀도를 가지고 있고, $H_0 = 70\,\mathrm{km\,s^{-1}\,Mpc^{-1}}$이다. 물질이 $\rho_{\rm crit}$의 30%를 이루고 있으나, 대부분이 *암흑* 특성을 갖는다. 아마도 뉴트리노와 같은 입자들로 구성되어 있을 암흑 물질은 서로 약하게 작용하고-또는 그렇게 보아야 할 것이나- 매우 삭지반 실량이 없지는 않다. 총체적으로, 이것들은 약하게 상호작용하는 무게를 가진 물질들, 즉 WIMP라고 알려져 있다. 암흑 에너지가 그 나머지를 설명할 수는 있으나, 우리는 이에 대해 아는 바가 많지 않다. 기준 모형에서 현재 우주의 나이 t_0는 $0.964\,t_{\rm H}$ 또는 13.5 Gyr이다.

문제 1.16 식 1.25를 사용하여, 임계밀도를 가진 우주의 평균 질량 광도 비 $\mathscr{M}/L$는 대략 $1700h\mathscr{M}_{\odot}/L_{\odot}$임을 보여라.

1.4.2_ 우주 안의 은하들

왜 우주의 역사와 은하의 연구가 관계가 있을까? 먼저, 2.2절에서 다룰 내용과 같이, Hubble 시간 t_H는 우리 은하와 외부 은하의 가장 오래된 항성들을 추정한 나이와 매우 유사하다. 은하와 그 안의 항성들은 우주보다 더 나이가 많을 수 없다. 은하가 어떻게 존재하게 되었는지 이해하기 위해, 가장 오래된 항성을 형성하는데 소요된 시간과 헬륨보다 무거운 원소들을 만들어내는데 소요된 시간에 대하여 알아야 한다. 은하 내의 나이가 많고 질량이 적은 항성들의 대기는 항성들이 형성된 가스의 다양한 원소들에 대한 함량에 대한 기록을 저장하고 있다는 점에서 초기 우주의 화석이라고 할 수 있다. 항성 진화와 관련된 지식은 이러한 항성들이 주계열에서의 일생을 얼마나 오래 전에 시작했는지에 대해 수십억 년 단위의 정보를 제공한다. 먼 은하들의 적색편이는 빅뱅이후에 빛이 여행을 시작한 후 소요된 또 다른 시간을 알려준다. 이 두 가지 측정 시간에 대한 연관성을 알기위해, 우주의 크기가 시간에 대해 얼마나 변화했는지 알아야한다. 8.2 절에서, 은하들 사이의 거리에서 비례적으로 증가하는 *길이 척도* $\mathfrak{R}(t)$을 계산하는 방법을 확인할 수 있다. Hubble 상수 H_0는 $\dot{\mathfrak{R}}(t_0)/\mathfrak{R}(t_0)$에 의해 주어진다. 가장 단순한 모형에서, $\mathfrak{R}(t)$는 단지 H_0값과 현재 밀도 $\rho(t_0)$에 의존한다.

우주의 팽창은 우리가 은하로부터 받는 빛에 영향을 미친다. 이제, 식 1.26에 따라 속력 $V_r = H_0 d$로 멀어지며, 거리 d만큼 떨어져 있는 두 은하를 생각해보자. 만약 두 은하들 중 한 은하가 λ_e 파장의 빛을 방출한다면, 다른 은하의 관측자는 그 빛을 $\Delta t = d/c$ 후에 더 긴 파장인 $\lambda_{obs} = \lambda_e + \Delta\lambda$으로 받을 것이다. 만약 은하들이 가까이 있어 $V_r << c$라고 둘 수 있다면 식 1.19의 도플러 공식을 이용하여 파장의 비 λ_{obs}/λ_e가 다음과 같음을 알 수 있다.

$$1+\frac{\Delta\lambda}{\lambda_e} \approx 1+\frac{H_0 d}{c} = 1+H_0\Delta t = 1+\left[\frac{1}{\mathfrak{R}(t)}\frac{d\mathfrak{R}(t)}{dt}\right]_{t_0}\Delta t \qquad (1.32)$$

이 식은 시간의 함수로서 λ에 대한 방정식으로 다시 쓸 수 있다.

$$\frac{1}{\lambda}\frac{\mathrm{d}\lambda}{\mathrm{dt}} = \frac{1}{\mathfrak{R}(t)}\frac{\mathrm{d}\mathfrak{R}(\mathrm{t})}{\mathrm{dt}} \qquad (1.33)$$

적분을 하여 *우주론적 적색편이* z에 대한 공식을 나타낼 수 있다.

$$1+z \equiv \frac{\lambda_{obs}}{\lambda_e} = \frac{\Re(t_0)}{\Re(t_e)} \tag{1.34}$$

이 식은 큰 적색 편이 뿐만 아니라, 작은 적색편이에도 유효하다. 빛의 팽창은 $\Re(t)$에 비례하여 팽창하기 때문에, 그 주파수는 $1+z$의 배수만큼 감소한다. 먼 은하에서의 모든 과정에서 동일한 배수만큼 시간적으로 확장되는 것처럼 보인다. 따라서 먼 우주를 관측하면 느린 운동을 하는 것으로 본다.

7장에서 은하군과 은하단을 다뤄볼 것이며, 그 외의 주제들은 8장과 9장에서 보다 상세하게 다룰 것이다.

1.5 은하 형성 이전의 시대 : 물질 역사의 개요

여기에서, 우리는 은하 형성 이전의 우주에서 물질 역사에 대하여 아는 바를 간략하게 기술한다. 자전거 타이어를 팽팽하게 채운 것처럼, 기체가 압축되었을 때, 기체는 열을 발생시킨다. 압축된 분사기를 사용하는 것처럼, 기체가 팽창하게 될 때, 기체의 온도는 떨어진다. 초기 우주의 기체는 극도로 높은 온도와 밀도를 가졌으며, 팽창하는 동안 차가워졌다. 이것이 우주의 기원에 대한 *빅뱅* 모형이다. 다시 말해, 우주는 매우 높은 온도의 물질로 존재하게 되었고, 빠르게 팽창하게 되었다. 지구의 실험실에서 구현되어지는 물리학은 이 불덩어리가 오늘날 우리가 알고 있는 우주로 어떻게 발전되었는지를 예측하고 있다. 고온의 초기 과정에서의 두 가지 측면이 은하 연구를 위해 특히 중요하다.

첫째, 가장 가벼운 원소인 수소, 중수소, 헬륨, 리튬의 함량은 거의 빅뱅이후 처음 30분의 조건에 의해 결정되었다. 헬륨의 관측된 함량은 놀랍게도 빅뱅모형에 의해 예측된 값과 거의 같은 값을 나타낸다. 측정된 중수소, ^{3}He, 리튬의 비는 우주가 얼마나 많은 물질을 포함하는지 알려줄 수 있다. 바지막 장에서, 이것을 은하 내부와 주위에서 측정한 질량과 비교해 볼 것이다.

둘째, 은하 형성 이전의 우주의 잔재로서, 우주 극초단파 배경복사는 우주에 상대적인 우리의 운동을 알게 해준다. 우주 극초단파 배경에 대한 우리 은하의 속력이 우리의 *고유 속도*로서 식1.29에서 정의 하였다. 이것은 상당히 큰 값으로 판명되어, 멀리 떨어진 물질의 거대한 응축이 우리 은하군을 강하게 끌어 당겨왔다는 것을 나타내며, 상당히 큰 값으로 판명되었다.

더 읽어보기

학부생 수준의 소개서로서, B. Ryden, 2003, *Introduction to Cosmology*(Addison Wesley, San Francisco, USA); A. Liddle, 2003, *An Introduction to Modern Cosmology*, 2nd edition(John Wiley & Sons, Chichester, UK).

1.5.1_ 고온의 초기 우주

빅뱅이후 적어도 처음 수십만 년 동안, 우주의 에너지 대부분은 고온의 물질로부터 방출되는 흑체 복사의 에너지와 빛의 속도에 가깝게 움직여서 마치 광자처럼 행동하는 *상대론적* 입자 에너지였다. 식 1.34은 팽창 동안에 파장이 길이 척도 $\mathfrak{R}(t)$에 비례하여 커졌다는 것을 나타낸다. 식 1.5에 의해, 복사온도 T는 대부분의 빛이 방출되는 파장대역인 $\lambda_{\max}$의 역수로 변하며, 온도는 $T \propto 1/\mathfrak{R}(t)$로 떨어진다. 다음의 문제를 참고하라.

문제 1.17 개수밀도 $n(t_0)$의 광자가 우주를 균일하게 채운다면, 시간 t에 밀도 $n(t)$가 $n(t) = n(t_0)\mathfrak{R}^3(t_0)/\mathfrak{R}^3(t)$됨을 보여라. 또한, 식 1.34를 사용하여 복사의 에너지 밀도는 $1/\mathfrak{R}^4(t)$로 감소하게 됨을 보여라. 온도 T의 흑체복사에 대해서, ν와 $\nu+\Delta\nu$사이의 에너지를 가진 광자의 개수밀도는 다음과 같다.

$$n(\nu)\Delta\nu = \frac{2\nu^2}{c^3}\frac{\Delta\nu}{\exp(h\nu/k_B T)-1} \tag{1.35}$$

만약 현재의 스펙트럼이 온도 T_0에서의 흑체복사 스펙트럼이라면, 시간 t에서의 팽창은 이것을 온도 $T(t) = T_0\mathfrak{R}(t_0)/\mathfrak{R}(t)$에서의 흑체복사로 정확하게 변환한다는 것을 보여라.

우주 탄생의 처음 3분 동안, 우주는 어떤 원자 입자든 그 구성 입자들로 쪼개버릴 강력한 에너지를 가진 γ 선들로 가득 차 있었다. 복사장의 온도가 충분히 높았을 때, 입자와 반입자의 쌍이 진공으로부터 만들어 진다. 광자들은 결코 정지해 있지 않기 때문에, 그것들 중 두 개는 하나의 입자 쌍을 만들어야 한다. 온도 T의 복사에서의 전형적인 광자는 에너지 $\mathcal{E} = 4k_B T$를 가진다. 여기서 k_B는 Boltzmann 상수이다. 따라서 양성자-반양성자 쌍은 $k_B T \geq m_p c^2$일 때 생성될 수 있다. 여기서 m_p는 양성자의 질량이다. 에너지는 일반적으로 *전자볼트*의 단위로 측정한다. 1 전자볼트는 전자가 1볼트의 포텐셜 차이에 의해 이동함으로써 얻는 에너지를 의미하며, $1\,\mathrm{eV} = 1.6\times10^{-19}\,\mathrm{J}$

혹은 1.6×10^{-12} erg다. 이 단위를 이용하면, $m_p \approx 10^9$ eV 혹은 1 GeV다. 따라서 양성자와 반양성자의 쌍은 다음의 조건에서 처음 10^{-4} s내에 자유롭게 만들어졌다.

$$k_B T \gg m_p c^2, \text{ 또는 } T \gg 10^{13}\,\mathrm{K} \tag{1.36}$$

팽창이 지속됨에 따라, 온도는 떨어지고, 양성자들은 너무 적은 에너지만을 가져서 양성자-반양성자 쌍을 지속할 수 없었다. 거의 모든 반양성자들은 양성자와 만나서 γ-선 쌍을 남기며 소멸해버렸다. 이렇게 된 이유에 대해서는 이해하지 못한 상태이나, 초기우주에는 10^9 반양성자마다 10^9+1의 양성자를 갖는 정도로 약간 더 많은 양성자가 있었다는 것을 이해할 뿐이다. 반물질에 대한 물질의 약간의 초과는 은하를 형성하기 위해 남겨졌다. 양성자-반양성자 쌍의 소멸에 의해 생성된 광자는 오늘날 우주 극초단파 배경으로 나타난다.

전자는 양성자보다 약 2000배 더 가벼우며 정지 에너지 $m_e c^2$은 단지 0.5 MeV다. 따라서 온도가 수천 배 떨어져서, $T\sim10^{10}$ K가 될 때까지, 복사는 여전히 전자와 반선자(*양전자*, e^+)쌍을 생산해낸 이 시기 이전의 반응은 다음과 같다.

$$c^- + c^+ \leftrightarrow \nu_e + \bar{\nu}_e$$

이 반응은 *전자 중성미자* ν_e와 그것의 반입자 $\bar{\nu}_e$를 생산해 낼 수 있다. 전자와 양전자, 중성미자의 함량이 풍부하여, 다음과 같은 반응을 통해서 중성자가 양성자로, 혹은 그 역으로 전환된다.

$$e^- + p \leftrightarrow n + \nu_e, \quad \bar{\nu}_e + p \leftrightarrow n + e^+, \quad n \leftrightarrow p + e^- + \bar{\nu}_e$$

온도 T의 평형상태에서는, 중성자의 질량 m_n이 더 크기 때문에, 양성자보다 중성자의 수가 약간 적게 존재할 것이다. 중성자와 양성자의 비는 다음과 같이 주어진다.

$$n/p = e^{-Q/k_B T}, \quad Q = (m_n - m_p)c^2 = 1.293\,\mathrm{MeV} \tag{1.37}$$

중성미자는 매우 약하게 상호 작용하는 입자이다. 태양으로부터 오는 중성미자의 10^{15}개가 매 초마다 지구의 표면의 m^2에 방해받지 않고 도달한다. 단지 극도로 뜨거운 초신성의 핵 또는 초기 우주에서, 다른 입자들과 상호작용할 수 있는 상당한 기회를 가진다. 전자와 양전자 쌍이 충분히 많으며, 중성미자의 밀도 역시 충분히 높아서 평형상태에서 중성자와 양성자간의 균형을 유지할 수 있다. 그러나 나중에, $k_B T \le 0.8$ MeV 혹은 $t \ge 1$ s가 되면서, 팽창은 물질과 중성미자를 식게 해서, 중성자 혹은 양성자가 중성미자와 상호작용할 수 없게 된다. 따라서 중성자는 $n/p \approx 1/5$ 로 줄어든다.

1.5.2_ 원소의 형성

중성자는 원자의 핵에 묶인다면 살아남을 수 있지만, 자유 중성자는 안정적이지 못하다. 따라서 이것은 지수함수적으로 양성자, 전자, 반중성미자 $\bar{\nu}_e$로 붕괴된다. 평균 수명시간 $\tau_n = 886 \pm 1\, s$후, 그 숫자는 $1/e$ 배만큼 감소된다. 만약 중성자들이 중성자와 양성자를 포함하는 '무거운 수소'의 핵인 *중수소*를 형성하기 위해 다음과 같은 반응을 거쳐 양성자와 혼합되지 않았다면 매우 적은 수의 중성자만이 남아있을 것이다.

$$n + p \rightarrow D + \gamma$$

여기에서 γ는 이 반응에서 2.2MeV의 에너지를 가지며 자유롭게 되는 γ-선 광자이다. 이 반응은 더 이른 시기에도 역시 일어났으나, 형성된 중수소는 흑체복사에서 나온 광자들에 의해 즉시 분리 되었다.

전자-양성자 쌍이 사라진 후에, $T \leq 3 \times 10^9\,\mathrm{K}$에서의 우주의 에너지 밀도는 거의 흑체복사에 의한 것이었다. 일반상대성이론은 온도가 다음과 같이 떨어진다는 사실을 알려준다.

$$t = \left(\frac{3c^2}{32\pi G a_B T^4} \right)^{1/2} \approx 230s \left(\frac{10^9\mathrm{K}}{T} \right)^2 \tag{1.38}$$

여기에서 $a_B = 7.56 \times 10^{-16}\,\mathrm{J\,m^{-3}\,K^{-4}}$는 흑체 상수이다. 이 과정 동안 중성자의 약 4분의 1은 온도가 약 $10^9\,\mathrm{K}$로 떨어지기 전, 즉 중수소에 갇혀 있을 때, 붕괴하였다. 이 과정 동안 매 7개의 양성자에 대해서, 대략 1개의 중성자가 남게 된다. 남는 양성자들은 수소원자의 핵이 되면, 전체 질량의 약 75 %를 감당한다.

중수소는 두 개의 양성자와 두 개의 중성자를 가진 하나의 헬륨핵, $^4\mathrm{He}$을 구성하기 위해 다른 입자들과 쉽게 결합한다. 모든 중성자들, 그리고 중성자와 양성자 질량의 약 25%는 $^4\mathrm{He}$가 된다. 단지 약간의 중수소와 두 개의 양성자와 한 개의 중성자를 가진 $^3\mathrm{He}$만이 남는다. 보론과 리튬 역시 극소량 형성되었으나, 우주가 너무 급격하게 팽창하여 더 무거운 핵은 만들 수 없었다. 생산된 헬륨의 양은 중성자의 반감기에 의존하자만, 그 때의 물질의 밀도에는 전혀 의존하지 않는다. 그러므로 거의 모든 중성자는 양성자를 만나, 중수소를 구성할 수 있으며, 거의 모든 중수소의 핵은 헬륨을 만들기 위해 반응한다. 관측된 헬륨의 존재도는 개략적인 계산을 통하여, 22 %와 24 %

사이에 있다. 예를 들어, 만일 태양 질량의 10 %가 헬륨에 의한 것이라면, 빅뱅 우주론을 설명하기가 매우 어려웠을 것이다.

문제 1.18 중수소는 $k_B T \leq 70\,\mathrm{keV}$일 때만 풍부해질 수 있다. 식 1.38을 이용하여, 자유 중성자의 약 35%가 붕괴되는 시간인 $t \approx 365\,s$에 이 온도에 도달함을 보여라. 중성자의 평균 수명 τ_n은 측정하기 어렵다. 최근까지, 실험실의 값은 $700\,s$부터 $1400\,s$까지 다양하다. 만약 평균 수명이 $750\,s$이면, 예측된 헬륨의 비는 2% 더 낮고, $1100\,s$가 되었다면, 2% 더 높을 것임을 보여라.

대조적으로, 낮은 비율의 남겨진 중수소는 중성자와 양성자, 다시 말해, *바리온*의 밀도에 매우 많이 의존한다. 만약 물질이 매우 적게 있었다면, 우주의 밀도가 낮아져 반응이 끝나기 전, 많은 수의 중수소의 핵은 다른 입자들과 충돌할 기회를 놓쳤을 것이다. 만약 현재의 바리온의 수가 $n_B = 10^{-8}\,\mathrm{cm}^{-3}$만큼 낮다면, 중수소핵의 1 % 정도만 남아 있게 된다. 만약 밀도가 $n_B = 2\times10^{-6}\,\mathrm{cm}^{-3}$만큼 높다면, 매 10^9개의 수소 원자에 대해 한 개 이하의 중수소핵이 발견될 것으로 예상된다.

항성 내부에서 중수소는 헬륨으로 쉽게 연소한다. 따라서 빅뱅에서 얼마나 많이 만들어졌었는지 측정하기 위해, 외곽부 중수소가 타지 않은 나이가 많은 중원소 함량이 적은 항성을 연구하거나, 아직 많은 항성을 만들지 않은 은하간 가스 구름을 연구해야 한다. 가장 정밀한 측정에 의하면 매 20000 혹은 30000개의 수소 원자에 대하여 한 개의 중수소핵을 보여준다. $^3\mathrm{He}$과 리튬의 측정과 더불어, 현재의 중성자와 양성자의 혼합 밀도는 다음과 같다.

$$n_B = (2.5\pm0.5)\times10^{-7}\mathrm{cm}^{-3},\ \text{또는}\ \rho_B = (5-7)\times10^9\mathcal{M}_\odot\,\mathrm{Mpc}^{-3} \qquad (1.39)$$

이것은 식 1.24의 임계밀도보다 훨씬 더 작으며, 그 비는 다음과 같다.

$$0.02h^{-2} \leq \rho_B/\rho_{\mathrm{crit}} \leq 0.025h^{-2} \qquad (1.40)$$

h는 $100\,\mathrm{km\,s^{-1}Mpc^{-1}}$단위의 Hubble상수 H_0이다. 관측적으로 $h \geq 0.6$이며, 따라서 중성자와 양성자는 ρ_{crit}의 약 7 %이상을 구성할 수 없다. $h \leq 0.75$인 경우, 바리온은 임계밀도의 3 % 만큼만 담당한다. 기준 모형에서 $\rho_B = 0.045\rho_{\mathrm{crit}}$이다. 5.3절에서 이것이 우리가 볼 수 있는 은하의 가스와 반짝이는 항성 이외의 더 많은 질량이며, 적어도 그 '어두운 물질' 중 일부는 정상적인 물질을 구성한다는 것을 알게 될 것이다.

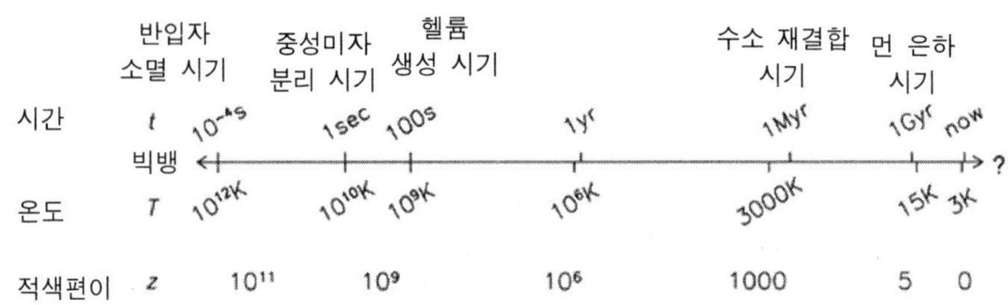

[그림 1.18] 우주 역사의 중요한 순간

> **문제 1.19** 우주는 적어도 중성자와 양성자의 물질보다 많은 물질을 포함해야만 한다. 이때 식 1.39와 1.25를 이용하여, 평균질량 대 광도비는 $50h^{-1}\mathcal{M}_{\odot}/L_{\odot}$를 초과해야 한다는 것을 보여라.

1.5.3_ 재결합: 빛과 물질의 분리

우주 역사의 다음 수십만 년은 다소 평이하다. 밀도는 핵융합을 일으키기에는 너무 낮게 떨어지고, 배경복사는 충분히 강하며 수소를 이온화시키고 다른 원자들을 분열시킨다. 우주는 형광 빛의 내부처럼 반짝이는 기체로 가득 찼다. 광자들은 자유전자에 의해 산란되었기 때문에, 고온의 플라즈마를 자유롭게 통과할 수 없었다. 물질은 내부의 복사압이 매우 높기 때문에, 항성이나 다른 밀도가 높은 천체들을 구성하기 위한 자체 중력 붕괴를 하지 않는다.

복사 밀도는 $T^4 \propto \Re^{-4}(t)$로서 길이 척도 $\Re(t)$를 감소시키며, 얼마간의 시간이 지난 후에는 $\Re^{-3}(t)$에 비례하여 떨어지며, 물질의 길이 척도 이하로 감소한다. 기준 모형에서는 *물질-복사* 시간에서 복사는 $T \approx 10000\,\mathrm{K}$로 냉각된다. $\Re(t)$로 측정할 때, 우주는 현재 크기의 약 1/3600이 되었다. 이후, 흑체복사에서의 광자들은 수소원자로부터 전자를 제거하는 에너지가 부족하게 된다. 그 이후의 팽창기간 동안, 수소원자는 *재결합*하여, 기체는 오늘날같이 중성적이고 투명해졌다. $\Re(t)/\Re(t_0) \approx 1/1100$이 될 때까지, 배경복사의 광자들은 물질로부터 벗어날 수 있었다. 이들의 복사 압력은 더 이상 우리가 지금 관측하고 있는 은하와 성단으로의 물질의 붕괴를 막지 못하게 된다. 관측되는 가장 멀리 있는 은하들은 적색편이 $z \geq 6$이며, 그것들이 빛을 내보낼 때, 우주의 나이는 약 1 Gyr이다. [그림 1.18]는 그 때까지의 우주의 역사를 요약하여 나타낸다.

재결합 기간으로부터 우리에게 오는 복사는 식 1.28에 따라 적색편이 되어, 더 긴 파장을 갖게 된다. 이 경우의 온도는 $T = 2.728 \pm 0.002\,\mathrm{K}$ 이며 *우주 극초단파 배경*으로 알려져 있다. 우주공간의 매 cm^3에는 약 420개의 이러한 광자들이 있으며, 식 1.40에 따라, 매 중성자 혹은 양성자 당 $(2-4)\times 10^9$개의 광자를 갖게 된다. 배경복사의 에너지 밀도는 우리 은하의 외곽영역 항성 빛의 에너지 밀도와 거의 동일하며, $a_B T^4 = 4.2\times 10^{-14}\,\mathrm{J\,m^{-3}}$이다. 따라서 하늘의 단위 입체각으로부터 $c a_B T^4/(4\pi) \approx 10^{-6}\,\mathrm{W\,m^{-2}}$를 갖게 된다.

문제 1.20 식 1.25를 이용하여, 적색편이에 따른 에너지 손실은 무시하면, 오늘날 극초단파 배경복사만큼 에너지를 방출하기위하여, 현재의 광도를 갖는 모든 은하들이 100 Gyr동안 에너지를 방출해야 한다는 것을 보여라.

[그림 1.19]는 외부 은하의 배경복사로서 우리 은하에서 우리의 위치에서 관측되이 지역적 효과가 제거된 결과이다. 우주 배경의 에너지는 적외선, 가시광선, 자외선 분광영역에서보다 훨씬 크다. 빅뱅이외의 어떤 다른 에너지로부터 오는 그러한 거대한 에너지를 설명하기란 매우 어렵다. 서브미리미터파 영역부터 $\leq 0.1\,\mathrm{keV}$의 자외선까지의 복사는 항성과 활성 은하핵의 직접적인 복사 혹은 가열된 먼지에 의한 재복사로부터 온다. X-선과 γ-선의 고에너지 꼬리는 주로 활성 은하핵으로부터 나온다. 팽창하는 우주에서 광자들은 에너지를 잃기 때문에, 극초단파 배경을 제외한 거의 모든 복사는 적색편이 $z \leq 3$에 해당하는 시간인 과거 10 Gyr 동안 방출된 것이어야만 한다.

극초단파 배경은 흑체복사와 매우 유사할 뿐만 아니라, 매우 균일하다. 하늘의 다른 영역들 사이에서, 온도상의 100,000분의 일 정도의 작은 불규칙성을 확인할 수 있다. $l = 265°$, $b = 48°$ 방향에서, 최대 파장은 평균보다 짧고, 온도는 0.1 %만큼 더 높다. 반대 방향에서 온도는 같은 양만큼 더 낮다. 이러한 차이는 배경복사에 대한 태양의 운동을 반영한다. 만약 T_0가 배경복사에 상대적으로 정지해 있는 관찰자에 의해 측정된 온도라면, 상대적으로 속도 $\mathrm{V} \ll c$로 운동하는 관찰자는 운동 방향에 대한 각 θ의 온도 $T(\theta)$를 다음과 같이 측정하게 된다.

$$T(\theta) \approx T_0 (1 + V\cos\theta/c) \tag{1.41}$$

태양의 경우 $\mathrm{V} = 370\,\mathrm{km\,s^{-1}}$이다. 또한, 우리 은하에 대한 태양의 궤도 운동과 가까운 은하들에 대한 우리 은하의 상대적 운동을 감안하면, 우리 은하군은 배경복사와 전체우주에 상대적으로 $\mathrm{V_{pec}} \approx 600\,\mathrm{km\,s^{-1}}$의 고유 운동을 한다. 우리 은하군의 운동은 예상외로 매우 큰 값을 가진다. 이것과 관련하여 8장에서 더 자세하게 다룰 것이다.

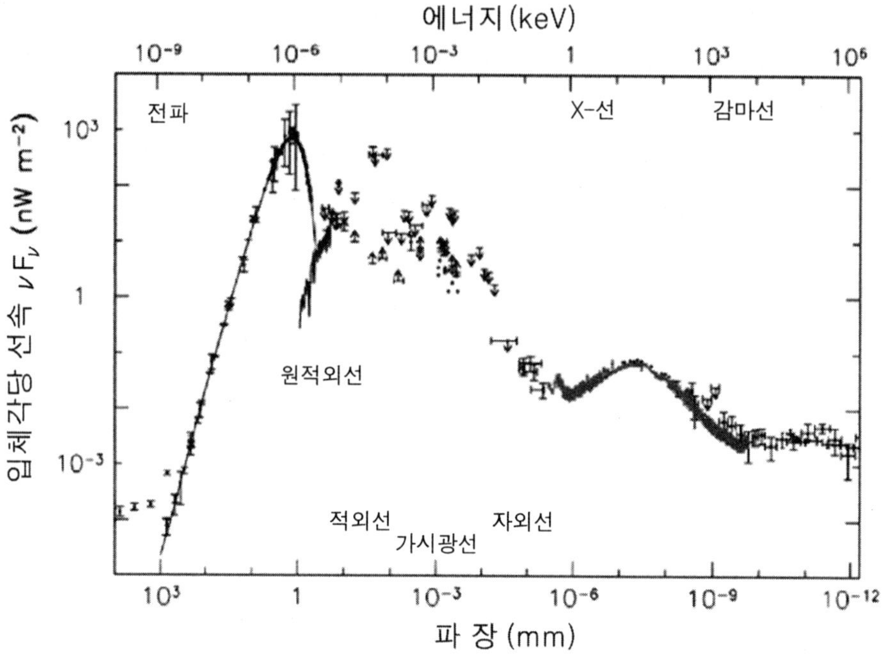

[그림 1.19] 외부 은하 배경복사 : 수직의 로그척도는 주파수 혹은 파장의 에너지 밀도를 나타낸다. 화살표는 상한과 하한을 나타낸다. $\lambda \sim 1\mathrm{mm}$에 정점을 가진 곡선은 우주 극초단파 배경이다. 또한, 원적외선 복사는 먼지에 의해 재 복사된 항성과 활성 은하핵의 빛이다. – T. Ressell, D. Scott.

2. 우리 은하의 구조

우리 은하 원반 내 우리의 위치에 대한 정보는 전형적인 거대 나선 은하에 대한 상세하고도 정밀한 시각을 제공한다. 태양 주변에 무엇이 있는가를 살펴봄으로써 이번 장을 시작한다. 가장 가까운 항성들을 조사하면 원반 내 항성들에 대한 표본을 얻을 수 있고 각각의 광도, 질량, 성분, 그리고 나이에 해당하는 항성들이 현재 얼마나 많이 존재하는지 알아볼 수 있다. 따라서 이러한 정보를 항성 진화 이론과 결합하면 태양 근처에서 항성이 탄생했던 과거를 조사할 수 있다.

2.2절에서는 범위를 좀 더 넓혀본다. 항성까지의 거리를 측정하면 우리 은하의 구조, 즉 얇은 원반과 두꺼운 원반, 중원소 함량이 적은 헤일로, 중앙 팽대부 등의 은하 구조를 알 수 있다. 모든 항성들이 동시에 태어나고 같은 초기 구성 성분을 갖는 성단들은 아주 유용하다. 이러한 성단들의 색-등급도를 항성 모형이 예측하는 바와 비교하면, 성단의 거리와 함께 나이와 원소 함량을 알 수 있다. 가장 젊은 항성들은 원반에 속해 있고 헬륨보다 무거운 중원소들이 상대적으로 풍부한 반면, 중원소 함량이 부족한 헤일로의 항성들은 아주 나이가 많음을 발견하게 된다.

우리 은하 항성들의 대부분과 그 가스의 거의 전부는 원반부에 존재하며, 행성들이 태양 주위를 공전하듯이 은하 중심에 대한 궤도 운동을 한다. 2.3절에서는 우리 은하의 회전을 다룬다. 즉 회전을 측정하는 방법과 그것을 이용해서 원반 내 가스의 분포를 알아내는 방법이 제시된다. 태양계에서의 운동과 대조적으로, 중심에서 가장 먼 부분의 물질들의 회전 속도는 태양 근처의 가스의 회전 속도와 거의 같다. 이렇게 멀리 있는 가스가 우리 은하 바깥으로 날아가지 않도록 하려면 엄청난 양의 질량이 빛을 거의 내지 않는 형태로 우리 은하 외곽에 존재해야 한다. 이것이 바로 *암흑물질*이다.

질량 측정으로부터, 우리 은하는 항성 질량에 대해 1/10 정도의 가스를 가지고 있다. 그러나 적은 양임에도 불구하고 가스는 큰 영향을 미친다. 밀집된 가스 구름이 수축되어 새로운 항성을 만들고, 항성의 일생 마지막 단계에서는 항성 내 핵융합으로부터 생성된 먼지나 무거운 원소들이 가스에 더해진다. 2.4절에서 우리 은하의 가스들이 가열되고, 이온화되고 밀려나가는 등의 복잡한 과정과 이러한 효과들이 항성 생성에 어떠한 영향을 미치는가에 대해 알아 볼 것이다.

2.1 태양 근처

이번 절에서 태양에서 가장 가까운 항성들, 즉 태양 근처에 대해 알아본다. 어떤 종류의 항성들이 있으며 그 수는 얼마나 될까? 그들 중 얼마만큼이 주계열성이며 또 이후 진화 단계에 있는 항성들은 얼마나 될까? 얼마나 많은 항성들이 최근에 생겼으며 나이 많은 항성들은 얼마만큼 있을까? 이러한 질문들에 답하기 위해서는 우선 항성들이 얼마나 멀리 있는지 조사해야 한다.

천체의 거리는 일반적으로 측정하기 어렵지만, 그들의 성질을 이해하기 위해서는 필수적 요소이다. 항성과 은하의 광도는 항상 역제곱 법칙을 사용하여 유도 된다(식 1.1). 보통 하늘에서 각 지름 측정과 거리 계산으로부터 선형 요소들을 찾아내는데, 질량 계산은 이러한 값들에 의존한다. 상당수의 천문학적 논의는 천체가 얼마나 떨어져 있는가 하는 문제로 귀결된다. 따라서 천문학자들은 다양하고 기발한 거리 측정 기술을 고안해 왔다.

삼각 시차 방법으로는 가까운 항성들의 거리만 측정할 수 있다. 좀 더 먼 항성들에 대해서는 거리를 아는 가까운 항성들과 비교한다. 즉, 유사한 스펙트럼을 갖는 항성은 같은 광도를 가진다고 가정하고 그들의 상대적인 겉보기 밝기를 비교함으로써 상대적인 거리를 알아낸다. 이러한 먼 항성들은, 이번에는 개개의 항성들을 구분할 수 있는 가까운 은하들의 거리를 구하는데 사용된다. 이러한 *우주 거리 사다리*는 가까운 은하들과의 비교를 통하여 더 멀리 있는 은하들에 확장된다. 각 단계에서의 상대적인 거리는 천문학적으로 수 % 이내에서 잘 들어맞지만, 각 단계에서 오차가 쌓이게 마련이고 아주 먼 은하의 거리는 두 배수만큼 부정확하게 된다. 삼각 시차의 영역 너머 천체까지의 거리를 직접적으로 측정하는 방법도 있다. 이러한 방법은 매우 중요하며 이것을 2.2절에서 다룬다.

일반적으로 두 항성이나 은하의 *상대적인 거리*는 미터 혹은 광년으로 측정하는 *절대적인 거리*보다 훨씬 정확하게 결정된다. *파섹*은 지구에서 태양까지의 평균 거리인 *천문 단위*(AU)를 단위로 하여 항성까지의 거리를 나타내기 위하여 1922년 국제 천문 연맹에 의해 채택되었다. 행성 간 탐사선을 활용하고 빛이나 전파가 행성 표면에 반사되어 나오는 시간을 측정하여 오늘날 우리는 역사적 의미를 가지고 있는 파섹 단위에 대해 백만분의 일 정도로 태양계의 규모를 알 수 있다. 우리 은하 내에서, 거리는 때때로 은하 중심에서 태양까지의 거리 R_0을 단위로 주어지기도 한다.

2.1.1_ 삼각 시차

수백 파섹 내에서는 *삼각 시차*를 이용하여 항성까지의 거리를 구할 수 있다. 지구가 태양 주위를 공전하기 때문에, 항성을 바라보는 우리의 위치가 변하고 가까운 항성은 더 먼 천체에 비해 상대적으로 움직이는 것처럼 보인다. 1년 동안 가까운 항성은 먼 거리의 항성들을 배경으로 타원형의 궤적을 그린다([그림 2.1]). 이때의 각도 p를 *시차*라 한다. 이 각은 보통 아주 작으며 거리 d만큼 떨어진 항성에 대해서 다음과 같이 표현된다.

$$\frac{1\,\mathrm{AU}}{d} = \tan p \approx p \ (\text{라디안}) \tag{2.1}$$

1천문단위(1 AU)는 태양으로부터 지구까지의 평균거리이며, 약 1억 5천만 km 또는 8.3 광분이다. *파섹*(pc)은 1*초각*의 시차를 갖는 항성의 거리로 정의된다. 여기서 $1'' = 1° \times 1/60 \times 1/60$이다. 1 라디안은 약 206,265″이므로 1 파섹은 206,265 AU 또는 약 3.26 광년이다. 항성들은 보통 아주 멀리 있어서 어떠한 항성도 1″보다 큰 시차를 갖지 않는다. 가장 가까운 항성인 프록시마 센타우리조차도 $p = 0.8''$이며, 따라서 거리는 1.3 pc 혹은 4.3 광년이다.

유럽 우주국의 히파르코스 위성(1989 – 93)은 120,000개의 밝은 항성들의 겉보기 운동을 약 1,000분의 1 초각 정도의 정확도로 반복 측정했다. 히파르코스의 자료는 수백 파섹 이내의 항성들의 거리와 정확한 광도를 제공하였으며, 쌍성 또는 다중성의 궤도 정보도 제공하였다. 이러한 많은 수의 항성에 대한 정확한 거리로부터, 1.1절에서 다루었던 기본적인 항성의 특성요소 중 많은 부분을 결정할 수 있다.

문제 2.1 항성의 삼각 시차를 결정하기 위해서 우리는 적어도 세 번 이상 먼 천체에 대한 그 항성의 상대적인 위치를 측정해야 한다. 왜 그런가?(그 외의 무엇이 하늘에 대한 항성의 위치를 바꿀 수 있는가?)

보통 우리는 거리를 *거리지수*로 표현하는데, 이것은 식 1.15에 주어진 겉보기 등급 m과 절대 등급 M의 차로 정의 된다.

$$(m - M)_0 \equiv 5\log_{10}\left(\frac{d}{10}\mathrm{pc}\right) = 5\log_{10}\left(\frac{0.1''}{p}\right) \tag{2.2}$$

여기서 첨자 0은 항성 빛을 흡수하고 산란시키는 성간 먼지에 의해 어두워지는 효과를 보정한 겉보기 등급을 의미한다.

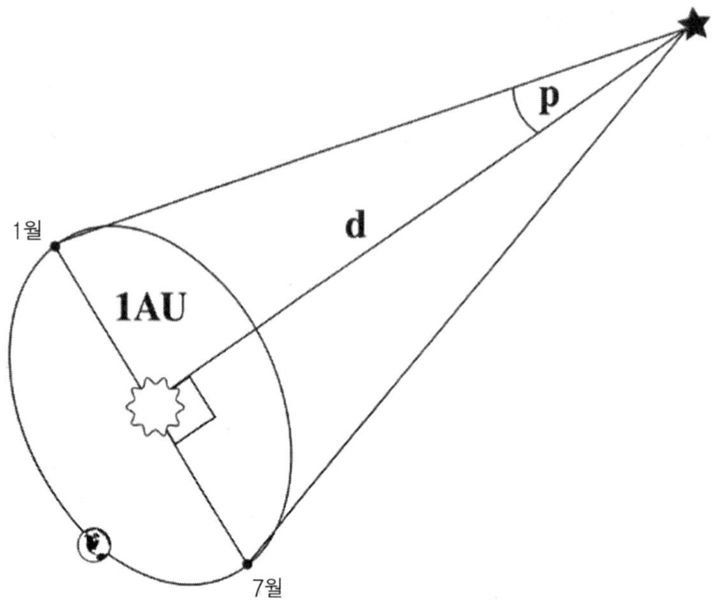

[그림 2.1] 삼각 시차: 지구에서 볼 때 항성은 1년 동안 장반경이 $2p$인 타원궤도를 움직이는 것처럼 보인다.

문제 2.2 거리지수의 0.1등급 오차는 d에서 약 5% 오차와 같음을 보여라.

만약 우주가 먼지 없이 투명하다면 항성의 삼각 시차와 관측된 겉보기 등급을 이용해서 그 항성의 절대 등급을 알아내는 것은 쉽다. 가까운 항성들에 대해서는 먼지의 영향이 적으므로 일반적으로 이 효과를 무시할 수 있다. [그림 2.2]는 태양으로부터 100 pc 이내의 히파르코스 위성으로 측정된 모든 항성들에 대한 $B-V$ 값과 식 2.2를 이용해서 구한 V색의 절대 등급 M_V를 나타낸다. 이것을 *색-등급도* 혹은 *Hertzsprung-Russell도*라고 한다. 우리는 이것을 [그림 1.4]와 비교해서 항성 진화의 다양한 단계에 해당하는 부분을 알 수 있다.

$M_V \approx -4$보다 어두운 항성들을 주계열에서 쉽게 찾아볼 수 있다. 이보다 더 밝은 항성은 아주 드물어서 어떤 항성도 이 영역에 놓이지 않는다. 주계열은 아주 넓게 분포한다. 태양보다 더 밝은 항성들에 대해서 항성들이 서로 다른 나이를 갖기 때문이다. 더 어두운 항성들은 중원소 함량의 차이가 더 중요하다. 오른쪽의 매우 밝은 항성들은 적색거성인데, 이 항성들은 중심핵에서 수소가 모두 고갈된 상태에 있다. 많은 항성들이 $M_V \approx 1$과 $B-V \approx 1$ 근처에 있다. 이것들을 *적색 덩어리 항성*이라고 한다. 이 항성의 중심핵에서는 헬륨이 연소하고 있고 주위에 수소로 이루어진 껍질이 있다.

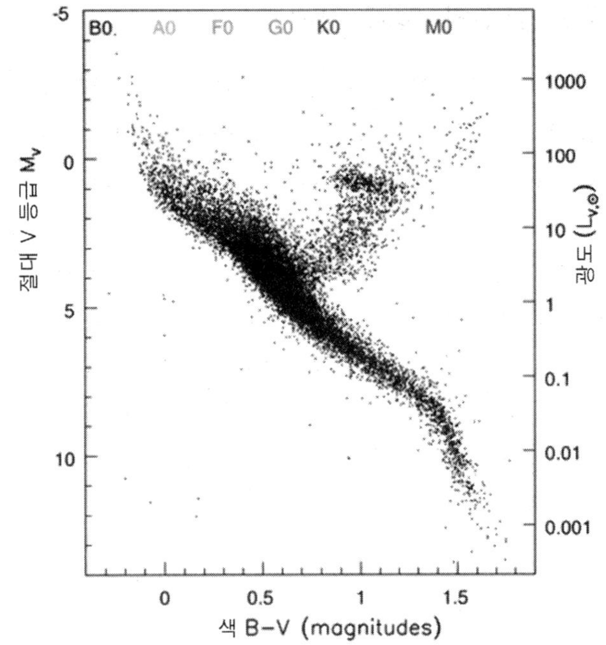

[그림 2.2] 태양으로부터 100pc 내에 있는 15,630개 항성들의 색-등급도와 대략적인 분광형. 히파르코스 위성이 측정한 삼각 시차는 10% 이내의 오차를 가지고 $B-V$는 0.025 등급 이내로 주어졌다. – M. Perryman.

적색 덩어리 항성의 색과 항성 모형이 예측하는 결과를 비교하면, 이 항성들의 중원소 함량이 (태양과 거의 같은 수준에서 태양의 1/3 수준) 사이라는 것을 알 수 있다. 이 것을 1.1절에서 배운 것과 같이 표현하면 $-0.5 \lesssim [Fe/H] \lesssim 0$이다.

주계열과 $B-V \gtrsim 0.9$, 즉 $T_{eff} \lesssim 5500\,K$의 온도에 해당하는 적색거성 사이의 삼각형 구역에는 $M_V \approx 2$보다 밝은 항성들이 거의 없는데, 이 구역을 *Hertzsprung 틈*이라 한다. 항성의 주계열 단계가 일단 끝나면 약 $2\mathcal{M}_\odot$보다 무거운 항성들의 경우에는 매우 빨리 팽창하여 밝은 적색항성이 된다. 그들은 뜨겁지도 차갑지도 않은 온도 상태에서 아주 짧은 일생을 보낸다.

어떤 항성들은 주계열 아래의 등급에 놓이기도 하다. 이 항성들 중 대부분은 중원소가 결핍된 *준왜성*이다. 이 항성은 태양과 같은 구성 성분을 가진 동일한 질량의 항성보다 더 푸르다. 네 개의 어두운 *백색왜성*이 왼쪽 아래에 보인다. 매우 어두운 항성들은 찾기가 무척 어려운데, 100 pc 이내의 가까운 항성들에 대해서도 백색왜성의 절반 이상과 아주 어두운 주계열성은 관측이 되지 않고 있다.

2.1.2_ 광도 함수와 질량 함수

[그림 2.2]의 항성들 대부분은 절대등급 $M_V \approx 8$보다 더 밝다. 하지만 사실은 어두운 항성들이 훨씬 더 많다. *광도 함수* $\Phi(M_V)$는 각 광도마다 얼마나 많은 항성들이 각 pc^3에 존재하는지 알려준다. $\Phi(M_V)\Delta M_V$는 M_V와 $M_V+\Delta M_V$ 사이의 절대 V-등급을 가진 항성의 밀도이다. $\Phi(M_V)$를 계산하기 위해서는 각 광도의 항성이 관측된 공간의 부피를 알아야 한다. 이를 위해 어떤 고정된 겉보기 등급보다 밝게 보이는 항성이나 은하를 관측대상으로 선택하는 것이 일반적이다. 히파르코스가 관측한 목록에는 $m_V \lesssim 8$인 대부분의 항성과 함께 더 어두운 항성들도 포함되어 있다. $M_V = 4.83$인 태양과 유사한 항성의 경우, 거리지수가 43 pc의 거리에 해당하는 $8-4.83 = 3.17$보다 크면 목록에 포함되지 않았을 것이다. [그림 2.3]의 속이 찬 점들은 다음 공식에 의해서 계산된, 1등급 간격으로 나타낸 대략의 광도 함수이다.

$$\Phi(x) = \frac{\mathrm{M_V} - 1/2 \; < \; \mathrm{x} \; < \; \mathrm{M_V} + 1/2 \text{ 의 항성 수}}{\text{부피 } \; \mathrm{I_{max}(M_V)}} \tag{2.3}$$

문제 2.3 식 2.3에서 부피는 $V_{\mathrm{max}}(M) \approx 4\pi d^3_{\mathrm{max}}/3$임을 보여라. 여기서 d_{max}는 100 pc보다 작고 $10\,\mathrm{pc} \times 10^{0.2(8-M)}$으로 계산된다. [표 1.4]의 M_V를 이용하여, M4형 왜성의 d_{max}를 구하여라. [그림 2.2]에서 보여지는 어두운 항성들은 왜 놀라운가?

어두운 항성들은 관측하기가 어렵기 때문에 광도함수의 어두운 끝부분을 결정하기란 매우 힘든 일이다. $\Phi(M_V)$의 가장 밝은 끝 역시 문제를 야기한다. 밝은 항성들은 그 수가 적기 때문에 100 pc 구에 해당하는 공간을 탐사하지 않으면 충분한 개수의 밝은 항성을 찾을 수 없다. 하지만 항성들은 공간에 균일하게 분포되어 있지 않다. 예를 들어 우리 은하의 극 방향으로 원반에서 멀어질수록 항성들의 밀도는 감소한다. 따라서 멀리 떨어져 있는 밝은 항성들을 본다면 그 영역의 평균 밀도는 태양 근방에서보다 낮다. 마지막으로 이중성으로 된 많은 항성들은 서로 너무 가까이 있어서 밝은 하나의 항성으로 오인될 가능성도 있다. 이러한 불확실성에도 불구하고 어두운 항성들이 밝은 항성보다 훨씬 더 많다는 사실만은 확실하다.

[그림 2.3]은 V-파장 영역의 빛 중 얼마만큼이 각각의 광도를 가진 항성들에서 나오는지를 보여준다. M_V와 $M_V+\Delta M_V$ 사이의 항성들은 총 $L_V\Phi(M_V)\Delta M_V$의 양을 낸다. 대부분의 빛이 밝은 항성, 즉 A와 F의 주계열성 또는 K 거성으로부터 온다. O나 B의 주계열성이나 밝은 초거성과 같이 아주 밝지만 그 수가 적은 항성들은 태양보다 어두운 항성들을 모두 합친 것보다 많은 빛을 낸다.

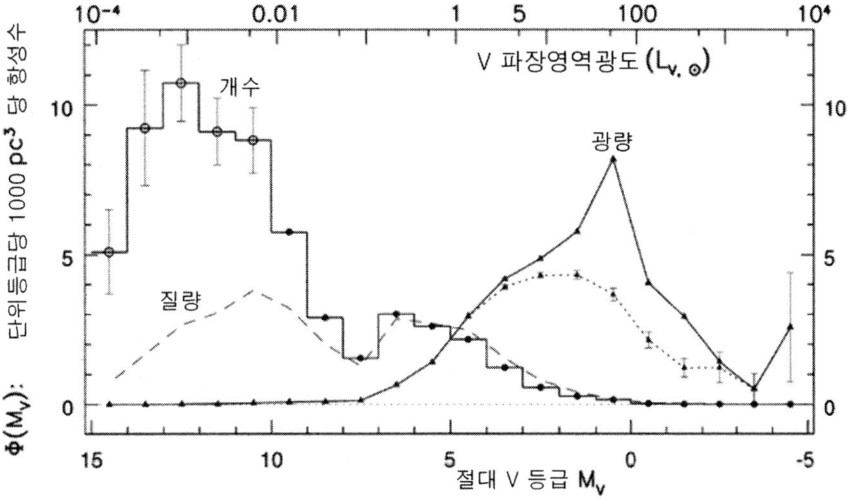

[그림 2.3] 막대그래프는 가까운 항성들에 대한 광도 함수 $\Phi(M_V)$ 를 보여 준다: 속이 찬 점들은 [그림 2.2]의 항성들에 대한 자료이며, 빈 원은 Reid *et al.* 2002 AJ, 124, 2721로부터 얻은 자료이다. 삼각형이 그려진 실선은 $L_V\Phi(M_V)$, 즉 각 등급 간격에서 항성들의 빛이다. 점선은 주계열성만의 빛을 나타낸다. 파선은 $\mathcal{M}\Phi_{\rm MS}(M_V)$, 즉 주계열성들의 질량을 나타낸다. 여기서 단위는 10 pc의 입방체 당 $L_\odot$ 또는 $\mathcal{M}_\odot$이다. 수직 막대들은 각 등급 간격에서의 항성의 개수에 기초한 불확실성을 보여준다.

따라서 은하의 총 광도는 그 은하가 최근에 이러한 무겁고 수명이 짧은 항성들을 얼마나 많이 만들어냈느냐에 달려있다. 만약 5500 Å 의 V-파장 영역 대신 자외선 영역에서 광도함수를 측정했다면 거의 대부분의 선속은 O와 B형의 항성들로부터 올 것이다. 수 마이크론(μm)의 근적외선 선속은 주로 밝고 붉은 항성들로부터 나온다.

1.1절의 표를 이용해서 V-영역의 광도 L_V로부터 복사광도 $L_{\rm bol}$를 결정할 수 있다. 그런 후에 [표 1.1]이나 식 1.6의 질량-광도 관계식을 사용하여 각 광도에서의 주계열성의 평균 질량을 계산한다. [그림 2.3]에서 파선은 절대등급이 M_V에서 $M_V + \Delta M_V$ 사이인 주계열성의 *질량*을 나타낸다. 적색거성은 아주 적은 기여를 하는데, 이는 같은 광도의 주계열성보다 훨씬 덜 무겁기 때문이다. 거의 모든 질량은 K와 M형의 왜성에 있는데, 이들은 우리 은하보다 멀리 있는 은하들이나 위성 은하에서는 볼 수 없는 아주 어두운 항성들이다. 대부분의 빛을 방출하는 항성은 질량에서는 그 기여도가 거의 무시할 수 있을 정도다.

[그림 2.3]의 광도함수는 V 영역에서 40 $L_\odot$ 에 해당하는 광도를 가진, 각각 1000 pc^3 내의 65개의 항성에 대응한다. 약 75%의 빛이 총 30$\mathcal{M}_\odot$ 의 질량을 갖는 주계열성들로부터 나온다. 평균 *질량-대-광도 비율* $\mathcal{M}/L$로부터 어두운 항성들에 대한 무겁고

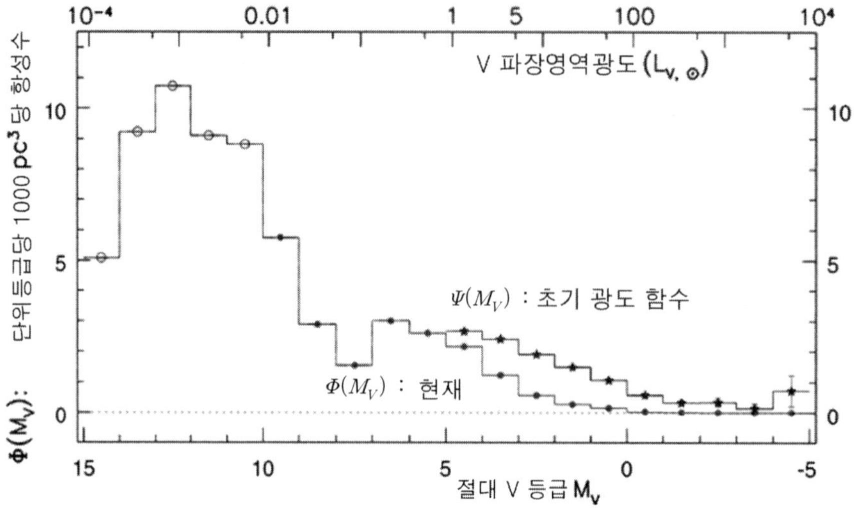

[그림 2.4] 원은 [그림 2.3]과 마찬가지로 주계열 항성들의 광도 함수 $\Phi(M_V)$를 보여준다. 막대그래프는 지난 100억 년 동안 항성들이 같은 비율로 태어났다는 가정 하의 초기 광도 함수 $\Psi(M_V)$를 보여준다. 두 개의 함수 모두 $M_V \approx 8$근처에서 Wielen 강하라 불리는 최소값을 갖는다. 이 V-파장 영역의 광도는 매우 좁은 항성 질량 $\mathcal{M}$의 범위에 해당된다. 질량 함수 $\xi(\mathcal{M})$은 여기에서 강하 또는 변곡이 나타나지 않을 것이다.

밝은 항성들의 비를 알 수 있다. 보통 주계열성만으로는 $\mathcal{M}/L_V \approx 1$ 정도이고, 모든 항성에 대해서는 $\mathcal{M}/L_V \approx 0.74$이다. 여기서 $\mathcal{M}$은 태양 질량 단위이고 L_V는 태양의 V 광도에 대한 비이다. 백색왜성과 성간 가스를 포함하더라도 태양 근처에서는 질량-대-광도 비율이 $\mathcal{M}/L_V \lesssim 2$이다. 2.3절에서 우리 은하 전체에 대한 질량-대-광도 비율이 태양 근처의 표본보다 훨씬 크다는 것을 알게 될 것이다. 즉, 은하의 바깥쪽 영역은 태양 근처의 항성이나 성간 가스의 형태와는 다른 보이지 않는 질량을 가지고 있다.

항성 진화 모형을 사용해서 현재의 *항성 종족*으로부터 거꾸로 각 질량마다 얼마나 많은 항성들이 생성되었는지를 알아낼 수 있다. *초기 질량 함수* $\Psi(M_V)$를, $\Psi(M_V)\Delta M_V$가 주계열에 있을 때 절대등급이 M_V와 $M_V + \Delta M_V$ 사이였던 항성들의 수라고 정의한다. 태양보다 가벼운 항성은 100억 년 이상을 주계열에서 보낸다. 어두운 백색왜성의 수를 헤아리면 항성들이 태양 근처 원반에서 $\tau_{gal} \approx 80-100$억 년의 시간에서 생성되고 따라서 초기에 태어난 K형 왜성은 거의 진화하지 않았음을 알 수 있다. 이러한 가벼운 항성들에 대해서 $\Psi(M_V)$는 현재의 광도 함수 $\Phi(M_V)$와 거의 같다. 그러나 O, B, 그리고 A형 항성은 빠르게 진화해서 최근에 태어난 항성들만 현재 주계열 상태에 있는 것이다.

항성들이 지금까지 일정한 비율로 원반에서 태어났다고 가정하면 초기 광도 함수를 계산할 수 있다. 만약 $\Phi_{\rm MS}(M_V)$이 주계열성만에 대한 현재의 광도 함수이고 항성이 $\tau_{\rm MS}(M_V)$의 시간 동안 절대 등급 M_V의 상태로 주계열에 머물고 있다고 하면 다음과 같은 식이 성립된다.

$$\begin{aligned}\Psi(M_V) &= \Phi_{MS}(M_V) \qquad \tau_{MS}(M_V) \geq \tau_{gal}\text{인 경우,}\\ &= \Phi_{MS}(M_V)\times\frac{\tau_{gal}}{\tau_{MS}}(M_V) \qquad \tau_{MS}(M_V) < \tau_{gal}\text{인 경우}\end{aligned} \tag{2.4}$$

[그림 2.4]는 τ_{gal}은 100억 년이라고 가정하여 이 공식에 따라 개략적으로 계산한 $\Psi(M_V)$의 값을 보여준다. 무거운 항성들은 어둡고 가벼운 항성들보다 훨씬 드물게 형성되지만 현재의 광도함수 $\Phi(M_V)$만큼 그 불균형이 크지 않다.

문제 2.4 항성이 일정한 비율로 생성된다고 가정해보자. $\tau_{\rm gal}=10\,\rm Gyr$라고 가정하고, [표 1.1]의 항성의 수명을 사용하여, 지금까지 만들어진 모든 $2\mathcal{M}_\odot$의 질량을 가진 항성들의 11%만이 오늘날의 주계열에 머물고 있음을 보여라. 이와 마찬가지로 $3\mathcal{M}_\odot$의 질량을 가진 항성들이 주계열에 남아있는 비율은 어떤가? $0.5\mathcal{M}_\odot$의 질량을 가진 항성들의 비율은? 이제는 $t_\star=3\,\rm Gyr$일 때, 항성 생성이 시간 t에 따라 $e^{-t/t_\star}$로 감소한다고 가정하여 보자. 질량이 $2\mathcal{M}_\odot$인 모든 항성들의 1.6%만이, $3\mathcal{M}_\odot$인 항성들의 0.46%만이 살아남음을 보여라.
이 항성들에 대해, 항성의 형성률이 시간에 따라 감소할 때([그림 2.4]의 ★와 • 은 더 떨어지게 된다.), 생성율이 일정할 때보다, 관측으로 주어진 $\Phi(M_V)$에 대해서 $\Psi(M_V)$가 큰 이유를 설명하라. $2\mathcal{M}_\odot$의 항성들에 대하여 $\Psi(M_V)/\Phi(M_V)$가 얼마나 커야 하는가? 태양보다 오래 산 항성들에 대하여, 항성 형성률의 점차적인 감속은 $\Psi(M_V)$를 어떻게 바꿀수 있는가?
$t_\star<0$로 항성 형성률이 가속된다고 할 때, 이는 초기 광도 함수 $\Psi(M_V)$에 대한 추정에 어떠한 영향을 줄 것인가?
($\Phi(M_V)$는 매우 부드러운 곡선이고 $\Psi(M_V)$가 태양 광도 근처에서 경사가 변화하리라고 생각할 이유는 없다. 이와 함께, 이것은 지난 수십억년 동안 항성 형성률이 지역적으로 두 배수 이상 증가하거나 감소하지 않았음을 의미한다.)

초기 광도 함수 $\Psi(\mathcal{M})$로부터 *초기 질량 함수*를 유도할 수 있다. $\xi(\mathcal{M})\Delta\mathcal{M}$은 질량이 $\mathcal{M}$과 $\mathcal{M}+\Delta\mathcal{M}$ 사이의 질량을 가지고 태어난 항성의 수이다. 태양 근처에서, $\sim 0.5\mathcal{M}_\odot$보다 무거운 항성들에 대해서 다음과 같은 식이 성립한다.

$$\xi(\mathcal{M})\Delta\mathcal{M} = \xi_0\mathcal{M}^{-2.35}(\Delta\mathcal{M}/\mathcal{M}_\odot) \tag{2.5}$$

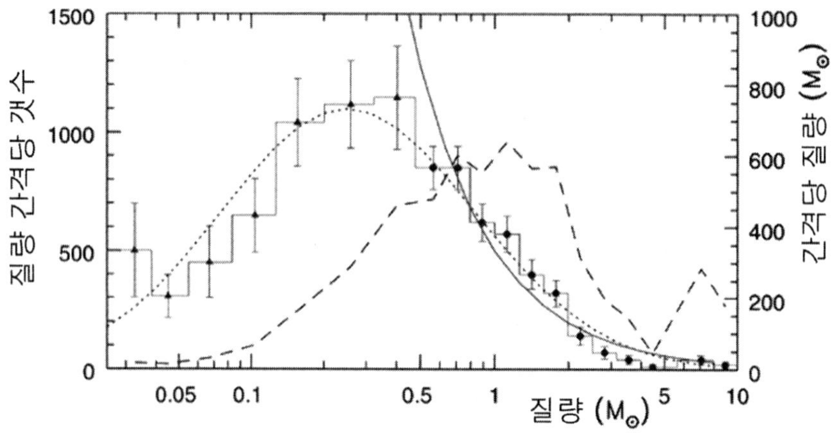

[그림 2.5] 플레이아데스 성단 내 항성들에 대한 질량 분포. 각 질량 범위에 해당하는 항성의 수는 막대그래프의 면적에 비례한다. 화살표는 하한값을 나타낸다. 부드러운 곡선은 Salpeter IMF이다. 점선은 정상분포함수이다. 파선은 질량을 나타내는데, $0.25\mathcal{M}_\odot$ 근처 항성이 가장 많으며, $(1-2)\mathcal{M}_\odot$ 항성들이 성단질량의 대부분을 차지한다. – J. Stauffer

여기서 상수 ξ_0은 지역적 항성 밀도를 나타내고, 이 함수를 *Salpeter* 초기 질량 함수라고 부른다. [그림 2.5]는 [그림 2.11]의 플레이아데스 성단 내 각 질량에 해당하는 항성들의 수를 보여준다. 이 성단은 나이가 겨우 1억 년 정도이며 따라서 $5\mathcal{M}_\odot$ 이하의 질량에 대해서는 초기 질량 함수는 현재 우리가 관측하는 것과 동일하다. 여기서 Salpeter 함수는 $0.5\mathcal{M}_\odot$ 보다 가벼운 항성들의 수를 과대평가하고 있는 반면, 어떠한 부분에 대해서는 잘 맞는 설명이 가능하기도 한다. 밀집된 항성 집단에서부터 흩어져 있는 항성의 무리에서까지, 우리 은하 내 다른 지역과 근처의 마젤란 성운에서도 $\xi(\mathcal{M})$은 관측과 놀라울 정도로 잘 일치한다. 만약 우리가 항성의 생성 과정을 더 잘 이해한다면, 초기 질량 함수를 예측할 수 있을 것이다.

문제 2.5 식 2.5가 $\mathcal{M}_l$과 상한$\mathcal{M}_u \gg \mathcal{M}_l$ 사이의 질량을 가진 100 pc의 정육면체 내에서 생성되는 항성들에 대한 것이라 가정하자. 적분을 사용하고, 식 1.6이 $\alpha \approx 3.5$를 가진다고 가정하여, (a) 항성의 수, (b) 그들의 총 질량, 그리고 (c) 총 광도를 계산하라. 항성의 수와 질량은 주로 가장 작은 항성들의 질량 $\mathcal{M}_l$에 좌우되는 반면, 광도는 가장 큰 항성의 질량 $\mathcal{M}_u$에 의존함을 보여라.

$\mathcal{M}_l = 0.3\mathcal{M}_\odot$, $\mathcal{M}_u \gg 5\mathcal{M}_\odot$ 이면, 모든 항성 중 2.2%만이 $\mathcal{M} > 5\mathcal{M}_\odot$임을 보여라. 이는 총 질량의 37%에 해당한다. 플레이아데스 성단의 질량은 $\mathcal{M} = 800\mathcal{M}_\odot$이다. 이 성단이 약 700개의 항성을 가지고 있음을 보여라. $\mathcal{M}_u = 10\mathcal{M}_\odot$([그림 2.5] 참조)일 때, $\mathcal{M} > 5\mathcal{M}_\odot$을 가진 적은 수의 항성들만이 전체 빛의 80%를 차지하고 있음을 보여라. [그림 2.13]에서의 개수와 비교하였을 때 왜 [그림 2.11]에서의 항성의 개수가 적은가?

2.2 우리 은하 내의 항성들

대부분의 항성은 시차를 측정할 수 없는데, 이것은 우리 은하의 원반이 500 pc보다는 훨씬 크다는 것을 의미한다. 멀리 있는 항성들에 대한 거리 추정을 위해 우주 거리 사다리에 이용한다. 즉, 시차를 측정할 수 있을 정도로 가까운 항성들에 대한 상대적인 위치를 계산해서 먼 항성까지의 거리를 계산하는 것이다. 가끔 항성의 속도로부터 정보를 얻어서 이러한 중간 과정 없이 거리를 구할 수도 있다. 이번 절에서는 먼저 이러한 기회들에 대해 알아보고, 그 후 우리 은하의 기본적인 구조를 알려주는 항성과 성단의 분포에 대해서 공부할 것이다. 우리 은하 원반 내 우리의 위치는 하나의 나선 은하에 대한 유일하고도 상세한 3차원적 시각을 제공한다.

2.2.1_ 운동학적 거리

관측자 방향으로의 시선 속도 V_r는 항성 또는 가스의 스펙트럼 방출선 또는 흡수선의 *Doppler 이동*을 이용해서 측정한다(식 1.19). *접선 속도* V_t는 하늘을 가로질러 움직이는 항성의 겉보기 운동의 각 변화로부터 구한다. 이러한 *고유 운동* μ는 아주 작아서 1 년에 수 밀리 초각 정도로 측정될 뿐이다. 접선 속도는 거리와 고유 운동의 곱이다.

$$V_t = \mu(\text{라디안/시간}) \times d,\ \text{또는}\ \mu(0.001''/\text{년}) = \frac{V_t(\text{km s}^{-1})}{4.74 \times d(\text{kpc})} \tag{2.6}$$

어떤 천체에 대해서 V_r와 V_t가 어떤 관계가 있는지 안다면, V_r와 고유 운동을 측정함으로써 그 천체의 거리를 구할 수가 있다.

우리 은하의 크기에 대한 현재의 가장 정확한 추정은 은하의 정확한 중심에 있을 것이라 여겨지는 매우 무거운 블랙홀 근처 항성들의 고유운동으로부터 얻을 수 있다. [그림 2.17]은 항성의 궤도들을 보여준다. 아래의 문제는 어떻게 항성들의 위치와 속도 관측으로부터 블랙홀의 질량 $\mathcal{M}_{BH}$을 구할 수 있는지, 뿐만 아니라 그것의 거리, 이를테면 태양은 은하 중심으로부터 7.6 ± 0.3 kpc에 있다는 것을 구할 수 있는지를 보여준다.

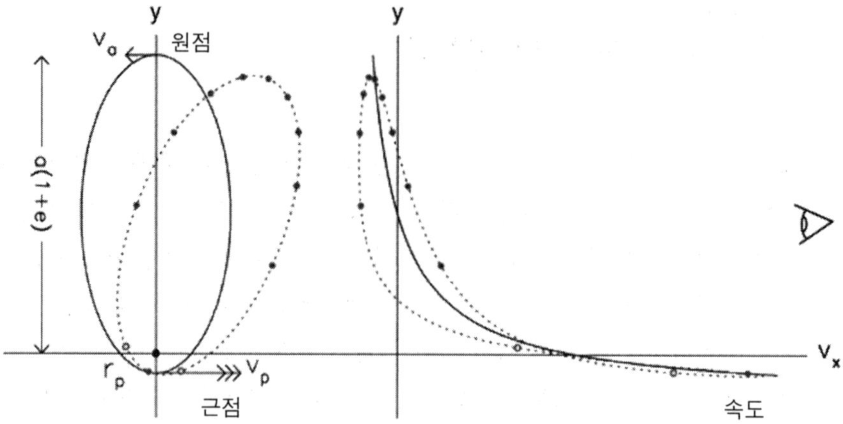

[그림 2.6] 왼쪽, 원점에 있는 점질량 주변의 두 개의 항성의 궤도. 속이 찬 점들은 시간 간격이 $P/10$일 때이며, 속이 빈 점들은 근점으로부터 $\pm 0.01P$에서에 해당한다. 오른쪽, 수평 방향에서의 속도. x축을 따라서 보고 있는 멀리 있는 관측자에 대해 하늘면 $x=0$(실선)에 대해 대칭일 때 시선 속도 v_x가 정확하게 반복되며 궤도가 한 줄로 서 있지 않을 때(점선)는 일어나지 않는다.

문제 2.6 8m 크기의 망원경을 사용하여 20년 이상 우리 은하 중심을 정기적으로 관측하였다. 이 때, 하나의 항성이 일직선으로 하늘 상에서 앞뒤로 움직이는 가장자리 형 궤도를 나타내었다. 스펙트럼으로 측정한 시선속도 V_r은 항성이 하늘상에서 정확히 같은 위치에 있을 때 반복됨을 찾을 수 있었다. 다행히도 하늘상에서의 항성의 움직임 중 가장 멀리 있는 위치들은 [그림 2.6]에서 볼 수 있듯이 블랙홀에서 가장 가까운 곳(근점)과 가장 멀리 있는 곳(원점)이었다. 이 두 점의 간격 s 과 궤도 주기 P를 측정하였다. 블랙홀이 대부분의 중력을 제공한다고 가정하였을 때, 다음과 같은 단계를 거쳐 블랙홀의 질량 $\mathcal{M}_{\mathrm{BH}}$ 과 우리로부터 떨어진 거리 d 를 알 수 있다.

식 2.1의 정의로부터, 궤도의 장반경이 $a=0.5\,\mathrm{AU}\times(s/1'')(d/1\,\mathrm{pc})$임을 보이시오. $s=0.248''$ 일 때, $8\,\mathrm{kpc}$ 거리에서의 a는 얼마인가? 하늘을 가로지르는 항성의 움직임의 두 개의 가장자리에서, 항성의 시선 속도는 $V_{\mathrm{a}}=473\,\mathrm{km\,s^{-1}}$과 $V_{\mathrm{P}}=7326\,\mathrm{km\,s^{-1}}$이다. 어느 위치가 블랙홀과 가까운가? 궤도의 이심률은 e이다. 각 운동량 보존이 왜 $V_{\mathrm{P}}(1-e)=V_{\mathrm{a}}(1+e)$을 요구하는지에 대해 서술하고, $e=0.876$임을 보여라.

V의 속도로 움직이는 항성이 블랙홀에서부터 r만큼 떨어져 있을 때, 항성의 운동에너지 $KE=m_\star V^2/2$이고 위치에너지는 $PE=-Gm_\star\mathcal{M}_{\mathrm{BH}}/r$ 이다. 궤도를 도는 동안 총 에너지 $KE+PE$가 변하지 않을 때, 아래의 식을 증명하여라.

$$V_{\mathrm{p}}^2-V_{\mathrm{a}}^2=\frac{G\mathcal{M}_{BH}}{a}\times\frac{4e}{1-e^2} \tag{2.7}$$

v를 $\mathrm{km\,s^{-1}}$의 단위로, $\mathcal{M}_{\mathrm{BH}}$를 $\mathcal{M}_{\odot}$의 단위로, a를 pc의 단위로 측정하였을 때, $G=4.3\times10^{-3}$이다. a의 단위를 AU로 바꾸었을 때, $\mathcal{M}_{BH}/\mathcal{M}_{\odot}=3822(a/1\,\mathrm{AU})$임을 보이시오. $m_{\star}\ll\mathcal{M}_{\mathrm{BH}}$이므로, 케플러 3법칙, $P^2(\text{년})=a^3(\mathrm{AU})/\mathcal{M}_{\mathrm{BH}}(\mathcal{M}_{\odot})$을 이용할 수 있다. $P=15.24$년으로 측정하였을 때, 식 2.7을 사용하여 $\mathcal{M}_{\mathrm{BH}}/a$을 제거하고 $a=942\,\mathrm{AU}$와 $\mathcal{M}_{\mathrm{BH}}=3.6\times10^{6}\mathcal{M}_{\odot}$임을 보여라. 은하 중심에서부터의 거리는 얼마인가?

1987년 2월에 대 마젤란 성운(LMC)에서 폭발한 초신성이 관측되었다. 그 직후에 이온화가 많이 된 탄소, 질소와 산소의 폭이 좁은 방출선들이 스펙트럼에 나타났다. 매우 가는 스펙트럼 선들은 항성 주위의 차가운 가스로부터 나온 것이다. 초신성이 어두워졌을 때 반짝이는 타원형의 가스가 그 주위에서 발견되었다. 이것은 아마도 적색거성 단계에서 항성의 적도 평면에서 분출된 물질의 원형 고리일 것인데 경사에 의해 타원으로 보였던 것이다([그림 2.7] 참조).

가는 방출선은 초신성이 폭발한지 약 85일이 지난 후에야 밝아지기 시작했다. 따라서 이것은 빛이 폭발로부터 직접 우리에게 온 것이 아니라, 가까운 고리의 가장자리 부근에 도달해서 가스를 이온화시키고 그 가스 방출선이 우리에게 도달하는데 85일이 걸렸다고 보아야 한다. 이로부터 고리의 반경을 광일 단위로 알아낼 수 있다(문제 2.7 참조). 초각으로 측정된 크기와 이것을 결합하면 LMC의 거리가 50 kpc에서 53 kpc임을 알 수 있다. 두 개의 관측 위성에 의해 이러한 측정을 할 수 있었다. 가스 방출선은 지구의 대기를 통과하지 않는 자외선 파장 대에서 관측하였고, 고리는 너무나 작아서 그 상이 지상 망원경으로 관측하면 대기의 교란에 의해 크게 흐려졌다.

문제 2.7 초신성 1987a 주위의 고리는 하늘에서 $1.62''\times1.10''$로 보인다. 만약 실제의 모양이 원형이라면 고리가 우리 쪽으로 약 $i\approx43°$만큼 기울어졌음을 보여라. 고리의 반경을 R이라고 하면, [그림 2.7]을 이용해서, 우선 A점까지 이동하고 그 후에 우리에게 닿은 빛이 초신성으로부터 똑바로 우리에게 온 빛보다 상대적으로 시간 $t_{-}=R(1-\sin i)/c$만큼 지연되는 이유를 설명하여라. 이렇게 *빛 메아리*가 관측된다. 만약 t_{+}가 B점을 거쳐서 우리에게 온 빛에 대한 시간 지연이라고 했을 때, $R=c(t_{-}+t_{+})/2$이 성립함을 보여라. 측정된 값이 $t_{-}=83$일, $t_{+}=395$일이라고 했을 때, 반경 R을 광일 단위로, 그리고 초신성까지의 거리 d를 구하여라(상급 학생들은 이 값의 오차를 추정해 보라). 초신성이 가장 밝았을 때 겉보기 등급이 $m_V\approx3$이었다. 그 광도가 $L_V\approx1.4\times10^{8}L_{\odot}$임을 보여라(대부분의 초신성 II형은 훨씬 더 광도가 크다).

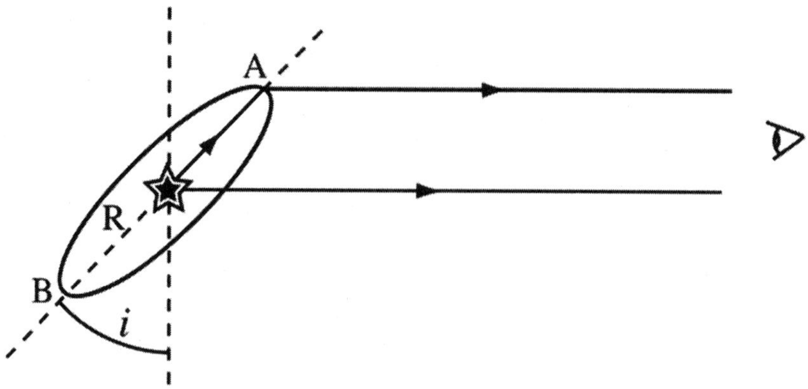

[그림 2.7] 그림의 오른쪽에 있는 관측자에게 보이는 초신성 1987a 주위의 가스 고리에서 나온 '빛 메아리'를 보고 있다.

2.2.2_ 분광 시차, 원반의 수직 구조

1.1절에서 다루었듯이 항성 스펙트럼선의 폭과 깊이는 광도에 의존한다. 이 사실을 기본적 방법으로 이용하면 항성까지의 거리를 알아낼 수 있다. 예를 들어 F2 주계열성의 스펙트럼을 가지는 항성은 근사적으로 같은 화학 성분을 갖는 다른 F2 주계열성과 그 밝기가 비슷하다. 이 중 한 개 항성의 시차를 측정하면 식 2.1에 의해서 거리를 알 수 있고, 따라서 그 광도와, 유사한 F2 항성의 광도도 알 수 있다. 이렇게 더욱 먼 항성의 겉보기 밝기를 관측하고 성간 먼지에 의해 어두워지는 효과를 보정하면 식 1.1에 의해 거리를 알 수 있다. 이 방법을 *분광 시차*라고 하며, 삼각 시차를 측정함으로써 얻는 것과 같은, 거리에 대한 정보를 준다.

분광 시차는 어떤 분광형의 항성에는 잘 적용되지만, 다른 분광형에는 그렇지 않다. 주계열성의 광도는 주로 10% 이내에서 결정할 수 있으며, 이는 거리에 있어서 5%의 불확실성을 유발한다. 하지만, K 거성에 대해서는 광도에 관계없이 대기의 온도가 거의 같다. 거성 가지는 [그림 1.4]에서 보듯 거의 수직이다. 우리가 기대할 수 있는 최고의 결과는 광도를 절대등급 0.5 등급 이내로 결정하여 25% 이내의 거리 정보를 결정하는 것이다.

멀리 있는 많은 수의 항성들로부터 높은 정밀도의 스펙트럼을 얻기 위해서, 큰 망원경으로 오랫동안 관측해야 한다. 많은 노력을 통하여 항성의 색깔로부터 분광형을 추정하고, 다른 정보에 의존해서 그것이 왜성인지 또는 거성인지 알아낸다. 이러한 *측광 시차* 방법은 측정된 색깔이 광도에 따라서 크게 변할 때 그리고 성간 먼지 효과를 보정할 수 있을 때 특히 잘 적용된다. 성단을 관측하면 가장 좋은 결과를 얻을 수 있는데, 많은 항성들을 측정하면 성단의 거리와 먼지에 의한 적색화를 둘 다 추정할 수 있기 때문이다.

우리 은하 원반의 수직 방향에서 흐릿한 모양의 먼 은하와 달리 매우 뚜렷한 항성의 상을 얻었을 때, 겉보기 등급이 $m_V \approx 14$보다 어두운, 붉은 항성들은 거의 K와 M형 왜성들이다(1 kpc의 거리에서 $M_V \approx 0$인 K 혹은 M형 거성의 겉보기 등급은 얼마이겠는가?). 이 방향으로는 항성을 어둡게 하고 붉게 보이게 하는 먼지가 거의 없으므로, $V-I$ 색은 분광형에 대한 좋은 지시자가 된다. [그림 2.8]은, 은하의 남극 방향에서 겉보기 등급이 $m_V < 19$인 12,500개의 항성에 대하여 $V-I$ 색깔을 측정하여 알아낸 측광 거리를 사용하여 그린 항성 밀도 분포이다. 만기 G형과 조기 K형 왜성은 적색 거성보다 푸르고, 잘못 판단하기 쉬운 같은 색깔의 거성은 거의 없다.

[그림 1.10]의 은하 중심 구형 극좌표 R, ϕ, z를 사용하면, 분광형 S형의 항성 밀도 $n(R,z,S)$에 대한 이중 지수 방정식의 근사는 다음과 같다.

$$n(R,z,S) = n(0,0,S)\exp[-R/h_R(S)]\exp[-|z|/h_z(S)] \tag{2.8}$$

여기에서 h_R은 원반의 *길이 척도*라고 하고 h_z는 *높이 척도*이다. [그림 2.8]로부터 은하 평면의 가운데 부근에서 K형 왜성은 $h_z \approx 300-350$ pc인 반면, A형 왜성 같은 무겁고 수명이 짧은 항성들은 $h_z \lesssim 200$ pc로 더 짧다는 것을 알 수 있다.

원반의 가스와 가스와 혼합된 먼지는 훨씬 더 얇은 층에 한정되어 있다. 태양 근처에서는 대부분의 중성 수소에 대하여 $h_z < 150$ pc이고 항성이 태어나는 차가운 분자 가스 구름은 겨우 60 − 70 pc 정도이다. [표 2.1]에는 다양한 형의 항성과 가스에 대한 높이 척도 h_z가 정리되어 있다. 밀도가 식 2.8을 정확하게 따르지 않으므로 이 값들은 근사값이다. 길이 척도는 대략 $2.5\,\text{kpc} \leq h_R \leq 4.5\,\text{kpc}$의 범위를 가진다.

문제 2.81 식 2.8을 적분하여 반경 R에서 S형 항성 단위 면적 당 별의 개수(표면 밀도)가 $\sum(R,S) = 2n(0,0,S)h_z(S)\exp[-R/h_R(S)]$임을 보여라. 만약 각각이 광도 $L(S)$를 가진다면, 표면 밝기는 $I(R,S) = L(S)\sum(R,S)$이다. h_R과 h_Z가 모든 형의 항성에 대해 같다고 가정하고 원반의 총 광도가 $L_D = 2\pi I(R=0)h_R^2$임을 보여라.
우리 은하에 대해서 V영역에서 $L_D = 1.5\times10^{10}L_\odot$, $h_R = 4$ kpc으로 잡고 중심으로부터 8 kpc 떨어진 태양의 위치에서 원반의 표면 밝기가 대략 $\sim 20L_\odot\,\text{pc}^{-2}$임을 증명하라. 3.4절에서 우리는 원반의 질량 밀도가 약 $(40-60)\mathcal{M}_\odot\,\text{pc}^{-2}$이고 따라서 $M/L_V \sim 2-3$임을 배울 것이다. 이 값이 태양에서 100 pc 이내에 있는 항성들에 대한 M/L_V 값보다 큰 이유는 무엇인가?(어떠한 항성들이 중간 평면 근처에서만 발견되는가?)

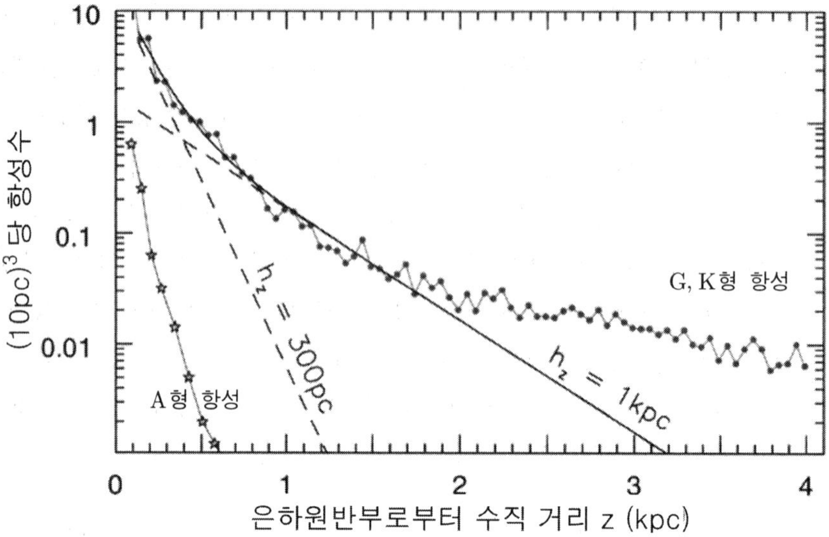

[그림 2.8] 우리 은하의 남극 방향 쪽으로 보았을 때, 채워진 원은 $5 < M_V < 6$인 항성의 밀도를 나타내면, 이 항성들은 만기의 G형과 조기의 K형 왜성들이다. 경사진 파선은 $n(z) \propto \exp(-z/300\,\text{pc})$(얇은 원반)과 $n(z) \propto \exp(-z/1\,\text{kpc})$(두꺼운 원반)임을 보여준다. 실선은 이것들의 합이다. $z \gtrsim 2\,\text{kpc}$에서 대부분의 항성은 중원소가 적은 헤일로에 속해 있다. 별 모양으로 나타낸 A형 왜성은 매우 얇은 층에 놓여져 있다. − N.Reid, J.Knude.

태양 근처가 일반적인 환경이라 가정하여, 우리 은하의 원반이 얼마나 빠른 속도로 항성을 만들고 있는지 추정할 수 있다. $\mathcal{M}/L_V \approx 2$라고 하면, 원반의 광도 $L_V \sim 1.5 \times 10^{10} L_\odot$는 $3 \times 10^{10} \mathcal{M}_\odot$에 해당된다. 만약 항성들이 지역적으로 똑같은 초기 질량 함수를 가진 채 형성된다면, 이들 물질의 반 정도가 일생동안 성간 가스로 되돌아간다. 그러므로 100억년 동안 원반이 만들어지려면, 우리 은하는 매년 $(3-5)\mathcal{M}_\odot$ 정도의 새로운 항성을 생성해야 한다. 2.4절에서, 원반부에 $(5-10) \times 10^9 \mathcal{M}_\odot$의 차가운 가스가 있으며 따라서 이러한 항성 생성률이 적어도 수십억 년 동안 유지된다는 것에 대하여 알게 될 것이다.

심지어 항성의 공간 분포를 찾을 수 있을 정도만큼의 충분한 항성을 관측하지 못한다고 하더라도, 식 2.3의 부피 $V_{\max}$를 사용하여 항성들이 균일하게 분포되어있는지 아닌지에 대해서 실험해 볼 수 있다. 이것이 $V/V_{\max}$ 실험이다. 잘 만들어진 규칙에 의해 선택된 항성 표본(예를 들어, 주어진 겉보기 등급보다 밝은 항성들) 을 가정한 후, 항성들의 거리 d와 절대 등급 M_V(또는 광도 L_V)를 구한다. 각각의 항성에 대해서, 가장 최장 거리 $d_{\max}$와 표본들을 모두 포함할 수 있는 부피 $V_{\max}$ 를 구하고, 항성보다 우리 쪽에 가까운 부피 $V(< d)$와 비교한다. 만약 항성들이 모든 곳에 동등하

게 분포하고 있다면, 평균적으로 $V(<d) = V_{\max}/2$이 성립할 것이다. 즉, 항성이 최대 부피 $V_{\max}$의 반에 해당하는 지역보다 멀리, 그리고 그보다 가까이에 동일하게 있을 것이다. 이 평균의 더 작은 값은 더 먼 거리일수록 항성들의 분포가 더 동일하지 않다는 것이다.

문제 2.9 은하 북극에서 5° 안에 있는 항성들 중 $m_V = 15$보다 밝은 G형의 왜성들을 관측한다고 하자. 이 항성들이 모두 $M_V = 5$를 가진다면, 관측 가능한 $z_{\max}$는 얼마인가? $V_{\max} = \Omega z_{\max}^3/3$이면, 5° 크기의 원으로 덮힌 하늘의 비율은 $\Omega/(4\pi)$이다. 만약 1 pc크기의 정육면체 내에 $n(z)$의 항성이 있다면, 우리가 보는 항성의 개수 N이 다음과 같음을 보이시오.

$$N = \Omega \int_0^{z_{\max}} n(z) z^2 \mathrm{d}z, \text{ 반면 } \left\langle \frac{V}{V_{\max}} \right\rangle = \frac{1}{N z_{\max}^3} \int_0^{z_{\max}} n(z) z^2 \cdot \Omega z^3 \mathrm{d}z$$

여기서 $n(z)$는 상수일 때, $V/V_{\max} = 0.5$임을 보여라. $z < 800\,\mathrm{pc}$일 때, $n(z) = 1$이고, 그보다 멀어지면 0임을 가정하였을 때, $V/V_{\max} = 0.26$임을 보여라. 역사적으로 이 실험은 퀘이사가 과거에 더 밝거나 더 일반적인가에 대해 알아 볼 때 사용되어졌다.

나이가 많은 항성일수록 큰 높이 척도를 갖는다. 우리 은하 원반부는 균일하지 않고, 항성들은 궤도 운동을 하면서, 질량이 총 $10^7 \mathcal{M}_\odot$ 정도 되는 거대 분자 가스 구름과 나선팔의 항성 그리고 가스의 지역적 분포에 의한 중력을 받게 된다. 시간이 흐름에 따라 궤노는 이러한 빌십된 물실로부터 임의의 섭농을 받게 되고, 이것은 반경에 대한 전후 방향의 속도와 수직 방향의 속도를 둘 다 증가시킨다. [그림 2.9]는 가까운 F형 항성들에 대한 우리 은하 원반의 수직방향 속도를 나타낸다. 나이가 많은 항성들이 더욱 빨리 운동하는 것이 뚜렷하다.

[표 2.1]에서 각기 다른 항성들에 대해 *속도 분산* σ_z를 나타내었다. 이 양으로 수직 속도 v_z의 분산을 측정할 수 있다.

$$\sigma_z^2 \equiv \langle v_z^2 - \langle v_z \rangle^2 \rangle \tag{2.9}$$

여기에서 〈〉는 모든 항성들에 대한 평균을 나타낸다. [그림 2.9]의 F형 항성들에 대해서, σ_z는 나이가 증가함에 따라 점차 증가함을 알 수 있다. 수명이 짧은 항성들은 절대로 큰 속도 분산을 가질 수 없다. A형의 주계열성은 약 10억 년 정도밖에 살지 못하며, 나이가 50억 년인 태양과 같은 G형 왜성의 평균 σ_z가 약 $30\,\mathrm{km\,s^{-1}}$인 것에 비해, σ_z가 겨우 초속 수 km이다.

[표 2.1] 원반과 헤일로 내의 가스와 항성들에 대한 높이 척도와 속도

은하 구성 요소	h_z 또는 모양	$\sigma_x = \sigma_R$ $(\mathrm{km\,s^{-1}})$	$\sigma_y = \sigma_\phi$ $(\mathrm{km\,s^{-1}})$	σ_z $(\mathrm{km\,s^{-1}})$	$\langle v_y \rangle$ $(\mathrm{km\,s^{-1}})$	지역적 항성의 비율
태양 근처의 H I 가스	130 pc		≈5	≈7	작음	
근처 CO, H_2 가스	65 pc		4		작음	
얇은 원반 : $Z > Z_\odot/4$	(그림 2.9)					90%
$\tau < 3$ Gyr	≈ 280 pc	27	17	13	−12	
$3 < \tau < 6$ Gyr	≈ 300 pc	32	23	19	−12	
$6 < \tau < 10$ Gyr	≈ 350 pc	42	24	21	−19	
$\tau > 10$ Gyr		45	28	23	−30	
두꺼운 원반	0.75 − 1 kpc					5%−15%
$\tau > 7$ Gyr, $Z < Z_\odot/4$	(그림 2.9)	68	40	32	−32	
$0.2 \le Z/Z_\odot \le 0.6$		63	39	39	−51	
태양 근처의 헤일로 항성	$b/a \approx 0.5-0.8$					~0.1%
$Z \le Z_\odot/50$		140	105	95	−190	
$R \sim 25$ kpc에서의 헤일로	둥근 모양	100	100	100	−215	

Note 가스 속도는 원반 바깥으로 위쪽 방향(H I 의 σ_z) 또는 접선 방향(H I 와 CO의 σ_ϕ)에서 측정한 것이다. 얇은 원반 내의 항성의 속도는 [그림 2.9]의 항성을 나타낸다. 얇은 원반과 두꺼운 원반에 대해서, 금속 함량 Z, 모양, 속도는 항성 중 특별한 표본에 대한 것이다. 속도 v_y는 태양의 반경 R_0에서 원궤도를 돌고 $v_{y,\odot} = 5.2\,\mathrm{km\,s^{-1}}$로 가정한 국부 정지 좌표계에 대해 상대적인 우리 은하의 회전 방향에서 측정한 것이다.

또한 [표 2.1]에 원반 평면에서의 속도 분산이 주어져 있다. [그림 1.10]에서 볼 수 있듯이 $\sigma_x = \sigma_R$은 우리 은하 중심으로부터 바깥쪽 반경 방향으로 측정한 것이고, $\sigma_y = \sigma_\phi$는 원반의 회전 방향의 운동에 대한 것이다. 주어진 분광형에서 나이가 많은 항성이 젊은 항성보다 수직 방향으로 더 큰 속도를 가지며 원반 평면 내 무질서 운동도 더욱 크다. 항성의 수직 운동이 더 빠를수록 원반의 중간 평면에서 멀리 떨어진 곳에서 더욱 많은 시간을 보내고 따라서 높이 척도 h_z가 커진다. 일반적으로 $\sigma_R \gtrsim \sigma_\phi \gtrsim \sigma_z$이다. 속도 $\langle v_y \rangle$는 *비대칭적 처짐현상*, 즉 각 항성의 무리가 태양 위치에서의 원반 내 원궤도에 대한 속도를 나타낸다. 이는 구조적으로 음의 값을 가진다. 또한 더 큰 속도 분산을 갖는 항성 무리는 비대칭으로 뒤처지는 현상이 더 크게 나타난다. 그 이유를 3.3절에서 알아볼 것이다. 원반의 중간 평면에서 400 pc 이내에 있는 항성들은 주로 우리 은하의 *얇은 원반*에 속해 있다.

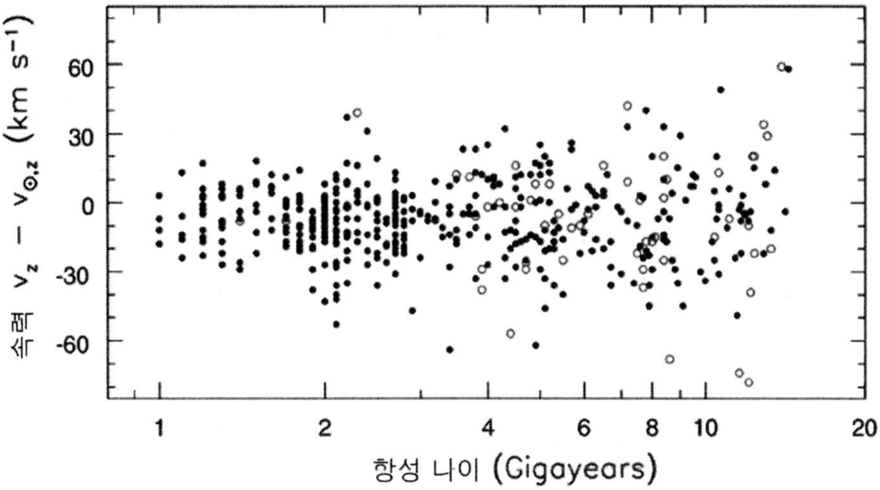

[그림 2.9] 가까운 F형과 G형 주계열성에 대해, 태양에 대해 상대적으로 측정된, 우리 은하 평면의 수직방향의 속도 $v_z - v_{z,\odot}$를 나타낸다. 속이 빈 원은 태양 철 함량의 1/4보다 적은 항성들을 나타낸다. 나이가 많은 항성일 수록 더 빨리 운동하는 경향이 있다. 평균 속도는 음수이며, 이것은 태양이 $7\,\mathrm{km\,s^{-1}}$의 속도로 '위쪽으로' 이동하고 있음을 보여준다. – B. Nordstrom *et al*. 2004 AAp 418, 98.

원반의 중간 평면에서 400 pc 이내에 있는 항성들은 주로 우리 은하의 *얇은 원반*에 속해 있다. 더 높은 곳에서는, [그림 2.8]에서와 같이 K형 왜성의 밀도가 식 2.8에서 예측하는 바보다 빠르게 감소하지 않는다. 이러한 '여분의' 항성은 *두꺼운 원반*에 속한다. 두꺼운 원반의 밀도는 흔히 식 2.8에 대하여 $h_z \approx 1\,\mathrm{kpc}$의 경우로 표현할 수 있다. 하지만, 실제 수직 밀도 분포는 잘 알려져 있지 않다(사실 얇은 원반과 두꺼운 원반에 대해 $n(z)$을 동시에 측정해서 높이 척도를 찾는 문제는 쉽지 않다. $n(z)$의 작은 오차 또는 임의의 변화는 h_z값을 추론할 때 커다란 변화를 야기하기 때문이다).

두꺼운 원반의 항성들은 $z \approx 0$에서 태양 근처 전체 항성수의 10%를 차지하고 평방 파섹 당의 두꺼운 원반에 있는 항성의 수는 얇은 원반에 있는 항성의 개수의 비해 30%밖에 되지 않는다. 여전히 항성이 생성되고 있는 얇은 원반과 달리, 두꺼운 원반은 O, B, A 형의 항성들을 가지고 있지 않기 때문에 아마도 3 Gyr 보다 나이가 많을 것이다. 밝고 젊은 항성들의 부재로 인하여, 두꺼운 원반의 질량 대 광도 비, $\mathcal{M}/L$는 얇은 원반보다 클 것이다.

문제 2.10 얇은 원반의 항성들이 중간평면의 90%를 차지하는 반면, 두꺼운 원반의 항성은 10%만 차지한다. 하지만, 얇은 원반의 h_z는 두꺼운 원반보다 대략 3배나 작다. 식 2.8에서부터 시작하여, 평방 파섹 당 항성의 표면 밀도는 $\Sigma(R$, 얇은 원반$) \approx 3\Sigma(R$, 두꺼운 원반$)$임을 보여라.

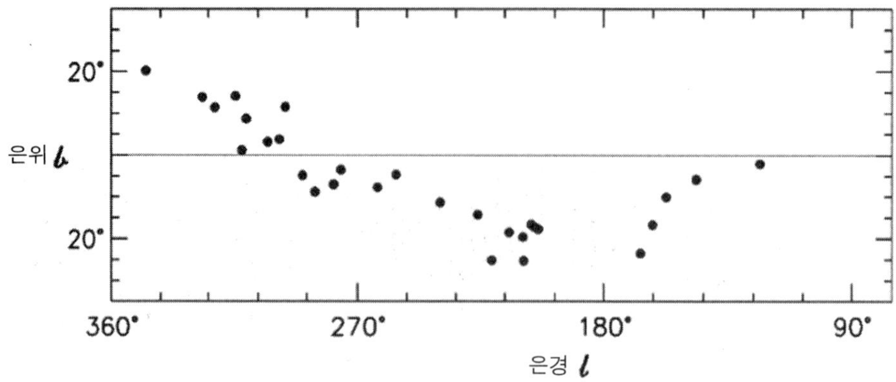

[그림 2.10] 히파르코스 목록에서 발췌한, 태양으로부터 $100\,\mathrm{pc} < d < 500\,\mathrm{pc}$ 떨어진, $M_V < 3$인 짧은 수명의 밝은 항성들. 이들 B형과 A 형 항성의 대부분은 원반의 중간평면에서 약 20° 기울어진 평면에 놓여 있다.

얇은 원반에 있는 대부분의 항성들의 중원소 함량은 태양의 중원소 함량값에서부터 그 반 정도의 값까지의 범위를 가지며, 몇몇은 그보다 더 중원소 양이 적을 수도 있다. 두꺼운 원반 항성의 스펙트럼에는 얇은 원반에서보다 중원소의 비율이 적게, 약 $Z_\odot/10 \le Z \le Z_\odot/2$ 정도로 나타난다. 태양 근처의 두꺼운 원반의 나이와 원소 함량의 특성을 갖는 항성을 관측하였을 때, 이들은 $\sigma_z \gtrsim 40\,\mathrm{km\,s^{-1}}$ 정도로 빠르게 수직 운동을 하고, 원반 중간 평면 위로 1 kpc 또는 그 이상 까지 운동할 수 있는 충분한 에너지를 가지고 있다.

현재의 두꺼운 원반은 우리 은하 초기의 얇은 원반의 잔해일 가능성이 있다. 만약 작은 위성 은하가 우리 은하와 충돌해서 병합되었다면, 원반이 흔들리며 충돌 시 에너지의 상당량이 항성의 불규칙 운동을 증가시키는데 쓰였을 것이다. 가스는 원반의 중간 평면을 향해 떨어지고 그로부터 나중에 태어난 항성들은 우리가 오늘날 관측하는 얇은 원반을 형성했을 것이다.

원반의 항성은 성단과 성협에서 태어나는데, 이곳에서는 가스 구름이 자체 중력 하에 붕괴될 정도로 크게 밀집되어 있다. 태양은 Gould의 띠라고 알려진 젊은 항성들의 부분적인 고리 또는 원반 내에 있다. 500 pc 내에서, 약 3,000만 년보다 젊은 항성들은 원반 평면 내에서 발견되지 않지만, $l = 90°$ 방향의 태양 궤도를 따르는 선에 대해 20° 기울어진 층에서, 은하 중간 평면 위쪽으로 우리 은하 중심에 더 가까이 있는 항성들과 함께 더 잘 발견된다([그림 2.10]). 수소 가스 구름은 유사한 꼬인 고리 모양을 형성하는데, 이것은 우리로부터 약 150 pc 떨어진 점으로부터 $1-2\,\mathrm{km\,s^{-1}}$의 속도로 바깥쪽으로 팽창하고 있다. 태양이 우리 은하를 몇 번 공전할 때까지, Gould의 띠의 항성들은 원반 쪽으로 분산될 것이다. 그러나 그 속도를 측정하면 그 항성들이 매우 유사한 궤도를 따르는 것을 알 수 있으며, 이러한 항성의 집합을 '운동무리'라고 부른다.

문제 2.11 Malmquist 편향을 연구하기 위해 항성의 분포와 그 항성들을 관측하는 방법을 둘 다 기술하는 수치적인 모형을 만들고 있다. 만약 주어진 겉보기 밝기까지의 항성에 대하여 관측한다면, 우리는 하늘의 모든 항성들을 제대로 혼합한 것이 아니라 가장 밝은 항성들을 더 많이 포함시킨 것이다. 이러한 '몬테 카를로 모의실험'은 수학적 분석이 대단히 복잡할 때 자주 사용된다.

(a) 모형 하늘이 A 지역($70\,\text{pc} < d < 90\,\text{pc}$), B 지역($90\,\text{pc} < d < 110\,\text{pc}$), 그리고 C 지역($110\,\text{pc} < d < 130\,\text{pc}$)의 G형 항성들로 구성되어 있다고 하자. 만약 밀도가 균일하고, B지역에 항성이 10개 있다면, A 지역과 C 지역에는 몇 개(가장 가까운 정수로 반올림해서)의 항성이 있는가? 문제를 간단하게 하기 위해, A 지역의 항성들은 모두 $d = 80\,\text{pc}$, B지역은 $100\,\text{pc}$, C지역은 120pc로 놓으시오. G형 항성들의 광도가 모두 같지는 않다. 만약 그 차이가 약 0.3 등급에 해당된다면, 이에 대한 광도 변화 비율은 얼마인가? 각각의 항성들에 대해서, 주사위를 던져서 나온 숫자 N_1을 기록한 후 각 항성에 $M_V = M_{V,\odot} + 0.2 \times (N_1 - 3.5)$을 부여한다. 만약 프로그래밍에 익숙하다면 더욱 많은 항성들을 공간에 임의로 배치한 후 평균이 $M_{V,\odot}$이고 분산이 0.3인 가우스 분포로부터 절대 등급을 선택할 수 있다.

(b) 하늘을 '관측'하기 위해 겉보기 등급이 $m_V = 10$보다 밝은 항성들만 '볼' 수 있는 '망원경'을 이용하여라. 이 항성들을 표본으로 두자. 이것들의 평균 절대 등급은 하늘에 놓여있는 모든 항성들에 대한 절대 등급과 얼마나 다른가?
표본 내 모든 항성들의 평균 거리는 얼마인가? 표본 항성 각각이 모든 항성들에 내해 평균석인 광노를 갖고 있다고 가정해서 그것들의 겉보기 등급으로부터 거리를 계산하였다고 가정하라. 그들의 평균 거리는 어떠한가? 어떠한 경우에 오차가 발생할 수 있는가?

(c) 중원소가 부족한 주계열성은 주어진 광도에서 더 푸르고, 따라서 특정한 분광형에서 더 어둡게 보인다. 만약 항성의 중원소 함량을 Z라고 하면 $\Delta M_V \approx -0.87\log_{10}(Z/Z_\odot)$이다. 각각의 항성에 대해 또 한 번 주사위를 던져서 나온 숫자 N_2를 기록한 후, $Z/Z_\odot = (N_2 + 0.5)/6$ 을 설정하고 ΔM_V로 (a) 지역의 절대 등급을 바꿔라.

똑같은 망원경이 한 번 더 관측을 한다고 하자. B와 C지역에 들어가는 표본 항성들의 평균 Z값을 계산하여라. 이 값은 표본 내 모든 지역의 항성들보다 평균적으로 중원소 함량이 큰가? 작은가?
(관측상의 오차는 항성이나 은하의 실제 광도 계급의 분포와 같은 종류의 효과를 갖는다. 측정 오차가 무엇인지 알 수 있다면 오차를 보정할 수 있지만, 대부분은 이 오차를 무시하고 과소평가한다.)

2.2.3_ 성단까지의 거리

만약 하나의 항성이 아니라 모두 같은 거리에 있고 같은 가스 구성 물질로부터 동시에 형성된 성단을 관측한다면, 거리를 훨씬 더 정확하게 추정할 수 있다. [그림 2.11]의 플레이아데스 성단은 겉보기 등급이 $m_V = 17$보다 밝은 약 700개의 항성들을 포함하고 있다.

[그림 2.12]의 색-등급도는 대부분의 항성들은 주계열에 있지만, 망원경이나 쌍안경 없이도 볼 수 있는 $m_V \approx 5$보다 밝은 항성은 주계열 단계를 떠나서 청색 거성이 되고 있음을 보여준다. 주계열은 [그림 2.2]에서보다 훨씬 더 좁은데, 이는 모든 항성들이 같은 나이이고 같은 중원소 함량을 지니기 때문이다. 가장 질량이 작은 항성들은 아직 주계열에 도달하지도 못했고 그들 중 일부는 여전히 먼지에 의해 부분적으로 가려져 있다. 이 성단 주위에 아직도 가스와 먼지가 있다는 사실로부터 성단 내 어떤 항성도 아직 초신성 폭발을 하지 않았음을 알 수 있다. 만약 초신성 폭발이 있었다면 가스들을 깨끗하게 날려버렸을 것이다.

[그림 2.12]의 실선은 *등연령곡선*으로서, 이것은 나이는 같으나 질량이 서로 다른 항성들이 플레이아데스에 해당하는 거리지수 $(m-M)_0 = 5.6$으로 옮겨졌을 때 어느 부분에 나타날 것인지를 보여준다. 여기서의 값들은 [그림 1.4]와 같은 항성 모형, 즉 항성들이 태양과 같은 화학 구성을 지니고 있고 나이가 1억 년이라고 가정하고 계산된 것이다. 대부분의 항성들은 등연령곡선에 매우 가까이 있지만, 성단 중심부 항성의 1/3은 쌍성 또는 다중 성계여서 더 밝은 천체로 보인다. 이들은 등연령곡선의 위쪽에 있게 된다. 주계열 단계를 막 떠나는 항성들은 B8의 분광형을 가지고 질량은 약 $\mathcal{M} \approx 5\mathcal{M}_\odot$이다. 파선은 나이가 약 1,600만 년인 훨씬 더 젊은 성단에 대한 등연령곡선을 나타낸다. 이 시기에는 $10\mathcal{M}_\odot$와 같은 항성들도 여전히 주계열 단계에 머물러 있다.

이 방법으로 성단의 거리와 나이를 결정하기 위해서는 항성으로부터의 빛을 산란시키고 더 어둡게 만드는 성간 먼지를 고려해야 한다. 푸른 빛이 훨씬 많이 산란되므로 항성은 더 붉고 더 어둡게 보인다. 만약 먼지의 효과를 고려하지 않는다면 등연령곡선은 $m_V \approx 5$에서 너무나 푸르러서 관측과 맞출 수 없는 점선으로 보일 것이다. 이와 유사하게 태양의 중원소 함량보다 훨씬 적은 항성들에 대해 등연령곡선을 계산했다면, 관측된 밝기와 색깔이 잘 맞지 않았을 것이다.

플레이아데스와 같은 *산개성단*은 상호 중력에 의해 구속된 항성들을 수 백 개 포함할 수 있다. [표 2.2]는 성단의 광도가 일반적으로 $100 - 30{,}000 L_\odot$의 범위를 가짐을 보여준다. 중심부 밀도는 $100\, L_\odot\, \mathrm{pc}^{-3}$까지도 가능하지만, 이보다 낮은 경우도 많다.

[그림 2.11] 플레이아데스 산개성단의 중심 지역. 가장 밝은 몇 개의 항성들이 성단의 나머지보다 단연 밝다. – 미 국립 천문대(NOAO).

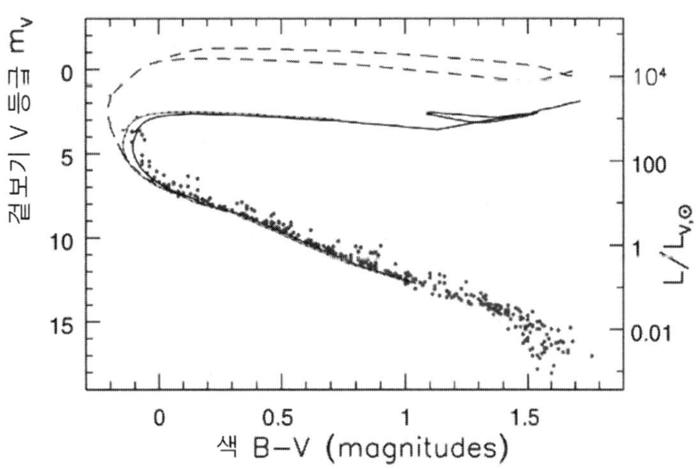

[그림 2.12] 플레이아데스 성단내 항성들의 관측된 겉보기 등급 m_V와 $B-V$색. 점들은 관측된 항성들을 나타내고 실선은 나이가 1억 년인 항성들에 대한 등연령곡선이다. 점선은 먼지에 의한 적색화를 보정하지 않은, 같은 등연령곡선을 나타낸다. 파선은 나이가 16 Myr인 항성들에 대한 등연령곡선이다. – J.–C.Mermilliod.

표면 밝기 중심값의 반으로 떨어지는 *중심 반경*은 보통 수 파섹이다. 항성들의 무질서 운동 속도는 $1\,\mathrm{km\,s^{-1}}$보다 작다. 질량 대 광도 비는 1보다 작으며, 밝고 무거운 항성들이 죽음으로서 성단의 나이가 많아질수록 그 값은 커진다. 이 비율은 결정하기 어려운데, 성단의 외곽지역에 질량의 대부분을 차지하지만 광도에는 거의 영향을 주지

[표 2.2] 근처의 산개성단들

성단	d (pc)	[Fe/H]	M_V (등급)	L_V ($10^3 L_\odot$)	색 ($B-V$)	r_c (pc)	σ_r (km s^{-1})	나이	질량 ($\mathcal{M}_\odot$)	$\mathcal{M}/L$ ($\mathcal{M}_\odot/L_\odot$)
NGC 3603	6500	–	–	20000	−0.3	0.5	–	≲5 Myr	7000	0.001
Pleiades (M45)	132	0.0	−4.3	4.5	−0.05	3	0.5	0.125 Gyr	800	0.2
NGC 6705 (M11)	1900	0.14	−6.0	22	0.18	1	–	0.25 Gyr	–	–
Hyades	46	0.14	−2.7	1.0	0.40	3	0.3	0.625 Gyr	460	0.4
NGC 7789	2000	−0.26	−5.7	17	0.98	5	0.8	1.5 Gyr	–	–
NGC 2682 (M67)	860	−0.05	−3.3	1.8	0.78	1	0.8	4 Gyr	2000	1
NGC 6791	4000	0.3	−3.5	2.1	1.02	3	–	8−10 Gyr	–	–

Note d는 태양으로부터의 거리이다. $[\mathrm{Fe/H}] = \log_{10} Z/Z_\odot$로 정의되고, M_V와 $B-V$는 먼지에 의한 소광을 보정한 값이다. r_c는 태양의 광도와 비슷한 항성의 중심 반경이며 σ_r은 성단 중심부 항성들에 대한 시선 속도 V_r의 분산이다. 질량은 어둡거나 소광된 항성을 찾기 위한 적외선 관측을 사용한 항성의 광도 함수로부터 얻었다.

않는 어두운 항성들이 불균형적으로 많기 때문이다. 3.2절에서 이와 같은 *질량 분리 현상*이 왜 일어나는지 알아볼 것이다.

산개성단 주위에 가스와 먼지가 둘러싸여 있는 경우가 자주 있으며 이 가스와 먼지들은 항상 원반 평면 가까이에 존재한다. [표 2.2]에서 가장 젊은 성단인 NGC 3603은 은하 중심근처에 위치하고 있다. 이 성단이 방출하는 가시광의 ~1%만이 우리에게 도달하기 때문에 적외선 관측을 통하여 이 성단에 대한 공부를 할 수 있다. 다른 은하들에서는, 산개성단이 나선팔 안에서 관측된다. 불행히도 가시광선은 원반의 먼지를 통과하기 힘들기 때문에 우리 은하 내의 대부분의 산개성단은 볼 수가 없다. 우리는 태양에서 약 5 kpc 이내에 있는 성단들에 대해서만 구조를 그릴 수 있다.

1,200개의 알려진 산개성단들 중 약 5% 정도만이 나이가 1 Gyr 이상이며, 대부분은 3억 년 이하이다. 근처에 있는 히아데스 성단은 나이가 약 600 Myr이다. 성단에서 나오는 대부분의 빛이 가장 밝은 항성들로부터 방출되기 때문에, 총 광량 또는 적분 광량의 색을 측정하면 나이를 대강 추정할 수 있다. 예를 들어, 플레이아데스 성단의 경우 $B-V=-0.05$인데, 이것은 여전히 주계열에 머물러 있는, 가장 밝은 항성의 색깔에 가깝다([표 1.4] 참조). 무거운 항성들이 죽고 성단의 빛 대부분이 적색거성에서 오게 되면, 성단의 색깔은 붉어지게 된다. 근처의 성단 관측과 항성 진화 이론을 이용해서 성단의 색깔과 그 나이, 중원소 함량 사이의 관계를 알아낼 수 있다. 다른 은하의 성단을 관측할 때, 우리는 보통 적분 광량만을 측정하게 된다. 그 성단의 색과 우리 은하 내 성단들을 비교하면 나이와 항성들의 화학적 구성을 추정할 수 있다.

Gould의 띠 너머에는 300 Myr보다 젊은 산개성단들 대부분이 우리 은하 중간평면으로부터 50 pc 이내에 위치한다. 얇은 원반의 나이 많은 항성들과 같이 성단은 시간이 흐름에 따라 더 큰 높이 척도를 갖는다($h_z \approx 375$ pc). 10억 년보다 오래된 성단들은 중력이 약한 태양 궤도 너머의 우리 은하 바깥쪽에서 주로 발견된다. 그것들은 또한 상대적으로 항성들이 좀 더 빽빽하게 채워져 있다. 젊은 성단일수록 우리 은하 중심으로부터의 반경에 대해 좀 더 균일하게 분포되어 있다. 많은 수가 크기는 더 크고 구성 항성 수는 더 적어서 깨어지기 쉽다. 산개성단의 중력은 그다지 크지 못하여 서로를 강하게 구속하지 못하므로, 원반의 나선팔을 통과할 때 성단 내 항성들이 서로 다른 크기의 중력을 받아서 분해되기도 한다. 오늘날 관측되는 나이가 많은 성단들은 아마도 매우 많은 항성들로 이루어져 있던 잔존물일 것이다.

NGC 3603은 매우 젊으며 무거운 성단으로서, 그 중심 파섹 내에 몇 개의 $L \sim 30000L_\odot$을 가진 O3형의 항성들이 있다. 이 항성들은 5 Myr보다 늙지 않았으며 아마도 젊을 것이다. 대부분의 무거운 항성들이 여전히 빛을 발하기 때문에, [표 2.2]의 다른 성단들보다 훨씬 밝다. 이는 *폭발적 항성 생성 은하*에서 형성되는 *초 항성 성단(super-star-cluster)*의 소규모 판이라고 할 수 있다. 여기서, 항성 생성은 폭발적으로 일어나, ~ 300 Myr 내에 은하에서 공급되는 차가운 가스들을 소모할 것이다(2.2절에서 우리 은하가 적어도 2 − 3 Gyr 내에 모든 가스가 소모되지 않을 것이라는 사실을 상기시켜 보자). 이와 같은 항성 생성에 대해서는 7.1절에서 다룰 것이다.

헬륨보다 무거운 원소들은 항성 내부에서 생성되므로 이러한 중원소들은 우주의 나이가 증가함에 따라 더 많아진다. [그림 2.9]를 보면 10 Gyr보다 나이 많은 F형 항성들은 그보다 젊은 항성보다 철의 함량이 적음을 알 수 있다. 따라서 우리 은하 초기에 형성된 나이 많은 산개성단은 젊은 성단보다 중원소 함량이 더 적을 것이라고 기대할 수 있다. 하지만, 놀랍게도 그렇지가 않다. 나이가 많은 성단 NGC 6791은 태양만큼 중원소 함량이 풍부하다. 모든 나이를 통틀어서 산개성단의 중원소 함량은 상당히 넓게 분포되어 있다. 우리 은하의 중원소 증가는 매우 불규칙하게 일어났어야 하며, 실제로 어떤 지역은 최근에도 중원소가 상대적으로 적었다. 은하 중심에서 먼 산개성단일수록 중원소 함량이 적은 것 같다. 우리 은하의 바깥쪽은 안쪽보다 더욱 느리게 중원소가 증가하는 듯하다.

*구상성단*은 산개성단과 매우 다르다. 구상성단은 훨씬 많은 항성들을 포함하고 훨씬 빽빽하게 이루어져 있다. 우리 은하의 150개 정도의 알려진 구상성단 중에서 가장 밝은 것은 ω 센타우리이다. 광도는 $L \approx 10^6 L_\odot$ 정도이고, 약 100만 개의 항성을 포함한다. [그림 2.13]은 또 다른 밝은 성단인 47 Tucanae 이다. [표 2.3]은 광도가 $10^4 L_\odot$ 정도까지 내려가는 성단들을 보여준다. 핵 반경 $r_c \approx 5$ pc 내의 항성 밀도는

[표 2.3] 우리 은하의 속한 구상성단들과 Fornax 왜소 구형 은하에 속한 한 개의 구상성단

성단		d (kpc)	[Fe/H]	M_V (등급)	L_V ($10^3 L_\odot$)	r_c (pc)	r_t (pc)	σ_r (km s^{-1})
NGC 5139	ω Cen	5.2	-1.6^a	-10.2	1100	4	70	20
NGC 104	47 Tuc	4.5	-0.71	-9.5	500	0.5	50	11
NGC 7078	M15	10.8	-2.15	-9.3	440	$< 0.01^b$	85	12
NGC 6341	M92	8.5	-2.15	-8.3	180	0.5	35	5
NGC 7099	M30	9.1	-2.13	-7.6	95	$< 0.1^b$	45	5
NGC 6121	M4	1.73	-1.2	-7.2	60	0.5	25	4
	Pal 13	24.3	-1.9	-3.8	3	0.5	> 50	$0.6-0.9$
NGC 1049	Fornax 3	140	-2.0	-7.8	100	1.6	> 50	9

Note d는 태양으로부터의 거리이고 [Fe/H]$=\log_{10} Z/Z_\odot$이다. r_c는 중심 반경이고 r_t는 조석 또는 끝지름 반경이며, σ_r은 중심부에 있는 항성들의 시선 속도 V_r의 분산이다.

[a] ω Cen 중심의 항성의 $20\%-30\%$는 금속이 더 풍부하다.

[b] 떨어지는 핵: 3.2절 참조

대략 일정하다. 구상 성단의 항성들은 [표 2.2]의 산개 성단의 항성들에 비해 큰 무질서 운동 속도 σ_r을 가진다. Fornax 근처의 구상성단들은 우리 은하의 구상성단들과 매우 유사하다. 어떤 외곽 반경 r_t 만큼 떨어진 지점, 일반적으로 30 pc 보다 먼 지역, 에서 항성의 밀도는 급격하게 0으로 떨어진다. 이것을 *조석 반경* 혹은 *끝자름 반경*이라고 한다. 이 점 바깥에 있는 항성들은 성단에 매우 느슨하게 묶여 있어서 성단이 우리 은하 주위를 도면서 받는 '조석' 중력에 의해 쉽게 떨어져나간다. 이러한 과정을 4.1절에서 더욱 자세하게 배울 것이다.

우리 은하의 구상 성단 중 수십억 년보다 젊은 구상성단은 없으며, 대부분이 그보다 훨씬 나이가 많다. [그림 2.14]의 두 개의 색-등급도에 의하면 젊은 항성이 전혀 없다. 구상성단 47 Tucanae의 나이는 10 Gyr 이상이다. 이 성단의 항성들은 태양이 갖고 있는 중원소 함량의 15% 만을 함유하고 있다. 따라서 주계열이 태양보다 약간 더 붉고 밝은 항성들에서 끝난다. 플레이아데스 성단에서와 같이 모든 항성들이 같은 나이와 구성 성분을 가지기 때문에 주계열이 매우 가늘다. 밝은 항성들은 가느다란 적색거성 계열이나 $M_V \approx 0$인 *수평 계열*로 떨어진다. [그림 2.2]의 적색 덩어리 항성이 있는 지역에 놓인 근처의 원반부 항성들과 같이, 수평 계열에 있는 항성들은 핵에서는 헬륨을, 주변 껍질에서는 수소를 연소시킨다. 중원소가 가장 결핍된 구상성단 내의 항성들은 나이가 $12-15$ Gyr으로 알려져 있다. 발생 가능한 관측 오차와 항성 진화 이론의 불확실성을 고려하더라도 그들의 나이는 $11-12$ Gyr보다 젊지 않다. 이는 식 1.31에 주어진 우주의 나이 t_H와 비슷하다.

[그림 2.13] 밝은 구상 성단인 47 Tucanae – Southern African Large Telescope

왜 우리 은하에서의 구상 성단 형성이 멈추었으며, 언제 산개 성단의 형성이 시작되었는가? 문제 3.14에서 볼 수 있듯이 구상 성단이 현재와 같이 고밀도 상태로 남아있기 위해서는 항성 생성이 오늘날보다 더 효율적이 되어야 한다. 은하들이 만들어질 때, 극도로 밀집된 가스의 밀도와 압력은 오늘날 형성 가능한 성단에서보다 더욱 밀도가 크고 무거운 성단의 생성이 가능하였을 것이다. 즉, 산개 성단 NGC 3603의 확대판의 경우 오늘날의 구상 성단으로 살아남을 수가 있었을 것이다.

구상성단은 중원소가 부족하다. 중원소가 풍부한 구상성단의 항성들은 태양이 함유한 중원소의 1/3에서 1/10까지 갖고 있다. 반면 중원소가 부족한 구상성단들은 태양의 1/300 정도밖에 되지 않는다. 색-등급도는 성단의 원소 함량에 대한 단서를 제공한다. 중원소가 부족한 성단에서는, 수평 계열이 일반적으로 적색거성 계열의 푸른 쪽으로 치우치는 경향이 있다. 중원소가 상대적으로 풍부한 젊은 성단들은 붉은 쪽으로 이동된다. 중원소가 부족한 성단 M92의 수평 계열 항성들은 분광형이 A0 ($B-V=0$)으로 푸른 반면, 47 Tuc에서는 $B \quad V \approx 0.6$로 태양만큼 붉다([그림 2.14]). 또한 M30의 주계열과 적색거성 계열도 47 Tuc보다 훨씬 푸르다.

어떠한 구상성단도 삼각 시차로 거리를 측정할 수 있을 만큼 가까이 있지 않다. 대신 우리는, [그림 2.14]에서처럼 가정된 거리와 나이, 중원소 함량을 잘 맞춤으로써 관측된 색-등급도를 항성 진화 모형이 예측한 바와 비교할 수 있다. 거리를 알아내는 또 다른 방법은, 수평 계열에 위치하고 질량이 작은 항성인 *RR Lyrae형 변광성*을 이용하는 것이다. 이 항성은 맥동하여, 반경이 커지고 작아짐에 따라, 밝기도 약 0.2–1일

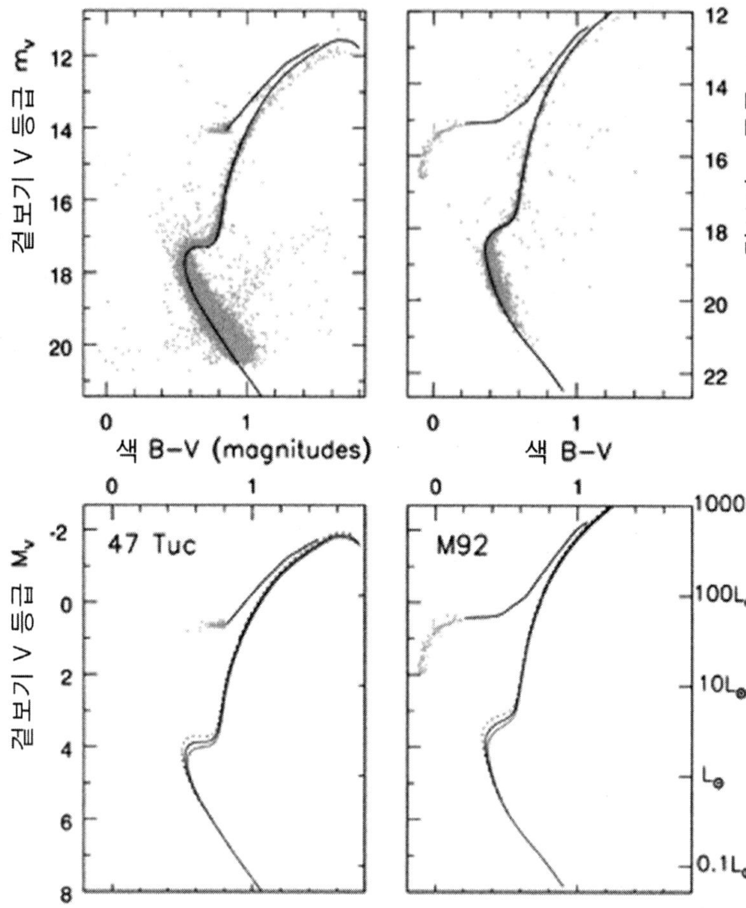

[그림 2.14] 위의 두 그림은 구상성단 47 Tuc와 M92에 대한 색−등급도이다. 수직 축의 비율은 광도와 일치한다. 왼쪽 위 그림에서 $B-V$, $m_V=(0.8, 19.5)$ 근처의 주계열을 지나는 항성들은 배경 소 마젤란 은하의 적색거성 계열이다. 곡선은 12 Gyr의 항성에 대한 것이다. 오른쪽 위 그림은 나이 13 Gyr의 중원소가 적은 항성들의 모형이다. 아래의 그림에서 중간의 등연령곡선은 위의 그림에서의 등연령곡선과 같은 것이며, 실선은 2 Gyr 더 젊은 항성의 등연령곡선이고, 얇은 선은 2 Gyr 더 늙은 항성의 등연령곡선이다. − P. Stetson: Teramo Observatory의 BaSTi로부터 얻은 모형.

주기로 규칙적으로 변화해서 발견하기가 쉽다. RR Lyrae형 변광성은 모두 $L \approx 50L_{\odot}$ 정도의 거의 같은 광도를 가진다. 따라서 이 항성들의 겉보기 밝기를 알아낼 수 있다면 식 1.1을 이용해서 거리를 구할 수 있다.

산개성단과 달리 많은 구상성단들은 중앙 평면보다 위쪽 높은 곳에 있기 때문에, 먼지 원반에 의해 가려지지 않는다. 우리는 우리 은하 중심 반대쪽을 볼 때보다 중심 방향을 볼 때 더욱 많은 구상성단들을 볼 수 있는데, 이로부터 태양이 중심으로부터 수 kpc 떨어진 원반 내에 있음을 알 수 있다. [그림 2.15]에서 볼 수 있듯이 중원소가

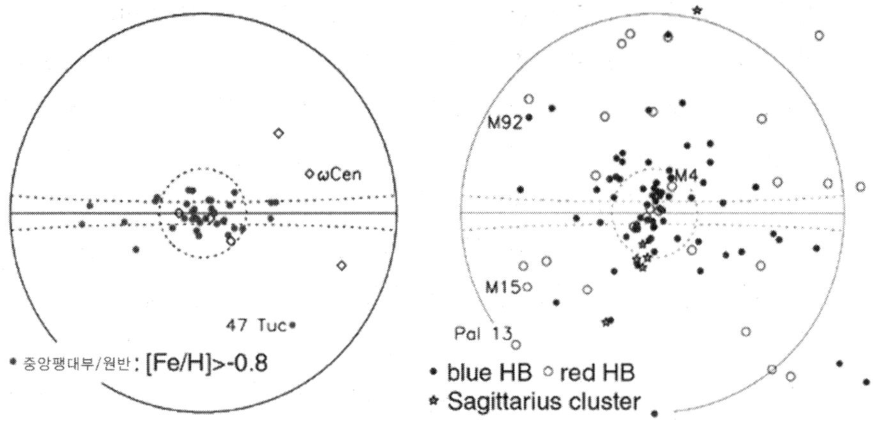

[그림 2.15] 왼쪽, 우리 은하의 원반에 있는 중원소가 풍부한 구상 성단(속이 찬 점)과 붕괴된 왜소 은하의 잔재로 예상되어 지는 물체(속이 빈 다이아몬드)의 위치. 오른쪽, [Fe/H] <−0.8의 중원소가 적은 성단들. Sagittarius 왜소 은하의 성단들(별표)은 하늘상 대원 안에 위치하고 있다. 푸른 수평 계열을 가진 성단(속이 찬 점)들은 붉은 수평 계열을 가진 성단(속이 빈 원)들보다 중심부에 더 집중되어 있다. 원들은 은하 중심 방향으로부터 20°와 90° 를 나타낸다. 실선은 은하 적도이다. $b=\pm 5°$ 에 있는 파선 사이에 성단들은 먼지 원반에 의해 쉽게 가려진다. – D. Mackey.

풍부한 구상성단은 은하 중심부에 더 많이 있으며 은하 원반에 가깝고 팽대부와 두꺼운 원반을 이루고 있다. 중원소가 적은 성단들은 은하 중심 주변에 대략적인 구를 형성하고 있다. 이들 중에서, 붉은 수평 계열은 상대적으로 젊다는 의미를 가지고 있다. 붉은 수평 계열을 가진 성단은 푸른 수평 계열을 가진 성단보다 은하 중심부 쪽에 덜 집중되어 있다.

스펙트럼 내 흡수선의 Doppler 이동으로부터 구상성단 내 항성들의 시선속도를 측정할 수 있다. 이로부터 대부분의 중원소가 부족한 구상성단들은 원궤도를 따르지 않는다는 것을 알 수 있다. 그것들은 우리 은하에 깊게 들어오기도 하지만, 수명의 대부분 시간을 중심에서 멀리 떨어진 상태에서 보낸다. 헤일로 성단의 궤도는 거의 임의의 방향이며, 따라서 성단계 전체는 원반처럼 우리 은하 중심 주위를 돌지 않는다. 하지만 중원소가 풍부한 구상성단계는 회전하는데, 두꺼운 원반 내의 항성들과 아주 유사한 궤도를 돈다.

항성들은 밀집된 가스 구름에서 생성되기 때문에, 우리 은하의 가장 오래된 항성들은 은하 중앙의 밀집된 지역에서 찾아 볼 수 있을 것으로 기대된다. 그러나 이들은 은하 중심에서 가장 멀리 있는 헤일로 구상 성단 내에 존재한다. 어떻게 이런 일이 일어났는가? 어느 정도 큰 다른 은하들과 마찬가지로, 우리 은하는 근처의 은하나 그 위성들을 잡아먹고 있는 일종의 병합이다. 어떻게 중력이 두 은하의 운동을 느리게 하여 이들을 가깝게 할 수 있는지에 대해서는 7.1절에서 알아 볼 것이다. 만약 이러한 효과가 강하다면, 은하들은 서로를 향해 소용돌이 모양으로 다가가 합쳐질 것이다. Sagittarius 왜소 은하(4.1절 참조)는 가장 가까운 위성 은하로서, 부분적으로 먹히었고 떨어져 나갔다. 6개의 중원소가 적은 구상성단들이 이 왜소 은하에 속한 것처럼 궤도 운동을 하는 것처럼 보이면서도 우리 은하 헤일로의 한 부분을 차지하고 있다. 구상 성단 ω 센타우리는 다른 진짜 성단과 다르게 중원소 함량이 다른 항성들을 포함하고 있다. 이는 아마도 왜소 은하가 외곽 부분의 별들이 찢겨져 나간 후의 잔해일 것이다. 마젤란 은하는 Sagittarius 왜소 은하와 3－5 Gyr 동안 그 운명을 같이 하게 될 것이다. 몇몇의 천문학자들은 [그림 2.15]의 푸른 중원소가 적은 성단들은 그들의 모은하가 우리 은하에 삼켜짐으로써 일원이 되었을 것이라 믿고 있다.

우리 은하의 *중원소 함량이 적은 헤일로*는 헤일로 구상 성단과 구상 성단보다 100배 이상 많은 중원소 함량이 적은 개별 항성으로 구성되어 있으며, 어떤 항성들은 태양 중원소의 10^{-5}보다 적은 중원소 함량을 갖는다. 우리 가까이에는 1,000개의 항성들 중에서 단 한 개의 항성만이 이러한 중원소가 부족한 헤일로에 속해 있다. 이러한 항성들은 중원소가 부족한 구상성단과 비슷한 궤도를 돌기 때문에 태양에 대해서 상대적으로 매우 빠르게 움직인다. 근처에 있는 몇 개의 헤일로 항성은 큰 고유 운동 때문에 쉽게 구분된다. 더 멀리 있는, 중원소가 부족한 헤일로 항성 중 일부는, 즉 푸른 수평계열 항성, RR Lyrae형 항성과 같은 쉽게 구분되는 변광성, 그리고 적색 거성들은 배경이 되는 수많은 원반부 항성에 대하여 분명하게 구분되어 눈에 띈다. 중원소가 부족한 구상성단과 헤일로 항성은 우리 은하 중심에서 100 kpc 정도로 멀리 떨어진 곳에서도 발견된다.

대부분의 헤일로 항성들은 중원소가 부족한 구상성단과 같이 나이가 많은 것으로 보인다. 산개 성단과 같이, 오늘날의 구상 성단들은 비교적 큰 종족의 몇 안 되는 생존자이다. 이것들 중 일부는 우리 은하의 중력에 의해 흩어지거나 분리된 구상성단의 잔해일 수도 있다(3.2절과 4.1절 참조). 구상 성단 Palomar 5는 약 90％의 항성을 잃었다. 매우 규모가 큰 두 개의 항성 꼬리는 10° 이상으로 하늘을 가로지른 채 뻗어 있다. [표 2.3]의 Palomar 13과 같은 우리 은하 외곽부의 많은 구상성단들이 상대적으로 매우 적은 항성 구성원을 가지고 있다. 만약 이와 같은 성단이 은하 중심부 근처에서 생성되었다면, 이들은 오래전에 찢기어졌을 것이다. 중원소 함량이 적은 헤일로는 같은 궤도를 따라 움직이는 다양한 운동 성단을 가지고 있으며, 이는 아마도 포획된 위성 은하의 잔재일 것이다. 탄소 항성과 M형의 거성의 항성 띠는 Sagittarius 왜소 은하에서부터 그 주변의 하늘까지 뻗어 있다.

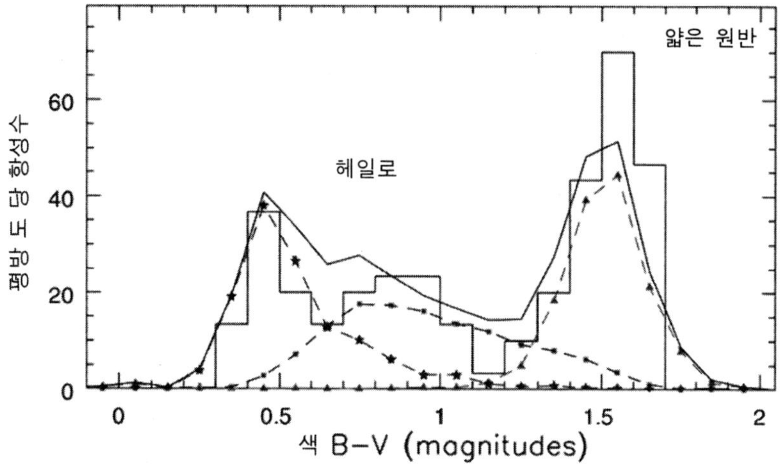

[그림 2.16] 우리 은하 북극 근처에서 평방 도 당 겉보기 V 등급 $19 < m_V < 20$인 각 $B-V$ 색깔에 해당하는 항성들의 수. 실선은 모형 예측값이다. 얇은 원반 내 항성들(삼각형)은 붉고, 헤일로 항성들(별 모양)은 푸르며, 두꺼운 원반 내 항성들(사각형)은 중간 색깔을 가지고 있다. – N.Reid.

중원소가 부속한 헤일로의 구조를 연구하는 가장 유용한 접근 방법은 원반, 팽대부, 헤일로 내 항성들의 광도 함수와 항성 밀도를 추측하고, Monte Carlo 기법을 사용해서 각 분광형에 해당하는 항성들이 얼마나 많이 주어진 겉보기 밝기로 하늘의 특정영역에서 보이는가를 계산하는 것이다. 그런 후에 관측된 결과와 가장 잘 맞도록 우리가 추측한 바를 조정한다. [그림 2.16]으로부터 겉보기 밝기 $19 < m_V < 20$, 우리 은하의 북극 방향에서 평방 도 당 모형이 예측하는 바와 비교해서 몇 개의 항성이 있는지 보여준다. 모형에서는 태양 근처의 항성 중 0.15%가 중원소가 부족한 헤일로에 속해 있으며 헤일로 항성들의 밀도는 반경에 따라 근사적으로 r^{-3}의 비율로 감소한다. 이러한 밝기 영역에 있는 푸른 항성들 거의 대부분은 헤일로 항성들인 반면에, 붉은 항성들 대부분은 얇은 원반 내에 있다(다음 문제 참조). 따라서 다양한 구성 항성들을 구분할 수 있다. 중원소가 부족한 헤일로 항성들의 총 질량은 원반이나 팽대부보다 훨씬 적은 약 $10^9\mathcal{M}_\odot$에 불과하다.

문제 2.12 [그림 2.16]의 겉보기 등급의 범위는 얇은 원반에 속한 항성들을 헤일로의 항성들과 구분하기 위해서 정하였다. [그림 2.2]를 이용해서 우리 주변 원반부 내 항성들을 나타내고, 헤일로 항성들의 색-등급도가 [그림 2.14]의 중원소가 부족한 구상성단 M92와 비슷하다고 가정하라.

(a) $B-V=0.4$에서 원반부 항성의 절대 등급 M_V는 얼마인가? 이 항성의 겉보기 등급이 $m_V=20$이기 위해서 얼마나 멀리 떨어져 있어야 하는가? M92에서 여전히 주계열에 있는 가장 푸른 항성들은 $B-V\approx 0.4$이다. [그림 2.13]을 이용해서 이 항성들에 대한 M_R과 M_V를 구하여라. 겉보기 등급 $m_V=20$은 $d\approx 20\,\mathrm{kpc}$의 거리에 해당함을 보여라.
(b) 원반의 항성이 $B-V=1.5$라면 이 항성의 절대 등급 M_V는 얼마인가? 만약 $m_V=20$이라면 얼마나 멀리 떨어져 있는가? M92에서 $B-V\approx 1.2$를 가진 가장 붉은 항성의 M_V는 얼마인가? $m_V=20$이라면 이러한 항성들은 얼마나 멀리 떨어져 있는가?
(c) [그림 2.16]에서 가장 붉은 항성들이 대체로 원반부에 속하고, 가장 푸른 항성들은 헤일로에 속하는 이유를 설명하여라.

이러한 모형들을 여러 방향으로 원반부를 관측한 것과 비교하면, 중원소가 부족한 헤일로는 비교적 편평하지만 우리 은하의 팽대부보다 약간 둥글다는 것을 알 수 있다. [표 2.1]로부터 헤일로 항성에 대해 접선 방향 뒤처짐 속도 $\langle v_y \rangle$는 태양이 우리 은하 중심을 회전하는 속력과 거의 같다. 즉, 헤일로는 그 자체로는 거의 또는 전혀 회전을 하지 않는다. 바깥 헤일로는 안쪽보다 더 둥글다. [표 2.1]에 의하면 바깥쪽 헤일로 내의 항성은 접선 방향보다 시선 방향으로 더 느리게 움직인다. 즉 $\sigma_R < \sigma_{\theta,\phi}$이다. 이러한 항성들은 우리 은하에 깊게 들어오지 않는다. 그것들의 시선속력은 느린데, 이는 원래 우리 은하 주위를 거의 원궤도로 돌던 위성 은하가 찢어진 것이라고 생각하면 예상이 가능하다.

2.2.4_ 적외선 관측 : 팽대부와 핵

우리 은하 원반에 대한 연구는 항상 성간 먼지에 의해 방해받는다. 가시광과 자외선 파장에서의 산란과 흡수로, 먼지는 원반부 내의 멀리 있는 항성을 선명하게 보이지 않게 한다. 1800년 William Herschel은 하늘의 서로 다른 영역의 항성의 수를 직접 셈으로써 우리 은하가 원반 모양임을 보일 수 있었다. 하지만, 그는 원반부 내의 모든 방향으로 거의 같은 수의 항성들이 있으며, 태양이 우리 은하의 중심 근처에 있다고 잘못된 결론을 내렸다. 사실은 원반부 내의 먼지가 대부분의 항성을 가리고 있다.

반경에 따라 원반부 내 항성들의 밀도가 어떻게 변화하는지, 그리고 우리 은하의 중앙 팽대부 구조가 어떠한지 알 수 있는 가장 좋은 방법은, 먼지가 많은 원반을 가시광보다 자유롭게 통과할 수 있는 적외선 관측을 이용하는 것이다. 적외선 관측에 의하면 얇은 원반과 두꺼운 원반 둘다 식 2.8의 길이 척도 h_R이 $2.5\,\mathrm{kpc} < h_R < 4.5\,\mathrm{kpc}$의

범위 안에 있음을 알 수 있다. 반경 $R_{\max} \approx 15\,\mathrm{kpc}$을 넘게 되면, 원반부 내 항성 밀도가 급격하게 0으로 감소한다. 5.1절에서 이러한 종류의 '가장자리'를 다른 은하의 항성 원반에서도 볼 수 있음을 알게 될 것이다.

이 교과서의 앞표지에 있는 근적외선 영상은 우리 은하를 1.25, 2.5, 그리고 3.5 μm에서 본 것이다. 편평한 중앙 팽대부가 뚜렷이 보이는데, 이는 우리 은하의 총 광량의 약 20%를 차지한다. 이 빛 중 대부분은 중심에서 1 kpc 내에서 온 것이다. 팽대부는 한쪽 옆이 다른 쪽보다 큰 서양과일 배처럼 보인다. 이것은 아마도 중심으로부터 3 − 4 kpc까지 뻗어있는 중심 *막대*이다. $l > 0$에 있는 끝부분은 우리에게 가까이 있으므로 크게 보인다. Hubble의 분류법에 의하면 우리 은하는 Sbc 혹은 Sc 은하이다. 어떤 천문학자들은 SAB로 명명된, 막대 나선 은하와 막대 없는 나선 은하의 중간에 넣기노 하지만, 역시 SBbc나 SBc만큼 막대가 발달하지는 않았다.

항성 헤일로의 밀도는 우리 은하 중심으로 갈수록 증가하며, 중앙 팽대부가 헤일로의 안쪽에 있는 좀 더 밀도가 큰 부분에 불과한 부분으로 여길 수도 있다. 하지만 그렇지 않다. 팽대부 내 항성의 나이는 수십억 년이지만, 이 항성들은 헤일로처럼 중원소가 부족하지 않다. 평균 중원소 함량이 적어도 태양의 반은 되고 어떤 항성은 태양의 세 배나 되기도 한다. 팽대부는 안쪽 헤일로보다 더 편평하며, 팽대부의 항성들은 우리 은하 중심을 원반부와 같은 방향으로 원궤노도 돌고 있다. 팽대부의 평균 회전 속도는 원반부보다 다소 느린 약 100 km s^{-1}이다. 팽대부의 항성들은 좀 더 무질서한 운동을 한다. 4.3절에서 우리 은하의 팽대부, 헤일로, 그리고 원반이 어떻게 현재와 같이 형성되었는지 논의해 볼 것이다. 우리 은하 중심과 매우 가까운 곳에서, 밀도가 큰 가스와 젊은 항성들을 찾을 수 있다. 중심에서 약 150 pc 떨어진 곳을 근적외선으로 관측하면, 현재 격렬하게 항성들을 만들고 있는, 커다란 밀집 성단 Sagittarius B2를 볼 수 있다. 중심에서 30 − 50 pc 떨어진 곳에는, 여러 개의 매우 무거운 항성들이 집중되어 있으며 $10^6 L_\odot$ 보다 밝은 Quintuplet 과 Arches 성단들이 있다. 우리 은하의 중심에서는 $10^6 \mathcal{M}_\odot$의 가스가 약 2 pc 반경으로 토러스 형태의 뜨겁고 밀집된 분자 구름이 있다. 이것은 항성들이 엄청나게 집중되어 있는 우리 은하의 *항성 중심핵*을 둘러싸고 있다.

핵 주위에 있는 먼지가 빛을 흡수하고 산란하기 때문에 핵은 가시광 파장에서는 볼 수가 없다. V 파장 영역에서 중심핵은 31등급이나 어두워진다! 이것은 $\lambda \sim 5 - 7\,\mu m$인 적외선 영역에서 가장 잘 보인다. 이보다 긴 파장에서는 따뜻해진 먼지가 빛을 강하게 발하기 때문에 항성 빛을 압도한다. 질량과 크기에 있어서 항성 중심핵은 반경 10″ 또는 0.2 pc의 중심 집중 영역을 가지며, $3 \times 10^7 \mathcal{M}_\odot$의 질량을 가진 무거운 구상 성단과 크게 다를 바 없다. 항성의 밀도는 중심으로부터 1″이내에서

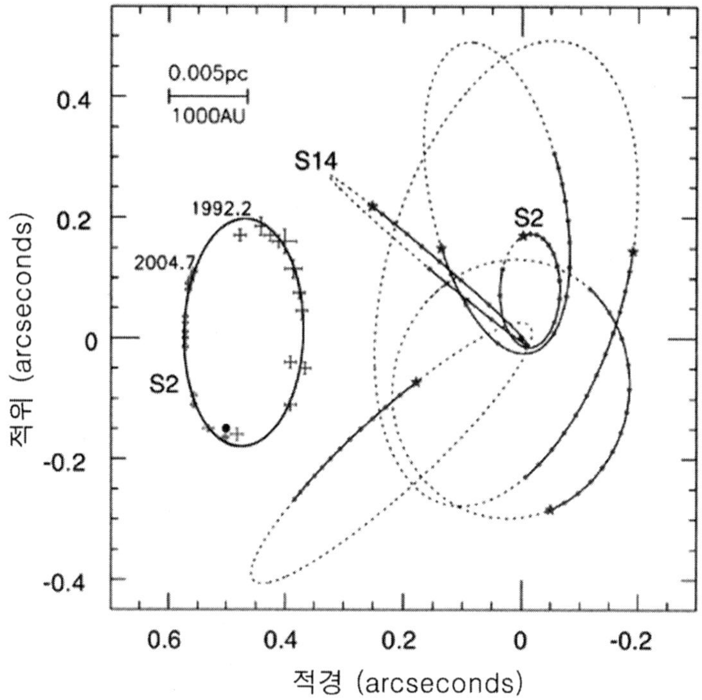

[그림 2.17] 별표는 1999.25년 은하 핵 내의 항성들의 위치이며, 궤도를 따라 1년 간격으로 작은 점들이 찍혀있다. 항성들은 블랙홀 근처에서 빠르게 움직인다(원점에 있는 속이 찬 점). 삽입물은 O8/O9형의 항성 S2의 좌표로서, 12.5년 동안의 관측으로 얻어진 거의 전체 궤도를 나타낸다. – F. Eisenhauer, MPE Galactic Center Team.

$3\times10^7\mathcal{M}_\odot\,\mathrm{pc}^{-3}$에 이른다. 그러나 구상 성단과는 달리, 적어도 30개의 무거운 항성들이 지난 2–7백만년 동안에 생성되었다. 항성으로 이루어진 성단 중심 핵은 거대 나선 은하에서는 일반적인 것으로서, 그들은 이 은하들의 가장 밀집된 지역이다. 실제 성단과 달리, 그들은 다양한 나이와 화학 조성을 갖는 항성들을 가지고 있다.

가장 안쪽의 젊은 항성들은 우리 은하 중심의 전파원으로부터 0.05 pc 내에 있다. [그림 2.17]은 관측된 시선 속도와 고유 운동으로부터 계산된 그들의 궤도이다. 이 항성들은 태양계의 항성들과 같이 케플러 운동을 따르며, 문제 2.6에서 보는 바와 같이 은하 중심부 고밀도 천체의 질량을 측정하는데 이용된다. 이것은 거의 블랙홀로서, 이와 같은 작은 부피 내에 $4\times10^6\mathcal{M}_\odot$의 질량이 어떻게 포함되어 있는지에 대해 블랙홀 외에는 다른 설명할 수 있는 방법이 없다.

안쪽 지역의 전파 구조를 보면 좁은 필라멘트 구조가 보이는데, 이것의 길이는 수십 파섹 정도 되지만 너비는 1 파섹도 되지 않으며 우리 은하 평면 위로 높이 뻗어 있다. 상당한 편광이 있는 것으로 보아 싱크로트론 방출임을 알 수 있다. 즉, 빛을 내는 전자가 자기장에 의해 필라멘트구조 내부에 잡혀 있는 것이다. 블랙홀의 위치는 중심의 점 같은 광원으로서 Sagittarius A★는 그 밝기가 급격하게 변하며 10 광분 또는 1.3 AU를 가로 질러 있다. Sagittarius A★는 9.1절에서 다룰 활동성 은하 핵에서 찾아 볼 수 있는 굉장히 많은 양의 전파와 X선을 내는 광원의 축소판일 것이다. 만약 그렇다면, 이 경우는 세기가 매우 약한 하나의 예이다. 그 에너지는 태양이 방출하는 전체 에너지의 수천 배에 불과한 반면, 세이퍼트 은하나 퀘이사에서의 핵은 그 혼자서 은하의 나머지 영역보다 더 밝게 빛을 발한다.

문제 2.13 우리 은하의 중심에서 관측한다고 했을 때 육안으로 얼마나 많은 항성들을 볼 수 있는지 추정해보라. 육안으로 볼 수 있는 항성은 겉보기 등급 $m_V \approx 5$보다 밝은 항성들이다. 지구에서는 약 7,000개를 볼 수 있다. 우리 은하의 중심핵이 반경 3 pc인 균일한 구라고 가정하고, 먼지에 의해서 어두워지는 효과는 무시하라. 3 pc 떨어진 곳에서 $m_V = 5$로 보이는 항성의 광도 $L_{\rm eye}$는 얼마인가? 주계열성에 대해서, 식 1.6을 사용해 $L_{\rm eye}$가 $\mathcal{M} \approx 0.6\mathcal{M}_\odot$에 대응됨을 보여라.
간단한 모형을 보면, 주계열에서 30억 년 이하를 보내는 거의 모든 항성이 현재 수명이 끝나고 있다. [표 1.1]에 따르면 어느 정도의 항성 질량 $\mathcal{M}_u$가 이에 대응하는가? 식 2.5를 이용해서 질량이 $\mathcal{M}$과 $\mathcal{M}+\Delta\mathcal{M}$ 사이인 주계열성의 수 $\xi(\mathcal{M})\Delta\mathcal{M}$을 어림 계산하라. 식 2.5에 따르면 $\mathcal{M} \gtrsim 0.2\mathcal{M}_\odot$, 그리고 이보다 기벼운 소수의 항성에 대해서 $\xi(\mathcal{M}) = \xi_0\mathcal{M}^{-2.35}$이다. $\mathcal{M} < \mathcal{M}_u$인 주계열 항성들의 총 질량과 개수를 매개변수 ξ_0로 나타내어라. 적색거성이 질량에 거의 기여를 하지 않는다는 것을 어떻게 알 수 있는가? 총 질량을 $10^7\mathcal{M}_\odot$로 잡고 ξ_0을 구하여라. 중심핵이 $L \geq L_{eye}$인 주계열성을 약 $N_{\rm eye} \sim 4 \times 10^6$개 포함하고 있음을 보여라. 매우 적은 수의 적색 거성만이 보임을 어떻게 알 수 있는가?(상급의 학생들을 위한 문제 : $L < L_{eye}$인 항성은 충분히 가까이 있다면 육안으로 볼 수 있을 것이다. 이것이 전체에 거의 영향을 미치지 않음을 보이시오.)

더 읽어보기

일반적인 독자를 위한 교재로서, F. Melia, 2003, The Black Hole at the Center of our Galaxy(Princeton University Press, Princeton, New Jersey).

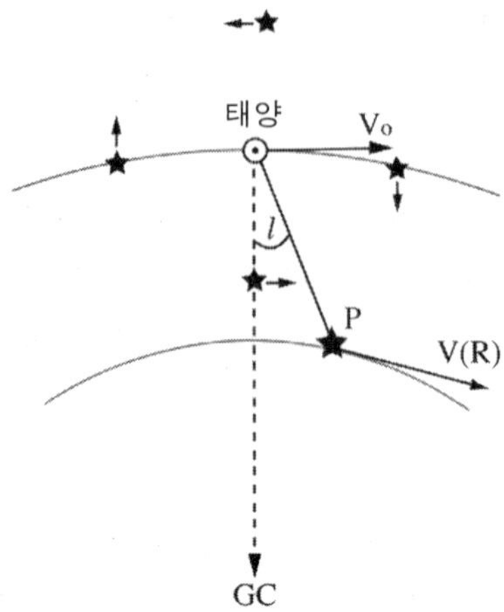

[그림 2.18] 우리 은하의 회전 : 우리 은하 중심(GC)에 가까운 항성은 자신의 궤도 내에서 우리를 앞서 나가는 반면, 멀리 떨어진 항성은 뒤쳐진다. 은하 중심에서 우리와 같은 반경에 있는 항성은 우리에게 상대적으로 옆쪽으로 이동한다.

2.3 우리 은하의 회전

근사적으로, 우리 은하의 원반 내 항성과 가스는 중심에 대해 거의 원형인 궤도를 따라 움직인다. 이러한 정연한 운동을 이용해서 각 방향으로의 속도를 측정함으로써 가스의 분포를 알아낼 수 있다. 관측된 속력으로부터, 바깥쪽의 가스가 자신의 궤도를 유지하기 위해 얼마나 큰 안쪽의 힘이 필요한지 계산할 수 있다. 그 결과는 예상했던 것보다 훨씬 크다. 이 부가적인 질량, *암흑 물질*은 빛을 내는 항성과 가스의 질량 이상이다.

우리 은하 중심에 가까운 항성은 멀리 있는 항성보다 더 빨리 궤도 운동을 한다. 이러한 *차등 회전*은 가까운 항성들의 고유 운동을 조사하면서 처음 발견되었다. 안쪽을 보면 자신의 궤도를 따르며 우리를 지나치는 항성들을 볼 수 있다. 우리에 대한 그 항성의 운동은 태양의 궤도 속도 V_0와 같은 방향이다. 바깥쪽을 보면, 우리의 뒤쪽으로 멀어지는 항성들을 볼 수 있는데, 이들은 반대 방향으로 고유 운동을 한다([그림 2.18]). 은하 중심으로부터 우리와 같은 거리에 있는 항성들은 태양과 같은 속도로 공전하고, 따라서 우리로부터 같은 거리를 유지하며 '*옆쪽으로*' 운동한다. 이렇게 태양 가까이에 있는 항성들에 대해서 고유 운동 μ는 은경 l에 따라 $\mu \propto \cos 2l$을 만족하며 변화한다. 이러한 경향은 1900년에 이미 알려져 있었다. 네덜란드의 천문학자 Jan Oort는 1927년에 우리 은하의 회전 효과로 이러한 현상을 설명했다. 1920년대에 사진 건판은 더욱 민감해졌고 항성 스펙트럼으로부터 시선 속도를 정확히 결정할 수 있었다. 이것들은 우리 은하의 차등 회전을 측정하는데 현재에 더욱 유용하다.

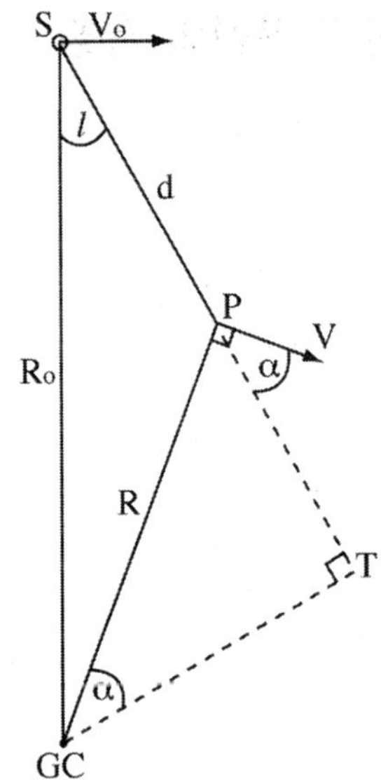

[그림 2.19] 우리 은하의 회전 : 은경이 l이고 은하 중심 반경이 R이며, 태양으로부터의 거리가 d인, P에 위치한 항성이나 가스 구름은 $V(R)$의 속력으로 궤도 운동을 한다. P에 대한 시선은 접선 방향에 있는 점 T에서 은하 중심과 가장 가깝다.

태양은 정확히 우리 은하의 중간 평면에 있지 않고 약 15 pc 위에 있으며, 중심에 대한 궤도는 정확한 원이 아니다. *국부 정지 좌표계*는 [표 2.1]에서 비대칭적 처짐 현상 $\langle v_y \rangle$을 보정한 후 태양 근처의 항성들에 대한 평균적인 운동으로 정의한다. 이러한 평균에 대해서 상대적으로 태양은 우리 은하 중심 방향으로 $10\,\mathrm{km\,s^{-1}}$의 속도로 '안'쪽으로 운동하고 있으며, 회전 방향으로 $5\,\mathrm{km\,s^{-1}}$만큼 빠르게 이동한다. 그리고 태양은 우리 은하의 북극을 향해서 $7-8\,\mathrm{km\,s^{-1}}$의 속력으로 '위쪽으로' 움직인다. 지금까지 알려진 항성과 가스의 속도는 주로 이러한 표준에 대해 상대적으로 주어진 값들이다.

일반적으로(항상은 아님, 문제 2.16 참조) 국부 정지 좌표계는 우리 은하의 중심을 원궤도로 돌고 있다고 가정한다. 1985년에 국제 천문 연맹(IAU)은 우리 은하 중심으로부터의 태양의 거리를 $R_0 = 8.5\,\mathrm{kpc}$으로, 원궤도의 속력을 $V_0 = 220\,\mathrm{km\,s^{-1}}$으로 결정한 바 있다. 서로 다른 연구자들이 자신의 측정값과 비교하기 위해, 천문학자들은 주로 IAU의 값을 사용하여 항성의 거리와 속력을 측정한다. 하지만 현재의 추정값은 $R_0 \approx 8\,\mathrm{kpc}$과 $V_0 \approx 200\,\mathrm{km\,s^{-1}}$에 가깝다.

문제 2.14 IAU가 제시한 R_0와 V_0값을 이용해서, 태양이 우리 은하 중심 주위를 한 바퀴 공전하는데 2억 4천만 년이 걸림을 보여라. 이 주기는 때로 '은하년'이라 불리기도 한다.

2.3.1_ 우리 은하 회전 곡선의 측정

항성이나 가스 구름이 정확히 원궤도를 돈다고 가정하면, 이들의 시선 속도 V_r을 계산할 수 있다([그림 2.19] 참조). 반경 R_0에서 태양은, 더 정확하게 말하면 국부 정지 좌표계는 V_0의 속력으로 공전한다. 반면 반경 R에 있는 항성 P는 $V(R)$의 궤도 속도를 갖는다. 이 항성은 우리로부터 다음의 속력으로 멀어진다.

$$V_r = V\cos\alpha - V_0\sin l \tag{2.10}$$

사인 법칙을 사용하면 $\sin l/R = \sin(90° + \alpha)/R$이고, 따라서 다음 식을 얻을 수 있다.

$$V_r = R_0 \sin l\left(\frac{V}{R} - \frac{V_0}{R_0}\right) \tag{2.11}$$

만약 우리 은하가 레코드 플레이어의 회전반처럼 강체와 같이 회전한다면 항성들 간의 거리를 변하지 않을 것이고, V_r은 항상 0일 것이다. 사실 중심에서 먼 항성은 궤도를 도는데 더 오랜 시간이 걸린다. 각 속력 V/R은 반경 R에 비례하여 감소한다. 그러면 식 2.11로부터 $0 < l < 90°$ 방향에 있는 가까운 천체에 대해서는 V_r이 양수이고, 거리가 멀어서 $R > R_0$인 우리 은하 반대편의 항성들에 대해서는 V_r값이 음수가 됨을 알 수 있다. $90° < l < 180°$일 때는 V_r이 항상 음수이지만, $180° < l < 270°$일 때는 항상 양수이다. $270° < l < 360°$인 지역에서는 V_r의 부호가 바뀐 것을 제외하고 제 1사분면에서와 같다. [그림 2.20]은 우리 은하의 원반 내의 중성 수소 가스가 내는 21 cm 방출선의 세기를 보여준다. 예상했던 대로, 제 2사분면($90° < l < 180°$) 내에는 양의 속도를 가진 가스가 없고, 제 3사분면 내에는 음의 속도를 가진 가스가 존재하지 않는다. 은경 상의 수도 크기의 어둡고 좁은 띠는, 나선팔 내의 중력에 의해 어느 곳에서 가스가 쌓이고 가스의 속도가 변화하는지 나타낸다.

문제 2.15 모든 곳에서 $R_0 = 8\,\text{kpc}$이며 $V(R) = 220\,\text{km s}^{-1}$인 간단한 우리 은하 모형에 대해서, $R = 4, 6, 10, 12\,\text{kpc}$에서 원궤도를 도는 가스에 대한 $V_r(l)$을 구하여라. 각각의 고리 주위의 은하 중심 방위각 ϕ를 변화시켜 가며 구하여라. 각 (ϕ, R)에 대한 d와 은경 l, 그리고 V_r을 구하여라. 이 고리의 가스를 나타내는 [그림 2.20]과 유사한 그림을 그려라. [그림 2.20]에 대해서 각각 다음에 대응하는 곳에 놓여진 가스가 어느 곳에 있는지 설명하여라. $(l \sim 50°, V > 0)$; $(l \sim 50°, V < 0)$; $(l \sim 120°, V < 0)$; $(l \sim 240°, V > 0)$; $(l \sim 300°, V > 0)$; $(l \sim 300°, V < 0)$. $(l \sim 120°, V > 0)$에서 가스는 어디에 존재하는가?

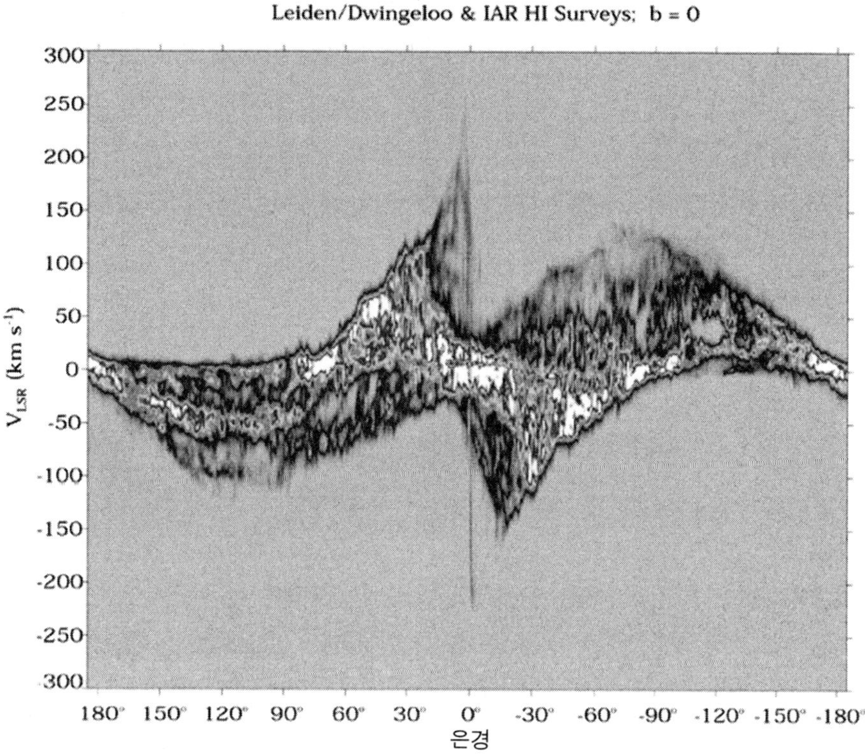

[그림 2.20] 원반부 평면에서, 국부 정지 좌표계에 대해 상대적으로 측정한 $V_{\rm LSR}$의 속도로 우리로 다가오거나 멀어지는 중성 수소 가스가 내는 21 cm 방출선의 세기. – D. Hartmann & W. Burton.

문제 2.16 우리 은하 내의 가스가 정확히 원궤도를 따르지 않고, 중심에서 멀어지는 쪽으로 추가 속도 $U(R,l)$을 갖는다고 가정하자. 태양 근처의 항성은 바깥 방향으로 U_0의 속도를 갖는다. [그림 2.19]의 P점에 있는 가스가 우리로부터 다음의 속력으로 멀어짐을 보여라.

$$V_r = R_0 \sin l\left(\frac{V}{R} - \frac{V_0}{R_0}\right) - R_0 \cos l\left(\frac{U}{R} - \frac{U_0}{R_0}\right) + d\frac{U}{R} \tag{2.12}$$

이제 태양이 $U_0 > 0$의 속력으로 바깥쪽으로 움직이고, 은하 내 나머지 부분의 가스기 원궤도를 돈다고 가성하자. $l = 180°$ 방향에서 측정된 속도는 0과 얼마만큼 차이가 나는가? 주어진 반경 R에 있는 가스에 대해서 V_R의 극값, 즉 최대값 혹은 최소값은 $l = 90°, l = 270°$에 대해 어떤 방향으로 떨어져 있는가? [그림 2.20]을 이용하여 태양과 국부 정지 좌표계가 우리 은하 중심으로부터 멀어지고 있음을 보여라.

어떤 항성이나 가스 구름이 태양에 가까워서 $d \ll R$이라면, d^2이 포함된 항들을 무시할 수 있다. 삼각형 S-P-GC에 대해 코사인 법칙을 적용하면 $R \approx R_0 - d\cos l$을 얻는다. 식 2.11의 시선 속도는 다음과 같이 된다.

$$V_r \approx R_0 \sin l \left(\frac{V}{R}\right)' (R - R_0) = d \sin 2l \left[-\frac{R}{2}\left(\frac{V}{R}\right)'\right]_{R_0} \equiv dA \sin 2l \qquad (2.13)$$

여기서 ′은 R에 대한 미분을 나타낸다. Oort 상수 A의 측정값은 $14.8 \pm 0.8\ \mathrm{km\ s^{-1}\ kpc^{-1}}$이다.

태양에 대해 상대적으로 P에 위치한 항성의 고유 운동은 유사한 방법으로 계산할 수 있다. [그림 2.19]로부터 접선 속도는 다음과 같다.

$$V_t = V \sin\alpha - V_0 \cos l \qquad (2.14)$$

$R_0 \cos l = R \sin\alpha + d$를 이용하면, 다음을 얻는다.

$$V_t = R_0 \cos l \left(\frac{V}{R} - \frac{V_0}{R_0}\right) - V_0 \frac{d}{R} \qquad (2.15)$$

태양에 가깝다면, $R_0 - R \approx d\cos l$을 대입해서 V_t가 거리 d에 따라 거의 선형적으로 변함을 보일 수 있다.

$$V_t \approx d \cos(2l) \left[-\frac{R}{2}\left(\frac{V}{R}\right)'\right]_{R_0} - \frac{d}{2}\left[\frac{1}{R}(RV)'\right]_{R_0} \equiv d[A\cos 2l + B] \qquad (2.16)$$

여기서 상수 B는 $B = -12.4 \pm 0.6\ \mathrm{km\ s^{-1}\ kpc^{-1}}$이다. 3.3절에서 B를 알아내는 다른 방법을 배울 것이다. *Oort 상수 A와 B는 각각 강체 회전으로부터의 국부적인 벗어남 또는 편차, 그리고 원반 내에서의 국부적인 와도 혹은 각운동량의 기울기를 나타낸다.*

문제 2.17 $A + B = -V' = 0$, $A - B = V_0/R_0$임을 보여라. IAU가 제시한 V_0와 R_0로부터 $A - B = 26\ \mathrm{km\ s^{-1}\ kpc^{-1}}$임을 보여라. 태양 근처에서 측정된 A와 B값은 증가하거나 감소하는 회전 곡선 중 어느 것에 대응하는가? 우리 은하의 회전 속력이 대략 일정하다고 해도, 태양 근처에서 측정했을 때 $A + B \neq 0$이 되게 하는 요인은 무엇인가?

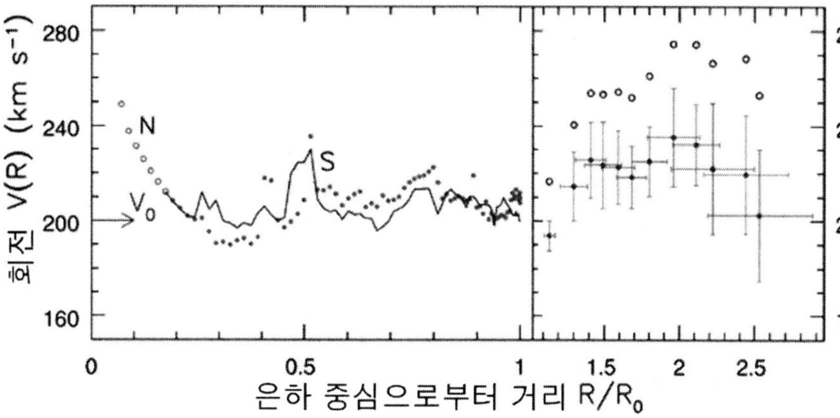

[그림 2.21] 왼쪽 그림은 $V_0 = 200\,\mathrm{km\,s^{-1}}$로 잡고 접선방향의 점을 이용하는 방법으로 알아낸 우리 은하의 회전을 보여준다. 점들은 $l > 270°$의 북쪽 H I 가스의 속도를 나타내고 곡선은 $l < 90°$의 남쪽 가스로부터 얻은 결과이다. 접선방향의 점을 이용하는 방법은 $R \lesssim 0.2R_0$에서는 잘 적용되지 않는데(흰 원), 이는 이 가스가 우리 은하의 막대 내에서 타원궤도를 돌기 때문이다. 오른쪽 그림은 우리 은하 바깥쪽의 회전 속력을 나타낸다. 검은 원은 $V_0 = 200\,\mathrm{km\,s^{-1}}$에 대해서 계산한 것이고, 흰 원은 $V_0 = 220\,\mathrm{km\,s^{-1}}$에 대해서 계산한 것이며 십자 모양은 추정 오차를 나타낸다. – W.B.Burton & M.Honma.

만약 원반 곳곳에 존재하는, 거리가 알려진 항성들의 속력 V_r을 측정할 수 있다면, 거꾸로 우리 은하의 *회전 곡선* $V(R)$을 유추할 수 있다. 불행히도 원반 내의 항성과 성단에서 오는 가시광은 먼지에 의해 가려진다. 전파는 이러한 먼지를 통과할 수 있으며 우리 은하 거의 모든 곳으로부터 수소원자의 초미세 천이에 의한 21 cm 방출선을 검출할 수 있다. 하지만 일반적으로, 방출선을 내는 가스까지의 거리를 알 수 있는 방법은 없다.

우리 은하 안쪽($R < R_0$)에 대해서 *접선방향의 점을 이용하는 방법*으로 이러한 어려움을 극복할 수 있으며 회전 곡선을 구할 수 있다. 각속력 V/R은 반경에 따라 감소하므로, 식 2.11에 의해 $0 < l < 90°$의 어떤 고정된 방향으로 원반 쪽을 본다면 시선 속력 $V_r(l, R)$은, [그림 2.19]에서 시선이 은하 중심과 가장 가까운 곳을 지나는 접선방향의 점 T에서 최대임을 알 수 있다. 여기서 다음이 성립한다.

$$R = R_0 \sin l \quad \text{그리고} \quad V(R) = V_r + V_0 \sin l \tag{2.17}$$

따라서 가상적으로 원반 내의 모든 지점에 방출선을 내는 가스가 있다면, [그림 2.20]에서 모든 은경 l에 대해 방출선이 관측되는 지점에서 가장 큰 속도를 측정함으로써 $V(R)$을 구할 수 있다. [그림 2.21]에 그 결과를 나타내었다. 나선팔 내에 있는 나머지 질량에 의한 중력은 나선팔을 지나는 가스의 속도를 쉽게 $10-20\,\mathrm{km\,s^{-1}}$ 정도 줄일 수 있다. 접선방향의 점이 나선팔 가까이로 간다면, 식 2.17을 사용해 얻어지는 회전 속력은 그 은하 중심 반경에서의 평균 궤도 속력과 다를 것이다.

우리 은하 바깥쪽에서의 회전 속력을 측정하는 것은 좀 더 어렵다. 우선 분광 또는 측광 시차 방법으로 젊은 항성들이 몰려 있는 성협까지의 거리를 알아내야 한다. 그런 후 젊은 항성들의 속도 V_r를 항성 주위의 뜨겁거나 차가운 가스의 방출선으로부터 측정한다. 항성까지의 거리는 잘 결정되지 않을 때도 있으나 회전 속력 $V(R)$이 바깥쪽에서는 크게 줄어들지 않고 때로 증가하기도 한다는 것은 확실하다.

2.3.2_ 우리 은하 내 암흑 물질

3.1절에서 구형 항성계에 대해, 반경 R인 원궤도 내의 속력 V는 그 반경 내의 질량 $\mathcal{M}(<R)$과 다음과 같은 관계식을 만족함을 알 수 있다.

$$\mathcal{M}(<R) = RV^2/G \tag{2.18}$$

여기서 R은 파섹, 시간은 백만 년, V는 $\mathrm{km\,s^{-1}}$, 그리고 $\mathcal{M}$은 $\mathcal{M}_\odot$ 단위이고, Newton의 중력상수 G는 $G = 4.5\times10^{-3}$이다. 편평한 원반 내의 궤도에 대해 이 공식으로부터 $M(<R)$ 값을 10−15% 내에서 알아낼 수 있다. $V(R)$ 값은 감소하지 않으므로, 태양 너머의 항성이 거의 없는 곳에서도 우리 은하의 질량은 반경에 따라 거의 선형적으로 증가해야 한다. 빛과 질량 분포에 대한 이러한 불일치가, 나선 은하에서 일반적으로 나타나는 현상임을 나중에 배울 것이다. 천문학자들은 이것을 '잃어버린 질량' 또는 '암흑 물질' 문제라고 부르기도 한다. 은하들은 거의 빛을 내지 않는 많은 양의 물질을 포함하고 있을 것이다. 이렇게 빛을 내지 않는 질량은 *암흑 헤일로*에 있다고 여겨진다.

문제 2.18 식 2.18을 이용해서 우리 은하 중심에 대해 반경 R_0인 구 내부의 질량 $\mathcal{M}(<R_0)$을 구하여라. 이 구 내의 평균 밀도를 $\mathcal{M}_\odot\,\mathrm{pc}^{-1}$ 단위로 계산하여라. 이것이 식 1.30의 임계 밀도보다 약 10^5배 정도 큼을 보여라.
식 2.8에서 $h_\mathrm{R} = 4\,\mathrm{kpc}$일 때, 우리 은하 원반의 60%가 태양의 궤도 내에 있음을 보여라. 팽대부에 대하여 $L_V = 5\times10^9 L_\odot$, 원반에 대하여 $15\times10^9 L_\odot$ 일 때, 질량 대 광도 비가 $\mathcal{M}/L(R_0)\approx5$ 임을 보여라. 문제 2.8의 결과를 사용하여 R_0 내의 질량의 반 이상이 암흑 물질이 될 수 없음을 설명하시오.

문제 2.19 우리 은하의 HI 원반은 약 $2.5\,R_0$까지 뻗어있다. [그림 2.21]로부터 질량이 $\mathcal{M}(<2.5R_0) \approx 2\times10^{11}\mathcal{M}_\odot$임을 보이고, 질량 대 광도 비가 $\mathcal{M}/L_V \gtrsim 10$임을 증명하여라. 문제 2.8에서 찾은 것과 비교하여 어떻게 다른가? 우리 은하의 대부분의 암흑 물질은 어디에 있는가?

문제 2.20 구형 밀도 분포 $\rho_H(r)$이 다음과 같다고 하자.

$$4\pi G\rho_H(r) = \frac{V_H^2}{r^2 + a_H^2} \tag{2.19}$$

여기서 V_H와 a_H는 상수이다. 반경 r 내에 얼마만큼의 질량 $\mathcal{M}(<r)$이 존재하는가? 식 2.18을 이용해서 반경 r에서 원궤도의 속력 $V(r)$이

$$V^2(r) = V_H^2\,[1-(a_H/r)\arctan(r/a_H)] \tag{2.20}$$

로 주어짐을 보이고, $V(r)$을 반경에 대한 함수로 도시하여라. 이러한 밀도 법칙은 은하 내 암흑 헤일로의 질량을 나타내기 위해 사용된다. 그 이유는 무엇인가?

2.4 우리 은하 기상학 : 성간 가스

우리 은하 내 항성들 사이에는 항성들이 만들어지는 가스들이 있으며, 항성들은 핵융합 반응으로부터 생성된 중원소들을 다시 가스로 되돌려 보낸다. 대부분의 가스는 원반부 내에 있다. 그 질량이 항성들의 질량의 10%밖에 되지 않지만, 가스로 인해 은하의 독특한 특성이 주어진다. 가스가 없다면, 우리 은하는 나선 은하가 아니라 S0 은하가 되었을 것이며, 우리 은하의 원반에는 뜨겁고 젊은 항성들이 없었을 것이고 나선 형태도 가지고 있지 않았을 것이다. 은하의 빛 중 그 절반만이 은하간 공간으로 탈출하고, 먼지가 많은 성간 가스들이 나머지를 흡수한다. 이 책의 앞표지는 전파에서부터 γ선 파장 영역까지에서 관측한 우리 은하의 가스, 먼지 그리고 항성을 보여준다.

항성 원반부와 같이, 은하의 성간 물질은 중력에 영향을 받아, 궁극적으로 밀집된 가스들이 응축되어 새로운 항성을 만들게 한다. 그러나 항성의 운동을 다룰 때 무시했던 힘들, 가스 압력, 자기력, 우주선의 압력과 같은 다른 힘을 고려해야 할 것이다. 가스는 항성이 방출하는 빛에 의해 가열되며 이온화 된다. 빠른 항성풍, 격렬한 초신성 폭발, 나선 팔 통과 등으로 인하여 가스는 충격을 받으며 운동을 하게 된다. 지구의 대기와 같이, 성간 물질은 복잡한 운동 상태를 갖는다.

2.4.1_ 가스층의 구조

항성과 달리 가스는 표준적인 크기 단위로 나타내기 힘들다. 가스 덩어리의 질량은 그 온도 또는 거리에 무관하게 측정할 수 있는 그 밖의 다른 물리 양과도 직접적인 연관이 없다. 따라서 몇 가지의 특별한 경우, 예를 들어 항성을 둘러싸고 있는 가스의 경우를 제외하고 가스 구름의 거리 측정은 매우 불확실하다. 항성의 스펙트럼에서 성간 가스의 흡수선을 볼 수 있다면, 가스가 항성보다 우리쪽에 가까이 있음을 알 수 있다. 우리 은하 원반부에서 원궤도를 갖는 가스에 대해서 *운동학적 거리*를 계산할 수 있다. 이것의 스펙트럼 방출선으로부터, 얼마나 많은 가스들이 은경 l에서 각각의 시선 속도 V_r 로 움직이고 있는지 측정할 수 있다. 따라서 우리 은하의 회전 곡선 $V(R)$로부터, 식 2.11을 이용하여 그 거리를 측정할 수 있다. 이와 같은 방법으로 우리 은하의 가스가 어떻게 분포되어 있는지 그림을 그려볼 수 있다.

가스가 내는 모든 빛이 흡수되지 않고 우리에게 도달하였을 때, 특정한 속도로 움직이는 가스의 질량은 대응하는 파장에서 복사 강도에 직접적으로 비례한다. 가시광은 성간 먼지에 의해 많은 양이 흡수되는 반면, 전파는 먼지가 많은 구름을 통과할 수 있다. 그러나 원반부에서는, 멀리 떨어진 가스로부터 나온 전파가 가까이에 있는 가스에 의해 부분적으로 흡수되는 충분한 물질을 관측할 수 있다. 이때의 방출선은 *광학적으로 두껍다.* 중성 수소 HI의 21 cm 선은 우리 은하 안쪽 부분에서 광학적으로 두껍다. 분자로 이루어진 밀도가 큰 차가운 가스 구름은 거의 항상 광학적으로 두꺼운 ^{12}CO의 밀리미터 파장으로부터 그 존재를 알 수 있다. 그러므로 직접적 관측에서는 분자운의 상당 부분이 감추어져 있다.

1.2절에서 차가운 수소 분자에서의 방출선을 관측할 수 없었는데, 이는 H_2가 대칭적인 분자이기 때문이다. 밀집된 가스에서 수소 분자 다음으로 많은 분자는 일산화탄소로서 10^4개의 H_2 당 약 한 개의 CO가 있다. 크게는, 지구 대기를 통과할 정도로 에너지가 큰 *우주선*의 개수를 은하 평면에서 우주선이 가스 원자와 부딪히면서 생성되는 γ선의 밝기와 비교함으로서 원자와 분자 가스의 총량을 측정할 수 있다. CO 관측과의 비교를 통해, 가장 낮은 회전 천이에서의 CO 방출과 수소 분자의 기둥 밀도의 평균 비율 X_{CO}를 구할 수 있다. 우리 은하에서 X_{CO}는 원반에 거의 균일하다. 이것은 중심 수백 파섹과 매우 활발한 항성 생성에 의한 강한 복사 영역인 항성 형성 지역에서 큰 값을 가진다.

1.2절의 [표 1.8]에 일반적인 성간 분자들의 스펙트럼 선을 정리하였다. 분자운의 대부분의 가스는 $T \approx 10 - 20$ K 정도로 차가우며, 강한 CO를 방출한다. 차가운 가스는 우연히 멀리 있는 전파 은하 또는 퀘이사의 앞쪽에 있어서 적절한 스펙트럼선에서

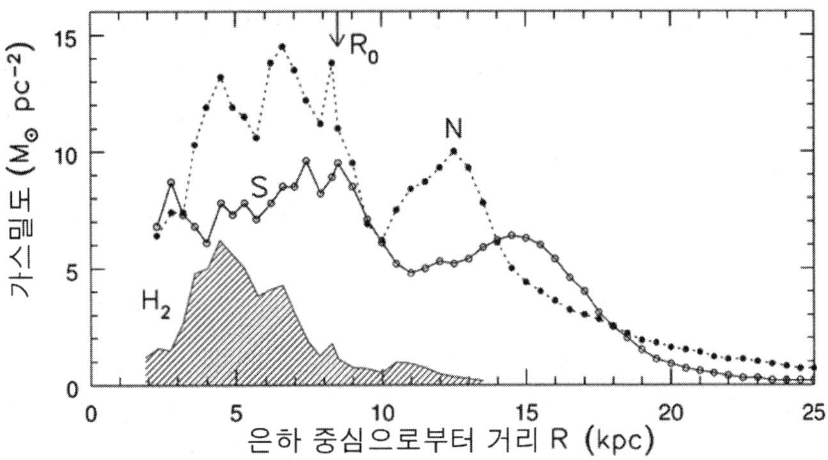

[그림 2.22] 우리 은하의 북반구($0 < l < 180°$; 검은 원)와 남반구($180° < l < 360°$; 흰 원)에 대해 각각 추정한 중성 수소의 표면 밀도값. 중심에서 태양보다 가까운 곳에서는 밀도가 광학적 두께에 대한 보정에 민감하다. 그 바깥쪽에서는 가정된 $V(R)$ 값에 의존한다. 빗금친 영역은 CO 방출선의 세기로부터 추정한, 수소 분자의 표면 밀도를 나타낸다. – W. Burton & T. Dame.

복사를 흡수하여 나타나기도 한다. 밀집된 가스는 젊은 항성들의 성단 또는 성협이 생성되는 분자운의 작고 따뜻한 중심핵 안에 있다는 것에 대하여 뒤에서 더 자세히 알아볼 것이다. 여기서 NH_3, CN, H_2CO와 같은 분자들을 관측할 수 있다.

[그림 2.22]는 원자 형태와 분자 형태의 가스가 우리 은하 내에서 어떠한 분포를 하고 있는지 보여준다. 결과는 H_2의 분포를 알기 위한 CO를 사용한 운동학적 거리에 기초하였다. 우리 은하는 $4-8\times10^9\mathcal{M}_\odot$의 중성수소와 그 절반 정도의 분자 가스를 포함하고 있다. HI의 절반보다는 적지만 거의 모든 H_2는 반경 R_0의 *태양 위치 안쪽에* 존재한다. 분자 가스는 반경 4 kpc인 고리 내에 쌓여 있다. 중심부의 수백 파섹 지역을 제외하고 이 고리 안쪽에서 가스의 밀도는 낮다. 표지에서 수소 원자가 분자 가스 또는 항성보다 더 큰 반경을 가진 채 퍼져 있음을 알 수 있다. 또한 분자 가스보다 더 두꺼운 층을 형성하고 있다. 태양 근처에서, CO를 방출하는 구름은 주로 원반부 평면의 80 pc 내에 존재하는 반면, 대부분의 HI은 이보다 두 배 두꺼운 원반 내에 있다. HI 층은 보다 멀리 강하게 뻗어있다.

다른 나선은하에서처럼, 밀도가 큰 분자 가스, 먼지, 젊은 항성들은 나선 팔에 집중되어 있다(5.5절 참조). 태양은 은하 원반을 거의 둘러싸고 있는 Sagittarius-Carina 팔의 바깥쪽에 위치하고 있다. 각 두께는 약 10° 이며, 이는 Sbc 또는 Sc 은하의 전형적인 값이다. 은하 중심으로부터 눈을 돌리면, Orion 자리에 있는 팔의 돌출 부분을 볼 수 있다. 약 2 kpc 더 먼 곳에 있는 Perseus 팔은 [그림 2.20]에서의 $l > 90°$,

$V_{\rm LSR} \approx 50\,{\rm km\,s^{-1}}$에서 어두운 융기 부분에 해당한다. 그러나 우리 은하의 전체 나선팔의 모습은 알 수 없다. 먼지들이 가시광에서의 원반 관측을 불가능하게 하고, 나선팔의 중력적 끌림에 의해 원운동하는 가스를 잡아 당기기 때문에 가스의 운동학적 거리는 정확하게 구할 수 없다.

[그림 2.23]은 은하 평면 위의 원자 가스를 보여준다. 은하 중심에서 $l = 180°$로 시선을 돌리면, 식 2.11으로부터 원궤도의 가스가 $V_{\rm r} \sim 0$로 우리에게 다가오는 것도 아니며 멀어지는 것도 아닌 방향으로 움직이고 있음을 예상할 수 있다. 대신, $b = +70°$ 근처의 가스는 $> 70\,{\rm km\,s^{-1}}$로 다가온다. HI의 *고속도 구름*은 $100\,{\rm kms^{-1}}$ 이상의 빠른 속도로 원반으로 가라 앉는다. 이것들의 일부는 초신성이나 뜨겁고 무거운 항성으로부터의 항성풍에 의해 중앙 평면의 위로 올라간 원반의 물질일 수도 있으며, 이것들은 지금 떨어지고 있는 중이다. 마젤란 스트림의 가스(4.1절)와 같은 다른 것들은 우리 은하 외부에서 온 것이다. 이 구름들까지의 거리는 정확히 모르기 때문에 그 질량을 측정할 수 없다. 만약 이것들이 우리 근처의 M31 주변에서 발견되는 것과 비슷하다면(4.2절 참조), 대부분이 원반부의 50 kpc 내에 있을 것이며 그 질량은 $10^4\mathcal{M}_\odot$에서 $10^7\mathcal{M}_\odot$ 정도이다. 떨어지고 있는 고속도운이 원반부에 중원소 함량이 적은 가스를 더한다면, 4.3 절에서 논의될 *G-왜성 문제*를 해결할 수 있을 것이다.

은하평면으로부터 $1-2\,{\rm kpc}$ 떨어진 곳의 대부분의 가스는 뜨겁거나 따뜻하다. 우리 은하와 다른 은하의 먼 항성이나 퀘이사가 내는 자외선 영역에서의 흡수선을 관측함으로써 헤일로 내의 가스 구름을 연구할 수 있다(9.3절 참조). 밀도가 크고 따뜻한 가스는 이온화 정도가 낮은 MgII 등에 의해 흡수된다. 헤일로와 더 밀도가 낮은 구름은 CIV와 NV의 흡수선을 지니며 상당히 이온화되어 있다. 또한 [그림 2.25]에서 볼 수 있듯이, 빠르게 식어 $\sim 3\times10^5\,{\rm K}$인 가스에서 생기는 OVI 흡수선을 볼 수 있다. 이 물질은 따뜻한 구름과 $\sim 10^6\,{\rm K}$의 뜨거운 가스의 경계에 놓여 있다.

우리 은하 중심에서 약 3 kpc 안쪽의 고리 모양 구조를 갖는, 밀도가 큰 분자 가스 구름 내 H_2의 평균 표면 밀도는 $5\,\mathcal{M}_\odot\,{\rm pc^{-2}}$ 아래로 줄어든다. 이 반경에서 원자 가스와 분자 가스 둘 다, $b = 0$인 평면에 $10-20°$ 기울어진 원반 내에 있는데, 평면 밑에는 은경이 0보다 큰 방향으로 가스가 놓여 있고, 위에는 $l < 0$ 위치에 가스가 놓여있다. 이러한 경사의 원인과 지금까지 지속하는 이유는 잘 모른다. 경사진 원반 내의 가스는 원궤도로 회전하지 않는다. 방출선은 $l > 0$에서는 음의 속도로 $l < 0$에서는 양의 속도로 관측되는데, 이는 식 2.11로부터 원궤도가 아님을 알 수 있다. '금지된' 속도에서의 방출선은 2.2절에서 다룬 막대 모양의 우리 은하 팽대부로써 설명할 수 있다. 막대의 중력 하에서 가스는 우리 은하 중심에 가까워졌다 멀어졌다 하는 타원 궤도를 따라야 한다.

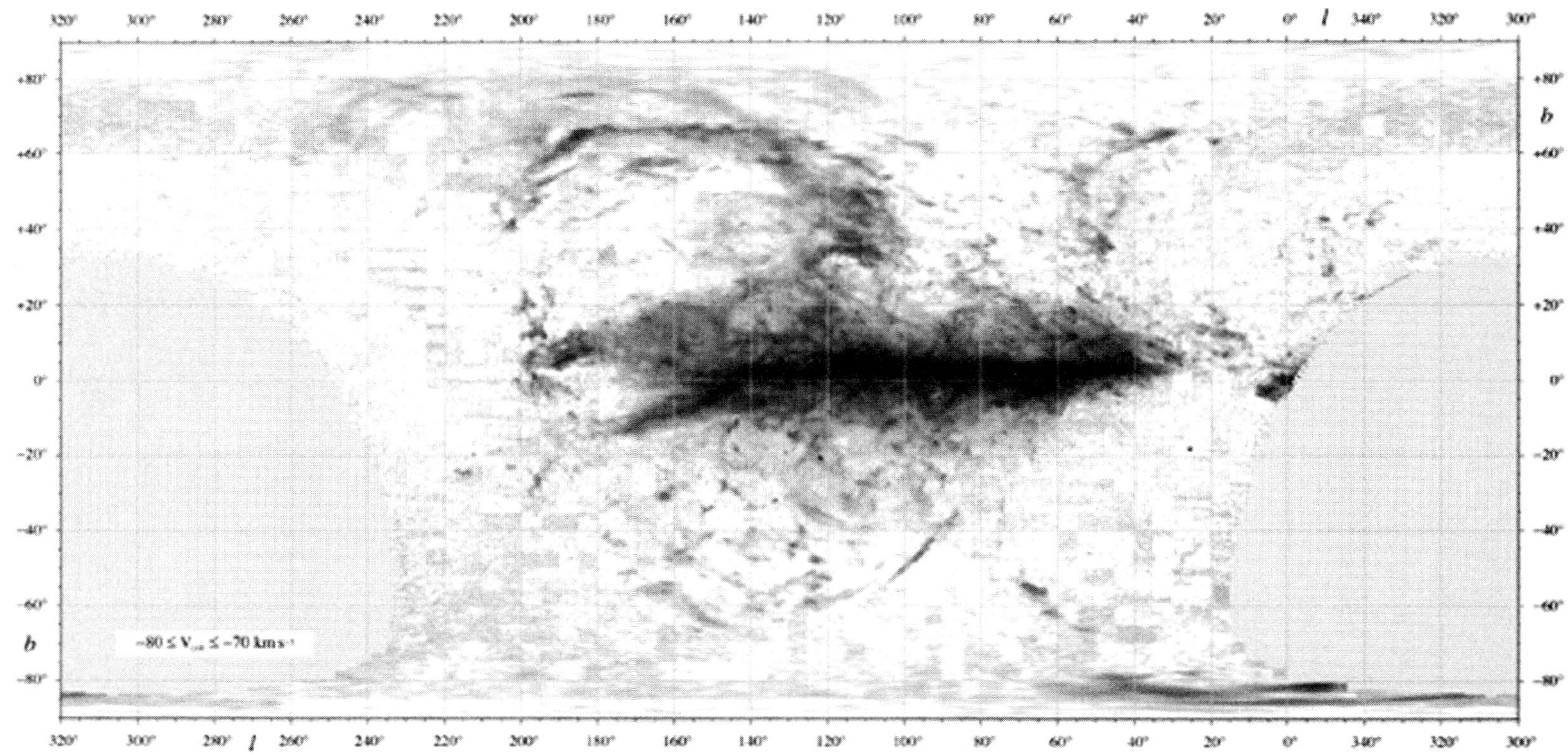

[그림 2.23] 속도가 $-80\,\mathrm{km\,s^{-1}} < V_r < -70\,\mathrm{km\,s^{-1}}$인 중성 수소. 은하 평면 $b=0$은 그림의 중간이다. 높은 고도에 있는 가스 스트림을 주목하라. 비어있는 부분은 Dwingeloo(네덜란드)의 망원경으로 관측되지 못하는 지역이다. − D.Hartmann & W.Burton.

우리 은하 팽대부의 중심 200 pc는 항성을 활발하게 생산하고 있는, 가스가 풍부한 지역이다. 이 지역은 적어도 $10^8\mathcal{M}_\odot$의 분자 가스, 또는 우리 은하 전체의 약 10%에 해당하는 분자 가스를 품고 있다. 이 지역의 외곽부에 있는 물질은 경사진 원반의 안쪽 가장자리를 형성하고, 그 밀도가 현재 매우 커서 가스가 대부분 분자 상태로 되어 있다. 더 안쪽에서, 밀도가 큰 가스는 $b=0$ 평면 가까이서도 발견된다. 여기서 이 가스는 중심의 블랙홀 주위를 돌면서 커다란 호를 그린다.

우리 은하의 원반에는 먼지가 매우 많이 있어서 이 중심 지역으로부터 오는 가시광선과 자외선은 볼 수 없다. 더 밀도가 크고 차가운 구름 주위의 공간을 가득 채우는 $T \approx 10^7$ K의 뜨거운 플라즈마로부터 오는 X-선은 관측할 수 있다. 우리 은하의 중력은 너무 약해서 이러한 뜨거운 가스를 붙잡아둘 수 없다. 뜨거운 가스는 은하 사이의 공간으로 바람처럼 흩날려 갈 수도 있다.

2.4.2_ 물리적 모습

성간 가스는 다양한 특성을 갖는 물질이다. 1 pc에서 1 kpc의 규모에서 보면, 뜨겁고, 따뜻하고, 차가운 물질들이 모두 혼합되어 있다. 대부분의 원자들은 밀도가 높은 차가운 단계이나, 밀도가 늦은 따뜻하고 뜨거운 가스들은 대부분의 부피를 차지하고 있다. 차가운 분자 또는 원자 구성 물질은 뜨거운 플라즈마보다 10,000배 이상 밀도가 큰데, 이것은 공기와 물의 차이보다 크다. 따라서 더욱 밀도가 낮은 매질을 통과하여 거의 방해받지 않고 이동하는 차가운 가스 구름을 생각할 수 있다.

가장 밀도가 큰 가스는 나선팔 내에 있는 수천 개의 *거대 분자운* 안에 있다. cm^{-2} 또는 $\mathcal{M}_\odot \mathrm{pc}^{-2}$에서 $N_\mathrm{H} \geq 10^{20}$개의 수소원자를 가진 구름은 큰 분자운이 되는데, H_2 분자를 깰 수 있는 자외광 광자가 더 짙은 곳을 통과할 수 없기 때문이다(보호되지 않은 분자는 매우 쉽게 붕괴되는데, 태양 근처에서는 주변 항성 빛의 광자가 단지 몇 백 년 만에 그들을 파괴한다). 분자운들은 질량이 $10^5\mathcal{M}_\odot$을 넘고, 밀도가 $\geq 200\ \mathrm{H}_2$ 분자 cm^{-3}, 핵에서는 $10^4\ \mathrm{cm}^{-3}$까지 올라가며 직경이 20 pc보다 커질 수가 있다. 이들은 $10^7\mathcal{M}_\odot$의 가스가 ~ 100 pc을 가로질러 복잡하게 형성된 차가운 HI에 의해 둘러싸여 있다. 팔들 사이에 있는 분자운은 더 작아서, 전형적으로 $\mathcal{M} \sim 40\mathcal{M}_\odot$, 크기는 약 2 pc, 그리고 밀도는 $n_H \sim 100\ \mathrm{cm}^{-3}$을 거의 넘지 않는다. 중심 200 pc에서의 분자운은 태양 근처의 분자운보다 밀도가 더 크며($\mathrm{n_H} \approx 10^4\ \mathrm{cm}^{-3}$) 더 뜨겁다(약 70 K).

차가운 수소 원자는 $n_\mathrm{H} \sim 25\ \mathrm{cm}^{-3}$, $T \leq 80$ K로서 분자운보다 덜 밀집되어 있다. 태양 근처에서, HI의 절반은 $T \sim 8000$K, $n_\mathrm{H} \sim 0.3\ \mathrm{cm}^{-3}$정도로서 상당히 따뜻하다. 이 중성 가스는 동일한 온도와 압력을 가진 따뜻한 이온화된 가스와 혼합되어 있다.

[표 2.4] 우리 은하의 성간 물질의 특성 요약(J. Lequeux)

구성 성분	설명	밀도 (cm^{-3})	온도 (K)	압력 (p/k_B)	수직 길이	질량 ($\mathcal{M}_\odot$)	채워진 비율
먼지 티끌						10^7-10^8	작다
큰 $\leq 1\,\mu m$	규소, 검댕		~ 20		150 pc		
작은 $\sim 100\,\text{Å}$	흑연 C		$30-100$				
PAH <100개 원자	큰 분자들				80 pc		
차가운 덩어리 구름	분자: H_2	>200	<100	크다	80 pc	$(2)\times10^9$	$<0.1\%$
	원자: HI	25	$50-100$	2500	100 pc	3×10^9	$2\%-3\%$
따뜻한 저밀도 가스	원자: HI	0.3	8000	2500	250 pc	2×10^9	35%
	이온화: HII	0.15	8000	2500	1 kpc	10^9	20%
HII 영역	이온화: HII	$1-10^4$	~ 10000	크다	80 pc	5×10^7	작다
뜨거운 저밀도 가스	이온화: HII	~ 0.002	$\sim 10^6$	2500	~ 5 kpc	(10^8)	45%
가스 운동들	$\frac{3}{2}\langle\rho_{HI}\rangle\sigma_r^2$	$\langle n_H\rangle\sim 0.5$	$10\,km\,s^{-1}$	8000			
우주선	상대론적인	$1\,eV\,cm^{-3}$		8000	~ 3 kpc	작다	
자기장	$B\sim 5\,\mu G$	$1\,eV\,cm^{-3}$		8000	~ 3 kpc		
항성빛	$\langle vh_P\rangle\sim 1\,eV$	$1\,eV\,cm^{-3}$			~ 500 pc		
자외선 빛	$11-13.6\,eV$	$0.01\,eV\,cm^{-3}$					

Note ( )는 매우 불확실한 값이다. 압력과 채워진 비율은 태양 근처의 원반 중앙 평면에 대한 것이다: 우주선으로부터 압력, 자기장에서의 압력, 그리고 가스운의 난류 운동으로부터의 압력은 대략 같다.

따뜻한 가스로 이루어진 구름은 $n_H\sim 0.002\,cm^{-3}$, $T\sim 10^6$ K의 뜨겁고 밀도가 낮은 플라즈마로 둘러싸여 있다. 이 온도에서 수소와 헬륨은 빠르게 움직이는 전자와의 심한 충돌로 인하여 대부분이 완전 이온화 된다. 우리의 태양은 크기가 1 파섹이며 대략 50%가 이온화 되어 있는 따뜻한 가스운을 통과하는데, 이러한 가스운은 100 pc 크기의 불규칙적인 모양을 갖는 팽창하는 뜨거운 가스의 *지역적 거품 구조* 안에 놓여 있다. 중앙 평면 위 $1-2$ kpc에서 여전히 HI구름을 찾을 수 있으나 따뜻한 이온화된 가스와 뜨거운 플라즈마의 비율은 더 크다. [표 2.4]는 성간 가스의 다양한 상태를 정리하였다. $n_H T = p/k_B$는 대략적으로 차가운 HI 가스운, 따뜻한 가스, 뜨거운 플라즈마 상태에서 같은 값을 가지며, 압력의 균형을 유지한다. 아래에서는 뜨겁거나, 따뜻하거나 차가운 상태들이 각자의 온도를 가지는 이유에 대해 논의해 볼 것이다.

단지 O형과 B형의 항성들만이 수소를 기저 상태에서부터 이온화 시킬 수 있는 에너지 13.6 eV 이상의 광자들을 방출한다. 이것들 중 하나가 빛을 발하기 시작하면, 그것의 자외선 빛은 먼저 주변의 H_2분자를 수소 원자로 쪼갠 다음, 가스의 광이온화를 통하여 *HII 영역*을 형성한다. 이러한 과정이 일어나는 지역을 *광해리 영역*이라 부른다. 새롭게 이온화된 가스가 ~ 10000 K까지 가열되면, 그 압력은 주변의 가스운의

1000배의 크기로 갑자기 증가한다. *H*II 영역이 팽창하면, 차가운 가스를 초음속으로 밖으로 밀어낸다. 이것은 종종 분자운을 꿰뚫어 *샴페인이 흐르듯이* 탈출한다.

얽혀 있는 자기장 역시 우리 은하 전체의 가스층을 관통한다. 자기장의 세기는 태양 근처에서 약 0.5nT 또는 5μG이고, 작은 은하 중심 반경에서는 더욱 큰 값을 가지며, $2R_0$에서 약 절반으로 떨어진다. 가장 차갑고 밀도가 큰 가스는 충분하게 이온화 되어 좋은 전자 전도체가 되어 자기장은 가스를 따라 움직이면서 그 안에서 *얼게* 된다.

초신성 폭발 잔해물이 팽창하면서 가스를 따라 있는 이 자기장을 쓸고 지나가면서 움직이는 자기장은 양성자와 무거운 원자핵을 거의 광속에 가까운 *우주선*으로 가속시킨다. 10^9GeV 또는 $10^9 m_p c^2$이상의 에너지를 가진 우주선은 은하의 자기장으로부터 탈출할 수 있는 반면, 그보다 적은 에너지를 가진 우주선은 그 안에 갇히게 된다. 심지어 우주선은 분자운을 통과하여 분자운 내의 물질들을 부분적으로 이온화 시킨다. 우주선과 자기장은 가스 압력을 효과적으로 증가시켜, 가스의 압착을 막는다.

팽창하는 초신성 잔해물은 또한 전자를 상대론적 속도로 가속시킨다. 이것들이 은하의 자기장 내로 소용돌이 모양으로 들어갈 때, 우리는 전파 영역에서 *싱크로트론 방출*을 관측할 수 있다. 이 방출은 은하 평면 근처에서 가장 밝다. 그러나 앞표지의 가장 위의 영상은 밀도가 낮은 *전파 헤일로*가 은하 평면 위, 아래로 수 킬로 파섹까지 뻗어 있음을 보여준다. 이는 자기장과 빠른 입자들 모두가 밀도가 높은 원반 가스로부터 탈출할 수 있음을 보여준다.

성간 가스는 큰 규모와 작은 규모의 운동을 한다. 항성과 같이, 성간 가스운은 은하 중심에 대해서 정확하게 원궤도를 그리지는 않는다. 그들은 무작위 운동을 하며, 전형적으로 분자운에 대해서는 약 5kms^{-1}, 원자운에 대해서는 $8-10$kms^{-1}의 속도를 가진다. 심지어 분자운 내의 밀도가 높은 핵에서도 가스는 운동을 하며, 관측된 CO선의 폭은 $1-10$kms^{-1}에 해당하지만, CO분자의 열적 속력은 0.1kms^{-1}보다 작다(아래 문제 참조). 가스 내의 원자와 분자의 열적 속도와 비슷한 지역적 음속보다 빠른 운동은 충격파를 만들어 낸다. 여기서 가스의 속도는 좁은 지역을 지나면서 급격하게 바뀌며, 운동 에너지는 열로 바뀐다.

우리가 바람이 공기와 지면을 데우는 태양빛으로부터 에너지를 얻는 것에 대하여는 알지만 자세한 지구의 기상을 예측할 수 없듯이 이러한 운동이 어떻게 일어나는지에 대해서 정확히 알 수 없다. 성간 가스는 큰 규모에서부터 작은 규모의 운동으로부터 전해지는 에너지를 갖는 *난류*일 것이다. 음속 이하의 난류 모형으로부터 L크기의 가스운 속에서 측정되는 무작위 속도 σ가 $\sigma \propto L^{1/3}$의 비율로 증가함을 예측할 수 있다. 이것은 대략 원자와 분자 가스에서 적절히 맞는다.

문제 2.21 $T=20\,\mathrm{K}$, $n(H_2)=200\,\mathrm{cm}^{-3}$의 가스운 내 H_2분자에 대해서 음속 $c_s : k_B T = \mu m_H c_s^2$을 계산하여라. 여기서 μm_H는 분자의 질량이다. 같은 가스운 내의 CO분자의 음속은 얼마인가? [표 2.4]로부터 차가운 HI와 따뜻한 중성 가스의 음속을 구하여라. 따뜻한 성간 물질 내에서 차가운 HI 구름이 따뜻한 가스의 음속과 비슷한 속도로 움직임을 보여라. HII 영역은 이 음속보다 빠른 속도로 주변의 가스까지 팽창할 수 없다. $T \approx 10^4\,\mathrm{K}$일 때, 얼마나 빠르게 팽창하는가? 만약 온도가 변하지 않는다면, $n_H = 10^3\,\mathrm{cm}^{-3}$을 가지는 1pc 크기의 HII 영역이 따뜻한 밀도가 낮은 가스의 압력과 균형을 이룰 때까지 팽창하는데 1Myr이 걸림을 보여라.

우리 은하의 먼지는 은하가 방출하는 자외선과 가시광 빛들의 거의 절반을 흡수한다. 이 에너지의 내부분은 티끌들을 데움으로서 자외선을 방출하며, 잎표지의 다삿 번째 여섯 번째 그림들이 바로 그것이다. 차가운 성간 가스는 10^{12}개의 수소 원자당 하나의 먼지 티끌을 가지고 있다. 평균적으로, 100m 정육면체 당 하나의 티끌이 있는 것이다. 먼지는 가스를 통과해서 도달하는 항성의 가시광 역시 당연히 흡수한다. 먼지에 의한 흡수는 적외선 영역으로 갈수록 급격하게 감소한다. 먼지가 티끌 크기보다 작은 파장의 빛을 매우 효율적으로 흡수하는데, 이러한 사실로부터 대부분의 티끌의 크기가 $\lesssim 0.3\,\mu\mathrm{m}$임을 말해준다.

문제 2.22 1.1절의 흑체 방정식을 사용하여 $150\,\mu\mathrm{m}$를 주로 방출하는 먼지 알갱이의 대략적인 온도를 구하여라. $L=10^6 L_\odot$을 가진 O형의 항성으로부터 1pc 떨어진 큰 먼지 알갱이가 이와 같은 온도까지 뜨거워짐을 보여라(반경 r_g를 가진 알갱이는 πr_g^2 면적에 대하여 빛을 흡수하지만 방출할 때는 모든 표면에서 방출한다). 은하 M82 는 폭발적인 항성 생성을 겪고 있다. 대부분의 에너지를 어느 파장 영역에서 방출하는가? 은하의 큰 먼지 알갱이들의 온도가 $T \sim 50\,\mathrm{K}$임을 보여라. 먼지 티끌의 평균 온도가 150K를 가짐으로서 $30\,\mu\mathrm{m}$에서 방출되려면 티끌은 항성으로부터 얼마나 떨어져 있어야 하는가?

[그림 2.24]는 우리 은하나 M31과 매우 비슷한 은하인 NGC 7331의 항성이 생성되고 있는 고리의 적외선 스펙트럼이다. 이 은하의 먼지 알갱이들은 매우 복잡한 혼합물임을 알 수 있다. 온도가 $\sim 30\,\mathrm{K}$인 큰 티끌들은 $100\,\mu\mathrm{m}$에서 방출이 최고점에 도달한다. $30\,\mu\mathrm{m}$ 근처의 방출은 $T \gtrsim 100\,\mathrm{K}$인 뜨거운 티끌에 해당한다. 항성과 매우 가까움으로서 이러한 높은 평균 온도를 가지는 티끌은 거의 없다. 대신에, 이 방출은 탄소 원자 10^6개보다 적은 수를 가진 10nm보다 작은 티끌로부터 나온다고 알려져 있다. 이들은 너무 작기 때문에 한 개의 자외선 광자 흡수는 그 온도를 100K까지 올린다.

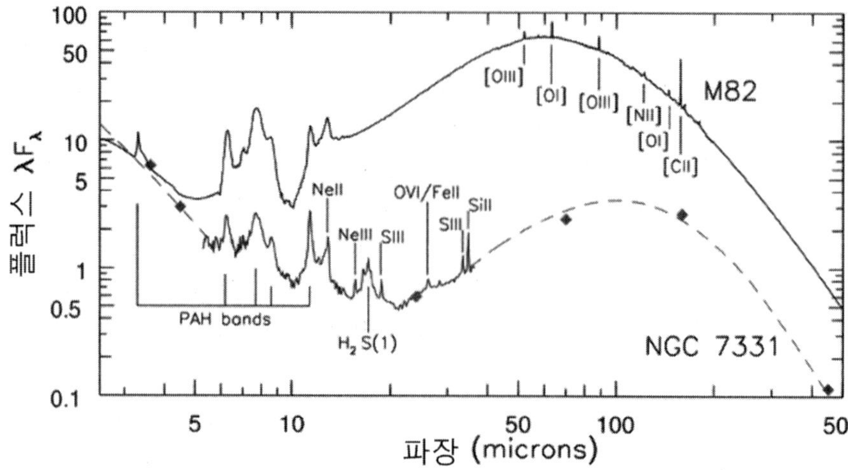

[그림 2.24] Sb형의 나선 은하 NGC 7331과 항성 생성 은하 M82의 적외선 스펙트럼. λF_{λ}에서의 동일한 높이는 주파수에서 10년 동안 방출된 에너지가 동일함을 의미한다. 원자선의 파장에 대해서는 [표 1.7]을 보아라.; PAH는 30μm의 짧은 파장을 방출하며 큰 먼지 알갱이의 방출은 100μm 근처에서 최고값을 가진다. – J.D. Smith, D. Dale과 A.Li: Spitzer Space Telescope; G. Lagache: ISO

성간 먼지 질량의 10% – 20%는 매우 작은 입자, *다환식 방향족 탄화수소*(PAHs)로서 이는 100개 이하의 탄소 원자를 가진다. 이들의 탄소 원자들은 편평한 면을 이루거나 공모양을 이루는 둥근 고리 형태로 배열되어 있다. 이러한 모습은 비결정질의 고체보다 큰 분자와 비슷한다. 이들의 C – C, C – H 결합의 늘어남은 3 – 20μm 영역에서의 강한 방출선을 발생시킨다. PAH 분자가 자외선 광자를 흡수할 때, 시간의 10% 동안 가스 내의 전자와의 충돌로 인해 에너지를 잃는 빠른 움직임의 *광전자*를 낸다. 이것이 원자 가스를 가열시키는 주요 방법일 것이다.

먼지 티끌은 대부분 산소함량이 큰 적색 거성 대기로부터 나온 마그네슘과 철 규산염으로 구성되어 있으며, 그리고 다양한 형태의 탄소-비결정질의 탄소,흑연, PAHs로 구성되어 있다. 밀도가 크고 차가운 가스운에서, 얼음, 메탄, 암모니아의 막은 더 큰 티끌들로 응축된다. 성간 물질 질량의 약 1%를 구성하며, 밀도가 높은 가스에서는 더 많은 양을 차지한다. 약 태양의 구성과 유사한 가스에서, 헬륨보다 무거운 원소들은 질량의 단지 2%만을 차지하고 있다. 그러므로 밀도가 큰 가스운에서는 거의 대부분의 탄소, 산소, 마그네슘 등이 이러한 원소들이 부족한 가스를 내보낸 먼지 내에 있어야 한다. 먼지 티끌은 지속적으로 빨리 움직이는 원자와 또는 서로간의 충돌하며, 성간 가스의 원자들을 표면에 흡수함으로서 만들어진다. 오늘날 티끌에 존재하는 이 물질은 최대 500Myr 동안 그곳에 머물고 있었을 것이다.

티끌의 표면은 수소 분자가 만들어진 곳이 주요 장소이다. 이것은 원자들이 서로서로 거의 부딪치지 않고 분자내 결합이 되기 위한 에너지 손실이 적기 때문에 가스 내에서 매우 천천히 형성되며, 이 과정은 대칭성 때문에 잘 일어나지 않는다. 전형적인 밀도 $n_H \sim 100\,\text{cm}^{-3}$에서 수소 원자가 H_2가 되기 위해서는 10^{13}년이 걸린다. 서로를 찾기 위해 원자가 티끌로 흡수되고 분자 결합을 분해하기 위해 티끌로 잉여 에너지는 전해질 때, H_2는 $\sim 10^8$배 빠르게 생성된다.

문제 2.23 단순모형에서, 티끌과 충돌하는 H 원자들은 짝을 찾기에 충분한 시간동안 티끌에 붙어 있다; 쌍들은 H_2 분자로서 떨어진다. $T = 50\,\text{K}$의 가스운에서, 문제 1.9의 열적 속력이 $v_{th} \approx 1\,\text{kms}^{-1}$임을 보여라. 문제 1.11에서, 티끌 반경 $a = 0.1\,\mu\text{m}$과 개수밀도 $n_g = 10^{-12} n_H$를 취하자. H 원자가 평균적인 시간 $(n_g \pi a^2 v_{th})^{-1}$ 또는 $10\,\text{Myr} \times (1\,\text{cm}^{-3}/n_H)$후에 먼지 티끌과 충돌함을 보이시오. 태양과 그 주변에서 궤도 운동을 하고 있는 가스가 나선팔을 통과하는데 '은하년'(문제 2.14 참조)의 5%−10%의 시간이 걸린다. 이 시간이 $n_H = 100\,\text{cm}^{-3}$을 가진 HI 구름에서 큰 분자가 생성되기에 충분한 시간임을 보여라.

성간 가스는 열린 구조로서, 지속적인 에너지 공급을 필요로 한다. 태양과 같은 항성은 우리 은하가 다른 은하와 충돌하지 않는 한, 즉 항성 원반과 팽대부가 평형에 가까운 경우, 허블 시간 내에 그 궤도가 크게 바뀌지는 않을 것이다. 이와 대조적으로, 가스층은 팬의 끓는 물과 비슷하여 만약 에너지가 가스층에 공급되지 않는다면 가스가 빨리 식고 가스운의 무작위 운동은 가스운을 흩어지게 할 것이다. 항성 복사, 우주선과의 충돌, 구조적으로 초신성, 항성풍, 그리고 자기장까지 뻗어 있는 은하 회전에 의해 성간 가스에 에너지가 더해진다.

하나의 예로써, 이온화된 수소가 얼마나 빨리 중성 수소로 바뀌는가에 대해 질문할 수 있다. 센티미터 정육면체에서, 중성 수소는 전자 개수 n_e와 양성자 개수 $n_p \approx n_e$, 그리고 이들의 상호 충돌과 재결합율의 곱에 비례하여 생성된다. 따라서 전자의 재결합 비율은 다음과 같다.

$$-\frac{dn_e}{dt} = n_e^2 \alpha(T_e), \text{ 여기서 } \alpha(T_e) \approx 2 \times 10^{-13} \left(\frac{T_e}{10^4\,\text{K}}\right)^{-3/4} \text{cm}^3\,\text{s}^{-1} \quad (2.21)$$

여기서 함수 $\alpha(T_e)$는 Dyson 과 Williams의 책의 식 5.6에서 취하였던 상대 속력과의 충돌에 관한 물리를 내포하고 있다. $5000\,\text{K} \le T \le 20000\,\text{K}$ 에서 좋은 근사치를 가진다. 재결합 시간 t_{rec}은 전자의 개수에 없어지는 비율을 나눈 것이다.

$$t_{\rm rec} = \frac{n_{\rm e}}{|{\rm d}n_{\rm e}/{\rm d}t|} = \frac{1}{n_{\rm e}\alpha(T_{\rm e})} \approx 1500\,{\rm yr} \times \left(\frac{T_{\rm e}}{10^4\,{\rm K}}\right)^{3/4} \left(\frac{100\,{\rm cm}^{-3}}{n_{\rm e}}\right) \tag{2.22}$$

가스가 더 뜨거울 때, 전자와 양자는 더 자주 충돌하지만 서로 붙어 있으려고 하지 않기 때문에, $t_{\rm rec}$는 더 길어진다.

HII 영역에서, $t_{\rm rec}$는 단지 몇 천 년에 불과하다. 항성에 의한 더 이상의 자외선 광자 공급이 없게 되면 이온화된 가스는 빠른 속도로 재결합한다. 따뜻한 이온화된 성간 가스에서, 밀도는 $\sim 0.1\,{\rm cm}^{-3}$밖에 안 되며, 재결합에 걸리는 시간은 $\sim 2\,{\rm Myr}$이다. 그러나 많은 가스가 있기 때문에 이들이 이온화 상태를 유지하기 위해서는 원반부에 있는 모든 O형과 B형의 항성들의 자외선 방출의 최소 25%를 흡수해야만 한다. 이 강력한 광자들은 원반부 평면 위로 $\sim 1\,{\rm kpc}$, 중성 가스 구름들 사이에서 찾을 수 있다.

문제 2.24 우리는 매초 13.6eV 이상의 에너지를 가진 광자 $S_\star$를 방출하는 무거운 항성 주변의 HII영역의 크기를 측정할 수 있다. 반경 $r_\star$를 가진 가스가 모든 광자들을 흡수하여 완전히 이온화 되면 $n_{\rm e} \approx n_{\rm H}$, 즉 H 핵의 밀도, 이 된다고 가정해보자. 정상 상태에서 원자들이 이온화되는 속도와 같은 속도로 재결합되면, 다음과 같은 식으로 항성은 $\mathcal{M}_{\rm g}$의 가스를 이온화 시킨다.

$$S_\star = (4\pi r_\star^3/3) n_{\rm H}^2 \alpha(T_{\rm e}) = (\mathcal{M}_{\rm g}/m_{\rm p}) n_{\rm H} \alpha(T_{\rm e})$$

식 2.21을 사용하여 가스의 밀도가 $10^3\,{\rm cm}^{-3}$이며 $S_\star = 10^{49}\,s^{-1}$을 복사하는 중간 O형의 항성이 $30\mathcal{M}_\odot$의 가스를 포함하고 있는($T_{\rm e} = 10^4\,{\rm K}$을 가정하자) 반경 0.67pc의 HII 영역을 형성함을 보이시오. 만약 밀도가 10배 더 크다면 $r_\star$는 어떻게 되는가? 단지 가스의 1/10만이 이온화됨을 보여라. $n_{\rm H} = 10^3\,{\rm cm}^{-3}$이지만, $S_\star = 3 \times 10^{47}\,s^{-1}$인 B1형 항성 주변의 HII영역의 크기는 얼마인가?

냉각 시간 $t_{\rm cool}$은 가스가 열적 에너지를 얼마나 빨리 내보내는가를 측정하는 것이다. ${\rm cm}^{-3}$에 n개의 원자가 있을 때, 각 단위 부피 당의 에너지는 nT의 비례하며, 만약 L을 방출한다면, $t_{\rm cool} \propto nT/L$ 이다. 가스가 광학적으로 얇으면, 식 1.17과 2.21같은 형태의 공식을 얻을 수 있다. 즉, 부피 내의 광자의 개수는 n^2에 비례한다. 우리는 다음과 같은 식을 얻을 수 있다.

$$L = n^2 \Lambda(T), \text{ 그러므로 } t_{\rm cool} \propto T/[n\Lambda(T)] \tag{2.23}$$

$\Lambda(T)$는 온도에만 의존하며, 따라서 밀도가 높은 가스는 더 빨리 식는다.

[표 2.5] 성간 물질의 주요 냉각 방법

온도	냉각 방법	스펙트럼 영역
$> 10^7$K	자유-자유	X선
10^7K$< T <10^8$K	철 공명선	X선
10^5K$< T <10^7$K	금속 공명선	자외선 , 약한 X선
8000K$< T <10^5$K	C, N, O, Ne 금지선	적외선, 가시광
따뜻한 중성 가스: ~8000K	라이만 α, [OI]	1216Å, 6300Å
100K$< T <$1000K	[OI], [CII], H_2	원적외선: 63μm, 159μm
$T\sim$ 10−50K	CO 회전 천이	밀리미터파

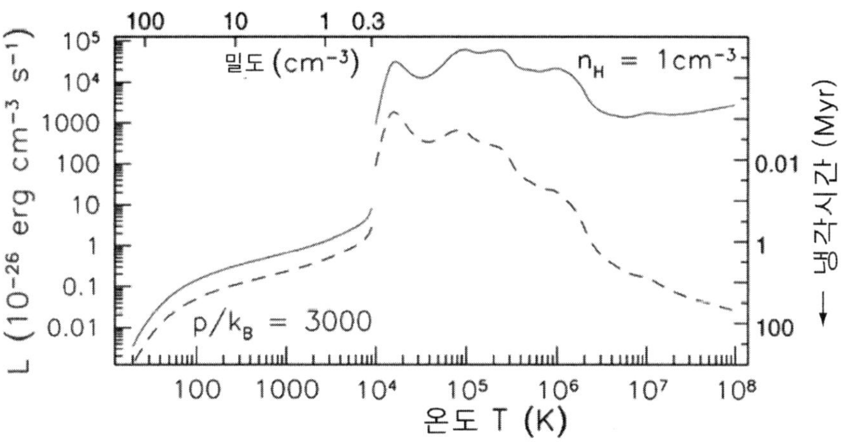

[그림 2.25] 태양의 화학 조성의 가스에 대한 단위 부피당 광도 L(실선)과 냉각 시간 t_{cool}(파선). 10000K 이상에서, $n_H = 1\,cm^{-3}$을 설정하였다. 가스는 광학적으로 얇고 $L = n^2\Lambda(T)$이다. 10000K 이하에서, 열적 압력은 $p/k_B = 3000$이고, 우주선과 자외선 선속은 태양 근처에서 측정된다. $n_H = 10^{19}\,cm^{-3}$로 두면, 대부분의 H는 원자상태이다. − M. Wolfire and G. Hensler

[그림 2.25]는 대략적으로 태양의 화학 조성을 가진 가스의 냉각 곡선이며, [표 2.5]는 에너지를 잃는 주요 과정들을 보여준다. 약 10^7K 이상에서 대부분의 원자들은 완전히 이온화되며, 가스는 자유-자유 복사(1.2절 참도)에 의해 냉각된다. 대략 $\Lambda(T) \propto \sqrt{T}$이므로, $t_{cool} \propto \sqrt{T}/n$이다. 즉 [그림 2.25]에서 볼 수 있듯이, 뜨거운 가스는 냉각 되는데 더 많은 시간을 필요로 한다. 낮은 온도에서, 철과 다른 금속의 공명선들은 주요 냉각제가 된다. 이들은 매우 효율적이기 때문에, $\Lambda(T)$는 10^6과 10^4K 사이로 급격하게 증가한다. 가스는 성간 물질의 뜨겁고 따뜻한 단계의 온도 사이에서 오래 머무를 수가 없다. 약 8000K 보다 낮은 중성가스에서, 에너지 손실은 빠른 속도로 떨어진다. 또한 자외선 광자가 얼마나 멀리 이온화된 광자를 뚫고 지나가 분자를

분리시키는지에 대해 결정하는 기둥 밀도 N_{H}에 의존한다. 10^7 K보다 낮은 대부분의 냉각은 수소나 헬륨보다 무거운 원소에 의존하기 때문에, 초기의 은하의 중원소가 적은 가스에서는 오늘날보다 많이 약할 것이다.

에너지를 잃는 다양한 과정들이 우리 은하의 가스를 가열시킨다. 밀도가 낮은 뜨거운 가스는 초신성 잔해의 팽창으로 인한 충격을 통과함으로서 $\sim 10^6$ K까지 데워진다. 태양 근처에서 관측되는 밀도에서 [그림 2.25]는 $10^4 - 10^5$년의 짧은 시간동안 냉각되어 차가운 가스운으로 응축됨을 보여준다. 태양의 위치 근처에서, $1-5$ Myr에 한번씩 초신성 충격에 의해 주어진 영역이 지나감으로서 가스들을 재가열시킨다. 은하 원반부 평면으로부터 멀리 떨어진 곳의 뜨거운 가스는 밀도가 낮으며, 냉각 시간은 1 Gyr에 다다른다.

따뜻하거나 차가운 HI 가스의 가스운들은, 항성의 자외선 광자가 작은 먼지 티끌로 떨어질 때 광전자 가열로 인해 데워진다. 그들은 산소와 탄소의 원적외선에 의해 냉각된다. 가스 온도가 ~ 100 K 이하로 떨어지면, 가스 원자들의 충돌은 원적외선 원자선을 들뜨게 할 만큼 에너지가 충분하지 않다. 분자운에서, 에너지는 주로 CO의 밀리미터 파장 선에서 잃는다. [표 1.8]에서 가장 낮은 회전 상태는 기저 상태 위로 5.5 K밖에 되지 않기 때문에, 그 근처의 온도 또는 그 이상의 온도를 가진 가스에서의 충돌로 인해 들뜨게 된다. 가열의 주원인은 분자운들을 통과하는 우주선들이다. 이들은 가스 원자로부터 전자를 제거해 버린 후, 가스내의 전자들과 부딪침으로서 에너지를 나눠가진다. 분자운은 어두우며, 단지 원적외선과 그보다 더 긴 파장의 빛만이 그 내부에 도달할 수 있다. 적외선 빛은 먼지 티끌을 데우며, 밀도가 크고 어두운 구름들이 ~ 10 K보다 더 낮게 냉각되는 것을 막는다(문제 1.12 참조).

항성들과 달리, 따뜻하거나 차가운 가스운들은 가끔 서로 충돌할 수 있을 정도로 크다. 따라서 가스내의 분자와 같이, 그들은 압력을 가한다. HI 구름의 무작위 속력은 전형적으로 $\sigma_{\mathrm{r}} \sim 10\,\mathrm{km\,s^{-1}}$이며, 태양 근처에서 부피 평균 밀도는 $\langle n_{\mathrm{HI}} \rangle \sim 0.5\,\mathrm{cm}^{-3}$이다. 그러므로 운동 에너지의 밀도 $3\langle \rho_{\mathrm{HI}} \rangle \sigma_{\mathrm{r}}^2/2$는 $p/k_{\mathrm{B}} \sim 8000$과 같다. [표 2.4]는 이것이 가스의 열적 압력보다 훨씬 더 크지만, 자기장과 우주선이 기여하는 정도의 압력과 같음을 나타낸다.

이와 같은 유사성은 우연이 아니다. 우리 은하의 자기장은 작은 반경의 가스를 더 멀리 잡아당긴다고 여겨지는 차등 회전으로부터 에너지 대부분을 얻는다. 자기장은 가스에서 정지하게 되고 다른 반경에 있는 가스운을 연결하는 자기장 선은 은하 회전에 따라서 멀리 뻗어 자기장을 강하게 만든다. 가스 구름의 무작위 운동, 우주선의 압력, 항성풍과 초신성 폭발에 의한 교란 들 역시 자기장을 잡아 늘이며 얽히게 한다. 자기장의 세기는 이러한 과정들의 정도에 의존한다.

가스운들이 충돌할 때, 이들의 대부분의 운동은 열로 바뀌어 멀리 방출된다. 가스운들이 초신성 폭발, HII 영역으로부터의 항성풍, 자기장의 당김, 그리고 나선팔 통과에 의해 흔들리지 않는다면 가스운들의 무작위운동은 10－30 Myr 내에 사라진다. 그러므로 에너지가 지속적으로 가스운의 운동, 자기장, 우주선으로 옮겨감을 볼 수 있다. 매우 복잡한 과정을 통하여, 운동에너지가 대체로 방안의 가스의 충돌하는 분자들에 동등하게 분배되는 것과 비슷하게, 다양한 운동들의 에너지들은 평균적으로 동등해진다. 여기서, 각각의 구성원은 똑같은 압력을 가하게 된다.

새로운 항성들은 우리 은하의 밀도가 높은 분자운에서 생성된다. 이 분자운들은 자체 중력에 의한 중심부 방향의 인력에 맞서야 하므로, 주변의 원자 가스보다 매우 큰 압력을 가지고 있다. 만약 밀도 ρ와 온도 T를 가진 가스운의 직경이 진의 길이를 초과하였을 때, 중력으로 인해 스스로 붕괴되는 사실에 대해서 8.5절에서 알아볼 것이다. *Jeans의 길이*는 다음과 같다.

$$\lambda_{\mathrm{J}} = c_{\mathrm{s}}\sqrt{\frac{\pi}{G\rho}}$$

여기서 c_{s}는 음속 $c_{\mathrm{s}}^2 = k_{\mathrm{B}}T/(\mu m_{\mathrm{H}})$이며, μm_{H}는 평균 분자 질량이다. 이 구 안에 있는 질량 $\mathcal{M}_{\mathrm{J}}$를 *Jeans의 질량*이라 한다.

$$\mathcal{M}_{\mathrm{J}} \equiv \frac{\pi}{6}\lambda_{\mathrm{J}}^3\rho = \left(\frac{1}{\mu m_{\mathrm{H}}}\right)^2\left(\frac{k_{\mathrm{B}}T}{G}\right)^{3/2}\left(\frac{4\pi n}{3}\right)^{-1/2}\frac{\pi^3}{3\sqrt{3}} \qquad (2.24)$$

$$\approx 20\left(\frac{T}{10\,\mathrm{K}}\right)^{3/2}\left(\frac{100\,\mathrm{cm}^{-3}}{n}\right)^{1/2}\mathcal{M}_{\odot}$$

만약 가스 압력이 이것을 막을 정도로 충분하지 않는다면, 대략 자유 낙하 시간(3.1절의 식 3.23 참조) 후에 분자운은 수축한다.

$$t_{\mathrm{ff}} = \sqrt{\frac{1}{G\rho}} \approx \frac{10^8}{\sqrt{n_{\mathrm{H}}}}\,\mathrm{yr} \qquad (2.25)$$

이러한 붕괴가 언제 매우 급격해 질 것인가? 가스가 응축됨으로서 가열되면, 진의 질량은 식 2.24에 따라 증가한다. 만약 열을 방출하지 못한다면, 가스 압력은 붕괴의 속도를 늦출 수가 있다. 그러므로 냉각 시간은 짧아져 $t_{\mathrm{cool}} \ll t_{\mathrm{ff}}$가 된다. 만약 T가 증가하지 않는다면, 진의 질량은 밀도가 증가함에 따라 감소하고 원래의 분자운은 작은 조각으로 분리되어 각각 수축이 일어날 것이다. 이 과정은 밀도가 큰 조각이 광학적으로 두꺼워 질 때까지 계속되어, 가열된 후 *원시성*으로서 빛을 발하기 시작할 것이다.

[표 2.4]는 우리 은하가 $T \sim 10-20\,K$, $100\,cm^{-3}$이상의 밀도를 갖는 $(1-2)\times10^9\mathcal{M}_\odot$의 분자운을 가지고 있음을 보여준다. 식 2.24와 2.25에 따르면, $60\mathcal{M}_\odot$보다 큰 구름들은 약 10 Myr 내에 수축된다. 이와 같이 우리 은하의 모든 분자 물질을 항성으로 바꾼다면, 현재 관측되는 $(3-5)\mathcal{M}_\odot yr^{-1}$보다 훨씬 큰 $\sim 100\mathcal{M}_\odot yr^{-1}$의 새로운 항성들이 생길 것이다. 붕괴되는 분자운이 그 질량의 매우 작은 부분만을 항성으로 바꾸거나, 아마도 정지된 자기장 또는 난류 운동 같은 것이 그 붕괴를 늦추어야만 한다.

지구 대기에서 물이 고체, 액체, 기체 형태로 바뀌는 것처럼, 성간 물질 역시 다른 형태로 지속적으로 바뀔 것이다. HI 가스가 식거나, 나선팔에 압축될 때, 성간 물질의 대부분이 밀도가 큰 차가운 형태로 바뀐다. 원자운이 자외선이 그 내부를 통과하지 못할 정도로 밀도가 커지게 되면, 먼지 티끌에서 H_2가 생성된다. 분자운이 처음부터 붕괴되지 않는 다면 새로운 항성을 형성하면서 열을 잃고 점차적으로 수축된다. 새롭고 무거운 항성들이 그들이 태어난 밀도가 큰 분자운의 나머지 것들에 빛을 가하면, 그들의 자외선 광자가 H_2 분자를 분리하고 나아가서는 원자를 이온화 하여 HII 영역이 생성된다. 분자운이 따뜻한 이온화된 물질과 혼합되면서 이는 팽창한다.

1.1절에서 보았듯이 질량이 작은 항성들은 항성 진화의 마지막 단계 근처에서 적색거성이나 초거성이 되어, 핵융합으로부터 만들어진 무거운 원소들을 먼지 가스로 흩뿌린다. 초신성 폭발 역시 먼지와 무거운 원소들을 내어 놓는다. 심지어 이 폭발 에너지가 항성 빛에너지의 1% 밖에 안 되어도, 초신성은 우리 은하의 뜨거운 가스와 우주선의 주원인이 된다. 초신성 충격파는 주변의 가스를 100만도 이상으로 증가시켜, 자기장을 강하게 하고 우주선을 가속 시킨다.

무거운 항성이 자외선 복사, 항성풍, 초신성 폭발로 그들이 태어난 분자운을 파괴하면, 가스가 냉각되어 다시 밀도가 커지기 전에는 더 이상의 항성이 생성되지 않는다. 만약 은하가 차가운 가스의 대부분을 $\lesssim 300$ Myr 내에 항성으로 바꾸는 폭발적 항성 생성을 겪고 있다면(7.1절 참조), 작은 부피 내에서 반복되는 초신성 폭발은 많은 가스들을 가열하여 은하 밖으로 초항성풍의 형태로 날려 보낸다. 우리 은하의 평균 항성 생성율은 이 순환 고리에 의해 결정된다. 특정 지역에서의 매우 활발한 항성 생성은 다음의 항성 생성을 억제한다. 우리 은하와 같은 큰 은하에서, 팽창하는 초신성은 원반 주의 영역의 차가운 가스들을 압축 시키며, 밀도가 큰 지역의 붕괴를 촉진시켜 새로운 항성을 만들게끔 한다. 그러므로 항성 생성은 은하 전체적으로 전염병과 같이 퍼진다. 4.4절에서 왜소 은하들이 은하 전체에서 급격한 항성 형성이 더 잘 일어날 수 있으며, 부분적으로 항성 형성이 조용한 지역이 산재해 있는 것을 알아볼 것이다.

더 읽어보기

학부생 수준의 교재 2권, J. E. Dyson and D. A. Williams, 1997, The Physics of the Interstellar Medium, 2nd edition; and D. C. B. Whittet, 1992, Dust in the Galactic Environment(둘 다 Institute of Physics Publishing, London and Bristol, UK). 우주선의 기원에 대해서는, 다음의 책을 참고 하여라. M.S.Longair, 1994, High Energy Astrophysics, 2nd edition, Chapters 17–21 of Volume 2, Stars, the Galaxy and the Interstellar Medium(Cambridge University Press, Cambridge, UK). 대학원생 수준의 교재, J.Lequeux, The Interstellar Medium(English translation, 2004; Springer, Berlin and Heidelberg, Germany).

3. 항성의 궤도

항성은 은하에서 공전하며, 은하들은 중력 하에 자신이 속한 은하단이나 은하군 내에서 궤도 운동을 한다. 항성은 성간가스보다 훨씬 더 밀도가 높으며, 이 성간가스를 지나는 동안 가스압력이나 자기장에 의한 힘에 의해 운동궤도가 변하지 않는다. 만약 질량 분포를 알 수 있다면, 이에 따른 중력을 얻을 수 있고, 이로부터 시간에 따른 항성과 은하의 위치와 속도의 변화를 계산할 수 있다.

그러나, 항성 운동을 이용하여 질량이 어디에 존재하는지도 알 수 있다. 2장에서 다룬 바와 같이, 우리는 우리 은하 내의 많은 물질들은 직접 볼 수 없다. 이 물질의 복사는, 마치 가시광선이 먼지가 많은 은하 원반에서 일어나는 일처럼, 흡수될 수도 있다. 어떤 물질은 아주 약하게 빛을 발산한다. 차가운 가스로 구성된 밀도가 높은 성간구름은 전파망원경의 관측에서 쉽게 찾을 수 없다. 암흑 물질은 여전히 알려지지 않은 미지의 영역으로 남아있다. 그러나 항성들의 궤도는 그들을 은하내의 서로 다른 영역으로 움직이게 하기 때문에, 어느 한 순간 우리가 관측하는 항성의 운동은 그들이 궤도 운동을 해온 곳의 중력장에 의해 영향을 받게 된다. 따라서 중력 하의 운동방정식을 이용하여 관측된 천체의 운동을 통해 얼마나 많은 질량이 우리가 직접 볼 수 없는 은하의 특정 부분에 존재하는지 추론할 수 있다.

Newton의 만유인력의 법칙과 중력의 계산 방법을 3.1절에서 소개하였다. 항성의 크기는 해당 항성과 주위 다른 항성과의 거리에 비하여 상대적으로 작기 때문에 보통 우리는 항성을 점질량으로 간주할 수 있다. 은하는 수백만 개에서 수 조 개의 항성을 포함하기 때문에 그 은하 내의 개개의 항성에 대한 궤도 운동보다는 항성 군집의 평균 운동을 알고 싶어 한다. 항성의 평균 속력과 이들이 움직이는 중력 포텐셜의 깊이에 관한 *비리얼 정리*를 증명한다. 궤도 역학과 비리얼 정리는 성단과 은하의 질량을 측정할 수 있는 방법들이다.

은하 혹은 성단의 중력 포텐셜은 각 성분의 합, 많은 항성들을 포함하는 지역의 평균의 합 그리고 개개의 항성 주위의 바로 그 포텐셜의 합으로 간주할 수 있다. 3.2절에서는 은하 내의 항성들의 운동이 힘의 부분들에 의해 거의 완벽히 결정됨을 확인할 것이다. 개개 항성들 사이의 에너지 전환의 *이체 충돌*은 밀도가 높은 성단 내에서 매우 중요하게 다루어질 수 있다. 이러한 충돌들이 어떻게 성단의 구조를 바꾸고 결국에는 우주공간 속에 흩뿌리는지 혹은 증발되는지 알아볼 것이다.

3.3절에서 *주전원* 이론을 다루는데, 이는 은하 원반부에서 거의 원궤도를 따라 도는 태양과 같은 항성들에 대한 운동의 계산을 단순화하는 방법이다. 주전원을 이용하여 우리는 태양 근처의 원반 내의 항성들의 관측된 운동을 설명할 수 있다. 3.4절은 이 책의 가장 기술적인 부분인데, 여기서는 *충돌 없는 볼츠만 방정식*을 소개하며, 공간 내의 각 점에서 주어진 속도를 갖고 움직이는 항성들의 개수를 항성들이 작용하는 중력과 연결 지을 것이다. 태양 근처의 은하 원반 내의 질량 밀도를 구하는 것과 같은 몇 가지 방법을 조사할 것이다. Plato의 경고(*Timaeus*, 91d)를 상기해 보자. 즉, "순진하고 경솔한 사람은 천문학이 수학적 지식 없이 단순히 하늘을 바라봄으로써 연구할 수 있는 분야라고 생각하는데, 이들은 다음에 새의 모습으로 태어나게 될 것이다."

기호: 굵은 활자체는 벡티 량을 나타낸다. 항성의 에너지와 각운동량은 각각 $\mathscr{E}$와 $\mathscr{L}$로 나타내고, E는 단위 질량당 에너지를, L과 이의 성분들은 단위 질량당 각운동량을 나타낸다. F는 문맥에 따라 힘과 단위 질량당 힘을 나타낼 때 모두 사용한다.

3.1 중력 하에서의 운동 : 은하 무게 재기

*Newton의 중력법칙*에 의하면, 점질량 $\mathcal{M}$은 거리 $\mathbf{r}$만큼 떨어진 질량 m인 물체를 끌어당겨 다음과 같은 속도의 변화를 일으킨다.

$$\frac{\mathrm{d}}{\mathrm{d}t}(m\mathbf{v}) = -\frac{Gm\mathcal{M}}{r^3}\mathbf{r} \tag{3.1}$$

여기서 G는 만유인력 상수이다. 여기서 각각의 질량이 $m_\alpha(\alpha = 1, 2, \ldots, N)$이고 위치는 $\mathbf{x}_\alpha$인 N개의 항성으로 구성된 성단에서, 항성 α에 작용하는 힘은 다음과 같이 다른 모든 항성에 의해 생기는 힘의 합으로 표현할 수 있다.

$$\frac{\mathrm{d}}{\mathrm{d}}(m_\alpha \mathbf{v}_\alpha) = -\sum_{\substack{\beta \\ \alpha \neq \beta}} \frac{Gm_\alpha m_\beta}{|\mathbf{x}_\alpha - \mathbf{x}_\beta|^3}(\mathbf{x}_\alpha - \mathbf{x}_\beta) \tag{3.2}$$

여기서 주의할 점은 자체 질량은 빠졌다는 것이다. 그러므로 $\mathrm{d}\mathbf{v}_\alpha/\mathrm{d}t$는 해당 항성의 질량에 대해 무관하다. 이는 무거운 물체나 가벼운 물체나 같은 속도로 떨어진다는 것을 보여준다. 이것이 일반상대성 이론의 기초가 되는 중력질량과 관성질량의 *등가 원리*이다. 성단 전체로부터 위치 $\mathbf{x}$에 있는 질량 m인 항성에 작용하는 힘은 다음과 같은 *중력 포텐셜*의 그래디언트(∇)로 나타낼 수 있다.

$$\frac{\mathrm{d}}{\mathrm{dt}}(m\mathbf{v}) = -m\nabla\Phi(\mathbf{x}), \qquad \Phi(\mathbf{x}) = -\sum_{\alpha}\frac{Gm_\alpha}{|\mathbf{x}-\mathbf{x}_\alpha|},\ \mathbf{x} \neq \mathbf{x}_\alpha \tag{3.3}$$

여기서 임의의 적분 상수를 사용하여 먼 거리에서 $\Phi(\mathbf{x}) \to 0$을 만족하게 한다. 만약 은하나 성단에서 질량의 연속적 분포를 고려한다면, 위치 $\mathbf{x}$에서의 포텐셜은 $\mathbf{x}$ 이외의 모든 점에서 밀도 $\rho(\mathbf{x}')$에 대한 적분으로 얻을 수 있다.

$$\Phi(\mathbf{x}) = -\int\frac{G\rho(\mathbf{x}')}{|\mathbf{x}-\mathbf{x}'|}\mathrm{d}^3\mathbf{x}' \tag{3.4}$$

그리고 단위 질량에 대한 힘 $\mathbf{F}$는 다음과 같다.

$$\mathbf{F}(\mathbf{x}) = -\nabla\Phi(\mathbf{x}) = \int\frac{G\rho(\mathbf{x}')(\mathbf{x}-\mathbf{x}')}{|\mathbf{x}-\mathbf{x}'|^3}\mathrm{d}\mathbf{x}'. \tag{3.5}$$

식 3.4의 적분 식은 미분방정식의 형태로 바꾸어 나타낼 수 있다. ∇^2을 양변에 취하면 다음과 같은 식을 얻을 수 있다.

$$\nabla^2\Phi(\mathbf{x}) = \mathrm{a}\int G\rho(\mathbf{x}')\nabla^2\left(\frac{1}{|\mathbf{x}-\mathbf{x}'|}\right)\mathrm{d}^3\mathbf{x}'. \tag{3.6}$$

3차원 공간에서 변수 $\mathbf{x}$ ($\mathbf{x}\neq\mathbf{x}'$)에 대한 미분은 다음과 같다 (직교 좌표계에서 확인해 보라).

$$\nabla\left(\frac{1}{|\mathbf{x}-\mathbf{x}'|}\right) = -\frac{\mathbf{x}-\mathbf{x}'}{|\mathbf{x}-\mathbf{x}'|^3}\ ,\ \text{그리고}\quad \nabla^2\left(\frac{1}{|\mathbf{x}-\mathbf{x}'|}\right) = 0 \tag{3.7}$$

따라서 식 3.6의 우변의 적분은 중심이 $\mathbf{x}$이고 반경이 ϵ인 작은 구 $S\epsilon(\mathbf{x})$의 바깥쪽에서는 0이 된다. 만약 ϵ을 충분히 작게 하여 밀도 ρ가 구의 중심에서 일정한 값을 갖는다면, 다음과 같은 식이 성립하게 된다.

$$\begin{aligned}\nabla^2\Phi(\mathbf{x}) &\approx -G\rho(\mathbf{x})\int_{S\epsilon(\mathbf{x})}\nabla^2\left(\frac{1}{|\mathbf{x}-\mathbf{x}'|}\right)\mathrm{d}^3\mathbf{x}' \\ &= -G\rho(\mathbf{x})\int_{S\epsilon(\mathbf{x})}\nabla^2_{\mathbf{x}'}\left(\frac{1}{|\mathbf{x}-\mathbf{x}'|}\right)\mathrm{d}V'\end{aligned} \tag{3.8}$$

여기서 $\nabla^2_{\mathbf{x}'}$은 변수 $\mathbf{x}$ 대신 $\mathbf{x}'$에 대한 미분을 의미한다 (두 개의 ∇^2이 $|\mathbf{x}-\mathbf{x}'|$의 함수에 대해 같은가를 직교 좌표계에서 확인하라).

이제 *발산정리*를 사용할 수 있다. 발산정리는 임의의 미분 가능한 함수 f에 대하여 내부 부피에 대한 $\nabla_{\mathbf{x}'}^2 f$의 삼중적분은 면적에 대한 $\nabla_{\mathbf{x}'} f \cdot dS'$의 적분과 같다는 것이다. 또한 임의의 $f(\mathbf{x}-\mathbf{x}')$에 대하여 $\nabla_{\mathbf{x}'} f = -\nabla f$를 만족한다. 이때 $f = 1/|\mathbf{x}-\mathbf{x}'|$이라 하면 식 3.7은 구 $S\epsilon(\mathbf{x})$의 표면에서 $\nabla_{\mathbf{x}'} f$는 위치 $\mathbf{x}$로부터 길이가 ϵ^{-2}인 벡터를 나타낸다. 구의 면적은 $4\pi\epsilon^2$이므로 식 3.8에서 $\nabla_{\mathbf{x}'} f$의 적분은 -4π이다. *Poisson 방정식*에 따르면 다음과 같이 표현된다.

$$\nabla^2 \Phi(\mathbf{x}) = 4\pi G\rho(\mathbf{x}). \tag{3.9}$$

이 식을 사용하면 식 3.4의 적분보다 포텐셜 $\Phi(\mathbf{x})$와 이에 대한 밀도의 관계가 더욱 쉽게 표현된디. 성단이니 은하의 밀도 $\rho(\mathbf{x})$에 대힌 근사치를 선택하기 위해 포텐셜 $\Phi(\mathbf{x})$에 대하여 수학적으로 편리한 형태를 선택하여 그에 해당하는 밀도를 계산할 수 있다. 여기서 선택한 포텐셜에 대해 어디에서나 $\rho(\mathbf{x}) \geq 0$이라는 것을 주의해야 한다. 다양한 포텐셜의 경우, 어떤 영역에서는 $\rho(\mathbf{x}) < 0$이기도 하기 때문이다. 다음 문제를 통하여 자주 사용하는 포텐셜들을 다루어보도록 하자.

문제 3.1 식 3.1을 사용하여 거리가 r만큼 떨어진 점질량 $\mathcal{M}$으로부터 다음과 같은 중력 포텐셜이 성립함을 보여라.

$$\Phi(r) = -\frac{G\mathcal{M}}{r} \tag{3.10}$$

문제 3.2 Plummer 구체는 성단과 둥근 은하들에 대한 단순 모형을 말한다. 이것의 중력 포텐셜

$$\Phi_P(r) = -\frac{G\mathcal{M}}{\sqrt{r^2+a_P^2}} \tag{3.11}$$

은 $r \gg a_P$인 경우에 대해 $\mathbf{x}=0$에서 점질량의 중력 포텐셜로 접근한다. 전체 질량은 얼마인가? (힌트 : 식 3.22 참조) 밀도가 다음과 같음을 보여라.

$$\rho_P(r) = \frac{1}{4\pi G}\frac{1}{r^2}\frac{\mathrm{d}}{\mathrm{d}r}\left(r^2\frac{\mathrm{d}\Phi_P}{\mathrm{d}r}\right) = \frac{3a_P^2}{4\pi}\frac{\mathcal{M}}{(r^2+a_P^2)^{5/2}} \tag{3.12}$$

3.4절에서, $\rho_P(r)$은 폴리트로프 구조로서, 에너지 E를 가진 항성의 수가 지수 $(-E)$에 비례한다.
z축을 따라 먼 거리에서 Plummer 구체를 볼 때, 중심으로부터 거리 R에서 질량의 표면 밀도가 다음과 같음을 보여라.

$$\sum_P(R) = \int_{-\infty}^{\infty} \rho_P(\sqrt{R^2+z^2})\mathrm{d}z = \frac{\mathcal{M}}{\pi}\frac{a_P^2}{(a_P^2+R^2)^2} \tag{3.13}$$

$\sum_P(R)$이 중심의 값에서 절반으로 떨어진 경우 그 중심의 반경 r_c는 $r_c \approx 0.644a_P$ 임을 확인하라.

문제 3.3 식 2.19의 '암흑 헤일로'의 질량 분포에 대한 포텐셜은 $a_H \to 0$의 경우를 제외하고는 간단한 형태로 표현할 수 없다. 이때 주어진 밀도에 대응하는 포텐셜이 다음과 같음을 보여라.

$$\rho_{SIS}(r) = \frac{\rho(r_0)}{(r/r_0)^2}\ , \quad \Phi_{SIS}(r) = V_{\mathrm{H}}^2 \ln(r/r_0) \tag{3.14}$$

여기서 r_0는 상수이고, $V_{\mathrm{H}}^2 = 4\pi G r_0^2 \rho(r_0)$이다. 이를 *단일 등온 구체*라고 한다. 밀도는 중심 집중 현상을 보이며, 중심에서 무한히 크다. $r \to \infty$에 대하여 Φ_{SIS}과 반경 r내의 질량이 유한하지 않으며, 원궤도에서의 속력이 모든 반경에서 V_H임을 보여라. 단일 등온 구체는 에너지 E를 가진 항성의 개수가 $\exp[-E/(2V_{\mathrm{H}})]$에 비례하는 구조이다.

문제 3.4 단순 원반 모형인 *Kuzmin 원반*의 포텐셜은 원통형 극좌표 R, z에서 다음과 같이 주어진다.

$$\Phi_K(R, z) = -\frac{G\mathcal{M}}{\sqrt{R^2+(a_K+|z|)^2}} \tag{3.15}$$

이는 z가 양수이거나 음수에 관계없이 $R=0$에서 점질량 $\mathcal{M}$의 포텐셜인데, 이는 $z=0$인 평면의 반대편에서, z축을 따라 거리 a_K 만큼 떨어진 곳에서 나타나는 값이다. 또한 $z=0$을 제외한 모든 곳에서 $\nabla^2\Phi = 0$임을 보여라. 이때 발산정리를 사용하여 표면 밀도가 다음과 같음을 보여라.

$$\sum_k(R) = \frac{a_K}{2\pi}\frac{\mathcal{M}}{(R^2+a_K^2)^{3/2}} \tag{3.16}$$

구형 은하나 성단에 대하여 Newton은 중력장에 대한 두 가지 중요한 정리를 제시했다. 첫 번째는 *"밀도가 일정한 구형 껍질의 안쪽에서 중력은 0"* 이다. [그림 3.1]을 보면, S에 위치한 항성은 입체각 $\Delta\Omega$의 얇은 내의 A에 있는 물질들로부터 중력적 끌림을 받으며, 반대방향의 동일한 원뿔 내 B지점의 질량으로부터도 힘을 받는다. 대칭에 의해 선분 AB는 점 A에서의 접선과 선분 OA는 수직으로 만나고, 마찬가지로 선분

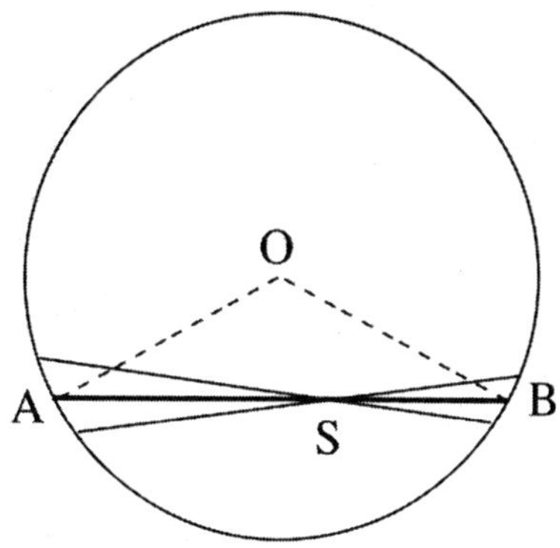

[그림 3.1] O가 중심인 균일하며 비어있는 구 내부에서의 중력

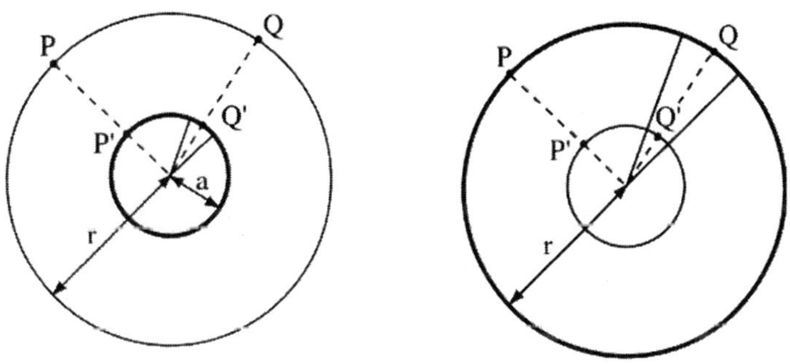

[그림 3.2] 균일한 구형 껍질의 바깥부분에서의 중력 포텐셜

OB도 점 B에서의 접선과 수직으로 만난다. 따라서 내부에 포함된 질량의 비는 $(SA/SB)^2$이다. 역제곱의 법칙에 의해 두 힘은 크기는 같으며 방향이 반대이므로 상쇄된다. 그러므로 항성의 내부에서는 아무런 힘도 없게 되며, *껍질 내부에서의 포텐셜* $\Phi(x)$*는 상수*가 된다.

두 번째 정리는 *구 대칭인 물체의 외각에서 중력은 마치 그 물체의 모든 질량이 중심에 있는 것과 같다*는 것이다. 만약 이 정리가 균일한 구형 껍질 구조에서 성립한다면, 이러한 구형 껍질 구조로 이루어진 구 대칭형 물체에서도 성립할 것이다. 중심으로부터 r만큼 떨어진 곳에서 질량이 $\mathcal{M}$이고 반경이 a인 균일한 구형껍질의 외곽부에 놓인 점 P에서의 포텐셜 $\Phi(x)$은 껍질의 작은 부분들에 의한 $\Delta\Phi$의 합으로부터 구할 수 있다. [그림 3.2]의 왼쪽 그림에서 Q' 주위의 입체각 $\Delta\Omega$의 원뿔 모양의 질량은 다음과 같은 포텐셜을 만든다.

$$\Delta\Phi[\mathbf{x}(\mathrm{P})] = -\frac{G\mathcal{M}}{|\mathbf{x}(\mathrm{P}) - \mathbf{x}(\mathrm{Q}')|}\frac{\Delta\Omega}{4\pi} \tag{3.17}$$

질량이 $\mathcal{M}$이며 반경이 r인 구의 내부에 중심으로부터 거리 a만큼 떨어져 있는 점 P'에서의 포텐셜 Φ'을 고려해보자. [그림 3.2]의 오른쪽 그림과 같이 Q점에서 구를 잘라내는 원뿔 안의 물질에 의한 $\Delta\Phi'$는 다음과 같다.

$$\Delta\Phi'[\mathbf{x}(\mathrm{P}')] = -\frac{G\mathcal{M}}{|\mathbf{x}(\mathrm{P}')-\mathbf{x}(\mathrm{Q})|}\frac{\Delta\Omega}{4\pi} \tag{3.18}$$

그런데 $\mathrm{PQ}' = \mathrm{P'Q}$이므로, 이는 $\Delta\Phi[\mathbf{x}(\mathrm{P})]$와 같다. 따라서 구 전체에 대하여 적분을 하면 다음과 같다.

$$\Phi[\mathbf{x}(\mathrm{P})] = \Phi'[\mathbf{x}(\mathrm{P}')] = \Phi'[\mathbf{x} = 0] = -\frac{G\mathcal{M}}{r}. \tag{3.19}$$

즉, 점 P에서의 포텐셜과 힘은 마치 반경이 a인 구의 모든 질량이 중심에 모여 있는 경우와 같다.

이 두 정리는 밀도가 $\rho(r)$인 어떠한 구형 천체 내에서도 중심을 향한 중력은 그 반경 내부의 모든 물질에 의한 안쪽 방향의 힘의 합이라는 것을 보여준다. 중심으로부터 반경이 r인 궤도에서 속력 $V(r)$로 움직이는 항성의 가속도 V^2/r은 중심방향의 중력 $-F_r(r)$에 의해 반드시 주어진다. 따라서 만약 $\mathcal{M}(<r)$이 반경 r 내부의 질량이라면, 다음과 같은 식이 만족한다.

$$\frac{V^2(r)}{r} = -F_r(r) = \frac{G\mathcal{M}(<r)}{r^2} \tag{3.20}$$

2.3절에서 우리 은하의 질량을 구하기 위해 이 식을 사용하였다. 은하 내에서 거의 원 궤도에 가까운 운동을 하는 항성과 가스를 찾을 경우 언제든지, 이 식은 질량 측정에 있어 가장 간단하며 믿을만한 방법이다.

점 질량에 대하여 $V(r) \propto r^{-1/2}$이다. 구형 은하에 대하여 회전속도는 절대로 이 값보다 더 빠를 수 없다. 이 포텐셜은 다음과 같이 표현된다.

$$\Phi(r) = -\left[\frac{G\mathcal{M}(<r)}{r} + 4\pi G\int_r^\infty \rho(r')r'\mathrm{d}r'\right] \tag{3.21}$$

(여기서 위 식의 r에 대한 미분은 식 3.20과 같은지 확인하라.) 전체 질량이 반경 r 안에 있지 않으면 $\Phi(r)$은 $-G\mathcal{M}(<r)/r$와 같지 않게 된다. 그러나 식 3.4로부터 유한 질량 $\mathcal{M}_{tot}$을 갖는 어떠한 항성계로부터 아주 먼 거리에서의 포텐셜은 다음과 같이 표현된다.

$$\Phi(\mathbf{x}) \to -\frac{G\mathcal{M}_{tot}}{|\mathbf{x}|} \tag{3.22}$$

문제 3.5 식 3.20을 사용하여 구형 은하에서 밀도 ρ가 일정할 때, 원궤도를 따르는 항성은 일정한 *각속도* $\Omega(r) = V(r)/r$을 갖고 움직이게 됨을 보여라. 또한 중심에서 직선 방향을 따라 움직이는 항성은 다음과 같은 주기로 조화 진동함을 보여라.

$$P = \sqrt{\frac{3\pi}{G\rho}} \sim 3t_{ff}\ ,\ t_{ff} \equiv \sqrt{1/G\rho} \tag{3.23}$$

자유낙하시간 t_{ff}는 밀도 ρ의 가스구름이 압력에 의해 잡히지 않고 자신의 중력에 의해 붕괴되는데 걸리는 시간이다. 지구의 한 면에서 중심을 지나 반대편까지 구멍을 낸 후 그곳에 계란을 떨어뜨린다면(공기저항이나 용암의 분출 등은 무시한다), 약 1시간 반 후에 계란은 시작점으로 돌아옴을 보여라.

문제 3.6 태양 궤도의 속도 $200\,\mathrm{km\,s^{-1}}$에서부터, $r = 8\,\mathrm{kpc}$의 태양의 궤도 내의 질량을 구하여라. 은하 중심에서부터 이 반경의 구내의 평균 밀도가 $\sim 0.03\mathcal{M}_{\odot}\mathrm{pc}^{-3}$임을 보이고, $t_{\mathrm{ff}} \sim 100\,\mathrm{Myr}$임을 보여라. 이는 은하의 안쪽 영역에 대한 전형적인 밀도이다. 폭발적인 항성 생성과 같은 은하의 큰 영역에서 일어나는 과정들은 이 시간대에 일어나는데, 그 이유는 중력이 은하 전체를 통하여 물질을 이 시간보다 더 빠르게 움직이지 못하기 때문이다.

문제 3.7 *Navarro-Frenk-White* (NFW) 모형은 [그림 7.16]과 같은 모의실험에서 형성된 차가운 암흑 물질 헤일로를 묘사한다. 밀도에 해당하는 포텐셜이 다음과 같음을 보여라.

$$\rho_{\mathrm{NFW}}(r) = \frac{\rho_{\mathrm{N}}}{(r/a_{\mathrm{N}})(1+r/a_{\mathrm{N}})^2},\ \Phi_{\mathrm{NFW}}(r) = -\sigma_{\mathrm{N}}^2 \frac{\ln(1+r/a_{\mathrm{N}})}{(r/a_{\mathrm{N}})} \tag{3.24}$$

여기서 $\sigma_{\mathrm{N}}^2 = 4\pi G\rho_{\mathrm{N}} a_{\mathrm{N}}^2$이다. 밀도는 중심에서 급격하게 증가하지만, 단순 등온 구체에서보다는 작다. 큰 반경에서 $\rho(r) \propto r^{-3}$이 성립한다. 반경 r에서의 원궤도의 속도 V가 다음과 같음을 보이시오.

$$V^2(r) = \sigma_{\mathrm{N}}^2 \left[\frac{\ln(1+r/a_{\mathrm{N}})}{(r/a_{\mathrm{N}})} - \frac{1}{(1+r/a_{\mathrm{N}})} \right] \tag{3.25}$$

은하 내부에서 움직이는 단일 항성의 궤도를 찾을 때, 3.2절에서 다룰 내용과 같이 하나의 항성이 다른 항성들을 끌어당겨 중력 포텐셜을 변화시키는 효과를 무시할 수 있다. 만약 질량 분포가 정적이라면(예를 들면, 은하가 붕괴하거나 다른 은하들과 충돌하지 않는 경우이다.), 위치 $\mathbf{x}$에서의 포텐셜은 시간에 무관하다. 그렇기 때문에 항성이 속도 $\mathbf{v}$로 움직일 때, 그 위치에서의 포텐셜 $\Phi(\mathbf{x})$는 $d\Phi/dt = \mathbf{v}\cdot\nabla\Phi(\mathbf{x})$에 따라 변하게 된다. 식 3.3의 양변에 $\mathbf{v}$의 내적을 취하면 다음과 같은 식을 얻을 수 있다.

$$\mathbf{v}\cdot\frac{d}{dt}(m\mathbf{v})+m\mathbf{v}\cdot\nabla\Phi(\mathbf{x})=\frac{d}{dt}\left[\frac{1}{2}m\mathbf{v}^2+m\Phi(\mathbf{x})\right] \qquad (3.26)$$

그러므로 다음 식이 성립한다.

$$\mathcal{E}\equiv\frac{1}{2}m\mathbf{v}^2+m\Phi(\mathbf{x})=\text{궤도 천체에서 상수} \qquad (3.27)$$

항성의 *에너지* $\mathcal{E}$는 *운동 에너지* $KE=m\mathbf{v}^2/2$과 *위치 에너지* $PE=m\Phi(\mathbf{x})$의 합과 같다. 운동 에너지는 음의 값을 가질 수 없다. 또한 식 3.22에 의하면, 성단이나 은하로부터 멀리 떨어진 경우 포텐셜은 $\Phi(\mathbf{x})\to 0$이 성립한다. 그래서 위치 $\mathbf{x}$에서의 항성은 오직 $\mathcal{E}>0$인 경우에만 탈출할 수 있다. 즉, 항성이 은하를 탈출하기 위해서는 다음 식과 같이 주어지는 어느 위치에서의 *탈출속도* v_e보다 빨리 움직여야 한다.

$$v_e^2=-2\Phi(\mathbf{x}) \qquad (3.28)$$

문제 3.8 태양은 우리 은하 내에서 중심으로부터 반경이 $R_0\approx 8\text{kpc}$인 지점에서 $V_0\approx 200\text{km/s}$의 속력으로 거의 원궤도에 가깝게 공전하고 있다. 만약 우리 은하의 모든 질량이 중심에 집중되어 있다고 할 때, 전체 질량은 약 $7\times10^{10}\mathcal{M}_\odot$임을 보이고, 근처의 다른 항성이 우리 은하로부터 탈출하기 위해서는 속도가 $\sqrt{2}\,V_0$보다 커야 함을 보여라. 사실 500km/s의 속력으로 공전하고 있는 항성들로 관측된다. 이를 통해 왜 우리 은하내 상당한 양의 질량이 태양의 궤도 바깥쪽에 있는지 설명하라.

항성의 *각운동량* $\mathcal{L}=\mathbf{x}\times m\mathbf{v}$는 다음 식에 따라 변한다.

$$\frac{d\mathcal{L}}{dt}=\mathbf{x}\times\frac{d}{dt}(m\mathbf{v})=-m\mathbf{x}\times\nabla\Phi \qquad (3.29)$$

(왜 $dx/dt \times m\mathbf{v}$를 없앨 수 있는가?) 만약 은하가 $\mathbf{x} = 0$에 대해 구 대칭이라면, 힘 $\nabla\Phi$는 중심을 향하게 되며 $\mathcal{L}$은 변하지 않는다. 축대칭 은하에서 움직이는 항성의 경우, 3.3절에서 볼 수 있듯이, 대칭축에 평행인 각운동량의 요소만이 일정한 값을 갖게 된다.

문제 3.9 식 3.11의 Plummer 구체에서 반경이 r인 원궤도를 따라 움직이는 질량 m인 항성의 에너지 $\mathcal{E}$와 각운동량 $\mathcal{L}$을 계산하라. 속도 $V(r)$는 중심에서 가까운 지역일 경우 증가하고 중심에서 멀어질수록 감소함을 보여라. 또한 각속도 $\Omega(r) = V/r$은 항상 감소하지만 어디서나 $d\mathcal{L}/dr > 0$이 성립함을 보여라.

문제 3.10 포텐셜이 $\Phi(r) = -Kr^{-\alpha}$(K, α는 양의 상수)로 주어지는 원궤도의 입자에 대하여 $V^2(r) = -\alpha\Phi(r)$임을 보여라. 질량이 각각 m_1, m_2인 두 가스구름은 각각 반경이 r_1, r_2 ($r_1 < r_2$)의 원운동을 한다. 전체 에너지 $\mathcal{E}$와 각운동량 $\mathcal{L}$은 얼마인가? 두 가스구름을 $r_1 + \Delta r_1$, $r_2 + \Delta r_2$인 다른 원궤도로 옮겨졌다. 이때 Δr_1과 Δr_2가 어떠한 관계를 가져야만 $\mathcal{L}$이 변하지 않는가? Δr_1, Δr_2가 작다고 가정할 경우 에너지 변화 $\Delta\mathcal{E}$는 어떻게 되는가? 또한 $\alpha < 2$일 때 원궤도의 각운동량 $rV(r)$은 r이 증가함에 따라 증가한다. 3.3절에서 이 조건은 원궤도 운동을 안정하게 하는 조건임을 보게 될 것이다. 이 경우, 만약 $\Delta r_1 < 0$이라면, 다음단계의 에너지는 초기단계의 에너지보다 작음을 보여라. 회전하는 원반의 다른 지역을 함께 연결시키는 점성이나 나선구조의 과정은 내부로 질량을, 외부로 각운동량을 이동시킴으로써 회전으로부터 에너지를 이끌어낼 수 있다.

성단에서 중력 포텐셜은 항성들이 움직임에 따라 변하게 된다. 즉 $\Phi = \Phi(\mathbf{x}, t)$이다. 각각의 항성의 에너지는 더 이상 보존되지 않는다. 단지 전체로서 성단의 전체 에너지만 보존된다. 이를 보이기 위해 식 3.2의 양변에 $\mathbf{v}_\alpha$를 내적한 후 모든 항성에 대한 합을 구한다. 좌변은 다음과 같이 전체 운동 에너지 KE의 미분식이다.

$$\sum_\alpha \mathbf{v}_\alpha \cdot \frac{d}{dt}(m_\alpha \mathbf{v}_\alpha) = \frac{d}{dt}KE = -\sum_{\substack{\alpha,\beta \\ \alpha\neq\beta}} \frac{Gm_\alpha m_\beta}{|\mathbf{x}_\alpha - \mathbf{x}_\beta|^3}(\mathbf{x}_\alpha - \mathbf{x}_\beta)\cdot\mathbf{v}_\alpha \tag{3.30}$$

그러나 우리는 항성 β에서의 힘에 대한 식으로부터 시작할 수도 있으며, 양변에 $\mathbf{v}_\beta$를 내적하면 다음과 같은 식을 얻을 수 있다.

$$\sum_\beta \frac{d}{dt}(m_\beta \mathbf{v}_\beta \cdot \mathbf{v}_\beta) = -\sum_{\substack{\alpha,\beta \\ \alpha\neq\beta}} \frac{Gm_\alpha m_\beta}{|\mathbf{x}_\alpha - \mathbf{x}_\beta|^3}(\mathbf{x}_\beta - \mathbf{x}_\alpha)\cdot\mathbf{v}_\beta \tag{3.31}$$

위 두식의 우변을 더하면 다음 관계식을 얻을 수 있다.

$$-\sum_{\substack{\alpha,\beta \\ \alpha\neq\beta}} \frac{Gm_\alpha m_\beta}{|\mathbf{x}_\alpha-\mathbf{x}_\beta|^3}(\mathbf{x}_\alpha-\mathbf{x}_\beta)\cdot(\mathbf{v}_\alpha-\mathbf{v}_\beta) = \sum_{\substack{\alpha,\beta \\ \alpha\neq\beta}} \frac{\mathrm{d}}{\mathrm{d}t}\left(\frac{Gm_\alpha m_\beta}{|\mathbf{x}_\alpha-\mathbf{x}_\beta|}\right) \tag{3.32}$$

성단의 위치 에너지 PE는 두 항성의 위치 에너지에 대한 합과 같으므로 다음과 같이 표현된다.

$$PE = -\frac{1}{2}\sum_{\substack{\alpha,\beta \\ \alpha\neq\beta}} \frac{Gm_\alpha m_\beta}{|\mathbf{x}_\alpha-\mathbf{x}_\beta|} = \frac{1}{2}\sum_\alpha m_\alpha \Phi(\mathbf{x}_\alpha) \text{ 또는 } \frac{1}{2}\int \rho(\mathbf{x})\Phi(\mathbf{x})\mathrm{d}V. \tag{3.33}$$

여기서 1/2은 각각의 쌍이 전체 합에 대해 단 하나의 항으로 기여함을 의미한다. 식 3.30과 식 3.31을 더하면 다음과 같은 관계식을 얻는다.

$$2\frac{\mathrm{d}}{\mathrm{d}t}\left[KE - \frac{1}{2}\sum_{\substack{\alpha,\beta \\ \alpha\neq\beta}} \frac{Gm_\alpha m_\beta}{|\mathbf{x}_\alpha-\mathbf{x}_\beta|}\right] = 0 \tag{3.34}$$

그러므로 성단에서 전체에너지 $\mathcal{E} = KE + PE$는 일정한 값을 갖게 된다.

문제 3.11 내부 밀도가 ρ로 일정하며 반경이 r인 구에서 중심으로부터 받는 힘은 $F_r = -4\pi G\rho r/3$임을 보여라. 또한 반경이 $r > a$인 경우에 대하여 밀도가 0일 경우 포텐셜은 다음과 같이 나타남을 보이고,

$$\Phi(r) = -2\pi G\rho\left(a^2 - \frac{r^2}{3}\right), \quad r \leq a \tag{3.35}$$

이를 통해, 위치 에너지는 다음과 같이 질량 $\mathcal{M}$과 관련되어 있음을 증명하라.

$$PE = -\frac{16\pi^2}{15}G\rho^2 a^5 = -\frac{3}{5}\frac{G\mathcal{M}^2}{a} \tag{3.36}$$

반경과 질량을 태양 단위로 적용할 경우 즉, $a = R_\odot$, $\mathcal{M} = \mathcal{M}_\odot$일 때 위치 에너지는 $PE \sim L_\odot \times 10^7\,\mathrm{yr}$임을 보여라. 이는 태양이 성간가스로부터 현재의 크기로 수축되는 동안 방출된 에너지의 양과 대략적으로 비슷하다. 지구의 나이가 대략 45억년이므로, 태양은 적어도 이 기간 동안 빛을 방출하고 있었으며, 이는 태양이 또 다른 에너지원, 즉, 핵융합 에너지가 있음을 의미한다.

문제 3.12 식 3.12의 Plummer 구체에 대하여 위치 에너지가 다음과 같음을 보여라.

$$PE = -\frac{3\pi}{32}\frac{G\mathcal{M}^2}{a_P} \tag{3.37}$$

성단의 질량을 구할 때 이 결과를 사용할 것이다.

식 3.34에 의하면, 격리된 성단에서 항성들은 자신의 운동 에너지와 위치 에너지의 합이 일정한 값을 갖는 한 두 에너지의 교환이 가능하다. 항성이 더욱 먼 곳으로 이동하면 그들의 위치 에너지는 증가하며 속력은 계속 감소하여 운동 에너지는 감소하게 된다. 만약 항성이 더욱 더 먼 곳까지 이동하여 그들의 속력이 0이 되어 머무르게 될 경우, 이 항성계는 여전히 식 3.2를 만족하게 된다. 그러나 성단에서는 이와 같은 상태에 머무를 수 없으며 식 3.2로부터 항성은 가속 운동을 하게 됨을 알 수 있다. *비리얼 정리*는 평균적으로 운동 에너지와 위치 에너지가 어떻게 균형 상태에 있게 되는지 보여준다.

비리얼 정리를 증명하기 위해 식 3.2로 돌아가되 외력 $\mathbf{F}_{\text{ext}}$ 항을 추가하자. 예를 들어, 이 힘은 성단 내 항성에 대해 은하의 중력적 당김 현상으로 나타낼 수 있다. $\mathbf{x}_\alpha$를 내적한 후 모든 항성에 대한 합을 구하면 다음과 같이 표현된다.

$$\sum_\alpha \frac{\mathrm{d}}{\mathrm{d}t}(m_\alpha \mathbf{v}_\alpha)\cdot\mathbf{x}_\alpha = \sum_{\substack{\alpha,\beta\\ \alpha\neq\beta}} \frac{Gm_\alpha m_\beta}{|\mathbf{x}_\alpha - \mathbf{x}_\beta|^3}(\mathbf{x}_\alpha - \mathbf{x}_\beta)\cdot\mathbf{x}_\alpha + \sum_\alpha \mathbf{F}^\alpha_{\text{ext}}\cdot\mathbf{x}_\alpha \tag{3.38}$$

β에 의한 힘을 통해 식을 이끌어내면 다음과 같은 유사 식을 얻을 수 있다.

$$\sum_\beta \frac{\mathrm{d}}{\mathrm{d}t}(m_\beta \mathbf{v}_\beta)\cdot\mathbf{x}_\beta = \sum_{\substack{\alpha,\beta\\ \alpha\neq\beta}} \frac{Gm_\alpha m_\beta}{|\mathbf{x}_\alpha - \mathbf{x}_\beta|^3}(\mathbf{x}_\beta - \mathbf{x}_\alpha)\cdot\mathbf{x}_\beta + \sum_\beta \mathbf{F}^\beta_{\text{ext}}\cdot\mathbf{x}_\beta \tag{3.39}$$

위 두 식의 좌변은 같다. 즉, 각각의 식은 다음과 같다.

$$\frac{1}{2}\sum_\alpha \frac{\mathrm{d}^2}{\mathrm{d}t^2}(m_\alpha \mathbf{x}_\alpha\cdot\mathbf{x}_\alpha) - \sum_\alpha m_\alpha \mathbf{v}_\alpha\cdot\mathbf{v}_\alpha = \frac{1}{2}\frac{\mathrm{d}^2 I}{\mathrm{d}t^2} - 2KE \tag{3.40}$$

여기서 I는 아래의 식을 만족하는 항성계의 *관성능률*을 나타낸다.

$$I \equiv \sum_\alpha m_\alpha \mathbf{x}_\alpha . \mathbf{x}_\alpha \tag{3.41}$$

식 3.38과 식 3.39을 평균하여 식 3.32과 비교를 해보면 우변의 첫 번째 항은 위치 에너지 PE임을 알 수 있다.

$$\frac{1}{2}\frac{d^2I}{dt^2} - 2KE = PE + \sum_\alpha \mathbf{F}^\alpha_{\text{ext}} \cdot \mathbf{x}_\alpha \tag{3.42}$$

시간 $0 < t < \tau$에 대하여 이 식의 평균을 구해보면 다음과 같다.

$$\frac{1}{2\tau}\left[\frac{dI}{dt}(\tau) - \frac{dI}{dt}(0)\right] = 2\langle KE\rangle + \langle PE\rangle + \sum_\alpha \langle \mathbf{F}^\alpha_{\text{ext}} \cdot \mathbf{x}_\alpha \rangle \tag{3.43}$$

여기서 $\langle\ \rangle$는 $0 < t < \tau$라는 긴 기간 동안의 평균을 나타내기 위해 사용한 기호이다. 모든 항성들이 성단에 묶여 있는 한, 벡터곱 $|\mathbf{x}_\alpha \cdot \mathbf{v}_\alpha|$와 $|dI/dt|$는 결코 어느 일정한 한계를 넘지 않는다. 그러므로 이 식의 좌변은 $\tau \to \infty$임에 따라 0에 근접해가야만 하며 다음 식이 성립한다.

$$2\langle KE\rangle + \langle PE\rangle + \sum_\alpha \langle \mathbf{F}^\alpha_{\text{ext}} \cdot \mathbf{x}_\alpha \rangle = 0 \tag{3.44}$$

이를 비리얼 정리라 하며, 역학의 기본 결과들 중의 하나이다.

비리얼 정리는 원궤도가 전혀 아닌 성단이나 은하의 질량을 측정할 수 있는 하나의 방법이다. 만약 성단과 은하가 거의 구에 가깝고, 강한 회전이 없다면 이 방법은 간단하지만, 그렇지 않은 경우에 6.2절의 *텐서 비리얼 정리*를 사용하여야 한다. 이 구조가 다른 구조들과 활발하게 충돌하거나, 여전히 붕괴로 인해 생성되고 있는 것이 아니라면, 이들은 평형 상태라 가정할 수 있고, 비리얼 정리를 적용할 수 있다. 일반적으로 질량과 광도의 비 $\mathcal{M}/L$의 비가 항성계 내 어디서나 같다고 가정하면, 측정한 표면 밝기 $I(\mathbf{x})$는 질량 밀도를 나타낸다. 성단의 평균 운동에 대한 항성의 시선속도 V_r을 측정하며 *속도분산* σ_r을 구한다. 이 속도분산은 $\sigma_r^2 = \langle V_r^2 \rangle$으로 정의하며, 여기서 $\langle\ \rangle$는 성단 내 항성에 대한 평균을 나타낸다. 예를 들면, 구상성단에서 $0.5\ \text{km s}^{-1}$의 정확도로 V_r을 측정할 수 있으며, σ_r은 $5 \sim 10\ \text{km s}^{-1}$ 사이의 값을 갖는다. [표 3.1] 참조.

많은 성단들은 우리로부터 아주 멀리 떨어져 있기 때문에 접선속도를 측정하기가 매우 힘들다.(거리 $d = 30$ kpc에서 $10\ \text{km s}^{-1}$에 대응하는 고유운도 μ는 얼마나 되는가?) 평균 운동은 *등방적*이며 모든 방향에 대해 같은 값을 갖는다고 가정한다. 그럴 경우, $\langle \mathbf{v}_\alpha \cdot \mathbf{v}_\alpha \rangle \approx 3\sigma_r^2$이며, 성단의 운동 에너지는 $KE \approx (3\sigma_r^2/2)(\mathcal{M}/L)L_{\text{tot}}$이다 (몇몇 구상성단들에 대한 고유운동의 연구를 통해 이들의 외곽부에 있는 항성들의 궤도는 이심률이 크다는 것을 밝혀내었다. 즉, 중심에 대하여 위아래 방향의 운동은 수직방향 운동보다 평균적으로 크다. 이러한 비등방성을 고려할 경우 추정 질량은 조금 변하게 된다). 위치 에너지 PE를 계산하기 위하여 $\mathcal{M} = L_{\rm tot} \times \mathcal{M}/L$이라 하자. 성단은 보통 구 대칭으로 가정하므로, 이들의 표면밝기로부터 항성의 체적 밀도와 위치 에너지를 구할 수 있다. 이에 대한 아래 문제를 보라.

문제 3.13 구상성단내 항성에 대한 임의의 표본에 대하여 $\sigma_r \approx 10\,\rm km/s$이다. 표면밝기는 식 3.13의 Plummer 모형에 의해 $a_P = 10\,\rm pc$를 적용하여 대략적으로 맞출 수 있다. 성단이 구형이며 보이지 않는 암흑 물질을 포함하지 않는다고 가정하고 비리얼 정리를 이용하여 질량이 $\mathcal{M} \approx 2 \times 10^6 \mathcal{M}_\odot$임을 보여라. 항성들의 무작위운동에 대해 무엇을 가정하였는가?

또 다른 방법은 성단의 중심 반경 r_c를 측정하는 것인데 중심반경은 측정한 표면밝기 $I(\mathbf{x})$가 성단 중심부에 비해 반으로 떨어지는 지점이다. 구상성단들의 중심 반경은 대략 10 pc이지만 좀 더 클 수 있다(표 2.3). 어떤 상수 $\eta \sim 1$에 대한 위치 에너지는 $PE \approx -G\mathcal{M}^2/(2\eta r_c)$로 쓸 수 있다. 예를 들어, 문제 3.1의 균질한 구가 $r_c = \sqrt{3}\,a/2$이며, 식 3.36을 사용하면 $\eta = 5/(3/\sqrt{3}) \approx 0.96$이다. 문제 3.12의 Plummer 모형을 사용하면, $\eta \approx 2.6$이다. 은하 내 다른 부분으로부터의 외력을 무시한다면, 식 3.44를 통하여 성단의 질량을 다음 식으로 구할 수 있다.

$$\mathcal{M} \approx 6\eta\sigma_r^2 r_c/G \tag{3.45}$$

성단의 중심 표면밝기 $I(\mathbf{x} = 0)$을 측정하는 것이 총 광도를 측정하는 것보다 쉬울 때가 있다. 만약 $L_{\rm tot} \approx 4\pi r_c^2 I(0)/3$이고, $\sigma_r(0)$을 속도 분산이라고 하면, 관측된 중심값은 다음과 같은 식이 성립한다.

$$\frac{\mathcal{M}}{L} \approx \frac{9}{2\pi}\frac{\sigma_r^2}{GI(0)r_c} \tag{3.46}$$

이 방정식은 σ_r이 어디에서나 정확히 일정한 구형 계(3.4설의 등온모형)에서 수 퍼센트 이내로 정확하다. 이는 다양한 성단이나 은하의 포텐셜에 대하여 매우 좋은 근사치이다 (Richstone and Tremaine 1986 *AJ* 92, 72 참조).

대부분의 구상성단은 $10^4 \sim 10^6\,\mathcal{M}_\odot$ 정도의 질량을 갖는다. [표 3.1]은 대체적으로 질량과 광도의 비가 $1 \lesssim \mathcal{M}/L \lesssim 4$임을 보여준다. 이는 2.1절에서 태양 근처에 대한 측정치보다 크며, 오래된 성단들 내에서 밝고 무거운 모든 항성들은 현재는 없기 때문에 그리 놀라운 일은 아니다. 그러나 문제 2.18에서와 같이 우리 은하 전체에 대하여

[표 3.1] 우리 은하 내 구상성단과 산개성단의 역학적 특성 요소

성 단		σ_r (km s^{-1})	$log_{10}\rho_c$ ($\mathcal{M}_\odot$ pc^{-3})	r_c (pc)	$t_{relax,c}$ (Myr)	질량 ($10^3\mathcal{M}_\odot$)	$\mathcal{M}/L_V$ ($\mathcal{M}_\odot/L_\odot$)
NGC 5139	ω Cen	20	3.1	4	5000	2600	2.5
NGC 104	47 Tuc	11	4.9	0.7	50	800	1.5
NGC 7078	M15	12	> 7	< 0.1	<1	900	2
NGC 6341	M92	5	5.2	0.5	2	200	1
NGC 6121	M4	4	4−5	0.5	30	60	1
	Pal 13	~0.8	2	1.7	10	3	3−7
NGC 1049	Fornax 3	9	3.5	1.6	600	400	~3
산개성단	Pleiades	0.5	0.5	3	100	0.8	0.2

Note σ_r은 성단 중심에서 시선속도 V_r의 분산, ρ_c는 중심 밀도, 그리고 $t_{relax,c}$는 식 3.55에서 $V=\sqrt{3}\sigma_r$, $\langle m_* \rangle = 0.3\mathcal{M}_\odot$, $\Lambda = r_c/1\text{AU}$일 때의 성단 중심에서 이완 시간이다. r_c의 상한값을 갖는 성단은 수축된 중심핵을 갖는다.

발견한 것보다 훨씬 적으며, 구상성단들이 암흑 물질을 다량 포함하고 있지 않는다는 것을 보여준다. 산개성단은 구상성단보다 밀도가 낮으며 항성들의 무작위운동속도는 더 작다. [표 2.2]의 질량 대 광도의 비는 구상성단에서의 비보다 훨씬 작은데, 그 이유는 밝은 항성들이 여전히 주계열 상에 있기 때문이다.

문제 3.14 독립적인 성단이 초기 평형 상태를 갖는다고 가정해 보자. 만약 질량이 비율 f만큼 갑자기 제거되어 질량 m_α이 $(1-f)m_\alpha$이 된다면, 운동에너지와 위치에너지는 얼마만큼 바뀌는가? 초기 위치에너지가 PE_0이면, 총 에너지가 $E_0 = PE_0/2$이며, 이후 $E_1 = (1-f)(1-2f)E_0$가 됨을 보여라. 따라서 $f > 0.5$이면, 항성들은 더 이상 서로에게 묶이지 않는다. 비리얼 정리를 사용하여, 항성들이 새로운 평형상태에 도달할 때, 항성들 사이 평균 거리가 $(1-f)/(1-2f)$만큼 커짐을 보여라.

무거운 항성으로부터 나오는 빠른 항성풍과 초신성으로서의 마지막 폭발은, 초기에 항성으로 바뀌지 못한 성단 내 가스를 날려 보낸다. 우리 은하 원반부에는 동시에 태어났지만 지금은 서로 분리된 젊은 항성들의 많은 덩어리가 있다. 즉, 이들은 남은 가스가 방출된 것처럼 서로 묶여있지 않다. 구상 성단들은 거의 모든 가스를 다 사용하면서, 이와는 다른 방법으로 형성이 되어야 한다. 그렇지 않다면, 현재와 같이 밀도가 크게 남아 있을 수 없을 것이다.

포텐셜의 변화가 없는 성단 내 항성의 평균 운동을 구하기 위해 모든 다른 항성들의 중력이 외력으로 작용한다고 간주하자. 각각의 항성에 대하여 비리얼 정리를 사용하면 다음이 성립한다.

$$\langle v^2 \rangle = \langle \nabla\Phi(\mathbf{x}) \cdot \mathbf{x} \rangle \tag{3.47}$$

(구 대칭 포텐셜 $\Phi(r)$내 원궤도 운동을 하는 항성에 대하여, 이 식은 식 3.20과 같이 동일한 궤도속도 $V(r)$가 나옴을 확인하라.) 성단의 바깥부분에서, $\nabla\Phi \cdot \mathbf{x}$의 양은 반경을 감소시킨다. 태양계의 행성들과 같이 성단이나 은하의 중심부에 있는 항성들은 일반적으로 외곽부에 있는 항성들보다 훨씬 더 빨리 움직인다.

문제 3.15 우리 은하의 위성 은하들은 보통 60 ~ 80 kpc의 거리에서 궤도 운동을 한다(표 4.1 참조). 이런 위성 은하들의 태양에 대해 측정한 시선속도 $V_r(\odot)$는 보통 $100\ \mathrm{km\,s^{-1}}$ 정도이다. [그림 2.19]를 참고하여, 은하 중심에 대한 상대적인 운동을 구하기 위해 $V_0 \sin l \cos b$이 추가되어야 하는 이유를 설명하라.
우리 은하가 구 대칭이라 가정하고, 모든 질량은 위성 은하의 궤도 안에 있다고 하여 중심점 질량 $\mathcal{M}_G$를 고려하자. 위성 은하들의 상호 위치 에너지는 외력 $-G\mathcal{M}_G/r^2$에 비해 작고, 은하 중심 반경 r은 태양으로부터의 거리 d와 거의 동일하다. 위성 은하들이 모든 방향에 대해 같은 속력을 갖는다고 가정하고, 식 3.47를 사용하여 $\mathcal{M}_G$를 계산하라. 결과를 평균하여 우리 은하의 질량이 $10^{12}\mathcal{M}_\odot$보다 크고, $\mathcal{M}/L_V \gtrsim 50$임을 보여라.

더 읽어보기

H. Goldstein, C. Poole, and J. Safko, 2002, *Classical Mechanics*, 3rd edition (Addison Wesley, San Francisco), Chapters 1–3; and J. Binney & S. Tremaine, 1987, *Galactic Dynamics*(Princeton University Press, Princeton, New Jersey), Sections 2.1, 2.2, and 4.3; 대학원 수준의 교과서

3.2 왜 은하는 울퉁불퉁하지 않은가? : 이체 이완

대기 중의 분자나 혹은 연기 속의 작은 입자들은 충분한 시간이 흐른 후에는 일정한 공간 내에서 균일하게 퍼지게 된다. 이는 입자들이 '충돌'을 통하여 에너지와 운동량을 교환할 수 있기 때문이다. 많은 입자들 중 두 입자가 아주 가깝게 접근하여 이들 사이에 작용하는 힘이 각각이 다른 분자들로부터 받는 힘보다 훨씬 강하다. 이와 같은 현상은 평균 실내온도와 표준 대기압에서 산소와 질소 분자들은 매초 10^{11} 번 정도 충돌이 일어난다.

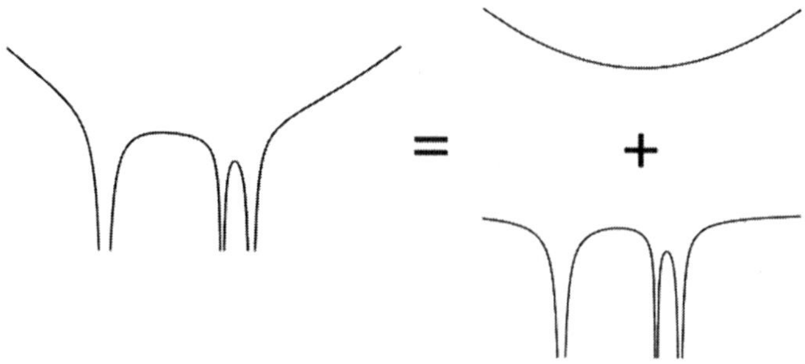

[그림 3.3] 수직 방향의 높이로 나타낸 항성계의 포텐셜 $\Phi(\mathbf{x})$은 단순하게 변하는 평균요소와 각각의 항성 근처에서의 급격한 포텐셜로 나눌 수 있다.

비슷한 방식으로 [그림 3.3]에서 우리 은하의 중력 포텐셜을 두 부분의 합으로 생각할 수 있다. 한 부분은 수많은 항성들을 포함하는 지역에 대한 평균 단순 포텐셜이며, 그리고 각각의 항성 주위에서 매우 깊은 포텐셜을 포함하는 나머지에 의한 부분을 말한다. 개개의 항성들에 대한 연속적인 끌어당김은 포텔셜의 급격한 변화로 표현되는데, 단순한 경우의 힘만 있을 때 놓이는 궤도로부터 벗어나게 한다. 이러한 예리한 당김 현상을 항성들 간의 '충돌'로 생각할 수 있다.

이 절에서 은하내 항성들은 공기분자의 경우와는 매우 다른 특성을 가지고 있다는 사실을 알 수 있다. 먼 거리의 항성들이 끌어당기는 작은 힘의 축적 효과가 아주 가깝게 지나감으로써 발생하는 큰 힘의 효과보다 항성운동의 궤도를 변화시키는데 더욱 중요하다. 그러나 밀도가 높은 성단을 제외하면, 먼 거리 충돌은 우리 은하의 일생동안에 항성의 운동을 무작위화하거나 이완시키는데 영향을 거의 끼치지 않는다. 예를 들어, 우리 은하의 단순평균 포텐셜에 의해 태양과 같은 항성의 운동은 거의 완벽하게 결정된다.

3.2.1_ 강한 근접 충돌

한 항성이 다른 항성에게 아주 가깝게 접근하여 충돌이 운동 속력과 방향을 완전히 바꾸는 *강한 충돌* 간의 평균 시간을 다음과 같이 계산할 수 있다. 항성들의 모두 질량 m이고 무작위 방향으로 평균속력 V의 상태에 있다고 가정하자. 이때 은하나 성단의 나머지 부분에 의한 중력은 무시한다. 두 항성이 거리 r 이내로 접근하면, 이들의 운동에너지의 합은 증가하여 위치 에너지의 변화에 균형을 맞춘다. 이들이 멀리 떨어져 있을 때, 상호 위치 에너지는 0 이다. 이 두 항성이 매우 가깝게 접근했을 때, 위치 에너지의 변화가 적어도 초기 운동 에너지만큼 큰 경우, 이 두 항성이 *강한 충돌*을 하였다고 한다. 이 관계는 다음 식을 만족한다.

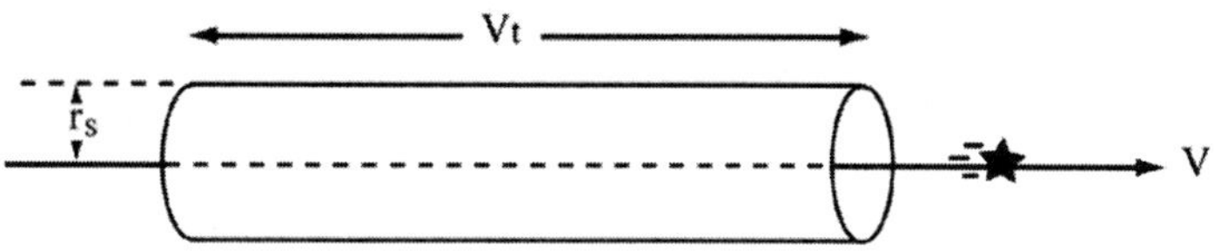

[그림 3.4] 시간 t 동안 이 항성은 반경이 r_s인 원통의 내부에 놓여있는 다른 항성과 강한 충돌을 하게 된다.

$$\frac{Gm^2}{r} \gtrsim \frac{mV^2}{2}, \ r \lesssim r_s \equiv \frac{2Gm}{V^2} \tag{3.48}$$

여기서 r_s를 *강한 근접 충돌 반경*이라고 한다. 태양 근처 항성들의 무작위속력이 $V \approx$ 30 km/s 이며, $m = 0.5\mathcal{M}_{\odot}$ 라고 하면, $r_s \approx$ 1 AU 이다.

이러한 일이 얼마나 자주 일어나는가? 태양은 지난 45억년 동안 강한 충돌이 없었다. 만약 다른 항성이 가깝게 다가왔다면, 태양계의 행성의 궤도를 흔들어 놓았을 것이다. 만약 태양이 시간 t 동안 V의 속력으로 가까운 항성을 지나가는 경우, 태양의 이동경로를 중심으로 한 반경 r_s, 부피 $\pi r_s^2 Vt$인 원통 내 있는 다른 항성들과 강한 충돌이 일어난다([그림 3.4]). 단위 부피당 n 개의 항성이 있다면, 태양은 평균적으로 시간 t_s마다 $npir_s^2 Vt = 1$을 만족히는 한 번의 강한 충돌을 갖게 된다. 이때 강한 충돌 사이의 평균시간은 다음과 같다.

$$t-s = \frac{V^3}{4\pi G^2 m^2 n} \approx 4\times 10^{12}\,\mathrm{yr}\left(\frac{\mathrm{V}}{10\ \mathrm{km/s}}\right)^3 \left(\frac{m}{\mathcal{M}_{\odot}}\right)^{-2} \left(\frac{n}{1\ \mathrm{pc}^{-3}}\right)^{-1} \tag{3.49}$$

2.1절에서와 같이, 태양 근처 항성들에 대하여 $n \approx 0.1\ \mathrm{pc}^{-3}$이며, $t_s \sim 10^{15}$ yr 이다. 이는 대략 은하 나이의 천만 배에 해당되며, 우주의 나이를 훨씬 초과하는 값이다. 원자들 사이에서 중력은 전자기력보다 훨씬 약한 힘이다. 그리고 우리가 볼 때, 항성들이 매우 무거워도 이들은 여전히 한 항성의 중력이 다른 항성의 궤도를 크게 변화시킬 정도로 가깝게 접근하는 일은 드물다. 강한 충돌은 구상성단의 밀도가 높은 중심부나, 은하의 중심핵과 같은 높은 경우에만 중요하다.

3.2.2_ 약한 원거리 충돌

멀리 떨어져 있는 대기 중의 분자들의 전기력과 자기력은 서로 상쇄되어 평균이 0 이 된다. 따라서 강한 충돌이 운동의 방향과 속력을 변화시키는데 압도적으로 훨씬 중요하다. 그러나 중력은 언제나 상호 끌어당기는 힘으로서, 항성은, 멀리 떨어져 있어도, 다른 항성들을 끌어당긴다. 이 절에서는 먼 거리에 있는 항성들의 서로 끌어당기는

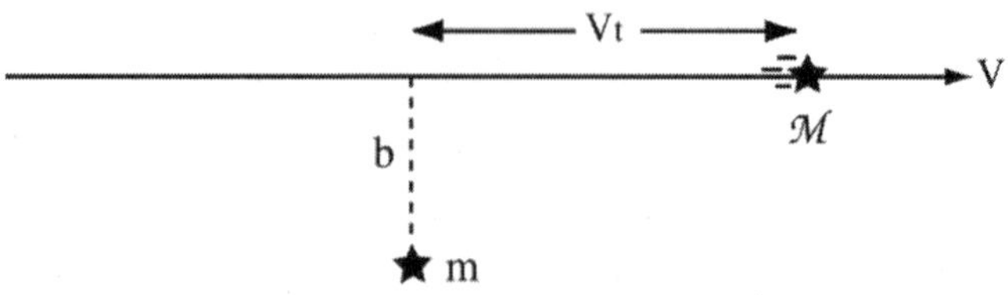

[그림 3.5] 약한 충돌, 항성 $\mathcal{M}$이 거리 b까지 접근하면서 정지하고 있는 항성 m 뒤에서 속력 V로 다가간다.

힘의 합이 항성의 운동방향을 변화시키는데 단일 강한 충돌보다 훨씬 더 효율적이라는 것을 보일 것이다.

원거리 충돌에서, 한 항성의 다른 항성에 작용하는 힘은 아주 약하여 충돌이 일어나는 동안 원래의 궤도로부터 쉽게 벗어나지 않는다. 따라서 항성이 섭동을 받지 않고 궤도를 따라 움직일 때 느끼는 힘은 *충격 근사*를 사용하여 계산할 수 있다. [그림 3.5]에서 질량 $\mathcal{M}$인 항성이 V의 속력으로 질량 m인 고정된 항성으로부터 거리 b만큼 떨어진 궤도를 따라 움직이고 있다고 하자. $\mathcal{M}$의 운동은 거의 직선을 따라 움직인다. m이 끌어당기는 경우 이 항성은 궤도에 대해 수직으로 작은 운동 $V_\perp$를 받게 된다. 만약 가장 가깝게 접근하였을 때의 시간을 측정하면, 그 수직 방향의 힘은 다음과 같다.

$$\mathbf{F}_\perp = \frac{Gm\mathcal{M}b}{b^2 + V^2t^2)^{3/2}} = \mathcal{M}\frac{\mathrm{d}V_\perp}{\mathrm{d}t} \tag{3.50}$$

시간에 대해 적분하면, 충돌 이후 시간이 충분이 지났을 때, $\mathcal{M}$의 수직방향의 속력은 다음과 같다.

$$\Delta V_\perp = \frac{1}{\mathcal{M}}\int_{-\infty}^{\infty} \mathbf{F}_\perp(t)\mathrm{d}t = \frac{2Gm}{bV} \tag{3.51}$$

$\mathcal{M}$이 더욱 더 빨리 m을 지나갈수록 속도의 변화는 작아진다. 이 근사에서 $\mathcal{M}$의 속력 V는 원래 움직이는 방향에 대해서는 영향을 받지 않는다. 왜냐하면 시간 $t<0$일 때 앞방향으로 당기는 힘은 $t>0$일 때 뒷방향으로 받는 힘과 정확히 균형을 이루기 때문이다. 따라서 $\mathcal{M}$의 궤도는 다음과 같은 각으로 휜다.

$$\alpha = \frac{\Delta V_\perp}{V} = \frac{2Gm}{bV^2} \tag{3.52}$$

여기서 $V=c$로 하면, Newton의 중력을 따르면 빛은 식 7.13에서와 같이 일반상대성 이론으로 예측되는 각도의 정확히 반만 휘게 된다.

$\mathbf{F}_\perp$ 방향의 운동량은 보존되어야 하기 때문에, 충돌 이후 항성 m은 $\mathcal{M}$의 궤도 방향을 따라 $2G\mathcal{M}/bV$의 속력으로 움직이게 된다. 속도변화의 대부분이 발생하는 시간 $\Delta t \sim b/V$ 동안 수직방향의 운동이 $\mathcal{M}$과 m의 상대위치를 현저하게 변화시키지 않을 때만 충격 근사가 유효하다. 수직방향 접근속도는 V에 비해 작아야 하므로 다음과 같은 조건이 필요하다.

$$b \gg \frac{2G(m+\mathcal{M})}{V^2} \tag{3.53}$$

그러므로 약한 충돌에 대하여 b는 식 3.48에서 강한 충돌 반경인 r_s보다 훨씬 더 커야 한다.

질량이 $\mathcal{M}$인 항성이 우리 은하를 통과함에 따라 질량이 m인 많은 항성들은 이 항성에 끌리게 되어, 방향은 다르지만, 각각 $\Delta V_\perp$ 만큼 운동이 변하게 된다. 만약 힘이 임의적으로 작용한다면, 수직방향의 속도의 *제곱*을 더하여 $\Delta V_\perp^2$ 의 기대값을 구한다. 시간 t 동안 b와 $b+\Delta b$ 사이의 거리에서 $\mathcal{M}$을 지나가는 m인 항성의 수는 단지 이들의 개수밀도 n과 이러한 충돌이 발생할 수 있는 부피 $Vt \cdot 2\pi b\Delta b$의 곱과 같다. 식 3.49에 $\Delta V_\perp^2$ 을 곱하고 b에 대하여 시간 t 동안 적분을 하면, 속도 제곱의 기대값은 다음과 같다.

$$\langle \Delta V_\perp^2 \rangle = \int_{b_{\min}}^{b_{\max}} n\,Vt\left(\frac{2Gm}{bV}\right)^2 2\pi b\,\mathrm{d}b = \frac{8\pi G^2 m^2 nt}{V}\ln\left(\frac{b_{\max}}{b_{\min}}\right) \tag{3.54}$$

$\langle \Delta V_\perp^2 \rangle = V^2$을 만족하는 시간 t_{relax} 이후에, 원래의 궤도에 대해 항성의 수직방향의 기대 속도는 거의 원래 진행 방향의 속도와 같게 된다. 즉, 초기궤도에 대한 '기억'은 사라져 버린다. $\Lambda \equiv (b_{\max}/b_{\min})$으로 정의하면, *이완시간*은 식 3.49의 강한 충돌 시간 t_s 보다 훨씬 짧다는 것을 알 수 있으며, 다음 식으로 풀면 된다.

$$\begin{aligned} t_{relax} &= \frac{V^3}{8\pi G^2 m^2 n \ln\Lambda} = \frac{t_s}{2\ln\Lambda} \\ &\approx \frac{2\times 10^9\,\mathrm{yr}}{\ln\Lambda}\left(\frac{V}{10\,\mathrm{km/s}}\right)^3\left(\frac{m}{\mathcal{M}_\odot}\right)^{-2}\left(\frac{n}{10^3\,\mathrm{pc}^{-3}}\right)^{-1} \end{aligned} \tag{3.55}$$

Λ의 값을 얼마로 해야 하는지는 불분명하다. 유도한 식은 $b < r_s$인 경우에는 확실히 성립하지 않으며, 보통 $b_{\min} = r_s$로, $b_{\max}$는 전체 항성계의 크기와 같게 잡는다. 태양 근처 항성들에 대하여, $r_s = 1\,\mathrm{AU}$, $300\,\mathrm{pc} \lesssim b_{\max} \lesssim 30\,\mathrm{kpc}$인 경우, $\ln\Lambda \approx 18 \sim 22$

의 값을 갖는다. b_{min}과 b_{max}의 정확한 값은 그리 중요치 않다. 먼 거리 항성들에 의한 약한 끌어당김이 드문 강한 충돌보다 태양과 같은 항성의 운동 방향을 더욱 더 빠르게 변화시킨다고 하더라도, *필요한 시간은 여전히* $\sim 10^{13}$ yr *이며,* 이는 우주의 나이보다 훨씬 더 길다. 따라서 태양과 같은 항성들의 운동을 계산할 때 개개 항성들의 인력은 무시할 수 있으며, 모든 항성들은 은하 전체 단순 포텐셜 내에서 운동하고 있다고 간주할 수 있다. 다음 절에서 이와 같은 사실을 이용하여 우리 은하 원반 내 항성들의 궤도를 계산할 것이다.

[표 3.1]은 우리 은하의 몇 개의 구상성단들의 중심부 평균 무작위 운동 속도와 이완시간을 정리하였다. ω Centauri에서, 가장 큰 이완 시간 t_{relax}은 5 Gyr이다. 이는 항성이 중심을 통과하는데 걸리는 시간인 $t_{cross} \approx 0.5$ Myr보다 훨씬 긴 시간이다. 단순 중력 포텐셜 부분만을 이용하여 몇 가지 궤도에 대한 항성의 궤도를 적절히 계산할 수 있다. 그러나 우리 은하의 일생동안 구상성단의 변화를 이해하려면, 개개 항성들 사이의 에너지 교환을 고려해야만 한다. 그러나 구상 성단이 우리 은하 일생동안 어떻게 바뀌는지에 대해서는 개개의 항성들 사이의 에너지 교환을 고려해줘야 한다. 대부분의 성단 중심 부분이 이완에 의해 영향을 받는다.

문제 3.16 **평균 항성질량이 $0.5\mathcal{M}_\odot$이고 $\Lambda = r_c/1\,\mathrm{AU}$ 라는 가정 하에, [표 3.1]을 이용하여 구상성단 47 Tucanae 중심부에서의 이완 시간 t_{relax}를 구하여라. 통과시간이 $t_{cross} \approx 2r_c/\sigma_r \sim 10^{-3} t_{relax}$ 임을 보여라.**

산개성단은 크기 면에서 구상성단과 비슷하지만, 밀도는 훨씬 낮아서 $n \lesssim 10\,\mathrm{pc}^{-3}$의 값을 가지며, 항성들의 움직임은 $\sigma_r \sim 1$ km/s 일 정도로 더욱 느리다. 평균 항성질량이 $0.5\mathcal{M}_\odot$ 인 항성에 대하여, 식 3.55를 통하여 $t_{relax} \sim 50$ Myr 임을 예측할 수 있으며, $r_c = 2-3$ pc 일 때 통과시간은 약 5 Myr 이다. 따라서 10회의 통과시간 동안 약한 충돌의 축적 효과에 의해 항성 궤도는 크게 변화된다. 산개성단의 구조가 시간에 대해 어떻게 변화되는지 계산하는 것은 대단히 어려운 일이다. 우리는 단순히 성단의 단순 포텐셜에서 항성 궤도를 계산할 수 없다. 왜냐하면 단지 몇 번의 궤도 후에 부정확한 결과가 나타나기 때문이다. 그러나 중력적 N체 모의실험을 사용하여 식 3.2를 정확하게 적분하는 것은 중력이 강하며 급격하게 변하기 때문에 항성의 강한 충돌을 고려할 경우 보통 컴퓨터로 계산하는 데 많은 시간이 걸릴 것이다. 통과시간은 $5\mathcal{M}_\odot$ 항성의 수명과 비슷하며, 항성이 나이가 들어감에 따라 발생하는 질량 손실은 성단으로부터 탈출하기 쉽기 때문에 계산을 더욱 복잡하게 한다. 특별히 개발된 컴퓨터 하드웨어를 통해 발전이 이루어지고 있는 중이다.

질량이 m이고 평균 속력이 V인 N개의 항성으로 구성된 고립된 성단에서, 항성들 간 평균거리는 대략 항성계의 크기 반 R 정도이다. 식 3.44를 통해 다음과 같은 관계를 알 수 있다.

$$\frac{1}{2}NmV^2 \sim \frac{G(Nm)^2}{2R}, \text{ 따라서 } \Lambda = \frac{R}{r_s} \sim \frac{GmV}{V^2} \cdot \frac{V^2}{2Gm} \sim \frac{N}{2} \qquad (3.56)$$

통과시간 $t_{\mathrm{cross}} \sim R/V$이며, $N = 4n\pi R^3/3$이므로 다음과 같은 식이 성립한다.

$$\frac{t_{\mathrm{relax}}}{t_{\mathrm{cross}}} \sim \frac{V^4R^2}{NG^2m^2\ln\Lambda} \sim \frac{N}{6\ln(N/2)} \qquad (3.57)$$

$N \sim 10^{11}$ 개의 항성을 포함하는 은하에서, 이완은 단지 10^9 배의 통과시간 이후부터 중요하게 되며, 우주의 나이보다 훨씬 긴 시간이다. 구상성단은 대략 10^6 개의 항성을 포함하므로, 전체적으로 $t_{\mathrm{relax}} \sim 10^4\, t_{\mathrm{cross}} \sim 10^{10}$ yr이다. $N = 100$인 산개성단의 경우, 위에서 본 바와 같이, 두 개의 시간척도는 거의 같다.

은하의 중력적 N체 모의실험은 식 3.2를 따라 중력에 의해 서로를 당기고 있는 10^4에서 10^6개 사이의 항성을 사용한다. 은하들은 물질이 중심 쪽으로 집중되어 있으므로, 밀도가 높은 내부 영역에서는 통과시간이 단지 $10^6 \sim 10^7$ 년 정도이다. 식 3.57을 통해, 만약 항성들을 점질량으로 다룬다면, 입자들은 $t_{\mathrm{relax}} \lesssim 10^3 t_{\mathrm{cross}} \sim 10^{10}$ yr 크기의 시간 후에 원래의 궤도로부터 완전히 벗어나게 된다. 이러한 계산은 실제 은하에서 10억 년이나 20억 년 동안 일어나는 것이라고 볼 수 없으며, 또한 이것 외에도 이완이 중요하다. 만약 Λ의 값을 어느 정도 줄일 수 있다면, 이 시간의 한계를 늘릴 수 있다. 일반적인 방법은 포텐셜을 *약화시켜* 항성들이 서로 가깝게 다가갈 때 인력을 줄이는 것이다. 예를 들면, 각각의 점질량에 대하여 식 3.11로부터 Plummer 구체의 포텐셜을 대신할 수 있다. 질량 $\mathcal{M}$인 항성의 인력은 $G\mathcal{M}/a_P^2$이고, 따라서 $b_{\min} \approx a_P$이다. 그러나 이러한 모형 은하는 더욱 '불명확'하여 a_P의 몇 배되는 공간보다 작은 임의의 구조를 적절히 포함시킬 수 없다.

문제 3.17 은하 원반의 중력적 N체 모의실험은 보통 모든 입자들이 단일 평면에 있다고 가정한다. 즉, 항성들의 단위 부피당 항성의 개수 n 대신에 단위 면적 당 N을 사용한다. 식 3.54에서 $2\pi b db$ 항은 $2db$로 대체할 수 있다.—왜 그런가? t_{relax}는 Λ에 의존하지 않고 오직 $b_{\min}$에 의존함을 보이고, $b_{\min} = r_s$라 할 때 $t_{\mathrm{relax}}/t_{\mathrm{cross}} = V^2/(4GRmN)$임을 보여라. 만약 밀도 mN이 고정되어 있다면, 이 비는 실험의 입자 수에 무관하다.

3.2.3_ 이체 이완의 효과

항성이 성단의 단순 포텐셜에서 움직이는 동안, 식 3.27에 의해 궤도가 항성이 무겁냐, 가볍냐에 의존하지 않고 위치나 속도에 의존하게 된다. 만약 단순 포텐셜 $\Phi(\mathbf{x})$이 시간에 따라 변하지 않는다면, 항성의 에너지는 항상 일정하게 된다. 반면에, 이체 '충돌'에 의해 두 항성은 두 질량 모두에 의존하는 방식으로 에너지와 운동량을 교환할 수 있으며, 이것을 *이체 이완*이라고 한다.

실내 공기분자와 마찬가지로, 대개 이러한 교환은 유효에너지를 공유하는 가장 적절한 방법, 즉 *Maxwell 분포*로 항성들의 속도를 바꾼다. v와 $v+\Delta v$사이에서 속도 v를 갖는 항성들의 비율 f는 $f_M(\mathcal{E})4\pi v^2\Delta v$로 주어진다. 여기서

$$f_M(\mathcal{E}) \propto \exp\left(\frac{-\mathcal{E}}{k_BT}\right) = \exp\left\{-\left[m\Phi(\mathbf{x}) + \frac{mv^2}{2}\right]/k_BT\right\} \tag{3.58}$$

이며, k_B는 Boltzmann 상수이다. '온도' T는 항성계의 에너지에 의존한다. 즉, 항성들의 움직임이 빠를수록 온도는 더욱 높아진다. 아래의 문제는 질량 m인 항성들에 대하여, 온도가 속도의 제곱의 평균과 관계가 있음을 보여준다.

$$\frac{1}{2}m\langle \mathbf{v}^2(\mathbf{x})\rangle = \frac{3}{2}k_BT \tag{3.59}$$

지구 대기의 산소 분자가 가벼운 수소분자보다 느리게 움직이는 것과 마찬가지로, Maxwell 분포에서 무거운 항성들은 좀 더 가벼운 항성들보다 평균적으로 더 느리게 움직인다.

문제 3.18 속도 분산이 아래와 같음을 설명하시오.

$$\langle \mathbf{v}^2(\mathbf{x})\rangle = \int_0^\infty v^2\exp\left(-\frac{mv^2}{2k_BT}\right)4\pi v^2 dv \Big/ \int_0^\infty \exp\left(-\frac{mv^2}{2k_BT}\right)4\pi v^2 dv$$

$\int_0^\infty x^2 e^{-x^2}dx$의 배수로서 두 적분을 사용하여, 식 3.59가 성립됨을 보이시오.

항성의 속도분포가 Maxwell 분포로 되어감에 따라, 항성들은 이체 이완에 의해 성단으로부터 *탈출*하게 된다. 분포 $f_M(\mathcal{E})$는 임의의 높은 에너지를 갖는 작은 수의 항성을 포함한다. 그러나 식 3.28에 의해 주어지는 탈출속도 v_e보다 빠르게 움직이는 항성들은 성단 내에 속박되지 않고 탈출하게 된다. 질량이 m_α이고 위치가 $\mathbf{x}_\alpha$인 N 개의

항성들로 구성된 성단에서, 식 3.33에 의해 탈출에 필요한 평균 운동 에너지는 다음과 같다.

$$\left\langle \frac{1}{2} m v_e^2(\mathbf{x}) \right\rangle = -\frac{1}{N} \sum_\alpha m_\alpha \Phi(\mathbf{x}_\alpha) = -\frac{2}{N} PE = \frac{4}{N} KE \tag{3.60}$$

여기서 PE와 KE는 성단 전체의 위치 에너지와 운동 에너지를 말한다. 이 단계에서 식 3.44의 비리얼 정리를 사용하였다. 탈출에 필요한 평균 운동 에너지는 각각의 항성에 대한 평균의 4배, 즉 $6k_BT$와 같다. 그러므로 Maxwell 분포 f_M에서 탈출하는 항성들의 비율은 다음과 같다.

$$\int_{\sqrt{12k_BT/m}}^{\infty} f_M(\mathcal{E}) v^2 \mathrm{d}v \bigg/ \int_0^{\infty} f_M(\mathcal{E}) v^2 \mathrm{d}v = 0.0074 \approx \frac{1}{136} \tag{3.61}$$

이러한 항성들은 성단을 떠나게 되지만, 시간 t_{relax} 후에 새로운 항성들이 이러한 높은 에너지를 갖게 되고, 차례대로 성단으로부터 탈출하게 된다. 성단은 다음과 같은 *증발 시간*동안 항성들의 상당한 비율을 잃어버리게 된다.

$$t_{\text{evap}} \sim 136\, t_{\text{relax}} \tag{3.62}$$

관측한 구상성단들의 t_{evap}는 우주의 나이보다 길다. 증발 시간이 매우 짧은 성단들은 아마도 관측되기 전에 사라졌을 것이다. 산개성단의 경우 t_{evap}는 단지 수십억 년이다. 실제로 이러한 성단들은 우하원반에서 거대 분자가스 구름이나 나선팔의 물질에 의한 반복적 중력효과에 의해 더욱 더 빨리 흩어진다.

이체 이완은 또한 *질량 분리*를 초래한다. 즉, 무거운 항성일수록 중심부로 모여드는 반면, 가벼운 항성일수록 외곽부로 벗어나게 된다. [그림 3.6]에서 그 결과를 볼 수 있다. 만약 초기에 성단의 항성들이 비슷한 궤도 속력을 갖고 고루 섞여 있다면, 더 무거운 항성들은 더 큰 운동 에너지를 갖게 될 것이다. 그러나 Maxwell의 분포에서, 이들의 평균 운동 에너지는 같다. 그러므로 평균적으로, 무거운 항성은 '충돌' 전보다 충돌 후에 느리게 움직이게 될 것이다. 그러면 이 항성은 낮은 에너지의 궤도로 가라앉게 될 것이다. 그러므로 성단의 중심부에는 에너지가 적어서 다른 곳으로 갈 수 없는 항성들로 가득 차게 된다. 성단이 더욱 더 중심부로 집중됨에 따라, 강하게 구속되어 있던 항성들은 전보다 더욱 빠르게 움직여야만 하기 때문에, 항성들은 자신의 에너지를 포기하는 경향이 증가할 것이다.

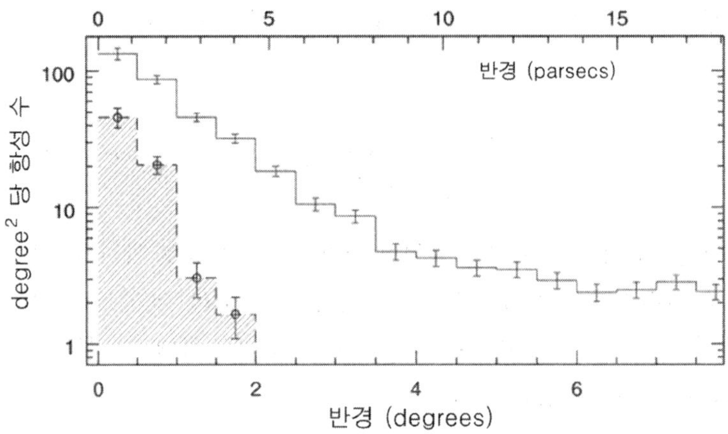

[그림 3.6] 산개 성단 Pleiades에서, $\mathcal{M}_\odot$ 이상의 질량을 가진 항성(점선)은 $\mathcal{M} < \mathcal{M}_\odot$ 인 항성(실선)보다 중심에 더 몰려 있다. − J. D. Adams.

한편, 위쪽으로 움직이는 가벼운 항성들은 충돌에 의해 지속적으로 에너지를 얻지만, 이 에너지를 이용하여 바깥쪽으로 이동한다. 이들의 새로운 궤도는 전보다 느려지고 운동 에너지는 더욱 작아진다. 질량분리는 탈출의 과정이다. 즉, 가장 가벼운 항성들은 바깥쪽으로 이동하여 심지어 팽창하고 퍼진 외곽 헤일로에 놓이게 되고, 무거운 항성들은 중심부에서 더욱더 밀도 높은 핵을 형성한다. 대부분의 성단들은 질량분리에 의해 영향을 받는다. 성단의 대부분의 질량을 담당하고 있는([그림 2.3] 참조) 가장 작고 어두운 항성들은 중심에서부터 멀리 퍼져있다. 그러므로 성단의 질량을 측정하거나 항성의 질량 함수를 계산할 때, 이 점을 주의하여야 한다. 강하게 묶여있는 쌍성들은 마치 단일의 더욱 더 무거운 항성과 같이 행동하여 중심부로 가라앉게 된다. 구상성단에서 X-선원들은 주계열성이 백색왜성이나 중성자성 주위를 돌고 있는 쌍성들이며, 이런 X-선들은 모두 성단의 중심 근처에서 발견된다.

비록 성단 내의 모든 항성들이 같은 질량을 갖는다고 하더라도, 일반적으로 중심 가까이에서 낮은 에너지의 궤도에서 돌고 있는 항성들은 멀리 떨어진 항성들보다 더 빠른 궤도속도를 갖는다. 그러므로 안쪽의 항성들은 에너지를 잃어버리는 경향이 있으며, 바깥쪽의 항성들은 에너지를 얻는 경향이 있다. 시간이 지나면서 일부 항성들은 성단의 중심으로부터 팽창하는 헤일로로 이동하게 되고, 남은 중심부는 수축하게 된다. 중심부는 더욱더 밀도가 높아지고, 외곽부는 부풀어서 더욱 밀도가 낮아지게 된다. 동일질량 항성을 갖는 성단에 대한 계산에 의하면, $(12 \sim 20)\,t_{\rm relax}$ 후에 중심반경은 0 으로 수렴하게 되어 중심 밀도가 무한대까지 증가하게 된다. 이를 *중심부 수축*이라고 한다. 이러한 상태에 근접해 있는 성단은, [그림 3.7]의 M 15 에서 보는 바와 같이, 작으며 밀도가 높은 중심부와 밀도가 낮은 헤일로를 가져야 한다.

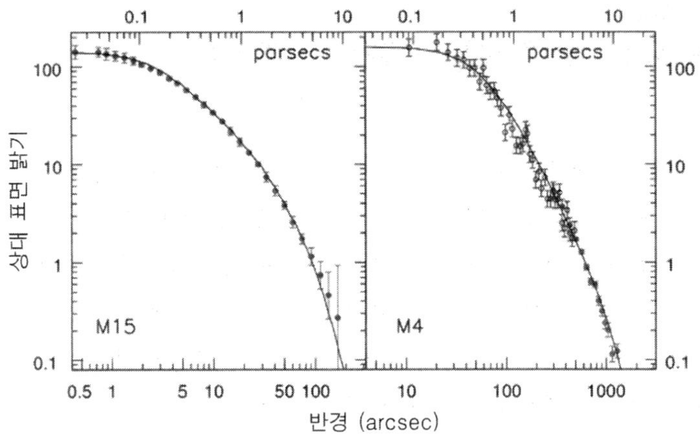

[그림 3.7] 두 구상성단의 표면밝기. 왼쪽, M15: 밀도가 일정한 중심부는 존재하지 않거나 관측할 수 없을 만큼 작다. 오른쪽, M4: 작은 반경에서 표면 밝기는 거의 일정하다가 조석반경 $r_t \approx 3000''$ 에서 0에 가깝게 떨어진다. 실선은 King의 모형을 나타낸다(3.4절). – A. Pasquali, G. Fahlman, and C. Pryor.

중심부 수축 후에 성단에서는 어떠한 일이 일어날까? 밀도가 높은 중심부에서는 쌍성이 중요한 에너지원이 된다. 마치 이체 '충돌'이 빠르게 움직이는 항성들로부터 에너지를 빼앗는 것과 같이, 항성들이 강하게 묶여 있는 쌍성계와의 충돌은 쌍성으로부터 에너지를 얻을 것이다. 이 에너지는 항성들에게 전달되지만, 쌍성은 더욱 가깝게 된다. 현재 얼마나 많은 쌍성구조가 있는가에 따라 쌍성은 주위의 항성들에게 많은 에너지를 공급하여 성단의 중심부는 다시 팽창한다.

문제 3.19 식 3.59에서 정의한 온도 T를 통해 각각의 질량이 m인 N개의 항성들로 이루어진 항성계의 운동 에너지를 구하고, 비리얼 정리를 이용하여 이의 에너지 $\mathcal{E}$가 다음과 같은 식을 만족함을 보여라.

$$\frac{\mathrm{d}\mathcal{E}}{\mathrm{d}T} = -\frac{3}{2}Nk_B < 0\,(!) \tag{3.63}$$

중력계의 비열은 음이다. 즉, 에너지를 줄이면 더욱 뜨거워진다(흔한 예로서, 지구의 대기에서 대기 마찰 하에서 궤도 운동을 하고 있는 위성을 생각해보라. 즉, 에너지를 잃게 됨에 따라, 궤도는 수축하게 되고, 이의 속력은 증가하게 된다).

더 읽어보기

대학원 수준의 책으로서, J. Binney & S. Tremaine, 1987, *Galactic Dynamics* (Princeton University Press, Princeton, New Jersey), Sections 8.0, 8.2, and 8.4; L. Spitzer, 1987, *Dynamical Evolution of Globular Clusters*(Princeton University Press, Princeton, New Jersey)

3.3 원반 내 항성들의 궤도 : 주전원

앞 절에서 은하에서 항성의 궤도는 거의 대부분 많은 항성들을 포함하는 지역에 대해 평균한 *단순* 중력장에 의존한다는 것을 보였다. 이제부터, 중력이나 포텐셜은 이와 같은 평균값을 의미한다. 단순 포텐셜은 흔히 대칭 구조를 가지며, 궤도 계산을 간단하게 한다. 이 절에서는, *축대칭* 은하에서 항성들의 궤도에 대하여 알아볼 것이다.

태양 주위를 도는 행성들과 같이, 우리 은하 원반의 항성들은 완벽한 원궤도는 아니지만 거의 원의 궤도를 따르며, 대부분 동일한 평면에 놓인다. 1.2절의 은하 원통형 극좌표 (R, ϕ, z)에서, 원반의 중간 평면은 $z=0$에 있으며, 중심은 $R=0$에 있다. 만약 내부의 막대구조나 나선팔, 그리고 Gould의 띠(2.2절)와 같은 지역적 구조와 같은 비 축대칭 구조를 고려하지 않을 경우, 단순 중력 포텐셜은 ϕ에 무관하다. 따라서 $\partial\Phi/\partial\phi = 0$이 성립하며, ϕ방향으로는 힘이 작용하지 않는다. 즉, 항성은 z축에 대하여 각운동량이 보존된다. 단위 질량당 z 각운동량을 L_z로 나타낸다면, 각각의 항성에 대해 다음과 같은 식이 성립한다.

$$\frac{\mathrm{d}}{\mathrm{d}t}(\mathrm{R}^2\dot{\phi}) = 0, \text{ 그러므로 } L_z \equiv R^2\dot{\phi} = \text{일정} \tag{3.64}$$

포텐셜은 시간에 따라 변하지 않으므로, $\Phi = \Phi(R,z)$이다. 다음과 같이 반경방향의 운동방정식을 쓸 수 있다.

$$\ddot{R} = R\dot{\phi}^2 - \frac{\partial\Phi}{\partial R} = -\frac{\partial\Phi_{eff}}{\partial R}, \quad \text{여기서 } \Phi_{eff} \equiv \Phi(R, z) + \frac{L_z^2}{2R^2} \tag{3.65}$$

유효 포텐셜 $\Phi_{eff}(R, z; L_z)$는 R과 z에서 항성의 운동에 대한 위치 에너지와 유사하다. 식 3.27에서 사용했던 동일한 방식으로 식 3.65에 $\dot{R}$을 곱하고 적분을 하면, 중앙평면 $z=0$에서 움직이고 있는 항성에 대해 다음과 같은 식이 성립하게 된다.

$$\frac{1}{2}\dot{R}^2 + \Phi_{eff}(R, z; L_z) = \text{일정} \tag{3.66}$$

[그림 3.8]은 식 3.11의 Plummer 구체에 대한 $\Phi_{eff}(R, z=0; L_z)$를 나타낸다. $\dot{R}^2 \geq 0$이므로, Φ_{eff}의 L_z^2 항은 $L_z \neq 0$인 항성이 은하의 최근점의 반경보다 축 $R=0$에 가까이 다가오는 것을 막는 '각운동량 장벽'으로 작용한다. 만약 우리 은하로부터 탈출하는데 충분한 에너지를 갖고 있지 않다면, 각각의 항성은 은하의 최원점 한계 내에 머물러야 한다.

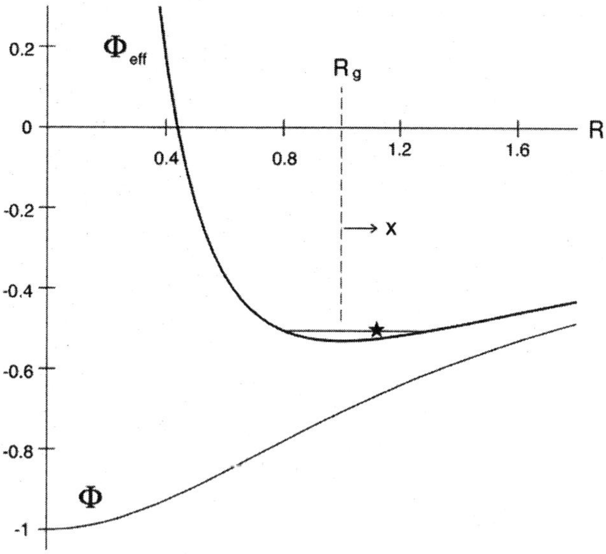

[그림 3.8] Plummer 포텐셜 Φ_P(아래의 곡선)의 주위를 궤도 운동 하면서 각운동량 $L_z = 0.595$인 항성에 대한 유효 포텐셜 $\Phi_{\rm eff}$(위의 곡선). 길이 척도 $a_P = 1$, L_z는 $\sqrt{G\mathcal{M}a_P}$의 단위이며, Φ와 $\Phi_{\rm eff}$에 대한 단위는 $G\mathcal{M}/a_P$이다. 수직 파선은 유도중심 R_g를 나타낸다. 즉, 항성은 내부와 외부의 한계 반경 사이에서 R_g에 대해 진동한다.

항성의 수직 운동은 다음과 같이 주어진다.

$$\ddot{z} = -\frac{\partial\Phi}{\partial z}(R, z) = -\frac{\partial\Phi_{\rm eff}}{\partial z}(R, z) \tag{3.67}$$

만약 원반의 '위'와 '아래' 부분이 서로 거울의 형상과 같다면, $\Phi(R, z) = \Phi(R, -z)$이며, $z = 0$인 평면에서 z방향의 힘은 0이 된다. R_g를 항성의 궤도에 대한 R의 평균값이라고 하자. 이에 대해 아래에서 더욱 정확하게 정의할 것이다. $\Phi(R, z)$를 $(R_g, 0)$에서 Taylor급수로 전개하여 첫 항만 남기면, 오차율이 단지 z^2/R^2이나 $(R - R_g)^2/R^2$ 정도가 된다. 따라서 이러한 거의 원궤도에 대해 다음 식이 성립한다.

$$\ddot{z} \approx -z\left[\frac{\partial^2\Phi}{\partial z^2}(R_g, z)\right]_{z=0} \equiv -\nu^2(R_g)z \tag{3.68}$$

이때, z방향의 운동은 R, ϕ 방향의 운동과 거의 무관하다. 이는 일정한 상수 Z와 θ에 대하여, 각진동수 ν와 $z = Z\cos(\nu t + \theta)$를 갖는 조화 진동자의 방정식이다. 편평한 은하에서, $\nu(R)$은 원궤도에서 각속력 $\Omega(R)$보다 큰 값이다.

각운동량 L_z인 항성은 유효 포텐셜 Φ_{eff}이 R에 대해 일정한 반경 R_g에서만 $\dot{R}=0$을 갖는 정확한 원궤도를 움직일 수 있다. 식 3.65에 의해 다음과 같은 식이 만족한다.

$$\frac{\partial\Phi}{\partial R}(R_g, z=0)=\frac{L_z^2}{R_g^3}=R_g\Omega^2(R_g) \tag{3.69}$$

여기서 $\Omega(R)$은 $z=0$인 평면에서 원궤도의 각속력이다. 만약 유효 포텐셜이 반경 R_g에서 최소값을 갖는다면, 이때의 원궤도는 주어진 각운동량 L_z에 대한 최소 에너지를 갖는 궤도이다. 이 원궤도는 안정하며, 같은 L_z를 갖는 항성은 반드시 이 주위를 진동하게 된다. 이 항성이 중심방향에 대해 안팎으로 움직이는 경우 방위각방향 운동은 번갈아 속력이 빨라졌다 느려졌다 한다. 이 항성은 대략적으로 *유도중심* 주위에 대한 타원형의 *주전원 운동* 즉, 반경 R_g의 원궤도에서 각속력 $\Omega(R_g)$으로 움직이게 된다.

주전원 방정식을 유도하기 위하여, 식 3.65에서 $R=R_g+x$로 놓는다. $x \ll R$라 가정하고 z^2/R^2와 x^2/R^2의 항은 무시하면, 다음과 같은 식을 얻을 수 있다.

$$\ddot{x}\approx -x\left[\frac{\partial^2\Phi_{eff}}{\partial R^2}\right]_{R_g}\equiv -\kappa^2(R_g)x \quad \text{따라서} \quad x\approx X\cos(\kappa t+\psi) \tag{3.70}$$

여기서 X와 ψ는 임의의 적분 상수이다. $\kappa^2>0$일 때, 이 방정식은 *주전원 진동수* κ를 갖는 조화운동을 나타낸다. 만약 $\kappa^2<0$이면, 원궤도는 불안정하여 이 항성은 지수함수적 증가비율로 궤도로부터 벗어나게 될 것이다. 식 3.65의 Φ_{eff}의 정의와 원궤도 $R\Omega^2(R)=\partial\Phi(R, z=0)/\partial R$에 대한 식으로부터 다음과 같은 식이 성립한다.

$$\kappa^2(R)=\frac{\mathrm{d}}{\mathrm{d}R}[R\Omega^2(R)]+\frac{3L_z^2}{R^4}=\frac{1}{R^3}\frac{\mathrm{d}}{\mathrm{d}R}[(R^2\Omega)^2]=-4B\Omega \tag{3.71}$$

여기서 B는 2.3절에서 정의된 Oort 상수이다. 우리 근처에 대하여 $B<0$이므로, κ^2은 양수이고 태양과 같은 거의 원궤도는 다행히 안정하다. 원궤도에서 각운동량은 $R^2\Omega(R)$이다. 만약 반경 R에서 바깥쪽으로 증가한다면, 거기서 원궤도는 안정하다. 이 조건은 은하와 같은 포텐셜에서 원궤도에 대해 항성 성립한다. 그러나 질량 $\mathcal{M}$의 안정한 블랙홀 주위에서 최종 안정 원궤도는 $R=6G\mathcal{M}/c^2$이다. 이보다 작은 반경에서의 궤도는 불안정하다.

문제 3.20 유효 포텐셜은 많은 경우에 적용된다. 회전하지 않는 질량 $\mathcal{M}_{\mathrm{BH}}$의 블랙홀 주위에서 항성의 운동은 다음과 같이 주어진다.

$$\left(\frac{\mathrm{d}r}{\mathrm{d}\tau}\right)^2 = E^2 - \left(c^2 - \frac{2G\mathcal{M}_{\mathrm{BH}}}{r}\right)\left(1 + \frac{L^2}{c^2r^2}\right) \equiv E^2 - 2\Phi_{\mathrm{eff}}(r) \tag{3.72}$$

여기서 r은 중심으로부터의 거리, τ는 시간으로 해석할 수 있다(좀 더 정확하게는, r은 Schwarzschild 반경이고, τ는 반경 r에서 고정된 관측자에 대한 고유시간이며, E, L은 이 관측자에 의해 측정된 단위 질량 당 에너지와 각운동량이다). $r > 3G\mathcal{M}_{\mathrm{BH}}/c^2$에서 원궤도가 없음을 보이고, $L > 2\sqrt{3}\,G\mathcal{M}_{\mathrm{BH}}/c$을 가진 안정된 원궤도가 $r > 6G\mathcal{M}_{\mathrm{BH}}/c^2$에 있음을 보여라.

더 읽어보기

S.L Shapiro and S.A. Teukolsky, 1983, *Black Holes, White Dwarfs and Neutron Stars* (Wiley, New York)

이 주전원 운동이 일어나는 동안, 각운동량 L_z가 일정한 값을 갖기 위하여 항성의 방위각 속력 $\dot{\phi}$는 다음과 같이 변한다.

$$\dot{\phi} = \frac{L_z}{R^2} = \frac{\Omega(R_g)R_g^2}{(R_g+x)^2} \approx \Omega(R)\left(1 - \frac{2x}{R_g} + \cdots\right) \tag{3.73}$$

식 3.70의 x에 대한 식을 대입한 후 적분하면 다음과 같은 식을 얻을 수 있다.

$$\phi(t) = \phi_0 + \Omega(R_g)t - \frac{1}{R_g}\frac{2\Omega}{\kappa}X\sin(\kappa t + \psi) \tag{3.74}$$

여기서 ϕ_0은 임의의 상수이다. 처음 두 항은 유도중심 운동을 나타낸다. 세 번째 항은, 위상이 90° 이고 $2\Omega/\kappa$배 만큼 큰 반경에서의 x진동과 동일한 진동수를 갖는 조화운동을 나타낸다([그림 3.9] 참조). 주전원 운동은, 유도중심 운동과 반대 개념의 *역행*운동이다. 즉, 중심 근처에서 항성의 속력을 올리고, 중심에서 멀어질 경우 속도를 줄인다.

두 가지 간단한 예에서, 주전원 진동수 κ는 유도중심의 각속력 Ω의 배수이다. 점질량의 중력장에서, $\Omega(R) \propto r^{-3/2}$이며, 따라서 $\kappa = \Omega$이다. 항성의 궤도는 하나의 초점에서 질량을 당기는 타원형이다. 즉, 이 주전원은, 행성 운동을 기술하기 위해 주전원을 사용하였던 Ptolemy, Copernicus나 다른 사람들이 가정한 원궤도보다, ϕ방향이

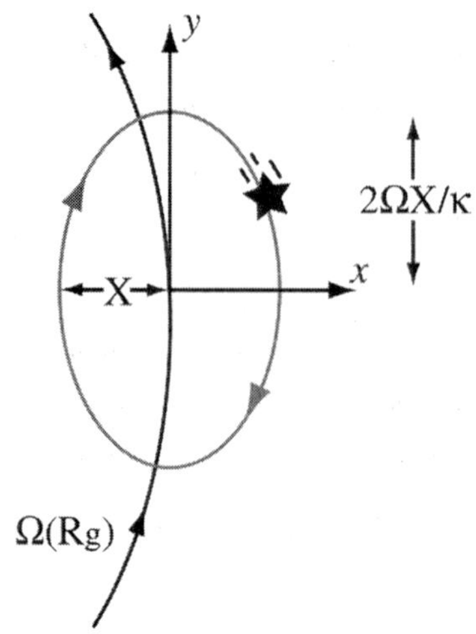

[그림 3.9] 은하 중심에 대하여 각속력 $\Omega(R_g)$를 가지는 항성 궤도에 대한 $(x=0, y=0)$의 유도중심 주위에서 타원형의 주전원 궤도.

x방향보다 두 배 길다. 밀도가 일정한 구의 내부에서, $\Omega(R)$은 일정하며 $\kappa = 2\Omega$이다. 항성은 중심에 대하여 대칭인 타원에서 조화운동을 하며 한 번의 회전 동안 안쪽과 바깥쪽으로 두 번의 교차가 일어나며, 이때의 주전원은 원궤도이다. 은하의 포텐셜은 이 두 값 사이의 중간값이며, 그 결과 $\Omega \ll \kappa \ll 2\Omega$이다. 태양 근처에서 $\kappa \approx 1.4\Omega$이다. 이러한 항성들의 궤도는 서로 가까워지지 않는다. [그림 3.10]에서 은하의 매 회전에 대하여 안팎으로 약 1.4 회의 진동이 일어남을 볼 수 있다. 5.5절에서 다른 반경 R_g에서의 유도 중심을 가진 항성들이 원반에서 나선 형태를 만들기 위해 어떻게 주전원에 정렬되는가에 대해 알아볼 것이다.

태양 주변에서 주전원의 주기는 대략 170 Myr로서, 항성들의 완벽한 회전을 관측하기에는 너무나 큰 값이다. 그러나 $R \approx R_0$에서 우리와 가까운 항성들의 속도는 측정할 수 있다. 어떤 경우는 태양보다 더 바깥쪽의 유도중심을 가져서 주전원 안쪽 지역에 있을 것이며, 다른 항성들은 더 작은 반경에서 그들의 유도중심을 가진다. $R_g > R_0$인 유도중심을 갖는 근처 항성은 주전원 운동 때문에 우리의 반경에서 원궤도보다 접선방향으로 더욱 빠르게 움직인다. 식 3.73로부터 상대속력 v_y를 다음과 같이 구할 수 있다.

$$v_y = R_0[\dot{\phi} - \Omega(R_0)] \approx R_0\left[\Omega(R_g) - 2x\frac{\Omega(R_g)}{R_g} - \Omega(R_0)\right] \tag{3.75}$$

$R_0 = R_g + x$를 적용하고, x^2의 항을 버리면 다음 식이 성립한다.

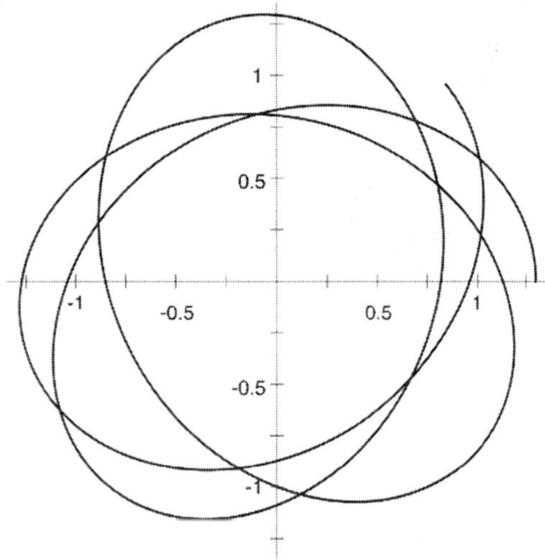

[그림 3.10] [그림 3.8]의 은하 평면 위로부터 바라본 항성의 궤도. 궤도 초기조건은 $(R=1.3, \phi=0)$과 $(\dot{R}=0, R\dot{\phi}=0.4574)$이다.

$$v_y \approx -x\left[2\Omega(R_0)+R_0\left(\frac{\mathrm{d}\Omega}{\mathrm{d}R}\right)_{R_0}\right]=-\frac{\kappa^2 x}{2\Omega} \quad \text{or} \quad 2Bx \tag{3.76}$$

특정 항성에 대한 x의 값을 알지 못하므로, 보이는 모든 항성에 대한 평균을 취하면 다음과 같은 식이 만족한다.

$$\langle v_y^2\rangle = \left(\frac{\kappa^2}{2\Omega}\right)^2\langle x^2\rangle = \frac{\kappa^2}{4\Omega^2}\langle v_x^2\rangle \tag{3.77}$$

$\kappa < 2\Omega$와 $\langle v_y^2\rangle < \langle v_x^2\rangle$이므로, 비록 주전원이 접선의 y방향으로 더 길어도, 가까운 항성들은 시선 x 방향으로 더 큰 무작위 속력을 갖는다. 은하내 바깥쪽으로부터 온 항성들의 주전원이 은하의 회전과 동일한 방향으로 항성들을 운반하고 있기 때문에, 감소하여 이들의 유도 중심의 운동이 느려지게 되며, 접선 속도 분산이 감소한다. 반대로, 작은 반경에서부터 오는 항성들의 주전원 운동은 이들의 더 빠른 유도중심 운동과 반대로 움직인다. [표 2.1]의 F형 항성들의 집단에 대하여 다음 식이 성립한다.

$$2 \lesssim \langle v_x^2\rangle / \langle v_y^2\rangle \lesssim 3 \tag{3.78}$$

근처 항성들의 큰 집단에 대해 이 비를 측정하면 이 상수의 최적값을 얻을 수 있으며, $B \approx -12\ \mathrm{kms^{-1}kpc^{-1}}$이다.

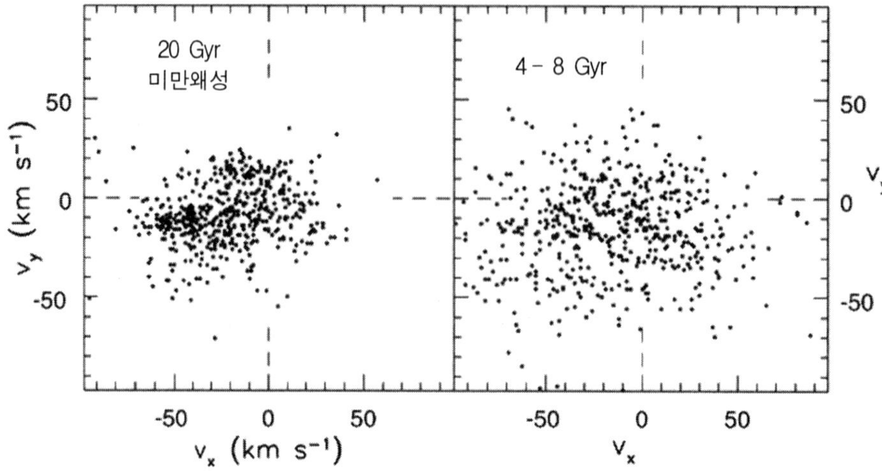

[그림 3.11] 태양 근처 F와 G형 왜성들에 대한 속도 v_x와 v_y의 분산은 나이가 많을수록 크다. 젊은 항성들은 *정점편이*를 보여준다. 즉, v_x와 v_y는 같은 부호를 갖는 경향이 있다. 이러한 항성들은 아직 자신이 태어난 집단으로부터 멀어질만한 시간이 되지 않았다. 늙은 항성들의 경우 v_y의 평균값은 큰 임의의 속력을 갖고 점점 더 음의 값이 된다. — B. Nordstrom *et al*. 2004 *AAp* 418, 98.

문제 3.21 문제 2.17의 결과를 사용하여 다음과 같음을 보이시오.

$$\langle v_y^2 \rangle = -\frac{B}{A-B} \langle v_x^2 \rangle$$

그러므로 편평한 회전 곡선에 대하여 $\langle v_x^2 \rangle / \langle v_y^2 \rangle = 2$이 기대되어 진다. 연구의 결과로부터 이 비율은 2.2로 주어지는데, $A = 14.8 \pm 0.8\,\mathrm{kms^{-1}kpc^{-1}}$이면, B는 얼마인가?

[그림 3.11]과 [표 2.1]은 나이가 많은 항성들이 더 큰 무작위 속도를 가지고 있음을 보여준다. 그러나 식 3.55의 이완 시간이 태양 근처에서 $\sim 10^{13}$년 일 때, 궤도는 왜 수십억 년 이내에 변해야 하는가? 나선팔에서의 항성과 가스의 덩어리들은 지나가는 항성들을 끌어당기며, 이때 매번 원궤도로부터 멀어지게 된다.

주의 깊은 독자는 평균을 구할 때 항성 밀도의 반경방향 변화를 고려하지 않았음을 알아챘을 것이다. 사실, 항성 밀도는 은하의 중심에서 더욱 높기 때문에, 태양 근처에서는 작은 반경의 유도 중심을 갖는 항성들이 우리 은하 외부로부터 온 항성들보다 많이 보인다. 항성들의 대다수는 그들의 주전원 바깥 부분에 놓이게 되어 $x > 0$이 될 것이다. 따라서 식 3.76에 의해, 태양 근처에서 항성들의 평균 접선방향 운동은 원의 속도보다 떨어지게 된다. 이 예측은 [그림 3.11]과 [표 2.1]을 통해 증명된다. 즉, 평균 $\langle v_y \rangle$은 음수이며, *비대칭 처짐 현상*으로 알려진 효과이다. 이 처짐 현상은 큰 무작위 속력을 갖는 오래된 항성의 집단에서 더욱 강한데, 이는 이러한 항성들의 궤도가 원운동으로부터 더 벗어나 있기 때문이다.

문제 3.22 식 3.71로부터 일정한 밀도를 갖는 구형 은하에서 $\kappa = 2\Omega$이며 Oort 상수가 $A = 0$과 $B = \Omega$임을 보여라. 식 2.19의 '암흑헤일로' 포텐셜에 대하여 $\Omega(r)$과 $\kappa(r)$을 구하여라. 이들이 작은 반경에서 밀도 $V_H^2/(4\pi G a_H^2)$의 균일한 구에 대하여 성립함과, r이 커짐에 따라 $\kappa \to \sqrt{2}\,\Omega$임을 확인하여라. $0 < r < 5a_H$인 반경에 대한 Ω, κ, $\Omega - \kappa/w$를 그려라. $r \to 0$과 r이 점점 커지는 경우 모두에 대하여 $\Omega - \kappa/w$가 0으로 다가감을 보여라. 5.5절에서 왜 두 개의 나선팔이 은하 원반에서 두드러지는지에 대해 알아볼 것이다.

문제 3.23 2.3절에서 태양은 $v_x \approx -10\,\mathrm{km\,s^{-1}}$과 $v_y \approx 5\,\mathrm{km\,s^{-1}}$임을 보였다. 그런데 어떠한 이유로 유도중심반경이 $R_g > R_0$라고 알고 있는가? 우리 은하의 회전곡선이, $V(R) = R\,\Omega(R) = 200\,\mathrm{km\,s^{-1}}$와 $R_0 = 8\,\mathrm{kpc}$로서, 거의 편평하다고 가정할 때, κ와 Oort 상수 B를 구하여라. 식 3.70과 식 3.76을 이용하여, 태양의 시선방향 운동이 $X = 0.35\,\mathrm{kpc}$이고, $R_g \approx 8.2\,\mathrm{kpc}$임을 보여라.

3.4 충돌 없는 Boltzmann 방정식

앞 절에서 은하의 중력장에서의 개별 항성의 궤도에 대하여 알아보았다. 은하에서의 항성 운동에 대하여 가스에서의 원자와 같이 기술할 수 있다. 다만, 원자의 궤도에 대해서와 같은 방법이 아니라, 특정 영역에서의 원자의 밀도, 그리고 평균 운동에 대한 문제로서 적용된다. 여기서는 간단하게 하기 위해, 모든 항성들이 동일한 질량 m을 가지고 있다고 가정하자.

분포함수 $f(\mathbf{x}, \mathbf{v}, t)$로부터 $(\mathbf{x}, \mathbf{v})$의 6차원 *상태공간*에서의 확률밀도를 알 수 있다. 중심이 $\mathbf{x}$이고 크기가 Δx, Δy, Δz인 입방체에서 v_x에서 $v_x + \Delta v_x$ 사이의 x 속도, v_y에서 $v_y + \Delta v_y$ 사이의 y 속도 그리고 v_z에서 $v_z + \Delta v_z$ 사이의 z 속도를 갖는 입자들(항성들 혹은 원자들)의 평균 입자수는 다음과 같다.

$$f(\mathbf{x}, \mathbf{v}, t) = \Delta x \Delta y \Delta x \Delta v_x \Delta v_y \Delta v_z \tag{3.79}$$

위치 $\mathbf{x}$에서의 *개수밀도* $n(\mathbf{x}, t)$는 속도에 대한 적분이다.

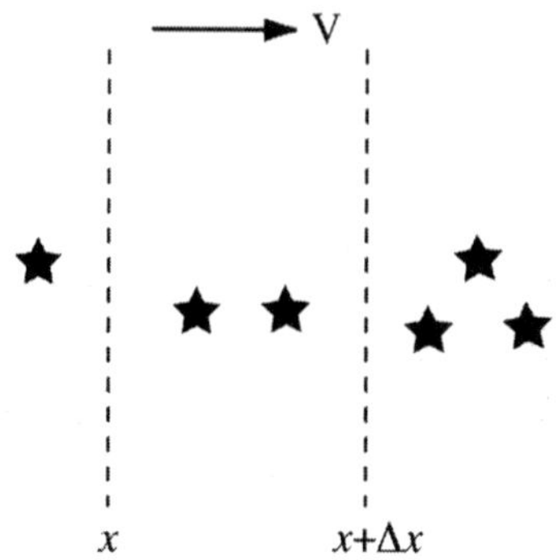

[그림 3.12] x와 $x+\Delta x$ 사이 영역 안팎의 흐름은 연속 방정식으로 기술된다.

$$n(\mathbf{x},\, t) \equiv \int_{-\infty}^{\infty}\int_{-\infty}^{\infty}\int_{-\infty}^{\infty} f(\mathbf{x},\, \mathbf{v},\, t)\mathrm{d}v_x \mathrm{d}v_y \mathrm{d}v_z \tag{3.80}$$

평균 속도 $\langle \mathbf{v}(\mathbf{x},\, t)\rangle$와 같은 평균은 적분에 의해 구할 수 있다.

$$\langle \mathbf{v}(\mathbf{x},\, t)\rangle n(\mathbf{x},\, t) \equiv \int_{-\infty}^{\infty}\int_{-\infty}^{\infty}\int_{-\infty}^{\infty} \mathbf{v} f(\mathbf{x},\, \mathbf{v},\, t)\mathrm{d}v_x \mathrm{d}v_y \mathrm{d}v_z \tag{3.81}$$

항성들이 중력 포텐셜 $\Phi(\mathbf{x},\, t)$로 은하에서 돌아다닐 때 밀도와 분포함수 변화에 대한 방정식들을 찾자. 간단히 하기 위해, 오직 한 방향 x로만 움직이는 항성들을 생각하자. 시간 t일 때, [그림 3.12]에서 x와 $x+\Delta x$ 사이의 '상자' 사이에 있는 항성의 수는 $n(x,\, t)$이다([그림 3.11]). 이러한 항성들이 속력 $v(x) > 0$으로 움직이고 있다고 가정하자. 그러면 $n(x)$는 시간에 따라 어떻게 변하는가? 시간 Δt 이후, 현재 $x - v(x)\Delta t$와 x 사이에 있는 모든 항성들은 이 상자 안으로 들어가는 반면, 끝의 $v(x+\Delta x)\Delta t$ 거리 안의 항성들은 이 상자를 떠나게 된다. 따라서 상자 안의 항성의 평균 개수는 다음과 같은 식에 따라 변하게 된다.

$$\Delta x[n(x,\, t+\Delta t) - n(x,\, t)] \approx n(x,\, t)v(x)\Delta t - n(x+\Delta x,\, t)v(x+\Delta x,\, t)\Delta t \tag{3.82}$$

극한 $\Delta t \to 0$과 $\Delta x \to 0$을 취하면 다음과 같은 식을 얻을 수 있다.

$$\frac{\partial n}{\partial t} + \frac{\partial (nv)}{\partial x} = 0 \tag{3.83}$$

이 식을 *연속 방정식*이라고 한다. 이 식은 비록 어떠한 항성도 파괴되지 않아서 결국 이 항성들이 사라지거나 어떠한 여분의 항성들도 더해지지 않아도 성립해야 한다.

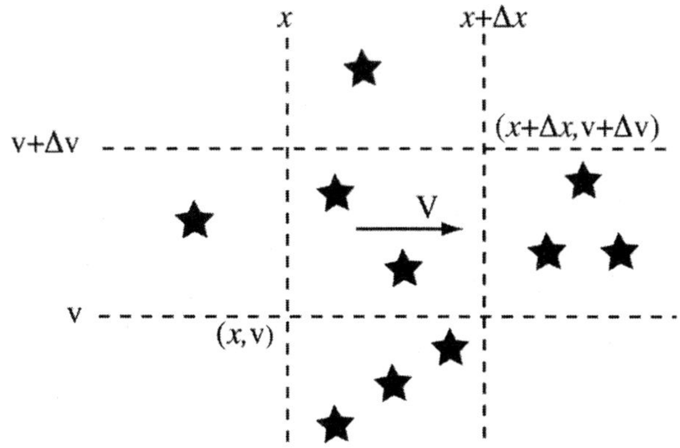

[그림 3.13] 상태 공간 (x, v)에서 상자 안팎의 흐름은 충돌 없는 Boltzmann 방정식으로 기술된다

예를 들면, 만약 [그림 3.12]에서와 같이 $v > 0$이고 $\partial n/\partial x > 0$이면, 상자 안의 항성들의 밀도는 시간에 따라 줄어들어야 한다.

*충돌 없는 Boltzmann 방정식*은 연속 방정식과 유사하지만, 이 방정식은 속도의 변화에 대해 성립하며, 각 항성들에 작용하는 힘 $f(\mathbf{x}, \mathbf{v}, t)$의 변화와 관련이 있다. 이를 유도하기 위해, 이체 충돌은 중요하지 않으며, 항성의 가속도 $\mathrm{d}\mathbf{v}/\mathrm{d}t$는 오직 단순 포텐셜 $\Phi(\mathbf{x}, t)$에만 의존한다고 가정하자. [그림 3.13]에서, 중심 상자 안의 항성들을 보면, 이들은 x와 $x+\Delta x$사이에 놓여 있으며, v와 $v+\Delta v$ 사이의 속력으로 이동하고 있다. 시간 Δt 이후, 현재 $x - v\Delta t$와 x 사이에 있는 항성들이 이 상자의 안으로 들어오게 되는 반면, 끝의 거리 $v\Delta t$ 안의 현재 항성들은 이 상자를 떠나게 된다. 여기서 x와 v는 독립적이므로, v는 x에 의존하지 않는다. 상자 내의 항성의 수는 대략 다음과 같다.

$$\Delta v \Delta t[vf(x, v, t) - vf(x+\Delta X, v, t)] \approx -v\Delta x \Delta t \Delta v \frac{\partial f}{\partial x} \tag{3.84}$$

그러나 외력에 의해 항성의 속력이 변하기 때문에, 이 중심상자에서 항성의 수 역시 변하게 된다. $\mathrm{d}v/\mathrm{d}t > 0$ 라고 가정하면, 항성들은 모두 x 방향으로 가속된다. 시간 Δt 이후, 이들은 대략 $\Delta t \cdot \mathrm{d}v/\mathrm{d}t$로 더욱 빠르게 움직이게 될 것이다. 현재 v와 $v - \Delta t \cdot \mathrm{d}v/\mathrm{d}t$ 사이의 속력으로 움직이는 항성들은 이 중심 상자 안으로 들어오게 되는데, 왜냐하면 이들은 속력 v보다 더 빠르게 움직이게 될 것이지만 $v+\Delta v$보다 조금 낮은 속력을 갖는 항성들은 이 중심 상자를 떠나게 될 것이기 때문이다. 전체적으로, 중간의 상자는 아래의 개수만큼 항성이 모일 것이다.

$$\Delta x \Delta v[f(x, v, t+\Delta t)-f(x, v, t)] \quad (3.85)$$
$$\approx -v\Delta x \Delta v \Delta t \frac{\partial f}{\partial x} - \Delta x \Delta t\left[\frac{\mathrm{d}v}{\mathrm{d}t} f(x, v, t) - \frac{\mathrm{d}v}{\mathrm{d}t} f(x, v+\Delta v, t)\right]$$

모든 Δ가 아주 작은 경우, 다음과 같은 식이 성립한다.

$$\frac{\partial f}{\partial t} + v\frac{\partial f}{\partial x} - \frac{\mathrm{d}v}{\mathrm{d}t}(x, v, t) \cdot \frac{\partial f}{\partial v} = 0$$

그러나 항성의 가속도는 이 항성이 얼마나 빠르게 움직이고 있는가에 의존하지 않으며, 오직 이 항성의 위치에만 의존한다. 즉, $\mathrm{d}v/\mathrm{d}t = -\partial\Phi(x, t)/\partial x$이다. 따라서 1차원의 충돌 없는 Boltzmann 방정식은 다음과 같다.

$$\frac{\partial f}{\partial t} + v\frac{\partial f}{\partial x} - \frac{\mathrm{d}\Phi}{\mathrm{d}x}(x, t) \cdot \frac{\partial f}{\partial v} = 0 \quad (3.86)$$

3차원에서, 충돌 없는 Boltzmann 방정식은 다음과 같은 형태를 취한다.

$$\frac{\partial f(\mathbf{x}, \mathbf{v}, t)}{\partial t} + \mathbf{v} \cdot \nabla f - \nabla\Phi \cdot \frac{\partial f}{\partial \mathbf{v}} = 0 \quad (3.87)$$

식 3.87은 항성들이 생겨나거나 사라지지 않는 경우 성립하며, 그리고 위치나 속력의 매끄러운 변화에 대해서도 성립한다. 항성간 근접 충돌은 그들의 속력을 단순 포텐셜에서의 운동보다 더욱 빠르게 변화시킬 수 있다. 이러한 것들이 중요한 경우, 이들의 효과를 여분의 '충돌' 항으로 우변에 첨가한다.

충돌 없는 Boltzmann 방정식을 완전하게 풀지 않는 대신, 속도 모멘트를 얻기 위하여 적분한다. 식 3.86을 속도에 대하여 적분하고 식 3.80과 3.81의 정의를 이용하면 다음과 같은 식을 얻을 수 있다.

$$\frac{\partial n(x, t)}{\partial t} + \frac{\partial}{\partial x}[n(x, t)\langle v(x, t)\rangle] - \frac{\partial\Phi}{\partial x}(x, t)[f]_{-\infty}^{\infty} = 0 \quad (3.88)$$

잘 정의된 $f(x, v, t)$에 대하여 $|v| \to \infty$임에 따라 0으로 다가갈 때, 마지막 항은 0이다. 이 경우 $v = \langle v(x, t)\rangle$인 식 3.83의 결과로 돌아가게 된다.

식 3.86에 v를 곱한 후 적분을 하면 다음과 같은 식을 얻는다.

$$\frac{\partial}{\partial t}[n(x, t)\langle v(x, t)\rangle] + \frac{\partial}{\partial x}[n(x, t)\langle v^2(x, t)\rangle] = -n(x, t)\frac{\partial\Phi}{\partial x} \quad (3.89)$$

여기서 제곱 속도의 평균 $\langle v^2 \rangle$은 $\langle v \rangle$에 대해서와 마찬가지로 정의하고, $|v| \to \infty$임에 따라 $fv \to 0$임을 가정하여 각 항별로 적분하였다. 속도분산 σ는 $\langle v^2(x, t) \rangle = \langle v(x, t) \rangle^2 + \sigma^2$에 의해 정의된다. 식 3.88을 이용하여 항들을 정리한 후 n으로 나누면 다음과 같은 식이 나온다.

$$\frac{\partial \langle v \rangle}{\partial t} + \langle v \rangle \frac{\partial \langle v \rangle}{\partial x} = -\frac{\partial \Phi}{\partial x} - \frac{1}{n}\frac{\partial}{\partial} x [n\sigma^2(x, t)] \tag{3.90}$$

이는 유체역학의 Euler 방정식과 유사한데, 압력 $-\frac{\partial p}{\partial x}$ 대신 σ^2을 갖는다. 유체에서, 상태 방정식은 주어진 밀도와 온도에서 압력을 결정한다. 항성계에 대하여 이러한 관계는 없으나, 다음 부절에서와 같이, 측정된 양을 사용힘으로써 고려할 수 있다.

3.4.1_ 은하 원반부의 질량 밀도

충돌 없는 Boltzmann 방정식과 관측된 항성의 수직방향 운동을 이용하여 태양 주변 은하 원반부의 질량을 구할 수 있다. 항성종족 *지시자*를 선택하여(예를 들어, K형 왜성) 원반부 중심평면에 대한 높이 z에 따른 밀도 $n(z)$를 측정한다. 좌표는 (x, v) 대신 (z, v_z)을 사용한다. 포텐셜 $\Phi(z)$는 시간에 따라 변하지 않으며, 항성들은 *잘 섞여* 있기 때문에 분포함수 f와 밀도 n은 시간에 따라 일정하다고 가정한다. 이 평면의 위를 바라보면, $\langle v_z \rangle n(z) \to 0$이다. 따라서 식 3.88으로부터 평균 속도는 어디에서나 $\langle v_z \rangle = 0$임을 알 수 있다. 식 3.90에서 σ_z는 속도 분산을 나타낼 수 있다. 좌변은 모두 없어지고 다음과 같은 식을 얻는다.

$$\frac{\mathrm{d}}{\mathrm{d}z}[n(z)\sigma_x^2] = -\frac{\partial \Phi}{\partial z} n(z) \tag{3.91}$$

따라서 항성의 밀도와 속도분산이 z 방향에 따라 어떻게 변하는가를 측정한다면, 임의의 위치에서 수직방향의 힘을 구할 수 있다.

식 3.9의 Poisson 방정식은 은하의 질량밀도 $\rho(\mathbf{x})$에 작용하는 힘을 포함한다. 우리 은하가 축대칭이라고 가정하면, ρ와 Φ가 오직 (R, z)에만 의존한다. 따라서 다음과 같은 식을 얻을 수 있다.

$$4\pi G\rho(R, z) = \nabla^2\Phi(R, z) = \frac{\partial^2 \Phi}{\partial z^2} + \frac{1}{R}\frac{\partial}{\partial R}\left[R\frac{\partial \Phi}{\partial R}\right] \tag{3.92}$$

여기서 밀도 $\rho(R,\ z)$는 밝은 항성들, 가스, 백색왜성, 갈색왜성, 블랙홀과 암흑 물질과 같은 원반부의 *모든* 질량을 포함한다. $V(R)$이 반경 R에서 원궤도 회전속력이라고 하면, $\partial\Phi/\partial R = V^2(R)/R$이며, 다음과 같은 식이 성립한다.

$$4\pi G\rho(R,\ z) = \frac{\mathrm{d}}{\mathrm{d}z}\left\{\frac{1}{n(z)}\frac{\mathrm{d}}{\mathrm{d}z}[n(z)\sigma_z^2]\right\} + \frac{1}{R}\frac{\mathrm{d}}{\mathrm{d}R}[V^2(R)] \tag{3.93}$$

태양 근처에서 $V(R)$은 거의 일정하기 때문에 마지막 항은 아주 작은 값이다. 원반부의 중심평면에서의 밀도 $\rho(R_0,\ 0)$은 최근에 히파르코스 위성을 통해 얻은 A형 항성들 주변의 속도로부터 추정하였으며, 그 값의 범위는 1000 pc^3 당 $(70 \sim 100)\ \mathcal{M}_\odot$이다.

체적 밀도 ρ를 구하기 위해, 관측으로 결정된 양 $n(z)$을 두 번 미분하면 오차는 적게 된다. 원반부 중간평면의 임의의 위치 이내 표면질량 밀도 $\Sigma(< z)$를 더욱 정확하게 결정할 수 있다. 원반부는 $z = 0$에 대하여 대칭이라고 가정하면, 식 3.93을 적분하여 다음과 같은 식을 얻는다.

$$2\pi G\Sigma(< z) \equiv 2\pi G\int_{-z}^{z}\rho(z')\mathrm{d}z' \approx -\frac{1}{n(z)}\frac{\mathrm{d}}{\mathrm{d}z}[n(z)\sigma_z^2] \tag{3.94}$$

1932년 Jan Oort가 이것을 처음으로 시도하여, 밝은 F형 왜성들과 K형 거성들에 대한 $n(z)$를 측정하였다. σ_z가 높이에 따라 변하지 않는다고 가정하였으며, $\Sigma(< 700\ \mathrm{pc}) \approx 90\mathcal{M}_\odot\ \mathrm{pc}^{-2}$임을 알아냈다. 그러나 중심 평면으로부터 1 kpc 밖의 지역에서, $\Sigma(< z)$에 대하여 유도한 함수는 *감소하기* 시작한다. 이는 $\rho(z) < 0$을 갖는 반중력 물질이 있다는 것을 말하고 있거나, σ_z가 일정하다는 가정이 틀렸다는 것을 나타낸다.

훨씬 더 많은 수와 공간에서 더욱 고르게 퍼져 있는 희미한 K형 왜성을 통한 최근 연구는, σ_z가 높이에 따라 증가하고 있음을 나타내고 있다. 중심평면으로부터 250 pc 떨어진 곳에서 수직방향의 분산은 $\sigma_z \approx 20\ \mathrm{kms}^{-1}$이며, $z \sim 1$ kpc에서 30 kms^{-1}까지 커진다. 즉, 더욱 더 높은 곳에서, 더 많은 항성들이 이 두꺼운 원반부에 속하게 된다. 속도분산이 커지는 것을 고려하면, 이러한 연구들로부터 $\Sigma(< 1100\ \mathrm{pc}) \approx (70 - 80)\mathcal{M}_\odot\ pc^{-2}$임을 알 수 있다. 이 질량의 일부는 헤일로 안에 있어야 하므로, 원반부의 표면 밀도는 대략 $50\mathcal{M}_\odot$에서 $60\ \mathcal{M}_\odot\ \mathrm{pc}^{-2}$ 사이에 있을 것이다.

이 역학적 추정값과 가스나 항성에서 관측된 질량을 비교할 수 있다. 태양 근처에서, 분자 가스는 대략 $\sim 2\mathcal{M}_\odot\ \mathrm{pc}^{-2}$의 값을 갖는다. 중성수소원자의 경우 대략 $\sim 8\mathcal{M}_\odot\ \mathrm{pc}^{-2}$

정도이며, 이온화된 가스의 경우 $2\mathcal{M}_\odot\ \mathrm{pc}^{-2}$ 정도이다. 이 값들의 불확실성은 적어도 30% 정도이다. M형 왜성들보다 훨씬 더 무거운 주계열성과 거성들은 조사에 쉽게 포함된다. 백색왜성이나 중성자성과 같은 발견하기 힘든 작은 질량의 항성들과 항성의 잔해물들을 모두 포함할 경우 전체적으로 대략 $25 \sim 40\ \mathcal{M}_\odot\ \mathrm{pc}^{-2}$의 값을 갖는다. 그러므로 가스와 항성들의 질량은 $40 \sim 55\mathcal{M}_\odot\ \mathrm{pc}^{-2}$ 정도이다. 원반부는 우리 은하의 많은 양의 '암흑 물질'을 포함하지 않는다.

문제 3.24 발산정리를 이용하여 표면 밀도 Σ를 갖는 균일한 평면 위 높이 z에서의 포텐셜은 다음과 같음을 보여라.

$$\Phi(\mathbf{x}) = 2\pi G\Sigma|z| \tag{3.95}$$

수직방향의 힘은 z 방향에 의존하지 않으며, $z \neq 0$일 때 $\nabla^2\Phi = 0$임을 확인하라. 은하의 모든 질량이 평면의 균일한 원반부에 있다고 가정하고 식 3.91을 사용하여 K형 왜성들의 밀도 $n(z)$를 구하라. 이때 이들은 일정한 속도분산 σ_z를 갖는다고 가정한다. 지구 대기에서와 같이 중력가속도가 높이에 거의 무관한 경우, $n(z)$는 $|z|$가 $h_z = \sigma_z^2/2\pi G\Sigma$까지 증가함에 따라 e의 배수로 감소함을 보여라. $\sigma_z = 20\ \mathrm{kms}^{-1}$에 대하여, 태양 근처의 h_z를 추정하라.

3.4.2_ 운동 상수와 활용

중력 포텐셜 $\Phi(\mathbf{x})$이 일정하며, 분포함수가 일정한 상황에서 움직이는 항성에 대한 충돌 없는 Boltzmann 방정식의 해를 생각해보자. 이때, $f(\mathbf{x}, \mathbf{v})$를 *운동 상수*의 형태로 기술하는 것이 편리하다. 운동 상수는 항성이 궤도를 따라 일정한 값을 갖는 위치 $\mathbf{x}$와 속도 $\mathbf{v}$의 함수 $I(\mathbf{x}, \mathbf{v})$이다. 한 예가 단위 질량 당 에너지 $E(\mathbf{x}, v) = \mathbf{v}^2/2 + \Phi(\mathbf{x})$인데, 이는 포텐셜 $\Phi(\mathbf{x})$가 시간에 의존하지 않는 한 운동 상수이다. 축대칭 포텐셜 $\Phi(R, z, t)$에서 각운동량 L_z의 z 성분은 하나의 운동 상수이다. 구형 포텐셜에서 전체 각운동량 $\mathbf{L}$도 운동 상수이다.

궤도를 따라 일정한 임의의 함수 I에 대하여 다음과 같은 식이 성립한다.

$$\frac{\mathrm{d}}{\mathrm{d}t}I(\mathbf{x}, \mathbf{v}) \equiv \frac{\partial \mathbf{x}}{\partial t} \cdot \nabla I + \frac{\partial \mathbf{v}}{\partial t} \cdot \frac{\partial I}{\partial \mathbf{v}} = 0 \text{ 또는 } \mathbf{v} \cdot \nabla I - \nabla\Phi \cdot \frac{\partial I}{\partial \mathbf{v}} = 0 \tag{3.96}$$

이 식은 식 3.87과 유사한데, 이를 다음과 같이 쓸 수 있다.

$$\frac{df}{dt} \equiv \frac{\partial f}{\partial t} + \mathbf{v} \cdot \frac{\partial f}{\partial \mathbf{x}} + \frac{\partial \mathbf{v}}{\partial t} \cdot \frac{\partial f}{\partial \mathbf{v}} = 0 \tag{3.97}$$

따라서 특정 항성 주위의 위상 공간 밀도 $f(\mathbf{x}, \mathbf{v}, t)$는 궤도를 따라 일정한 값을 유지한다. 밀도 $n(\mathbf{x})$가 높아짐에 따라 주변 항성들의 속도의 분산은 증가해야만 한다. 충돌 없는 볼츠만 방정식의 시간에 대해 독립적인 해가 되는 임의의 함수 $f(\mathbf{x}, \mathbf{v})$는 운동 상수이다. 반대로 *만약 $f(I_1, I_2, \ldots)$가 운동 상수 I_1, I_2, ... 에 대한 임의의 함수이면, f는 운동방정식에 대한 정상상태의 해*가 된다. 때로는 적어도 몇 개의 운동 상수를 쓰는 것이 유용하며, 이는 충돌 없는 Boltzmann 방정식의 시간에 대해 일정한 해를 만드는 한 방법이다.

예를 들면, 식 3.68은 원형에 가까운 궤도를 갖는 원반부의 항성들에 대하여, 은하 원반부에 수직인 운동은 원반 평면에서의 운동과 무관함을 보여준다. 따라서 수직 운동의 에너지 $E_z = \Phi(R_0, z) + v_z^2/2$는 운동 상수이다. 만약 발견 및 관측이 쉬우며 또한 잘 섞여 있어서 분포함수 $f(z, v_z)$가 시간에 대해 불변인 항성종족 지시자를 선택한다면, 다음과 같이 나타낼 수 있다.

$$f(z, v_z) = f(E_z) = f\left[\Phi(R_0, z) + \frac{1}{2}v_z^2\right] \tag{3.98}$$

만약 $f(E_z)$와 포텐셜 $\Phi(R_0, z)$를 가정한다면, f를 속도에 대해 적분하여, 높이 z에서 대응하는 밀도 $n(z)$와 속도분산 σ_z를 구할 수 있다. 반대로, $n(z)$를 측정하고 $f(E_z)$를 가정한다면, 식 3.91을 이용하여 포텐셜 $\Phi(R_0, z)$를 구할 수 있으며, 예를 들어 다음과 같다.

$$f(E_z) = \frac{n_0}{\sqrt{2\pi\sigma}} \exp(-E_z/\sigma^2) \ , \ E_z < 0 \tag{3.99}$$

$E_z \geq 0$을 갖는 항성들은 탈출할 것이므로, 이 경우 $f = 0$으로 두어야 한다. v_z에 대해 적분하면, 밀도 n과 속도분산 σ_z가 다음과 같음을 알 수 있다.

$$n(z) = n_0 \exp[-\Phi(R_0, z)/\sigma^w], \text{ 그리고 } \sigma_z = \sigma \tag{3.100}$$

만약 $n(z)$와 σ^2을 측정한다면, 식 3.91를 이용하여 포텐셜 $\Phi(R_0, z)$를 계산할 수 있으며, Φ와 σ^2을 알면, 대응하는 밀도 $n(z)$를 구할 수 있다.

만약 분포함수 f에 의해 기술되는 항성들 모두 중력에 관여한다고 생각할 수 있다면, $f(\mathbf{x}, \mathbf{v}, t)$를 속도에 대해 적분함으로써 얻은 밀도 $n(\mathbf{x}, t)$는 식 3.9의 Poisson

방정식의 밀도 $\rho(\mathbf{x}, t)$와 같아야만 한다. 이 경우, f는 이 항성계에 대하여 *자기모순이 없는 모형*을 제공한다고 한다. 많은 자기모순 없는 모형은 동일한 중력 포텐셜 $\Phi(\mathbf{x}, t)$를 만들 수 있다. 이 때 모든 경우에 대해 밀도 $n(\mathbf{x}, t)$는 동일하지만, f의 형태와 항성들의 속도는 다르다.

문제 3.25 우리 은하 원반부를 수직으로 움직이는 항성들에 대하여, 분포함수 $f(z, v_z)$가 식 3.99와 같이 주어진다고 가정하자. 원반부가 평면 $z=0$에 대하여 대칭일 때, $z=0$에서 $d\Phi(z)/dz=0$이며, $\Phi(0)=0$으로 선택할 수 있다. 항성의 밀도 $n(z)$에 주어지는 운동 상수를 구하라. 즉, $n(0)$은 얼마인가?
자기모순 없는 모형을 만들기 위해, $\Phi(z)=\sigma^2\phi(z)$라 하고, 항성의 평균 질량을 m이라 하자. Poisson 방정식으로부터 다음 식을 보여라.

$$2d^2\phi/dy^2 = e^{-\phi}, \text{ 여기서 } y=z/z_0 \text{ 그리고 } z_0^2=\sigma^2/8\pi Gmn_0$$

이 식을 한 번 적분하여 $d\phi/dy$를 구하고, 한 번 더 적분하여($u=e^{-\phi/2}$를 대입하고) $\phi(y)$와 $\Phi(z)$를 구하라. 항성의 개수밀도는 $n(z)=n_0\text{sech}^2(z/2z_0)$ 임을 보여라. $|z|$가 클 때, 이 값의 근사식은 어떻게 되는가?

구 내칭 중력 포텐셜 $\Phi(r)$에서, 구속되이 있지 않은 항성들을 제외한 단위 질량 당 에너지 E와 각운동량 $\mathbf{L}$에 대한 임의의 함수 $f(E, \mathbf{L})$은, 이 중력장에서 가능한 하나의 일정 항성분포를 나타낸다. $f=f(E)$를 선택한다면, 무작위 속도는 *등방성*을 가져 모든 방향으로 같다.

문제 3.26 구형계에서 항성들에 대한 분포함수는 단지 에너지에 의존한다고 할 때, 즉 $f(\mathbf{x}, \mathbf{v}, t)=f(E)$이면, 속도 분산이 모든 방향으로 동일함을 보이시오.

$$\langle v_x^2\rangle \equiv \frac{1}{n(\mathbf{x})}\int f\left[\Phi(\mathbf{x})+\frac{\mathbf{v}^2}{2}\right]v_x^2\, dv_x\, dv_y\, dv_z = \langle v_y^2\rangle = \langle v_z^2\rangle \quad (3.101)$$

$f(E)$에 대한 함수를 선택한다면, 포텐셜 함수 $\Phi(r)$의 형태로 밀도 $n(r)$을 계산할 수 있고, Poisson 방정식을 이용하여 어떠한 포텐셜 $\Phi(r)$이 $n(r)\propto\rho(r)$의 자기모순 없는 모형을 만드는가를 알 수 있다. Plummer 구체에 대해서, 식 3.11과 3.12를 결합하여 다음과 같은 식을 구할 수 있다.

$$\rho_P(r) = -\frac{3a_P^2}{4\pi G^5\mathcal{M}^4}\Phi_P^5(r) \quad (3.102)$$

분포함수를 다음과 같이 둔다.

$$f(E) = k(-E)^{N-3/2} \tag{3.103}$$

여기서 k와 N은 상수이며, 밀도는 다음과 같이 주어진다.

$$n(r) = \int_{v=0}^{E=0} k\left[\Phi(\mathbf{x}) + \frac{\mathbf{v}^2}{2}\right]^{N-3/2} 4\pi v^2 \mathrm{d}v \tag{3.104}$$

새로운 변수 θ를 $v^2 = -2\Phi(r)\cos^2\theta$로 정의한다면, 이 식을 적분하면 $n(r) \propto (-\Phi)^N$이 성립한다. 그러므로 분포함수 $f_O(E) = k(-E)^{5/2}$는 Plummer 구체에 대한 자기모순 없는 모형을 만든다. 이 질량 $\mathcal{M}$은 상수 k에 비례하고, 중심 포텐셜 $\Phi(r=0)$의 깊이는 반경 a_P를 결정한다.

문제 3.27 식 3.102와 3.104의 유도과정을 기술하시오.

식 3.99와 유사한 방식으로, 구형 은하나 성단을 표현하기 위한 *등온* 분포함수는 다음과 같이 주어짐을 알 수 있다.

$$f_I(E) = \frac{n_0}{(2\pi\sigma)^{3/2}}\exp\left\{-\left[\Phi(r) + \frac{v^2}{2}\right]/\sigma^2\right\},\ E < 0 \tag{3.105}$$

평면의 경우와 마찬가지로, $n(r)$은 식 3.100에 의해 주어진다. 이 식을 Poisson 방정식의 우변에 대입하면 다음과 같은 식을 얻을 수 있다.

$$4\pi G\rho(r) = \frac{1}{r^2}\frac{\mathrm{d}}{\mathrm{d}r}\left(r^2\frac{\mathrm{d}\Phi}{\mathrm{d}r}\right) = 4\pi Gmn_0\exp\left[-\frac{\Phi(r)}{\sigma^2}\right] \tag{3.106}$$

$\Phi(r)$을 찾기 위해, $r=0$부터 바깥쪽으로 이 식을 적분하여야 한다. 만약 포텐셜이 중심에서 매끈하다면, 그곳에서 중심방향의 힘은 0이 되므로 $\mathrm{d}\Phi/\mathrm{d}r = 0$으로부터 시작해야 한다. 그러나 $\Phi(r=0)$을 선택한다고 하더라도, 전체 질량은 무한대가 된다. 이러한 결과는 이미 예상된 것인데, 만약 질량이 유한하다면, 식 3.28의 탈출속력 v_e는 임의의 반경에서 평균 무작위 속력 σ 이하로 떨어지기 때문이다. 그러나 이것은 모든 항성들이 항성계에 구속되어 있다는 가정에 모순된다.

문제 3.28 문제 3.14의 포텐셜 Φ_{SIS}에서, 만약 $\sigma^2 = 2\pi G\rho_0 r_0^2$이고, 모든 항성의 질량이 m이며, $\rho_0 \equiv mn_0 = \rho(r_0)$이 성립한다면, $f_I(E)$와 대응하는 밀도 $\rho(r)$는 ρ_{SIS}와 정확히 일치함을 보여라. 분포함수 $f_I(E)$는 단일의 등온구체에 대한 자기모순 없는 모형을 만든다. 이때, 평균 무작위 속력 σ는 원궤도에서의 속력의 $1/\sqrt{2}$ 배임을 보여라.

탈출 에너지에 가까운 에너지를 가진 항성의 수가 줄어들 때에만 f는 유한 질량을 가진 자기모순 없는 모형을 만든다. '하한 등온 모형'이라고 불리는 *King의 모형*은, 다음의 식과 같이, 회전하지 않는 구상성단이나 산개성단을 잘 표현한다.

$$f_K(E) = \frac{n_0}{2\pi\sigma)^{3/2}}\exp\left\{-\left[\Phi(r) + \frac{v^2}{2}\right]/\sigma^2 - 1\right\}, \quad E < 0 \tag{3.107}$$

이 식을 적분하여 $n(r)$을 찾은 후 Poisson 방정식을 풀 때, '-1' 항은 외곽 지역의 높은 운동 에너지를 갖는 항성들의 수를 줄여주는 역할을 한다. 평균 무작위 속력은 감소하고 밀도는 급격히 떨어져 [표 2.3]과 [그림 3.7]의 외곽 조석반경 r_t에서 0이 된다([그림 3.6] 참조).

각운동량을 포함하는 항을 추가하면, 원에 가까운 궤도에 있는 항성과 이심률이 있는 궤도를 도는 항성들 간의 균형이 바뀐다. 예를 들어, 다음과 같은 분포함수가 있다고 하자.

$$f_A(E, J) = f_K(E)\exp\left[-\mathbf{L}^2/2\sigma^2 r_a^2\right] \tag{3.108}$$

이 분포함수는 $f_K(E)$의 밀도와 크게 다르지는 않은 밀도 $n(r)$을 유도하지만, 큰 각운동량을 갖는 원에 가까운 궤도의 항성을 지닌 성단을 기술할 수 있다. 이 효과는 특히 원궤도의 각운동량이 가장 큰 외곽 지역에서는 강하며, *비등방 반경* r_a의 바깥쪽 항성들은 반경 방향의 궤도를 갖는 경향이 강하다. 이러한 종류의 속도 분포에 대한 증거는 구상성단이나 타원 은하에서 확인된다.

만약 분포함수 f가 오직 각운동량의 한 성분, 예를 들어 L_z에만 의존한다면, z축을 따라 편평한 항성계를 표현할 수 있다. 예를 들면, 분포함수가 어떤 함수 $\tilde{f}$에 대하여 다음의 조건을 만족한다면,

$$f(E, L_z) = \tilde{f}(E)L_z^2, \quad E > 0 \tag{3.109}$$

극히 드문 항성들만 $L_z \approx 0$을 갖는 z축에 가까운 궤도를 갖는다. 그러나 상대적으로 많은 항성들은 큰 L_z를 가지며, 적도 평면에서 원에 가까운 궤도를 따른다.

$f = f(E, L_z)$라고 가정하면, 첫눈에 은하 원반부에 있는 항성들의 운동을 기술하는데 유용하다. v_R과 v_z는 f에 대한 표현이 같은 방식으로 들어가기 때문에, 항성들은 이 두 방향에 대해 다음과 같은 동일한 무작위 운동을 가지게 된다.

$$n(\mathbf{x})\langle \mathrm{v}_z^2 \rangle \equiv \int f\left[\Phi(\mathbf{x}) + \frac{\mathbf{v}^2}{2},\ Rv_\phi\right] v_z^2 \, \mathrm{d}v_R \, \mathrm{d}v_\phi \, \mathrm{d}v_z = n(\mathbf{x})\langle v_R^2 \rangle \qquad (3.110)$$

그러나 2.2절에서, 태양 근처에서의 원반부 항성들은 수직방향 z 에서보다 R 방향에 대해 더 큰 무작위 속력을 가짐을 보였다. 이들은 분포 $f(E, L_z)$를 가질 수 없으므로 f는 운동의 *세 번째 운동 상수*에 의존해야만 한다. 이상하게도 일반적인 축대칭 포텐셜 $\Phi(R, z)$에서 항성 궤도를 따라 보존되는 E와 L_z 외의 위치와 속도에 대한 또 다른 함수는 존재하지 않는 것으로 알려져 있다. 이 동역학적 난제는 타원 은하에서 항성의 운동을 다루는 6.2절에서 다시 다루게 될 것이다.

더 읽어보기

J. Binney & S. Tremaine, 1987, *Galactic Dynamics*(Princeton University, Princeton, New Jersey), Section 4.4

4. 우리 은하군

우리 은하군은 우리 은하 그리고, 가장 가깝고 큰 은하인 안드로메다 은하 사이를 중심으로 약 1 Mpc의 반경 이내에 30여개의 은하들을 포함하고 있다. [그림 4.1]은 그 중에서 밝은 대상들을 나타낸 것이다. 우리 은하군에서 가장 중요한 세 가지 대상은 안드로메다 은하(M31), 우리 은하, 그리고 M33이다. 1.3절에서 살펴본 은하 분류법에 따르면 이 세 가지 대상들은 모두 다 나선 은하이다. M31은 우리 은하에 비해 50% 정도 더 밝으며, M33은 단지 20% 정도의 밝기를 가지고 있다. 이 세 가지 대상들이 우리 은하군의 가시광 영역 밝기의 90%를 차지하고 있다. 유일한 타원 은하는 M32로서 M31의 위성 은하이다. 그 외의 대상들은 불규칙 은하, 아주 어두운 불규칙 은하, 왜소 타원 은하 그리고 왜소 구형 은하들이다. 이들 많은 수의 왜소 은하들은 우리 은하나 M31 주위를 궤도 운동을 하고 있다.

[표 4.1]에 나와 있는 은하들은 태양에서 1 Mpc 안에 있는 것으로 알려져 있는 우리 은하군의 은하들이다. 그들의 겉보기 밝기는, 우리 은하를 제외하면, 단 10% 정도 밖에 알려져 있지 않다. 우리 은하의 경우 우리가 원반부에 위치한다는 특이성을 가지고 있다. 우리 은하군내 은하들의 거리는, 개개 항성을 선택한 후 겉보기 밝기를 결정하고, 실제 광도를 계산하여 결정하는데, 예를 들면 세페이드 변광성의 주기-광도 관계 방법을 이용한다. 이 방법으로는 가장 밝은 십 여 개의 은하들에 대하여 10% 정도의 정확도로 거리를 측정할 수 있다. 하지만, 어두운 은하들에서는 소수의 항성들만 이용할 수 있기 때문에, 측정된 거리는 정확도가 더욱 떨어지며, 왜소 은하의 경우 부정확도가 두 배 이상이 된다.

우리 은하군내의 은하들은 무작위로 흩어져있지 않고, 많은 수들의 작은 은하들은 M31이나 우리 은하의 위성 은하들이다. [그림 4.2]의 오른쪽 부분을 보면 우리 은하의 잘 알려진 11 개의 위성 은하는 거의 같은 면에 늘어서 있다. 이는 우리 은하 주변의

[표 4.1] 태양으로부터 1 Mpc 거리 내에 있는 우리 은하군의 은하들. 우리 은하와 우리 은하의 위성 은하들은 강조체로, M31과 그 구성원들은 이탤릭체로 표현하였다.

은하	Type	d (kpc)	L_V ($10^7 L_\odot$)	$V_r(\odot)$ ($\mathrm{km\,s^{-1}}$)	l (deg)	b (deg)	$\mathcal{M}(HI)$ ($10^6 \mathcal{M}_\odot$)
M31(NGC 224)	Sb	770	2700	−300	121	−22	5700
Milky Way	Sbc	8	1500	−10	0	0	4000
M33(NGC 598)	Sc	850	550	−183	134	−31	1500
LMC	SBm	50	200	274	280	−33	500
SMC	Irr	63	55	148	303	−44	400
NGC 205	dE	830	40	−244	121	−21	0.4
M32(NGC 221)	E2	770	40	−205	121	−22	<2.5[c]
NGC 6822	dIrr	500	10	−56	25	−18	140[c]
IC 10	dIrr	660	16	−344	119	−3	100
NGC 185	dE	620	13	−202	121	−15	0.1
NGC 147	dE	760	12	−193	120	−14	없음
Sagittarius	dSph	30	8	170	6	−14	없음
IC 1613(DDO 8)	dIrr	715	6	−233	130	−61	60
WLM(DDO 221)	dIrr	950	5	−120	76	−74	60
Pegasus(DDO 216)	dIrr/dSph	760	1	−182	95	−44	3
Fornax	dSph	140	1.5	53	237	−66	<0.7
Sagittarius DIG	dIrr	1050	0.7	−78	21	−16	9
And I	dSph	790	0.5	−38	122	−25	없음
Leo I(DDO 74)	dSph	270	0.5	285	226	49	없음
And VII/Cas dSph	dSph	760	0.5	−307	110	−10	−
Leo A(DDO 69)	dIrr	800	0.4	20	197	52	8
And VI/Peg dSph	dSph	775	0.3	−354	106	−36	−
And II	dSph	680	0.2	−188	129	−29	−
Sculptor	dSph	88	0.2	107	288	−83	≲0.1[c]
LGS3(Pisces)	dIrr/dSph	620	0.13	−286	127	−41	0.2
Aquarius(DDO 210)	dIrr/dSph	950	0.1	−137	34	−31	3
And III	dSph	760	0.1	−355	119	−26	없음
Phoenix	dIrr/dSph	405	0.09	56	272	−69	~0.2
Cetus	dSph	775	0.09	−	101	−73	−
Leo II(DDO93)	dSph	205	0.06	76	220	67	없음
Tucana	dSph	870	0.06	−	323	−47	없음
Sextans	dSph	85	0.05	225	244	42	없음
Draco(DDO 216)	dSph	80	0.05	−293	86	35	없음
Carina	dSph	95	0.04	223	260	−22	없음
And V	dSph	810	0.04	−403	126	−15	−
Uras Minor	dSph	70	0.03	−247	105	45	없음
And IX	dSph	790	0.02	−210	123	−20	−
Ursa Major	dSph	~100	0.004	−52	160	54	−

Note d는 태양으로부터 측정한 값이며, $V_r(\odot)$은 태양에 대한 시선 속도이다. HI이 $< 10^5 \mathcal{M}_\odot$ 이면 "없음" 으로 표기하였다. [c]HI가 M31의 원반(M32), 우리은하 방출(NGC 6822), 마젤란 스트림(Sculptor)로 인해 혼동되는 경우이다. 안드로메다 IV는 배경에 있는 불규칙 은하이며, 안드로메다 VIII은 아마도 M31 원반에 있는 항성 집중 영역일 것이다.

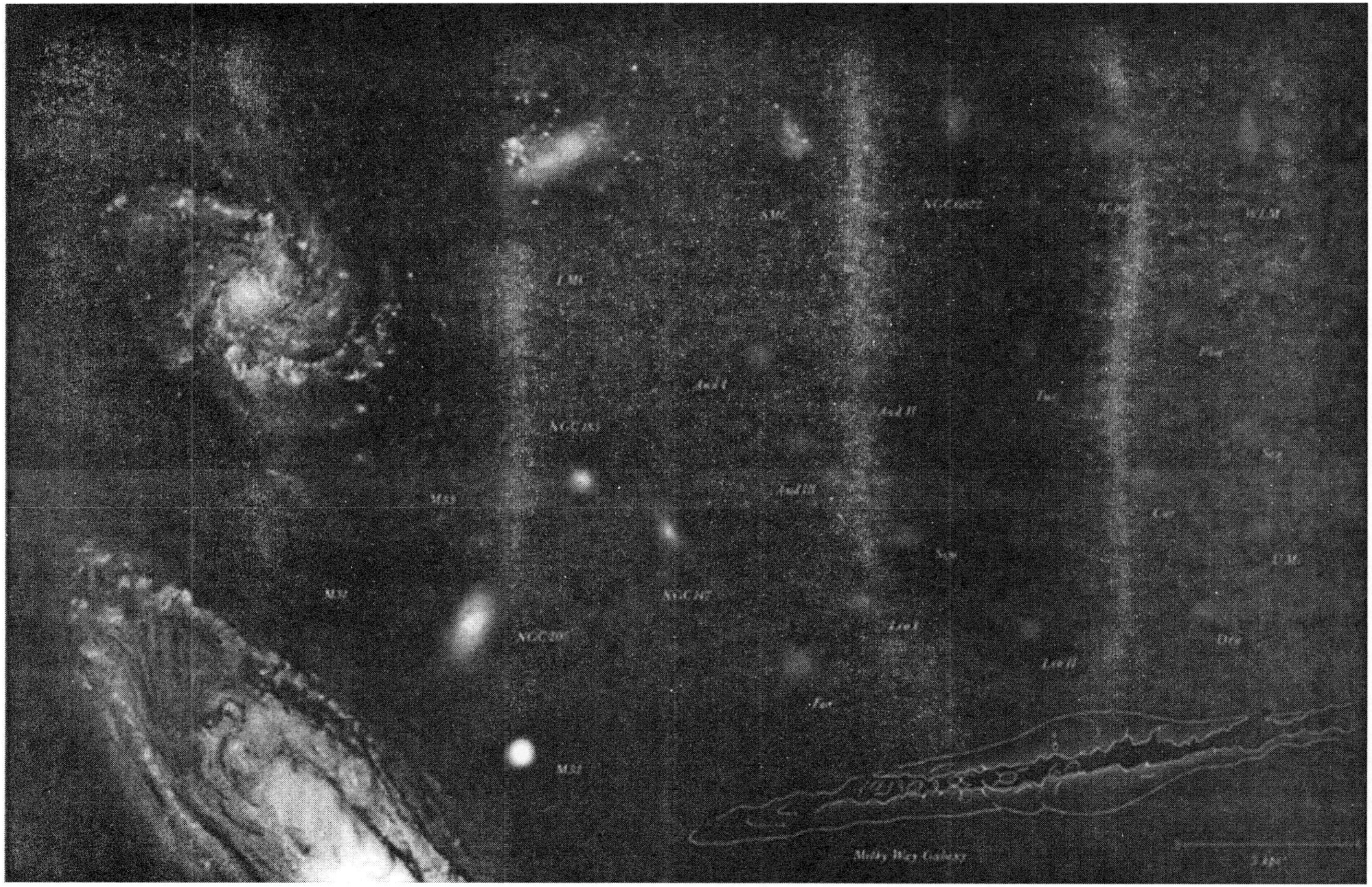

[그림 4.1] 크기 척도와 표면 밝기 조건을 같이하여 나타낸 우리 은하군의 은하들. 나선 은하와 불규칙 은하들이 뚜렷하게 나타나며, 왜소 구형 은하는 매우 어둡게 보인다. – B. Binggeli.

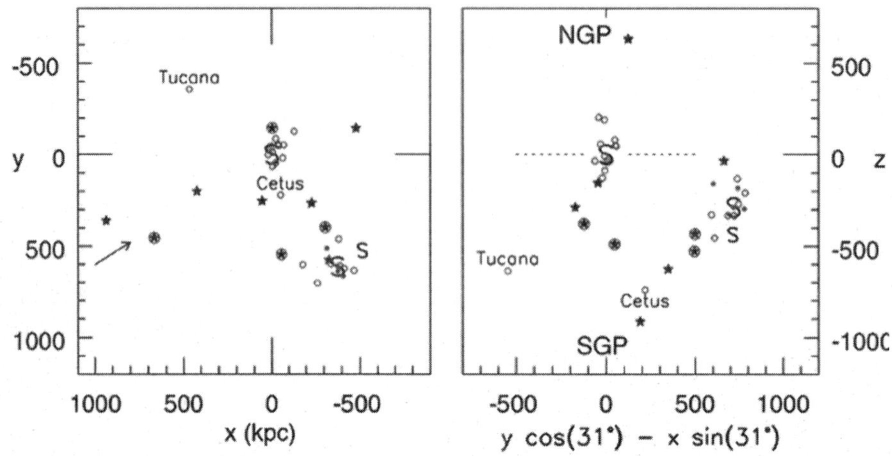

[그림 4.2] 우리 은하군 : 우리 은하를 기준점으로 둔다. 나선 은하들은 S. 별표는 마젤란성운. 불규칙 은하들은 가운데 검은 별표. 타원 은하나 왜소 타원 은하는 검은 원, 왜소 회전타원 은하는 흰 원으로 표시되어 있다. 왼쪽 그림은 위치를 은하 평면으로 투영한 그림이다. x축은 은하의 중심, y축은 태양의 궤도 운동 방향을 나타낸 것이다. 화살표는 오른 그림에서 본 방향을 표시한다. 오른쪽 그림은 M31을 포함한 면을 수직으로 본 것으로 z축이 은하의 북극을 나타낸다. 점선은 은하의 중간 면을 나타낸다. 많은 우리 은하의 위성 은하들과 마젤란 성운이 한 평면에 가깝게 늘어서 있다.

궤도를 포획한 하나의 가스 구름으로부터 형성되었을 가능성을 보여준다. 그러나 그 외의 많은 작은 은하들은 큰 은하들로부터 매우 먼 자유로운 운동 상태를 보여주고 있다. 안드로메다 은하도 많은 위성 은하들을 가지고 있다. 우리 은하군에는 아직도 발견되지 않은 왜소 은하들이 있을 수도 있다. 이 은하들은 은하수 평면의 먼지에 의해 가려져 있을 수 있다. 우리 은하군은 세 개의 나선 은하들을 가지고 있고 단 한 개의 작은 타원 은하가 있다. 은하군의 일반적 경우에서처럼 '만기형' 은하들인 나선 은하와 불규칙 은하들은 많이 있고, '조기형' 은하들인 거대 타원 은하나 S0 은하들은 적다.

우리 은하군내에서는 전체 우주의 팽창을 이길 정도로 상호 중력 효과가 강하다. 우리 은하에 대한 태양의 운동을 감안하여, 우리는 우리 은하와 안드로메다 은하가 서로 멀어지지 않고, 120 $\mathrm{km\,s^{-1}}$ 로 접근하고 있는 것을 알 수 있다. 우리는 단지 우리 은하와 아주 가까운 위성 은하들의 고유 운동만을 측정할 수 있다(거리 100 kpc에서 $V_t = 120\ \mathrm{km\,s^{-1}}$에 해당되는 고유 운동량은 얼마나 되는가?). 그러나 이것조차도 매우 어려운데, 움직이지 않는 비교 관성계로 멀고 어두운 퀘이사와 은하들을 사용해야 하기 때문이다. 그러나, 시선속도는 쉽게 결정할 수 있다. 우리 은하와 M31의 상호 운동에 대해 거의 다 60 $\mathrm{km\,s^{-1}}$보다 작다. 즉, 우리 은하군의 은하들은 너무 작은 운동 에너지를 가지고 있어서 탈출할 수 없다.

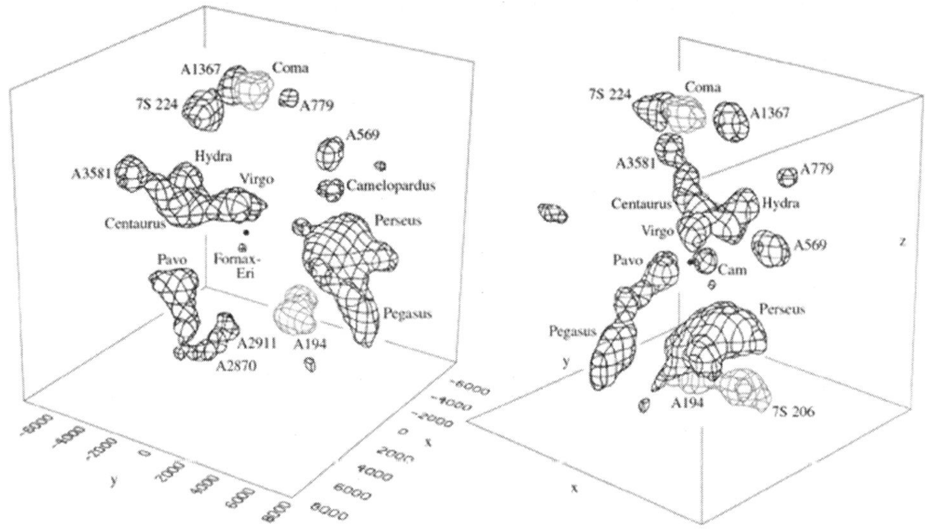

[그림 4.3] 우리 은하군에 대해 80h^{-1} Mpc 이내의 은하들의 집단. 그물 형태로 표시된 영역은 은하 밀도가 평균에 비해 50% 이상인 지역을 나타낸다. 가운데 검은 점은 우리의 위치이다. 축 x, y, z는 [그림 4.2]와 같다. 각 은하들의 거리 d는 허블 법칙으로부터 구하였으며 좌표축은 km s^{-1}에서 $H_0 d$로 나타내었다. Abell 목록의 은하단들을 A로 표시하였다. 왼쪽 그림은 초 은하의 XY 평면에서(l, b)= 35°, 25°의 각도로 바라본 모습이고, 오른쪽 그림은 거의 초 은하단 평면을 따라(l, b)– 125°, 25°의 각도에서 바라본 모습이다. – M. Hudson, 1993 MNRAS 265, 43.

우리 은하의 원반부에 모여 있는 태양 근처 항성들처럼, 30 kpc내의 은하들은 대략 편편평한 분포를 가진다. 이 은하들은 l = 140°, l = 320° 방향으로 우리 은하의 원반부와 거의 수직인 *초 은하단 평면* 근처에 놓여 있다. 초 은하 좌표계에 대해서 7.1절에서 논의할 것이다. [그림 4.3]은 우리 은하군 주위의 은하들이 어떻게 집중되어 있는지를 보여준다. 잘 알려진 15–20 Mpc거리에 있는 Virgo 은하단과 Coma 은하단(70 h^{-1} Mpc)은 큰 집단을 형성하고 있다. 대부분의 우주 공간은 거의 은하가 없는 빈 상태이다.

전체 은하의 반 정도는 수 Mpc 크기의 은하단이나 은하군에서 발견되며, 이 영역의 밀도는 매우 높아 현재 은하들의 중력이 우주론적 팽창을 멈추게 한다. 나머지 반은 [그림 8.3]에서와 같이 대 장벽과 긴 필라멘트 구조내의 느슨한 연관 구조 내에 존재한다. 이 구조들은 현재 붕괴하고 있거나, 적어도 우주 전체의 팽창속도보다 아주 느리게 팽창한다. 태양을 질량과 밝기가 평균적인, 전형적인 항성이라 할 수 있는 것처럼, 우리 은하군은 은하 환경의 전형적인 모습이다. 우리 은하군은 Virgo 은하단이나 Coma 은하단과 같은 다른 은하단보다는 밀도가 낮은 반면에, 은하들이 서로 중력적으로 묶여있기에는 충분한 중력을 가지고 있다.

우리 은하군내 은하들은 가까운 거리에서 다양한 은하들을 연구할 수 있는 기회를 제공한다. 특히, 이러한 가까운 은하에 대해서는 개개의 항성들을 구분 또는 *분해*해 낼 수 있다. 우리 은하내 성단들의 경우에서와 같이 항성 구조 이론의 예측을 색등급도와 비교하여 *항성 종족*이 어떻게 이루어져 있는지 결정한다. 천문학자들은 세페이드와 같은 변광성들의 정보를 모으며, 가까운 은하들에 미치는 물리적 과정에 대한 연구를 하기 위해 우리 은하군내 은하들을 활용한다.

이 장에서는 작은 은하가 큰 은하 주위를 궤도 운동하면서 생기는 문제들에 대해서 고려하면서 우리 은하의 위성 은하들에 대한 논의를 한다. 4.2절에서는 우리 은하군내의 세 개의 나선 은하들에 대해서 비교를 하고, 4.3절에서는 이 은하들이 어떻게 형성되었고, 그들의 항성에서 어떻게 헬륨보다 무거운 원소들이 생겨나는지 생각해본다. 4.4절에서는 다양한 종류의 왜소 은하들에 대해서 논의 한다. 그리고 마지막으로 우리 은하군의 은하들의 운동이 궁극적으로는 무엇을 의미하는지를 간단히 생각해본다.

더 읽어보기

S. van den Bergh, 2000, *The Galaxies of the Local Group* (Cambridge University Press, Cambridge, UK)

4.1 우리 은하의 위성 은하

우리 은하의 가장 뚜렷한 위성 은하는 남반구에서 볼 수 있는 두 개의 마젤란 성운으로서 맨눈으로도 쉽게 관측할 수 있고, 심지어는 도시의 밤하늘에서도 관측이 가능하다. 이 가스가 풍부한 은하들은 새로운 항성과 성단들이 많이 생겨나고 있다. William Herschel의 남반구 성운 탐색 목록을 추가해 넣은 아들 John Herschel이 1851년에 기록한 내용은 다음과 같다. '*그곳에는 규칙적인 것과 불규칙적인 성운들이 많다. 여러 형태의 구상 성단들도 있다. 하늘 어디에서도 유사하지 않은 특이한 특성을 갖는 천체도 많다. 성단의 집중도에 있어서, … 다른 것들의 평균이나 성운 전체의 가장 밀집된 지역보다 훨씬 큰 것들이다.*'(*Outlines of Astronomy*, Longmans, London, p.164). 우리 은하처럼, 마젤란 성운들은 다양한 나이의 항성들과 성단들로 구성되어 있다. 변광성들도 매우 많으며, 우리 은하내 변광성들과 비교하여 우리 은하군 이상의 은하들의 거리를 결정하는 표준 촛대로 사용한다.

대조적으로, 우리 은하의 왜소 구형 은하들은 매우 어두워 하늘에서 거의 보이지 않는다. 나이가 아주 많거나 중간 정도의 항성들로 구성된, 이 은하들은 새로운 항성을 만드는 가스들은 거의 포함하지 않는다. 왜소 구형 은하의 항성 질량은 매우 적으며, 질량이 적은 몇 은하들은 우리 은하의 중력장에 의해 밀려나가는 것처럼 분해 과정을 겪는 것들로 여겨진다.

4.1.1_ 마젤란 성운

대 마젤란 성운(LMC)은 하늘에서 15°×13°의 크기로 보이고, 긴 쪽의 길이는 14 kpc이다. 소 *마젤란 성운*(SMC)는 7°×4°의 하늘을 차지하며 대략 8 kpc로 퍼져있다. LMC의 밝기는 우리 은하 밝기의 10% 정도로서, $L \approx 2\times10^9 L_\odot$, 우리 은하군에서 네 번째로 밝은 은하이다. SMC는 이보다 대략 10 배 정도 더 어둡다(표 4.1 참조). LMC는 '바셀란형 나선 팔'의 Sm형의 원 형으로서 기본적으로 편평한 원반이며 하늘 평면에 대하여 45° 기울어져 있다. HI 가스로 측정된 회전 속도는 80km s^{-1}에 이른다. 매우 뚜렷한 막대와 하나의 작은 나선 팔을 갖는다([그림 4.4] 참조). 원반부의 가스들은 막대에 대하여 대칭적인 회전은 하지 않으며, 가장 밝은 지역의 북서쪽 0.9kpc 또는 1° 떨어진 곳을 중심으로 한 궤도를 가지며, SMC는 매우 다른데, 끝단 방향의 찌글어진 담배 구조를 가지며 시선 방향으로 15 kpc 정도의 깊이를 갖는다. 내부 항성들은 정형화된 운동을 보이지 않는다.

어떤 천문학자들은 이 두 마젤란 성운을 불규칙 은하로 분류하기도 한다. [그림 4.5]의 색-등급도에서와 같이 다수의 항성들을 가지고 있으며, 빛을 가리는 먼지의 양이 우리 은하보다 적다. 마젤란 성운들은 가시광 영역에서는 푸르게 보이고, 자외광 영역에서 매우 밝게 보인다. 항성 형성 지역은 두 구름 모두에 걸쳐 넓게 퍼져 있으며, 항성 형성에 기본적인 물질인 수소 가스가 매우 풍부하다. LMC의 Hα 지도를 보면 구멍, 고리, 필라멘트 구조가 많으며, HI 원반부에서도 많이 보인다([그림 4.4] 참조). 이들 중 어떤 것들은 현재 항성 탄생 지역에 위치하는데, 이 지역에서는 초신성과 뜨거운 항성풍이 주변 성간 가스들에 대하여 차가운 HI 가스를 밀어내는데 필요한 충분한 운동량을 주며 거대 가스 거품을 형성한다. 이러한 구조는 불규칙 은하의 전형적인 모습이다([그림 4.4] 참조).

각각의 마젤란 성운들은 태양 질량의 수 억 배 정도의 중성 수소를 가지고 있다. 푸른 빛 광도에 대한 HI 질량 비율은(둘 다 태양 단위로 측정한다) 은하에서 가스의 항성 변환 과정을 측정하는데 유용하다. 우리 은하의 경우, $\mathcal{M}(\mathrm{HI})/L_B \approx 0.1$, LMC의 경우 대략 0.3, SMC와 불규칙 은하들은 $\mathcal{M}(\mathrm{HI})/L_B \sim 1$. 왜소 구형 은하들은 거의 HI 가스를 가지고 있지 않다.

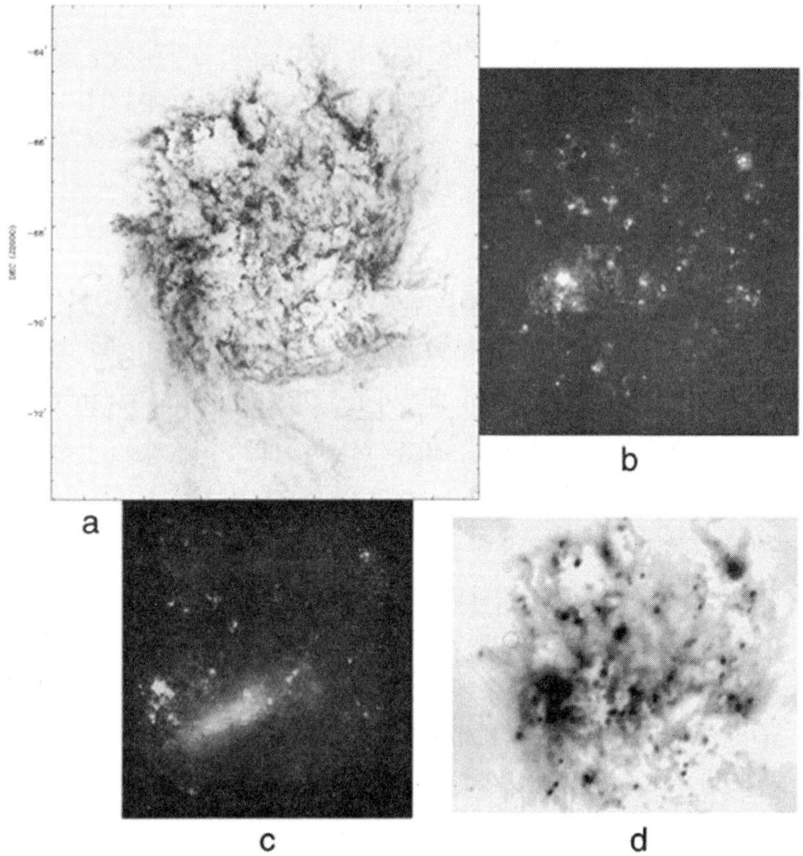

[그림 4.4] 대 마젤란 성운 : a) 넓게 퍼져있고 대칭적인 원반의 HI 가스 b) H_α로 보면 젊고 질량이 큰 항성 주위의 뜨거운 가스가 분포함을 알 수 있다. 30 Doradus는 가장 두드러지게 밝은 지역이다. c) 가시광 영상은 밀도가 큰 항성 막대 구조와 젊은 항성들의 뭉치를 보여준다. 30 Doradus 는 막대 끝에 위치하며 왼쪽 위 방향이다. d) $24\mu m$의 적외선 빛은 젊은 항성들에 의해 가열된 먼지를 보여준다. HI 지도는 10° 또는 ~8.5 kpc의 영역이고 다른 그림들은 7°의 영역이다. – S. Kim and L. Staveley–Smith ; K. Henize(courtesy of the Observatories of the Carnegie Institution of Washington); Spitzer.

젊은 성단들이 포함되어있는 가스의 '다리'로 두 성운을 연결되어 있으며, 일련의 큰 가스 구름들이 SMC를 넘어서까지 이어져 있다([그림 4.6] 참조). 이 '*마젤란 스트림*' 은 대원의 $l = 90°$에서 $l = 270°$ 부근에 걸쳐서 전 하늘의 삼분의 일을 감싸고 있다. 마젤란 스트림에는 $2\times\ 10^8\ \mathcal{M}_\odot$ 이상의 HI 가스가 포함되어 있다.

문제 4.1 [표 1.4–1.6]을 이용해서 [그림 4.5]의 오른쪽 그림에 표시된 LMC 내의 밝은 항성들의 분광형을 추정해보시오.

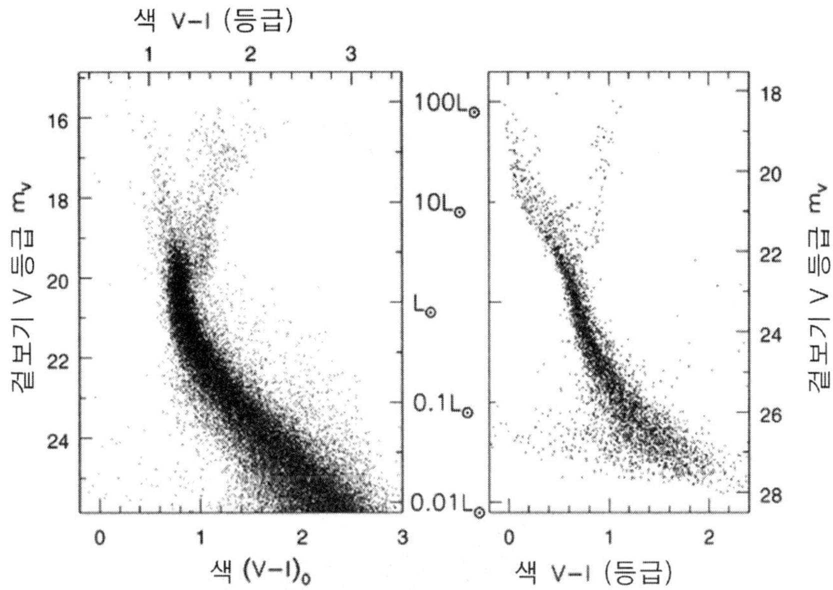

[그림 4.5] 왼쪽, 우리 은하의 중심 팽대부에 위치한 항성들의 색-등급도. 가로축은 먼지에 의한 적색화 현상이 보정된 색지수이다. 넓은 주계열선은 항성들 나이의 범위를 보여주지만 수평 계열은 보이지 않는다(비교. [그림 2.14]). 오른쪽, 대 마젤란 성운 원반부의 작은 부분들의 항성들. 주계열 항성들이 팽대부의 항성들보다 중원소들이 적어서 푸른색이 강하다. - J. Holtzman

마젤란 성운들은 서로 궤도 운동하고 있으며, 또한 거의 은하극을 지나고 우리 은하에 대한 궤도 운동도 하고 있다. 인공위성들이 지구 상층 대기의 저항에 의해 에너지를 잃는 것과 마찬가지로 마젤란 성운들의 궤도도 천천히 감소하여 에너지는 우리 은하 내 항성들의 무작위 운동으로 소모하게 된다. 이 과정에 대해서 5.6절에서 논의할 것이다. 마젤란 성운이 2억 년과 4억 년 사이에 우리 은하에 가장 근접했었고, 2 Gyr의 주기로 우리 은하 주변에 대해 타원궤도를 가진다면, 마젤란 성운과 스트림의 현재 위치와 속도를 설명할 수 있다. 대 마젤란 성운과 소 마젤란 성운의 중심은 현재 25 kpc 떨어져 있지만, 가장 최근 근지점을 통과할 당시에는 10 kpc 이내로 접근했을 것이다. 그때, LMC의 중력적 끌림 효과가 SMC에서 볼 수 있는 중성 수소 가스들을 끌어들인 것이 현재 마젤란 스트림이다. 우리 은하와 LMC의 합쳐진 중력은 SMC를 눈에 띄게 변형시켰고, 아마 중력적 연결을 끊어버렸을 수 있다. 현재 천천히 멀어지고 있는 부분들도 있다.

마젤란 성운들에는 성단들이 매우 많다. 그들은 각각의 주계열 성들을 분해할 수 있을 정도로 가깝다. 2.2절에서와 같이 색-등급도를 이용해서 이 성단들의 나이와 거리, 화학 조성에 대해서 알 수 있다. 여전히 주계열선 상에 존재하는 LMC 성단들내의

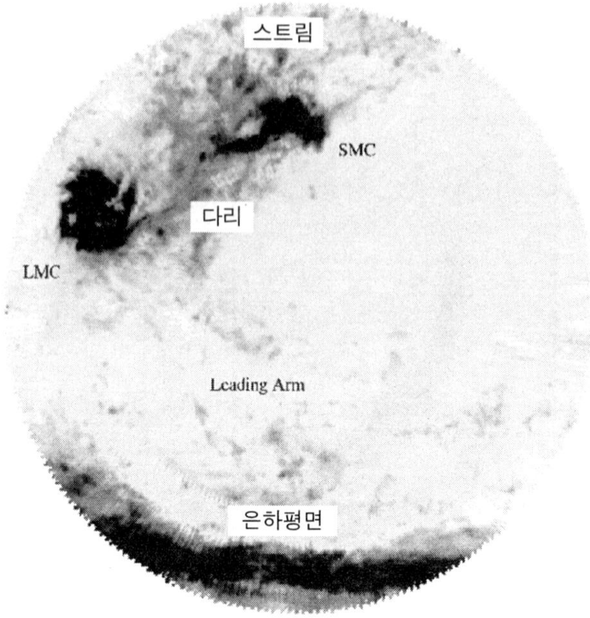

[그림 4.6] 마젤란 성운과 마젤란 스트림 내의 HI. 이 지도는 천구의 남극을 중심으로 그렸으며, $\delta = -62^{\circ}$까지 범위이다. 적경 0^{h}는 위쪽 방향이다. – M. Putman *et al.* 1988, Nature 394, 752, Macmillan Magazines Ltd.

항성들과 우리 은하내 산개 성단들 내의 항성들의 겉보기 밝기 비교하면, LMC가 태양으로부터 50 kpc 떨어져있다는 것을 알 수 있다. 이것은 SN 1987a 주위의 가스로부터 2.2절에서 추정한 거리와 거의 일치한다. LMC HI 원반의 회전 속도를 측정하고 식 3.20을 이용하면 중심에서 11 kpc 이내에 $(1.5-2)\times 10^{10}\mathcal{M}_{\odot}$ 의 질량이 있음을 알 수 있다. SMC에 대하여 나이가 많은 성단의 거성까지와 우리 은하 구상 성단들의 거성가지를 비교하고, 변광성을 이용하여 거리가 약 60 kpc임을 알 수 있다.

LMC에는 비록 밀도는 좀 작지만 우리 은하에 있는 것과 비슷한 구상 성단들이 있다. 그들은 나이가 많고(>10 Gyr) 중원소들이 적다. 태양 중원소 함량의 1/100 보다 적은 것도 있다. 우리 은하와 반대로, 중원소가 적은 항성들과 성단이 중원소가 적은 헤일로를 형성하지 않고, 두꺼운 원반부에 위치하고 있다. 그들의 무작위 운동속도는 HI 구름의 ~10km s^{-1}보다 큰 ~25–35 km s^{-1}이다. 중원소 함량이 적은 것들은 심하게 비대칭적인 운동을 하며,(2.2절 참조) 가스 원반보다 느리게 50 km s^{-1}로 회전한다.

4–10 Gyr 범위의 나이를 갖는 LMC 성단은 거의 없다. 이 은하는 그 시기에 매우 적은 항성들만 생성되었다. 매우 젊은 성단들과 성협이 있으며 이들 중 일부는 LMC와 SMC가 가장 최근에 접근했던 50 Myr 전에 형성된 것이다. 이들 중 몇 개는 우리 은하

내의 대부분의 산개 성단보다 100배 이상 조밀하며 아마도 젊은 LMC 구상 성단일 것이다. 가장 밝은 것은 30 Doradus 성운 내에 있는 R137 성단이며, [그림 4.4]의 H_α 영상의 왼쪽 밝은 부분이다. 이 성단의 나이는 3.5 Myr 이고 푸른 빛의 밝기는 $L_B \approx 10^7 L_\odot$ 이다. 가장 젊은 항성들과, 성간 가스들은, 태양 중원소 함량 비율의 1/3에서 1/2 정도로 중원소들이 풍부하다.

SMC의 성단들은 LMC의 성단들과 나이 분포는 같지만 그러나 성단이 거의 만들어지지 않았던 빈 기간이 없다. SMC의 많은 항성들이 수 Gyr 와 12 Gyr 사이의 중간 나이를 갖는다. 가스와 가장 젊은 성단들의 중원소 함량은 LMC보다 적고 태양 함량의 단 20% − 30% 정도에 불과하다.

4.1.2_ 표준 촛대 변광성

RR Lyrae 와 세페이드 변광성은 우리 은하군과 그 너머 은하들까지의 거리를 측정하는데 유용하다. RR Lyrae 변광성들에 대해서는 2.2절에서 살펴보았다. 그들은 중심핵에서 헬륨이 연소되고 있는 질량이 적은 항성이며, $L \approx 50 L_\odot$ 정도, 그리고 약 반일의 주기를 가지고 변광한다. 세페이드 변광성은 질량이 큰 헬륨 연소 단계의 한성으로 광도는 1000 $L_\odot$에 이르고, 하루에서 50일 정도의 맥동 주기를 가진다. 두 종류의 항성들은 적절한 시간 차이를 둔 몇 장의 은하 영상을 통해서, 그리고 기대와 같이 밝기가 변하는 항성을 찾으면 쉽게 구분할 수 있다.

1912년에 Henrietta Leavitt이 대 마젤란 성운에 있는 밝고 긴 주기를 가진 세페이드 변광성들을 찾았다([그림 4.7] 참조). 그 항성들은 우리에게서 거의 같은 거리에 위치하기 때문에 겉보기 밝기가 밝은 항성들이 실제로 더 밝다. *주기-광도 관계*를 생각하자. 다른 은하내 세페이드 변광성의 주기와 겉보기 밝기를 측정하고, 그것들이 LMC에 있는 주기가 같은 세페이드 변광성들과 밝기가 같다고 하면 식 1.1을 이용해서 은하까지의 거리를 계산할 수 있다. 항성의 광도는 그 화학 조성에 의존하므로 주의가 필요하다. 중원소 함량이 큰 우리 은하 원반부에 있는 세페이드 변광성은 중원소 함량이 적은 같은 주기의 항성들보다 밝다. 또한 성간 먼지로 인한 항성의 소광이나 적색화도 보정해야 한다. Hubble 우주 망원경을 사용하면, RR Lyrae 변광성을 이용해서 2-3 Mpc 이내의 은하들의 거리를 측정할 수 있고, 세페이드 변광성은 약 30Mpc에 대해 유용하다.

먼 곳의 천체도 가까운 곳의 같은 종류의 천체와 밝기가 갖다고 가정하고, 가까운 곳에서 발견된 것과 비슷한 먼 은하의 천체들을 찾는 기법을 *표준촛대 방법*이라고 한다. 거리를 추정하는 다른 방법이 없다면, 이 방법은 잘못된 결과를 줄 수 있다. 외부

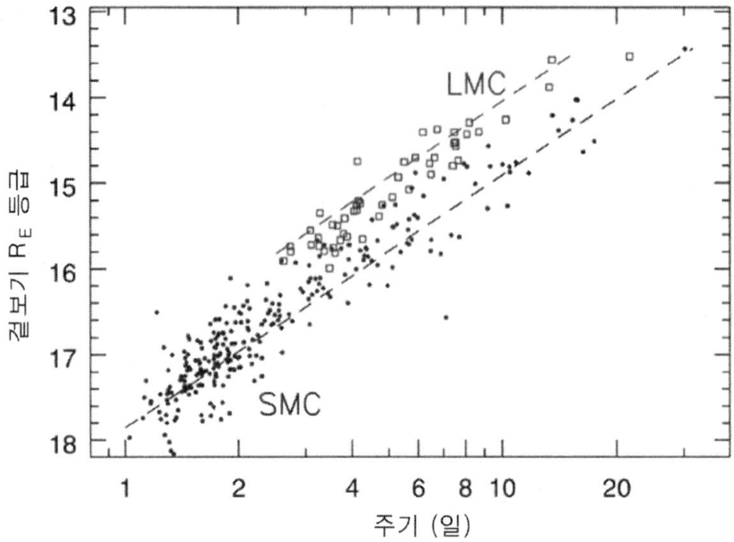

[그림 4.7] LMC(사각형)와 SMC(검은 점)내의 세페이드 변광성의 겉보기 밝기와 일 단위의 주기. 점선은 평균 주기-광도 관계이다. – J.-P. Beaulieu.

은하 천문학의 역사에는, 추정된 거리가 완전히 틀렸던 경우가 매우 많다. 예를 들면 1920년대 허블이 M31의 원반부에서 세페이드 변광성들을 관측하고 우리 은하의 유사 항성과 밝기가 같다는 가정하에 거리를 구했다. 하지만, 우리 은하 원반부 세페이드 변광성의 거리와 광도는, 성간 먼지들에 의한 소광에 의해 더 작게 계산되었다. 그로 인해 세페이드 변광성보다 밝은 은하계의 구상성단의 W Virgins 변광성들이 실제로 어둡게 평가되었다. 이 오차들로 인해 허블은 M31의 세페이드 변광성들을 실제 등급보다 1.5등급 어둡게 추정했고, 거리도 실제에 비해 단지 반 정도로 추정하게 되었다. 식 1.28을 이용하여 허블은 우주의 팽창 나이 t_H를 지구의 나이보다 적게 계산하였다.

4.1.3_ 왜소 구형 은하들

우리 은하 구성원에는 관측되는 별자리에 따라 이름이 지어진 적어도 10개의 왜소 구형 은하들이 있다. 표면 밝기는 마젤란 성운보다 100배 정도 적다. [그림 4.8]은 시선 방향의 우리 은하 내 항성들 사이로 왜소 은하를 구분한다는 것이 매우 어렵다는 것을 보여준다. 처음 발견된 우리 은하의 왜소 구형 은하는 1938년에 발견된 Sculptor 왜소 은하와 Fornax 왜소 은하이고, 1994년에는 Sagittarius, 2005년에는 Ursa Major 구조가 발견되었다. 확실하게, 우리 은하군에는 낮은 표면 밝기로 인해 아직 발견되지 않은 왜소 은하가 많이 있다. 마젤란 성운과 달리, 왜소 구형 은하는 거의 가스가 없으며 1-2Gyr보다 젊은 항성이 거의 없다. 그들 중 많은 수가 적어도 10Gyr 정도의

[그림 4.8] Fornax 왜소 구형 은하. 대 마젤란 성운보다 더 넓게 퍼져있다. 밝은 항성들은 우리 은하에 소속된 것들이다. – D. Malin, Anglo–Australian Observatory.

진화 과정이 필요한 RR Lyrae와 같은 매우 늙은 항성들을 포함하고 있다. 우리 은하와 같은 '거대' 은하들이 초기에 항성을 생성하였듯이 이들 역시 초기에 항성 형성을 시작하였다.

가장 작은 왜소 구형 은하들은 큰 구상 성단보다 반경은 크지만, 밝기는 비슷하다(표 4.2 참조). 그러나 위성 왜소 구형 은하들은 구상 성단의 다른 형태가 아닌, 실제 은하들이다. Fornax 왜소 은하, 그리고 아마도 Sagittarius 왜소 은하는, 그들 자신의 구상 성단들을 가지고 있다. 우리 은하 내의 성단과는 달리 왜소 은하들은 한꺼번에 항성을 만들지 않았으며, 수 십 억년에 걸쳐서 중원소 함량이 다른 가스들에서 태어난 항성들을 포함한다. [그림 4.9]는 Carina 왜소 구형 은하내 항성들의 색-등급도를 중원소 함량이 적은 항성들의 등연령 곡선을 함께 그린 그림이다. 항성들의 오직 2% 만이 2.5Gyr 보다 젊고 나머지는 3, 7, 15 Gyr의 세 번에 나누어서 생성된 것으로 보인다. 가장 밝은 왜소 구형 은하들조차도 태양의 중원소 함량의 1/30 정도 밖에 되지 않고, 어두운 은하들은 중원소 함량이 더 적다(표 4.2 참조). 4.3절에서 논의된 간단한 모형에 따르면, 모든 가스가 대략 태양 중원소 함량을 갖는 항성으로 바뀐 은하를 기대할 수 있다. 이 은하들의 적은 중원소 함량으로부터 이들 은하가 중원소 함량이 큰 가스들을 은하 간 공간으로 많이 잃어버렸다는 것을 추정할 수 있다.

[표 4.2] 왜소 은하들과 M33의 중심부 성단, 그리고 우리 은하의 세 개 구상 성단들의 비교

은하	L_V ($10^7 L_\odot$)	σ_r ($\mathrm{km\,s^{-1}}$)	r_c (pc)	r_t (pc)	t_{sf} (Gyr)	$\mathcal{M}/L_v$ ($\mathcal{M}_\odot/L_\odot$)	[Fe/H] (범위)
NGC 147 dE	12	20-30	260	1000	3-5	7±3	-1.5 ~ -0.7
NGC 185 dE	13	20	170	2000	<0.5	5±2	-1.2 ~ -0.8
Pegasus dIrr	1	9(HI)	-	500(HI)	<0.1	2-4	-2.3 ~ -1.7
Fornax dSph	1.5	13	400	5000	<2	~15	-2 ~ -0.4
M33 nucleus	0.25	24	<0.4	-	<1:	~1	-1.9 ~ 0.7
Sculptor dSph	0.2	9	200	2000	>10	~10	-2.6 ~ -0.8
ω Cen gc	0.1	20	4	70	>10	2.5	-2.15
M15 gc	0.04	12	<0.01	85	>10	2	-2.7 ~ -0.3
Carina dSph	0.04	7	200	900	2-10	~40	-2.7 ~ -0.3
M92 gc	0.02	5	0.5	50	>10	1.5	-2.15

Note 속도 분산 σ_r은 중심에서 가장 크다. 중심 반경 r_c에서, 표면 밝기는 중심에서의 밝기의절반 정도로 떨어지며, 조석 반경 r_t에서는 거의 0에 이른다. t_{sf} 는 마지막 항성 생성 이후 시간이며, $Z/Z_\odot$은 태양의 중원소 함량과 비교한 중원소 함량이다. HI는 항성이 아니라 HI가스로부터 측정한 값이며, gc는 구상성단을 의미한다.

[표 4.2]를 사용하여 왜소 구형 은하들의 크기와 항성들의 시선 속도로부터 전체 질량을 추정할 수 있다. 항성의 무작위 속력들은 구상 성단의 측정값과는 크게 다르지 않지만, 왜소 은하들내 항성들은 10배 혹은 최대 100배까지 더 멀리 퍼져있다. 그러므로 이 은하들이 역학적 평형 상태라고 가정하고, 비리얼 정리 식 3.44 를 사용하여 질량을 구할 수 있고, 질량 대 밝기의 비 $\mathcal{M}/L$ 이 구상성단의 경우보다 더 큰 것을 알 수 있다. 가장 어두운 Ursa Minor, Carina, Draco와 같은 왜소 구형 은하의 $\mathcal{M}/L$ 은 우리 은하(2.3절 참조)나 나선 은하(5.3절 참조)에 대해 측정한 값보다 높다. 왜소 구형 은하들은 '케이크 위의 얼음 장식과도 같이' 밝은 항성들과 더불어 많은 암흑 물질을 포함하고 있을 것이다.

문제 4.2 Carina 왜소 구형 은하는 구상성단 ω 센타우리의 중심보다 3배 작은 속도 분산 σ을 가진다. 그러나, Carina 왜소 구형 은하의 중시 반경은 50배 더 크다. 비리얼 정리를 이용해서 Carina 왜소 구형 은하가 ω 센타우리보다 대략 6배 정도의 질량을 가지며, $\mathcal{M}/L$은 15배 더 크다는 것을 보여라.

또 하나의 가능성은 몇 개의 왜소 구형 은하들이 평형 상태가 아니고, 우리 은하의 중력장에 의해 분리되어 떨어져있다는 것이다. 가장 최근에 발견된 왜소 구형 은하인 Sagittarius 는 명확하게 내부 항성들을 잃고 있다. 이것은 은하 중심에서 20kpc 밖에 떨어지지 않은 은하 원반면에 가까이에 위치한다. 이것은 심하게 비틀어져 있고

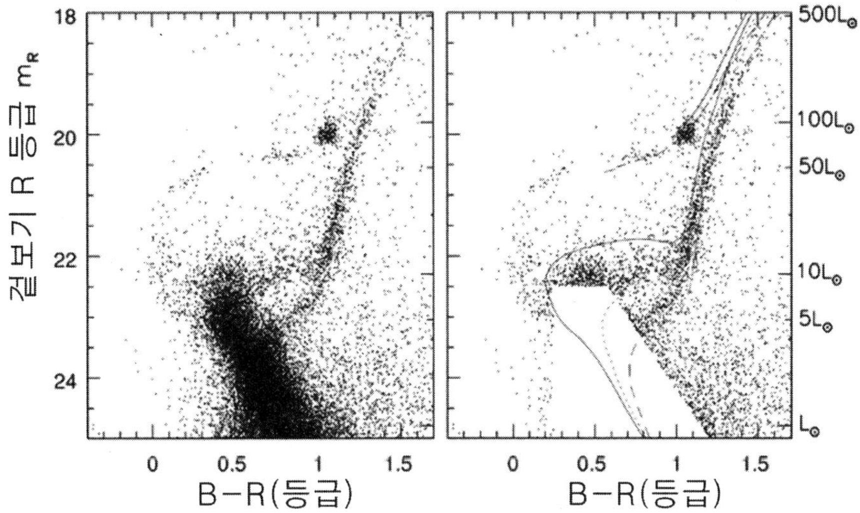

[그림 4.9] 왼쪽, Carina 왜소 구형 은하의 색−등급도. 오른쪽, 3Gyr(실선), 7Gyr(점선), 15 Gyr(파선)의 나이를 갖는 항성($Z = Z_\odot/50$)들의 등연령 곡선과 겹쳐 놓은 그림. $B-R$, mR =(1,20)에 가까이 있는 젊은 적색 덩어리 항성들과 나이가 많은 수평 계열성을 볼 수 있다. Carina 왜소 구형 은하의 거리 지수는 $(\mathrm{m}-\mathrm{M})_0$= 20.09로 하였고, 먼지에 의한 적색화는 B 등급에서는 0.108, R 등급에서는 0.067 정도 어둡게 한다. T. Smecker−Hane; A. Cole, Padova 항성 진화 모형

하늘의 22°×7° 정도로 퍼져있는데, 이는 실제로 12 kpc × 4 kpc 정도로 매우 크다. 우리는 현재, 다른 왜소 은하들도 함께 붙들려 있는지 알아보기 위해, 하나의 성단이나 위성 은하가 우리 은하의 중력에서 살아남을 수 있는 조건에 대해 알아보자.

4.1.4_ 궤도 운동과 조석 한계

작은 은하나 성단은 큰 궤도를 가지며, 그 안의 항성들은 시간에 따라 변하는 복합적인 중력 효과를 받는다. 식 3.27처럼 그들은 더 이상 에너지가 보존되지 않는다. 이것이 유명한 미해결문제인 '삼체 문제'이며, 이럴 경우 대부분의 궤도는 혼돈형 궤도이다. 항성의 위치나 속도의 작은 변화가 부속 운동 상태에 대해 큰 효과를 미친다. 하지만, 위성이 원궤도를 가지며, 결합 항성계의 질량 중심에 대하여 균일 회전 운동을 하는 관성계에서 중력 포텐셜이 일정하다면, 항성들의 운동에 대한 *유효 포텐셜* Φ_{eff}을 정의할 수 있으며, 보존되지 않는 에너지의 대체 에너지를 찾을 수 있다.

만약, 회전하지 않는 관성 좌표계에서 벡터량 u가 일정하면, 일정한 각속도 Ω로 회전하는 좌표계에 있는 관측자는 $\mathrm{du}/\mathrm{d}t' = -\Omega \times u$ 와 같은 비율의 변화를 보게 된다. 여기서 d/dt'은 회전하는 관측자에 의해 측정되는 미분량이다. 관성 직교 좌표계에서 Ω = Ωz로 하여 검토해보라. x, y, z 각각의 좌표축에 대하여 회전하는 관측자에

따라 어떻게 변화하는지 살펴보라. 어떤 항성이 관성 좌표에 대하여 위치는 x 이고 속도는 v 라고 가정하자. 그러면 회전하는 관측자의 좌표계에서, 항성의 위치 X′ 이 순간적으로 x 가 되는 좌표계를 설정하면, 측정되는 속도는 다음과 같다.

$$\mathrm{v}' \equiv \frac{d\mathrm{x}'}{dt'} = \mathrm{v} - \Omega \times \mathrm{x} \tag{4.1}$$

회전하는 관측자에 대하여 항성의 속도 v′ 는 아래와 같은 비율로 변화한다.

$$\frac{d\mathrm{v}'}{dt'} = \frac{d\mathrm{v}'}{dt} - \Omega \times \mathrm{v}' = \frac{d\mathrm{v}}{dt} - \Omega \times \mathrm{v} - \Omega \times \mathrm{v}' = \nabla \Phi - 2\Omega \times \mathrm{v}' - \Omega \times (\Omega \times \mathrm{x}) \tag{4.2}$$

마지막 항에 대하여 v′ 를 내적하면 다음과 같이 표현된다(표 A.2 참조).

$$-\mathrm{v}' \cdot \Omega \times (\Omega \times \mathrm{x}) = \Omega^2 (\mathrm{x} \cdot \mathrm{v}') - (\mathrm{v}' \cdot \Omega)(\Omega \cdot \mathrm{v}') = \frac{1}{2}\frac{d}{dt'}[(\Omega \times \mathrm{x})^2]$$

$\mathrm{v}' \cdot (\Omega \times \mathrm{v}') = 0$ 이고, $\mathrm{x}' = \mathrm{x}$ 이므로, 식 4.2에 v′를 내적하면 다음과 같다.

$$\frac{1}{2}\frac{d}{dt'}[\mathrm{v}'^2 - (\Omega \times \mathrm{x}')^2] = -\mathrm{v}' \cdot \nabla \Phi(\mathrm{x}') \tag{4.3}$$

만약, Ω는 위성의 궤도에 따르도록 선택하면, 회전 좌표계에서 중력 포텐셜 Φ는 시간과 무관하게 된다. 따라서, 입자들의 위치에서의 포텐셜은 $d\Phi / dt' = \mathrm{v}' \cdot \nabla \Phi$의 비율로 변하게 된다. *Jacobi 상수* E_J를 다음과 같이 정의한다.

$$E_J = \frac{1}{2}\mathrm{v}'^2 + \Phi_{eff}(\mathrm{x}'), \text{ 여기서 } \Phi_{eff}(\mathrm{x}') \equiv \Phi(\mathrm{x}') - \frac{1}{2}(\Omega \times \mathrm{x}')^2 \tag{4.4}$$

그러면, 식 4.3으로부터 E_J가 항성들의 궤도에 따라서 변하지 않는다는 것을 알 수 있다. 관성계에 측정할 때 Jacobi 상수는 단위질량 당, 항성의 에너지 E 와 각운동량 L 로 나타낼 수 있다.

$$E_J = \frac{1}{2}(\mathrm{v} - \Omega \times \mathrm{x})^2 + \Phi_{eff} = \frac{1}{2}\mathrm{v}^2 + \Phi(\mathrm{x}, t) - \Omega \cdot (\mathrm{x} \times \mathrm{v}) = E - \Omega \cdot \mathrm{L} \tag{4.5}$$

문제 4.3 z축을 따라 Ω를 취하고, x–y 면에서 움직이는 입자를 본다고 하였을 때, E_J는 상수를 가짐을 알 수 있다. 식 4.4로부터 $E_J = (v_{x^2}' + v_{y^2}')/2 + \Phi(\mathrm{x}') - \Omega^2(x'^2 + y'^2)/2$ 임을 보여라. 회전하는 관측자에 의해 관측되었을 때, E_J가 입자의 경로에 따라

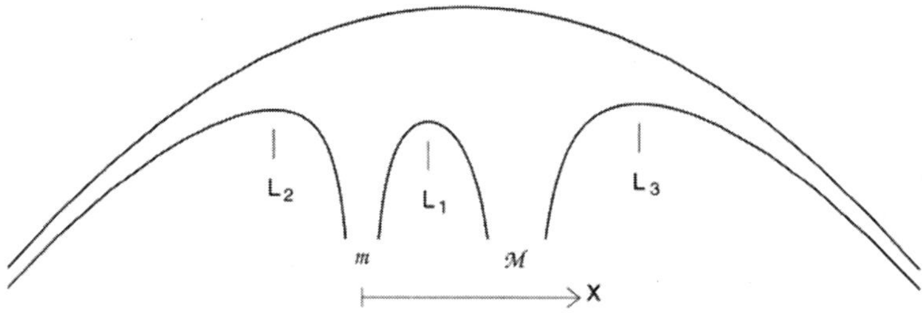

[그림 4.10] 아래 곡선들은 점 질량 m과 μ를 지나는 선의 유효 포텐셜 Φ_{eff}를 나타낸다. Lagrange 점 L_1, L_2 그리고 L_3는 $\Phi_{eff}(x)$의 극값들이다. 위 곡선들은 식 4.6의 2차 방정식의 마지막 항을 의미한다.

바뀔 때의 비율 dE_J/dt'를 기술하라. 도함수 dx'/dt', dv'_x/dt' 등을 구하기 위해 식 4.1과 4.2를 사용할 수 있다. 비율이 0이 될 때, E_J가 입자의 경로에 따라 보존된다. $\Omega \times \mathbf{x}$ 또는 $\Omega \times \mathbf{v}$에 기여하지 않는 z 방향에서의 움직임에서 E_J는 여전히 보존됨을 보여라.

가장 간단한 조석 제한의 계산으로는, 점질량 m 과 $\mathcal{M}$ 거리 D 만큼 떨어져있는 위성 은하와 주 은하의 질량을 나타내고 질량 중심 C 를 중심으로 각속도 Ω 의 궤도 운동을 하는 경우이다. 위성 은하 m 으로부터 $\mathcal{M}$ 방향으로 거리 x 를 측정한다면, C 는 $x = D\mathcal{M}/(\mathcal{M}+m)$ 의 위치에 놓이게 된다. 두 항성계를 잇는 선에 대하여, 다음과 같은 식을 얻을 수 있다.

$$\Phi_{eff}(x) = -\frac{G\mathcal{M}}{|D-x|} - \frac{Gm}{|x|} - \frac{\Omega^2}{2}\left(x - \frac{D\mathcal{M}}{\mathcal{M}+m}\right)^2 \tag{4.6}$$

이 유효 포텐셜 $\Phi_{\rm eff}$은 처음의 *Lagrange 점들*에서 세 개의 극대값을 가진다([그림 4.10] 참조). 가운데 점 L_1 의 유효 포텐셜이 가장 작고, 위성 뒤에 있는 L_2 점이 그 다음으로 작은 값을 가지며, L_3 은 주 은하 뒤에 있다. 만약 $E_J < \Phi_{\rm eff}(L_1)$의 항성이 $\mathcal{M}$ 이나 m 사이에 묶여있다면 이 항성은 그들 사이를 벗어날 수 없다. Langrange 점은 아래 방정식을 풀어 구할 수 있다.

$$0 = \frac{\partial \Phi_{eff}(x)}{\partial x} = -\frac{G\mathcal{M}}{(D-x)^2} \pm \frac{Gm}{(x)^2} - \Omega^2\left(x - \frac{D\mathcal{M}}{\mathcal{M}+m}\right) \tag{4.7}$$

C를 회전하는 m의 가속도 $\Omega^2 DM/(M+m)$은 $\mathcal{M}$의 중력에 기인하는 것이다. 식 3.20과 유사한 표현은 다음과 같다.

$$\Omega^2(\frac{D\mathcal{M}}{\mathcal{M}+m})=\frac{G\mathcal{M}}{D^2}\ ,\ \text{즉}\ \Omega^2=\frac{G(\mathcal{M}+m)}{D^3} \tag{4.8}$$

만약, 위성 은하의 질량이 주 은하에 비해서 아주 작다면, L_1과 L_2는 m과 가까운 곳에 위치하게 된다. 식 4.7의 Ω^2를 대치하고 x/D에 대하여 급수전개하면, 다음과 같은 식을 얻는다.

$$0\approx\frac{G\mathcal{M}}{(D)^2}-2\frac{G\mathcal{M}}{D^3}x\pm\frac{Gm}{x^2}-\frac{G(\mathcal{M}+m)}{D^3}(x-\frac{D\mathcal{M}}{\mathcal{M}+m}) \tag{4.9}$$

따라서 각각의 Lagrange 점 L_1과 L_2에서 다음 식이 만족된다.

$$x=\pm r_J,\ \text{여기서}\ r_J=D(\frac{m}{3\mathcal{M}+m})^{1/3} \tag{4.10}$$

항성들은 위성 은하로부터 r_J , 즉, *Jacobi 반경*, 보다 더 먼 곳에 있을 수 없고 묶여 있게 된다. r_J는 Loche 한계라고도 한다. L_1은 $\mathcal{M}$과 m의 중력이 같아지는 지점이 아니고, 질량이 적은 물체로부터 더 멀리 떨어져 있다. Lagrange 점들은, 근접 쌍성계에서 중요한데, 한 항성의 외곽부가 팽창하여 L_1을 넘으면 질량은 다른 항성으로 떨어지기 시작한다.

문제 4.4 달에 대한 태양(질량 $\mathcal{M}$)의 중력이 지구(질량 m)의 중력보다 강하지만, 달의 궤도 반경이 $r<r_J$ 이기 때문에 달은 지구에 대한 궤도 운동을 유지할 수 있다는 것을 보여라.

$\mathcal{M}\gg m$ 이면, 식 4.10으로부터 위성 은하 주위의 r_J 반경을 갖는 구의 평균 밀도 $3m/(4\pi r_J^3)$은 정확하게 주 은하 주변 반경 D를 갖는 구의 평균 밀도의 세 배임을 알 수 있다. 잠시 주 은하로부터 힘을 무시하면, 식 3.23 은 r_J 에서 위성 은하에 대한 궤도 운동을 하는 항성의 주기는 위성 은하 자체의 궤도 주기와 거의 같다는 것을 알 수 있다. 위성 은하는 주 은하에 대한 자신의 궤도보다 수 배 작은 원 궤도 안에 이 항성들을 가지고 있을 수 있으나, 더 먼 곳에서는 잡고 있지 못하고 잃어버리게 된다.

문제 4.5 만약, 질량 $\mathcal{M}$이 식 2.19의 '암흑 헤일로' 포텐셜을 대신한다면, 반경 $r\gg a_H$ 인 중심부의 질량이 $\mathcal{M}(<r)\approx rV_H^2/G$ 임을 보여라. 질량이 $m\ll\mathcal{M}(<D)$인 위성 은하는 반경 $D\gg a_H$ 에서 궤도운동을 한다. 식 4.7의 점질량 $\mathcal{M}$에 대한 힘 대신 암흑 헤일로의 힘을 사용한다면, 식 4.10 이 아래와 같이 표현됨을 보여라.

$$r_J = D[\frac{m}{2\mathcal{M}(<D)}]^{1/3} \quad (4.11)$$

일반적으로, 성단들과 위성 은하들은 원궤도를 따르지 않는다. 어떠한 항성들이 중력적으로 묶여 남게 될 것인가는 가장 가까이 접근했을 때의 중력이 결정한다. 3.2 절과 [표 4.2]에서 항성들의 밀도가 0이 되는 지점을 표시한 조석 반경 r_t는 궤도의 근지점에서의 r_J와 거의 같다. 이는 우리 은하의 구상 성단들에 대하여 잘 적용되지만 마젤란 성운의 구상 성단들 중에는 근지점 궤도 반경에서 Jacobi 한계를 넘는 성단들도 있다. 더 이상 이들 성단들에 붙들려 있지 않은 항성들은 은하 주변의 궤도에 가까이 남아 있을 것이다.

현재 LMC의 원반은 우리 은하로 인해 붕괴하지 않을 정도로 안정화 되어있다. 마젤란 성운들과 스트림의 궤도를 계산하면, 현재 근점 근처에 위치하고, LMC의 현재거리 50 kpc 에서 우리 은하에 대한 원궤도 속력은 태양 근처와 비슷한 200 km^{-1} 정도이다. 식 3.20을 이용하면, LMC의 궤도 안쪽 질량은 $5 \times 10^{11} \mathcal{M}_\odot$ 정도이다. LMC의 질량이 약 $10^{10} \mathcal{M}_\odot$이므로, 식 4.11 로부터 다음이 성립된다.

$$r_{J\approx} 50\text{kpc} \times [\frac{10^{10}\mathcal{M}_\odot}{2 \times 5 \times 10^{11}\text{M}\mathcal{M}_\odot}]^{1/3} \approx 11\text{kpc} \quad (4.12)$$

LMC의 원반부는 이 반경 내에 안정적으로 존재하나, SMC는 LMC에 중력적으로 묶여 있기에는 너무 멀어 보인나. 아래 제시한 문제에서 어떤 왜소 은하들의 경우 우리 은하의 중력이 미치는 공간에서 벗어나 있음을 알 수 있다.

문제 4.6 Sagittarius 왜소 구형 은하는 우리 은하의 중심에서 현재 20 kpc 떨어져있다. 회전 속도 곡선이 $V(R) \approx 200\ kms^{-1}$ 로 편평하다고 가정한 후, 이 반경 이내의 우리 은하의 질량을 구하라. 이 왜소 은하의 중심에서 5 kpc 떨어진 곳의 항성이 이 은하에 중력적으로 묶여 있으려면 질량이 $6 \times 10^9 \mathcal{M}_\odot$ 이 되어야 한다는 것을 보여라. 이 경우 [표 4.2]에서의 값보다 더 큰 $\mathcal{M}/L_V \sim 70$이 요구됨을 보여라.

4.2 우리 은하군의 나선 은하

우리 은하군에는 우리 은하, 안드로메다 은하 M31, 그리고 M33의 세 개의 나선 은하들이 있다. M31은 770 kpc 떨어져 있으며, 맨 눈으로 쉽게 찾을 수 있는 가장 먼 천체이다. M33은 조금 더 멀리 있지만, 명확하게 보기가 어렵다. 이 세 가지 은하들을 비교하면, 나선 은하들의 일반적인 특성들을 알 수 있고, 서로가 어떻게 다른지도 알 수 있다.

4.2.1_ 안드로메다 은하

[그림 4.11]에서 본 M31, 안드로메다 은하는 모든 면에서 우리 은하보다 큰 은하이다. 밝기는 ~50%이상 밝으며 2.8절에서 정의한 원반부의 길이 척도 h_R는 우리 은하 보다 두 배 큰 6-7 kpc이다. 회전 속도 V(R)도 전체 원반부에 대해서 260 kms^{-1} 정도로 우리 은하보다 20-30% 빠르다. M31은 구상 성단들도 300개 정도로 우리 은하보다 두 배 이상 더 많을 뿐만 아니라, 위성 은하들도 있다. 안드로메다 은하는 타원 은하 M32, 세 개의 왜소 타원 은하 그리고 여러 개의 왜소 구형 은하를 포함하고 있다.

M31의 중앙 팽대부는 광도의 30-40%를 차지하는 우리 은하의 중앙 팽대부보다 높은 비율을 가진다. 팽대부의 겉보기 장축은 원반부의 장축과 외곽부에서는 일직선상에 있지 않다. 팽대부는 원반부 위에서 볼 때 달걀형의 비축대칭 형이거나, 적도축이 원반 평면에 대해 기울어져 있는 형태이다. 팽대부는 적은 수의 젊은 항성들을 포함하고 있기 때문에 자외선 영역에서는 어둡게 보인다. 우리 은하와 같이, 팽대부에 있는 항성들의 나이는 최소 몇 십 억년이고, 보통 중원소들을 풍부하게 가지고 있다. 팽대부는 희박한 이온 가스들과 암흑 성운으로 보이는 적은 수의 밀도가 큰 HI 가스와 먼지 구름을 포함하고 있다.

그 중앙에는 조밀한 준항성 핵들이 있다. 허블 우주 망원경 영상을 보면 핵이 0.5″ 혹은 2pc 정도 떨어진 밝은 빛 두 개로 분리되어 보인다. 이중 하나는 밀도가 큰 중심 천체가 있으며, $\mathcal{M}_{BH} \sim 3\times10^6 M_\odot$ 의 질량을 가진 블랙홀일 것이다. 다른 하나는 역학적 마찰의 영향으로 중심으로 휘어져 들어가는 성단일 것이다(7.1절 참조). M31의 핵은 우리 은하와 다르게 가스와 먼지들이 놀랍게도 거의 없다.

우리 은하의 경우와 매우 유사하게, M31의 중원소 함량이 적은 구상성단들은 많이 찌그러진 궤도를 가진다. 이 단계는 정형화된 회전을 거의 보이지 않는다. 그러나 중앙 팽대부는 밝은 구형부와 같이 연속적으로 외곽부로 커진다. 원반부 평면 위 수 킬로파섹 위의 있는 대부분의 항성들은 중원소 함량이 적은 항성들이 아니며, 상대적으로 중원소 함량이 많고 빠른 회전계를 형성하는 듯하다. M31의 팽대부가 확장되고 있는 것처럼 이들도 중원소 함량이 적은 헤일로로 거대하게 빠져들고 있다.

우리 은하와 마찬가지로, M31은 병합에 의한 은하이다. 중원소 함량이 풍부한 헤일로 항성들의 나이는 대략 6 Gyr로서 이들과 팽대부의 많은 것들이 아마도 M31이 중원소

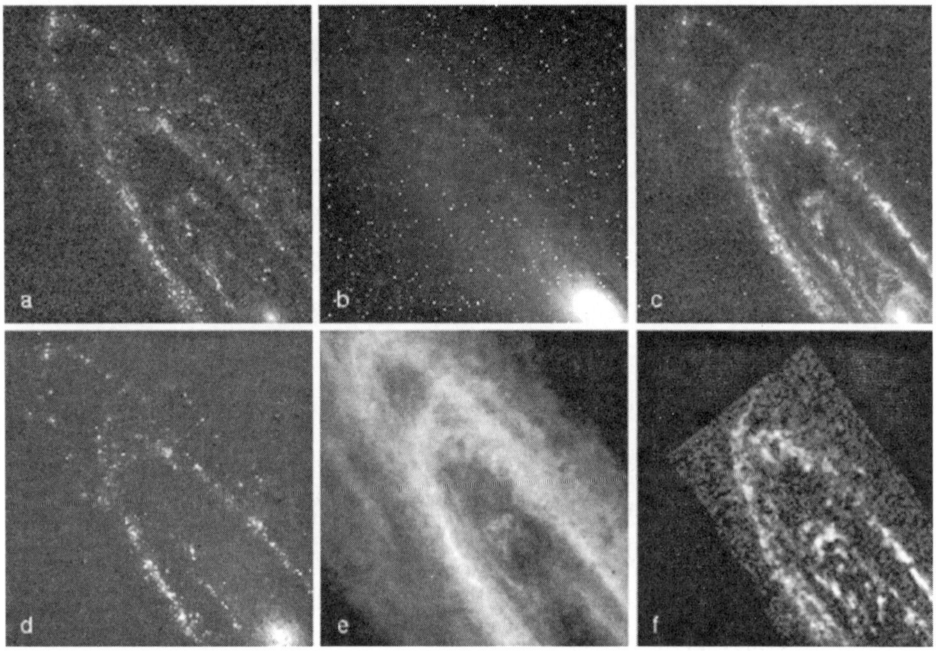

[그림 4.11] 안드로메다 은하, M31 : (a) 자외선 영역 영상, (b) B 파장 영역의 영상은 두드러진 팽대부를 보여준다. (c) 따뜻한 먼지에 의한 24μm 에서의 적외선 영역 영상, (c) Hα 영상은 '불의 반지 구조'와 나선팔에서의 HII 영역을 보여준다. (e) HI 가스, (f) 밀도가 큰 분자 가스로부터의 CO 방출 – K. Gordon, (a) Galex FUV, D., Thilker *et al.* 2005, *ApJ*, 619, L67; (b)와 (d) D. Thilker and R. Warterbos; (c) Spitzer, K. Gordon *et al.* 2005, *ApJ*, 638, L87; (e) R. Braun *et al.*; (f) Nieten *et al.* 2006, *AAp*, 453, 459

함량이 풍부한(그리고 질량이 큰 : 4.3절 참조) 다른 무언가와 병합되었을 때 들어왔을 것이다. 은하의 북서쪽에서부터 남동쪽으로 뻗은 100 kpc 길이의 항성들의 거대한 스트림을 찾을 수 있다. 이 항성들 역시 우리 은하 헤일로에 있는 항성들 보다 중원소 함량이 풍부하며 이들 역시 M 31이 거대한 은하를 삼켰을 때 뻗어져 나왔을 것이다.

반경 약 10kpc 로 팽대부를 둘러싸고 있는 항성 형성 지역 '불의 고리 구조' 가 [그림 4.11]에 명확히 드러난다. 대부분의 젊은 원반부 항성들은 이 고리 구조의 놓여있거나 바로 바깥 지역에 있다. 젊고 질량이 큰 항성 주위의 HII 영역 이온화 가스는 Hα 영상에서 붉게 드러나고, 원적외선 영상에서는 이 항성들에 의해 기열된 민지가 나타나며 CO 지도에서는 항성들이 생성되는 밀집된 가스를 보여준다. 이 고리 구조 바로 바깥 지역에 자외선 영역에서 밝으며 젊은 항성들과 HII 영역의 구조가 매우 단단히 꼬여있는 나선 팔 구조를 보여준다. 이 나선 팔에는 가스, 먼지 그리고 항성들이 매우 조밀하게 모여 있다. 그러나 거대 구조의 나선 팔 모양은 뚜렷하지 않다. 우리 은하가 Sbc 또는 Sc 은하로 분류되는 반면, 큰 팽대부와 비교적 단단하게 감겨있는 나선팔, 그리고 상대적으로 적은 가스와 내부 원반에서의 최근 항성 생성으로 인해, M31은 Sb

은하로 분류된다.

M31의 중성수소 양은 $(4-6)\times10^9\mathcal{M}_\odot$ 로서 우리 은하 경우의 50% 정도이다. 분자 가스의 경우 전체에 비해 작은 비율을 차지하고 있으며, 따라서 항성의 광도에 대한 가스 질량의 비는 우리 은하의 경우에 비해 적다. [그림 4.11]은 HI 이 불의 고리 구조에 집중되어 있음을 보여준다. 그러나 우리 은하에서는 가스들이 항성 원반부보다 더 큰 반경까지 뻗어있다. 나선팔 영역에 대한 고해상도 지도는 크기 1kpc 정도의 HI 원반부 구멍 구조들을 보여준다. 이들의 가장자리 껍질 구조는 $(10^3-10^7)\mathcal{M}_\odot$ 의 밀도가 높은 HI 가스를 가지고 있으며 바깥 방향으로 10–30kms^{-1} 로 움직인다. 이 비율을 고려하면 대부분의 구멍 구조들이 현재 크기가 되기까지 수 백 만년 걸렸음을 알 수 있다. 때로는 질량이 큰 O 또는 B 형 항성들로 이루어진 성협이 이러한 구멍 구조 내에 있다. 이러한 질량이 큰 항성들에 의한 항성풍과 최근의 초신성 폭발은 차가운 가스를 밀어 낸다. 원반부의 안쪽 지역에 있는 구멍 구조는 크기가 작은 경향을 보이는데, 이는 가스의 밀도가 더 크거나 자기장의 세기가 더 강해 차가운 물질들을 밖으로 밀어내기 더 힘들기 때문인 것 같다.

만약, 각 지역에서 HI 가스 구름의 속도를 측정하면 이들이 거의 원궤도 운동을 한다는 사실을 활용하여 가스 원반의 3차원 구조를 만들 수 있다. 바깥 영역은 편평하지 않지만 'S' 모양으로 구부러져 있다. 항성 원반부 역시 꼬여있는 모습을 보인다. 나선은하의 바깥 영역이 'S' 모양을 보이는 것은 매우 일반적이다. 우리 은하의 원반이 이와 같이 감겨 있으며 오히려 편평한 원반부를 갖는 경우가 더 적다. 우리 은하에서와 같이 HI 층은 은하 중심에서 바깥으로 갈수록 더 두꺼워진다. 바깥쪽의 HI가스 덩어리들은 분명하게 원반의 회전을 따르지 않는다. 중심에서부터 50kpc 떨어진 곳에 있는 덩어리들은 우리 은하의 고속도운(2.4절 참조)과 비슷한 것이다. 이 덩어리들은 $(10^5-10^6)\mathcal{M}_\odot$ 의 HI 가스들이 $\sim$1kpc의 크기를 갖는다. 이들 중 몇 개는 거대 항성 스트림을 따라 같은 경로에 놓여져 있으며, 비슷한 속도를 가지고 있다. 이들은 아마도 같은 위성 은하로부터 빠져 나왔을 것이다. 다른 것들은 왜소 타원 은하 NGC 205와 비슷한 위치와 속도를 가지고 있을 것이다.

4.2.2_ M33 : 만기형 나선 은하

우리 은하군 내의 또 다른 나선 은하인 M33은 명확히 Sc 나 Scd 은하이다. 팽대부는 아주 작다. 나선 팔은 M31의 경우보다 더 열려있고 부드럽지 않으며 최근에 형성된 항성들이 밀집되어 있는 밝고 푸른 지역들로 주로 구성되어 있다. M33은 우리 은하보다 작으며 덜 밝은 은하이다. 길이 척도는 $h_R\approx1.7$kpc 으로 작고, 회전 속력 V(R) 은

120 kms^{-1} 에 불과하다.

Hα 방출선으로 관측하는 경우 M33은 루프 구조, 필라멘트 구조, 그리고 껍질 구조들이 복잡하게 얽혀있으며, 이 구조는 LMC([그림 4.4])와 격렬한 항성 형성이 일어나는 불규칙 은하 IC10(4.4절 참조)와 유사하다. 초신성 폭발과 항성풍은 주변 가스를 가열하여 불어내면서 이후 항성 형성 지역과 항성 형성률에 영향을 미친다. 이러한 *순환 구조*는 원시 가스 뭉치로부터 은하가 형성되고 연속적으로 진화해 나가는 과정에 강한 영향을 끼친다.

M33은 M31이나 우리 은하보다 HI가스가 상대적으로 많다. CO 방출이 거의 없으며, 이는 분자 가스가 거의 없거나 우리 은하보다 H_2에 대한 CO 함량비가 더 적다는 것을 반영한다. 후자가 더욱 그럴듯한데, 원반부가 밀도가 높은 분자운의 중심지역에서 형성된 젊은 항성들이 많기 때문이다. 우리 은하와 비교하여, 따뜻한 HI가스는 상대적으로 많고 차갑고 밀도가 높은 것은 적다. M31에서와 같이 HI층은 큰 구멍 구조를 가지며 때로는 원반부의 항성 형성 지역 가운데 있다. HI은 적어도 Holmberg 반경의 세 배 또는 30kpc 까지 연결되는데, M31까지의 거리 ~200 kpc의 많은 부분을 차시한다. $10^6\mathcal{M}_\odot$의 가스를 가진 다소 큰 분자운 하나는 M33의 중심으로부터 15 kpc 만큼 떨어진 곳에 있으며, HI 가스 스트림이 구름과 원반을 연결하고 있다. 바깥 원반부는 꼬여있으며 이는 M31에 의한 조석효과로 여겨진다.

M33의 중심에서 밀도가 높은 *중심핵 성단*이 발견되며 그 주변에 작은 팽대부가 있다. 이 성단은 우리 은하 구상성단보다 더 밝으며 $L_V \approx 2.5\times10^6 L_\odot$이다. 중심핵은 작기 때문에 항성 밀도는 $10^7 L_\odot \mathrm{pc}^{-3}$ 이상이다. 구상 성단내의 항성들이 한 세대임과는 달리 M33의 중심 핵 부분은 나이가 많은 항성, 중간 나이의 항성 그리고 젊은 항성들이 존재한다. 블랙홀은 보이지 않는다. 만약 블랙홀이 존재한다면, $\mathcal{M}_{\mathrm{BH}} \leq 10^6\mathcal{M}_\odot$로서, 이것은 우리 은하와 M31에서 보이는 블랙홀보다 매우 작을 것이다. 그러나 일반적인 항성에 비해 아주 강한 에너지원이 보인다. M33의 중심핵은 우리 은하군의 유일한 가장 밝은 X선원으로서, 일반적인 쌍성 X선원의 수배와 같다.

M33은 대 마젤란 성운보다 단지 2~3배 밝다. 그러나 더 대칭적 나선구조를 가지고 있다. 일반적으로 밝기가 낮은 은하들은 큰 은하들에 비해, 뚜렷한 중심 막대 구조를 가지며 은하의 가장 밝은 지역이 은하 외곽 원반부의 중심에서 벗어나 있는 LMC와 유사한 경향이 있다. 그러나, 은하의 형태는 은하의 광도이외 다른 많은 요소에 관련된다.

4.3 우리 은하군 은하의 형성

1.5절에서 살펴본 바와 같이 뜨겁고 밀도가 높은 초기 우주로부터 시작된 우리 은하와 우리 은하군 은하들의 형성에 관하여 살펴보자. 빅뱅 시작 이후 약 35만년 정도에 광자들은 더 이상 수소와 헬륨을 이온화 시킬 만큼 충분한 에너지를 가지지 못하게 된다. 이후 핵은 전자와 결합하여 중성 원자 가스를 만들며 이 가스를 통하여 빛은 자유롭게 전달된다. 우주가 투명하게 되는 것이다. 은하를 형성하였던 가스는 더 이상 가스 내에 붙잡힌 광자의 압력에 의하여 지탱되지 않는다. 중력이 충분히 강한 경우, 평균보다 더 밀도가 높은 지역은 안쪽으로 수축을 시작하게 된다.

8.5장에서 볼 수 있듯이, 가스의 밀도가 높을수록 팽창이 멈추어지는 시점이 빠르며 수축하게 된다. 수축하는 영역은 공간에 고르게 퍼져있지 않다. 밀도가 증가하는 지역에서 주변의 작은 물질 덩어리들은 밀도가 높아져 수축하게 된다([그림 4.12] 참조). 큰 수축 지역 중심 근처에 있는 덩어리들은 서로의 방향으로 마주치게 되며, 궁극적으로 하나의 큰 은하로 병합된다. 반면 멀리 떨어진 덩어리들은 작은 위성 은하들이 된다. 뭉쳐져 하나의 은하를 만드는 모든 물질들이 *원시 은하*를 만드는 것이다.

원시 은하들이 수축을 시작하기 직전 가장 큰 경우의 상호 거리는 현재 은하간의 거리보다 훨씬 가까운데, 왜냐하면 당시의 우주가 더 작기 때문이다. 일반적으로 원시 은하들은 깔끔한 구형이 아니며 상호 중력 작용에 의해 생긴 불규칙한 구조를 갖는다. *상호 조석 토크*는 서로를 잡아당기며 작은 회전을 일으킨다([그림 4.13] 참조). 하나의 은하가 얼마만큼 회전을 하게 되는지 계산하는 정확한 방법은 없다. 많은 입자들로 이루어져 있으며 각 입자들이 중력에 의해 끌어당기는 은하에 대한 컴퓨터 모의실험에 의하면 임의의 반경에서 평균 회전은 원궤도의 필요한 경우의 약 5% 정도이다. 각 원시 은하내의 가스 구름들이 서로 충돌라는 경우 각자 에너지의 일부를 잃어버리고 안쪽으로 떨어지게 된다. 이때 원시 은하의 회전은 증가한다. 왜냐하면 물질들이 각운동량을 거의 보존하기 때문이다.

은하들은 언제 최초의 항성을 형성할까? 초기 항성의 빛과 이에 의해 이온화된 뜨거운 가스의 방출선은 적색편이 $z \geq 6$ 에서의 은하들, 즉 우주의 나이 10억년 이전의 은하들에서 관측된다. 최초의 항성은 형성되기 전, 우주 배경 복사 화구는 항성 크기의 가스가 열복사를 방출할 만큼 충분히 차가워야 한다. 현재 분자 구름의 중심 핵 지역에서 온도 $T \lesssim 20$K 인 원시 항성을 관측할 수 있다(2.4절 참조). 식 1.34를 사용하면, 배경 복사는 적색편이 $z \sim 6$일 때, 즉 빅뱅 이후 수 억 년 까지 이 온도에 도달하지 못한다.

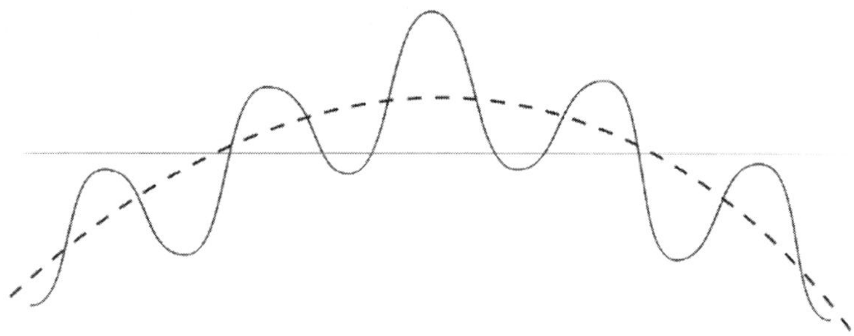

[그림 4.12] 작은 은하들이 큰 은하를 만든다. 물질의 밀도(물결 모양 실선)는 평균보다 밀도가 높은 큰 지역(파선)내의 작은 덩어리들의 합이다. 자체 수축을 하기에 충분한 밀도를 갖는 지역(수평선 윗부분)은 함께 모이는 경향이 있다.

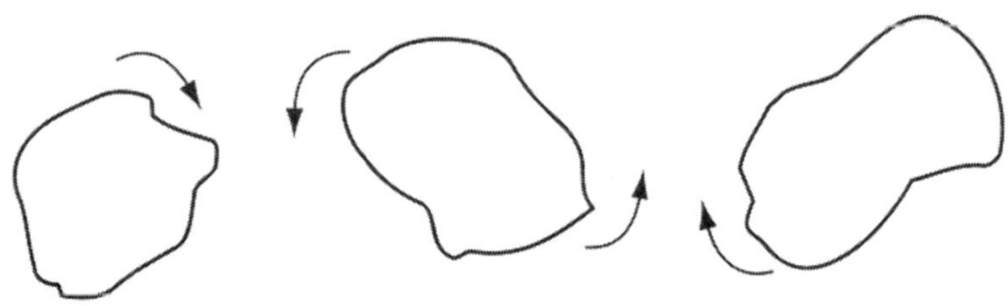

[그림 4.13] 조석 토크. 불규칙 덩어리들이 상호간 끌어당기며 회전을 시작한다.

그러나 최초의 항성들은 거의 수소와 헬륨으로만 이루어진 원시 가스로부터 만들어졌다. 이들의 대기는 태양의 바깥층보다 불투명 정도가 적기 때문에 항성의 복사압에 의해 덜 쉽게 불려져 나갈 것이다. 커다란 가스 덩어리들은 높은 온도에서 초기에 수축되어 상당한 핵융합 반응을 할 수 있도록 오래 살 수 있는 $\mathcal{M} > 100\mathcal{M}_\odot$ 을 가진 매우 무거운 항성을 생성하였을 것이다. 이 항성들이 초신성으로 폭발하였을 때, 항성들이 만든 무거운 원소들은 그 주변을 둘러싸고 있는 가스로 분포되었을 것이다. 9.4 절에서 은하 형성과 초기의 항성 생성에 대하여 의논해 볼 것이다.

4.3.1_ 우리 은하의 형성

최초의 항성은 은하 규모의 크기가 아닌 질량 $(10^6 - 10^8)\mathcal{M}_\odot$ 의 작은 가스 덩어리에서 살아가고 죽어간다. 이때 하나 또는 두 개의 초신성 폭발이면 태양의 1/1000 또는 1/100 수준의 탄소, 질소, 산소와 같은 원소들을 가스에 충분히 공급할 수 있다. 이것은 우리 은하의 가장 오래된 항성들 즉 중원소 함량이 적은 구상 성단내의 항성들에서 관측되는 값과 비슷하다. 각 성단 내의 항성들은 일반적으로 거의 같은 함량을 가지는 반면, 현재 우리 은하내의 가스의 함량은 균일하지 않다. 따라서 구상 성단들은 초기 항성들의 핵융합 부산물들이 충분히 섞인 작은 가스체에서 형성되었다고 생각된다.

어떤 구상성단들은 가스 구름들이 우리 은하를 형성시키기 위하여 함께 떨어지며 부딪칠 때 형성되었을 수 있다. 이때 충돌은 가스를 압축시키고 밀도가 증가하여 많은 항성들이 짧은 시간 내에 형성된다. 가스와 달리 항성들은 충돌을 통하여 충분한 에너지를 잃지 않는다. 따라서 항성이 형성되면 회전의 증가가 멈춘다. 나이가 많은 중원소 함량이 적은 구상 성단들과 중원소 함량이 적은 헤일로 항성들의 궤도는 원궤도가 아니고 찌그러져있다. 궤도의 방향은 임의의 방향이며, 중원소 함량이 적은 헤일로는 정형화된 회전을 갖지 않는다. 이러한 이유는 아마도 헤일로를 형성한 물질들이 충분히 항성 크기가 되기 이전 은하의 깊숙한 부분까지 떨어지지 않았기 때문이다.

1962년 Olin Eggen, Donald Lynden-Bell, Allan Sandage는 중원소 함량이 적은 헤일로에 있는 항성들은, 원시 은하가 자체 중력에 의해 수축될 때 매우 빨리 형성되었을 것이라는 생각을 하였다. 식 3.23에 의하면 밀도 ρ의 가스구름이 자체적으로 수축하는데 걸리는 시간은 $1/\sqrt{\rho}$에 비례한다. 항성을 만드는 덩어리 내의 가스는 평균보다 밀도가 높을 것이다. 물질들은 곧 수축을 시작하고 은하 크기의 구름이 자체 수축을 하기 전 항성으로 바뀌게 된다. 아래에 주어진 문제는 이 모든 과정들이 수 십 억년 이내에 이루어진다는 것을 보여준다.

문제 4.7 반경이 10 kpc이고 $10^{11}\mathcal{M}_\odot$의 질량을 가진 우리 은하와 같은 은하에 대해서 평균 밀도를 구하여라. 비리얼 정리는 항성들로 이루어진 은하가 수축한 후 평형상태가 될 때 밀도가 처음보다 8배 더 높아진다는 것을 알려 준다(문제 8.31의 토론 참조). 초기 우리 은하에 대하여 식 3.23의 자유 낙하 시간이 $t_{ff} \sim 300\text{Myr}$임을 보여라. 이는 태양 정도의 질량을 가진 원시성이 주계열성이 되는데 걸리는 시간보다 10배 긴 시간이다. 반경 2 kpc과 질량 $\mathcal{M} \sim 2\times10^7\mathcal{M}_\odot$의 Sculptor 왜소 은하(표 4.2)에 대해서, 평균 밀도가 우리 은하의 1/40 밖에 안 되며, 따라서 수축 시간이 $t_{ff} \sim 2\,\text{Gyr}$임을 보여라.

대조적으로, 우리 은하의 회전하는 원반부가 되는 물질들은 많은 양의 에너지를 잃어버리게 된다. 3.3절에서 본 바와 같이 주어진 각 운동량에 대한 최저 에너지 궤도는 원궤도이다. 현재, 얇은 원반부에 있는 항성들은 최대한의 에너지를 잃어버린 가스로부터 형성되었기 때문에 거의 원궤도를 갖는다. 두꺼운 원반부의 항성들과 중원소 함량이 큰 구상 성단들은 얇은 원반부의 대부분의 항성들보다 먼저 형성되었다. 이 항성들은 다소 적은 에너지를 읽어버린 가스 구름으로부터 형성되었으나 여전히 약간의 편평한 회전계를 형성한다. 초기 얇은 원반부 항성들이 태어날 때까지, 8-10 Gyr 전, 이전에 형성된 항성들로부터 주어진 중원소는 가스의 중원소 함량을 태양 함량의 10-20% 정도 증가시킨다.

현재 태양 근처의 원반부 항성들은 속력 $V(R) \approx 200\text{kms}^{-1}$의 거의 원궤도 운동을 한다. 조석 토크가 원운동에 필요한 단 5% 의 회전 속력을 이 물질에게 주는 경우 가스들은 자체 각 운동량에 해당하는 궤도에 도달할 때까지 중심부를 향하여 연속적으로 떨어져야 한다. 식 3.29 를 이용하여 조석 토크가 작용할 때 지역적 가스들이 있어야 하는 장소를 계산할 수 있다. 우리 은하의 중력 포텐셜 $V(R)$이 상수인 편평한 회전 곡선에 해당한다면 가스는 거리 $R \sim 100\text{kpc}$ 으로부터 떨어져야만 한다. 즉 은하 주변의 가스는 은하 형성 초기 훨씬 더 멀리 뻗어 있어야만 한다. 원반부 물질들은 중심부로 이동하는 동안 매우 적은 수의 항성들을 생성한 채 가스의 형태로 남아 있어야 하며 따라서 충돌을 통하여 에너지를 지속적으로 잃어버린다. 이 가스는 초기 구상 성단들을 만든 가스에 비해 밀도가 훨씬 낮기 때문에 이러한 현상이 가능하다.

[그림 4.5]의 색-등급도에는 우리 은하 팽대부내의 수평 계열이 나타나지 않는다. 팽대부 항성들은 중원소 함량이 클 수 있지만 구상 성단만큼의 나이를 가지는 경우는 거의 없다. 대부분의 나이가 8－10Gyr 보다 적고 어떤 경우 더 젊기도 하다. 현재까지 팽대부 항성들이 어떻게 형성되었는지 잘 알지 못한다. 아마도 우리 은하를 만든 원시 은하 가스의 밀도가 높은 중심부에서 형성된 듯하다. 팽대부는 원반부의 안쪽 밀도가 높은 지역에서 생겨났거나, 팽대부 항성들은 역학적 마찰에 의해 중심부로 휘돌아 들어가는 밀도가 높은 성단들의 진해일 수 있나(7.1 절 참조). M33과 대 마젤란 성운의 중심부 수 킬로파섹 지역은 우리 은하의 중심부에 비해 밀도가 높지 않다. 이러한 낮은 밀도 때문에 팽대부의 발달이 잘 되지 않을 수 있다.

밀도가 높은 중심 팽대부가 형성되고 나면 전 은하의 중력이 팽대부에 가스가 잡혀 있을 수 있게 한다. 초신성으로부터 나오는 뜨겁고 빠른 물질들을 포획하면서 팽대부는 많은 수의 중원소가 함량이 큰 항성을 만든다. 우리 은하군과 그 너머로(6.3절 참조), 더욱 밝은 은하 내의 항성들은 무거운 원소들을 풍부하게 가지고 있다. 강한 중력에 의해 중원소 함량이 큰 가스들이 탈출하지 못하고 항성으로 만들어진다.

우리 은하 암흑 물질의 대부분은 원반부 항성 지역을 넘어 외곽부에 있다. 5.3 절에서 이러한 사실이 대부분의 나선 은하에도 적용됨을 보일 것이다. 왜 밝지 않은 물질들은 주로 은하의 바깥쪽에 놓여있는가? 이 물질들의 화학 조성에 대해 잘 모르기 때문에 정확한 답을 할 수 없다. 그러나 모든 형태의 물질들이 초기에 잘 섞였다면 암흑 물질들은 항성을 형성한 물질들에 비해 에너지를 잃어버릴 기회가 적었다. 은하 중심으로부터 먼 지역의 궤도로 남아있게 된 것이다. 1.5절의 WIMP의 암흑 헤일로는 결코 열로써 에너지를 낼 수 없으며 따라서, 항성들보다 더 멀리 남아 있게 된다. 암흑 물질들이 갈색왜성 또는 블랙홀과 같은 조밀한 천체들로 구성되어 있다면 이러한 것들은 구상 성단 형성 이전 우리 은하의 수축 초기에 형성되었을 것이다.

우리 은하 형성은 여전히 진행되고 있다. 2.2절에서 보았듯이, Sagittarius 왜소 구형 은하내의 항성들은 우리 은하 헤일로에 들어오고 있다. 태양 근처 젊은 중원소 함량이 적은 헤일로 항성들이 발견되며 이것들은 또다른 포획 왜소 은하의 잔재일 것이다. 마젤란 성운의 궤도는 줄어들고 있으며 7.1절에서 볼 수 있듯이 LMC는 3－5 Gyr 이내에 우리 은하로 들어오게 될 것이다. 태양계의 운석과 같이 이러한 현상은 은하 형성의 마지막 단계를 보여준다.

4.3.2_ 중원소의 형성

은하의 일생동안 가스는 항성으로 바뀌게 되며 각 항성들은 수소와 헬륨을 태워 중원소를 만들고 항성 일생의 마지막에 성간 가스로 되돌려 보낸다. 초기에 존재하는 가스의 단위 질량당 형성된 항성 질량과 만들어진 중원소의 질량으로서 은하의 나이에 대한 일종의 시계를 정의할 수 있다. 태양 근처에서 중원소 형성 시계에 의한 시간과 항성의 나이 측정으로부터의 시간은 서로 잘 일치하고 있음을 볼 수 있다. [그림 4.14]에서 나이가 비교적 많은 원반부 항성들은 일반적으로 철 함량이 적은 반면 최근 형성된 항성들은 중원소 함량이 더 크다는 것을 알 수 있다. 2.2 절에서 우리 은하 얇은 원반부에 있는 산개 성단들은 두꺼운 원반부의 구상 성단들과 항성들보다 젊고 중원소 함량이 더 크다. 반면, 헤일로에 있는 구상 성단들은 가장 나이가 많고 중원소 함량이 가장 적다.

처음에는 은하의 구성원이 단순히 두 종류로 나누어질 수 있다고 생각하였다. 즉, 원반부 내의 젊은 항성과 중원소 함량이 큰 물질들은 종족 I을 형성하고, 팽대부와 헤일로에 있는 나이가 많고 중원소 함량이 적은 항성들은 종족 II에 포함되었다(천문학자들은 아무런 무거운 원소가 없이 빅뱅에서의 수소와 헬륨만으로 이루어진 최초의 항성들을 종족 III이라고 한다.). 현재 이러한 생각은 너무 단순한 것이다. 예를 들면 M31과 우리 은하의 팽대부는 수억 년 이상 나이가 많으나 중원소 함량은 높다. 그리고 왜소 불규칙 은하와 일반적 나선 은하의 외곽부에는 과거 100 Myr 이내에 형성된 젊은 중원소 함량이 적은 항성들이 있다.

이와 같은 복잡성에 대하여, 은하 내에서 중원소 함량이 시간에 따라 어떻게 진행되는지 아주 단순화된 표현으로 생각해 본다. 이것을 *한 지역 순간 순환 모형*이라고 한다. 은하의 가스가 어느 지역에서나 같은 함량으로 잘 섞여있으며 항성들은 핵융합 부산물을 성간 가스로 항성을 형성하는 시간보다 더 빠르게 돌려준다고 가정하자. 먼저 가스는 은하로부터 탈출하지 않으며 은하에 더 보태지지도 않는다는 *닫힌 박스 모형*을 가정하고 헬륨보다 무거운 모든 원소들이 상호간에 상대적으로 같은 비율을 유지한다고 가정하자. 이때 다음과 같은 요소들을 정의한다.

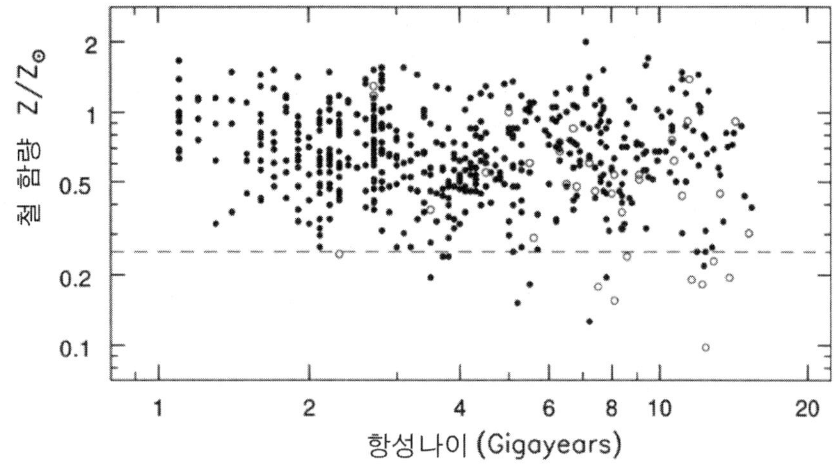

[그림 4.14] 가까운 F형과 G형 항성들은 나이에 상관없이 철 함량의 큰 분산을 나타낸다. 그러나 젊은 항성들은 철이 풍부한 경향이 있다. 두꺼운 원반의 중원소 함량을 가진 항성들(점선 아래)은 종종 나머지의 평균과 비교하여 $80\,\mathrm{km\,s^{-1}}$보다 빠르게 움직인다. −B. Nordstrom *et al.* 2004, *AAp*, 418, 98

- $\mathcal{M}_g(t)$는 시간 t에서의 은하 내 가스의 질량.
- $\mathcal{M}_\star(t)$는 질량이 큰 항성의 잔해인 질량이 저은 항성, 즉 백색 왜성, 중성자별, 블랙홀의 질량(이 천체들 내의 물질은 은하의 일생을 통하여 고정된 상태로 유지된다).
- $\mathcal{M}_h(t)$는 은하 내 가스 중에서 헬륨보다 무거운 원소들의 총 질량으로, 가스의 *중원소 함량*은 $Z(t)=\mathcal{M}_h/\mathcal{M}_g$ 이다.

시간 t에 질량 $\Delta'\mathcal{M}_\star$의 항성들이 형성된다고 가정하자. 질량이 큰 항성들이 일생을 마친 후 질량 $\Delta\mathcal{M}_\star$의 작은 질량 항성들과 잔해를 남기고, 질량 $p\Delta\mathcal{M}_\star$의 중원소를 포함한 가스를 성간 물질로 내보낸다. *계수* p는 근처 항성들에 대한 평균값을 나타내는데 각각의 질량에 대한 항성의 개수를 표현하는 *초기 질량 함수*와 핵융합 과정에 의존된다(2.1절 참조). 항성 물질의 각 운동량 분포, 중원소 함량, 항성자기장, 그리고 근접 쌍성계의 항성비 역시 이 계수에 영향을 준다.

성간 가스내의 중원소 질량 $\mathcal{M}_h$는 질량이 큰 항성이 형성하여 내어 놓는 중원소들에 따라 변하지만, 이 원소들의 질량 $Z\Delta\mathcal{M}_\star$는 질량이 작은 항성과 잔해로서 고정된다. 따라서 다음과 같이 표현할 수 있다.

$$\Delta\mathcal{M}_h = p\Delta\mathcal{M}_\star - Z\Delta\mathcal{M}_\star = (p-Z)\Delta\mathcal{M}_\star \tag{4.13}$$

그러므로 가스의 중원소 함량은 다음과 같이 증가한다.

$$\triangle Z \equiv \triangle\left(\frac{\mathcal{M}_h}{\mathcal{M}_g}\right) = \frac{p\triangle\mathcal{M}_\star - Z[\triangle\mathcal{M}_\star + \triangle\mathcal{M}_g]}{\mathcal{M}_g} \qquad (4.14)$$

들어오거나 나가는 가스가 없으면 가스와 항성의 합은 일정하게 유지되며 $\triangle\mathcal{M}_\star + \triangle\mathcal{M}_g = 0$. 이다. 항성에서의 원소의 형성이 항성 물질 내의 다른 중원소의 존재에 의존하지 않는 경우, 이것을 기초 원소라고 한다. 기초 원소에 대하여 p는 Z에 무관하며, 식 4.14를 적분하여 가스 내에서 중원소 함량이 어떻게 변화하는지 알 수 있고 다음과 같이 표현할 수 있다.

$$Z(t) = Z(t=0) + p\ln\left[\frac{\mathcal{M}_g(t=0)}{\mathcal{M}_g(t)}\right] \qquad (4.15)$$

가스의 중원소 함량은 시간에 따라 증가하며 항성은 만들어지고 가스는 소모된다. 항성들의 질량 $\mathcal{M}_\star(t)$는 시간 t이전, 즉 중원소 함량이 Z(t) 보다 적을 때 $\mathcal{M}_g(0) - \mathcal{M}_g(t)$이며 다음과 같은 식이 성립된다.

$$\mathcal{M}_\star(< Z) = \mathcal{M}_g(0)[1 - \exp - [Z - Z(0)]/p] \qquad (4.16)$$

이 식에서 시간항이 나타나고 있지 않다. 중원소 함량이 주어진 Z값 이하의 천천히 진화하는 항성들의 질량 $\mathcal{M}_\star(< Z)$는 중원소 함량이 그 값에 도달한 은하 내에 남겨진 가스의 양에만 의존된다. 이러한 단순 모형은 가스 밀도가 형성되는 항성의 개수에 크게 관계가 있는 경우 '평균 중원소 함량은 낮다'라는 기본적 사실을 설명한다. 마젤란 성운과 같이 가스가 많은 지역이나 나선 은하의 외곽 원반부에서는 항성들과 가스가 상대적으로 중원소들을 적게 가지고 있다([그림 4.15] 참조).

모든 가스가 소모되면 이 모형은 중원소 함량 Z와 Z+△Z사이의 항성 질량이 다음과 같이 표현된다는 것을 보여준다.

$$\frac{d\mathcal{M}_\star(< Z)}{dZ}\triangle Z \propto \exp[-[Z(t) - Z(0)]/p]\triangle Z \qquad (4.17)$$

[그림 4.16]은 Baade의 창 내에서 관측되는 각 중원소 함량에 해당되는 G와 K형 거성들의 수를 나타낸다. 바데의 창은 $l=1°$, $b=-4°$ 근처의 부분적으로 먼지가 없는 원반부 지역으로 팽대부를 잘 볼 수 있는 지역이다. 단순 모형은 가스가 원래 특정 중원소가 없는 경우 관측되는 개수에 대한 근사치를 주며, 이 경우 계수 $p \approx Z_\odot$이다. 팽대부는 모든 가스를 사용하여 완전히 항성으로 바꾸었다.

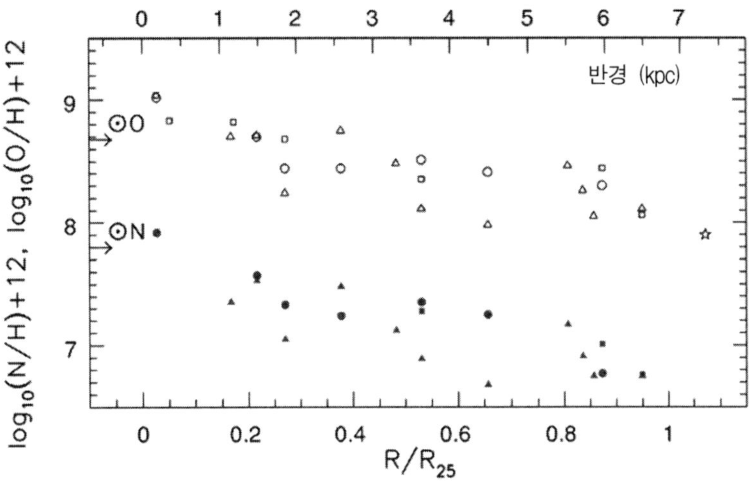

[그림 4.15] M33의 원반부 가스의 중원소 함량. 수소 원자 10^{12}에 대한 산소 원자의 수(속이 빈 표시)와 질소 원자의 수(속이 찬 표시)를 로그값으로 보여준다. 표면 밝기가 B 파장 영역에서 25mag arcsec^{-2}인 R_{25}에 대한 반경으로 나타내었다. 수평 화살표는 태양의 함량을 나타낸다. – D. Garnett.

문제 4.8 만약 항성들이 중원소가 없는 가스로부터 만들어져 $Z(0)=0$ 이면, 닫힌 박스 모형은 가스가 완전 소모된 이후 항성의 평균 중원소 함량은 p와 정확히 일치한다는 것을 보여라.

어떤 경우, 단순 모형은 완전히 틀리다. 우리 은하에 대한 궤도 운동을 하는 각각의 구상 성단 내에는 가스가 없고 모든 항성들은 똑같이 낮은 중원소 함량을 갖는다. 이 성단들은 초기 중원소들이 충분히 잘 섞인 가스로부터 형성되었다. 같은 세대의 항성들을 만드는데 사용되지 않은 물질들은 즉시 배출되었다. 왜소 구형 은하들은, 항성들의 중원소 함량이 우리 은하 팽대부의 경우보다 30에서 100배 적지만, 아주 작은 가스를 포함하고 있다. 왜소 구형 은하들은 아주 적은 수의 질량이 큰 항성들을 형성할 수 있어 아주 적은 양의 중원소만을 만들 수 있다. 쉽게 설명하자면, 구상 성단의 경우에서처럼, 대부분의 중원소들은 잃어버린 상태이다. 성간 가스는 약한 중력을 쉽게 벗어날 수 있으며, 초신성으로부터 나오는 뜨거운 중원소가 많은 물질들의 아주 작은 일부만이 차가운 가스와 섞이게 되어 새로운 세대의 항성을 만드는데 사용된다. 식 4.15를 사용하기 위하여 항성계로부터 잃어버린 중원소를 감안한 *유효 계수* p를 다시 정의해야 한다. 구상 성단의 경우 $p \approx 0$ 이다. 즉 p는 형성된 중원소의 실제 계수보다 항상 적다.

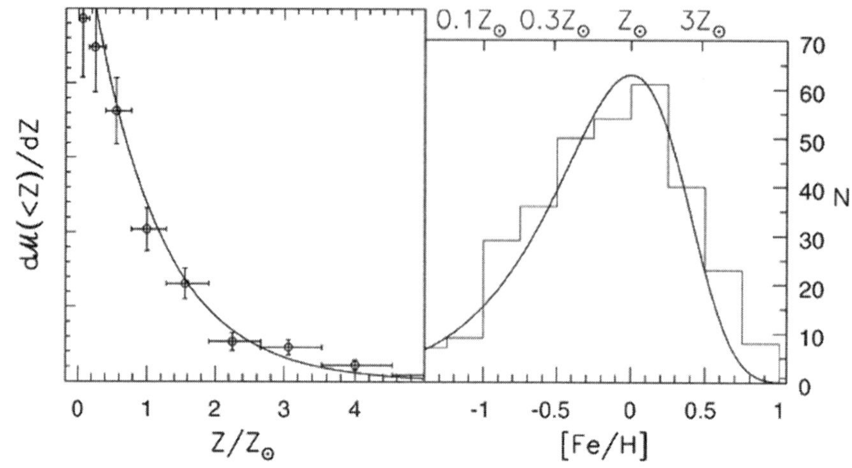

[그림 4.16] 우리 은하 팽대부의 G형과 K형 거성들의 금속 함량. 왼쪽, 금속 함량 Z의 각 범위에서의 상대적인 숫자; 오른쪽, $[Fe/H]=\log_{10}(Z/Z_\odot)$의 각 빈에서의 숫자. 실선은 초기 중원소가 없는 가스와 $p=Z_\odot$를 가진 닫힌 상자 모형에서의 예측을 보여준다. 큰 Z 값에서의 꼬리 모양을 주의하여라. – Sadler *et al.* 1996 *AJ* 112, 171; Fullbright *et al.* 2006, *ApJ*, 636, 821.

태양 근처 은하 원반부는 $(30-40)\mathcal{M}_\odot \mathrm{pc}^{-2}$의 항성, $13\mathcal{M}_\odot \mathrm{pc}^{-2}$ 의 가스, 즉 총합 $\sim 50\mathcal{M}_\odot \mathrm{pc}^{-2}$을 포함하고 있다(3.4절 참조). 원반부 가스는 태양과 비슷한 중원소 함량을 가진다. 만약 중원소가 원래 없었다면 그리고 태양 근처에 가스가 들어오지도 나오지도 않았다면 식 4.15에 의해 계수 p는 다음과 같이 표현되며 팽대부의 경우보다 약간 낮다.

$$Z(\text{현재}) \approx Z_\odot \approx p\ln(50/13), \quad \text{따라서} \quad p \approx 0.74 Z_\odot \tag{4.18}$$

그러나 태양 근처에 대하여 닫힌 박스 모형은, 중원소 함량이 적은 원반부 항성에 대한 예측을 할 때에 곤란한 점이 있다. 식 4.16으로부터 다음과 같이 표현되며,

$$\frac{\mathcal{M}_\star(<Z_\odot/4)}{\mathcal{M}_\star(<Z_\odot)} = \frac{1-\exp[-Z_\odot/4p]}{1-\exp[-Z_\odot/p]} \approx 0.4 \tag{4.19}$$

원반부 전체 항성의 절반이 태양 중원소 함량의 1/4보다 적은 중원소를 가져야 한다. 사실 태양 근처의 132개의 G형 왜성 표본 중에서 33개가 태양 철 함량의 25% 이하를 가지며, 단 한 개만이 태양 산소 함량의 25% 이하를 갖는다. 이러한 모순은, 나이가 많은 표본으로 알려져 있는 가장 밝은 항성들에 대해 처음으로 발견된 이후, *G 왜성 문제*라고 한다.

G 왜성 문제의 가능한 해답은 원반부를 만든 가스가 태양 부근에 도착하기 전 이미 일부의 중원소를 가진다는 것이다. 초기 항성들에 의해 만들어진 중원소들은 원반부를 만들 가스를 미리 섞이게 되는 것이다. 이 경우, 모든 항성들의 중원소 함량이 어떤 최소값보다는 클 것이다. $Z(0) \approx 0.15Z_\odot$ 로 두면, 태양 근처에서 관측되는 중원소 분포를 적절히 계산할 수 있다. 다음 문제 참조.

문제 4.9 항성이 처음 만들어 지는 시간 t=0 때 원반부 가스의 $Z = 0.15Z_\odot$ 이고, 현재 Z(현재) $\approx Z_\odot$ 이고 $\mathcal{M}_g(t=0)/\mathcal{M}_g(t)$ 이면, 식 4.15에서 계수 $p \approx 0.63$ 임을 보이라. 식 4.16으로부터 질량이 적은 항성의 약 20%가 현재 $Z < Z_\odot/4$ 임을 보이라.

그러나, 또 다른 그럴듯한 설명은 태양 근처에서의 항성 형성이 가스의 원시 물질들이 충분히 뭉쳐지기 전에 형성되었다는 것이다. 이 경우, 최초의 항성들은 극히 작은 양의 가스들에 대해서만이 적절히 높은 중원소 함량을 갖게 한다. 중원소가 결핍된 가스들이 연속적으로 들어와 물질들에 섞이게 되지만, 중원소 함량이 닫힌 박스 모형에서 예측하는 것만큼 빨리 올라가지 않는다. 아래 문제 참조. 섞임이 완전하지 못한 경우, 주어진 나이에 중원소 함량의 분산이 큰 사실을 설명할 수 있다 ([그림 4.14] 참조). 은하의 외곽부 가스는 낮은 중원소 함량을 가지고 있기 때문에, 나선팔의 충격파를 통과하면서 에너지를 잃어버린 낮은 속도의 중심방향 흐름에 의해 태양 주변 원반부의 중원소들이 섞이게 될 것이다. 초기에 형성된 수명이 긴 항성들은 수명이 다한 후 중원소 함량이 적은 가스를 돌려놓을 것이다 이러한 가스가 충분히 많이 나오게 되면, 새로 만들어지는 항성의 중원소 함량비는 시간에 따라 줄어들 수 있다.

문제 4.10 안쪽으로 향하는 중원소 함량이 적은 가스의 흐름이 새롭게 형성되는 항성에 비례하여, 어떤 상수 $v > 0$에 대하여 $\Delta\mathcal{M}_\star + \Delta\mathcal{M}_g = v\Delta\mathcal{M}_\star$이 성립된다고 가정하자. 이 경우 식 4.14는 다음과 같이 표현됨을 보이라.

$$\Delta Z = \frac{(p - vZ)\Delta\mathcal{M}_\star}{\mathcal{M}_g} = \frac{p - vZ}{v-1}\frac{\Delta\mathcal{M}_g}{\mathcal{M}_g} \tag{4.20}$$

따라서 가스의 중원소 함량이 다음과 같이 표현되며, p/v를 넘을 수 없다.

$$Z(t) = \frac{p}{v}[1 - [\frac{\mathcal{M}_g(t)}{\mathcal{M}_g(0)}]^{v/(1-v)}] \tag{4.21}$$

(Pei & Fall 1995, *ApJ* 454, 69 참조). $v < 0$을 갖는 경우는 가스의 탈출에 해당된다(아래 참조).

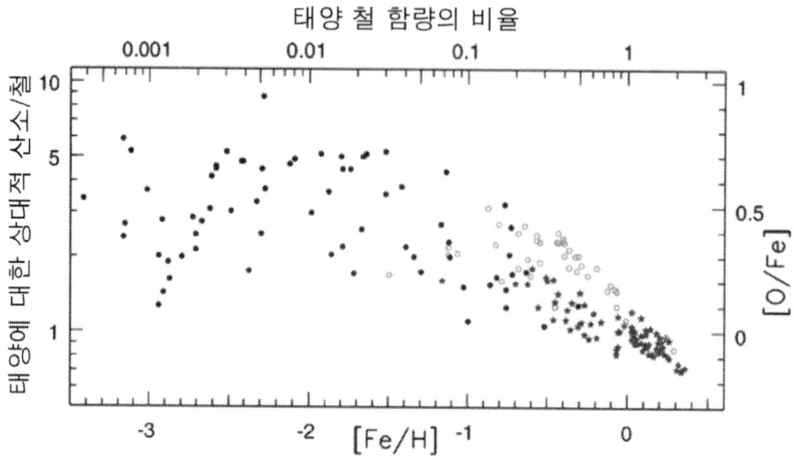

[그림 4.17] 중원소 함량이 적은 항성들의 산소 함량은 철 함량에 비해 더 풍부하다. 속이 찬 점들은 우리 은하의 헤일로 항성들이며, 속이 빈 점들은 두꺼운 원반부의 항성으로서, 얇은 원반부 항성들에 비해 약간 다른 관계를 가진다(별 표시). – T. Bensby

중원소의 함량은 상대적으로 변화한다. [그림 4.17]은 중원소 함량이 적은 항성들이 태양과 같은 항성들보다 철 함량에 대한 산소의 함량이 더 *많다*는 것을 보여준다. 이와 같은 이유는 이 원소들이 질량이 서로 다른 항성 내부에서 만들어졌기 때문이다. 질량이 $10M_{\odot}$ 보다 큰 항성은 II 형 초신성 폭발에 의해 일생을 마치며 30개의 중성자와 양성자보다 적은 가벼운 원소들, 즉 산소, 실리콘, 마그네슘 등을 성간 가스로 내어 놓는다. 항성의 중심핵에서 만들어진 철과 같은 무거운 핵자들의 대부분은 중성자별이나 블랙홀 내부로 빨려든다. 이와 같은 질량이 큰 항성들은 1억년 이내의 수명을 보내지만, 태양 근처의 원반부는 과거 8–10Gyr 동안 매우 안정적인 항성들로 이루어져있다. 따라서 동시 순환 과정이 적용될 만하다.

모든 가벼운 중원소들이 매우 질량이 큰 항성 내부에서 형성되는 것은 아니다. 태양보다 약간 더 질량이 큰 항성들은 초신성이 되지 않지만 탄소와 질소를 성간 가스에 포함시킨다. 이러한 원소들은 헬륨 연소 단계에서 생성되어 헬륨 플래쉬 동안 항성의 표면 부근으로 올라오게 된다. 이후 *점근거성*의 꼭지점에 이르러 이 외곽층이 분출된다. 1.1절 참조. 탄소와 규산염들은 때때로 차가운 항성 대기에서 먼지 알갱이로 응축된다. 이와 같은 항성들은 은하의 중원소 함량에 기여하기 위해 100Myr 이상의 시간을 보낸다.

철의 주요 생성원은 Ia형 초신성이다. 1.1절에서 본 바와 같이 이 초신성은 쌍성계의 백색왜성이 자체 중력으로 수축할 때 생기는 것이다. 쌍성계의 백색왜성의 물질이 유입되면 질량이 *Chandrasekhar 한계* $1.4\mathcal{M}_{\odot}$ 를 넘게 되어 자체 무게를 더 이상 지탱할 수 없게 되고 폭발하게 된다. 이 과정은 내부 온도를 상승시키고 핵융합을 재촉하여 항성이 폭발한다. 잔해는 남지 않으며 철, 니켈 그리고 이들과 비슷한 원자량을 갖는 원소들이 성간 가스로 돌아나가게 된다. Ia형 초신성으로서 폭발하는 많은 항성들은 나이 10억년 또는 그 이상에서 그러한 현상이 일어난다. 순간적인 재활용은 불확실한 짐작이다. 은하 일생의 첫 수 십 억년 동안 형성된 항성의 내부에는 철에 대한 산소와 마그네슘과 같은 원소의 함량비는 태양의 경우보다 더 클 것으로 기대된다.

은하 내의 항성들의 중원소 함량을 예측하기 위해서, 우선 항성 각각의 질량에서의 항성 생성률을 알아야 한다. 그런 다음, 각각의 원소들이 시간이 지남에 따라 성간 가스로 돌아가는 양을 계산할 수 있다. 우리 은하에서, 원반이 형성된 직 후 생성된 오래 사는 항성들은 현재 중원소 함량이 적은 가스로 되돌아가고 있기 때문에, 가스 내의 무거운 원소의 양은 매우 천천히 증가하고 있나. 새로운 항성의 화학적 조성 역시 은하 내의 가스가 어떻게 움직이는 지에 의존한다. [그림 4.15]는 중원소 함량의 증가가 바깥쪽 지역에서 더 느리게 진행되었음을 보여준다. 현재 개발 중인 *화학적역학 모형*이 필요하게 된다.

더 읽어보기

대학원 수준의 참고서적. B.E.J. Pagel, 1997, *Nucleosynthesis and Chemical Evolution of Galaxies*(Cambridge University Press, Cambridge, UK), D.Arnett, 1996, *Supernovae and Nucleosynthesis*(Prinston University Press, Prinston, New Jersey) 의 7장과 8장.

4.4 우리 은하군 내의 왜소 은하

우리 은하군은 주로 두 종류의 왜소 은하를 포함하고 있다. 첫 유형으로서의 왜소 타원 은하와 밀도가 낮은 왜소 구형 은하들 내의 대부분의 항성들은 적어도 나이가 수십 억년 이상의 오래된 것들이나. 이러한 은하들은 새로운 항성을 만들 가스를 거의 가지고 있지 않다. 반대로 왜소 불규칙 은하들은 작으며, 활발한 항성 형성과 최근 형성된 푸른 항성들이 많이 있는 가스가 풍부한 은하들이다. 4.1절의 왜소 구형 은하와 같이, 왜소 불규칙 은하들은 밀도가 낮은 항성계이다. 우리 은하군의 모든 왜소 타원 은하와 대부분의 왜소 구형 은하들이 우리 은하와 M31에 대한 궤도 운동을 하는 반면, 많은 왜소 불규칙 은하들은 위성 은하가 아니고 자유로운 은하들이다. 색-등급도를 활용하여 이와 같은 서로 다른 왜소 은하들의 항성 형성 역사와 상호 관계를 알아볼 수 있다.

놀랍게도 우리 은하군의 모든 왜소 은하들이 RR Lyrae 변광성을 포함하고 있는 수평 가지 항성들을 가지고 있다. 수평 가지 항성들은 적어도 100억 년의 나이를 가지고 있고 우주 역사의 초기 2 − 3 Gyr에 왜소 은하들은 그들의 초기의 항성을 생성하였다. 8.5 절에서 *차가운 암흑 물질*을 가진 우주론적 모형이 이를 잘 설명함을 볼 수 있다.

4.4.1_ 왜소 타원 은하와 왜소 구형 은하

4.1절에서 우리 은하의 왜소 구형 은하에 대한 논의를 한 바 있다. 왜소 구형 은하들은 구상 성단보다 그리 밝지 않지만 하늘에서 거의 보이지 않을 정도로 퍼져있다. 안드로메다 은하의 왜소 구형 은하는 관측하기 매우 어렵지만, 우리 은하내의 경우와 매우 유사해 보인다. 왜소 타원 은하는 $L \gtrsim 3\times10^7 L_\odot$ or $M_v \lesssim -14$ 정도로, 왜소 구형 은하에 비해 더 밝은 경우이다. 우리 은하군에서 M31 의 위성 은하로서 세 개의 왜소 타원 은하가 있다 : NGC 147, NGC 185, NGC 205. [표 4.2]에서, 왜소 타원 은하의 크기는 왜소 구형 은하와 매우 유사하지만, 더 밝으며 따라서 항성 밀도는 더 높다는 것을 알 수 있다.

왜소 타원 은하들은 안드로메다와 가깝기 때문에 조석 영향을 받기 쉽다. M31이 외곽부의 항성을 끌어당기기 때문에, 식 3.47에서 독립된 은하들에서는 큰 반경에서 작은 값을 가지는 것과 달리, NGC 205 내의 항성들의 무작위 운동 속도는 큰 반경에서 더 크다. 왜소 구형 은하와 왜소 타원 은하는 둥글기보다 계란형의 모습으로 보이지만, 내부 항성들은 정형화된 회전의 모양을 보이지 않는다. 6.2절에서 이러한 은하들은 대칭축을 가지고 있지 않으며 형태는 삼축체임을 알게 될 것이다.

NGC 205와 NGC 185는 먼지의 덩어리 구조를 가지고 있으며 HI과 CO 방출로부터 적은 양의 차가운 가스가 있음을 알 수 있다. 이 두 왜소 타원 은하내의 대부분의 항성들은 적어도 50억년 이전에 형성되었다. 그러나 중심부 근처에는 적은 수의 항성들이(단 $10^6\mathcal{M}_\odot$ 정도) 100 − 500 Myr의 나이를 가지며, 오래된 항성들에 의해 생긴 가스는 계속적인 항성 형성을 위한 원료 물질을 공급한다. NGC 147의 경우 반대로, 다른 것들은 유사하지만 최근의 항성 형성에 대한 증거가 보이지 않는다. 이 은하의 중심 지역에는, 아주 작은 수의 단 수 십 억년 이전에 형성된 초기 중간 나이 항성들이 있다. 바깥 영역에는 대부분 적어도 5Gyr 나이를 갖는 항성들이 주로 있다.

M31의 가장 밝은 위성 은하인 M32 는 차가운 가스가 포함하고 있지 않으며 수 십억년 보다 더 젊은 항성들이 없다. 그러나 [그림 4.18]에서 이 은하의 중심 밝기는

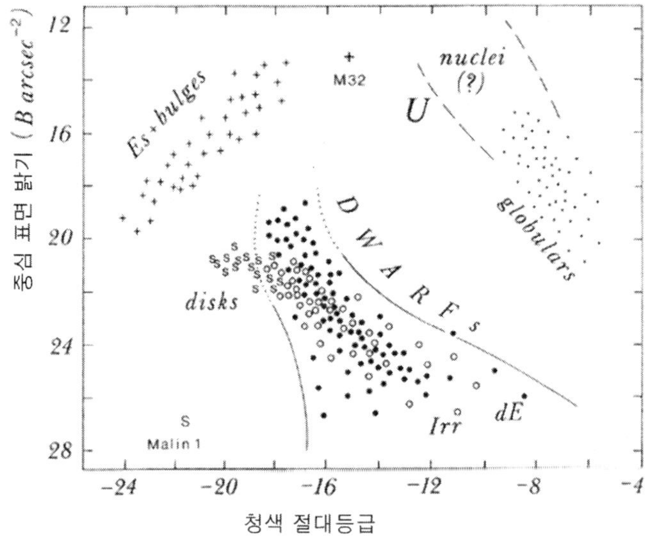

[그림 4.18] 왜소 은하와 거대 타원 은하는 V 절대 등급과 측정된 중심 표면 밝기 그림에서 서로 다른 영역의 위치하고 있다. 시상 효과에 의하여 실제 가장 밝은 밝기는 더 클 것이다. 왼쪽 지역에서, 밝은 타원 은하와 원반 은하의 팽대부는 중심부에서 매우 큰 표면 밝기를 갖는다. 'U' 표시는 초밀집 왜소 타원 은하([그림 6.6] 참조) 를 의미한다. 제일 오른쪽 dE 점들(채워진 원)은 이 교과서에서 왜소 구형 은하로 부르는 것들이다. 열린 원들은 불규칙 은하와 왜소 불규칙 은하를 나타낸다. 나선 은하의 원반부는 S로 나타내었다. Malin 1은 표면 밝기가 낮은 은하이다. 5.1절 참조. −B.Binggeli

어떠한 다른 은하에서보다 가장 밝은 것으로 측정된다는 것을 알 수 있다. 허블 우주 망원경으로부터 얻은 고 분해능 영상은 중심핵의 밝기가 일정하지 않으며, 중심 지역의 밀도가 $\gtrsim 10^6 L_\odot pc^{-3}$으로 계속 높아진다는 것을 드러내었다. 태양 질량의 수 백만 배 되는 블랙홀이 이 은하의 중심에 있는 것 같다. 이 은하의 밝기는 왜소 타원 은하에 대한 일반적 범위 내에 있어 보이지만, 이와 같은 매우 큰 밀도는 M32가 일반 타원 은하나 거대 타원 은하의 축소판이라는 것을 보여준다.

아마도 M32는 더 큰 은하의 중심부 잔재일 것이다. 더 어두운 M31의 위성 왜소 타원 은하들은 구상성단을 가지고 있는 반면 M32는 구상 성단을 가지고 있지 않다. 이 은하의 중심부 항성들은 붉으며, 태양 정도의 중원소 함량을 갖는다. 이와 같은 사실은 큰 중력에 의해 폭발하는 항성으로부터 나오는 중원소 함량이 큰 가스를 잡아둘 수 있는 더 질량이 큰 은하의 전형적 특징이다(6.4절 참조). M32의 외곽부는 여전히 타원형을 보이지만 장축은 안쪽 지역의 장축에 대해 뒤틀어져 있다. M31의 조석력이 아마도 외곽부 항성들의 궤도에 영향을 준 듯하다. 아직까지 M31로부터 M32가 얼마나 떨어져 있는지 거리를 정확히 측정하지 못하였으며, 4.1절에서 기술한 바와 같이, 외곽부 항성들이 쓸려 나갈 만큼 M31의 중력을 충분히 받을 수 있는 정도로 지나갔는지도 측정하지 못했다.

M32 내 항성들의 운동은 우리 은하 원반부 내의 항성들과 중원소 함량이 적은 헤일로 영역의 항성들의 운동 중간 특성을 갖는다. 이 은하는 비교적 편평하며 내부 항성들은 같은 방향의 궤도를 갖지만, 매우 큰 무작위 운동을 갖는다. 한 은하의 정형화된 회전은 항성들의 회전 방향 평균 속력 V와 속도 분산 σ의 비 V/σ로 측정할 수 있다. 우리 은하의 원반부에 있는 태양과 같은 항성들은 $V \approx 200\text{kms}^{-1}$ 그리고, $\sigma \approx 30\text{kms}^{-1}$ 이며 따라서 $V/\sigma \approx 7$ 이다. M32의 경우 $V/\sigma \sim 1$ 인 반면, 왜소 구형 은하들은 1보다 다소 적은 값을 갖는다. 가스 내의 원자들의 열적 운동의 경우와 유사하게 원반부의 경우 V/σ의 값이 크면 차갑다라고 하며, 뜨거운 항성계의 경우 무작위 운동이 상대적으로 더 중요하기 때문에 V/σ는 적은 값을 갖는다. 정형화된 회전의 영향이 강할수록 천체는 원반부 특성을 더 강하게 갖는다. 태양계 내의 거대한 행성인 목성과 토성은 하루가 단 10시간에 불과하며 작고 천천히 회전하는 지구에 비해 극 지역이 더 편평하다. 6.2절에서 편평한 은하들이 모두 빠르게 회전하는 것은 아니라는 것을 배울 것이다. 그러나 매우 강하게 회전하는 은하들은 항상 편평하다.

4.4.2_ 왜소 불규칙 은하

형태가 제멋대로이며 비축대칭으로 하늘에서 나타나는 은하들을 불규칙 은하라고 부른다([그림 1.13]의 NGC 4449 과 [그림 5.7]의 NGC 55 참조). 항성 형성 지역의 크기와 밝기는 모 은하의 크기에 따라 매우 천천히 증가하므로, 항성 형성은 원반부의 비교적 큰 지역을 차지하는 정형화되지 않은 지역들에서 일어난다. 아주 적은 불규칙 은하에서조차 뚜렷한 OB 성협을 만들 수 있으며 젊은 항성들의 일반적 뭉치 또한 더 많이 만들 수 있다. [그림 4.18]은 불규칙 은하들의 원반부가 낮은 표면 밝기를 가지며, 따라서 젊은 항성들에 의한 밝은 지역들이 두드러져 매우 혼돈스러운 광학 영상을 나타나게 됨을 보여준다.

$L \sim 10^8 L_\odot$ 에서 불규칙 은하와 왜소 불규칙 은하를 나눈다. 왜소 불규칙 은하들은 가스와 최근에 형성된 푸른 항성들을 포함한다. 그러나 다른 경우들은 왜소 구형 은하들과 유사하다. 불규칙 은하들은 밀도가 낮으며, 정형화된 회전 운동은 우리 은하의 원반부 회전 운동보다 덜 중요하다. 항성들과 가스 구름들은 $\sigma \sim 6-10\text{kms}^{-1}$ 의 속도 분산을 가지지만, 최고 회전 속력 V 는 광도가 낮을수록 줄어든다. 따라서 큰 불규칙 은하에서는 $V/\sigma \sim 4-5$ 이며 가장 작은 왜소 불규칙 은하의 경우 $V/\sigma \lesssim 1$ 이다. 왜소 불규칙 은하에서 중원소 함량은 아주 낮아, 일반적으로 태양값의 10% 보다 작다. 광도가 가장 낮은 경우 중원소 함량도 가장 적다. Leo A 와 같이 가장 작은

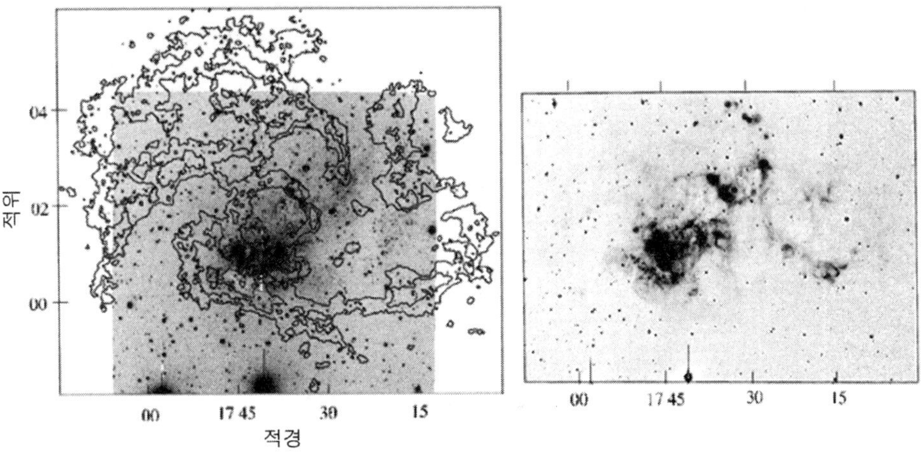

[그림 4.19] 왜소 불규칙 은하 IC10. 왼쪽, R 파장 영역 영상위에 그린 HI 등광도선. 그림의 세로는 8′ 또는 19kpc이다. 오른쪽, 이온화된 가스로부터 나오는 H_α 방출을 보여주는 영상. – E.Wilcots,

은하 내의 가스 중 산소는 태양 산소 함량의 1/30 정도에 불과하지만, 더 질량이 큰 은하 NGC 6822는 태양 함량의 1/10 정도이다.

왜소 불규칙 은하들은 왜소 구형 은하에 비해 더 밝은 경향이 있으나 이것은 단지 젊은 항성 종족에 의한 것이다. 왜소 불규칙 은하들은 중성 수소로서 관측되는 경우 비교적 많은 가스를 가지고 있으며, 이 가스층은 주 항성 원반부 너머 멀리까지 뻗어 있다. [그림 4.19]는 IC10 의 HI 층을 보여준다. [그림 4.4]에서와 같이 초신성과 뜨거운 항성들의 항성풍에 의해 만들어진 큰 구멍 구조를 볼 수 있다. 이온화된 가스들은 매우 밝게 빛나며, 구멍 구조 주변의 밀도가 높은 가스 껍질 지역에서 형성된 젊은 항성들을 보여준다. 이 은하는 정형화된 회전을 거의 보여주지 않는다.

불규칙 은하의 색등급도는 나이가 적은 무거운 항성들을 많이 보여준다. 이것은 [그림 4.20]의 나선 은하 M33의 색등급도와 매우 비슷하며 항성 생성이 매우 활발하다. O형과 B형의 주계열 항성들이 색등급도의 아래 부분, 약 $10^4 L_{V,\odot}$ 보다 아래 영역을 차지하고 있다. 큰 표시들은 주계열을 떠나고 있는 질량이 큰 항성들이다. 헬륨 또는 무거운 원소들을 연소하고 있는 초거성들은 색등급도에서 거의 수직으로 푸른 쪽에 '기둥'모양을 이루고 있어 주계열 위쪽으로 다소 넓게 퍼져 있다. 밝고 푸른 변광성들은 알려져 있는 밝은 항성들 중에 하나로서 이들의 빛은 바깥 수소 껍질로부터 빠르게 빠져나와 다양하게 방출된다. Wolf-Rayet 항성들은 $\mathcal{M} \geq 40\mathcal{M}_\odot$ 의 질량을 가진 채 태어나 10 Myr 보다 더 짧은 생을 산다. 이들은 바깥 수소를 잃어버려 뜨거운 헬륨층, 탄소층, 질소층을 노출시킨다. 붉고 노란 초거성들은 껍질에서 수소나 헬륨을 연소하고 있는 질량이 큰 항성들이다.

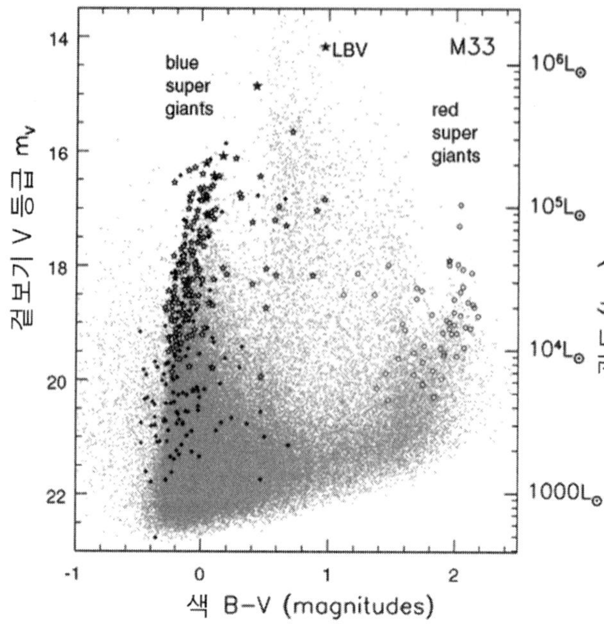

[그림 4.20] 활발하게 항성 생성이 일어나고 있는 은하의 하나인 Sc 나선 은하 M33의 색등급도. 큰 표시들은 스펙트럼으로 분류된 항성들이다. 속이 빈 별 표시는 푸른 초거성, 속이 찬 항성들은 밝고 푸른 변광성, 속이 찬 다이아몬드 표시는 Wolf-Rayet 항성, 속이 빈 원은 붉은 초거성이다. 푸른 초거성의 수직 기둥과 붉은 초거성의 수직 기둥 사이의 대부분의 점들은 우리 은하의 전경 항성들에 해당한다. SMC와 같은 불규칙 은하에 대한 색등급도는 이와 비슷하지만 각 종류의 항성들의 개수는 적다. – P. Massey.

Phoenix와 LGS3과 같은 왜소 은하들은 왜소 불규칙 은하와 왜소 구형 은하의 중간 단계로 구분된다. 이들의 대부분의 항성들은 수 십 억년 이상 나이가 많으며, 그러나 가스와 젊은 항성들은 매우 적다. Fornax 왜소 은하는 500Myr 보다 더 젊은 소수의 항성들을 가지고 있다. 따라서 이 왜소 구형 은하는 가장 최근에 이르기까지 약간의 가스를 가지고 있었다. Carina 왜소 구형 은하는 대부분의 항성들은 몇 번의 구분되는 시기 동안에 형성하였다([그림 4.9] 참조). 항성을 가장 많이 형성한 시점은 Sextans A 경우에 대한 일종의 축소판이다. 구조의 유사성을 감안하면, 은하의 형태에 따른 일생으로 볼 때, Pegasus 왜소 은하와 같은 작은 불규칙 은하들은 초기 상태이며, 반면 왜소 구형 은하들은 후기 상태를 나타낸다. 우리 은하나 M31에 가까운 궤도 운동을 하는 왜소 구형 은하에서 내의 가스는 이러한 큰 은하들과의 상호 작용에 의해 압축되며, 아마도 더 빠른 시기에 많은 항성들을 형성하게 될 것이다. 지금까지 이 은하들은 대부분의 가스를 사용한 반면, 왜소 불규칙 은하들은 더 조용한 일생을 보내어 현재까지 여전히 가스들을 가지고 있다.

LMC와 같은 은하들은 나선 은하와 왜소 불규칙 은하 사이의 중간 형태를 보여준다.

나선 은하와 같이 LMC는 기본적으로 회전 원반계이다. 그러나 규칙적이며 대칭적인 나선 구조가 없고 무작위 운동이 항성이나 가스의 운동에너지를 더 잘 설명한다. 오래된 항성들에 대하여 $V/\sigma \sim 4$이다. LMC의 가장 밝은 지역인 중심 막대는 원반부 바깥 영역에 대한 중심에서 벗어나 있다. 이러한 비대칭성은 왜소 불규칙 은하에서도 일반적으로 나타나는 현상이다. IC10에서와 같이 LMC 에서의 중성 수소층에서도 구멍 구조가 나타나지만, 은하의 크기에 비교해 볼 때 비교적 작다.

우리 은하군과 그 외곽 지역에 있는 왜소 은하들은 단순히 더 크고 밝은 은하들에 비하여 더 작거나 덜 밝은 경우는 아니다. [표 4.2]는 모든 왜소 타원 은하가 거의 같은 물리적 크기를 가지고 있음을 보여준다. 즉 중심 반경은 항상 $r_c \sim 200$pc 이다. 따라서 [그림 4.18]은 더 밝은 왜소 타원 은하가 더 큰 표면 밝기를 갖는다는 것을 의미하고 있다. 그러나 일반 타원 은하나 거대 타원 은하의 경우 가장 밝은 은하들은 역시 가장 밀도가 낮다. 6.1절에서 광도가 더 높을수록 중심 반경은 더 크며 가장 밝은 은하의 중심 표면 밝기는 더 낮다는 것을 알게 될 것이다. 이와 같은 반대 경향 때문에 왜소 은하들은 거대 나선 은하나 타원 은하를 만드는 경우와 다른 과정으로부터 발달되었다고 생각할 수 있다.

4.5 우리 은하군의 과거와 미래

우리 은하군의 은하들은 허블의 법칙에 따라 상호 팽창하지는 않는다. 은하 간 상호 중력 작용과 은하 사이의 물질들의 중력 작용이 은하군 내에서 서로를 끌어당기기에 충분하다. 우리 은하와 M31 은 현재 서로 다가서고 있으며, 이 두 은하들은 수 십 억 년 이내에 서로 정면충돌 할 정도로 가까워질 것이다. 이러한 궤도를 이용하여 우리 은하군 내의 전체 질량을 계산할 수 있다. 이러한 분석으로부터 드러나는 암흑 물질에 대한 내용은 그리 놀랄 일이 아니다.

우리 은하군 내의 모든 질량이, 우리 은하와 M31 내부에나 또는 거의 가까이 있다고 가정하자. 그리고 이 두 은하를 점 질량 m과 $\mathcal{M}$으로 간주한다. 이 두 은하는 $r \approx 770$kpc 떨어져 있으며 $dr/dt \approx -120\text{kms}^{-1}$으로 서로 가까워지고 있다.

문제 4.11 상호 중력 작용으로 움직이고 있는 점질량 m 과 $\mathcal{M}$의 거리가 $x_{\mathcal{M}} - x_m$일 때 다음 식이 성립됨을 보여라.

$$\frac{d^2}{dt^2}(x_{\mathcal{M}} - x_m) = -\frac{G(m+\mathcal{M})(x_{\mathcal{M}} - x_m)}{|x_{\mathcal{M}} - x_m|^3} \quad (4.22)$$

질량 $m+\mathcal{M}$에 의해 끌리는 작은 질량의 항성의 경우에도 같은 식이 만족한다.

문제 4.12 평면 $z=0$에서 더 큰 질량 $\mathcal{M}$ 주변을 궤도 운동하는 항성에 대하여, $\mathcal{M}$ 으로부터 거리 r은 식 3.65 에 의하여 다음과 같이 변화된다.

$$\frac{d^2r}{dt^2} - \frac{L_z^2}{r^3} = -\frac{G\mathcal{M}}{r^2} \quad (4.23)$$

여기서 L_z 는 z 방향 보존 각운동량이다. 이 식에 대입하여, 이때 항성의 궤도는 η 항으로 다음과 같이 표현됨을 보여라.

$$r = a(1 - e\cos\eta), \quad t = \sqrt{\frac{a^3}{G\mathcal{M}}}(\eta - e\sin\eta) \quad \text{그리고} \quad a = \frac{L_z^2}{G\mathcal{M}(1-e^2)} \quad (4.24)$$

이 궤도는 타원률 e와 장축 a를 갖는 타원 궤도이다. 시간 t 는 η =0 인 근지점 통과로부터 잰 값이다.

우리 은하와 M31은 빅뱅 이후 움직이기 시작하였고, 따라서 식 4.22와 4.24를 결합하여 현재 시간 t_0에서 그들의 상대적 거리 r는 다음과 같은 비율로 변화한다.

$$\frac{dr}{dt} = \frac{dr/d\eta}{dt/d\eta} = \sqrt{\frac{G(m+\mathcal{M})}{a}}\frac{e\ \sin\eta}{1-e\ \cos\eta} = \frac{r}{t_0}\frac{e\ \sin\eta(\eta - e\ \sin\eta)}{(1-e\ \cos\eta)^2} \quad (4.25)$$

$dr/dt < 0$이기 때문에, 은하들은 근지점으로 접근하며 $\sin\eta < 0$이다. $e \approx 0$인 거의 원 궤도에서 접근 속력은 전체 질량을 내포하고 있는 궤도 속력의 아주 작은 일부분이다. M31 과 우리 은하의 궤도가 $e \approx 1$인 거의 직선 운동인 경우, 그리고 이 은하들이 처음 상호 접근하여 $\pi < \eta < 2\pi$인 경우를 가정하면 두 은하의 가장 작은 통합 질량을 구할 수 있다. 측정된 r과 dr/dt를 대입하고 $12\,\mathrm{Gyr} \le t_0 \le 15\,\mathrm{Gyr}$로 두면 식 4.25의 가장 오른쪽 항과 가장 왼쪽 항을 등식화함으로서 η를 구할 수 있다. 세 번째 항에 η를 대입하면 $m+\mathcal{M} \approx (4\sim5)\times10^{12}\mathcal{M}_\odot$를 얻을 수 있다. 질량이 클수록 적은 나이에 해당된다. 이 값은 문제 2.18에서 우리 은하에 대하여 구한 질량에 비해 10배 크다. $2.5R_0$ 이상의 지역에서 조차 여전히 많은 암흑 물질이 있다. 다음 근지점 통과 시점인 $\eta = 2\pi$ 까지 약 $3-4\,\mathrm{Gyr}$ 걸린다. 우리 은하군 근처에 질량이 큰 은하들이 많이 모여 있는 지역이 없으며, 우리 은하군은 M31과 우리 은하를 끌어당겨 충분히 큰 각운

동량 궤도를 갖게 하였으므로 $e \approx 1$ 이다. 이 경우 직접 충돌에 거의 가깝게 되며 M31과 우리 은하는 하나의 거대 구조로 형성되기 위하여 병합된다.

문제 4.13 식 4.24에서 $e \approx 1$로 두고 현재 측정되는 r과 dr/dt, 그리고 식 4.25를 사용하여 $\eta = 4.2$는 $t_0 = 12.8\mathrm{Gyr}$, 그리고 $a = 520\mathrm{kpc}$에 해당됨을 보여라. 식 4.24를 이용하여 통합 질량은 $m + \mathcal{M} \approx 4.8 \times 10^{12} \mathcal{M}_\odot$ 임을 보여라. 우리 은하와 M31이 약 3Gyr 이내에 서로 다시 가까이 접근할 것임을 보여라. [표 4.1]의 자료를 이용하여 우리 은하군 전체에 대한 L_v를 계산하고 태양 단위의 전체 질량 대 광도비가 $\mathcal{M}/L \geq 80$ 임을 보여라.

$\eta = 4.25$에 대해 계산하여, $t_0 = 14.1\,\mathrm{Gyr}$와 $m + \mathcal{M} \approx 4.4 \times 10^{12} \mathcal{M}_\odot$ 임을 보여라. 우주의 나이가 커지는 경우 우리 은하군의 질량이 더 작아진다.

다음 장에서는 나선 은하와 S0 은하에 대하여 알아볼 것이다. M31과 우리 은하 그리고 M33을 전형적 나선 은하로 생각하면 유용하다. 이 은하들처럼, 대부분의 나선은하들은 은하군 내에 있다. 7.1절에서 은하군 내 은하들의 충돌은 매우 일상적이며, 밀도가 더 높았던 과거 우주에서는 충돌이 더 자주 일어났다는 것을 알게 될 것이다. 원반부가 상호 충돌하면 가스는 압축되고 대부분의 가스는 항성으로 전환된다. 외곽 원반부의 물질들은 소석 꼬리의 형태로 밀려난다. 수 십 억년 이후 붉은 은하로 남게 되며 가스와 젊은 항성들이 거의 없게 된다. 오늘 날 보는 많은 거대 타원 은하들은 그러한 은하들의 충돌에 의한 잔해라고 보는 견해가 있다.

5. 나선 은하와 S0 은하

나선 은하나 S0 은하들의 주된 특징은 넓은 지역에 걸쳐 나타나는 뚜렷한 원반부의 존재이다. 우리 은하의 경우에서처럼, 큰 나선 은하의 원반부에 존재하는 별들은 대부분 원운동을 하며 무작위 운동은 거의 하지 않는다. 이들의 규칙적인 회전으로 운동 에너지의 대부분을 설명할 수 있으며, 무질서 운동속력은 전체 운동에너지에 대하여 ~5% 보다 더 적은 양을 차지한다. 이러한 원반부를 역학적으로 '차갑다'고 말한다. 작은 은하에서는, 크기에 비례해 무작위 운동의 양이 더 커지지만, 원반 역학 에너지의 대부분이 회전에 쓰인다. 항성들은 원반면에 대하여 수직 방향의 운동을 거의 하지 않기 때문에 원반부는 그 두께가 매우 얇다.

나선 은하는 S0 은하와 달리 원반부에 다중 나선 팔 구조를 갖고 있다. 나선 은하의 원반부에는 여전히 약간의 가스가 남아있지만 S0 은하들은 원반부의 가스를 다 잃어버렸거나 항성을 생성하는데 써버렸다. [그림 1.11]에서 보듯이 S0 은하와 나선 은하는 중앙 지역에 직선의 막대 구조를 보여주는 경우가 있다. 막대를 가진 은하들의 분류 순서는 SB0, SBa,⋯, SBm 이고 마찬가지로, '막대를 가지지 않은' 은하들은 S0, Sa⋯.의 분류 순서를 가진다. 막대와 나선 팔 구조를 제외하면 큰 은하들의 원반부는 보통 둥근 편이다. 그러나 많은 수의 작은 은하들은 비대칭 구조를 보인다.

$M_B \lesssim -19$ 또는 $L_B \gtrsim 6 \times 10^9 L_\odot$ 인 대부분의 거대 원반 은하들은 합성 구조를 보인다. 그러한 많은 은하들은 아마도 우리 은하처럼 중원소 함유량이 적은 *항성 헤일로*를 가지고 있을 것이다([그림 1.8] 참조). 하지만 헤일로는 은하가 내는 빛의 소량만을 차지하며, 넓은 영역에 걸쳐 분포하기 때문에 표면 밝기가 매우 낮아 그 연구에 어려움이 있다. 항성들의 분포가 조밀한 *중앙 팽대부*의 안쪽 부분은 Sa와 S0 은하들에서 두드러져 보이며, Sb 와 Sc 은하들에서는 잘 보이지 않다가 Sd 와 Sm 은하들에서는 아예 보이지 않는다. 중앙 팽대부에 위치한 항성들은 상당한 양의 무작위 운동을 하며 원반부에 위치한 항성들보다 훨씬 조밀하게 분포되어 있다. 태양 주변에서는 항성 분포의 밀도가 약 $n \sim 0.1pc^{-3}$ 정도임에 반해, 중앙 팽대부에서는 보통 이보다 10,000배 정도 밀도가 높다. 일반적으로 중앙 팽대부는 납작한 원반부에 비해 둥근 편이다. 가장 안쪽 부분을 제외하면 중앙 팽대부의 가스 함량은 낮은 편이며, 그러므로 원반부 안에 위치한 작은

타원 은하라고 보아도 무방할 것이다. 중앙 팽대부안의 수백 파섹에 이르는 지역에서는 격렬한 항성 생성을 일으키기 충분한 가스가 축적될 수도 있다. 우리 은하의 경우에서처럼, 많은 중앙 팽대부들이 그 중심에 그 분포의 밀도가 가장 높은 항성계로서 *핵 성단*들을 갖고 있다. 어떤 핵에서는 중심 부분에 무겁고 조밀한 물체를 찾을 수 있는데 이는 아마도 블랙홀일 것이다.

나선 은하들은 거대 은하들 중 가장 흔한 종류이며, 우리 주변 우주에서 보이는 빛들의 대부분은 이 나선 은하들에서 나오는 것이다. 이 장의 시작부분에서, 나선 은하와 S0 은하들의 원반부에서의 항성 분포에 대해 살펴본다. 5.2절에서는 가스분포와 항성들 간의 관계에 대해서 알아본다. 5.3절에서는 나선 은하의 회전곡선과 이것으로 중력에 대해 무엇을 배울 수 있는지 알아보기로 한다. 대부분의 나선 은하에서는, 원반부 가장 바깥쪽 물질들을 그 궤도 안에 붙잡아 두기 위해 필요한 힘을 은하의 보이는 부분들, 즉 항성들과 가스만으로는 설명할 수 없다. 이러한 차이는 중력에 의해 그 존재를 알 수 있는 물질, 즉 '암흑' 물질에 기인한다. 5.4절에서는 가시광에 기초하여 보여지는 모습들로 은하들을 분류한 [그림 1.11]의 구조가 은하의 성질에 대해서는 무엇을 알려줄 수 있는지 생각해보기로 한다. 5.5절의 주제는 나선 팔과 막대 구조로서, 이 흔하고 두드러져 보이는 구조들에 대한 이해가 얼마나 까다로운지에 대해서 배우게 될 것이다. 5.6절에서는 중앙 팽대부에 대해 논의하고, 중앙 팽대부와 은하의 나머지 부분들은 어떤 관계가 있는지에 대해 생각해본다.

5.1 항성 빛의 분포

현재의 원반 은하 항성들에서 오는 빛은 주로 스펙트럼의 근적외선 영역에서 관측된다. 즉, K 거성처럼 오래된 항성들에서 나오는 빛의 대부분은 $1\,\mu\mathrm{m}$에 가까운 파장이다. 뜨겁고 무거운 항성들에서 나오는 푸른빛의 많은 부분이 주변 가스에 흡수되고 이 빛은 다시 $\sim 10\,\mu\mathrm{m}$를 넘어서는 원적외선으로 재 방출된다. 다음으로 중요한 부분은 가시광 영역이다. 나이가 어리고 뜨거운 항성들의 빛이 흡수되지 않고 쉽게 방출될 수 있으며, 가스가 적은 불규칙 은하에서의 경우를 제외하면 자외광에는 에너지가 많지 않다. 역사적으로, 은하들은 가시광 영역 사진을 통해 연구되어 왔다. 비록 적외선 검출기들이 급속히 발달하고 있지만, 가시광 영역 영상들이 여전히 은하 구조에 대한 대부분의 정보를 제공하고 있다.

5.1.1_ 천문학 어레이 검출기

외부 은하 연구에 있어 현재의 표준 광학 검출기는 *charge-coupled device*, 즉, CCD이다. 비디오와 카메라에서 영상을 기록하는데 쓰이는 것과 같은 것이다. CCD는 빛을

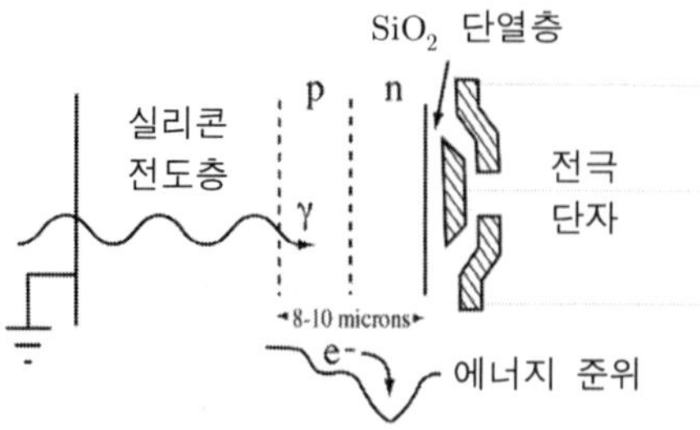

[그림 5.1] 뒷부분에 빛을 비춘 CCD 칩을 옆으로 세워두고 바라 본 단면: 광자들은(물결선) 실리콘 전도체로 들어와 전자를 풀어놓고, 이 전자들은 전극 단자 쪽으로 끌려가게 된다. 아랫부분의 곡선은 전자들이 p −도핑된 층과 n −도핑된 층을 통과할 때 그 에너지가 각각 어떻게 변화하는지를 보여준다. 단자 전압은 표면 바로 아래에 전자를 잡아 둘 수 있도록 맞추어져 있다.

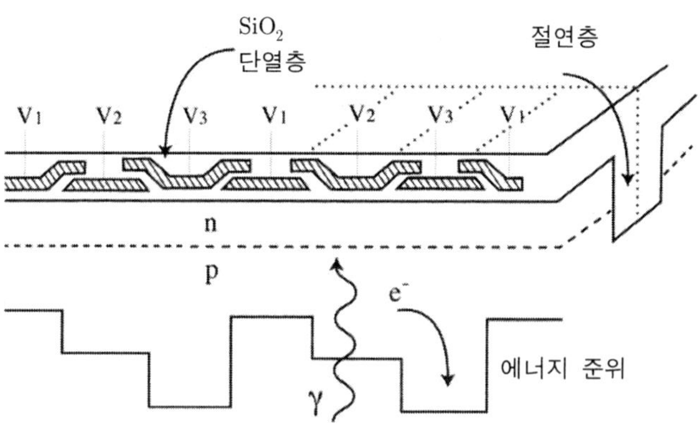

[그림 5.2] 뒷부분에 빛을 비춘 CCD 칩: 광자들은(물결선) 밑으로부터 들어와서 가장 가까운 포텐셜 우물의 아랫부분으로 옮겨간다. 아랫부분의 곡선은 전압이 $V_1 < V_2 < V_3$ 일 때 표면 바로 아래서 전자의 에너지 준위를 나타낸다. 절연층은 세로로 늘어선 이 같은 열들을 개개의 것으로 분리시키는 역할을 한다; 점선은 열이 픽셀로 어떻게 나누어져 있는지를 보여준다.

흡수하는 얇은 실리콘 회로판으로 구성되어 있다. 광자의 에너지는 한 개 이상의 전자−정공 쌍을 유발한다. 이 전자들을 모아 증폭시켜 흡수된 광자의 수와 선형적으로 비례하는 출력 신호를 낸다. 개개의 모든 광자들이 전자−정공 쌍을 생성하지는 않으며 이에 대해 입사 광자에 대한 검출 광전자의 비 값으로 *양자 효율*을 정의한다. 매우 좋은 재질의 CCD는, 파장대역이 $5000\,Å \lesssim \lambda \lesssim 7000\,Å$ 인 붉은 빛에 대해서 양자 효율이 약 90%에 이른다. CCD는 아날로그 검출기이다. 즉, *광자증배*관의 경우에서처럼 광자의 수를 세는 시스템이 아니라, 광자들을 전류로 바꾼 후 증폭시킨다.

[그림 5.2]는 CCD 검출기의 표면이 *픽셀*이라 불리는 작은 구성 요소들로 나누어져 있음을 보여준다. 얇은 단열층들은 빛을 모으는 실리콘 판들을 긴 채널로 분리시킨다.

이 각각의 *열*들을 따라 회로판의 가장 윗부분에 규칙적인 모양으로 절연 처리가 된 전극들이 놓여진다. 검출기 안 쪽 불순물이 첨가된 부분들과 함께 이 전극들은 주변에 포텐셜 우물을 만들어 그 곳에 광전자를 붙들어 두게 되며, 늘어선 열들을 픽셀로 이루어진 *행*으로 나눈다. 천문학에서 쓰이는 대표적인 CCD들의 각 픽셀은 한 변의 길이가 $10-30\mu m$인 정사각형 모양이지만, 비디오 레코더의 경우처럼 일반적인 용도에서는 그 크기가 더 작다.

CCD에 기록된 영상은 하늘의 한 부분을 찍은 것일 수도 있고(분광기의 격자를 통해), 각각의 색으로 나누어진 빛의 스펙트럼일 수도 있다. 노출이 끝나면 전극 포텐셜을 이용해 영상을 '읽어낸다'. CCD 제어부는 전압을 $V_1 \rightarrow V_3$, $V_2 \rightarrow V_1$, $V_3 \rightarrow V_2$의 순서로 바꾸어 준다. 각각의 단계를 통해 전자들은 포텐셜의 가장 깊은 부분으로 '떨어지는데', 이는 바로 [그림 5.2]에서 세로 열들의 오른 쪽으로 이동해 가는 과정이다. 세로 열의 바닥은 비슷한 구조로 이루어져 있어, 픽셀들의 전자를 모아서 순서대로 증폭기를 통과 시킨 뒤, 픽셀당의 광자 수를 셀 수 있게 해주는 아날로그-디지털 변환기로 들어가게 한다. 이후, 색감이 다양한 흑백으로 픽셀당의 신호 크기를 부호화해 주거나, 혹은 색 변화를 세기의 변화로 표현한 위조 색을 이용하는 방법을 통해 2차원 영상을 얻는다.

비록 CCD는 매우 좋은 검출기이기는 하지만 완벽한 것은 아니다. 컴퓨터 파일로 보관되는 계수는 모아진 전자의 수나 개개의 픽셀에 떨어진 광자의 수에 비례해야 한다. 하지만 증폭기는 *읽기 잡음*을 수반한다. 이 잡음은 계수비에 대한 무작위 변화이며 전자 단위로 표현한다. 2000년대 중반의 천문학용 CCD들은 보통 한 번 읽는 동안 픽셀당 2-5개의 전자에 해당하는 잡음을 냈었다. 현재 이 숫자를 1개 이하로 줄이는 장치가 개발되고 있다.

보통, CCD의 출력신호는 1 퍼센트의 십분의 일 정도로 이상적인 선형 형태에서 약간 벗어난다. 어떤 CCD들은 제조상의 문제들을 갖고 있기도 하다: 종종 몇 개의 세로 열들이 막혀 있어 빛에 반응하지 않으며, 영상에서는 검은 선으로 보이게 된다. 빛이 검출기에 쏘아지지 않은 상태에서도 실리콘에서의 열적진동에 의해 전자-정공 쌍을 생성시킬 수 있다. *암전류 계수*라고 불리는 이런 현상은 원치 않는 잡음의 원인이다. 이런 암전류 계수를 최소화하기 위해, 천문학 용 CCD들은 100 − 200 K 정도의 낮은 온도에서 작동되며, 액체 질소를 냉각제로 사용한다(액체 질소의 끓는점은 77 K이다).

에너지가 높은 입자들은 배경 *우주선*으로서 CCD에 의해 쉽게 검출된다. 이 때문에 지상 망원경의 경우 노출 시간의 한계는 약 한 시간으로 제한되며, 우주 망원경은 이보다 더 짧은 시간 동안만 노출이 가능하다. 이는 지구 대기가 우주선을 어느 정도 막아주는 역할을 하기 때문이다. 보통 같은 영역의 하늘에 대하여 두 개 이상의 영상을 찍기 때문에 이러한 '항성의 영상이 아닌 것'들은 제거할 수 있다. 대개 각각의 픽셀이 가진 포텐셜 우물은 최대 수십만 개의 전자를 붙잡아 둘 수 있다. 그러므로 만약 예를 들어 밝은 항성에 CCD가 과다 노출이 된다면 전자들이 세로 열들에서 넘쳐나게 되며, [그림 5.16]의 오른 쪽에서 보듯이, 영상에 밝고 긴 선들을 남기게 된다. 이런 현상이 심각할 때는, 밝은 선들이 가로 열들로 복사되어 다음 노출 때 그 밝은 물체의 잔상이 남기도 한다.

CCD들은 모든 파장에서 유용하게 쓰이지는 않는다. 반사를 하지 않도록 코팅을 해 주었다하더라도 파장이 2000 Å (200 nm) 보다 짧은 자외광은 실리콘을 통과하지 못한다. 파장이 $\lambda \gtrsim 11\,000$ Å (1.1 μm) 인 적외선 영역의 광자들은 전자-정공 쌍을 풀어주기에는 그 에너지가 너무 약하기 때문에 흡수되지 않고 실리콘 층을 쉽게 통과한다. 이들 파장의 중간 영역에 위치한 광자들은 하나의 전자-정공 쌍을 생성시키는 에너지를 낸다. 붉은 빛은 CCD 회로 위에 위치한 전극을 통과하여 아래 쪽 실리콘으로 들어간다. 그러나 파장이 $\lambda \lesssim 4500$ Å 인 푸른색 광자들은 그렇지 않다. 따라서 푸른색 빛에 민감한 CCD들은 두께가 15 − 20 μm 로 얇은 아래층을 가지며, 그리고 *뒤쪽을 밝게 하여* 빛이 밑으로부터 들어올 수 있도록 제작한다. [그림 5.1]과 [그림 5.2]에서 보듯이, CCD들은 효율적인 X-선 검출기이기도 하다. 1000 Å 보다 짧은 파장대에서 각각의 광자들은 많은 수의 전자-정공 쌍을 생성할 수 있다. 전자의 수는 광자의 에너지와 비례하므로, CCD는 분광 정보도 제공한다. 이런 점에서 우주선과 같이 에너지가 높은 입자들은 X-선과 비슷한 특성을 가지며, 가끔 CCD는 이들을 검출하는데 쓰이기도 한다.

CCD를 사용하여 천체들의 빛을 관측할 때는, 픽셀들이 정확하게 균일하지 않으므로 이를 바로 잡아주어야 한다. 어떤 픽셀들은 다른 것들보다 더 민감하다. 여명 또는 박명시의 하늘의 빈 공간, 혹은 하얀 점이라고도 부르는 망원경 돔 안쪽의 넓은 화면을 찍은 *플랫 필드* 영상들은 이런 현상을 보정해주기 위한 것들이다. CCD는 밝기를 알고 있는 항성을 관측하여 몇 개의 광자가 주어진 선속이나 등급에 해당하는지 알아낸 다음, 그에 맞추어 *눈금을 맞추어 주어야* 한다. 은하의 영상을 얻기 위해서는 밤하늘로부터 나온 부분을 영상에서 빼주어야 하는데, 이는 오직 은하의 가장 밝은 부분만이 밤하늘 보다 밝아 보이기 때문이다(1.3절 참조). 돔이나 하늘 플랫 필드 영상을 사용하여 규칙적으로 하늘의 밝기의 $\lesssim 1\%$ 표면 밝기를 측정한다. 이 보다 더 정확한 관측은 더욱 세심한 기술력을 요구하는데 이는 CCD의 민감한 정도가 플랫 필드 영상의 정확도 한계에 비해 밤사이 서서히 변하기 때문이다.

신호 대 잡음비(S/N)를 계산함으로써 CCD 관측의 특성을 측정할 수 있다. 가장 간단한 경우는 관측된 광자들의 통계적 잡음이 관측오차의 주된 이유일 때이다. 한 픽셀

의 계수 C가 S개의 관측된 광자 수(혹은 S개의 전자가 붙잡혔을 때) 로 표시될 때 CCD의 *이득률(gain)*을 g 라고 말하고, 이 때 $S = gC$ 라고 표현한다. 관측 대상인 은하로부터 와서 해당 픽셀로 떨어진 광자들에는 무작위의 요동이 있으며 대략 $\sqrt{S}$ 이다. 그러므로 S의 *잡음*, 혹은 1σ 에러는 $N = \sqrt{gC}$ 이다. 광자잡음이 *최소화* 되었을 때는 $S/N = \sqrt{gC}$ 이다.

CCD의 읽기 잡음 R은 광전자 단위로 세며, 이를 포함하여 $S/N = gC/\sqrt{gC + R^2}$ 로 표현할 수 있다. 신호의 세기가 낮은 경우, R이 잡음의 주된 원인이며 이것이 *읽기 잡음의 최소값*이다. 이 경우에는 $R^2 \gg gC$ 이고 신호 대 잡음비 S/N 은 시간이 지남에 따라 선형적으로 늘어난다. 광자 잡음이 대부분일 때는, $S/N \propto \sqrt{gC}$ 이며 $\sqrt{t}$ 일 때만 그 값이 늘어난다. 신호 대 잡음비가 두 배로 늘어나면 관측 시간은 네 배로 늘려야 한다. 플랫 필드 오차와 같이, 다른 종류의 잡음도 이 같은 방법으로 측정함으로서 CCD나 비슷한 다른 검출기들의 성능을 예측해 볼 수 있다.

표면 밝기 $I(\mathbf{x})$, 즉 한 은하 영상에서 위치 $\mathbf{x}$에 있는 각각의 단면적 $1'' \times 1''$ 마다 떨어지는 빛의 양, 혹은 스펙트럼의 *선속* F_λ 를 측정해야할 경우가 있다. CCD는 노출시간동안 각각의 픽셀로 떨어지는 빛의 양만을 기록하므로 광자가 픽셀의 어느 부분에 떨어졌는지에 대한 정보는 주지 않는다. 그러므로 빛이 최소한 두 개 이상의 CCD 픽셀에 걸쳐져 있을 때만 영상에서 상크기를 잴 수 있다. 하늘에서 $1''$ 에 걸친 지역의 정보를 측정하기 위해서는 픽셀이 영상에서 $\lesssim 0.5''$ 크기에 해당되어야 한다. 비슷한 원리로, $\Delta\lambda$ 로 분해된 파장을 가진 스펙트럼을 얻기 위해서는, CCD가 빛을 이 파장만큼의 간격으로 최소 두 개 이상의 CCD에 걸쳐 퍼뜨려주어야 한다. CCD이 물리적 크기는 현재 약 10×10 cm 로 제한되어 있다. 그러므로 우리는 고분해능으로 관측하는 것과 넓은 영역을 관측 하는 것 사이에서 타협점을 찾아야 한다. 하늘의 넓은 지역에 걸쳐져 있는 큰 천체의 영상을 찍을 때는 가끔 여러 번의 노출로 얻어진 것들을 이어 붙이는 *모자이크* 기법을 쓰기도 하는데 각 노출마다 천체의 작은 부분들을 찍어 합치는 것이다. CCD를 사용할 때는 CCD의 성질을 이 CCD를 검출기로 사용할 기기나 망원경의 기기와 맞추어주어야 한다.

문제 5.1 한 변의 길이가 24 μm 인 픽셀을 2048×2048 개 가진 CCD 카메라가 있다. 한 픽셀이 찍을 수 있는 하늘의 각은 거리 FL, 즉 망원경의 *초점 거리*와 이루는 각의 값과 같으며, 이것은 망원경의 *초점 비* f 와 거울의 지름 D에 의존한다. 즉, $\mathrm{FL} = f \times D$ 이다. D 의 값이 미터단위로 주워지고 CCD 전체가 $168'/(f \times D)$ 영역을 포함한다고 할 때 각 픽셀은 $5''/(f \times D)$의 크기에 해당된다는 것을 보이라.

이 카메라를 $f=7.5$ $(f/7.5)$인 0.6m 망원경이나 $f/7.5$인 4m 망원경, 혹은 $(f/2.5)$인 4m 망원경의 주초점에 사용한다고 하자. 각각의 경우 픽셀 척도와 관측 가능한 시야의 크기가 얼마인가? 대기 시상 조건이 영상을 $0.8''$로 흐리게 만든다면, 가장 정밀한 영상을 얻기 위해서 이 카메라를 어떤 망원경에 사용해야 하는가? 반경이 $10'$인 가까운 은하의 영상을 찍을 때, 은하 전체의 표면 밝기 $I(x)$를 구하기 위해서 어떤 조건들을 사용할 것인가?

많은 수의 픽셀을 가진 어레이 검출기들은 X-선에서 적외선 영역에 이르는 천문 관측에 사용된다. 광자들을 전자 신호로 바꾸는 물리적 과정은 스펙트럼의 파장 영역에 의해 좌우되지만, 기본적인 원리는 CCD의 그것과 비슷해서 관측의 신호 대 잡음비 S/N은 관측된 광자의 수와 기기안의 잡음의 원인들에 영향을 받는다. CCD와 달리 X-선과 자외선 관측에 쓰이는 기기들은 광자의 숫자를 샌다. 관측된 각각의 광자는 정확히 한 개의 출력 계수를 만들어 내므로 읽기 잡음이 없다. 그러나 전자의 속도는 한 픽셀에 떨어지는 광자의 수와 전체 어레이에 떨어지는 계수율을 제한한다. 광자의 수를 세는 기기는 밝은 천체를 관측할 때 포화상태가 되기도 한다.

CCD같이 적외선 검출기들은 아날로그 기기들이며 여러 가지 물리적 과정들에 의존한다. 파장이 $\gtrsim 2\mu m$인 *열 적외선 영역*에 대하여, 온도가 $\sim 300K$에서 망원경과 지구의 대기는 강하게 복사한다. 이 여분의 빛은 신호 대 잡음비를 측정할 때 반드시 고려해주어야 한다. 냉각된 우주 망원경들은 이 원치 않는 여분의 빛에 방해를 받지 않고 관측을 수행할 수 있지만, 태양계안의 따뜻한 먼지의 방출에 의해 방해는 받는다. 전파 영역에서는, 광자를 관측하는 대신 빛의 파동성을 이용한다(5.2절 참조). 전자기 스펙트럼의 많은 파장대를 관측할 수 있는 능력에 의해 은하에 대한 현재의 연구 결과들이 크게 영향을 받았다.

더 읽어보기

G.H. Rieke, 1994, *Detection of Light: from the Ultraviolet to the Submillimeter*(Cambridge University Press, Cambridge, UK). 더 넓은 파장 영역을 다룬 자료는 P. L na, F. Lebrun & F. Mignard, *Observational Astrophysics*, 2nd edition(English translation, 1998; Springer, Berlin) 참조; 분광기의 설계 D.F. Gray, 1992, *The observation and Analysis of Stellar Photospheres*, 2nd edition (Cambridge University Press, Cambridge, UK). – 마지막 두 책은 상급 수준이다. 통계와 관측적 불확실성에 대한 자료 P.R Bevington & D.K. Robinson, 1992, *Data Reduction and Error Analysis for the Physical Sciences*, 2nd edition (McGraw-Hill, New York).

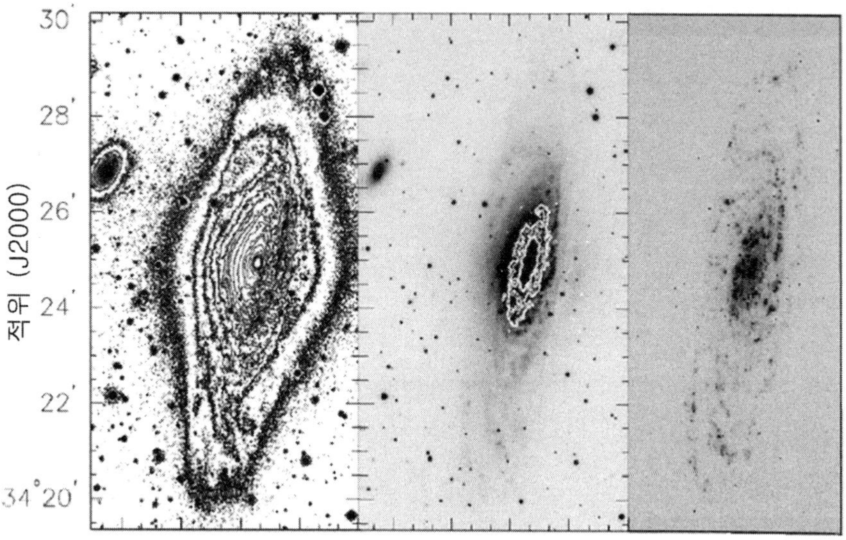

[그림 5.3] Sb 나선 은하 NGC 7331. 왼쪽, R 파장 영역에서의 등광도선을 나타낸 것이고, 중간은 배경 은하를 포함한 R 파장 영역에서의 영상으로, CO 방출 윤곽선을 겹쳐 그린 것이다. 오른쪽, Hα 파장 대역의 영상으로 나선 팔의 HII 영역들을 보여준다. A. Ferguson, M. Thornley, 가까운 은하들을 관측한 BIMA survey.

5.1.2_ 원반 은하의 표면 측광

[그림 5.3]의 중간 그림은 6400Å 정도의 R 파장 영역에서 CCD로 찍은 Sb 나선 은하 NGC 7331의 표면 밝기 $I(\mathbf{x})$를 보여준다. 이 은하는 밝은 중앙부와 큰 중앙 팽대부, 그리고 나선 팔이 단단히 감겨 있는 원반부를 가지고 있다는 점에서 M31 은하와 유사하다. 가시광 파장대역에서는 대기의 요동, 혹은 *시상*이 지상 망원경의 분해능을 제한한다. 이 영상에서는 전경에 위치한 항성조차도 크기가 1″ 정도인 원형으로 퍼진다.

[그림 5.3] 왼쪽의 윤곽선들은 R 파장 영역에서의 *등광도선*, 즉 표면 밝기가 일정한 선이다. 등광도선들은 중앙 팽대부에서는 거의 원형이며, 원반부에 이르러 나선 팔에 의해 영향을 받는 부분을 제외하고는 타원형이 된다. 신호 대 잡음비가 낮은 바깥쪽 부분에서는 등광도선이 울퉁불퉁한 모습을 보인다. 만일 원반부가 원형이고 매우 얇다고 가정한다면, 원반부는 정면에 대하여 i 각도로 볼 때 축의 비가 $\cos i$ 인 타원으로 보일 것이다. 실제 원반부는 약간의 두께를 가지고 있으므로, 어떤 각도에서 바라보아도 약간 둥그렇게 보인다. 6.1절 참조. NGC 7331은 단축을 따라 잰 원반부 등광도선의 지름이 장축 지름 값의 0.35 밖에 되지 않으며, 따라서 이 은하는 정면에 대하여 약 75° 정도 기울어져 있다.

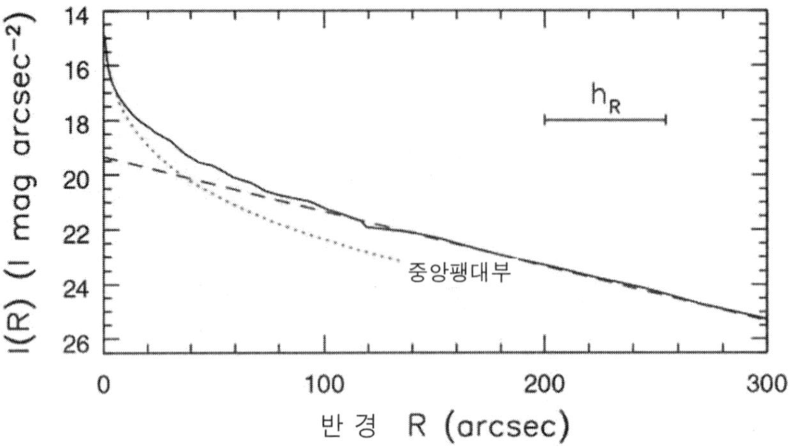

[그림 5.4] NGC 7331: 실선은 8000 Å 근처 I 파장 영역에서의 표면밝기를 나타낸다. 파선은 $h_R = 55''$를 갖는 지수함수이고, 점선은 여분의 빛을 나타낸다. −R.Peletier.

은하 중심에서 1 초각 단면적에서 나오는 빛은 $R = 300''$에서보다 만 배 정도 더 많다. 은하의 중심 부분은 하늘 보다 100배 더 밝은 반면, 바깥 영역은 하늘 밝기의 약 1% 정도로 어둡다. 주어진 영상에서는 그 차이를 확실히 볼 수 없기 때문에, [그림 5.4]와 같은 도표를 사용하여 표현한다. 만약 원반부의 빛을 흡수하는 먼지의 효과를 무시한다면, 원반부를 정면으로 보는 경우와 비교했을 때 표면 밝기는 $1/\cos i$ 배 만큼 높아질 것이다. 이 방법, 혹은 다른 방법을 사용하여 NGC 7331이 정면으로 보일 경우 관측될 값들로 바꾸어 준 다음, 중심에서 R 만큼 떨어진 곳에서의 평균 표면 밝기 $I(R)$을 구할 수 있다.

일반적으로 표면 밝기는 $\mathrm{mag\,arcsec^{-2}}$ 단위로 표현하며, 은하의 각 1초각 단면적에서 나오는 단위 선속을 상대등급으로 표현한 것이다. NGC 7331 의 중심에서 I 파장 영역의 표면 밝기는 $I_I(0) = 15\ \mathrm{mag\,arcsec^{-2}}$ 이다. 은하들은 가장자리의 경계선이 분명하지 않다. 역사적으로, 그리고 기술적인 이유에서 일반적으로 중심 파장이 약 4400 Å 인 B 파장 영역 등광도선에서 은하의 크기를 측정한다. NGC 7331의 경우 $I_B = 25\ \mathrm{mag\,arcsec^{-2}}$일 때의 반경은 $R_{25} = 315''$이다.

문제 5.2 I 파장 영역에서 중심부의 표면 밝기 $15\ \mathrm{mag\,arcsec^{-2}}$ 이 $18\,000\ L_\odot\ pc^{-2}$에 해당하는 것을 보이고, 왜 이것이 은하까지의 거리와는 상관없는지 설명하시오.
$I_B = 25\ \mathrm{mag\,arcsec^{-2}}$ 는 [표 1.9]에서 주어진 밤하늘의 밝기보다 얼만큼 더 어두운가?

[그림 5.3]에서처럼 영상 전체에 대해 표면 밝기를 적분하고, 너무 어두워서 적절한 관측이 어려운 은하 영역에 대하여 외삽하면 *총 겉보기 등급*을 구할 수 있다. 목록에서 보통 이 값들은 B 파장 영역, 혹은 5500 Å 의 V 파장 영역에 대해 주어져 있다. 정면으로 보이는 은하는 같은 은하를 다른 각에서 바라보았을 때보다 밝다. 이는 기울어진 원반부를 출발하여 나오는 항성 빛이 더 많은 양의 원반부 성간 먼지의 흡수층을 통과하기 때문이다. 그러므로 기울기가 다른 은하들의 본래 밝기를 비교하기 위해 먼지에 의해 어두워 보이는 현상을 바로 잡아주기 위한 노력을 해야만 한다. 마지막으로, 우리 은하 내의 전경에 위치한 먼지들에 의한 효과도 보정해주어야 한다. 목록에서는 보통 총 등급을 은하를 정면으로 보는 경우에 맞추어 준 값들로 표현하는데, ^{0}으로 나타낸다. NGC 7331의 경우, 보정된 총 B 파장 영역 등급은 $B_T^0 = 9.37$이고 V 파장 영역에서는 $V_T^0 = 8.75$이므로, $(B-V)^0 \approx 0.6$이다. 전체로 보면 은하는 태양과 거의 같은 색을 갖는다.

항성 원반부에서 나선 팔과 같은 구조들에 평균값을 적용할 경우, 표면 밝기 $I(R)$은 다음과 같은 지수 함수의 분포를 따른다는 것을 알 수 있다.

$$I(R) = I(0)\exp[-R/h_R] \tag{5.1}$$

이는 원반부의 항성 밀도가 식 2.8의 쌍 지수 공식을 따라 변화한다고 가정했을 경우 예상할 수 있는 결과이다. [그림 5.4]에서 긴 파선은 *길이 척도*가 $h_R = 55''$ 인 지수 함수의 기울기를 보여준다. 대부분의 원반 은하들의 경우, $1\,\mathrm{kpc} \lesssim h_R \lesssim 10\,\mathrm{kpc}$ 이다. h_R은 B 파장 영역에서 측정했을 때 I 파장 영역에서보다 약 20% 더 길게 나타나는데, 원반부가 중심으로 갈수록 붉어지기 때문이다. 원반부 안쪽은 전형적으로 무거운 원소들이 풍부하고([그림 4.15]의 M33 참조) 중원소 함량이 풍부한 항성들은 더 붉다([그림 1.5] 참조). 원반부 바깥쪽은 나이가 어리고 푸른 항성들의 비율이 크거나, 먼지에 의한 적색화 현상이 덜 심하기 때문에, 이러한 현상들을 구분하기가 쉽지 않다. 많은 원반 은하들의 항성 원반부에서 지수 함수 분포를 따르는 영역은 어떤 지점 R_{max}에서 끝난다. 그 범위는 보통 $10-30$ kpc 혹은 $(3-5)h_R$ 영역이다. R_{max}의 바깥쪽에서는 표면 밝기가 급격히 떨어지지만 이 부분이 은하의 가장자리는 아니다. 왜냐하면 HI 가스와 약간의 원반부 항성들이 더 먼 곳에서도 발견될 수 있기 때문이다.

문제 5.3 NGC 7331의 시선 속도는 $V_r = 820\,\mathrm{km\,s^{-1}}$이다. $H_0 = 60\,\mathrm{km\,s^{-1}Mpc^{-1}}$일 때 Hubble의 법칙, 식 1.27 을 이용하여 거리를 구하라. V 파장 영역에서 광도가 $L_V \approx 5\times10^{10}L_{V,\odot}$인 것을 보이라. NGC 7331은 우리 은하와 M31 보다 밝은가?

[그림 5.5] Sa 은하 M104의 V 파장 영역 영상. '솜브레로'(NGC 4594) 은하'라고도 부른다. 광도가 $L_V \approx 8 \times 10^{10} L_\odot$ 이고 10 Mpc 정도 떨어져 있는 밝은 은하이다. 중앙 팽대부가 크고 구상성단이 많다. —A. Cole, WIYN 망원경.

$h_R \approx 3.6$ kpc 인 것을 보이고, 원반부 반경 R_{25}를 kpc 으로 나타내어라. 우리 은하의 원반부 크기와 비교해 보아라.
[그림 5.4]와 문제 5.2에서 외삽으로 측정한 원반 중심부의 표면 밝기가 I 파장 영역에서 $I(0) \approx 325\ L_\odot\ \mathrm{pc}^{-2}$인 것을 보이라. 식 5.1을 이용하여 원반부 광도가 $L_D = 2\pi I(0) h_R^2 \approx 3 \times 10^{10} L_{I,\odot}$인 것을 보이라. 원반은 전체 빛의 약 60%를 차지한다. $R = 8$ kpc에서 항성 빛의 표면 밀도를 구하여라. 문제 2.8에서의 태양 근처의 값과 비교하면 어떠한가?

작은 반경에서 표면 밝기 $I(R)$ 은, 식 5.1에서 지수 함수 원반부에 대해 예측되는 것보다 더 크다. 여분의 빛이 *중앙 팽대부*로부터 나오는 것이다. [그림 5.3]에서 안 쪽 등광도선의 둥근 정도는 NGC 7331의 중앙 팽대부가 납작한 원반이 아닌 타원체임을 말해준다. 중앙 팽대부는 S0 은하와 Sa 은하에서 더욱 중요하다. [그림 5.5]에서 볼 수 있듯이 Sa 은하 M104의 빛 대부분이 큰 중앙 팽대부에서 나온다. 이와 같이 어떤 중앙 팽대부들은 확실히 둥근 모양인 반면, 어떤 것들은 원반부만큼 편평한 경우도 있다. 중앙 팽대부에는 나이가 더 많으며, 더 붉은 항성들이 많기 때문에 푸른 빛 보다는 붉은 빛을 더 많이 낸다.

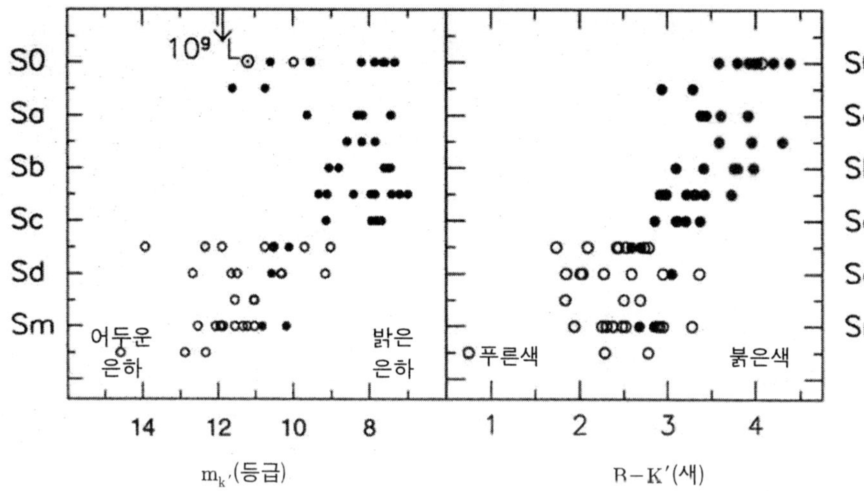

[그림 5.6] Ursa Major 은하군 내 은하들의 겉보기 등급 $m_{k'}$와 색 $B-K'$를 각각 은하의 형태에 따라 도면에 나타내었다. 화살표의 오른 쪽에 위치한 은하들의 광도는 은하군까지의 거리 15.5 Mpc 에서 $L > 10^9 L_{\odot}$ 이다. 흰 원들은 원반 중심부의 밝기가 $I_{k'}(0) > 19.5$의 어두운 은하들을 나타낸다. 평균적으로, S0 은하들은 밝고 붉은색인 반면, Sd와 Sm 은하들은 어둡고 푸른 빛을 낸다. −M. Verheijen.

일반적으로, 은하 분류 에서 S0 은하에서 Sd, Sm 은하로 갈수록 더 푸른색이며 너 어둡다. [그림 5.6]은 Ursa Major 은하군내 은하들의 2.2 μm K' 파장 영역에서 겉보기 등급 $m_{k'}$ 와 색 $B-K'$ 을 보여준다. Ursa Major 은하군은 처녀자리 은하단 방향으로 약 15 Mpc 정도 떨어져 있는 밀도가 높은 가까운 은하군이다. 은하군 내의 모든 은하들까지의 거리는 거의 동일하므로, 가장 밝게 보이며 $m_{k'}$ 값이 작은 은하들이 곧 가장 밝은 은하들이다. 그러나 은하군 관측에 있어서의 단점은 모든 형태의 은하들에 대한 완전한 표본을 얻기는 어렵다는 점과, '평균적' 은하들에 대한 적절한 표본을 얻을 수 없다는 것이다.

[그림 5.6]은 Ursa Major 은하군에 위치한 S0, Sa, Sb와 Sc 은하들의 광도는 모두 $10^9 L_{\odot}$ 보다 높음을 보여준다. 어두운 나선 은하들은 모두 Scd, Sd와 Sm 형태의 은하들이다. S0 은하들의 색은 K거성의 색과 비슷하다. 어리고 푸른 항성들이 없기 때문에, 대부분의 빛은 주계열성 단계를 거쳐 진화한 붉은 항성들에서 나온다. Sd와 Sm 은하들은 나이가 어린 항성들을 많이 포함하기 때문에 더 푸르게 보인다. 은하들의 가시광 영역에서의 색은 만기형 F와 G 항성과 유사하다.

기울기가 큰 측면 은하들의 가시광 영상에서는, [그림 5.16]의 오른쪽에서와 같이 얇고 어두운 먼지의 띠가 원반부의 중간을 가로지르는 것을 볼 수 있다. 우리 은하의 경우에서와 같이, 빛을 산란하고 흡수하는 먼지는 대부분의 항성들보다 훨씬 더 얇은

[그림 5.7] 두 개의 매우 다른 만기형 은하들의 B 파장 영역 영상. 위: '매우 얇은' Sd UGC 7321, 측면에서 $\lesssim 2°$ 각도로 본 경우이다. 매우 작은 은하로서 $d = 10$ Mpc에서 광도가 약 $L_B = 10^9 L_\odot$ 이다. −L. Matthews, WIYN 망원경. 아래: 가까이 위치한 막대 구조를 가진 마젤란형 은하, 혹은 불규칙 은하 NGC 55를 측면에서 약 10° 각도로 본 것이다. 이 은하의 선형적 크기는 UGC 7321의 약 절반이고 $d = 15$ Mpc에서 $L_B \approx 2 \times 10^9 L_\odot$ 이다. 원반부의 모양이 분명치 않으며 막대에서의 빛이 중심을 벗어난 곳에 집중되어 있다. −A. Ferguson.

층을 이루고 있다. 기울기가 큰 측면 원반부의 영상에서 장축을 따라 반경 R 을 구하고, z를 중간 면으로부터의 거리라고 한다면, 먼지층의 윗부분과 아랫부분에서 표면 밝기는 대략 다음과 같다.

$$I(R, z) = I(R)\exp[-|z|/h_z] \tag{5.2}$$

항성 빛의 대부분은 두께가 폭의 10% 인, 즉 $h_z \approx 0.1 h_R$ 원반부에서 나온다. 어떤 Sc와 Sd 은하들은 '매우 얇고' 납작한 반면, Sm과 불규칙 은하들의 원반부는 두꺼운 편이며 그 형태가 분명하지 않다([그림 5.7]). 다른 형태의 은하들에서는 z 의 값이 높을 경우, 표면 밝기가 식 5.2 에서 예측되는 것보다 느리게 감소한다. 즉, 우리 은하처럼 *두꺼운 원반부*를 가지고 있는 것이다.

밝은 원반 은하들에 대하여, 식 5.1을 이용하여 원반부 안쪽을 내삽할 경우, 중심부 표면 밝기 $I(0)$이 특정 한계값의 아래에 있음을 알 수 있다. 최근의 나선 은하

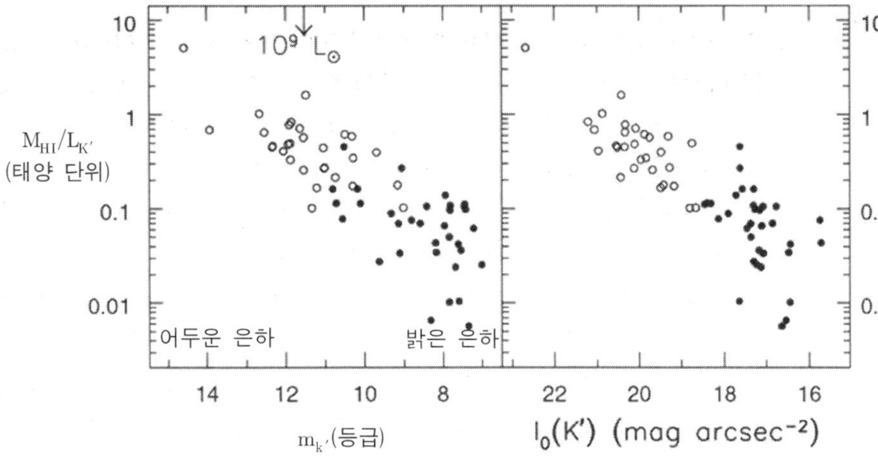

[그림 5.8] Ursa Major 은하군내 은하들의 HI 분포. 왼쪽은 $\mathscr{M}_\odot/L_{K',\odot}$ 단위로 주워진 HI 가스의 질량 대 K' 파장 영역 광도 비를 나타낸다. 오른쪽은, 밝기에 비례해 어두운 은하들에 더 많은 HI 가스가 존재하며, 원반부는 외삽을 통해 얻어진 낮은 중심부 표면 밝기 $I_{K'}(0)$를 가지고 있음을 보여준다. 흰 원들은 $I_{K'}(0) > 19.5$인 표면 밝기가 낮은 은하를 나타낸다. −M. Verheijen.

들에 대한 연구에 의하면, 평균적으로 $I_B(0) \approx 22\,\text{mag arcsec}^{-2}$ 이며 $I_K(0) \approx 18\,\text{mag arcsec}^{-2}$ 이다. 평균값보다 두 등급 이상 밝은 은하는 거의 없다. 어두운 은하들을 찾을 수 있는 더 나은 방법들을 통해, *표면 밝기가 낮은* 원반 은하들이 많이 발견되었다. Malin 1은 그러한 은하들 중 가장 큰 것에 속하며 $I_B(0) \approx 25.5\,\text{mag arcsec}^{-2}$ 으로, 이 값은 '일반적인' 은하들의 평균치보다 25배 낮고, [표 1.9]에서 주어진 하늘 밝기 값들보다 훨씬 낮은 값이다. 이 은하의 거대한 원반부는 일반적인 형태를 가진 중앙 팽대부를 둘러싸고 있다. 길이 척도의 값이 $h_R = 55\,h^{-1}\,\text{kpc}$으로 매우 커서 광도가 $L \approx 3 \times 10^{10} h^{-2} L_\odot$ 인 밝은 은하이다. 그러나 대부분의 표면 밝기가 낮은 은하들은 표면 밝기가 높은 '일반적인' 은하들과 비교했을 때 훨씬 어두우며, 많은 수가 밝은 중심부를 가지고 있지 않다. 즉, 그들의 길이 척도 h_R이 특별히 크지는 않은 것이다.

[그림 5.8]은 Ursa Major 은하군에서 표면 밝기가 낮은 은하들은 가장 어두운 은하들이며, 또 그에 비례해 HI 가스 함유량이 가장 높음을 보여준다. 불규칙 왜소 은하들처럼, 이들은 함유된 가스로 항성을 만드는데 효율적이지 않다. [그림 5.6]에서 얻을 수 있는 정보들을 종합하여 보면, Sa 와 Sb 은하들은 Sd 은하들에 비해 평균적으로 광도가 더 높으며 중심부분이 더 밝은 원반부를 가지고 있다. 불규칙 은하들은 이 두 부분에서 더욱 낮은 값을 가진다(4.1절 참조).

문제 5.4 표면 밝기가 높은 나선 은하들에 대한 연구에 따르면(*ApJ* 160, 811; 1970), 모든 원반부들은 $I_B(0) \approx 21.7\,\mathrm{mag\,arcsec^{-2}}$ 값에 도달할 수 있다. 이를 *Freeman의 법칙* 이라고 한다. 이러한 은하의 중심 단위 파섹당 단면적에서 나오는 광량은 몇 $L_\odot$ 인지 구하라(문제 1.4 참조). 이 은하의 절대 등급이 $M_B = -20.5$일 경우, B 파장 영역에서 광량이 몇 $L_\odot$ 인지 구하라. 중앙 팽대부의 빛을 무시할 경우, 지수함수 원반이 $h_R \approx 5.4\,\mathrm{kpc}$임을 보이고, 반면 $R_{25} \approx 3h_R$이며, 이 반경에서 광량의 80%로 떨어짐을 보여라. 총광도는 같지만 $I_B(0) \approx 24.5\,\mathrm{mag\,arcsec^{-2}}$ 인 표면 밝기가 낮은 은하에 대하여, 〈 10%의 빛이 $R < R_{25}$ 영역에서 나온다는 것을 보이라. $L_B = 2.5 \times 10^{10} L_{B,\odot}$인 나선 은하들을 가정하자. h_R 값이 클수록 $I(0)$의 값은 작아진다. $1\,\mathrm{kpc} < \mathrm{h}_R < 30\,\mathrm{kpc}$의 영역에 대하여 kpc으로 나타낸 R_{25}를 각각 h_R과 $I(0)$에 대하여 그려 보아라. h_R의 값이 작을 때 R_{25}도 작다는 것을 보이고, $h_R \approx 24\,\mathrm{kpc}$일 때 최대값에 도달한 후 0으로 떨어짐을 보이라. Freeman 값보다 10배나 적은 $I(0)$를 가진 은하들이 그의 1970 목록에서 왜 빠졌는지에 대해 설명하여라(매우 작은 은하들은 연구하는데 있어서 어려움을 가지고 있다. 따라서 $R_{25} < 30''$ 또는 $d \approx 40\,\mathrm{Mpc}$에서 $6\,\mathrm{kpc}$을 가지는 은하들은 목록에서 빠졌을 것이다).

적외선 영역의 광자들을 관측하기 위한 고체형 검출기들을 사용할 수도 있으며, 큰 어레이들은 파장 대역 $\lambda \le 40\,\mu\mathrm{m}$ 에서 사용된다. 이런 어레이들에는 실리콘을 사용할 수 없고, 이디움 안티모나이드와 같은 에너지간격이 낮은 반도체를 사용한다. 암전류 계수를 줄이기 위해, 극저온에서 작동시켜야 한다. 파장이 긴 빛은 먼지에 영향을 덜 받으므로, 은하 중심 영역의 적외선 영상은 가시광 영역에서 먼지에 가려 보이지 않는 항성들을 보여준다.

나선 은하 M100 의 중심부 몇 초각 영역을 $2.2\,\mu\mathrm{m}$ K 파장 영역에서 찍은 적외선 영상에서는 중심 막대 구조가 보이는 반면, 가시광 영역에서 뚜렷이 보이는 네 개의 나선 팔은 거의 보이지 않는다([그림 5.9]). 뜨겁고 나이가 어린 O형과 B형 항성들의 빛은 은하 근적외선 광량의 매우 작은 부분을 차지하기 때문에 이 파장 영역의 영상들은 나이가 많은 항성종족을 연구할 때 사용된다. 일반적으로 적외선 영역에서는 나선 팔들의 빛이 고르게 분포하고 덜 두드러져 보이므로, 빛이 대부분이 어리고 무거운 항성들에서 나온다는 것을 알 수 있다. 가시광 영역에서 보이는 나선 팔의 모습은 먼지층의 영향을 많이 받는다.

문제 5.5 흑체의 온도가 300 K 일 때 어떤 파장 영역에서 빛의 대부분을 방출하는가? 온도가 $T = 100\,\mathrm{K}$일 경우, $\lambda = 10\,\mu\mathrm{m}$ 에서 선속 F_λ이 줄어든 양은 얼마인가? 적외선 관측을 위해서는 검출기에 빛을 보낼 수 있는 망원경의 부속품들을 냉각시키는 것이 좋다(예를 들어 액체 질소를 사용하여 냉각시킨다).

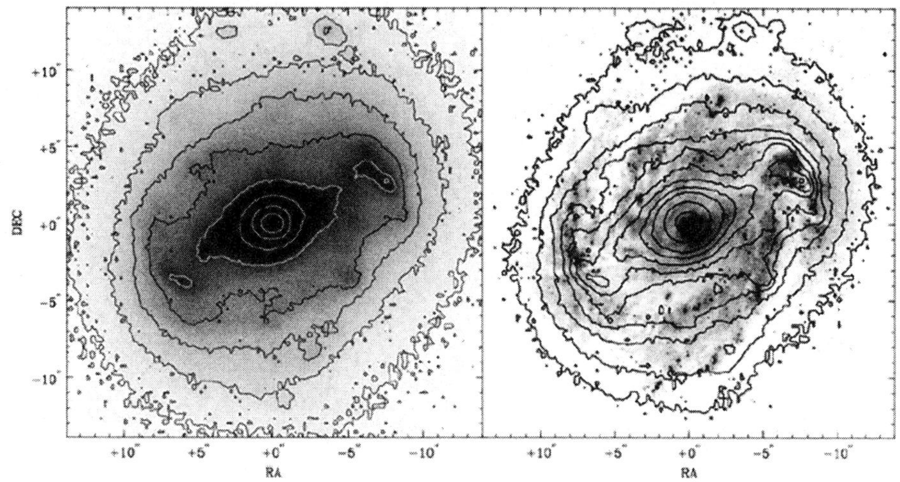

[그림 5.9] Sbc 은하 M100(NGC 4321)의 안쪽 영역의 영상이다. 26″은 2 kpc이다. 왼쪽, 막대 구조를 보여주는 2 μm 의 K 파장 영역 영상과 등광도선들이다. 오른쪽, 나이가 적은 무거운 항성들을 둘러싼 주변 가스로부터의 H_α 방출(가시광 영역) 을 보여주며, K 파장 영역 등광도선들이 겹쳐 그려져 있다. 막대 구조는 먼지에 가려져 있다. −J. Knapen, 1995 *ApJ* 443, L73.

파장이 1000 Å $\lesssim \lambda \lesssim$ 3000 Å 인 자외선 영역에서는 일반적인 은하들의 경우, 거의 모든 빛이 가장 뜨거운 항성들로 부터 나온다. 나선 은하의 자외선 영상은 원반부 구성원들의 분포를 새롭게 하는 항성 형성의 한 장면을 보여준다고 할 수 있다. 즉, 빛의 분포가 고른, 나이 많은 항성들은 보지 못하는 것이다. [그림 5.10]의 왼쪽에서는, 나이가 많거나 중간 정도되는 항성으로 이루어져 있는 중심 막대가 나타나지 않는다. 거대 분자 구름에서 태어난 수명이 짧고 무거운 별들의 덩어리들이 나선 팔을 따라 분포하며, 밝고 두드러져 보이는 것을 알 수 있다. 이 영역들의 밝기는 뜨거운 항성들의 밀집도와 먼지 사이로 빛이 빠져 나올 수 있는 틈들에 의해 결정된다. [그림 5.10]의 영상에서 나선 모양은 밝고 나이가 어린 항성들에 의해 드러나 보임을 알 수 있다. 9.4절의 적색 이동이 약 $z \gtrsim 1$ 정도인 은하들의 가시광 영상에서는, 은하들이 자외선 영역에서 방출한 빛이 우주의 팽창에 의해 적색 편이된 것을 보게 되는 것이다. 이러한 영상들을 가까운 은하들의 그것과 비교하고자 할 때는 가시광이 아닌 자외선 영상과 비교해야 한다는 사실에 주의를 기울인다.

먼지는 이러한 짧은 파장에서 매우 불투명하기 때문에, 은하의 많은 자외선 빛들은 흡수한다. NGC 7331과 같은 은하에서 자외선 광자의 20% − 30% 정도가 흡수되며, 단지 몇 퍼센트만이 활발하게 항성이 생성되고 있는 은하를 탈출할 수 있다. 먼지는 적외선 영역에서 에너지를 재방출한다. [그림 2.24]는 NGC 7331의 항성이 형성되고 있는 내부 고리의 적외선 스펙트럼이다. 대부분의 에너지들은 $T \sim 20-30$ K를 가진

[그림 5.10] SBb 막대 나선 은하 NGC 3351(M95). 왼쪽 영상은 1530 Å과 2300 Å에서의 자외선 빛을 결합시킨 것이다. 나이가 어리고 푸른 항성들이 없는 막대를 볼 수 없다. 항성 생성 집단들은 조각의 모습으로 나선팔에서 볼 수 있다. 오른쪽, 가시광에서 고리와 부드러운 나선팔로 둘러싸인 강한 중심 막대를 볼 수 있다. – GALEX

먼지에 의해 100 μm 근처에서 방출된다. 더 짧은 파장대에서, 가열된 수소 분자와 다환식 방향족 탄화수소라 불리우는 매우 큰 분자로부터의 방출을 볼 수 있다.

나선 은하들의 원반은 X선 영역에서도 밝지 않다. 성간 가스는 차가우며 초신성 잔해물은 초음속으로 퍼져나간다. 이들의 강한 충격과 젊은 항성들로부터의 뜨거운 항성풍으로 가열된 가스와 쌍성들이 X선의 주 광원이다. 폭발적 항성 생성 은하에서(5.6절 참조), 항성풍과 초신성 잔해물은 가스 덩어리 가열을 중복시켜 *초항성풍*으로 주변에 밀집된 가스를 뚫고 지나가 은하를 떠나게 한다.

5.2 가스 관측

나선 은하가 가진 대부분의 가스는 원반부에서 발견된다. 차가운 원자 상태의(HI) 수소와 분자상태의(H_2) 수소는 은하에서 새로운 항성들이 생성되는데 쓰이는 물질들이다. 5.1절에서는 가시광 영상에서 어두운 먼지층을 찾음으로서 이러한 가스들이 응축되어 있는 영역의 위치를 간접적으로 알아 낼 수 있는 방법이 있음을 살펴보았었다. 차가운 가스는 원반부 먼지에 영향을 받지 않는 전파 영역에서의 방출선들을 통해 직접적으로 찾을 수 있다. 뜨거운 항성들의 자외광이나 충격파에 의해 가스가 이온화되면, Hα와 같은 가시광 영역의 방출선에서 볼 수 있다. 또한, 스펙트럼선들을 통해 가스를 관측하므로, 은하 내 각각의 지점에서 가스의 속도와 운동을 측정할 수 있다.

5.2.1_ 전파 망원경

차가운 가스는 대부분 1 mm 보다 더 긴 전파 영역에서 관측한다. 파장이 더 길기 때문에 전파 망원경들의 상은 광학 망원경들의 경우 보다 뚜렷하지 않다. 지름이 D 인 망원경으로 λ 파장에서 관측할 때 λ/D 각 안에 들어오는 천체들은 모두 하나로 뭉쳐져 보이며, 이를 *분해능*이라 부르는데, 모든 망원경은 분해능의 제약을 받는다. $\lambda \approx 5000$ Å 에서는 $D = 10\,\mathrm{cm}$ 인 작은 망원경으로도 1 $''$ 정도의 정밀한 영상들을 얻을 수 있는 반면, 파장이 1 mm 일 경우, 같은 분해능을 얻기 위해서는 지경이 200 m 인 망원경이 필요하다. 가장 큰 단일 접시 전파 망원경은 직경이 약 100 m 이고, 대부분의 전파 망원경들은 수십 미터 길이의 직경을 가진다. 그러므로 일반적으로 이들로부터 얻는 영상들은 광학 망원경 영상들에 비해 정밀도가 떨어진다. $\lambda =$ 20 cm 에서 1 $''$ 의 분해능을 얻기 위해서는 직경이 40 km 인 망원경이 필요하므로, 그 정도 규모의 단일 접시로 이루어진 망원경은 자신의 무게를 이기지 못하고 쓰러질 것이다. cm 파장대역과 더불어 점차 mm 영역에서도, *구경 합성*을 위해 작은 망원경들을 연결한 어레이를 사용하고 있다.

구경 합성의 원리를 보기 위해, 전기장과 자기장의 진동으로서의 전파를 고려해보자. 파장이 λ 라면, 전기장이 $E \propto \cos(2\pi ct/\lambda)$ 이고, 전파 망원경의 초점에서 유도된 전압 V 는 그 순간의 전자기장 E 와 비례한다. [그림 5.11]과 같이 두 개의 다른 망원경으로 관측한다고 가정하자. 고도가 θ 인 천체로부터의 파동들은 망원경 2 에 도달하기 위해 $d\cos\theta$ 만큼 더 가야 한다. 그러므로 파동의 마루와 전압의 최대치들은 망원경 1과 비교했을 때 $d\cos\theta/c$ 시간만큼 느려지는 것이다. 두 망원경의 초점에서의 전압 V_1 과 V_2 는 다음과 같다.

$$V_1 \propto \cos\frac{2\pi ct}{\lambda} \quad \text{그리고} \quad V_2 \propto \cos\frac{2\pi(ct - d\cos\theta)}{\lambda} \tag{5.3}$$

*상관기*에서 V_1과 V_2의 신호를 곱해준 다음, 빠른 진동을 없애주기 위해 출력 신호를 걸러준다. 이의 결과로 나타나는 것이 *간섭무늬*이며, 신호 $S \propto \cos(2\pi\cos\theta/\lambda)$는 지구가 자전하는 동안 각 θ 가 바뀌면서 서서히 변한다. 만약 고도 $\cos\theta$가 $\lambda/(2d)$ 만큼 차이가 난다면 하늘에서 서로 가까이에 있는 천체들은 완전히 다른 간섭무늬를 만들어 낸다. 그러므로 이 간단한 *간섭계*는 천체들이 단지 $\lambda/(d\sin\theta)$ 정도 떨어져 있을 경우에만 구별이 가능하며, 이는 직경이 $d\sin\theta$ 인 큰 단일 접시로 이루어진

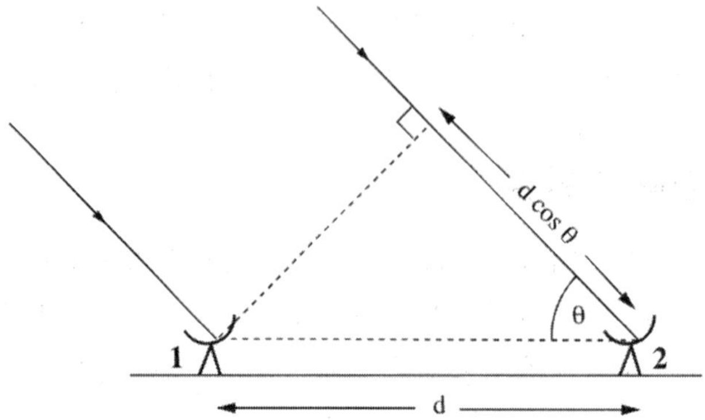

[그림 5.11] 두 개의 망원경으로 이루어진 간섭계

망원경에 해당하는 분해능을 갖는다. 두 개의 망원경 사이의 직선 거리를 *기본선*이라 부른다. 간섭계의 분해능은 기본선의 성분 중 천체를 향한 벡터 방향에 수직한 방향 성분으로 결정된다.

두 개의 망원경으로 이루어진 간섭계는 천체의 위치를 알아내지는 못한다. λ/d 의 배수 범위 이내로 $\cos\theta$ 를 알 수 있을 뿐이다. 더 많은 정보를 얻기 위해서는, 다른 기본선상에 놓여진 망원경쌍을 더 많이 추가해 주어야 한다. 반경이 d 인 원의 넓이에 해당하는 영역을 작은 망원경들로 관측할 경우, 각각 망원경들의 신호를 조사하여 단일 접시로 이루어진 지름이 d 인 망원경으로부터 얻을 수 것과 같은 양의 정보를 효과적으로 조합 또는 합성할 수 있다.

시간에 따라 변하는 천체를 관측하는 경우가 아니라면, 모든 작은 망원경들이 동시에 정해진 위치에 있을 필요는 없다. 네덜란드 웨스터보크에 있는 망원경처럼 작은 망원경들을 동쪽에서 서쪽을 가로지르는 선을 따라 배치할 경우, 관측 대상의 위치에서 바라볼 때, 지구가 자전하는 동안 각 망원경들은 타원 궤도로 움직이게 된다([그림 5.12] 참조). 망원경의 수가 적은 경우에도 지구의 자전 덕분에 일정 범위의 각도 내에서 많은 수의 기본선을 갖게 되며, 큰 타원형 망원경 하나로 관측할 때와 같이 얻어지는 천체의 정보를 12 시간 안에 얻을 수 있다. 천체가 천구의 적도와 이루는 각, 즉 *적위*가 δ 이면, 타원형 '망원경'은 동서쪽보다 북남쪽 방향으로 $|\sin\delta|$ 배만큼 더 작다. 관측의 속도를 높이기 위해, 뉴멕시코주에 위치한 Very Large Array(VLA) 전파망원경의 경우에는 망원경들을 'Y' 자 형태로 배열한다. 4시간동안의 관측으로 모든 범위의 각에서 기본선을 얻을 수 있으며, 짧은 노출로도 대략적인 지도를 완성하는데 충분한 정보를 얻을 수 있다.

두 개씩 연결된 망원경들로부터 얻어진 상관 신호 S 는 하늘에서 가장 밝은 영역의 분포에 대해 *Fourier 변환*을 얻는 것이다. 기본선에서 두 망원경을 분리하는 성분에

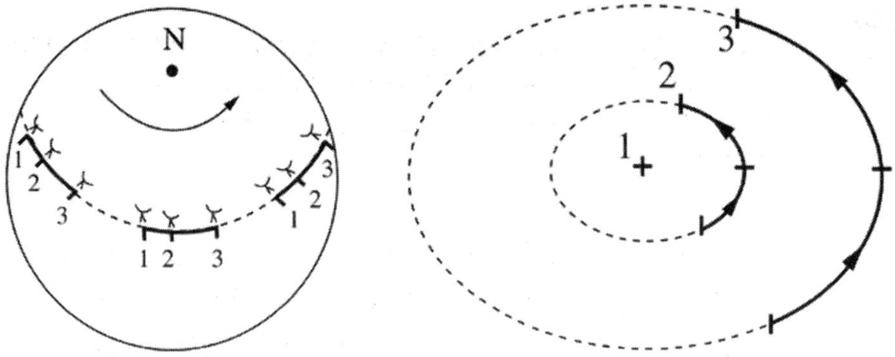

[그림 5.12] 지구 자전에 의한 합성: 관측대상에서 바라볼 경우, 망원경 1, 2, 3의 기본선 벡터들은 하루 동안의 관측에서 타원 궤도를 그린다.

비례하고 전체의 시선방향과 수직 방향인 파장의 벡터에서 Fourier 변환을 측정한다. 하나의 점으로 보이는 천체보다 더 복잡한 대상의 지도를 그릴 때는 Fourier 변환을 반전시키고, 큰 '망원경'으로부터 얻은 것과 동일한 영상을 얻기 위해 컴퓨터를 이용한다. 이러한 방법을 통해 합성된 망원경 '접시'에는 큰 구멍들이 있는데, 이는 작은 망원경들이 총 면적의 작은 부분들만을 차지하기 때문에 생기는 현상이다. Fourier 변환은 한정된 지점들에서만 측정할 수 있다. 작은 망원경들의 위치에 따라 점과 같이 보이는 천체들이 늘어나 보이거나, 또는 둥근 모양 대신 항성의 형태를 보이기도 하는데, 이는 컴퓨터 처리 과정을 통해 보정한다.

합성된 망원경의 빛을 모으는 면적은 동일한 지름을 가진 하나의 망원경보다 훨씬 작아서, 어두운 천체를 관측하는데 오랜 시간이 걸린다. 전파로 보는 하늘은 가시광 영역에서보다 훨씬 어두우므로 이런 측면은 무시할 수 있다. 즉, 하늘 값을 빼줄 필요가 없고, 또 관측 시간동안 하늘이 변하는 정도에 대한 것을 고려하지 않아도 되는 것이다. 그러나 전파 망원경들은 지상에서 발생하거나 하늘의 다른 영역의 전파원에 의한 간섭현상에 큰 영향을 받는다.

지름이 D인 각각의 망원경들은 크기가 λ/D 인 하늘의 작은 부분들에서 전파를 받아 들인다. 이는 합성된 어레이가 한 번 대상을 향할 때 볼 수 있는 영역의 크기를 제한한다. 두 망원경 사이의 최단거리를 $d_{\min}$ 이라고 할 때, 하늘에서 $\lambda/d_{\min}$ 보다 큰 각도를 가진 천체는 관측되지 않는다. 망원경들 사이의 거리는 지름 D 보다 작을 수 없으므로, 합성된 망원경을 통해 관측된 가스는 언제나 원래보다 더 덩어리져 보인다. 합성된 망원경으로부터 얻은 지도는 지름이 최소한 $2D$ 이상인 단일 망원경으로 관측한 정보를 더해줌으로서 완성될 수 있지만, 실제로는 거의 사용되지 않는다.

문제 5.6 VLA의 C-어레이 배치에서는 가장 멀리 떨어져 있는 망원경들 사이의 거리가 3.4 km 이며, 가장 가까운 망원경들 사이의 거리가 73 m 이다. HI 21 cm 선의 분해능이 약 13″ 임을 보이라. ~6′ 보다 큰 구조가 지도에서 보이지 않는 이유를 설명하라.

지름이 100 km 로 합성된 망원경의 경우, 접시들은 케이블로 연결되어 신호들이 합쳐진다. 멀리 떨어진 망원경들은 관측이 끝난 뒤 각 망원경들의 원자시계들을 사용하여 동기화하고 관측자료 들을 합친다. *기본선이 매우 긴 간섭계*(VLBI)의 경우, 합성된 '망원경'의 크기는 지구와 비슷하며, 0.001″ 보다 작은 천체도 분해할 수 있다. 망원경 중 하나를 우주공간에 올려놓으면 기본선이 더 길어지고, 따라서 더 정밀한 분해능을 얻을 수 있다.

더 읽어보기

B. Burke & F. Graham-Smith, 1996, *Introduction to Radio Astronomy* (Cambridge University Press, Cambridge, UK); G.L. Verschuur & K.I. Kellermann, eds., 1974, *Galactic and Extragalactic Radio Astronomy*, 1st edition (Springer-Verlag, New York); 이 책의 *초판*에서 10장과 11장은 구경 합성에 대한 명확한 설명을 제공한다.

5.2.2_ 원반부의 차가운 가스

[그림 5.13]은 21 cm 방출선으로 관측된 NGC 7331 은하의 중성 수소(HI) 가스를 보여준다. 가스는 은하 내에서 움직이고 있으므로 방출선들은 시선 속도 V_r 에 따른 도플러 편이가 된다. 그래서 망원경이 주파수 채널이 가까운 대역들을 동시에 관측할 수 있도록 맞추어 준다. 보통 각 채널들의 속력은 초당 수 km 정도의 값을 가진다. 은하 원반부의 HI은 대부분 *광학적인 두께가 얇다*. 21 cm 선은 거의 흡수가 되지 않으므로 가스의 질량은 방출의 세기와 거의 비례한다. 가시광에 대해서와 같이, HI 가스운으로부터 받는 전파의 세기s,s 거리 d에 따라 $1/d^2$으로 감소한다. 문제 1.9의 결과를 사용하여, 은하 가스에 해당하는 주파수 영역에서의 플럭스 F_ν를 적분하여 질량을 계산할 수 있다. Mpc단위로 d, jansky 단위로 F_ν, km s^{-1}단위로 V_r을 측정하면 다음의 식을 얻을 수 있다.

$$\mathcal{M}(\mathrm{HI}) = 2.36\times10^5\mathcal{M}_\odot \times d^2 \int F_\nu\left[1421\,\mathrm{MHz}\times\left(1-\frac{V_r}{c}\right)\right]\mathrm{d}V_r \qquad (5.4)$$

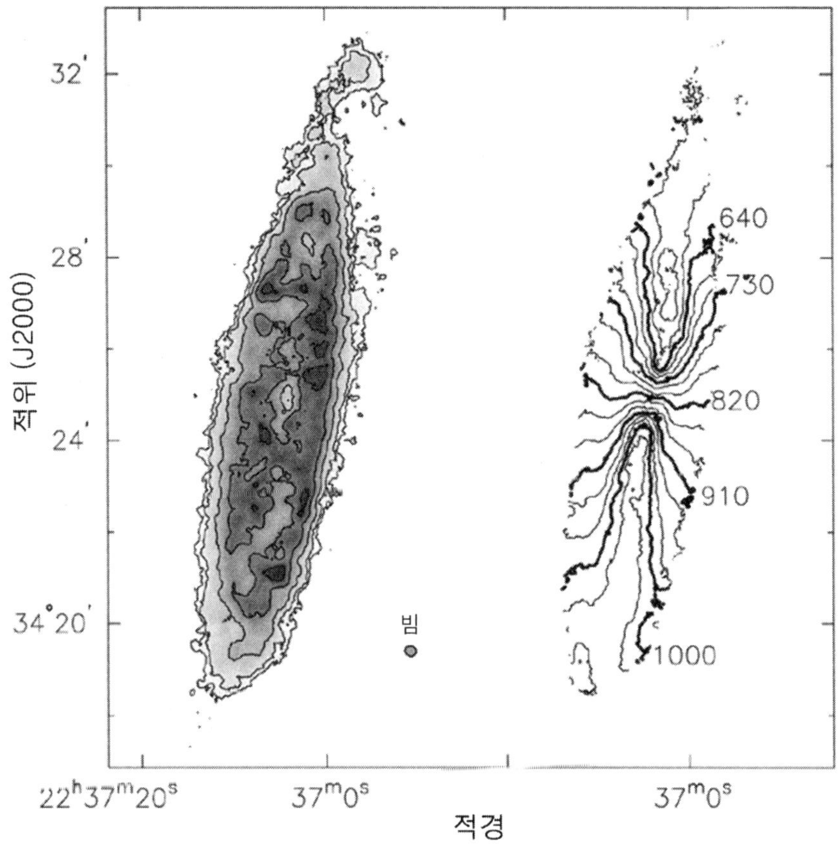

[그림 5.13] VLA로 관측한 NGC 7311의 HI 가스. 왼쪽, 가스의 표면 밀도이다. $d=14$ kpc에서는 $11.3\times10^9 \mathcal{M}_\odot$의 HI 가스가 보이며 $1'=4$ kpc이다. 바깥쪽의 윤곽선은 $N_H=2.8\times10^{19}$ cm^{-2}일 때 밀도가 작은 가스를 나타낸다. 높은 윤곽선들은 1.2, 3.3, 6.4, 그리고 9.5×10^{20} cm^{-2}에 해당된다. 작은 타원형의 $15.7''\times13.7''$는 망원경의 반전력 *빔*폭이다. 광원은 대략 이런 모양과 크기로 나타나게 된다. 오른쪽, 가스의 속도인 V_r을 나타낸 것으로, 윤곽선들은 30 kms^{-1} 씩 떨어져 있다. – M. Thornley & D. Bambic.

NGC 7331에 대해서, $d=14$ Mpc을 가정하면, 측정된 플럭스는 $1.1\times10^{10}\mathcal{M}_\odot$ 만큼의 수소원자에 해당하며, 이는 M31의 두 배 정도이다.

세밀한 HI 지도는 cm 단위면적당 $\sim10^{19}$개의 H 원자를 보여주며, 이는 $0.1\,\mathcal{M}_\odot\,\mathrm{pc}^{-2}$와 동일하다. 일반적으로, HI 지도는 가시광 영상보다 세밀하지 않다. 신호가 약하므로 신호 대 잡음 비를 향상시키기 위해 비교적 낮은 분해능을 사용한다. 모든 채널로부터의 방출선들을 합치면 전체 가스의 분포를 알 수 있으며, [그림 5.13]처럼 각 지점에서의 평균 시선속도를 보여주는 윤곽선을 그려 볼 수 있다.

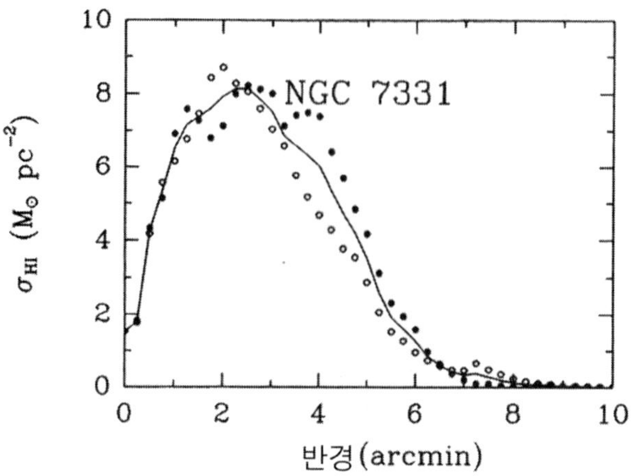

[그림 5.14] NGC 7331의 반경에 따르는 HI 가스의 평균 표면 밀도로서, 은하의 북반구 쪽과 (검은 원) 남반구 쪽을(흰 원) 따로 계산하였다. 실선은 평균값이다. −K.Begeman.

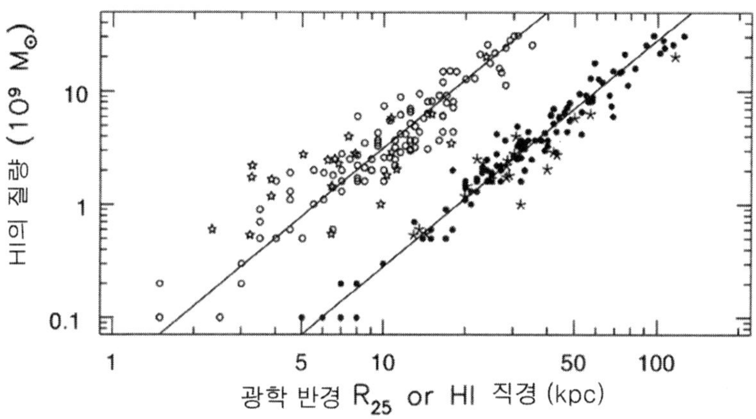

[그림 5.15] 원반 은하의 HI 가스의 질량은 광학적 반경 R_{25}의 제곱에 따라 증가하고(흰 기호), 과 표면 밀도 HI의 값이 1 $\mathcal{M}_\odot$ pc^{-2} 로 떨어지는 지점에서의 직경에 비례해 늘어난다(검은 기호). 기울어진 선들은 R_{25}의 안쪽 영역에 위치한 HI 10 $\mathcal{M}_\odot$ pc^{-2} 와 HI 직경 안에 위치한 HI 3.6 $\mathcal{M}_\odot$ pc^{-2} 을 나타낸다. 다섯 개의 뾰족한 끝을 가진 기호들은 표면 밝기가 낮은 은하들이다. − A. Broeils, E. de Blok.

가스는 은하의 원반부에 위치한다. 우리 은하나 M31처럼, 중심부는 가스 함유량이 낮은 반면, 반경이 수 kpc인 고리 구조에 HI 가스가 몰려있다. [그림 5.14]는 HI의 표면 밀도가 반지름에 따라 변하는 정도를 보여준다. 항성 빛의 분포와 비교했을 때 가스는 훨씬 더 고르게 분포한다. 고리 구조에서 가장 밀도가 높은 부분은 평균 밀도보다 수 배가량 높을 뿐으로, [그림 5.4]에서 보듯 10000 배의 변화를 보이는 표면 밝기의 분포보다 그 변화가 작음을 알 수 있다. HI으로 이루어진 원반부는 항성 원반부보다 크다. 가스의 밀도가 1 $\mathcal{M}_\odot$ pc^{-2} 로 떨어지는 지점까지를 반경으로 두고 측정할 경우, 광학적 반경 R_{25} 의 크기에 약 두 배임을 알 수 있다. [그림 5.15]는 이 값들이 나선 은하들에서는 대표적인 수치들임을 보여준다. 나선 은하들의 약 10-20% 만이 HI 영역의 크기가 $2R_{25}$ 를 능가한다. [그림 5.10]은 NGC 3351 은하의 HI 영역 크기가 $4R_{25}$에 달하는 것을 보여준다.

중성 수소의 평균 기둥밀도는 표면 밝기가 낮은 원반부를 가진 나선 은하를 비롯하여 모든 나선 은하들에서 거의 같다. 이는 아마도 *자체차폐* 때문일 것으로 보인다. 2.4절에서 논의한 바와 같이, 두꺼운 HI 가스층은 수소 분자를 깨트릴 수 있을 만큼의 충분한 에너지를 가진 자외광의 대부분을 흡수한다. 가스의 표면밀도가 $4\mathcal{M}_{\odot}\,\mathrm{pc}^{-2}$보다 더 크다면, 가스층의 가장 깊숙한 곳에 자리한 원자들은 위 아래로 원자 상태의 가스에 둘러싸여 H_2를 생성한다.

은하의 가장 바깥 영역에서 가스는 볼 수 있지만 항성은 거의 없다. 원반부의 바깥쪽에서 항성이 생성되지 않는 이유는 분명치 않다. 아마도 대부분의 가스가 중력에 의해 한 곳으로 모아지기에는 너무 밀도가 낮기 때문일 것이다. 원반부의 *차등 회전*이 수축하는 가스를 잡아당겨 항성의 생성을 방해하는 것이다. HI 가스 분포의 가장자리가 원반부의 끝 부분을 나타내는지, 아니면 은하간 복사에 의해 이온화 된 가스가 더 바깥쪽에 존재하는지는 알 수 없다.

NGC 891은 기울기가 큰 측면 은하로 [그림 5.16]의 왼쪽은 이 특이한 Sc 은하의 HI 가스 분포를 보여준다. 원반부의 밀도가 높은 가스층은 밀도가 작은 HI 가스로 둘러싸여 있고, 중간면의 아래위로 각각 약 $\sim 5\,\mathrm{kpc}$까지 뻗어있다. 가스는 격렬한 항성 생성에 의해 원반부 밖으로 밀려나가면서, 항성 생성이 이루어지고 있는 우리 은하군 주변 은하들의 HI 원반부에서처럼 구멍을 만들었을 것이다([그림 4.4] 와 4.19 참조). NGC 891 은 원반부의 위쪽에 매우 많은 양의 가스를 함유하고 있으나, 모든 나선 은하들은 보통 조금씩만 갖고 있다. 가스의 상태는 *활기차*서 원반부로부터 거품이 일어나듯 부풀어 올랐다가 그 대부분이 냉각된 후 다시 떨어진다. NGC 891에는 북쪽보다 남쪽 영역에 훨씬 더 많은 HI 가스가 있다. 은하 원반부의 바깥 영역은 일반적으로 한쪽으로 치우쳐 있다.

[그림 5.16]의 오른쪽은 붉은색인 R 파장 영역에서 찍은 NGC 891 의 영상이다. 얇은 먼지의 흡수층이 은하를 이등분한다. 중간 그림은, 뜨거운 항성들의 자외선에 의해 이온화 된 가스로부터의 Hα 방출이 작은 반지름 내 영역에서와 원반부의 중간면에서 가장 센 것을 보여준다. 하지만, 엷은 방출이 $5\,\mathrm{kpc}$까지 지속된다는 것을 알 수 있다. $20\,\mathrm{cm}$ 전파의 연속 방출은 대략 Hα 방출과 같은 영역에서 나온다. 이것의 일부는 이온화된 뜨거운 가스로부터의 *자유-자유* 복사이고, 일부는 초신성 잔해에서 가속된 빠르게 움직이는 전자들로부터의 *싱크로트론* 복사이다(1.2절 참조). 엷은 방출을 통해,

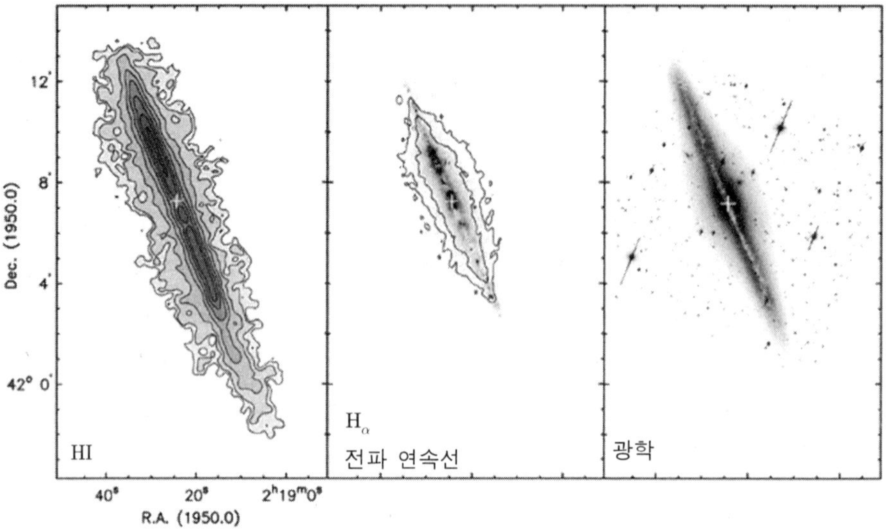

[그림 5.16] 측면 Sc 은하 NGC 891의 항성들과 성간 물질. 십자 표시는 은하의 중심부를 나타낸다. 왼쪽, HI 가스의 표면 밀도, 중간, Hα 영상, 20 cm 전파 연속선의 방출 윤곽선을 보여준다. 오른쪽, R 파장 영역에서의 광학 영상이다. 밝은 항성들을 가로지르는 기울어진 선들은 CCD 세로열에서 전하가 옆쪽의 픽셀로 포화된 것을 보여준다.

자외광과 빠르게 움직이는 전자들이 자신들이 생겨난 은하 원반부를 빠져나갈 수 있음을 알 수 있다. 원반부의 가스는 덩어리져 있는 상태일 것이다. 그러므로 광자와 빠르게 움직이는 입자들이 덩어리 구조나 구름들 사이로 흘러나올 수 있는 것이다. 이 은하는 원반의 상층부에 우리 은하처럼 온도가 약 백만 도에 이르는 뜨거운 가스로 이루어진 헤일로를 갖고 있을 것이다.

차가운 수소 분자 구름으로부터 직접적으로 방출선들을 찾을 수는 없다. 1.2절 참조. 대신 일산화탄소와 같은 분자들의 스펙트럼선을 찾을 때는 일반적으로 밀리미터 파장 영역을 조사한다. 센티미터 대역의 전파 수신기들이 밀리미터 영역의 수신기들보다 더 효과적이다. 작은 지역들에서 CO 분자 대 H_2 분자의 비는 약 10^{-4}이다. 그러므로 HI 관측에 비해 분자 상태의 가스를 관측하는 것은 덜 민감하다. 보통 주어진 질량에서 원자상태의 가스를 관측하는 것이 같은 양의 분자 물질을 관측하는 것보다 쉽다. 그러나 파장이 짧기 때문에 분자 가스의 지도는 HI 지도에 비해 보통 더 나은 공간 해상도를 보여준다. [그림 5.3]에서 NGC 7331 중심부의 $2'$, 혹은 $2.2h_R$ 안쪽의 고리에서 나오는 CO방출을 볼 수 있으며, 이는 약 $3 \times 10^{19} \mathcal{M}_\odot$의 H_2에 해당한다. 나선 은하들의 CO방출은 거의 대부분의 가스가 분자 상태로 있는 안쪽 영역에서 가장 세다. 우리 은하와 NGC 7331과 같은 나선 은하들은 안쪽 영역에 밀도가 높은 분자 가스로 이루어진 고리 구조를 갖고 있는 반면, 다른 은하들에서는 CO방출이 중심부에서 가장 센 경우도 있다. HI과 달리 분자 가스는 보통 항성 원반부를 넘어서는 영역에서는 검출이 되지 않으며 원반부 가스의 대부분은 주로 원자 상태로 존재한다.

보통, HI 질량 $\mathcal{M}(\mathrm{HI})$ 대 푸른색에서의 광도의 비를 사용하여 은하의 가스 함유량이 어느 정도인지를 결정한다. 가시광에서의 겉보기 밝기와 받는 전파의 세기는 둘 다 $1/d^2$으로 줄어들기 때문에, 이 비는 은하의 거리 d와 무관하다. S0과 Sa 은하들에서는 $\mathcal{M}(\mathrm{HI})/L_B \sim (0.05-0.1)\mathcal{M}_\odot/L_{B,\odot}$이다. 가스를 많이 함유한 Sc와 Sd 은하들은 이의 약 10배의 값을 가진다. Sc, Sd, 그리고 Sm 은하들은 자신들이 가진 가스를 천천히 소모해온 것이다. 이들 은하들에서 나이가 많고 붉은 항성들에 의한 빛은 전체 광량의 작은 부분만을 차지하며, 비교적 큰 부분이 뜨겁고 나이가 어린 항성들에서 나온다. [그림 5.6]은 젊은 항성들이 대부분일 경우 은하의 색이 더 푸르다는 것을 보여준다. 이러한 은하들에서는 젊은 성협들과 그들의 HII 영역이 더 명확하게 드러난다. 그리고 각각의 HII 영역과 그 주변 성협들이 Sa와 Sb 은하들에 비해 더 크다.

문제 5.7 $d = 14\mathrm{Mpc}$에 대하여, NGC 7311의 총 겉보기 등급으로부터 푸른색 광도를 구하여라. 태양 단위로 $\mathcal{M}(\mathrm{HI})/L_B \approx 0.2$임을 보여라. 은하들이 태양과 같은 $B-V$ 색을 갖는다고 가정할 때, [표 4.1]을 사용하여 M31이 NGC 7331과 같은 $\mathcal{M}(\mathrm{HI})/L_\odot$을 가짐을 보이고, 마젤란 성운에 대한 비 값을 계산하여라. 문제 2.8을 기초로 하여, NGC 7311 항성들이 $\mathcal{M}/L \gtrsim 2$라고 가정하고, 분자 구름을 포함시킨다하더라도 항성들의 질량이 차가운 가스의 질량보다 약 다섯 배정도 더 크다는 것을 보이라. 이 은하는 이미 대부분의 가스를 항성을 생성하는데 사용하였다.

S0 은하들의 가스함량은 나선 은하들의 그것과 매우 다르다. 대부분 S0 은하들의 항성 원반부가 가진 가스의 양은 너무 적어서 관측하기도 쉽지 않다. 항성 생성이나 다른 과정들을 통해 가스를 소모했고 '항성 화석'들이 남게 된 것이다. 즉, 원반부에서는 지난 수 십 억년 동안 새로운 항성들의 생성이 활발히 일어나지 않았다. 그러나 몇몇의 S0 은하와 타원 은하들의 HI은 $\gtrsim 10^{10}\mathcal{M}_\odot$이며 이는 가장 가스 함유량이 높은 나선 은하들의 값과 같은 것이다. 보통 이 가스는 은하의 원반부에 위치하지 않고 원반부 항성들과 같은 궤도 운동을 하지도 않지만, 은하를 감싸는 기울어진 고리 구조를 형성한다. 가끔, 가스의 회전이 항성 궤도와 반대로 *역방향*일 때도 있다. [그림 5.17]에서처럼 어떤 경우에는 원반부에 직각인 극을 지나는 고리모양을 따라 운동할 때도 있다. 고리 구조와 은하 중심부의 각운동량은 서로 다르므로 가스는 은하의 중심부분이 형성된 이후 포획된 것으로 생각되고 있다. NGC 4550과 같은 일부 S0 은하들에서는 소수의 원반부 항성들이 대다수의 항성들과 반대되는 방향으로 궤도를 돌고 있다.

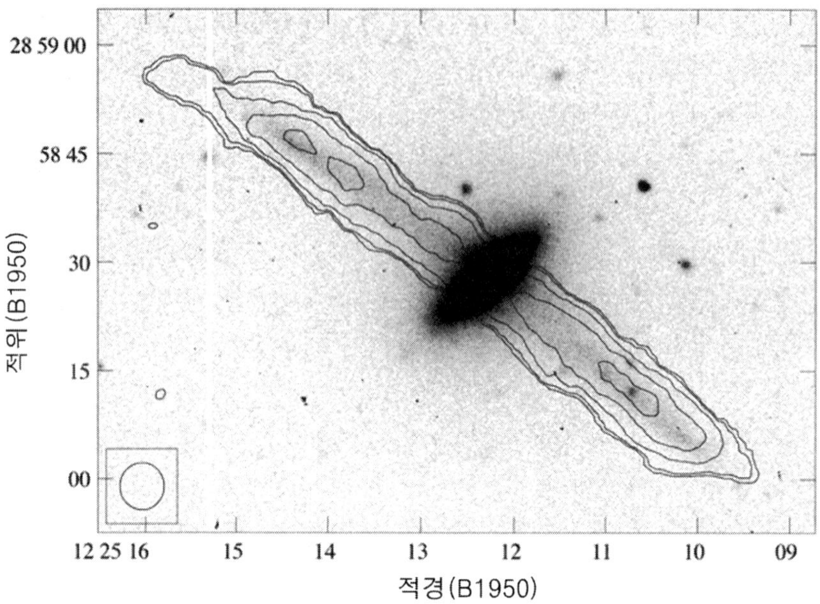

[그림 5.17] S0 은하 UGC 7576 V 파장 영역 영상. 먼지, 가스, 그리고 항성으로 이루어진 얇은 고리 구조가 은하의 극을 지나는 궤도를 돌고 있다. 윤곽선들은 $5\times 10^9 \mathcal{M}_\odot$ 의 HI 가스가 극 고리 구조에 분포하고 있음을 보여준다. S0 은하의 원반부는 차가운 가스를 거의 함유하고 있지 않다. 왼쪽 아래의 원은 전파 망원경의 빔을 나타낸다 −A. Cox.

이런 항성들은 나중에 역방향 궤도에 정착한 가스로부터 형성되었을 것이다. 역방향 궤도를 따르는 항성들은 흔하지 않아서, 모든 원반부 항성들의 1% 에 못 미치는 수만이 이러한 궤도로 돌고 있다.

5.3 원반 은하들의 가스 운동과 질량

항성과 가스는 우리 은하의 총질량에서 작은 부분을 차지한다는 것을 2.3절에서 살펴보았었다. 대부분의 질량은 중력에 의한 효과를 제외하면 그 존재를 확인할 수 없는 '암흑' 물질에서 기인한다. 이는 모든 나선 은하에서도 마찬가지이다. 반경 R에서 원 궤도의 속력 $V(R)$을 측정할 경우, 납작한 은하에서도 반경 방향 힘에 대한 공식을 적용하여 반경 내의 질량 $\mathcal{M}(<R)$을 추정할 수 있다.

$$\frac{V^2(R)}{R} = \frac{G\mathcal{M}(<R)}{R^2} \tag{3.20}$$

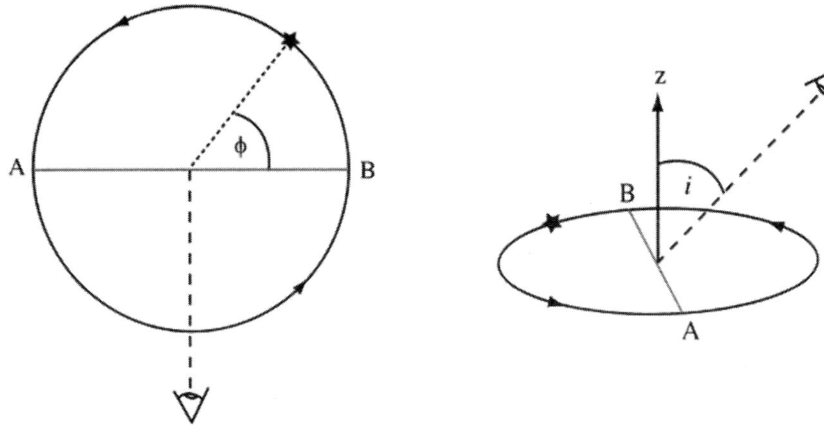

[그림 5.18] 왼쪽, 회전하는 원반부를 위쪽에서 바라본 것이다. 원반면에서 측정한 방위각 ϕ로부터 궤도 안에서 항성의 위치를 알 수 있다. 관측자는 원반부의 위쪽, 지름 AB와 직각인 방향에서 바라보고 있다. 오른쪽, 관측자의 시선방향이 원반부의 회전 축 z와 각도 i를 이루고 있음을 보여준다.

5.2절에서는 나선 은하의 HI 층이 등광도 반경 R_{25}를 이용하여 측정한 항성 원반부의 크기에 약 두 배인 것을 배웠었다. 보통, 가스의 속도는 HI 원반부의 가장자리에서 대략 일정하고, 이는 $\mathcal{M}(<R)$ 값이 점차 높아짐을 의미한다. 즉, 은하의 바깥쪽은 많은 질량을 가지고 있지만 적은 양의 빛을 낸다. 이 절에서는 나선 은하의 *회전곡선* $V(R)$을 결정하는 방법과 원반 은하들의 중력과 암흑물질에 대해 알아본다.

5.3.1_ 회전곡선

나선 은하 내 가스의 주된 운동은 회전이다. HI 가스의 무작위 운동의 속도는 보통 $8-10\,\mathrm{kms}^{-1}$에 불과하며 항성들보다 작은 값이다. 그러므로 2.2절에서 공부하였던 *비대칭 처짐현상*이 작다. 반경 R에서 가스 구름은 원에 가까운 궤도를 따라 $V(R)$의 속력으로 움직이고 있다고 가정할 수 있다. 이 운동에 대해 관측이 가능한 것은 관측자로부터 멀어지거나 가까워지는 속도를 나타내는 시선 속도 V_r이다. 은하 중심부에서 시선 속도의 값을 잰 것은 *시스템 속도*라고 부르며 V_{sys}로 나타낸다. 완전한 원운동을 하고, [그림 5.18]에서처럼 정면에 대하여 i 각도로 기울어진 원반부를 관측한다고 가정하자. 시선 방향에 직각인 지름 AB를 가진 원반부에서 측정한 반지름 R과 방위각 ϕ을 통해 항성이나 가스의 위치를 구할 수 있다. 이 경우 시선 속도는 다음과 같다.

$$V_r(R,i) = V_{sys} + V(r)\sin i\cos\phi \tag{5.5}$$

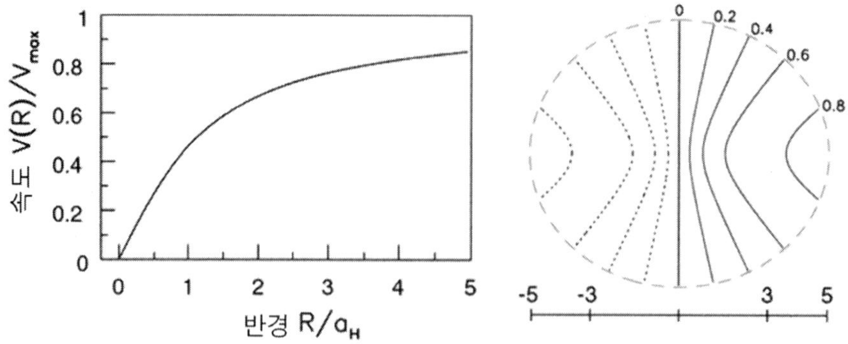

[그림 5.19] 왼쪽, 식 2.19 에서 주어진 '암흑 헤일로' 포텐셜 안에서의 회전곡선 $V(R)$을 $V_H = V_{\max}$ 단위로 나타낸 것이다. 오른쪽, 정면에 대하여 30° 기울어진 원반부에서 $V_r - V_{sys}$을 나타낸 거미줄 구조 그림이다. 윤곽선들은 $V_H \sin 30°$ 단위로 표시되어 있고, 음수 값을 가진 속력들은 점선으로 나타냈다.

V_r이 일정한 윤곽선은 $V(R)\cos\phi$ 값이 같은 점을 이은 것으로 [그림 5.19]와 같은 '거미줄 구조'와 유사하게 나타난다. 선 AB는 *운동학적 장축*으로 V_r이 V_{sys}에 대하여 가장 큰 차이를 보이는 지역의 방위각이다. $V(r) \propto R$인 중심영역에서는 윤곽선들이 단축과 평행하다. 회전 속력이 거의 일정한 바깥 영역으로 갈수록, 윤곽선들은 중심부에서 멀어진다. $V(R)$ 값이 줄어들기 시작하면, 가장 끝 부분의 속도 윤곽선들은 시작된 지점으로 돌아오게 된다. $V_{\max}$를 은하 회전곡선의 최대값이라 하면, 측정된 속도의 최대값과 최소값의 차이는 $W = 2V_{\max}\sin i$ 이다.

문제 5.8 은하 포텐셜이 식 3.11에서 주어진 Plummer 모형을 따르는 경우, 식 3.20을 이용하여 회전곡선 $V(R)$을 구하고, $V_{\max}^2 = V^2(\sqrt{2}\,a_p) = 2G\mathcal{M}/3\sqrt{3}\,a_p$ 임을 보이라. $R \le 4a_p$ 일 때 $V(R)$을 그림으로 나타내어라. 기울기가 $i = 30^\circ$ 일 때, 각각의 윤곽선들이 0.2, 0.4, 0.6, 0.8× $V_{\max}\sin i$인 경우에 대해 $V_r - V_{sys}$의 거미줄 구조 그림을 그리고, 마지막 값의 경우 닫힌 고리를 형성함을 보이라.

우리 은하의 경우에서와 같이 많은 은하들에서 i는 반경에 따라 변화한다. 즉, 가스 원반부는 휘어져 있다. 거미줄 구조 그림의 바깥 부분은 일반적으로 안쪽 부분에 대해 비틀어져 있다. 이러한 운동학적 장축의 비틀어짐을 이용하여 원반부의 휘어진 정도를 예측해볼 수 있다. 겉보기 단축을 따라 $V_r \neq 0$ 일 때, 가스는 은하 중심부와 가까워지거나 멀어지는 운동을 한다. 5.5절에서 알게 되겠지만, 이러한 반경방향의 운동은 가스가 늘어난 타원 궤도로 움직이는 막대 은하들의 특성이다. 가스 구름의 무작위 운동과 나선 팔에 의해 생기는 흐름 속도 역시(5.5절 참조) 윤곽선을 뒤틀리게 할 수 있다.

그러나 [그림 5.13] 왼쪽 속도장에서도 보듯이, 거미줄 구조 그림의 특성은 보통 쉽게 확인된다.

계산된 속도 윤곽선들이 HI 에서 관측된 값과 가까워지게 함으로써 $V(R)$ 값과 i 값을 구할 수 있다. [그림 5.20]은 HI 과 CO 관측을 통해 얻은 NGC 7331 의 회전곡선 $V(R)$ 을 보여준다. 회전곡선은 처음 1 − 2 kpc 동안 가파르게 상승하다가 관측된 마지막 지점인 37 kpc 정도까지 편평한 모습을 유지한다. 많은 거대 나선 은하들처럼, 회전곡선이 상승하는 부분은 매우 가파르다. 이 경우와 같이 보통 HI 관측은 빠른 상승을 관측하기에는 공간 분해능이 좋지 않다. 모든 반경 지점에서 각속력 $V(R)/R$ 은 감소한다. 멀리 떨어진 가스일수록 은하 중심부에 대하여 회전하는 궤도를 일주하는데 더 오랜 시간이 걸린다. 이러한 *차등 회전*은 나선 은하들에서 대표적으로 나타나는 현상이다.

5.3.2_ 원반 은하에서의 암흑 물질

[그림 5.20]의 회선곡선을, 항성과 가스의 질량이 은하 전체 질량을 나타낸다고 가정할 경우 예상할 수 있는 회전곡선과 비교해보자. 항성 원반부와 중앙 팽대부의 경우, 항성의 밀집도는 R 파장 영역의 빛에 비례한다고 가정한 뒤 질량 대 광도비 $\mathcal{M}/L$ 을 추정한다. 질량에시 헬륨이 차지하는 양은 수소의 약 40% 정도이므로, 가스 원반부의 표면 밀도는 HI에서 측정한 것보다 약 1.4 배 더 높다. 1.5 절 참조. 은하의 각 부분들이 반경 방향 힘에 기여하는 정도를 따로 측정한 뒤, 총량을 구하기 위해 각각의 값들을 합친다. 따라서 은하의 $V^2(R)$ 값은 각 부분들의 값의 합이다.

중앙 팽대부가 거의 구형체라고 할 때, 안쪽으로 향하는 힘은 식 3.20을 사용하여 구할 수 있다. 항성과 가스 원반부들은 납작하기 때문에 힘의 방향은 안쪽이 될 수도 있고 바깥쪽을 향할 수도 있다. $R \lesssim 6$ kpc 에서, 가스 원반부로부터의 힘은 바깥쪽을 향하며, 그러므로 $V^2(R)$ 에 음수 값을 더하는 것이 된다. [그림 5.20]에서는, 가스와 밝은 항성만으로 최대한 은하의 회전곡선을 설명할 수 있도록 $\mathcal{M}/L$ 비를 맞춰준 것이다. 이것이 '최대 원반부' 모형이다. 만약 다른 질량이 존재하지 않았다면, [그림 5.20]에서 보듯이 중심부에서 20 kpc 떨어진 지점부터 회전곡선이 감소하기 시작했을 것이다. 우리 은하처럼, 이 은하 역시 눈에 보이는 항성 원반부의 바깥 영역에 상당한 질량을 함유하고 있는 것이다. '헤일로' 라고 표시된 곡선은 암흑 물질로 이루어진 구형의 헤일로가 측정된 회전곡선을 설명하는데 충분한 안쪽으로 향하는 힘을 제공할 수 있음을 보여준다. 즉, 총질량의 최소 75%가 암흑 물질로 이루어져 있는 듯하다. 이 은하의 바깥 영역은 거의 HI 가스와 보이지 않는 물질만을 함유하고 있다.

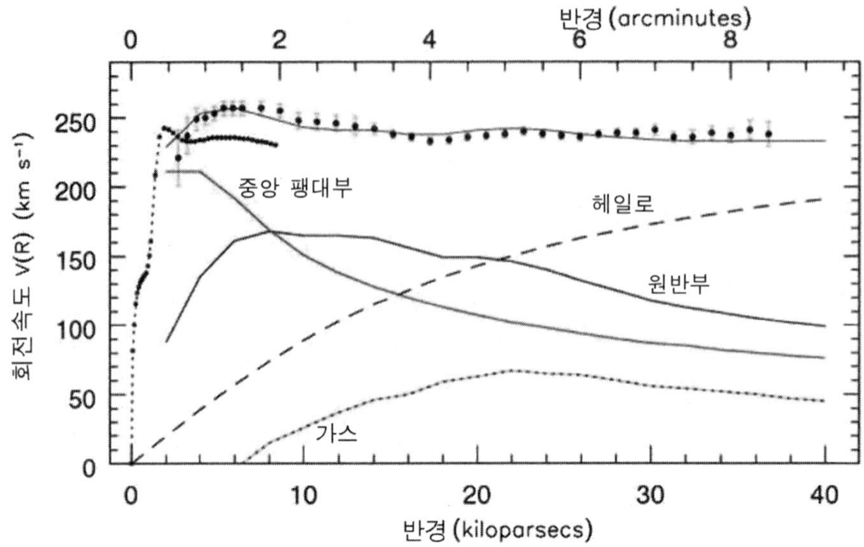

[그림 5.20] 점들은 [그림 5.13]의 HI 지도에서 결정한 NGC 7331의 회전곡선을 보여준다. 세로 막대들은 오차를 나타낸 것이다. 점선은 더 정확한 공간 분해능으로 관측한 CO 가스로부터 얻어진 것이며 값이 빠르게 증가함을 알 수 있다. 아래쪽 실선들은 각각 가스 원반부, 중앙 팽대부, 그리고 항성 원반부가 $V(R)$ 값에 기여하는 정도를 보여준다. 합쳐진 회전 속력이(가장위쪽의 곡선) 측정된 속도값과 일치하기 위해서는 암흑 헤일로의 값(파선)이 더해져야 한다.

문제 5.9 식 3.20을 사용하여, NGC 7311 의 $R = 37\,\mathrm{kpc}$ 안쪽 영역에 대한 총질량을 구하고, 태양 단위로 $\mathcal{M}/L \approx 10$임을 보이라(이 값은 문제 2.8의 경우에서처럼 우리 은하에서 태양 주변 원반부의 가스와 항성에 대하여 구한 값 $\mathcal{M}/L \approx 3$ 보다 훨씬 크다. 즉, 은하에서 눈에 보이는 부분들은 질량의 작은 부분만을 차지하는 것이다).

[그림 5.21]은 HI 가스 관측을 통해 얻어진 여러 종류의 원반 은하들의 회전곡선을 보여준다. 이들 곡선은 은하 외곽부 영역의 회전에 대한 우리가 가진 최상의 정보를 제공한다. 곡선이 시작되는 부분의 원들은 항성 원반부의 길이 척도 h_R과 회전 속력의 최대값 $V_{\max}$을 나타낸다. 곡선에서 가로로 뻗은 부분들은 회전이 어느 지점까지 측정되었는지를 길이 척도로 나타낸 것이다. $V(R)$ 은 최대점을 지난 후에는 거의 일정한 값을 유지함을 알 수 있다. 즉, 지수 함수를 따르는 원반부에 대부분의 질량이 포함되어 있을 경우 곡선이 하강해야 하지만 측정된 곡선은 그렇지 않음을 보여준다. NGC 7331의 경우에서처럼, 기대치보다 높은 회전은 안쪽으로 향하는 힘이 더 있어야 함을 의미하며, 이를 암흑 물질에서 찾으려 하는 것이다.

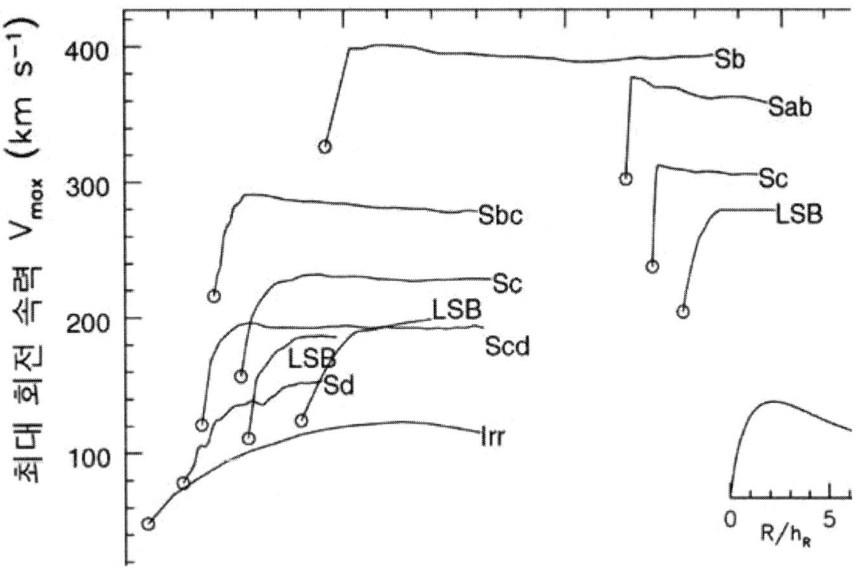

[그림 5.21] 여러 형태의 원반 은하들의 회전곡선. 흰 원들은 각 은하들의 항성 원반부의 길이 척도 h_R과 속력의 최대값 V_{max}을 나타낸다. 곡선들은 R/h_R 단위로 나타내었고 지수함수를 따르는 원반부 $V(R)$을 보여주는 삽입부의 그림과 가로축 눈금 크기가 같다(식 5.1). LSB는 표면 밝기가 낮은 은하를 의미한다. 항성 원반부에 대부분의 질량이 포함되어 있을 경우 곡선이 하강해야 하지만 측정된 곡선은 그렇지 않음을 보여준다.

나선 은하들에서 회전 속력의 최대값은 보통 150 − 300 km s^{-1} 이다. 이 값이 400 km s^{-1}를 넘어서는 경우는 드물며, S0/Sa 은하 UGC 12591에서 측정된 500 km s^{-1}가 가장 빠른 회전 속력이다. 일반적으로 길이 척도 h_R이 긴, 큰 은하일수록 더 빨리 회전한다. Sc, Sd, Sm 은하들보다는 Sa와 Sb 은하들이 이런 은하들에 속한다. Sa와 Sb 은하들의 회전곡선은 시작 부분에서 빠르게 상승하므로, 비교적 많은 질량이 중심부에 가까운 영역에 분포해 있음을 알 수 있다. 이러한 은하들에서는, 원반부와 중앙 팽대부의 밝은 물질들이 작은 반경 영역 내에 몰려 있으며, 헤일로 암흑물질의 밀도도 매우 높다. Sd와 Sm 은하들에서는 회전곡선이 천천히 상승한다. 이 은하들은 큰 중앙 팽대부를 갖고 있지 않으며, [그림 5.8]에서 보았듯이 원반부의 중심 표면 밝기가 낮다. 회전곡선에서 보듯이, 암흑 물질 역시 중심부에 몰려있지 않다. 즉, 밀도가 거의 일정한 중심핵은 은하의 항성 원반부와 비교했을 때 더 커야 한다. 대부분의 표면 밝기가 낮은 은하들은 천천히 회전하며, Sd와 Sm 은하들처럼 완만하게 상승하는 회전곡선을 갖고 있다. 하지만 그 중 일부 은하들은 빠른 회전 속도와 빠르게 상승하는 회전곡선을 보여주기도 한다.

이러한 회전곡선을 설명하는데 필요한 암흑 물질의 비율은 Sa와 Sb 은하들의 경우 약 50%이며, Sd와 Sm 은하들의 경우 80-90%이다. 관측된 HI 가스 영역의 바깥 부분에 암흑 물질이 더 존재할 수도 있다. 이러한 방법으로 측정한 나선 은하들의 '총질량'은 최소 한계값일 뿐이다. 그러므로 쌍으로 존재하는 은하나 은하군 내 은하들의 궤도 운동을 통해 더 큰 반경 내 암흑 물질들을 연구해야 한다(4.5절과 7절 참조).

은하들과 은하 내 암흑물질은 우주 팽창을 멈출 수 있을 만큼의 질량을 갖고 있지 않다. 대부분의 은하들에 대하여 Hubble의 법칙과 후퇴속도 V_{sys}를 사용하여 거리 d를 측정해야 한다. 식 1.27은 다음을 보여준다.

$$d \approx h^{-1}[V_{sys}\,(\mathrm{km\,s^{-1}})/100]\,\mathrm{Mpc} \tag{1.27}$$

이며 $h = H_0/100\,\mathrm{km\,s^{-1}Mpc^{-1}}$ 이다. 식 1.1을 이용하여 겉보기 밝기로부터 은하의 광도 L 을 측정할 경우 $L \propto h^{-2}$ 의 관계를 구할 수 있다. 식 3.20에서 추론한 질량은 $\mathcal{M} \propto h^{-1}$ 에 따라 Hubble 상수에 의존하므로, 나선 은하들의 회전곡선으로부터 구한 질량 대 광도비는 $\mathcal{M}/L \propto h$ 이다. 대부분의 나선 은하들에 대하여 $5h \lesssim \mathcal{M}/L \lesssim 25h$ 이며, 태양의 질량과 푸른 광도 단위로 나타낸다.

식 1.25로부터 모든 은하들의 푸른 빛의 평균은 $2 \times 10^8 h\, L_\odot\, \mathrm{Mpc^{-3}}$임을 알 수 있었다. 각 은하들의 질량 대 광도 비가 HI가스를 관측할 수 있는 가스 함유량이 높은 은하에서와 같다면, 이는 식 1.30에서 주어진 임계 밀도 ρ_{crit}보다 0.02 작은 값인 $\rho_{gal} \sim (1-5) \times 10^9 h^2 \mathcal{M}_\odot\, \mathrm{Mpc^{-3}}$ 만큼 기여할 것이다. 은하 내 암흑 물질은 여전히 팽창하고 있는 우주로부터 우리를 구할 수 있을 만큼의 양보다 훨씬 적다. 더군다나 식 1.40은 우주가 $0.03\rho_{crit} \le \rho_B \le 0.07\rho_{crit}$ 정도의 바리온 물질을 포함하고 있음을 말해준다. 대부분의 중성자와 양자들은 은하 내에 있지 않다. 우리는 7장에서 은하군과 은하단이 숨겨진 바리온의 저장고라 예상되는 뜨겁고 확산되어 있는 은하간 가스에 대해 자세히 알아볼 것이다.

5.3.3_ Tully-Fisher 관계

만일 은하의 최대 회전 속력값 V_{max} 만을 알고자 한다면, 모든 HI 가스 영역의 관측이 가능한 충분히 큰 빔을 가진 단일 접시 전파 망원경을 이용하여, 각각의 속도에서 가스의 양을 측정할 수 있다. [그림 5.22]는 NGC 7331 전체에 대한 HI *속도-선속 분포도*를 보여준다. 많은 양의 가스가 $V(R)$ 이 거의 일정한 반경 지역에 분포하므로, 방출의 대부분은 최대, 최소 속력 근처 두 개의 최고점에 몰려있다. 이러한 두 개의 뿔 모양의 윤곽선은, 회전곡선이 처음에 증가하다가 편평해지는 은하들의 특징으로 나타

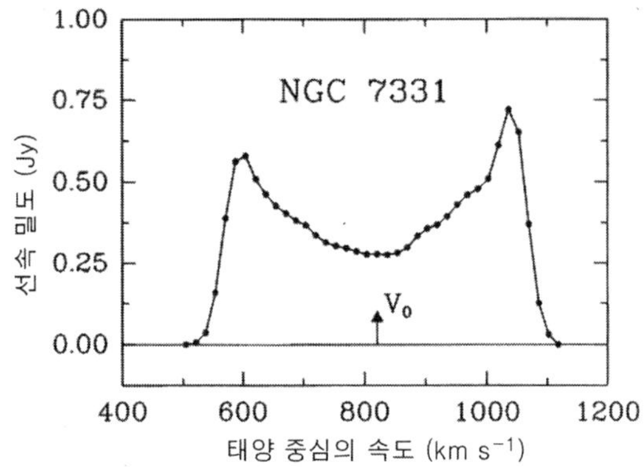

[그림 5.22] NGC 7331에 대한 HI 속도-선속 분포도. 전파선속 F_ν(Jansky 단위)는 태양에 대한 가스의 각각의 속도로 얻어진 것이다. $V_0 = V_{sys}$으로, 은하 중심부에서의 후퇴 속력이다.

난다. 두 최고점 사이의 차이는 약 $W \approx 2\, V_{max} \sin i$ 이다. 만일 회전곡선이 모든 반경에서 증가하는 은하를 관측하거나, 혹은 [그림 5.19]의 원반부 안쪽 영역만을 관측한다면, 윗부분이 편평하거나 중심에 최고점이 있는 윤곽선을 보게 될 것이다. 밝은 은하들은 평균적으로 더 빨리 회전하므로, 이런 은하들의 질량이 더 무겁다는 것을 알 수 있다. Brent Tully 와 Richard Fisher 는 은하의 회진 속도는 은하의 광도에 비례해 $\alpha \sim 4$를 갖는 $L \propto V_{max}^{\alpha}$ 의 형태로 증가한다는 것을 보여주었고, 이를 *Tully-Fisher 관계*라고 한다. L 을 적외선이나 근적외선 영역에서 측정할 경우, 관측값은 단일 곡선에 가까워진다. 나이가 어리고 무거운 항성들이 광량의 많은 부분을 차지하므로, 푸른색 광량은 시간이 지남에 따라 변화를 보일 가능성이 높다. 최근 항성 생성이 있었던 은하는 푸른색에서 일반적 경우보다 훨씬 밝아 보이는 반면, V_{max}는 변하지 않기 때문에, 관측된 광도는 주어진 회전속도에서 평균에 대하여 큰 분산을 가질 것이다.

[그림 5.23]은 Ursa Major 은하군 내 은하들의 속력 폭에 대하여 $K' \approx 2.2\mu m$ 에서의 겉보기 등급을 나타낸다. 광도는 V_{max}의 네 제곱 값보다 약간 느리게 증가한다. I 파장 영역 $0.8\,\mu m$에서 은하의 광량을 측정한 최근 연구에서는 다음과 같은 관계를 찾아냈다.

$$\frac{L_I}{4 \times 10^{10}\, L_{I,\odot}} \approx \left(\frac{V_{max}}{200\,\mathrm{km\,s^{-1}}} \right)^4 \tag{5.6}$$

더 푸른색 영역에서 광도 L 을 측정할 때는 V_{max}의 지수는 3에 가까워진다. [그림 5.6]에서 보았듯이 밝은 은하들일수록 붉은색을 띄는 경향이 있다. 그러므로 푸른색

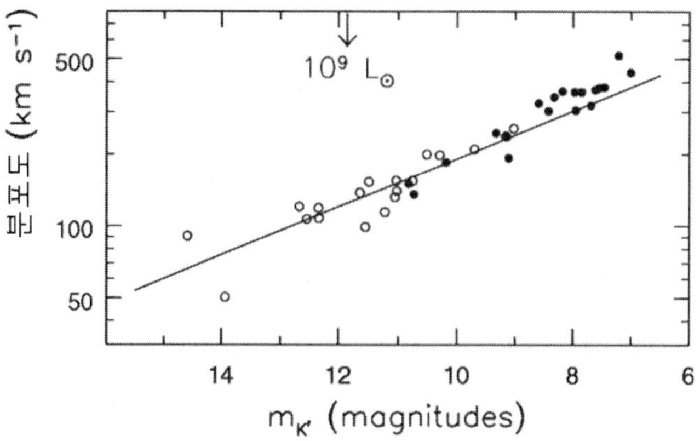

[그림 5.23] Ursa Major 은하군 내 은하들의 HI 분포도, 속력 $W/\sin i \approx 2V_{\max}$을 K' 파장 영역에서의 등급에 대하여 나타내었다. 표면 밝기가 낮은 은하들은(흰 원) 표면 밝기가 높은 은하들과(검은 원) 같은 관계를 가진다. $L = 3 \times 10^{10} L_{\odot}$ 과 $V_{\max} = 205\ \mathrm{km\,s^{-1}}$를 지나는 실선은 $L \propto V_{\max}^4$ 에 해당하는 기울기를 갖는다. −M. Verheijen.

영역에서 관측한 경우보다 적외선이나 근적외선에서 관측한 경우에, 빠르게 회전하는 밝은 은하들이 회전이 느린 어두운 은하들보다 훨씬 더 밝아 보인다. 이는 은하의 평균 광도와 색이 은하의 다른 특성들과 관계가 있다는 것을 의미하는 다른 하나의 혼란스러운 결과이다.

만일 은하들이 암흑 물질을 포함하고 있지 않다면, Tully-Fisher 관계는 보다 쉽게 이해될 수 있다. 다음 문제 참조. 하지만 광도는 항성 원반부에서 측정하는 반면, 회전 속력 $V_{\max}$는 거의 보이지 않는 물질에 의해 결정되기 때문에, 둘 사이의 관계는 명확하지 않다. 암흑 물질의 양은 어떤 식으로든 보이는 물질의 질량에 의해 결정될 수 있음이 분명해 보인다.

Tully-Fisher 관계는 은하와 은하단까지의 거리를 측정하는데 이용될 수 있다. 즉, *우주 거리 사다리* 상에서 중요한 진전을 의미하는 것이다. 먼저, 세페이드 변광성으로 거리를 잴 수 있을 만큼 충분히 가까운 은하들을 이용하여 Tully-Fisher 관계의 눈금을 맞추어 준다. 전파 망원경으로 관측한 거리가 먼 은하들의 HI 속도-선속 분포도로부터 $V_{\max}$를 측정한 뒤, Tully-Fisher 관계를 적용하여 가시광이나 근적외선 영역에서의 은하 고유의 광도를 추정한다. 이것을 관측된 겉보기 등급과 비교함으로써 거리를 구할 수 있다. Hubble 상수 H_0의 값을 안다고 가정하면, 우주의 균일하고 등방향인 팽창과 어긋나는 운동으로 정의되는 은하들의 *고유 속도* 역시 구할 수 있다. 큰 규모의 운동에 대해서는 8.4절에서 배우게 될 것이다.

문제 5.10 중앙 팽대부를 무시할 경우, 식 3.20을 이용하여 나선 은하의 질량이 $\mathcal{M} \propto V_{\max}^2 h_R$의 관계를 따르는 이유를 설명하라. 식 5.1을 이용하여 $L = 2\pi I(0) h_R^2$ 임을 보이고, 그러므로 만약 $\mathcal{M}/L$ 비와 중심부 표면 밝기 $I(0)$가 일정할 경우 $L \propto V_{\max}^4$ 인 것을 보이라. 사실, $I(0)$ 값은 표면 밝기가 낮은 은하들에서 더 작다. 이 천체들이 같은 Tully–Fisher 관계를 따른다면, $\mathcal{M}/L$ 비는 $\mathcal{M}/L \propto \frac{1}{\sqrt{I(0)}}$ 와 같이 더 커짐을 보이라.

문제 5.11 NGC 7331의 겉보기 등급은 $m_I = 7.92$이다. [표 1.4]를 사용하여 태양에 대한 M_I을 찾고, [그림 5.20]의 회전 곡선의 편평한 부분으로부터 $V_{\max}$를 측정하여, 식 5.6에서 $d \approx 16\,\mathrm{Mpc}$임을 보여라. 우리 은하에서 $V_{\max} = V_0 = 200\,\mathrm{km\,s^{-1}}$ 라면, 식 5.6에서 예상할 수 있는 광도는 얼마인가? 이 답은 [표 4.1]에서 주어진 L_V 와 다른데 그 이유를 설명해 보아라. 은하 회전 속력의 최대값이 $V_{\max} = 200\,\mathrm{km\,s^{-1}}$ 이고, 이 은하의 겉보기 등급은 $m_{k'} = 13$ 이면, [그림 5.23]을 이용하여 이 은하의 거리가 Ursa Major 은하군 내 은하들보다 약 20배 떨어져 있음을 보이라.

5.4 원반 은하들의 분류

Edwin Hubble은 S0부터 Sa, Sc 나신 은하들까지의 분류를 거의 전적으로 가시광 영역에서 본 나선 팔들의 모습을 기준으로 정의하였다. 나선 팔들은 S0 은하들의 원반부에서는 존재하지 않는 반면, '*분류도에서 뒤로 갈수록 핵 부분이 줄어들면서 나선 팔들이 크게 늘어난다. 나선 팔은 커지면서 점점 벌어지며 마지막에는 활짝 열린 모양이 되고 핵은 거의 보이지 않게 된다.*' 여기서 '핵' 이란 은하의 중앙 팽대부를 지칭한다. Hubble의 최초의 분류도는 중앙 팽대부가 거의 존재하지 않는 Sd 은하와 마젤란형 Sm 은하를 포함하도록 확장되었다. 은하들의 가시광 영상들을 이미 분류된 은하들과 비교함으로서, 가까운 은하들의 분류가 여전히 선문가들에 의해 이루어지고 있다.

수정된 Hubble 분류도는 은하의 다른 특성들이 분류도 상에서의 위치와 관련이 있다는 점에서 유용하다. [표 5.1]은 나선 팔의 구조를 비롯한 이러한 특성들의 목록을 보여준다. 몇몇은 나선 은하의 특성과 직접적인 연관이 있다. 예를 들어, 뜨겁고 나이가 어린 항성들에 의해 나선 팔의 윤곽이 보여지는데, 이러한 항성들이 존재하지 않는 S0 은하의 경우 Sc, Sd 은하들보다 붉다. [그림 5.24]는 S0, Sb, 그리고 Sc 은하들의

[표 5.1] 밝은 원반 은하의 분류

특성	S0-Sa	Sb-Sc	Sd-Sm
나선 팔	없거나 팔이 단단히 감겨있음		나선 팔이 열려있음
색	붉은색, 만기형 G 항성	조기형 G 항성	푸른색, 만기형 F 항성
[a]$B-V$	0.7-0.9	0.6-0.9	0.4-0.8
[a]$u-r$	2.5-3	1-3	1.5-2.5
나이가 어린 항성들	거의 없음		비교적 많음
HII 영역	거의 없고 규모가 작음		수가 많고 더 밝음
가스	거의 없음		많음
$\mathcal{M}(\mathrm{HI})/L_B$	$\leq 0.05 \sim 0.1$ 밝음		$\sim 0.25 \sim >1$ 덜 밝음
L_B	$(1-4)\times 10^{10} L_\odot$		$(<0.1-2)\times 10^{10} L_\odot$
$I(0)$	중심부가 밝고 무거움		중심부가 어둡고 덜 무거움
$\mathcal{M}(<R)$	$(0.5-3)\times 10^{11} \mathcal{M}_\odot$		$(<0.2-1)\times 10^{11} \mathcal{M}_\odot$
회전	$V(R)$이 빠르게 상승		$V(R)$이 천천히 상승

[a] 파장대에 대한 정의는 [표 1.2]와 1.3 참조

스펙트럼을 보여준다. S0 은하에서 대부분의 빛은 가장 긴 파장 대역에서 관측되며, 이 영역은 차가운 K 항성에서 특징적으로 나타나는 흡수선을 볼 수 있는 곳이다. 푸른색 영역에서는, H, K 칼슘 선들과 G 선들을 볼 수 있는데, 이 파장 대역에서 대부분의 빛을 내는 태양 종류의 뜨거운 항성들에서 대표적으로 볼 수 있는 선들이다. 1.1절 참조. 4000 Å 보다 짧은 파장대역에서는 빛을 거의 볼 수 없으며, 눈에 띄는 방출선도 없다. 반대로, Sc 은하들의 대부분의 빛은 스펙트럼의 푸른색과 자외선 영역에서 볼 수 있다. 빛은 거의 뜨겁고 나이가 어린 항성들에서 나오며, 이 항성들이 가스를 데우고 이온화 함으로써 방출선이 나타나는 것이다. 가장 위쪽의 스펙트럼은 많은 항성들이 최근 생성된 *항성 형성* 은하의 경우이다(5.6절 참조). [그림 5.8]에서 보았듯이, Sc, Sd 은하들은 Sa, Sb 은하들에 비해 가스 함유량이 높다. 그러므로 Sc, Sd 은하들에서 많은 수의 항성들을 지난 10억년 사이에 생성되었다는 것이 놀라운 사실이 아니다.

은하의 중앙 팽대부의 중심부는 원반부보다 훨씬 밝다([그림 5.4] 참조). 그러므로 분류도에서 앞으로 갈수록 중심부 밝기 $I(0)$ 값이 높아진다. 은하가 너무 멀리 있어서 나선 팔이 분명하게 보이지 않을 경우, [그림 5.25]에서 볼 수 있듯이 빛이 중심부에 집중되어 있는 정도로 은하의 종류를 분류할 수 있다. 또한 성긴 정도나 비대칭성을 계산할 수 있어 멀리 있는 은하의 모습이 축대칭적인 원반부와 어떻게 다른지를 알 수 있다. 나선팔과 활발하게 항성이 생성되고 있는 부분 영역들은 S0 은하에서는 보이지 않는다. [그림 5.25]는 이들이 Sb에서부터 Sm으로 갈수록 더 두드러짐을 보여준다.

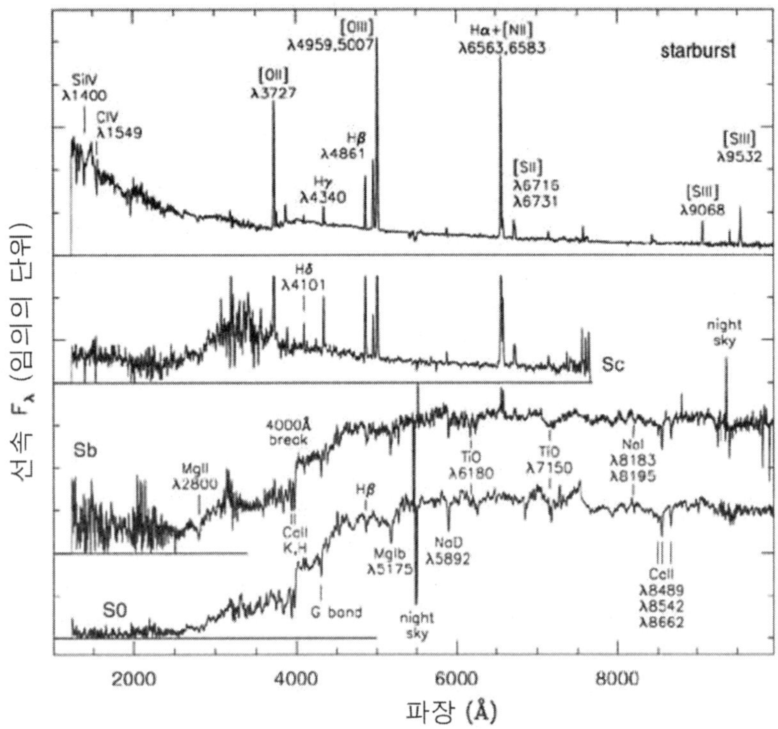

[그림 5.24] 자외선과 근적외선 파장대역사이의 은하들의 스펙트럼. 안전히 제거되지 않은 하늘 방출선들은 따로 표시되어 있다. 아래쪽부터 붉은색 S0 은하, 푸른빛을 띄는 Sb 은하, 뜨겁고 나이가 어린 항성들과 가스 방출선으로 인해 푸른색과 근자외선 영역의 빛을 내는 Sc 은하, 그리고 지난 100 Myr 동안 많은 항성들이 생성된 푸른색 항성 형성 은하의 스펙트럼이 각각 나타나있다 – A. Kinney.

멀리 떨어진 은하들의 경우 스펙트럼을 통해 분류하기도 한다. [그림 8.5]와 [그림 9.15]는 이러한 방법을 사용한 예를 보여준다.

[그림 5.6]은 S0과 Sa 은하들이 Sd, Sm 은하들에 비해 평균적으로 더 밝다는 것을 나타내었으며, 앞 절에서는 또한 이 은하들의 질량이 더 무겁다는 것을 배웠다. 어떤 방식으로든, 더 밝고 무거운 은하들은 S0이나 Sa 은하들로 성장하는 반면, 작은 은하들은 대부분 Sd, Sm 은하들이 된다. 그러나 이 절에서 설명한 모든 관계들은, 단지 평균적으로 유지되는 그것들이다. 비록 S0, Sa, Sb 은하들은 Sm 은하들에 비해 중심부 표면 밝기가 높은 경향이 있지만, 표면 밝기가 낮은 S0 은하들이 발견되기도 한다. S0 은하들 중에는 Sm 은하들보다 어두운 것들도 있다. S0 은하인 NGC 404와 NGC 5120은 $L_B \lesssim 10^9\, L_\odot$ 이다. Sc 은하들의 광량은 매우 다양하다. 거대 은하 UGC 2885는 $L_B \gtrsim 10^{11}\, L_\odot$ 이고, 우리 은하군의 M33보다 약 200 배 더 밝다. 영상만으로는 가까운 거리의 작은 나선 은하와 멀리 떨어진 밝은 은하를 구분하는 것이 거의 불가능하다.

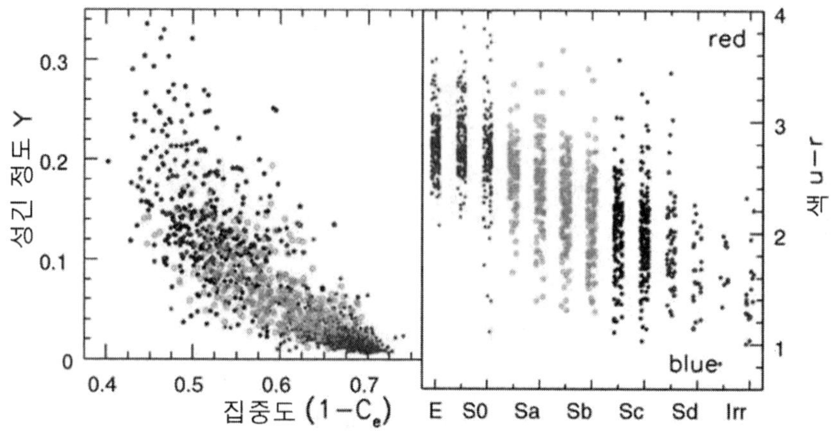

[그림 5.25] Sloan Digital Sky Survey의 1421 은하들에 대한 결과로서, 왼쪽은 r 영역의 빛이 중심에 얼마나 집중되어 있는지와 부드러운 영상으로부터의 성긴 정도 또는 편차를 보여준다. 타원 은하와 S0은하들(채워진 점)은 가장 집중되어 있는 반면, Sc, Sd와 불규칙 은하들(별표)은 가장 퍼져 있고, Sa와 Sb 은하들(비워진 점)은 그 사이에 위치한다. 오른쪽: 평균 색은 S0에서부터 Sd로 갈수록 더 푸르다. −C. Yamauchi 2005, *AJ*, 130, 1545

은하를 분류하는 데 있어, 은하가 가진 다양한 성질들의 불완전한 연관성은 이를 아직 완전히 이해하지 못하는 이론가들에게는 매우 곤란한 문제이다. 은하의 특성들은 서로 밀접하게 관련되어 있으므로 연구를 수행할시 주의를 기울여야 한다. 회전곡선에 대한 초기 연구는 은하의 특성들을 연구함에 있어 그러한 신중함이 중요하다는 것을 일깨워주는 좋은 예이다. ~ 20 Mpc 내 주변 은하들의 표본을 조사했을 때, 조기형 나선 은하들의 회전속도는 만기형 Sc 은하들보다 빠르므로, 일반적으로 조기형 나선 은하들이 더 빠른 회전체라는 결론이 나오게 되었다. 그러나 가장 밝은 Sc 은하들은 드물 뿐 아니라, 우리 은하와 가까운 곳에는 존재하지 않는다. 최근 더 먼 영역을 조사한 결과, 매우 밝고 빠르게 회전하는 Sc 은하가 존재한다는 것이 밝혀졌다. $V_{\max}$ 값은 Tully-Fisher 관계에 따라 주로 광도에 의존한다.

5.5 나선 팔과 막대

사진 상에서 멋진 모습을 보여주는 나선 은하의 팔은 가장 눈에 띄는 밝은 구조이지만, 아직 완전히 이해되지 않은 부분들이 있다. 비록 나선 팔이 빨리 사라져야 하는 구조인 듯하지만, 원반부에 가스를 가진 거의 모든 거대 은하들이 나선 팔을 갖고 있다. 나선 팔의 생성에는 원반부의 두 가지 성질들이 필수적이다. 즉, 어떤 구조이든 길게 뒤따라오는 나선 팔 조각으로 변형시키는 차등 회전과, 은하의 회전으로부터 나오는 에너지를 통해 나선 팔이 커질 수 있도록 해 주는 자체 중력들이 그것들이다. 나선 구조는 가스가 필요한 듯 보이지만 막대 구조는 가스를 필요로 하지 않는다. S0 은하들의 원반부에는 가스와 나선 팔이 없지만, 가스가 풍부한 나선 은하들처럼 이들 은하도 막대구조를 가지고 있을 가능성이 높다. 그러나 이러한 간단한 설명들을 제외하면, 이 주제는 매우 복잡한 분야이다.

5.5.1_ 관측된 나선 구조

나선 은하의 팔은 원반부의 다른 부분보다 더 푸르고, Hα 방출을 통해 나이가 어리고 무거운 항성들 주변의 이온화된 뜨거운 가스의 존재를 알 수 있다. 수소 원자를 이온화하는 자외광을 방출할 수 있을 만큼 뜨거운 항성들의 수명은 약 10 Myr 에 불과하므로, 나선 팔에서는 활발한 항성 생성이 진행되고 있음이 틀림없다. [그림 5.26]은 Sc 은하 M100의 나선 구조를 푸른빛에서 관측한 것과 1 μm 근처 I 파장 영역에서 관측한 것을 비교하고 있다. 나선 팔의 빛의 대부분은 나이가 어린 항성들에서 나오므로 푸른빛에서 더 뚜렷하게 보인다. 그림의 아래 부분은 HII 영역의 이온화된 가스와 차가운 원자 상태의 HI 가스가 나선 팔에 집중적으로 분포하고 있음을 보여준다. 나선 팔은 큰 각도와 반경에 걸쳐 나타나는 *거대 구조*로서 가장 선명하게 드러나 보인다. 은하 중심 극좌표 (R, ϕ)를 이용하여 m개의 나선 팔을 가진 은하의 형태를 다음의 수식으로 나타낼 수 있다.

$$\cos m[\phi + f(R, t)] = 1 \tag{5.7}$$

함수 $f(R.t)$는 나선 팔이 얼만큼 단단히 감겨 있는지를 나타낸다. 만약 $|\partial f/\partial R|$ 의 값이 크다면, 팔들은 단단히 감겨 있는 것이고, 작다면 팔들이 벌어져 있는 경우를 뜻한다. *경사각* i 는 나선 팔이 원의 반경 R 지점에서 접선과 이루는 각도이며, 다음과 같이 주어진다.

$$\frac{1}{\tan i} = \left|R\frac{\partial\phi}{\partial R}\right| = \left|R\frac{\partial f}{\partial R}\right| \tag{5.8}$$

Sa 나선 은하들에서 각 i 의 값은 평균 5° 인 반면, Sc 은하들에서는 일반적으로 $10° < i < 30°$ 의 범위를 가진다.

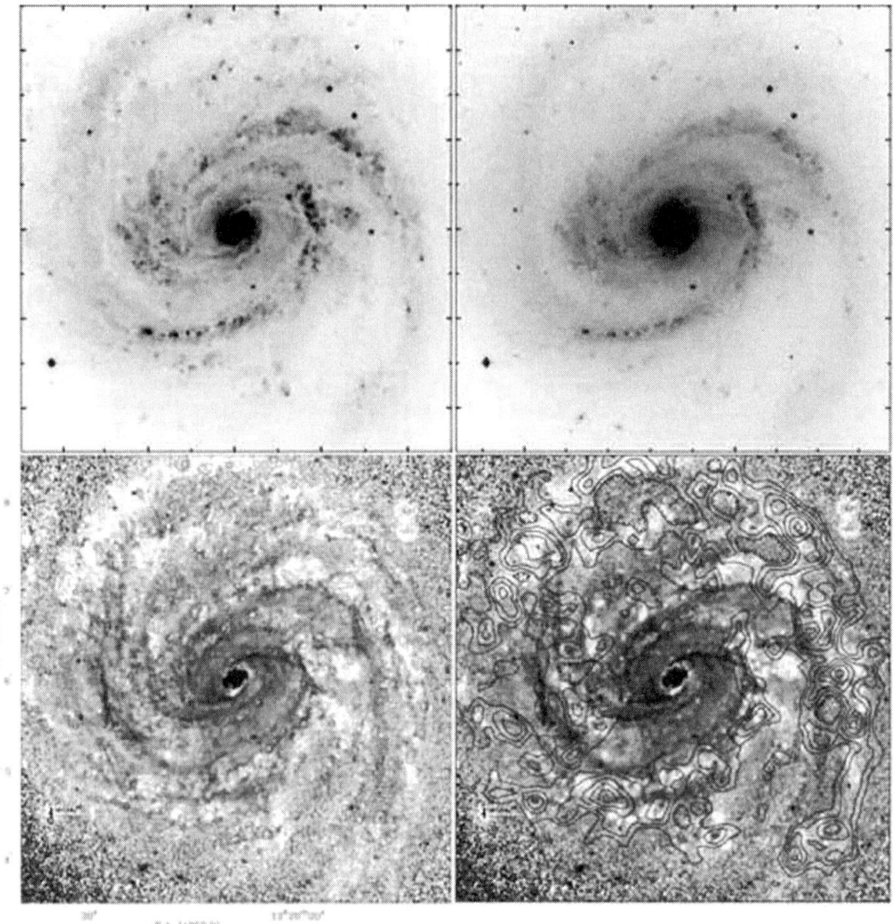

[그림 5.26] Sbc 은하 M100. $26'' = 2$ kpc. 위, B 파장 영역과(왼쪽) I 파장 영역(오른쪽) 의 영상들. 밝은 나선 팔 바로 안쪽의 어두운 먼지층이 가는 빛의 필라멘트 구조처럼 보인다. 아래 그림들은 $B-K$ 색에서의 영상을 보여준다. 빛이 있는 부분은 나이가 어리고 무거운 항성들에 의해 푸르게 보이며, 어두운 부분은 먼지층이 은하 중심쪽을 향해 나선 모양으로 분포하는 붉은색 영역이다. 중심 부분은 과다노출로 인해 검은 구멍처럼 보인다. 윤곽선들은 Hα 방출과(왼쪽) HI 가스를(오른쪽) 나타내며, 이들은 나선 팔에 집중적으로 분포한다. 중심부에는 HI이 거의 없다. − J. Knapen 1996 *MNRAS* 283, 251.

문제 5.12 경사각 i 가 일정할 경우, 상수 k 에 대해 *로그 함수* $f(R,t) = \ln R + k$ *를 따르는 나선 은하*임을 보이라. 나선팔에서의 한 점에서 시작하여, 고정된 각도 ϕ에서 바깥쪽으로 움직일 경우, $\exp(2\pi \tan i/m)$만큼 큰 반경 지역에서 다음 나선팔을 지나게 되는 이유를 설명하라.

[그림 5.27] $L_V \sim 7 \times 10^9 L_\odot$을 가지는 상당히 밝은 Sbc 은하인 NGC 3949는 연결된 긴 팔 조각이 없는 새털 같은 나선 구조를 보여준다. – Hubble Space Telescope

전형적인 나선 은하들은 두개의 팔을 가졌다고 생각되지만, 많은 수의 은하들이 세 개나 네 개의 팔들을 갖고 있다. 어떤 은하들은 *새털 형태*를 띠며, 연속적으로 이어지는 나선 구조대신 많은 수의 짧은 팔들을 가지고 있다. [그림 5.27] 또는 [그림 4.1]의 M33 참조. 마젤란형 SBm 나선 은하들에서 막대는 종종 중심에서 벗어나고 나선들은 하나가 크고 두드러져 비대칭적이기도 하다. 막대 나선 은하들에서는, 보통 나선 팔들이 막대구조에서 뻗어 나온 것처럼 보인다.

나선 은하의 특성은 팔의 밀도가 큰 부분이 은하 회전과 같은 방향 앞쪽에 있는 *선도형*과, 팔의 밀도가 큰 부분이 회전의 반대 방향에 놓여있는 *후미형*의 경우로 나타낼 수 있다. 이를 확인하기 위해서는 은하의 어느 부분이 우리와 가까운지를 알아야 한다. 보통 먼지에 의해 빛이 차단되는 정도의 차이를 통해 확인하는데, 쉬운 방법은 아니다. 하지만 확인이 가능한 경우에 한해서 나선 팔들은 *거의 언제나 후미형*이다. [그림 5.26]에서 나선 팔 안쪽 오목한 부분에 위치한 좁은 먼지층을 통해 먼지를 가진 가스가 압축되어 있음을 알 수 있다. 이는 나선 팔들이 고정된 항성과 가스의 포함하고 있는 것이 아니라, 항성들이 더 조밀하게 모여 마치 '교통정체'를 일으키듯 궤도를 따라 천천히 움직이는 *밀도파*를 형성하는 하나의 증거로 보인다.

나선 팔들이 밀도파를 형성하는 것을 믿는 하나의 이유는, 은하의 *차등 회전*이 나선 팔들을 매우 빠르게 단단히 감아 버릴 것이기 때문이다. 이 과정을 이해하기 위해,

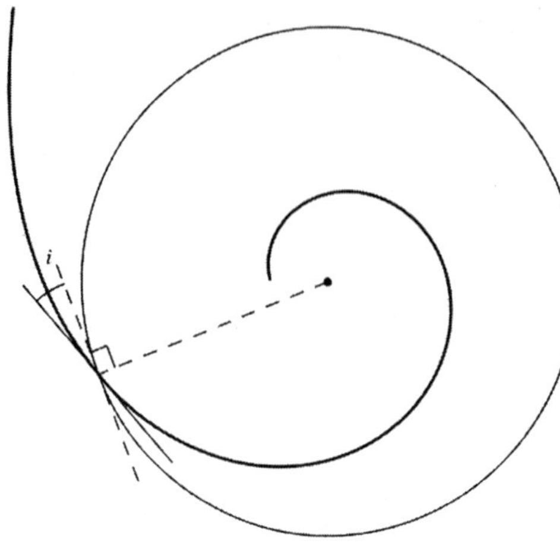

[그림 5.28] 각속력 $\Omega(R)$가 반경 R에 따라 감소하는, 시계 반대방향으로 회전하는 원반부에서는 초기에 반경 방향을 따라 위치했던 항성들이 후미형 나선으로 감기게 된다. 각 i는 나선 구조의 *경사각*이다.

항성들이 $\phi = \phi_0$로 주어진 은하 중심을 지나는 직선을 따라 분포한다고 가정하자(그림 5.28 참조). 각각의 항성들은 $V(R)$의 속력으로 궤도를 돌며, 각속력은 $\Omega(R) = V(R)/R$이다. 그러므로 t 시간 이후에는 $\phi = \phi_0 + \Omega(R)t$ 식에 의해 주어지는 나선 팔상에 위치하게 된다. 식 5.7에 따르면, $f(R,t) = -\phi_0 - \Omega(R)t$이다. 각속력 $\Omega(R)$은 일반적으로 반경이 늘어날수록 줄어들기 때문에 $\Omega(R) > 0$인 경우, $f(R,t)$는 나선 팔을 따라 바깥쪽으로 나가면서 R이 커질수록 늘어나게 되고, 따라서 ϕ는 줄어들어야 한다. 이 은하는 나선 팔의 밀도가 큰 부분이 은하 회전의 반대방향에 있는 후미형 나선 은하이다.

시간이 지남에 따라, 이 나선 은하의 팔은 더 단단히 감기게 될 것이다. 회전 속력이 $V(R) \approx 200\,\mathrm{km\,s^{-1}}$로 거의 일정한 $R \approx 8$ kpc 부근 태양과 가까운 지점에서는, 식 5.8에서 주어진 경사각 i 가 다음 식에 따라 더욱 단단하게 감기게 된다.

$$\cot i = R\left|\frac{d\Omega(R)}{dR}\right|t \approx \frac{200}{8}\left(\frac{1}{1\,\mathrm{Gyr}}\right), \text{ 또는 } i \approx 2^\circ \times \left(\frac{1\,\mathrm{Gyr}}{t}\right) \qquad (5.9)$$

10억 년 후, 이 나선 은하는 우리 은하와 같은 Sc 은하들에서 관측되는 것보다 훨씬 더 단단히 감긴 팔들을 갖게 될 것이다. 어떤 초기 형태를 가진 나선 팔들이라도 비슷한 방식으로 팔들이 감기게 되고, 나선팔 내에 존재하는 항성들은 끊임없이 새로 생성되어야 한다.

5.5.2_ 나선 구조에 대한 이론

나선 구조는 복잡한 현상이며, 단 하나의 과정을 통해 관측되는 모든 구조들을 설명하기 어렵다. 일부 은하들, 특히 새털 모양의 나선 팔을 가진 은하들은 몇 번의 회전을 통해 단지 나선 구조를 재구성하는 것일지도 모른다. 가스 구름이 첫번째 항성들을 만들고 난 후, 수명이 짧고 무거운 항성들에 의한 초신성 폭발의 충격파가 주변 가스를 압축한다. 이 과정은 더 많은 항성들의 생성을 촉발시켜 가스를 통해 항성 생성이 이어져 나가게 되는 것이다. 차등 회전이 이 가스의 구름들을 바깥쪽으로 잡아당겨 후미형 나선 팔의 조각들을 만든다. 이 조각들이 많이 늘어났을 무렵, 가스는 모두 소모되고 뜨거운 항성들은 희미해졌을 것이며, 나선 팔 영역은 원반부 쪽으로 다시 합쳐져 버렸을 것이다. 이러한 *자체 전달 항성 생성* 모형을 사용할 수 있는 경우는, 항성 생성의 속도가 조절되어 생성이 완전히 멈추거나, 원반부 전체에서 격렬한 생성이 일어나 가스를 소모하는 일이 없을 때이다. 이 모형을 이용하여 M33과 같은 조각난 나선 팔을 가진 은하들을 설명할 수는 있지만, M100과 같은 은하들에 적용하기에는 적당하지 않다. [그림 5.26]에서는 180° 이상의 범위에서도 나선 팔들을 관측할 수 있다.

나선 구조는 나선 팔 내의 항성들이 원 궤도가 아닌 이심궤도 상에 놓여 있을 경우 더 오래 유지 될 수 있다. 이를 *역학적 나선*이라고 부른다. 3.3절에서, 원궤도에 가까운 항성의 경로는 반경 R_g 지점에 해당하는 $\Omega(R_g)$에서의 유도중심의 원운동과, 항성을 안쪽과 바깥쪽으로 움직이게 하는 주전원 운동 진동의 합으로 나타낼 수 있음을 배웠다. 유도중심의 방위각은 $\phi_{gc} = \Omega(R_g)t$이며, 주전원 운동은 항성의 반경을 아래와 같이 변화시킨다.

$$R = R_g + x = R_g + X\{\kappa t + \psi\} \tag{3.70}$$

X는 반경방향 운동의 폭이며, κ는 주전원 주파수, 그리고 상수 ψ는 초기 반경을 나타낸다. R_g에 해당하는 원지점에 항성들의 유도중심들을 두고, 각각의 항성에 대해 $\psi = 2\phi_{gc}(0)$로 맞추어 주면, 장축이 $\phi = 0$를 따라 위치하는 타원형 상에 놓이게 될 것이다.

t 시간이 흐른 후에는 유도중심이 움직이므로, $\phi_{gc}(t) = \phi_{gc}(0) + \Omega t$ 이 된다. 항성들의 주전원 운동이 진행됨에 따라, $R = R_g + x$ 지점에 놓이게 된다. 여기서 x는 다음과 같다.

$$x = X\cos\{\kappa t + 2[\phi_{gc}(t) - \Omega T]\} = X\cos\{(2\Omega - \kappa)t - 2\phi_{gc}(t)\} \tag{5.10}$$

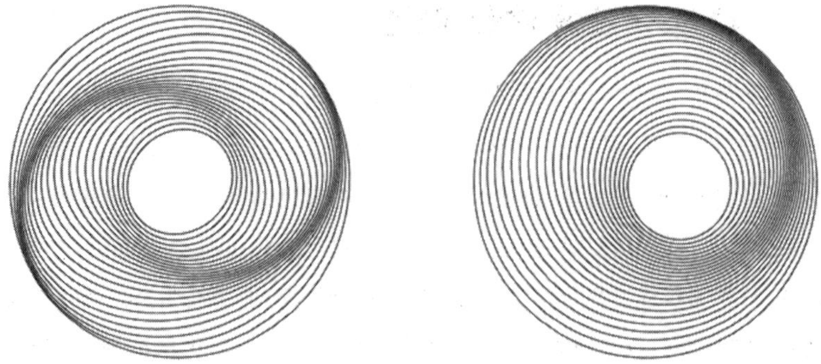

[그림 5.29] 왼쪽, 타원 궤도들이 두 개의 나선 팔을 형성하는 모습이다. 나선 형태 방정식은 $0.3 < R_g < 1$의 범위에서 $R = R_g\{1+0.075\cos[2(5-5R_g+\phi)]\}^{-1}$이다. 오른쪽, 한 개의 나선 팔의 모습으로서, $R = R_g\{1+0.15\cos[(5-5R_g+\phi)]\}^{-1}$을 만족시킨다.

타원의 장축은 다음의 식으로 주어지는 방향을 향하게 된다.

$$(2\Omega - \kappa)t - 2\phi = 0, \text{ 또는 } \phi = (\Omega - \kappa/2)t \equiv \Omega_p t \tag{5.11}$$

$2\pi/\Omega_p$ 의 시간이 흐른 뒤, 유도중심이 R_g 인 항성들이 만드는 형태가 초기 상태로 돌아올 수 있도록 하는 *형태 속력* Ω_p 를 정의했었다. 하지만 개개의 항성들이 중심부를 축으로 하는 궤도를 일주하는데 걸리는 시간은 $2\pi/\Omega$ 로 더 짧다. [그림 5.29]에서 보듯이, 두 개의 팔을 가진 나선 구조는 타원체를 따라 놓여진, 다른 반경 R_g 에서의 유도 중심을 가진 항성들을 사용하여 구현해 볼 수 있다. 형태 속력 Ω_p 는 R_g 에 따라 변화하므로, 이 나선 구조는 시간이 지남에 따라 단단한 후미형 나선 팔 구조를 갖게 될 것이다. 하지만 Ω_p/Ω 배 만큼 더 천천히 이 과정이 진행되며, 이 값은 회전곡선이 편평할 경우 약 0.3이다. m 개의 팔을 가진 나선 은하를 설명하려면, 식 5.10에서 $\psi = m\phi_{gc}(0)$ 으로 맞추어 준다. 주어진 유도중심에서 항성들은 형태 속력 $\Omega_p = \Omega - \kappa/m$ 로 회전하는 m 개의 팔을 가진 구조로 나타난다. [그림 5.29]의 오른쪽 그림은 팔이 한 개인 역학적 나선 구조를 보여준다.

나선 구조의 *밀도파 이론*은, 각각 다른 반경 지점들에서 항성과 가스 구름의 상호간 중력적 효과가 역학적 나선 구조의 형성을 어긋나게 함으로서 형태를 만들게 되고, 이 형태는 하나의 형태 속력 Ω_p로 고정된 채 회전한다는 가정에 근거한다. 나선 구조가 자발적으로 형성될 수 있는지를 확인하기 위해서는 나선 구조가 원반부 항성들의 궤도에 어떤 영향을 미치는지 조사해야 한다. 항성들이 나선 구조의 중력에 의해 형태가 늘어나도록 운동할 때 나선 구조가 증가하게 된다. 반경 R 지점에서 궤도를 도는 항성은, m 개의 팔을 가진 나선 구조에서 하나의 팔을 $m[\Omega_p - \Omega(R)]$ 의 주파수를

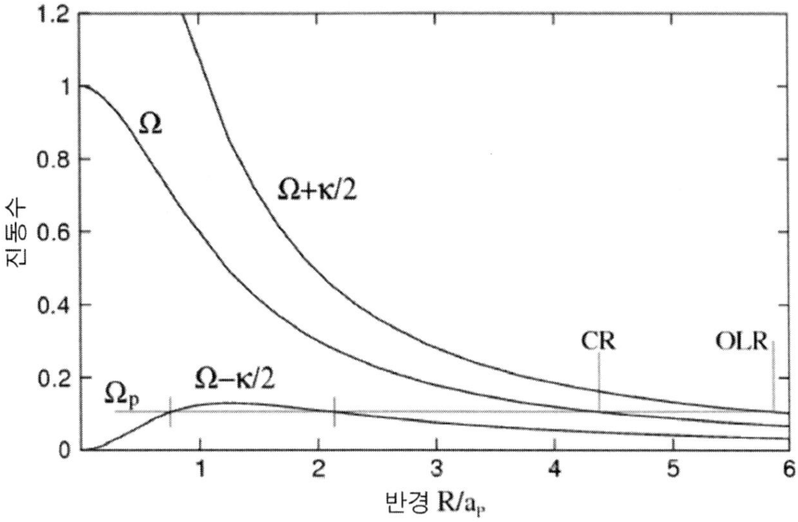

[그림 5.30] 식 3.11 에서 주어진 Plummer 포텐셜에 대한 주파수 $\Omega(R)$와 $\Omega \pm \kappa/2$. 형태 속력 Ω_p 에 대하여 $m = 2$인 안쪽 부분 Lindblad 공명은 그림 상에서 세로 눈금으로 표시되어 있다. 동시 회전 반경은 'CR'로 나타내었고, 바깥 부분 Lindblad 공명은 'OLR'로 표시하였다. 만약 형태 속력이 두 배라면, 안쪽에서는 Lindblad 공명이 없을 것이다.

가지고 통과하게 된다. 이런 주기적인 잡아당김 현상이 항성 운동에 어떠한 영향을 끼치는지 알기 위해, 추가된 힘을 나타내는 항을 주전원 운동 식에 더해준다. 이 식의 계산은 길지만 어렵지 않다. Binney와 Tremaine 의 책 3.3절 참조.

모든 항성들에 가해지는 이러한 힘이 은하 원반부의 중력 포텐셜에 끼치는 영향을 연구하는 일은 훨씬 더 복잡하다. 일반적으로 나선 팔이 단단히 감겨 있는 경우에만 계산할 수 있다. 같은 반경에서 섭동 주파수 $m\,|\Omega_p - \Omega(R)|$ 가 주전원 주파수 $\kappa(R)$ 보다 느릴 때에만 항성들의 운동이 나선 구조가 더욱 튼튼해지도록 작용한다. 그러므로 이어진 나선파는 $\Omega_p = \Omega - \kappa/m$ 인 *안쪽 Lindblad 공명* 영역과 $\Omega_p = \Omega + \kappa/m$ 인 *바깥쪽 Lindblad 공명* 영역 사이에서만 퍼져나갈 수 있다.

[그림 5.30]은 식 3.11에서 주어진 Plummer 포텐셜에서 $m = 2$ 인 Lindblad 공명의 위치를 보여준다. 두개 이상의 팔을 가진 나선 은하들은 항상 바깥쪽 Lindblad 공명을 가지지만, 형태 속력이 빠를 경우 안쪽 Lindblad 공명이 없을 수도 있다. 바깥쪽 공명 영역 외부의 항성들, 혹은 두 개의 안쪽 공명 사이의 항성들을 나선 구조가 주기적으로 잡아당기는데 이는 항성들의 주전원 주파수 κ 보다 빠르다. 즉, 나선 구조를 더욱 튼튼하게 만들 수 있는 운동을 하지 못하여, 밀도파가 사라지게 된다. 그러므로 안쪽과 바깥쪽 Lindblad 공명 사이 영역에서만 이어져 있는 나선 팔 구조를 예상할 수 있다. $m > 2$ 인 경우, 나선 구조는 원반부의 좁은 고리구조의 안쪽으로만 제한되므

로, 두 개의 팔을 가진 구조가 세 개나 네 개의 팔을 가진 구조보다 더 뚜렷이 드러나 보일 것임을 예상할 수 있다.

> **문제 5.13** 우리 은하에서 태양 근처의 회전곡선이 편평할 경우 $\kappa = \sqrt{2}\,\Omega(R)$ 이며, 그 영역에 대해서 $\kappa \approx 36\,\mathrm{kms^{-1}\,kpc^{-1}}$ 임을 보이라. 원반부 전체에서 $V(R)$ 이 일정할 때 Ω , $\Omega \pm \kappa/2$, $\Omega \pm \kappa/4$ 의 곡선들을 각각 그리고, 두 개의 팔을 가진 구조의 나선파가 유지될 수 있는 영역이, 팔이 네 개인 경우의 영역보다 약 4 배 정도 크다는 것을 보이라.

그러나 만일 원반부 항성들의 무작위 운동이 작아서 나선 팔 밖으로 나가지 못한다면, 나선파를 강화하고, 또 더 커질 수 있게 도와준다. 얇은 항성 원반부에 대하여, 1964년 Alar Toomre는 축대칭인($m = 0$, 그러므로 나선구조가 아님.) 파동들은 '차가운' 원반부에서만 커질 수 있다는 것을 보여주었다. 항성들의 반경 방향 속력은 분산 σ_R로 측정되며, 원반부 질량의 표면 밀도 Σ 에 비해 낮아야 한다. 즉, 다음의 식을 만족시켜야 한다.

$$Q \equiv \frac{\kappa\,\sigma_R}{3.36\,G\Sigma} \lesssim 1 \tag{5.12}$$

[그림 5.31]은 $Q = 1$ 을 시작점으로 컴퓨터 모의실험을 한 결과, 나선 형태는 일반적으로 $Q \lesssim 1.2$ 인 경우에 자라난다는 것을 보여준다. 그러므로, 항성들은 더 큰 주전원 운동을 하게 되며 Q 값이 늘어난다. 따라서 $Q \lesssim 1$인 항성 원반부는 예상할 수 없다. 이러한 가정은 태양계 근처에서 시험해 볼 수 있다. 이 지역에서는 원반부 질량의 대부분을 차지하며, 태양과 비슷한 나이를 가진 항성들이 $\sigma_R \approx 30\,\mathrm{kms^{-1}}$ 값을 가진다(2.2절 참조). 3.4절에서 원반부의 밀도는 $\Sigma \sim 50\,M_\odot\,\mathrm{pc^{-2}}$ 인 한편 $\kappa \approx 36\,\mathrm{kms^{-1}\,kpc^{-1}}$ 임을 배웠었다. 그러므로 태양 근처에서는 $Q \sim 1.4$ 이며, 이는 1보다 훨씬 큰 수치이다.

원반부는 왜 선도형 나선 팔 보다 후미형 나선 팔을 형성하게 되는가? 후미형 나선 구조에서는 원반부의 안쪽 부분이 바깥 부분에 토크를 가하며, 이는 각운동량을 바깥쪽으로 이동시키고, 작은 반경 지점에 분포하는 물질들을 안쪽으로 움직이게 만든다. 문제 3.8에서 보았듯이 이 과정은 원반부의 회전운동 에너지를 감소시킨다. 반대로, 원반부가 외부에서 에너지를 공급받을 경우 선도형 나선 구조를 생성시킬 수 있다. 예를 들어, 다른 은하가 가까이서 지나가는 경우이다. 나선 구조의 토크에서 나온 에너지는 항성들의 주전원 운동을 증가시키는데 쓰인다.

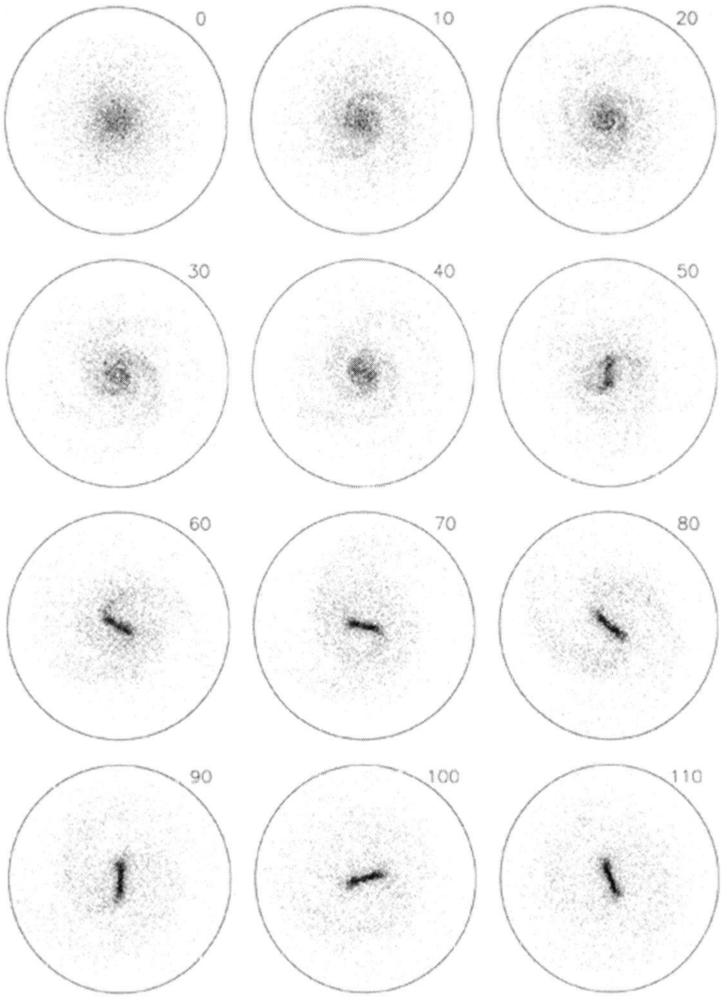

[그림 5.31] 상호간 중력 작용을 하는 50000개의 항성으로 이루어진 원반부가 처음 두 개의 나선 팔에 이어 막대 구조를 형성하는 모습을 구현한 중력적 N체 모의실험이다. 중앙 팽대부와 암흑 헤일로는 고정된 안쪽 방향 힘으로 표현되었다. 원반부는 식 5.12에서 정의하였던 $Q=1$을 시작점으로 한다. 원반부 반경이 16 kpc 이내의 질량이 $2\times10^{11}\mathcal{M}_{\odot}$인 은하의 경우에 대하여, 2.65 Gyr에 해당하는 시간동안 모의실험이 실행되었다. – J. Sellwood.

[그림 5.31]은 중력으로 서로를 잡아당기는 항성들로 이루어진 원반에서 무슨 일이 일어나는지를 보여주는 중력적 N체 모의실험을 보여준다. 초기에는 원형에 가까운 궤도를 따라 운동하는 항성들로 이루어진 축대칭이다. 자라나는 나선 구조는 두 개의 팔을 가지고 있다. 직선 모양의 중심부 막대구조도 형성되고 있다. 항성의 무작위 속력이 늘어남에 따라, 원반부에는 '열이 가해지게 되고' 나선 구조는 결국 사라진다. S0 은하의 원반부에는 가스가 존재하지 않으며, 아마도 같은 방식의 특성을 가지게 되어 어떤 나선 구조도 그 수명이 길지 않게 된다. 그러나 2.2절에서 보았듯이 원반부 가스

로부터 갓 태어난 항성들의 무작위 운동 속력은 매우 작다. 새로운 항성들의 계속되는 공급은 나선 구조의 수명을 연장하거나 주기적으로 재구성하는데 매우 중요한 요소일 수도 있다.

밀도파 이론은 완전히 성공적인 것은 아니었다. 물결파의 경우처럼 나선파 역시 움직인다. 개개의 항성들, 혹은 물분자들은 정해진 반경 지점이나 위치를 중심으로 진동하지만 파동이 떠나감으로 인해 물은 결국 진정되고, 파동이 지나간 원반부에서는 나선팔 역시 사라질 것이다. 원반부의 회전 운동에서 나온 에너지는 나선파를 재생성 시키는데 충분하지만, 정확히 어떤 방법으로 파동에 전달되는지는 알지 못한다. 이는 [그림 5.31]의 모의실험에서처럼 안쪽 Lindblad 공명이 없어도 될 만큼 나선 형태 속력 Ω_p가 높은 경우에만 가능하다. 파동은 원반부의 중심을 통과하여 지나가며 은하 회전에 후미형인 나선 팔을 선도형으로 바꾸어준다. 은하의 차등 회전은 다시 선도형 나선 구조를 후미형으로 바꾸어주는 과정에서 나선 구조를 더욱 강화시킨다. 새로 생성된 후미형 파동은 이 순환을 다시 시작한다.

또 다른 가능성으로는 나선 구조가 주변 은하의 중력적 잡아당김 현상에 의해 생성된 것이거나, 혹은 중심부에서 회전하는 막대로부터 생긴 내부 힘에 의해 생성된다는 해석이다(아래쪽 참조). 많은 수의 거대 나선 구조를 가진 은하들은 가까운 동반 은하를 가지거나, 중심부에 뚜렷이 드러나 보이는 막대 구조를 가지고 있다. M100의 근처에는, 왜소 타원 은하 NGC 4322가 있다. [그림 7.2]에서는 M81이 가진 두 개의 나선 팔을 확인할 수 있다. 근처 두 개의 동반 은하들, 즉, 항성 형성 은하 M82와 NGC 3077은 50 kpc 내에 위치하고 있다. 주변 은하와 가까이 스쳐 지나감으로써 일시적으로라도 두 개의 팔을 가진 구조가 생성될 수 있음을 7.1절에서 알아보게 될 것이다. 궤도 운동을 하고 있는 동반 은하는 원반부로 가장 근접했을 때, 나선 구조 생성을 촉발할 수도 있다. 만약 Q 의 값이 1에 가깝다면, 원반부 항성들은 생성된 나선 구조를 강화하는데 힘을 더할 수 있다. 비슷하게, 강한 막대 구조는 이미 혼자서도 나선 구조를 형성하기 직전의 단계에 있던 원반부에서 나선 구조 생성을 더욱 촉진시킬 수 있으며, 이는 두 개의 팔을 가진 구조로 발달하게 된다.

나선 팔의 중력적 잡아당김 현상은 항성 원반부보다 가스에 더 많은 영향을 끼친다. 왜냐하면 가스 구름의 무작위 운동은 $5-10\,\mathrm{km\,s^{-1}}$ 에 불과하여 항성의 경우보다 훨씬 작은 값이기 때문이다. $\Omega(R)=\Omega_p$인 *동시회전* 반경 바로 주변 영역을 제외하면, 가스와 항성들이 나선 구조로 이동해 들어가는 선형 속도 $R[\Omega(R)-\Omega_p]$는 *초음속*이다. 가스가 나선 팔로 흘러 들어가면서 생성된 충격파는 가스에 엄청난 압박을 가한다. [그림 5.26]에서 보듯이, 먼지층이 나선 팔의 오목한 부분에 분포한다는 사실은 가스가 그 부분에서부터 나선 구조로 흘러들어감을 의미한다. 그러므로 그 영역의 각속력 $\Omega(R)$은 형태 속력 Ω_p보다 빨라야하며, 이 부분의 나선 팔은 동시회전 반경 내에 위치한다. 젊은 항성들이 압축된 가스로부터 태어나 빛을 내기 시작하기까지는 약 10 Myr의 시간이 걸린다. [그림 5.26]의 아래 왼쪽 그림은 이러한 항성들에 의해 이온화된 가스로부터 나오는 Hα 방출 최대치가 먼지층 위에 있지 않고, '하강'하는 부분에 위치함을 보여준다. 가장 뜨거운 항성들로부터의 빛은 일부 H_2 분자들을 쪼개어놓고, 이로 인해 나선 팔에서 원자 상태의 수소 HI 밀도가 증가하게 된다(아래 오른쪽).

5.5.3 막대 원반부

전체 원반 은하들의 약 절반가량이, 전체 광량의 1/3 정도를 차지하는 중심부 선형 막대구조를 가지고 있다. 막대 구조에서 장축과 단축의 비는 [그림 5.32]에서처럼 1:5로 극단적인 경우도 있다. 만약 막대가 원반부보다 훨씬 두꺼웠다면, 측면 나선 은하들과 S0 은하들의 반 정도가 중심부로 갈수록 비정상적으로 두꺼워지는 현상을 볼 수 있었을 것이다. 그러나 이런 현상은 관측되지 않으므로, 막대가 원반부만큼 편평하다는 결론을 내릴 수 있다. S0 은하들은 Sa 나 Sb 은하들만큼이나 막대를 가지고 있을 가능성이 높다. 나선 팔과는 달리, 막대는 원반부에 가스가 없다 하더라도 유지될 수 있다. 막대 은하들에는 여전히 의문점이 남는다. 즉, 어째서 어떤 은하들에서는 막대 구조가 관측되지만 비슷하게 보이는 다른 은하들에는 막대가 없는지에 대한 이해가 미흡한 것이다.

나선 구조와 마찬가지로, 막대 구조는 고정되어 있지 않고 형태 속력 Ω_p 를 가지고 회전한다. 그러나 나선 팔들과는 달리, 막대는 밀도피가 *아니다*. 막대에 포함된 대부분의 항성들은 항상 막대 구조 내에 머물러있다. 회전하는 막대 안에는 항성과 가스가 더 이상 원궤도를 따르지 않고, 막대의 회전과 같은 방향으로 운동하고 있는 관찰자의 시점에서 보았을 때 자체의 닫혀있는 궤도를 유지한다. 주전원 운동을 나타낸 3.3절의 수식들에 막대의 힘을 나타내는 항을 더해줌으로써 이러한 궤도들을 공부해 볼 수 있다. $\Omega_p < \Omega(R)$인 동시회전 반경 내에서, 막대의 장축과 평행한 닫힌 궤도들을 찾을 수 있다. [그림 5.33] 참조. 안정된 막대 구조에서는, 대부분의 항성들이 이 궤도를 유지한다. 그러나 동시회전 반경 외부에서는, 모든 닫힌 궤도들이 막대와 직각인 방향으로 분포한다. 즉, 항성들이 따를 수 있는 정렬된 궤도들이 없다. 이러한 이유 때문에, 막대의 끝부분을 넘어서는 영역에서는 동시 회전이 감소하도록 막대 구조가 천천히 회전하고 있다는 결론을 내리게 되었다.

[그림 5.32] 막대 은하 NGC 1300은 SBb, 혹은 SBbc 은하로 분류한다. 나선 팔은 후미형이다. 즉, 막대의 회전방향 선도부 끝부분에 먼지층이 분포하고 있다.

나선 은하의 원반부에 분포하는 가스는 각운동량을 제거할 경우, 중심부로 흘러들어갈 수 있다. 심하게 비대칭인 막대의 중력은 이러한 과정이 이루어질 수 있도록 돕는다. 막대를 가진 많은 은하들에서, 어두운 먼지층은 막대의 선도부 가장자리를 따라 분포한다. [그림 5.32]에서, 먼지층은 후미부 나선 팔의 반대편에 위치한 막대의 옆 부분을 따라 빛의 선들로 나타난다. [그림 5.33]의 왼쪽은 막대를 가진 은하 원반부 내 가스의 흐름을 컴퓨터 모의실험으로 구현한 결과를 보여준다. 막대 내에서, 가스는 정렬된 궤도들 가까이 분포하고, 이는 그림의 오른쪽에서 볼 수 있다. 막대의 끝부분들에서는 가스의 흐름이 급격히 한 곳으로 모아지며, 이 영역에서 가스의 압력은 매우 중요해진다. NGC 1300의 경우에서와 같이, 충격파가 생성되어 막대의 선도부 가장자리를 따라 분포하는 가스와 먼지에 압력을 가한다.

충격파 내에서, 가스는 열로 변해 앞쪽으로 향하는 운동 에너지의 일부를 잃게 되므로, 은하 중심부 가까이에 위치하는 단단하게 묶인 궤도 쪽으로 떨어진다. 이런 *에너지의 방출*은 가스가 막대에 직각으로 놓여진 더 둥근 모양의 궤도에 도달할 때까지 계속된다. 그 후, 가스의 이동이 멈추고 가스는 중심부 고리 구조에 축적된다. 막대 구조를 약간 벗어나는 동시 회전 반경에서 컴퓨터 모의실험으로 생성한 먼지층은 실제 막대를 가진 은하들을 관측할 때 얻어지는 정보와 가장 비슷한 결과를 보여준다. 그러므로 보통 형태 속력 Ω_p는 매우 빠르며, 회전은 가능한 범위 내에서 가장 빠르다. 동시 회전은 막대를 약간 벗어나 있다.

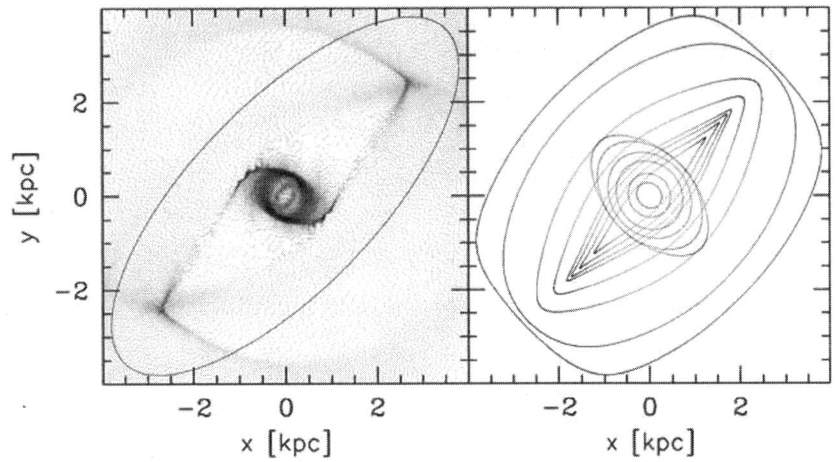

[그림 5.33] 왼쪽, 막대 내 가스 흐름의 컴퓨터 모의실험에서 얻은 가스 밀도. 실선 곡선은 시계방향으로 회전하는 막대의 윤곽을 나타낸다. 오른쪽, 막대와 함께 회전하는 계에서 닫힌 궤도를 도는 입자들이다. 가스 흐름은 가장 큰 곡률을 가진 정렬된 궤도인 막대의 선도부를 따라 충격파에 의해 압축된다. – P. Englmaier, MNRAS 287, 57(1997).

막대 은하들에서 나신 팔들은 막대의 끝에서 뻗어 나오는 것처럼 보이기 때문에, 막대와 나선 구조들은 언제나 같은 형태 속력을 가지며, 상대적으로 같은 정렬 형태를 유지한다고 생각되어진다. 그러나 이러한 생각이 언제나 옳을 필요는 없다. [그림 5.30]에서는, 바깥쪽 나선 팔이 막대보다 낮은 형태 속력을 가지고 있다. 그러나 눈으로 보기에 나선 구조와 막대는 이어져 있으므로 나선 팔은 언제나 막대 구조의 끝부분에서 시작된다고 여겨지는 것이다. 은하의 막대가 주변의 나선 구조들보다 빠르거나 (혹은 느린) 형태 속력을 가지도록 발달해가는 것을 방지하는 것은 없다. 혹은 서로 형태 속력이 다른 두 개 이상의 독립적인 나선 구조들을 가지거나, 다른 수의 나선 팔들을 가진 구조가 형성되는 것을 막는 과정도 알려져 있지 않다.

더 읽어보기

D.M Elmergreen, 1998, *Galaxies and Galactic Structure* (Prentice–Hall, Englewood Cliffs, New Jersey) 학부생 수준의 나선 구조를 다룬 이 책은 지금은 절판되었다; 대학원 수준의 이론은 J. Binney & S. Tremaine, 1987, *Galactic Dynamics* (Princeton University Press, Princeton, New Jersey) 의 6장 참조.

5.6 중앙 팽대부와 원반 은하의 중심부

중앙 팽대부는, 작은 타원 은하들의 중심부와 더불어, 알려진 가장 조밀한 항성계이다 (그림 4.18 참조). 우리 은하의 중앙 팽대부는 먼지에 의해 대부분 가려져 있다. 그러나 M31 을 작은 망원경이나 쌍안경을 통해 바라보거나, 노출을 부족하게 준 원반 은하의 가시광 영상을 보면 밝은 중앙 팽대부만이 드러나 보인다. [그림 5.4]에서, NGC 7331 은 안쪽 방향으로 외삽한 지수 함수를 따르는 원반부보다, 중심부의 표면 밝기가 50배정도 높다. 중앙 팽대부는 원반 은하에서 마치 '큰 도시'와 같은 영역이다. 중심부에 위치한 조밀한 영역으로, 나이가 많은 항성들과 새로 형성된 항성들이 밀집되어 있다. 중심부 수 파섹 내의 지역에서는 수억 개의 항성들이 핵 성단을 이루며 분포하고, 보통 큰 블랙홀이 존재한다. 이러한 작은 중심 영역들에서는, 밀도가 매우 높으며, 역학적 시간척도가 짧다.

5.6.1_ 중앙 팽대부

[그림 5.5]와 5.16의 측면 은하의 두 영상들에서는 중앙 팽대부가 둥근 타원체로 보인다. 다른 중앙 팽대부들은 납작하며, 밝은 중심 원반부처럼 보인다. 우리 은하(2.2절 참조)와 M31(4.2절 참조)을 포함한 몇몇 은하들의 중앙 팽대부는 막대처럼 보인다. 이들 은하들의 중앙 팽대부는 세 축의 길이가 다른 *삼축* 타원체일 수도 있다. SB0, SBa, SBb 은하들에서는 항성 막대 구조와 같은 사실상 중앙 팽대부를 가지고 있다. [그림 1.13]은 SB0 은하 NGC 936 의 예를 보여준다. 측면에서 바라보았을 때, 대부분의 중앙 팽대부는 타원체에 가까워 보이지만, 약 20% 정도는 땅콩 모양을 하고 있다. 즉, 등광도선들이 중심부에서 원반부 중심면쪽으로 움푹 꺼져있다. 이러한 중앙 팽대부 내의 가스 운동에 대한 연구에 의하면 땅콩 모양의 중앙 팽대부는 사실 빠르게 움직이고 있는 막대구조 일수도 있다.

우리은하와 M31의 중앙 팽대부는 원반부보다 중원소 함유량이 높고, 가장 중심부분을 제외한 나머지 영역에서는 가스 함유량이 낮은 점을 고려하면 전형적인 특성을 가진 중앙 팽대부라고 할 수 있다. 평균적으로, 중앙 팽대부는 원반부의 안쪽 부분보다 약간 더 붉다. 즉, 원반부에서 중심부로 갈수록 붉어지는 경향이 중앙 팽대부에서도 이어지고 있는 것이다. 원반부의 색처럼, 중앙 팽대부의 색도 F 항성의 색인 $B-R \approx 12$에서부터 만기형 G 항성의 색인 $B-R \approx 1.8$에 이르기까지 그 범위가 넓다. 우리 은하와 M31의 중앙 팽대부 내에 분포하는 거의 모든 항성들은 나이가 최소한 수십 억 년이다. 우리 은하군보다 멀리 있는 은하들에서는 개개의 중앙 팽대부 항성들을 분해할 수 없으므로, 나이에 대한 정확한 측정을 할 수 없다.

중앙 팽대부의 항성들은 중심부를 축으로 같은 방향으로 회전하지만, 원반부 항성들보다 더 큰 무작위 운동을 한다. 회전 운동과 무작위 운동의 비는 보통 $V/\sigma \sim 1$이다. 둥근 중앙 팽대부는 매우 빠르게 회전할 것이라고 생각되어지지 않는데, 빠른 회전을 하는 경우 얇은 원반 형태를 띨 것이다. 6.2절에서는 주어진 회전에서 최소한 어느 정도 납작해질 수 있는지와, 큰 타원 은하들은 납작한 정도를 고려했을 때 예상되는 것보다 더 천천히 회전하고 있음에 대해 알아보게 될 것이다. 반면, 중앙 팽대부와 작은 타원 은하들은, 그들의 형태가 허용하는 범위 내에서 최대한 빠르게 회전하므로, 빠른 회전체라고 볼 수 있다.

중앙 팽대부의 표면 밝기는 보통 *Sérsic* 의 식으로 나타낸다.

$$I(R) = I(0)\exp\left\{-(R/R_0)^{1/n}\right\} \tag{5.13}$$

$n = 1$ 인 경우, 식 5.1에서 주어진 지수함수 법칙과 동일해진다. 반면, $n = 4$ 인 경우에는 타원 은하의 빛의 분포를 설명하기 위해 고안된 *de Vaucouleurs* 의 식이다. 이에 대한 내용은 6.1절에서 다시 다루게 될 것이다. 이 공식에 따르면, 표면 밝기는 중심부에 이르기까지 계속 증가해야 한다. 즉, 항성들의 3차원적인 밀집도는 제한 없이 증가하게 될 것이다. 망원경들의 분해능에는 한계가 있기 때문에, 어느 지점까지 항성들의 밀집도가 증가하는지에 대해서는 알 수 없다. 관측된 값에 따르면, 파섹 단위 부피 당 수천 개의 항성들이 분포한다.

중앙 팽대부의 크기를 측정하는 좋은 지표는 *유효반경* R_e로, 중앙 팽대부 광량의 반을 포함하는 원의 반경을 나타낸다. 원반부의 길이 척도 h_R이 큰 은하는 일반적으로 중앙 팽대부의 유효반경이 크다. 최근 연구에 따르면 $R_e/h_R \approx 0.1$이다. R_e 값의 범위는, 100 pc 에서부터 수 킬로파섹에 이르는 가장 큰 은하들의 경우까지 광범위하다. 예를 들어, [그림 5.5]의 솜브레로 은하의 팽대부는 $R_e \approx 4$ kpc 이다.

중앙 팽대부가 두드러져 보이는 정도는 나선 팔들의 형태와 더불어, [그림 1.11]의 분류도에서 원반 은하들의 순서를 정하는데 사용되었다. S0과 Sa 은하들의 중앙 팽대부는 Sb, Sc 은하들의 중앙 팽대부에 비해 더 많은 빛을 내는 한편, 보통 Sd 은하들에는 중앙 팽대부가 존재하지 않는다. 조기형 은하인 S0과 Sa 은하들의 중앙 팽대부는 중심부 표면 밝기 $I(0)$은 더 높지만, R_e로 측정한 크기는 Sb, Sc 은하들과 비교해 더 크지 않다. 표면 밝기가 낮은 대부분의 은하들에는 중앙 팽대부가 존재하지 않으나, 거대한 Malin 1은하를 비롯한 일부 은하들은 표면 밝기가 높은 은하들의 그것과 유사한 중앙 팽대부를 갖고 있다. 중앙 팽대부만을 고려했을 때, Malin 1은 Sb나 Sa 은하로 분류될 수 있지만, 나선 팔들은 Sc나 Sd 은하들에서처럼 느슨히 감겨 있다. 그러나 표면 밝기가 매우 낮으며, 크기는 몇 배나 더 크다.

중앙 팽대부는 주위를 둘러싸고 있는 원반부보다 훨씬 더 조밀하기 때문에, 평균 우주 밀도가 높았던 초기 우주에서 그 근원을 찾을 수 있을지도 모른다. 아니면, 각운동량 대부분을 잃어 은하 중심부로 가라앉은 가스로부터 이후에 생성되었을 수도 있다. 혹은 안쪽으로 흘러든 가스가 원반부의 중심에 막대 구조가 형성되는 데 원인을 제공했을 수도 있다. 이어 막대 구조는 곧 불안정해졌을 것이고, 더 두꺼워져 땅콩 모양의 중앙 팽대부로 자리 잡게 되었을 것이다. 현재의 어떤 이론들도 관측된 모든 중앙 팽대부들을 설명하기에는 적당하지 않다.

우리 은하와 비슷한 중앙 팽대부에서는 빅뱅 이후 수십 억 년 동안 대부분의 항성들을 생성되었을 것이다. Hubble 우주 망원경은 적색편이 $Z \gtrsim 3$ 영역에 분포하는, 아마도 현재 중앙 팽대부를 형성이 진행되고 있을 몇 개의 조밀 은하들을 찾아냈다. $1400\,Å \lesssim \lambda \lesssim 1900\,Å$ 파장 대역에서 방출된 빛에서 관측된 이 은하들의 크기는 현재 은하들의 중앙 팽대부와 비슷하다. 그들의 광도로 미루어 보아 $(10-100)\mathcal{M}_\odot$ 정도의 새로운 항성들이 매년 생성된다고 볼 수 있다. 이와 같은 속도라면, 우리 은하와 비슷한 중앙 팽대부가 완성되는 데에는 단지 1 Gyr의 시간밖에 걸리지 않을 것이다. 그러나 모든 중앙 팽대부들의 나이가 많은 것은 아니다. 나선 은하 NGC 7331에서는 중앙 팽대부 내 일부 항성들이 원반부의 회전과 역방향으로 회전하고 있다! 평범하게 보이는 이 은하의 중앙 팽대부는 아마도 이후에 외부에서 유입된 물질들을 포함하고 있을 것이다. 중앙 팽대부 내 항성들이 원반부와 역방향 궤도를 도는 경우는 유일하게 NGC 7331에 대해서만 알려져 있다. 이러한 후기 유입이 흔한 일은 아닐 것이다.

5.6.2_ 핵과 중심부 블랙홀

물이 아래로 흐르는 것처럼, 가스도 은하의 중심부로 흘러들어가는 경향이 있다. 중앙 팽대부에서 죽어가는 항성들로부터 흘러나온 가스의 구름들이 서로 충돌하여 에너지를 잃고 가라앉아, 빠르게 회전하는 안쪽 원반부를 형성하게 될 것이다. 바로 앞 절에서 보았듯이, 막대의 활동 역시 원반부 가스를 안쪽으로 끌고 들어올 수 있다. 은하의 회전곡선 $V(R)$ 이 선형적으로 증가하는 중심부에서는, 각속력 $V(R)/R$ 이 거의 일정하며 비틀어짐이 없다. 주요 원반부에서와는 반대로, 이 영역에서 가스 구름은 차등 회전에 의해 분리되지 않을 것이고, 자체 중력에 의해 수축되어 항성을 생성하기에 충분할 만큼 조밀해질 수도 있다. 우리 은하에서처럼(2.2절 참조) 대부분의 나선 은하들의 중심부 100 pc 내 영역은 가스 함유량이 높으며, 새로 생성된 항성들도 발견된다.

일부 은하들에서는, 중심부에서 *항성 형성*이 일어난다. 항성들은 가스의 공급을 ~100 Myr만에 소모해버릴 수 있을 만큼 빠른 속도로 형성된다. 이러한 왕성한 항성 형성은 유지될 수 없으므로, 아마도 조밀한 안쪽 항성 원반부를 남기고 멈출 것이다. [그림 5.24]의 가장 위쪽 스펙트럼은 푸른색 항성 형성 은하의 경우를 보여준다. 이 은하 내의 무겁고 나이가 어린 항성들은 짧은 파장 대역에서 밝게 보이며, 주변의 가스를 이온화하여 강한 방출선을 낸다. 만일 나이가 어린 항성들이 먼지로 둘러싸여 있다면 대부분의 빛이 가려질 것이고, 에너지는 적외선 영역에서 재방출될 것이다. 폭발적인 항성 형성은 가까운 곳을 지나가는 주위 은하에 영향을 받으며 은하의 중심부로 떨어지는 가스에 의해 유발될 수도 있다. 이에 대해 7.1절에서 자세히 알아 볼 것이다. 이들은 때때로 주기적으로 일어난다. 폭발적 항성생성으로부터 초신성 폭발은 주변 가스에 열을 가하고 중앙 팽대부 바깥쪽으로 날려버린 이후, 다음 항성 형성 때까지 가스를 축적한다. 이 과정을 통해 밀도가 높은 중심부 핵 성단이 형성될 수 있다.

우리 은하의 중심부에는 약 $10^7\,\mathcal{M}_\odot$ 개의 항성들이 반경이 ~3pc에 불과한 성단을 이루며 밀집되어 있다. 이들은 우리 은하 내에 존재하는, 모든 구성 항성들의 형성 시기가 같은 산개성단이나 구상성단과는 다르며, 이곳에서는 남은 가스가 빠르게 흩어져 버린다. 은하 중심부로 흘러들어가는 가스는 핵 성단에 도달하게 되고, 여러 번에 걸쳐 진행되는 항성 형성에 재료를 제공한다. 하나의 핵 성단에서 수명이 짧은 주계열성 B 항성과 더불어, 나이가 훨씬 많은 적색거성의 스펙트럼 특성을 함께 보게 될 수도 있다. 더 많은 항성들이 형성되면서 핵 성단도 점점 커진다. 핵 성단의 반경은 우리 은하의 구상성단에 비해 크지 않지만, 질량과 속도분산은 몇 배나 더 클 수 있다.

문제 5.14 M33의 핵 성단의 핵반경 $r_c \lesssim 0.4$pc이며, 측정된 속도분산이 $\sigma = 24\,\mathrm{km\,s^{-1}}$ 이다 (4.2절 참조). 광도는 $L_V \approx 2.5 \times 10^6 L_\odot$ 이다. Plummer 모형으로 근사값을 취할 때, 식 3.13과 비리얼 정리(문제 3.13 참조) 를 사용하여 질량 $\mathcal{M}$ 을 구하라. 질량 대 광도비 $\mathcal{M}/L_V \approx 0.2$ 임을 보이라 – 나이가 어리고 무거운 항성들이 포함되어 있기 때문에 이는 구상성단과 비교하여 훨씬 작은 값이다($\mathcal{M}/L$는 [표 4.2]에서보다 작은데, 이는 새로운 항성들이 성단 중심에 집중되어 있기 때문이다. r_c는 대부분의 질량을 가지고 있는 오래된 별들보다 이들의 분포를 반영하고 있다).

우리 은하에서와 같이, 일부 핵 성단들은 작고 매우 무거운 천체들을 가지고 있는데, 이들은 거의 확실히 블랙홀들이라고 생각되어진다. 물질들이 나선을 그리며 블랙홀로 떨어져 들어갈 때, 그들의 에너지는 알려진 다른 어떤 과정보다도 더 효율적으로 방출된다. 질량 $\mathcal{M}$ 의 수소를 헬륨으로 바꿀 때는 $0.007\,\mathcal{M}c^2$ 에 불과한 에너지를 방출한다. 같은 양의 수소를 블랙홀에 던져 넣을 경우 $\sim 0.1\,\mathcal{M}c^2$ 의 에너지가 나온다. $\mathcal{M}_{BH} \gtrsim 10^7\,\mathcal{M}_\odot$ 인 몇몇의 큰 블랙홀들은, *활동성 은하핵*의 에너지원이라고 생각되어지고 있다. 이에 대해서는 9.1절에서 다룰 것이다. 그러나 우리 은하 중심부에 자리 잡고 있는 블랙홀과 유사한 것들은 매우 조용해서 그들의 중력적 효과를 통해 간접적으로만 그 존재를 확인할 수 있다.

활성 은하핵을 가진 원반 은하들의 중심에서는 항성이나, 이들 항성에 의해 이온화된 주변 가스로부터 나온 것이 아닌 빛을 볼 수 있다. 핵은 전파로부터 γ -선에 이르기 까지 모든 파장 영역에서 빛을 낸다. 가시광에서 핵은 매우 밝으며, 심지어 핵을 둘러싼 은하의 전체 광량과 비슷한 경우도 있다. 가시광과 자외선 파장영역의 스펙트럼에서 넓은 방출선을 보이며, 선폭은 $V_r > 5000\,\mathrm{km\,s^{-1}}$ 에 해당하는 값을 가진다. 이 중 몇몇의 방출선들은 항성 형성이 이루어지는 동안의 뜨거운 항성들 주위의 가스보다 더 강하게 이온화된 원자들로부터 나온 것들이다. 우리 은하의 핵은 활동이 저조한 편이며, 중심부에 약한 전파원을 가지고 있다.

막대 나선 은하 NGC 4258이 활성핵을 가진 은하의 좋은 예이다. [그림 9.2] 참조. 중심부 수 파섹 내 밀도가 높은 가스 회전 원반이 있다. 핵으로부터의 빛은 원반부의 물분자를 들뜨게 하여 22.2 GHz에서 메이저 복사를 한다. 메이저 복사의 밝은 부분은 기본선이 매우 긴 간섭계를 이용하여 정확하게 위치를 찾을 수 있고, 도플러 효과를 써서 시선 속도 V_r 을 구할 수 있다. 가스는 0.015″ 크기의 원반에 걸쳐 분포하는데, 이는 불과 0.5 pc에 해당하는 값이며, 중심을 축으로 하는 궤도를 $1000\,\mathrm{km\,s^{-1}}$ 로 돌고 있다. 원반부 내에는 질량이 $\mathcal{M} > 3 \times 10^7 \mathcal{M}_\odot$ 인 조밀한 천체가 자리 잡고 있다. 다음 문제 참조. 밀도는 $10^9 \mathcal{M}_\odot\,\mathrm{pc}^{-3}$ 이 넘으며, 구상성단의 중심부보다 100 000 배 더 밀도가 높다. 이는 정상적인 항성들로 이루어진 성단으로 보기에는 너무 높은 값이다.

문제 5.15 NGC 4258의 메이저 복사 가스 원반부의 안쪽 경계선은 중심부에서 약 0.004″ 정도 떨어져 있다. 하늘을 가로지르는 메이저 영역의 운동을 측정하여, Herrnstein *et al.* (1999 *Nature* 400, 539)는 이것의 거리가 $7.2 \pm 0.3\,\mathrm{Mpc}$임을 밝혀냈다. 파섹 단위로 원반부 안쪽 경계선의 반경은 얼마인가? 이 영역의 가스는 $1100\,\mathrm{km\,s^{-1}}$ 로 궤도 운동을 한다. 식 3.20을 사용하여 원반부 내 질량이 $\sim 4 \times 10^7 \mathcal{M}_\odot$임을 보여라. 중심부가 태양형 항성들로 이루어져 있을 경우, 파섹 단위 부피 당 밀도 n 과 개개 항성의 단면적 $\sigma \sim \pi R_\odot^2$ 을 구하라. 항성들의 충돌이 있을 경우, 다음 충돌 때까지의 시간 t 가 평균 $t \approx 1/(n\sigma V)$로 주어져 있을 때, 각각의 항성들은 약 100 Myr마다 서로 충돌하고, 그러므로 은하단이 오랫동안 유지될 수 없음을 보여라.

6. 타원은하

타원 은하들은 단순한 천체처럼 보이지만 실제로는 그렇지 않다. 그 이름이 의미하는 것처럼 타원 은하들은 둥글게 보인다. 타원 은하의 빛은 고르게 분포되어 있고, 나선 은하의 명백한 특징인 젊은 푸른 별에 의한 밝은 덩어리와 성간 먼지의 조각이 없다. 타원 은하는 중심 부분을 제외하곤 차가운 가스가 결여되어 있고 S0 은하와는 대조적으로 두드러진 원반이 없다. 타원 은하의 고른 외형은 방안에 차있는 공기의 분자처럼 타원 은하 내의 항성들이 더 이상 충돌에 의한 에너지 교환이 없는 평형 상태가 될 수 있는 시간을 거친 것으로 보인다. 주계열상의 항성과 같이, 단순한 항성계의 가장 개연적 상태를 반영하는 타원 은하의 특성은 매우 당연하게 기대할 수 있다.

그러나, 타원 은하에 대한 자세한 연구는 타원 은하가 당혹할 정도의 복잡성을 가지고 있음을 보여준다. 타원 은하들은 광도와 광도의 집중도에 있어 그 범위가 매우 넓다. 어떤 타원 은하들은 빠르게 회전하는 빈면, 그 외는 전혀 그렇지 않다. 몇몇의 타원 은하는 편원체(자몽형태)의 형태로 보이고 한편, 다른 것들은 3개의 다른 축으로 이루어진 찌그러진 럭비공과 같은 *3축 타원체*를 가지고 있다. 이러한 특성은 다음의 특성에 연계된다. 즉, 밝은 타원 은하들은 더 3축 타원체이고 천천히 회전하며 또한 강력한 X-선의 근원이다. 반면에 어두운 타원 은하는 편구이고, 상대적으로 빠른 회전을 하며, 그들의 중심에 밀도가 매우 높은 항성 돌출부를 가지고 있다.

타원 은하는 항성계의 오랜 특성을 가지고 있기 때문에 역학적 평형 상태에 가깝다는 것은 잘못된 생각이다. 대부분의 은하 내 항성은 중심에 대해 100회 이하의 궤도운동을 하였는데, 3.2절에서 본바와 같이 타원 은하 내 항성의 운동을 무작위화하기 위한 *이완시간*은 우주의 나이보다 더 길다. 만약, 한 은하가 3축 타원체 형태로 구성되었거나, 밀도가 큰 중심 돌출부가 있었다면, 이러한 특징은 아직 사라지지 않았을 것이다. 타원 은하들의 다양성은 타원 은하가 다수의 서로 다른 형성 기원을 가지고 있다는 사실을 의미한다. 현재의 타원 은하는 초기우주의 “화석”이다. 여기에서의 목적은 현재 남아있는 늙고 가벼운 항성으로부터 타원 은하의 형성과 초기 항성 형성을 재구성하는 것이다.

가시광 영역에서 타원 은하들의 영상이 어떻게 보이는지, 그리고 이것이 타원 은하 내 별의 분포에 대해 무엇을 말해주는지에 대한 질문으로부터 이 장을 시작한다. 6.2절에서 항성운동에 대해 논의하고, 타원 은하의 회전에 대해 다른 특성과 어떻게 연관되는지에 대해 논의한다. 우리는 어떠한 항성의 궤도가 서로 다른 3축을 가진 *3축 타원체* 은하를 가능하게 하는지에 대해 고찰한다. 6.3절에서는 타원 은하의 항성종족과 가스의 함량에 대해 살펴본다. 타원 은하들은 성간가스가 매우 많으나, 이 가스는 원반 은하의 가스보다 더 뜨거워, 오직 X-선을 통해서 연구할 수 있다. 6.4절은 타원 은하에서의 암흑물질과 그 중심의 블랙홀에 대하여 논하여 본다.

6.1 측광

우주에서 가장 밝은 은하들은 타원 은하이다. 그러나 또한 타원 은하 중 몇몇은 가장 어두운 천체이기도 하다. 이러한 어두운 타원 은하는 타원 은하의 일반적인 형태를 가지며 차가운 성간가스와 젊은 항성의 결핍을 보인다. 타원 은하는 3가지 종류로 구분하는 것이 매우 유용하다. *밝은 거대 타원 은하*는 식 1.24에서 정의한 거대 은하의 특징적인 광도 $L_\star \approx 2\times10^{10}L_\odot$에 대해 $L \gtrsim L_\star$의 값을 가지며, 이는 등급으로 $M_B \approx -20$과 같다. *중형* 타원 은하는 광도가 다소 낮다. 그러나 여전히 광도는 $L \gtrsim 3\times10^9 L_\odot$이며 등급은 $M_B \lesssim -18$ 정도의 값을 갖는다. 마지막으로, *왜소* 타원 은하들는 $3\times10^9 L_\odot$ 이하의 광도 값을 갖는다. 5장에서 원반 은하의 많은 속성은 각 부류의 은하가 크기와 광도에 있어 넓은 범위를 포함하는 Hubble 분류법([그림1.11])상의 위치에 따라 결정된다는 점을 살펴보았다. 그와 대조적으로 타원 은하의 광도를 측정할 경우 주로 다른 특성들을 적용한다. 그래서 타원 은하들을 '단 하나의 크기' 순차로 구별될 수 있다.

[그림 6.1]은 4개의 타원 은하에 대한 *등광도선*, 즉 같은 표면 밝기를 보이는 부분을 연결한 등고선)이다. [그림 6.1(a)]에서, 등광도선은 현저하게 실제 타원모양과 매우 유사한 모습을 보여준다. 장반경 a와 단반경 b의 비율인 *타원율*은 $\epsilon = 1 - \mathrm{b/a}$로 정의되며 등광도선이 원에 비해 얼마나 다른지를 정량화해준다. 타원율은 거의 일정하며, 중심의 위치와 장축의 방향은 등광도선의 밝은 안쪽에서부터 어두운 바깥쪽까지 거의 일정하다. 이로부터 타원 은하는 Hubble 분류에서 En, 여기서 $n = 10(1 - b/a)$,으로 분류된다. E0 은하는 원형으로 보이고, E5 은하는 단반경이 장반경의 절반인 형태로 보인다. n은 일반적으로 가장 가까운 정수의 근사치이고, 대략적인 정밀도로 사진건판에서 눈으로 은하를 분류할 수 있다. 원반 은하의 분류와는 다르게, 타원 은하의 Hubble 분류형은 시선방향에 의존한다.

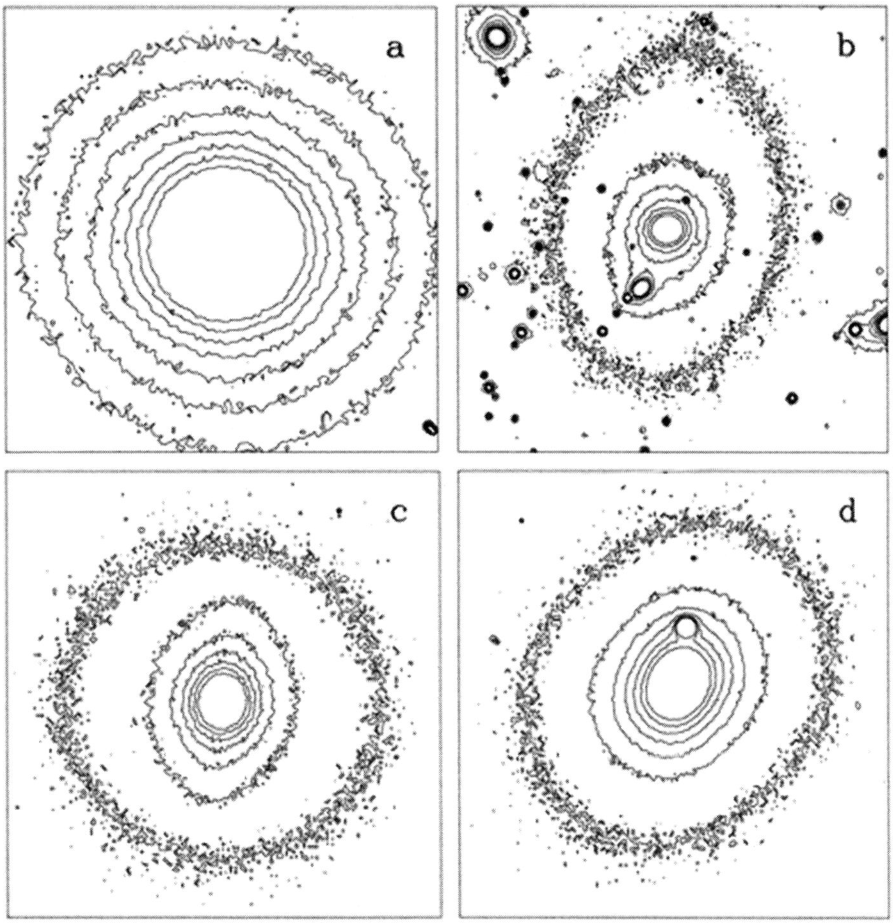

[그림 6.1] 4개 거대 타원 은하의 R 파장영역 등광도선 : (a) 등광도선이 타원형이다.(NGC 5846) (b) 안쪽 등광도선의 장축이 대략적으로 수평이고, 바깥 윤곽선에서 거의 수직방향으로 뒤틀어져있다(EFAR J16WG). (c) $a_4 \approx 0.03$ (Coma 은하단 내 Zw 159−89)를 갖는 다이아몬드 형태의 원반형 등광도선 (d) $a_4 \approx -0.01$를 갖는 직각형태 박스형 등광도선, 특히 (b)처럼 두드러지게 나타나는 작은 천체는 주로 배경의 전면에 있는 항성들이다. −R. de Jong.

타원 은하의 빛은 나선 은하 원반부에서와 비교할 때 중심을 향해 집중되어 있다. 나선 은하의 경우처럼, 반경 R에 대한 영상의 장반경에서의 표면광도$I(R)$은 [그림 6.3]과 같이 그릴 수 있다. [그림 6.3]에서 은하의 중심부에서 하늘의 광량에 의해 보이지 않는 외곽부까지 NGC 1399의 표면광도는 10000이상 감소하고, 대응되는 체적밀도는 100만 배 이상 감소하는 것을 볼 수 있다.

원반 은하의 중앙팽대부와 마찬가지로, 광량분포를 기술하기 위해 식 5.13의 Sérsic 경험식을 사용한다. Sérsic 경험식을 고쳐 쓰면 다음과 같다.

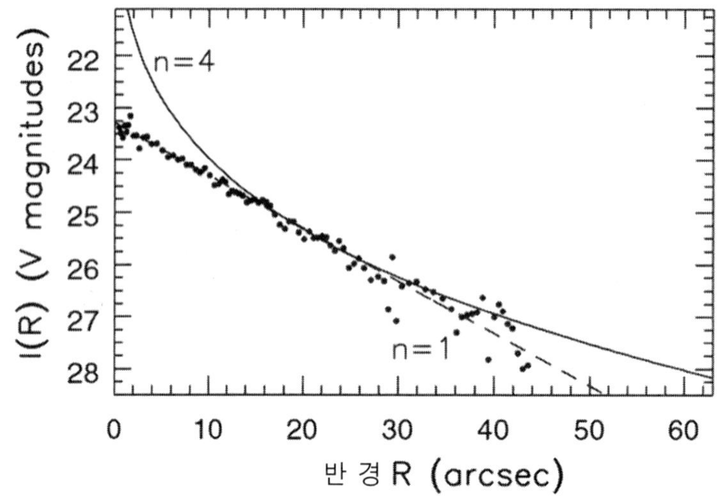

[그림 6.2] 식 6.1에서 유도된 $R^{1/4}(n=4$;실선)과 지수함수($n=1$;점선) 곡선이다. 점들은 Virgo 은하단의 dE 은하 VCC753의 V−파장영역 표면밝기이다. 이 타원 은하는 B−파장영역에서 $R_e=15.8''$, $I_B(R_e)=24.4\text{mag arcsec}^{-2}$이다. 도표를 바깥으로 외삽하면 총 겉보기 등급 $B_T^0=16.4$이고, 거리를 $d=16\text{ Mpc}$으로 잡으면, $L\approx 1.1\times 10^8 L_\odot$ 이다. − H. Jerjen.

$$I(R)=I(R_e)\exp\{-\mathrm{b}[(R/R_e)^{1/n}-1]\} \tag{6.1}$$

여기서 상수 b는 *유효반경* R_e의 원이 영상에서 총 광량의 절반을 포함하도록 선택한다. $n>1$인 경우, b$\approx 1.999n-0.327$이다. $n=1$일 때, 위 식은 식 5.1의 지수함수 공식과 같다. $n=4$인 경우, $R^{1/4}$법칙 혹은 1948년, Gérard de Vaucouleurs에 의해 제안된 *de Vauculeurs 법칙*이다. [그림 6.2]는 $R^{1/4}$의 곡선이 큰 반경에서 지수함선 곡선보다 더 밝으며 중심표면밝기가 $I(0)>2000(R_e)$로서 더 밝은 최대치를 가짐을 보여준다.

문제 6.1 $R^{1/4}$공식에서 총 광도는 다음과 같음을 보여라.

$$L=\int_0^\infty 2\pi RI(R)dR=8!\frac{e^{7.67}}{(7.67)^8}\pi R_e^2 I(R_e)\approx 7.22\pi R_e^2 I(R) \tag{6.2}$$

($\int_0^\infty e^{-t}t^7dt=\Gamma(8)=7!$ 이다.) Γ 함수표를 이용하여 이 빛의 절반이 반경 R_e내에서 나옴을 보여라.

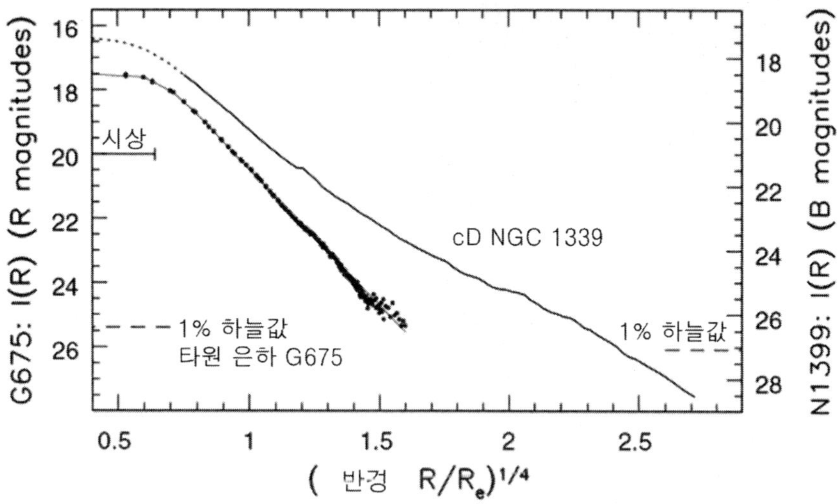

[그림 6.3] 두 개의 밝은 타원 은하의 표면광도 : 실선은 $R^{1/4}$ 법칙을 나타낸다. 점들은 아벨 2572 은하단에 속한 G675 은하의 R-파장영역 표면광도를 측정한 값으로 $L_V \approx 2\times10^{10}L_\odot$, $R_e = 4.95'' \approx 3.8\,\mathrm{kpc}$이다. 대기 시상으로 매끄럽게 처리한 곡선은 $R^{1/4}$형태를 보인다. 수평 막대는 항성영상의 반두께 1.67"를 나타낸다. 위 곡선은 G675 은하 보다 약 두 배 정도 밝은 cD 은하 NGC 1399의 B-파장영역 밝기분포이다. NGC 1399의 $R_e = 15.7'' \approx 1.4\,\mathrm{kpc}$이고 측정치는 $R \lesssim 850''$ 즉, 75 kpc 정도 영역이다. 시상이 측정에 영향을 주는 점 찍힌 영역과 $R \sim 2^4 R_e$인 영역 사이의 광도 $I(R)$은 $R^{1/4}$법칙을 유사하게 따른다. −R. Saglia, N. Caon.

문제 6.2 표 1.9를 사용하여 은하의 중심부에서도 [그림 6.2]의 은하의 표면광도는 밤하늘 밝기의 약 절반정도임을 보여라. [그림 6.3]의 G675 은하로부터 $R \approx R_e$ 지점에서 $I(R)$은 하늘 밝기 아래로 떨어짐을 보여라. 광량의 거의 절반이 $R \approx R_e$ 이상 외부 영역에서 나온다.

은하중심의 외곽부에서, $R^{1/4}$공식은 약 $3\times10^9 L_\odot$보다 더 밝고 중형인 타원 은하의 표면광도를 매우 잘 묘사한다. [그림 6.3]은 타원 은하 G675의 관측된 표면밝기 분포이다. 대기난류 즉, 시상에 의해 영상이 흐려진 밝은 중심핵을 제외하고 직선에 가깝다. 수평막대는 점광원 항성의 영상에서 최고 밝기의 반이되는 반경을 나타내며, 시상을 정량화하는 일반적 방법이다. 겹쳐 그려진 실선은 만약 은하가 완전히 $R^{1/4}$법칙을 따르는 경우 기대되는 것이다. 그러나 시상에 의해 흐려진 영상의 측정한계가 있다. 가장 크고 밝은 은하는 일반적으로 큰 값의 n에 잘 맞다. 반면, 왜소 타원 은하의 표면광도는 [그림 6.2]와 같이 $n \approx 1$의 지수함수 형태와 유사한 경우가 있다.

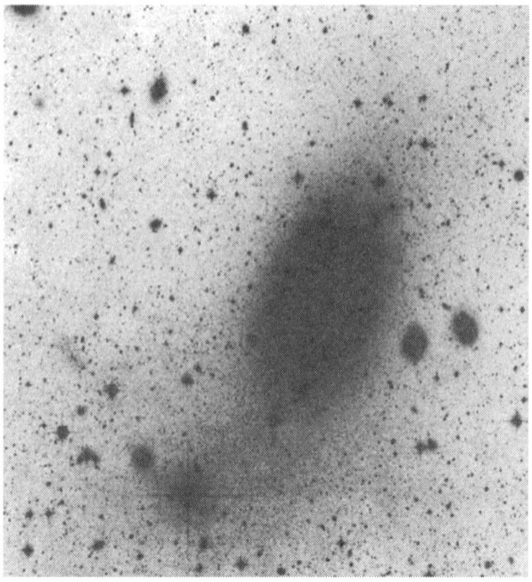

[그림 6.4] E0형 타원 은하 M87(NGC 4486). 왼쪽 둥근 안쪽 지역－J.－C. Cuillandre, Canada－France－Hawaii 망원경. 오른쪽, 긴 노출 반전영상, 왼쪽 영상의 밝은 3개의 항성들은 길게 뻗은 비대칭 외곽영역에 가려 거의 보이지 않는다. 항성에 의한 빛은 SE방향(아래 왼쪽)으로 ≳15', 70 kpc까지 찾아낼 수 있다.

모든 은하 중 가장 밝은 은하는 *cD 은하*이다. 이 거대한 타원 은하는 어떤 은하보다도 큰 질량을 가지고 있다. cD 은하는 $L_\star$보다 훨씬 더 밝다. [그림 6.3]에서 $L \approx 2L_\star$, $4\times10^{10}L_\odot$의 값을 가진 cD 은하인 NGC 1399의 광도분포는 $R \sim 20R_e$ 범위까지 $R^{1/4}$법칙에 상당히 잘 맞는다. $R \sim 20R_e$ 범위를 넘는 표면광도는 예측 값보다 크게 나타난다. 이 외곽영역의 '여분의' 광량이 은하군이나 은하단의 중심에서만 발견되는 cD 은하의 특징이다. NGC 1399는 Fornax 은하단 내에 있다. Virgo 은하단의 중심에 위치한 거대 타원 은하 M87은 cD 은하로 분류되지 않음에도 불구하고 그 외곽영역은 매우 확장되어있다. 항성에 의한 빛은 긴 노출의 사진([그림 6.4])에서 거의 100 kpc까지 찾아 낼 수 있다. 이런 항성들은 오히려 개개 은하보다 은하단에 포함되어 있거나, 거대한 구조의 중심부에 너무 가까이 접근했던 작은 은하들의 조각난 파편일 수 있다.

최근 호모양의 껍질구조와 다른 비대칭 구조들이 타원 은하의 어두운 외곽영역에서 발견되었다([그림 6.5]). 껍질구조들은 아마도 큰 은하의 중력에 의해 작은 은하에서 찢겨 떨어져서 더 큰 은하에 포함 되어버린 잔해물로 여겨진다. 껍질구조를 가진 몇몇 은하들은 최근에 병합을 겪었음이 확실하며, [그림 7.5]와 같은 어두운 조석꼬리를 보인다. 수십억 년 후, 껍질구조와 조석꼬리는 사라질 것이고, 가시광 영역 영상에서 완전히 보통 타원 은하처럼 보이는 은하가 남게 된다.

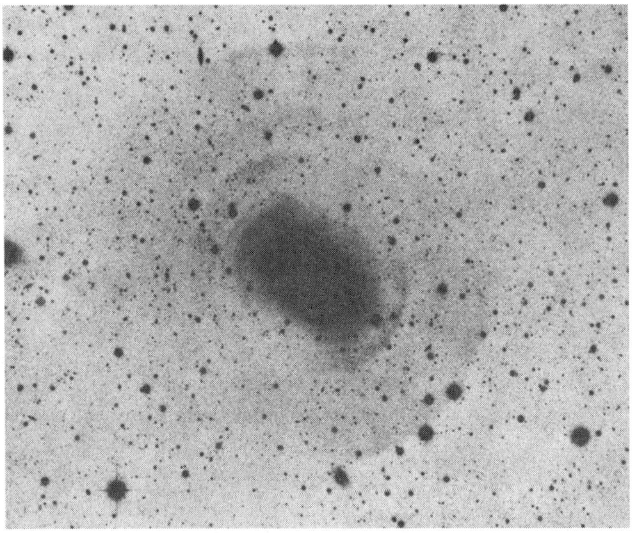

[그림 6.5] 타원 은하 NGC 3923 주변의 어두운 호 모양 껍질구조 영상. 초점을 흩트린 영상을 원래영상에서 빼면, 어둡지만 미세한 특성이 두드러진다. 영상의 폭은 18′ 즉, $d \approx 21$ Mpc에서 110 kpc이다. 느슨한 은하군 에서의 밝은 은하($L_B \approx 4 \times 10^{10} L_\odot$)이다. 껍질구조와 관계없이 일반적인 모양을 보인다. −D. Malin, ApJ 274,534; 1983.

원반 은하와는 다르게, 타원 은하의 중심 밝기는 광도와 깊이 연관되어 있다. [그림 6.6]은 타원 은하, 나선 은하의 중심 팽대부, 그리고 성단의 중심밝기 $I_V(0)$와 표면밝기가 측정된 중심 값의 절반으로 떨어지는 *중심반경* r_c을 보여준다. 마치 색등급도의 항성들과 유사하게, 점들이 이 평면상의 특정한 지역에 분포한다.

$L \sim 3 \times 10^9 L_\odot$ 보다 더 밝은 중형의 타원 은하들 중에서, 더 밝은 은하는 중심 표면광도가 낮고, 중심핵이 더 큰 사실을 알 수 있다. cD 은하처럼 몇몇 아주 밝은 은하들의 표면밝기는 거의 나선 은하의 원반부만큼 낮다. 7.1 절에서 볼 수 있듯이, 은하사이의 충돌은 은하 내 항성들의 내부 운동을 증가시켜, 은하의 팽창을 야기하고 중력적 구속을 약하게 한다. 만약 가장 밝은 타원 은하가 두 개의 작은 은하의 합병으로 생성되었다면, 왜 매우 밝은 은하의 중심이 더 퍼져있는지를 설명할 수 있다.

우리 은하군내의 M32는 반대개념으로 극단적 경우를 보여주는데, $L_V \approx 3 \times 10^8 L_\odot$임에도 측정된 표면광도가 가장 높다. 그래서 M32는 '가장 작은 거대 타원 은하' 이다. 최근 발견된 Fornax와 Virgo 은하단 내의 극도로 조밀한 왜소 타원 은하들이 이와 비슷한다. 그러나 우리 은하군을 벗어나면, 이런 작은 중심핵을 관측하기엔 공간적 분해능이 부족하다.

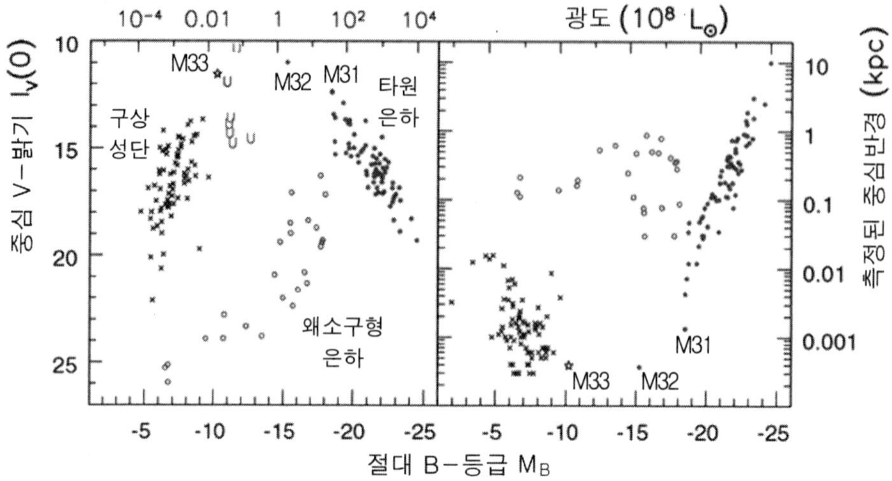

[그림 6.6] V-파장영역의 중심표면밝기 $I_V(0)$($\mathrm{mag\ arcsec^{-2}}$단위)와 중심반경 r_c을 B-파장영역 광도 M_B에 대하여 나타내었다. 검은 원들은 타원 은하들과 나선 은하의 중앙팽대부이다(안드로메다 은하 M31 포함). 흰 원들은 왜소 구형 은하들, 십자표들은 구상 성단들, 별표는 Sc 은하 M33의 중심핵이다. 'U'는 Fornax와 Virgo 은하단 내의 초밀집 왜소 타원은하들을 나타낸다. –J. Kormendy.

$L \lesssim 3\times10^9 L_\odot$ 또는 $M_B \gtrsim -18$의 가장 어두운 타원 은하들은 두 종류의 형태로 나눌 수 있다. 즉, M32(4.4절 참조)와 같은 희귀한 소형 타원 은하는 4.1절과 4.2절에서 기술한 왜소 타원 은하(dE)와 왜소 구형 타원(dSph) 은하와는 뚜렷이 구분된다. 소형 타원 은하는 큰 회전을 하는 반면, 왜소 타원 은하와 왜소 구형 은하는 두드러진 회전을 하지 않는다. 왜소 구형 은하는 dE 은하의 다소 어두운 경우에 해당되며, $L \lesssim 3\times10^7 L_\odot$ 또는 $M_V \gtrsim -14$ 정도의 값을 가진다. 그 대부분은 밤하늘 영상에서 겨우 확인할 수 있을 정도로 퍼져있다. [그림 6.6]은 dE와 dSph 은하들이 중형 은하보다 더 큰 중심핵을 가지고 있음을 보여준다. 표면광도는 반대 경향을 보이는데, 가장 어두운 dE와 dSph 은하들이 중심밝기가 가장 낮다.

왜 항성들이 색등급도에서 특정한 지역에만 자리를 차지하는지 이미 이해하고 있다. 광도와 온도는 항성의 질량과 핵융합 발생지역에 의해 크게 좌우된다. [그림 6.6]의 분포는 현재 은하의 내부적인 작용보다는 은하가 형성될 때의 조건을 확실히 반영하기 때문에 설명이 쉽지 않다. 분포상태는 은하형성 역시 다소 규칙성이 있음을 의미한다. 그 규칙성은 한 은하의 형성은 분명히 그 은하의 질량에 연관되어있다는 것이다. 그러나 이 단서에 대한 해석이 아직은 충분하지 못하다.

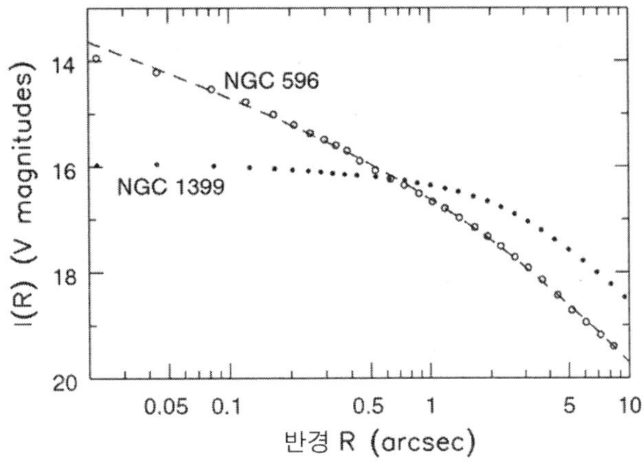

[그림 6.7] 두 개 타원 은하의 중심부분의 V-파장영역 표면밝기 $I_V(R)$. cD 은하 NGC 1399($M_V=-21.7$)은 $R \lesssim 1''$ 범위에서 $I(R)$이 거의 일정한 *중심핵*을 갖는다. NGC 596 ($M_V=-20.9$)는 절반 밝기이고, 중심 돌출부에서 표면밝기가 지속적으로 증가한다. 점선은 $I(R) \propto R^{-0.55}$을 보인다. −T. Lauer.

지구 대기 위에서는 은하 중심부에 대한 정밀한 관측을 할 수 있으며, Hubble 우주 망원경은 0.05″의 매우 정밀한 분해가 가능하다. NGC 1399와 같은 밝은 은하들은 일반적으로 표면광도가 거의 일정한 중심핵 영역을 갖는다. 그러나 [그림 6.7]에서 보듯이 덜 밝은 타원 은하 NGC 596은 표면광도가 관측을 할 수 있는 한계까지 지속적으로 증가하여, M32도 비슷한 구조를 보인다. $L \lesssim L_\star$ 정도의 중형 타원 은하는 전형적으로 중심핵은 없고 *중심 돌출부*가 있다. 만약 광도밀도가 항성의 개수 밀도 $n(r)$에 비례한다고 가정하면, $n(r)$은 분명히 r^{-1}(문제 6.4 참조)보다 더 급격하게 중심 방향으로 증가한다. 중심핵이 있는 은하에서도, $n(r) \propto r^{-1}$보다 더 얕은 분포를 갖는 동안은 표면광도의 편평한 중심부분은 높은 항성 밀도를 나타내지 못한다.

우주 관측으로 얻어진 결과는 [그림 6.6]과 같은 도표를 주의 깊게 해석해야 된다는 것을 의미한다. 지구상에서 대기난류를 통과해 관측하여 측정된 중심 표면광도는 단지 실제 값의 하한선이다. 측정된 '중심반경'은 항성 밀도가 일정한 지역의 외곽 한계라기보다는 아마도 광도분포의 기울기를 변화시키는 점을 표기하는 것이다.

문제 6.3 [그림 6.6]과 [그림 6.7]로부터 NGC 1399 중심의 측정된 표면밝기는 $I_V(0) \sim 14000 L_\odot\,\mathrm{pc}^{-2}$이며, M32 중심의 표면밝기는 적어도 $10^6 L_\odot\,\mathrm{pc}^{-2}$임을 보여라(문제 5.3로부터 나선 은하 NGC 7331의 원반이 단지 $350 L_\odot\,\mathrm{pc}^{-2}$이었던 것을 상기하라).

문제 6.4 항성 밀도 $n(r)$을 가진 구형 은하가 아주 먼 거리에서 z축을 따라 보일 때, 중심에서부터 거리 R에서의 표면밀도가 다음과 같음을 보이시오.

$$\Sigma(R) = 2\int_0^\infty n(r)\mathrm{d}z = s\int_R^\infty \frac{n(r)r\mathrm{d}r}{\sqrt{r^2 - R^2}} \tag{6.3}$$

$n(r) = n_0(r_0/r)^\alpha$이면, $\alpha > 1$일 때 다음과 같음을 보여라.

$$\Sigma(R) = 2n_0 r_0 (r_0/R)^{\alpha-1}\int_1^\infty \frac{x^{1-\alpha}\mathrm{d}x}{\sqrt{x^2-1}} = \Sigma(R=r_0)(r_0/R)^{\alpha-1} \tag{6.4}$$

($\alpha < 1$의 경우에는 어떠한가?) 체적밀도가 $n \propto r^{-1}$보다 덜 급격하게 증가한다면, 표면밀도 $\sum(R)$는 $R \to 0$일 때 유한하게 유지된다.

6.1.1_ 타원 은하의 구조

타원 은하의 겉보기 모양은 관측자의 방향에 따라 다르다. 만약 은하가 축대칭 구조를 가지면, 관측자가 그 방향으로 보는 경우 항상 원 모양을 갖는다. 그러나 관측자는 임의의 방향으로 보게 되므로 겉보기 구조의 분포로부터 실제 3차원 구조를 유추한다. 등광도 곡선 또한 은하 전체 구조 내에 숨겨진 작은 원반부와 같은 내부의 복잡한 구조를 드러낸다.

만약 은하가 최단축 z에 대해 대칭인 편원구형이면, 직교 좌표계에서 항성의 밀도 $\rho(\mathbf{x})$를 다음과 같이 표현할 수 있다.

$$\rho(\mathbf{x}) = \rho(m^2), \text{ 여기서 } m^2 = \frac{x^2+y^2}{A^2} + \frac{z^2}{B^2} \tag{6.5}$$

여기서 $A \geq B > 0$이다. 등밀도 $\rho(\mathbf{x})$ 곡선은 $m^2 =$상수인 타원체이다. 축 z방향을 따라 바라보는 경우 둥근 E0 은하를 관측하게 된다. 임의의 각도를 가지고 바라보면 타원형으로 나타난다. 겉보기 축비 $q = b/a$를 계산하기 위해서는 [그림 6.8]과 같이 관측자의 위치를 $x-z$ 평면으로 두고 z축 에 대해 $0° < i < 90°$ 방향으로 보면 된다. 시선방향은 밀도가 $m^2 = x^2/A^2 + z^2/B^2$ 으로 일정한 면에 해당되는 이 타원의 접선 T 점을 통과한다. 그러므로 다음 식을 얻을 수 있다.

$$\tan i = dx/dz = -(z/x)(A^2/B^2) \tag{6.6}$$

따라서 타원 모습에 대하여 장축은 $a = mA$이며, 단축은 $b = \mathrm{OR} = \mathrm{OQ}\sin i$이다. 식 6.5와 6.6을 이용하면 다음 식을 얻는다.

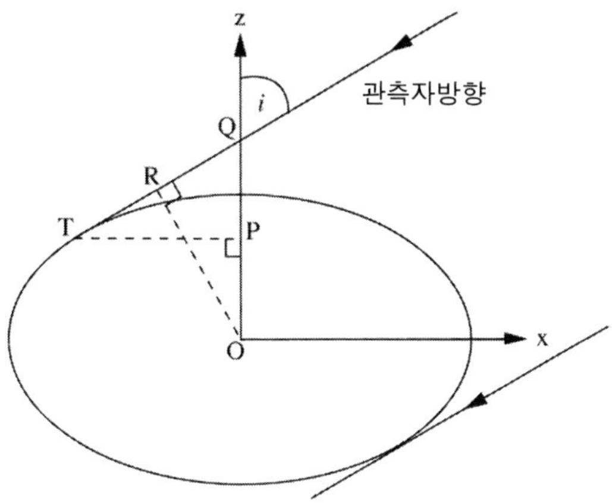

[그림 6.8] 편원 은하의 관측각도

$$\mathrm{OQ} = \mathrm{OP} + \mathrm{PQ} = z + (-x)\cot i = B^2 m^2 / z \tag{6.7}$$

겉보기 장축 대 단축비 q는 다음과 같이 나타낼 수 있다.

$$q_{obl} \equiv \frac{b}{a} = \frac{\mathrm{OQ}\sin i}{mA} = \frac{B^2 m}{zA}\sin i = \left[\frac{B^2}{A^2} + \cot^2 i\right]^{1/2} \sin i \tag{6.8}$$

위 식의 마지막 계산에서는 식 6.5의 정의를 사용하였다. 따라서 축비는 다음과 같이 표현된다.

$$q_{obl}^2 = (b/a)^2 = (B/A)^2 \sin^2 i + \cot^2 i \tag{6.9}$$

따라서 편원구형 은하의 경우 절대로 실제 축비 B/A 보다 더 편평하게 관측되지 않는다. 편장구형 은하는 $A < B$에 대하여 식 6.5에서의 $\rho(\mathrm{x})$로 표현된다. 대칭축에 대하여 각도 i 방향으로 보게 되면 장축에 대한 단축의 비가 다음과 같은 타원으로 나타난다.

$$q_{prol}^2 = \left[(B/A)^2 \sin^2 i + \cot^2 i\right]^{-1} \tag{6.10}$$

따라서 $q_{prol} \geq A/B$이며, 역시 겉보기 편평도가 실제 축비보다 클 수 없다.

임의의 방향으로 볼 때, 극축에 대하여 각도 i 와 $i + \Delta i$ 사이 값을 갖는 은하의 비율은 $\sin i \cdot \Delta i$이며, 이러한 시선방향에 대한 각 은하의 구체 비이다. 모든 은하들의 축비가 B/A인 편원체이면 식 6.9로부터 겉보기 축비 q와 $q + \Delta q$ 사이의 비율 $f_{obl}\Delta q$는 다음과 같다.

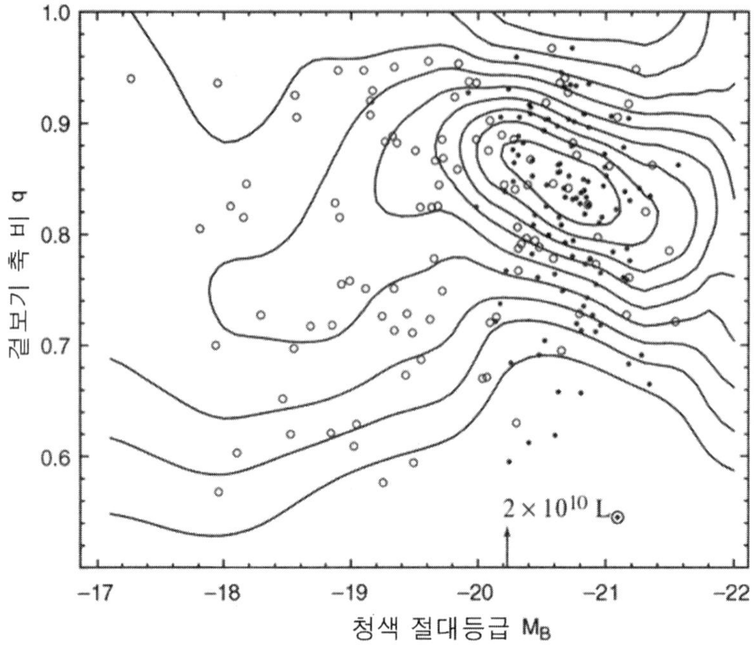

[그림 6.9] 타원 은하에 대한 관측된 축비 q와 청색 절대등급 M_B 두 개의 다른 표본자료를 이용하였으며, 각각 흰 원과 검은 원으로 표현되어있다. 밝은 은하들(오른쪽 위치)은 평균적으로 더 둥글게 보인다. 등고선은 확률 밀도를 나타내며, 가장 높은 등고선의 확률 밀도는 가장 낮은 것에 비해 4.5배 높으며, 다른 등고선들은 같은 간격을 갖는다. −B. Tremblay & D. Merritt, 1996, *AJ* 111, 2243.

$$f_{obl}(q)\Delta q = \frac{\sin i \cdot \Delta q}{|dq/di|} = \frac{q\Delta q}{\sqrt{1-(B/A)^2}\sqrt{q^2-(B/A)^2}} \tag{6.11}$$

$B \ll A$인 매우 편평한 항성계에 대하여, 이 값은 거의 균일 분포를 가지며, 모든 $q > B/A$ 값들의 확률은 같다. 나선 은하나 S0 은하의 원반부에 대하여, 겉보기가 $q \approx 0.2$보다 큰 경우는 거의 같은 비율로 관측되며, 따라서 대부분 이러한 원반부들은 $B/A \lesssim 0.2$이다. 매우 드물게 원반 은하의 외곽부 등광도 곡선이 $q \lesssim 0.1$의 값을 갖는 타원모양으로 나타나는데, 이는 $B/A \approx 0.1$보다 더 편평한 원반부가 거의 없다는 것이다. 이것은 수직 길이 척도와 수평 길이 척도의 비 값이 $h_z/h_R \approx 0.1-0.2$와 같다는 5.1절의 내용과 일치한다.

E7 또는 $q = 0.3$보다 더 편평한 타원 은하는 없다. 그러한 경우의 은하는 역학적으로 매우 불안정할 것으로 추정된다. 각운동량이 매우 큰 항성계는 매우 편평한 편원 타원체가 되기보다는 얇고 빠른 회전을 하는 원반부와 중심 팽대부로 분리된다. 매우 가는 편장 은하나 회전하지 않은 편원 팬케이크 형 원반은 더 둥근 형태로 조여지며 두꺼워 진다.

[그림 6.9]는 크고 밝은 은하보다 일반적으로 더 찌그러진 작은 타원 은하의 겉보기 구조를 나타낸다. 평균적으로, $M_B \gtrsim -20$의 중간 크기 은하들은 겉보기 축비가 $q \approx 0.75$이다. 만약 이들이 편원체이면, 일반적인 실제 편평도는 $0.55 \lesssim B/A \lesssim 0.7$의 범위이다. $L \gtrsim L_\star$이거나 $M_B \lesssim -20$의 값을 갖는 밝은 타원 은하들의 경우 평균적으로 $q \approx 0.85$이다. 그러나 이들 중 거의 원 상태로 관측되는 보이는 경우는 거의 없으며, 편원 타원체 구조로서는 관측되는 q 값의 분포를 나타낼 수 없다. 이러한 밝은 은하들 중 몇몇은 아마도 *삼축타원체*이며, 항성 밀도는 다음과 같이 표현된다.

$$\rho(\mathbf{x}) = \rho(m^2), \text{ 여기서 } m^2 = \frac{x^2}{A^2} + \frac{y^2}{B^2} + \frac{z^2}{C^2} \tag{6.12}$$

$A > B > C$ 의 경우, z가 최단축이며, x가 최장축이다. 이러한 각각의 *기본축*에 대한 수직 단면은 타원형이다.

문제 6.5 식 6.11을 이용하여, 임의의 방향으로 바라보는 경우, 축비가 q 보다 더 편평한 실제 축비 B/A를 갖는 편원 타원 은하의 비율이 다음과 같이 표현됨을 보이라.

$$F_{obl}(<q) \equiv \int_{B/A}^{q} f_{obl}(q')dq' = \sqrt{\frac{q^2-(B/A)^2}{1-(B/A)^2}} \tag{6.13}$$

만약 이 은하들이 $B/A = 0.8$인 경우, $0.95 < q < 1$의 범위로 보이는 은하들의 개수가 $0.8 < q < 0.85$의 범위로 보이는 은하들 에 비해 약 삼분의 일이 됨을 보이라. B/A가 더 작은 경우, 더 많은 비율로 $0.95 < q < 1$의 거의 원으로 나타남을 보이라. 그리고 [그림 6.9]에서 $q < 0.95$보다 더 둥글게 보이는 $-21 < M_B < -20$를 가진 은하의 비율을 계산하고, 이 범위의 밝기를 가진 은하들이 편원체의 형태가 될 수 없음을 설명하라.

6.1.2_ 뒤틀린 형, 원반형, 박스형

타원 은하의 등광도선은 실제 타원에 가깝지만, 작은 차이점들은 은하들이 단순한 축대칭 구조와 얼마나 차이가 나는가를 알려준다. [그림 6.1(b)]에서 등광도선의 장축이 은하 중심부에서는 거의 수평방향을 가지다가 은하의 가장 바깥 영역에서는 거의 수직 방향으로 뒤틀리는 현상을 볼 수 있다. 편원 은하의 등광도선은 항상 일련의 타원이 쌓여있는 형태를 보이는데, 기본 장축은 은하의 적도면이 관측자의 방향에 대해 수직인 하늘 면을 가로지르는 선이다. [그림 6.10]은 반경 m의 대해 변화된 축비가 $A : B : C$인 삼축체 은하에 대해, 하나의 기본 축과 다른 방향으로 관측하는 경우 생기는 이러한 뒤틀림을 나타낸다.

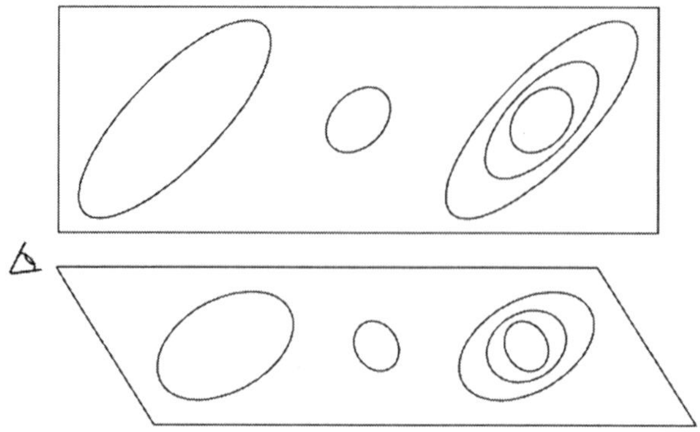

[그림 6.10] 삼축체 은하에 대한 등광도선 뒤틀림 현상의 2차원 그림 : 왼쪽 아래(아래 그림)로부터 편평한 표면상의 타원들(위 그림)을 바라본다. 왼편 타원은 여전히 오른쪽 위 방향을 향한다. 그러나 가운데의 둥근 타원의 장축은 오른쪽 아래 방향을 향한다. 가장 오른쪽의 타원들은 삼축체 은하의 축비가 반경에 따라 다른 경우, 주축 변화가 없을 때조차도 등광도선이 어떻게 뒤틀리는지를 나타낸다. – J. Kormendy.

어떤 타원 은하의 등광도선은 정확한 타원과 다른 원반형의 형태로 나타난다. 이들은 마치 은하 내부에 적도 방향 원반부가 내포되어 있는 것처럼 장축을 따라 여분의 빛을 가지고 있다([그림 6.1(c)] 참조). 항성 운동의 측정으로부터 이 경우를 정확하게 알 수 있다. 즉, 전체 빛의 30% 정도를 차지하는 원반부가 타원체에 의해 파묻혀있다. 반면, 박스형 등광도선을 갖는 은하의 경우 타원의 모서리 부분에 여분의 빛이 있다([그림 6.1(d)] 참조). 이러한 왜곡현상을 정량화하기 위해, 주어진 등광도선을 가장 잘 맞는 다음과 같은 타원 방정식을 사용한다.

$$x = a\cos t,\ \ y = b\sin t \tag{6.14}$$

여기서 x와 y는 장축과 단축 방향의 거리이며, t는 타원을 따르는 각도이다. $\Delta r(t)$을 중심으로부터 바깥으로 잰 이 타원과 은하 등광도선 사이의 거리차이라고 하면, 다음과 같은 식이 성립된다.

$$\Delta r(t) \approx \sum_{k \geq 3} a_k \cos(kt) + b_k \sin(kt) \tag{6.15}$$

최적 타원 맞추기를 하는 경우, 여기서 $k=0,\ 1,\ 2$에 해당되는 항은 무시된다. a_3 과 b_3항은 미세한 계란형 등광도선을 표현하는 것으로 일반적으로 매우 적은 량이다. b_4 항 역시 매우 적은 양이나, a_4는 그렇지 않다. 만약 $a_4 > 0$인 경우, 등광도선은 원반형이며, 장축과 단축을 따라 $\Delta r > 0$ 일 때 $t = 0, \pm\pi/2, \pi$에서 최적 타원으로부터 바깥으로 밀려나게 된다. $a_4 < 0$인 경우, 등광도선의 팽대부는 축에서 45° 비켜나며 박스 또는 땅콩 모양의 구조를 갖는다.

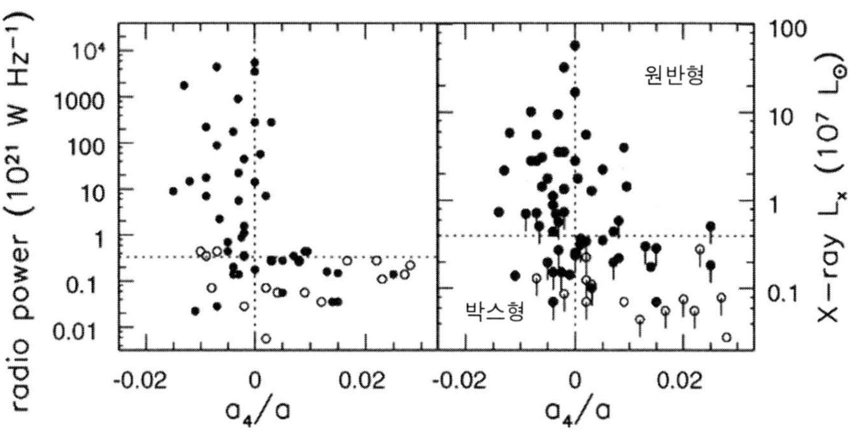

[그림 6.11] 타원 은하의 전파와 X-선 세기. $a_4<0$이 박스형 은하들은 강한 광원이며, $a_4>0$의 원반형 타원 은하는 보통 약한 광원이다. 검은 원은 $M_B<-19.5$ 정도의 밝은 천체를 나타낸다. 흰 원은 그보다 더 어두운 은하를 나타낸다. 아래 방향으로 내려 그어진 선을 가진 점들은 X-선 방출의 최대한계를 나타내며, 이 광도들은 Hubble상수 $H_0=75\,\mathrm{km\,s^{-1}Mpc^{-1}}$일 때의 계산이다. –R. Bender.

박스형 은하들에서 등광도선의 뒤틀림이 쉽게 보인다. 대부분의 경우 아주 밝은 타원 은하들이며, 대부분 삼축체이다. [그림 6.11]은 박스형 타원 은하들이 강한 전파와 X-선 방출을 더욱 자주 나타낸다는 사실을 보여준다. 아래에 나타낸 것과 같이 이들은 또한 매우 느린 회전운동을 한다. 반면, 중간 크기정도의 타원 은하들은 X-선이 밝은 뜨거운 가스가 거의 없으며, 비교적 원반형이며, 편원체 형이고, 또한 빠른 회전을 한다. 이들은 팽대부가 원반부를 삼킬 정도로 큰 S0 은하와 비슷하다. 더욱 큰 박스 구조는 작은 은하들의 병합에 의해 형성되었을 것이며, 이 과정은 과거에 존재하였던 원반부를 파괴한 후 삼축 구조로 남게 된다. 몇몇 천문학자들은 Hubble의 En 분류법 보다 박스율로 타원 은하를 분류해야한다고 주장하고 있다. 원반형 타원 은하는 밝은 박스형과 S0 은하의 중간 단계를 형성한다고 본다.

6.2 항성의 운동

원반 은하와는 달리, 타원 은하내의 항성들은 일반적인 회전을 따르지 않으며, 운동에너지의 대부분이 무작위 운동에서 기인한다. 나선 은하의 광도는 회전 속력과 연관이 있는 것처럼, 타원 은하는 더 밝을수록 더 큰 속도 분산을 갖는다. 타원 은하의 회전은 매우 느리며, 타원 은하 내 항성들도 최종적인 최적 운동 상태에 아직 근접하지 못하고 *이완*이 되지 않은 상태이다. 타원 은하들은 여전히 은하의 기원에 관한 많은 정보를 유지하고 있다.

6.2.1_ 항성 속도의 측정

은하 내 항성들의 궤도 속도를 측정하는 것은 비교적 어려운 일이다. 이온화된 더운 가스의 Hα 방출선이나, 중성 수소의 21 cm 전파 방출선의 도플러 이동을 이용하여 차갑거나 더운 가스의 속력은 쉽게 결정할 수 있다. 그러나 항성에 대해서는 스펙트럼에서 *흡수선*을 반드시 활용하여야 한다. 이 선들은 가는 원자선들이 아니라, 매우 넓어진 파장 범위를 갖는 것들이 많다. 아래에서 고려하겠지만, 이 선들의 중심부에 대해서만이 아니라 폭과 형태에 대해서도 반드시 고려해야한다. 이러한 측정을 위해서 매우 큰 신호 대 잡음비와 긴 관측 시간이 요구된다.

은하의 흡수선 스펙트럼은 긴 슬릿을 이용하여 측정된다. 슬릿은 은하를 가로질러 놓이며, 격자로 빛을 반사하면서 CCD와 같은 검출기에 도달하기 전 수직방향의 파장으로 분산시킨다(5.1절 참조). 때때로 광섬유 뭉치를 사용하는데, 광섬유는 은하 전면의 여러 위치에서 오는 빛을 모아 격자로 보낸다. 은하로부터 멀리 떨어져 있는 슬릿의 끝부분으로 들어오거나 광섬유 면으로 들어온 빛은 밤하늘과 때로는 먼 가로등에서 나오는 방출선이 기록된다. 은하 중심부를 제외하고 하늘은 은하보다 밝다. 따라서 관측한 스펙트럼에서 하늘 스펙트럼을 반드시 빼주어야 은하의 스펙트럼을 정확히 재현할 수 있다.

은하 내 모든 항성들의 빛은 각 항성들의 스펙트럼과 각각의 운동에 따른 도플러 파장이동의 합이다. 각 항성들의 궤도 운동에 의해 은하의 스펙트럼은 각 항성의 스펙트럼에 비해 파장 폭이 커지며 깊이가 얕아지게 된다. 6.3절에서 언급하겠지만, 타원 은하로부터 오는 빛의 대부분은 G와 K형 거성들에 의한 것이다. 일반적으로 우리로부터 가까운 이러한 항성들을 비교 대상으로 관측한다. 동일한 망원경과 관측기기로 은하에 대해서와 마찬가지로 비교 항성들에 대한 스펙트럼을 얻으면, 기기에 의한 효과들을 보정할 수 있다. 예를 들면 분광기는 *스펙트럼 분해능* $\Delta\lambda$ 만큼 선들을 넓힌다. 일반적으로 이러한 관측에 대하여 $\lambda/\Delta\lambda \gtrsim 5000$ 은 $60\,\mathrm{km\,s^{-1}}$ 의 분해능을 갖는다.

타원 은하들은 차가운 먼지 가스를 거의 내포하지 않는다. 따라서 타원 은하의 빛은 모든 항성들에서 방출하는 빛의 합과 거의 동일하다. 관측자에 대하여 고정된 항성으로부터 받는 에너지는 파장 범위 λ 와 $\lambda+\Delta\lambda$에서 $F_{\lambda,\star}(\lambda)\Delta\lambda$이다. 우리로부터 은하를 향한 방향을 z 로 하는 직교 좌표계 x, y, z를 생각하자. 만약 항성이 우리로부터 속도 $v_z \ll c$ 로 멀어지면, 파장 λ에서 받는 빛은 파장 $\lambda[1-v_z/c]$에서 방출된 것이다. 은하 영상 x, y 지점에서 스펙트럼을 찾기 위해 시선방향 모든 항성들에 대해 적분해야한다. z 방향 속도범위는 v_z와 $v_z+\Delta v_z$ 사이를 가지며 위치 $\mathbf{x}$에 있는 항성들의 개수를 $f(\mathbf{x},v_z)\Delta v_z$ 라고 하면, 관측되는 스펙트럼은 다음과 같이 표현된다.

$$F_{\lambda,\mathrm{g}}(x,y,\lambda)=\int_{-\infty}^{\infty}F_{\lambda,\star}(\lambda[1-v_z/c])\left\{\int_{-\infty}^{\infty}f(\mathbf{x},v_z)dz\right\}dv_z \tag{6.16}$$

만약 각각의 항성에 대해 분포함수 $f(\mathbf{x},\mathbf{v})$를 안다면, 그들의 스펙트럼 $F_{\lambda,\star}(\lambda)$은 비교성들의 스펙트럼과 동일하며, 식 6.16을 이용하여 은하의 스펙트럼을 만들 수 있다. 실제로 괄호 속에 있는 $f(\mathbf{x},v_z)$의 시선 방향 적분에 대하여 몇 개의 변수 형태로 가정하여, 은하에 대하여 관측된 스펙트럼을 최대한 잘 재현할 수 있도록 이 변수들을 선택한다. 일반적으로 다음과 같이 가우스 함수를 선택한다.

$$\int_{-\infty}^{\infty}f(\mathbf{x},v_z)dz\propto\exp\left[-(v_z-V_r)^2/2\sigma^2\right] \tag{6.17}$$

여기서 $\sigma(x,y)$는 일반적으로 간단하게 σ로 표현되며 이는 항성들의 속도 분산 값이고, $V_r(x,y)$은 그 지점에서의 평균 시선 속도이다. 회전은 은하 전체의 정면을 통하여 $V_r(x,y)$의 기울기 이다. 고 분해능 스펙트럼을 얻은 경우 가우스 함수는 적절한 근사치를 주지 못할 수 있다. 원반형 은하에서 매우 빠르게 움직이는 항성들의 긴 꼬리는 느리게 회전하는 은하 전체 내에 묻혀 있는 아주 작은 빠른 회전 원반을 보여준다.

[그림 6.12]는 cD 은하 NGC 1399의 장축을 따라 거리 약 $5R_e$ 되는 지점, 즉 표면 밝기가 중심부에 비해 100배 이상 떨어지는 지섬에서 측정된 평균 시선속도와 속도 분산을 나타낸다. 우리 은하와 같은 나선 은하에서, 원반부 항성들의 규격화된 회전운동은 무작위 속력에 비해 거의 10배 이상 빠르다. 그러나 이 타원 은하의 경우 최고 속도가 $V_{\max}\ll\sigma_{\mathrm{r}}$ 임을 알 수 있다. 타원 은하는 원반 형태가 아니므로 나선 은하만큼의 회전을 기대하지는 않는다. 그러나 다음절에서 고려하게 되겠지만, 타원 은하들은 대부분 자체의 둥근 모양을 만들 만큼의 회전도 하지 않는다.

문제 6.6 NGC 1399의 중심 반경 r_c는 $\sim5''$ 또는 400 pc이다. 식 3.46을 이용하여, [그림 6.12]의 측정된 분산값 σ_{r}와 문제 6.3의 결과를 묶은 후, 중심부의 질량 대 광도비가 $\mathcal{M}/L_V\sim7$ 임을 보이라. 이 값은 우리 은하 내 구상성단들(3.1절 참조)에 비해 약간 클 뿐이며, 따라서 이 은하의 중심부는 암흑 물질을 거의 가지고 있다는 사실을 말해준다.

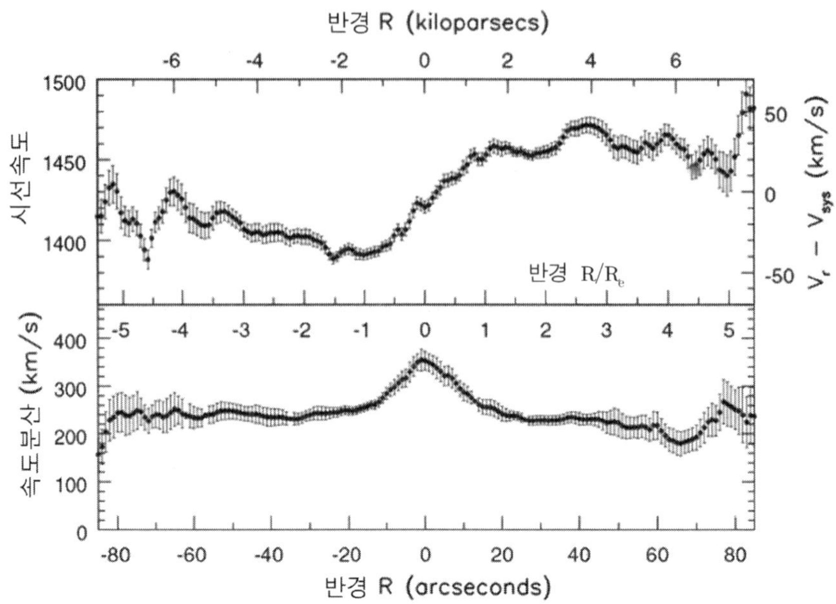

[그림 6.12] cD 은하 NGC 1399의 장축에 대하여 측정된 시선속도 V_r와 속도분산 σ_r. 수직선은 측정 불확정도를 나타낸다. $(V_r - V_{sys})/\sigma_r \ll 1$이며, 은하 중심부 수초각 영역에서 V_r의 기울기가 바뀐다. −A. Graham.

더 읽어보기

분광 기법에 대하여, D.F. Gray, 1992, The Observations and Analysis of Stellar Photospheres, 2nd edition(Cambridge University Press, Cambridge, UK)의 제 3장을 참조하라. 분석에 대하여, J. Binney & M. Merrifield, 1998, Galactic Astronomy, 3rd edition(Princeton University Press, Princeton, New Jersey)의 11장을 참조. 두 가지 모두 대학원 교과서이다.

6.2.2_ Faber-Jackson 관계와 기본 면

타원 은하들의 속도 분산 값의 범위는 원반 은하의 최고 회전 속력에 대하여 5.3절에서 본 바와 비슷하다. 난선 은하의 경우에 대하여, 항성들은 밝은 은하에서 더 빠른 운동을 한다. 밝은 타원 은하의 중심부에서 속도 분산은 $500\ \mathrm{km\,s^{-1}}$에 이르며, 가장 어두운 은하에 대하여 $\sigma \sim 50\ \mathrm{km\,s^{-1}}$에 이른다. [그림 6.13]의 왼쪽 그림은 대략 $L \propto \sigma^4$의 함수를 보여주며, 이것을 *Faber-Jackson 관계*라고 부른다. V 파장영역에서 대략 다음과 같다.

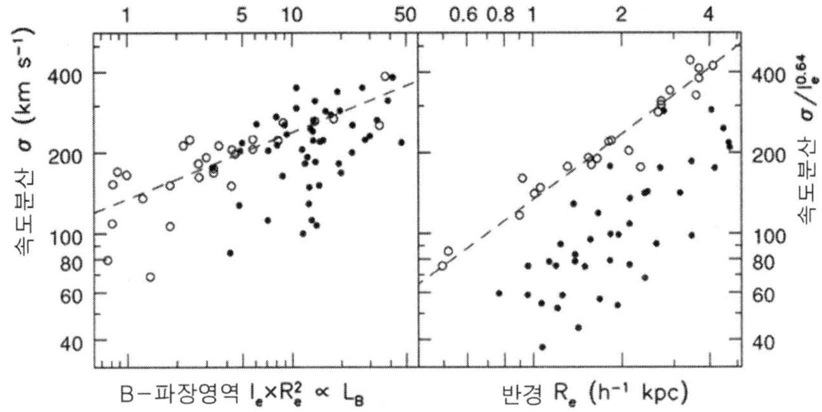

[그림 6.13] 왼쪽, B−파장영역에서 광도 L_B에 비례하는 $I(R_e)R_e^2$ 에 대한 중심 속도분산 σ 그림. 점선은 $L_B \propto \sigma^4$을 나타낸다. 오른쪽, '기본 면'. 흰 원은 Coma 은하단의 타원 은하들을 나타내고, 검은 원은 적색편이 $0.8 < z < 1.2$에 있는 타원 은하들을 나타낸다. −T. Treu

$$\frac{L_V}{2\times 10^{10} L_\odot} \approx \left(\frac{\sigma}{200\ \mathrm{km\,s^{-1}}}\right)^4 \tag{6.18}$$

나선 은하에 대한 Tully-Fisher 관계와 같이 Faber-Jackson 관계는 측정된 속도 분산으로부터 은하의 거리를 측정하는데 이용된다. 그러나 은하의 빛은 대부분 어두운 외곽부에서 오므로 은하로부터 받는 총 광량을 결정하는 것은 어렵다. 그러므로 Faber-Jackson 관계로부터 유도되는 거리는 아주 정확한 것은 아니다. 더 유용한 방법은 표면 밝기로부터 일정 밝기의 평균을 유도한 등광도선의 직경 D를 측정하는 것이다. [그림 6.6]에서 은하의 중심부 밝기 $I(0)$는 광도 L에 의존되는 양임을 알 수 있고, 따라서 $D-\sigma$ *관계*가 성립된다. 일반적으로 B 파장영역에서 $20-21\ \mathrm{mag\,arcsec^{-2}}$의 평균 표면 밝기를 갖는 D를 선택한다.

또 다른 가능성은 *기본 면* 관계를 이용하는 것이다. [그림 6.13]의 오른쪽 그림은 Coma 은하단의 타원 은하들이 중심부 속도 분산 σ, 유효 반경 R_e, 그리고 표면 밝기 $I_e = I(R_e)$로 이루어진 3차원 '공간' 의 한 평면상에 놓인다는 것을 보여준다. 근사적 관계식으로 $I_e^{1.64} R_e^2 \propto \sigma^{2.48}$ 과 같이 표현되며, 또는 다음과 같이 나타낼 수 있다.

$$R_e \approx \sigma^{1.2} I_e^{-0.8} \tag{6.19}$$

[그림 6.6]과 같이, 기본 면은 여전히 이해되어져야하는 어떤 기본적인 과정, 그에 의해 타원 은하가 형성되는 과정을 반영하고 있다. 우주가 지금 나이의 반 정도에 해당하는 $z \sim 1$에 있는 은하를 볼 수 있다. 그들은 가까운 은하들보다 더 밝으며 같은 기

본 면을 따르지 않고, 이들의 질량 대 광도비는 대략 5배 정도로 작다.

문제 6.7 속도 분산 σ와 질량 대 광도비 $\mathcal{M}/L$이 한 은하 전체에서 일정하며, 암흑 물질이 없다고 가정하고, 운동 에너지가 $\mathcal{KE} = 3\mathcal{M}\sigma_r^2/2$임을 보이시오. 대략 반경 R_e의 균일한 구라고 가정하면, 문제 3.12로부터 $\mathcal{PE} = -3G\mathcal{M}^2/(5R_e)$를 얻을 수 있다. 식 3.44의 비리얼 정리를 이용하여 질량이 $\mathcal{M} \approx 5\sigma^2 R_e/G$임을 보여라. 만약 모든 타원 은하들에 대하여 식 6.1에서 같은 n 값을 갖는 경우, $\mathcal{M} \propto \sigma^2 R_e$와 $L \propto I_e R_e^2$ 으로부터 $\mathcal{M}/L \propto \sigma^2/(I_e R_e)$이 됨을 설명하라.

(a) 만약 모든 타원 은하들이 같은 $\mathcal{M}/L$ 값과 표면 밝기 $I(R_e)$를 가지는 경우, Faber-Jackson 관계식을 따른다는 것을 보이라.

(b) 식 6.19에서 $I_e \propto \sigma^{1.5} R_e^{-1.25}$이 성립되며, 따라서 $\mathcal{M}/L \propto \sigma^{0.5} R_e^{0.25}$ 또는 $\mathcal{M}^{0.25}$ 임을 보이라. 질량 대 광도비는 큰 은하에서 더 커야한다.

6.2.3 타원 은하는 얼마나 빨리 회전하는가?

타원 은하들이 지금 알고 있는바 보다 빨리 회전할 것이라고 천문학자들이 생각했던 이유를 이해하기 위해 비리얼 장리를 살펴본다. 위치 $\mathbf{x}_\beta$에 있고 질량이 m_β인 은하 내 다른 항성들에 의해 위치 $\mathbf{x}_\alpha$에 있는 항성에 주어지는 중력은 다음과 같은 방정식으로 표현된다.

$$\frac{d}{dt}(m_\alpha \mathbf{v}_\alpha) = -\sum_{\substack{\beta \\ \alpha \neq \beta}} \frac{G m_\alpha m_\beta}{|\mathbf{x}_\alpha - \mathbf{x}_\beta|^3}(\mathbf{x}_\alpha - \mathbf{x}_\beta) \tag{3.2}$$

3.1 절의 식 3.38에서 사용된 과정을 따르자. 다만, 내적을 하지 않고, 식 3.2의 z 요소에 z 축 z_α를 곱하고 모든 항성들에 대해 합해주면 다음과 같다.

$$\sum_\alpha \frac{d}{dt}(m_\alpha v_{z\alpha} z_\alpha) = -\sum_{\substack{\alpha,\beta \\ \alpha \neq \beta}} \frac{G m_\alpha m_\beta}{|\mathbf{x}_\alpha - \mathbf{x}_\beta|^3}(z_\alpha - z_\beta) z_\alpha \tag{6.20}$$

여기서 $v_{z\alpha}$는 항성 α의 속도 $\mathbf{v}_\alpha$의 z 요소이다. 그러나 항성 β에 대한 힘으로서 먼저 표현하면, 다음과 같은 식을 얻는다.

$$\sum_\beta \frac{d}{dt}(m_\beta v_{z\beta} z_\beta) = -\sum_{\substack{\alpha,\beta \\ \alpha \neq \beta}} \frac{G m_\alpha m_\beta}{|\mathbf{x}_\alpha - \mathbf{x}_\beta|^3}(z_\beta - z_\alpha) z_\beta \tag{6.21}$$

위 두 방정식을 평균하면, 식 3.42와 유사한 방정식을 얻는다.

$$\frac{1}{2}\frac{d^2 I_{zz}}{dt^2} = 2\mathcal{KE}_{zz} + \mathcal{PE}_{zz} \qquad (6.22)$$

여기서 관성능률의 z 요소는 다음과 같이 정의되며,

$$I_{zz} \equiv \sum_{\alpha} m_\alpha z_\alpha z_\alpha \qquad (6.23)$$

z 방향의 운동에 대한 운동에너지는 다음과 같으며,

$$\mathcal{KE}_{zz} \equiv \frac{1}{2}\sum_{\alpha} m_\alpha v_{z\alpha} v_{z\alpha} \qquad (6.24)$$

포텐셜 에너지의 zz 기여도는 다음과 같이 표현된다.

$$\mathcal{PE}_{zz} = -\sum_{\substack{\alpha,\beta \\ \alpha\neq\beta}} \frac{1}{2}\frac{G m_\alpha m_\beta}{|\mathbf{x}_\alpha - \mathbf{x}_\beta|^3}(z_\alpha - z_\beta)^2 \qquad (6.25)$$

식 3.44와 같은 방법으로, 모든 항성들이 은하에 속박되어 있는 경우 다음과 같이 표현할 수 있다.

$$2\langle \mathcal{KE} \rangle + \langle \mathcal{PE} \rangle = 0 \qquad (6.26)$$

여기서 $\langle\ \rangle$은 긴 시간에 대한 평균이다. 운동의 x와 y 방향 요소에 대해서도 유사한 방정식을 얻을 수 있으며, 텐서 비리얼 정리의 부분을 구성한다. 이 정리로부터 평균 운동에너지와 포텐셜에너지는 반드시 균형을 이루어야하며, 다른 방향으로의 기여도는 반드시 같은 크기로 나누어져야한다는 사실을 알 수 있다. 은하가 우리 은하와 같이 매우 편평한 경우, $\mathcal{PE}_{zz}$는 $\mathcal{PE}_{xx}$보다 매우 작을 것이다. 식 6.26으로부터 z 방향의 무작위 운동 속력에서 에너지는 x 방향 요소의 운동에너지를 구성하는 무작위 운동과 회진으로부터의 에너지 보다 반드시 적어야 한다.

축대칭이며, 항성의 밀도 분포가 식 6.5와 같고 z축에 대하여 대칭으로 회전하는 타원 은하를 가정하자. 그러면, z 방향의 운동에너지는 회전 운동과 무작위 운동의 합으로 나눌 수 있다. 회선 속력을 V라 하고 두 방향의 속도 분산 σ_x와 σ_z가 은하 전체에 대하여 거의 일정하다고 가정하면, 회전 운동에너지는 x 와 y 방향으로 분리되므로 다음 식이 만족된다.

$$\frac{\langle \mathcal{PE}_{zz} \rangle}{\langle \mathcal{PE}_{xx} \rangle} = \frac{\langle \mathcal{KE}_{zz} \rangle}{\langle \mathcal{KE}_{xx} \rangle} \approx \frac{\sigma_z^2}{\frac{1}{2}V^2 + \sigma_x^2} \tag{6.27}$$

두 개의 포텐셜 에너지 항은 단지 축 비 B/A에 의존하며, 다시 말해 타원율 $\epsilon \equiv 1 - B/A$에만 의존한다. 은하 내 질량의 분포에 영향을 받지 않으며, 다음과 같이 표현된다.

$$\frac{\langle \mathcal{PE}_{zz} \rangle}{\langle \mathcal{PE}_{xx} \rangle} \approx (B/A)^{0.9} = (1-\epsilon)^{0.9} \tag{6.28}$$

실제 회전 속력 V는 측정된 평균 속력 V_{max}보다 크다. 왜냐하면, 항성들은 대부분 하늘을 가로지르는 운동에 시간의 대부분을 보내어 V_{max}에 기여를 하지 않는다. 따라서 $V_{max} \approx \pi V/4$ 와 같이 쓸 수 있다. 무작위 운동이 모든 방향에 대하여 *등방적인* 경우$\sigma_x = \sigma_z = \sigma$이며, 식 6.27은 다음과 같이 표현된다.

$$\left(\frac{V_{max}}{\sigma}\right) = \left(\frac{V}{\sigma}\right)_{iso} = \frac{\pi}{4}\sqrt{2[(1-\epsilon)^{-0.9} - 1]} \approx \sqrt{\epsilon/(1-\epsilon)} \tag{6.29}$$

여기서 근사는 ϵ이 아주 작은 경우 성립된다. 이 관계식에 의하면, 매우 둥근 형태의 은하도 제법 빠른 회전을 보여야 한다. 즉, $B/A = 0.7$인 경우 $V_{max}/\sigma \approx 0.68$이다.

하나의 은하에 대하여 실제 편평도 B/A를 측정할 수는 없고, 다만 겉보기 b/a를 측정할 수 있을 뿐이다. z 축 방향에 대하여 각도 i 방향으로 보는 경우, 측정되는 회전 속력 V_{max}는 $x-y$ 평면의 한 점으로부터 보는 경우에 기대되는 것에 비해 $\sin i$ 배 만큼 줄어든다. 그러나 은하가 그리 많이 편평하지 않다면, 아래의 문제는 $2\epsilon \approx \sin^2 i[1-(B/A)^2]$가 됨 을 보여준다. 즉, 식 6.29의 왼쪽과 오른쪽 항은 $\sin i$ 만큼 근사적으로 줄어든다. 겉보기 타원율 $\epsilon = 1 - b/a$를 이용하여 $(V/\sigma)_{iso}$를 계산하는 경우, [그림 6.14]에서와 같이, 등방 속도 분산을 가지는 편원 은하인 경우 역시 $V_{max}/\sigma = (V/\sigma)_{iso}$에 해당하는 선에 근접한다. 그러나 거대 E1 은하인 NGC 1399는 어디에서도 이와 비슷한 관계를 가지지 않는다. $\epsilon_{app} \approx 0.1$에 대하여 $(V/\sigma)_{iso} = 0.33$을 기대하지만, [그림 6.12]에서 보면 $V_{max}/\sigma \lesssim 0.15$이다.

문제 6.8 식 6.9로부터 편원 은하의 겉보기 편평도 $\epsilon_{app} = 1 - b/a$가 다음에 의해 주어짐을 보이시오.

$$\epsilon \ll 1\text{일 때, } \sin^2 i(1 - B^2/A^2) = 1 - (b/a)^2 \approx 2\epsilon \tag{6.30}$$

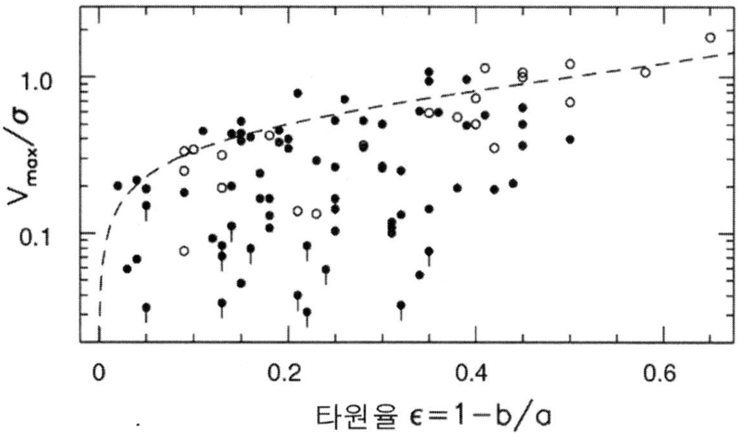

[그림 6.14] 타원 은하에 대하여 측정된 최대 회전속도 $V_{\max}$와 중심 속도분산 σ의 비율을 겉보기 타원율에 대해 그렸다: 검은 원은 밝은 은하들($M_B < -19.5$)을 나타내고, 흰 원은 어두운 은하들이다. 아래방향 선을 가진 점들은 $V_{\max}$의 최대한계를 나타낸다. 파선은 주어진 편평도에 기대되는 최고회전에 대한 $(V/\sigma)_{\rm iso}$을 나타낸다. −R. Bender.

[그림 6.14]와 [그림 6.15]는 많은 타원 은하들은 특히 밝은 타원 은하들은 속도 분산이 등방적인 경우 보다 매우 천천히 회전한다는 것을 나타내고 있다. 왜소 은하들은 그림에서 빠져 있으며, 밝고 중간 크기정도의 은하들만 포함되어 있다. 식 6.27에 의하면, 느린 회전은 무작위 운동에 의해 보충되어져야하며, 따라서 $\sigma_x \gg \sigma_z$가 추론된다. 이러한 은하들의 편평도는 회전에 의한 것이 아니며, *속도 비등방성*에 기인하는 것이다. 밝은 타원 은하들의 경우 뚜렷한 비등방성을 보이는 경우가 많으나, 중간정도의 타원 은하들은 빠른 회전을 갖는다. [그림 6.15]의 오른쪽 그림은 주로 중간크기의 원반형 등광도선을 갖는 타원 은하들이 회전을 빨리한다는 것을 보여준다. 이러한 은하들은 천천히 회전하는 외곽부 구조에 빠른 회전의 항성 원반이 포함되어 있는 복합적 구조일 가능성이 많다. 4.4절의 내용을 다시 돌이켜 보면, 왜소 은하들은 매우 편평한 겉보기 구조를 가지고 있음에도 불구하고, 회전량은 $V_{\max}/\sigma \lesssim 1$정도이다. 따라서 이들 역시 속도 비등방성에 의하여 편평해 졌다.

타원 은하들이 천천히 회전한다는 사실이 이 은하들이 매우 평이한 겉보기 모습을 가진다는 것을 설명하는 것은 잘못된 것이다. 태양과 같은 하나의 항성은 원자들 간의 운동 방향을 바꾸어 주는 잦은 무작위 충돌에 기인하는 둥글고 평이한 가스공의 형태이다. 통계역학의 결과에 의하면, 원자들의 운동은 가장 안정적인 상태로 가려는 경향이 있다. 항성의 경우 이 상태에서 회전축을 따라 약간 편평해 지며, 축대칭을 보인다. 항성 내 위치 $\mathbf{x}$에 있는 질량 m 입자의 속도 $\mathbf{v}$의 분포는 Maxwell 분포에 가깝다.

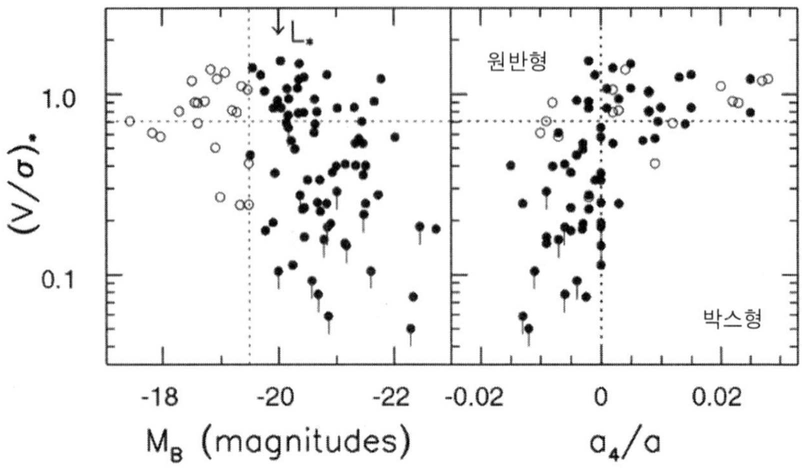

[그림 6.15] 측정된 V_{max}/σ 대 식6.29에 의하여 편원 은하에 대하여 기대되는 $(V/\sigma)_{iso}$의 비율 $(V/\sigma)_\star$. 아래방향 선을 가진 점들은 V_{max}의 최대한계를 나타낸다. 검은 원은 Hubble 상수 $H_0 = 75\,\mathrm{km\,s^{-1}Mpc^{-1}}$일 때, $M_B < -19.5$정도의 밝은 은하들이다. 왼쪽, 밝은 은하들은 천천히 회전하며, $(V/\sigma)_\star = 0.7$인 수평점선 아래에 위치한다. 오른쪽, $a_4 < 0$인 박스형 은하들은 거의 대부분 천천히 회전하고, 많은 박스형 은하들이 밝다. −R. Bender.

$$f_M(\mathbf{x}, \mathbf{v}) \propto \exp\left[-m\mathbf{v}^2 / k_B T\right] \tag{3.58}$$

여기서 k_B는 Boltzmann 상수이며, T는 가스의 온도이다. 일정 온도 T에서 무작위 운동은 모든 방향에서 같다.

3.2절에서 알아본 것처럼, 하나의 은하 내에 있는 두 개의 항성들이 충돌에 의해 그들의 운동이 현격히 변화되는데 걸리는 시간은 약 10^{13}년 정도이다. 타원 은하의 모습이 평이하게 둥글다는 것은 태양이 평이하게 둥근 경우와 전혀 다른 설명이 필요하며, 이를 위해 *급격한 이완 이론*이 개발되었다. 주기적 운동을 하는 막대와 나선팔의 형태의 경우는 제외하고, 현재 일반적 은하들 내의 중력 포텐셜의 변화는 시간에 대하여 매우 느린 변화를 보인다. 따라서 식 3.27로부터 항성의 에너지 $\mathcal{E}$는 궤도를 따라 거의 일정함을 알 수 있다. 그러나 물질의 덩어리들이 은하를 형성하기 위해 떨어져 모이는 동안, 임의의 지점 $\mathbf{x}$에서 포텐셜 $\Phi(\mathbf{x}, t)$은 크게 요동치며 항성의 에너지도 변하게 된다. 이러한 과정은 여러 궤도를 갖는 항성들을 섞이게 하여 모든 방향의 무작위 운동을 가지게 한다.

타원 은하가 천천히 회전한다는 관측적 사실은 급격한 이완이 아직 끝나지 않았다는 사실을 말해주는 것이다. 이러한 은하들 내의 항성들은 항성을 만드는 원자 가스와는 달리 각 항성들이 어떻게 모였는가에 대한 정보를 가지고 있다. 특히 이 항성들은 은하의 대칭축이 발달되기에 충분할 정도 이완되지 않았다. 단지 부분적 섞임 현상만이 있었다는 것에 대한 다른 증거는 [그림 6.12]의 회전 곡선이 주고 있다. 은하 NGC 1399의 가장 안쪽 영역은 외곽부와는 반대방향 회전을 한다. 이와 같이 *역학적으로 분리된 핵*은 측정 정밀도가 발전함에 따라 점점 많이 자주 발견되고 있다. 어떤 타원 은하의 경우에는 겉보기 *단축*을 따라 평균 속도 V_r의 기울기가 나타나기도 한다. 이러한 경우는 축대칭 은하에 까지 지속되지는 않으나, 이후, 삼축체인 경우에는 지속될 수 있음을 고려하게 될 것이다. 단축 방향의 회전은 적어도 어떤 은하들이 삼축체 형태를 가지고 있다는 증거의 하나로 일반적으로 인식된다.

6.2.4_ 삼축 은하에서의 항성 궤도

삼축 타원 은하의 의미에 대하여 이해하기 위해서, 항성들이 그러한 항성계에서 가질 수 있는 궤도에 대하여 알아보아야한다. 가장 단순한 삼축 포텐셜은 *삼축 조화 진동자*로서 다음과 같이 표현된다.

$$\Phi_{\rm HO}(\mathbf{x}) = \frac{1}{2}\left[\omega_x^2 x^2 + \omega_y^2 y^2 + \omega_z^2 z^2\right] \tag{6.31}$$

여기서 $\omega_x < \omega_y < \omega_z$이다. 이식은 고정된 A, B, C를 가지며, $m \le 1$에 대해 일정한 밀도 $\rho(m^2)$을 가지며 식 6.12에 의해 표현되는 균질한 은하의 내부 중력을 표현하고 있다. 타원체의 표면 바깥에는 질량이 없다. 이러한 포텐셜 내의 항성들은 x, y 그리고 z 방향에 대헤 각각 ω_x, ω_y, ω_z의 진동수로 서로 독립적인 조화운동을 하며, 축비 $A : B : C$에 대한 매우 복잡한 함수들이다. 만약 진동수가 서로에 대해 유리수의 곱으로 표현되지 않는 경우, 이 궤도는 축에 평행한 직각 블록을 완전히 채우게 된다. 이러한 것은 박스 궤도라고 한다. 3.3절에서 본 바와 같이 축대칭 포텐셜에서 움직이는 항성은 각운동량이 완전히 0이 아닌 경우, 중심으로부터 떨어져 위치하게 된다. 반면, 박스 궤도를 움직이는 항성은 중심을 정확히 통과할 수 있다. 박스 궤도는 각운동량이 고정되지 않는다. 궤도가 블록의 x와 y 방향 가장자리에 도달하며, L_z의 부호가 바뀌게 되며, L_x와 L_y도 유사하다. 따라서 각각의 평균은 0이 된다.

문제 6.9 포텐셜 Φ_{HO}에서 움직이는 입자에 대하여 힘에 대한 식 3.3 방정식을 이용하여 다음 량이 상수임을 보이라.

$$E_x \equiv \frac{1}{2}\left[\dot{x}^2 + \omega_x^2 x^2\right] \tag{6.32}$$

E_y, E_z의 경우도 유사한 정의를 하는 경우 마찬가지이다. 이 포텐셜은 3개의 *운동 요소*를 갖는다. E_x를 x축을 따라 궤도의 최고 거리 $x_{\max}$의 항으로 표현하고, 평균 x 속력은 y와 z 방향의 입자 운동에 무관함을 설명하라(3.4절에서 논의한 분포함수 $f(E, L_z)$와는 달리, $f=f(E_x, E_y, E_z)$의 모형 은하를 만드는 경우, $x-y$ 평면에 무관한 z 방향의 속도분산을 선택할 수 있다. 삼축 포텐셜을 사용하면 $\sigma_z \ll \sigma_x$의 은하를 구성하기 더욱 용이하다).

문제 6.10 식 6.31의 포텐셜은 $4\pi G\rho = \omega_x^2 + \omega_y^2 + \omega_z^2$에 대해 일정한 밀도 $\rho(\mathbf{x})$에 해당됨을 보이라. $\omega_x = 1$, 그리고 $\omega_y = \pi/2$를 적용하여, $t=0$일 때 항성의 궤적은 $x=2$, $y=1$, $z=0$ 이며 $\dot{x}=0=\dot{y}=\dot{z}$ 임을 계산하라. $-10 \le t \le 10$에 대하여 시간 간격 0.1로 하여 위치의 변화를 그림으로 그려보아라. $L_z = x\dot{y} - y\dot{x}$ 값이 $t=0$일 때 부호가 바뀌는 것을 보여라.

축대칭 포텐셜에서의 궤도는 [그림 3.10]의 장미형 모양을 가지며, 이것이 *고리 궤도*이다. 고리궤도를 갖는 항성은 각운동량에 의해 중심을 통과할 수 없으나, 최소 거리를 유지하며 같은 원을 그린다. 삼축 포텐셜은 일반적으로 고리 궤도와 박스궤도를 동시에 가질 수 있으며, 또한 덜 중요하지만 더욱 복잡한 궤도들도 가진다. 고리는 세 개의 대칭축중 하나에 대하여 원을 그릴 수 있으며, z축에 대한 하나의 고리궤도는 고정된 L_z 값을 가지나, L_x와 L_y는 진동한다.

일반적으로, 삼축 포텐셜의 최장축과 최단축 주변의 대부분의 고리궤도는 안정적이다. 초기 궤도의 위치와 속도가 이러한 고리궤도중 하나에 근접한 하나의 항성은 거의 그 근처에 남게 된다. 그러나 중간축 근처의 고리궤도 근처에 위치했던 항성은 지수함수적 증가율로 그 궤도로부터 벗어난다. 이러한 궤도는 비안정적이다. 삼축 은하 내에서는 편원 은하에서와 같이 최단축을 회전하는 궤도를 갖는 항성들을 찾을 수 있다. 이 경우 은하의 장축을 따라 평균 속도 V_r의 기울기를 측정할 수 있다. 다른 항성들은 최장축을 따라 고리를 그리게 되며, 만약 이 항성들이 모두 같이 원을 그리게 되면, *단축*을 따라 V_r이 한쪽방향으로는 증가하고 다른 방향으로는 감소하는 기울기를 보게 된다.

[그림 6.16]은 다음과 같은 삼축 포텐셜의 x, y 평면에서의 궤도를 보여준다.

$$\Phi_{\mathrm{L}}(x, y) = \frac{1}{2} v_0^2 \ln\left(R_{\mathrm{e}}^2 + x^2 + \frac{y^2}{q^2}\right) \tag{6.33}$$

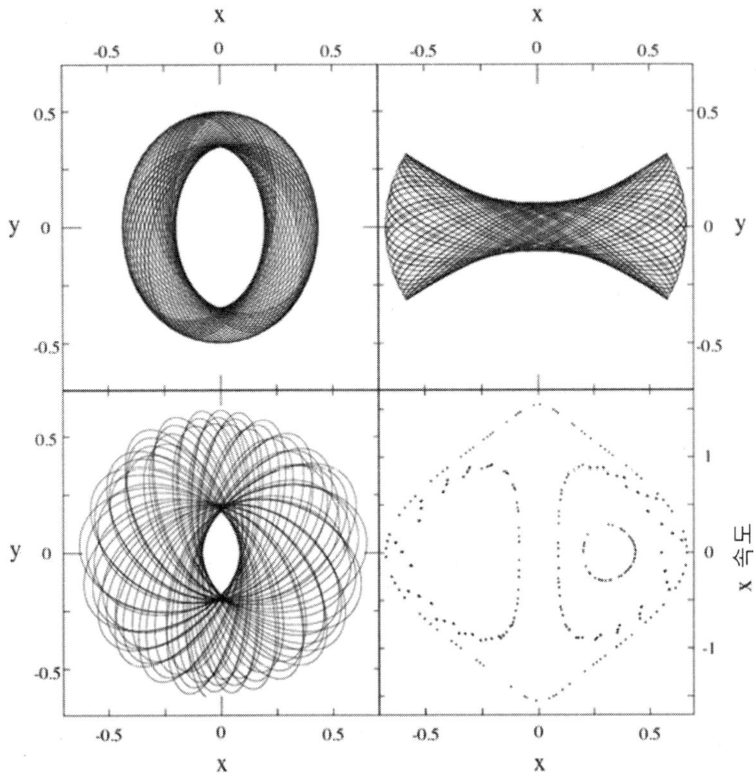

[그림 6.16] 식 6.33의 포텐셜에서의 궤도, $v_0 = 1$, $q = 0.8$, $R_c = 0.14$이며, 모든 경우 에너지 $E = -0.337$이다. 왼쪽 위 그림은 중심을 통과하지 않는 고리형 궤도이고, 오른쪽 위 그림은 중심을 통과하는 박스형 궤도이며, 왼쪽 아래 그림은 중심 구형 포텐셜이 추가되었을 때 만들어지는 혼돈형 궤도이다. 오른쪽 아래 그림은 *단면도*로서, 궤도가 $\dot{y} > 0$방향으로 $y = 0$을 통과하는 각각의 시간에 3가지 궤도에 대한 $(x, \dot{x})$의 값을 그린 것이다.

여기서 $q < 1$이며, 이것은 은하가 x 방향으로 찌그러져 있는 은하에 해당된다. 박스 궤도는 대략 직각 형태이며 포텐셜과 같은 방향으로 찌그러져 있다. 고리 궤도의 항성들은 중심을 지나지 않으며, 수직 방향으로 뻗어나간다. 형태를 유지하기 위해서는, 박스 궤도를 갖는 많은 항성들과 작은 수의 고리궤도를 갖는 항성들을 포함하는 삼축 은하를 기대할 수 있다. 박스 궤도는 회전의 개념이 없으므로, 큰 무작위 운동과 매우 느린 평균 회전을 측정하게 된다.

세 번째 궤도는 고리 궤도도 아니며 박스궤도도 아닌 *혼돈 궤도*이다. 고리 궤도처럼 혼돈 궤도는 은하의 중심을 지나지 않으나, 중심에 대하여 원을 그리는 개념에 있어 때로는 다른 개념을 갖는다. 이러한 궤도를 만들기 위하여, 작은 질량 $\mathcal{M} = 0.2$와 $a_P = 0.1$을 갖는 Plummer 포텐셜 Φ_L을 더한다. 이것은 중심부 근처에서 비구형 포텐셜을 바꾸며, 그 지역을 지나는 박스 궤도를 부수게 된다. 이러한 혼돈 궤도를 갖는 항성들은 은하의 찌그러짐을 지탱하지 못한다. 만약 포텐셜 $\Phi(\mathbf{x})$이 너무 많은 혼돈 궤도를 갖는 경우, 각각의 궤도를 갖는 항성들의 밀도에 의해 포텐셜 Φ를 만드는 *자체 유지 모형*을 만들 수 없다. 특히, 은하의 중심부 영역에 블랙홀이 자라고 있는 경우, 삼축체로 남아 있을 수 없게 된다.

문제 6.11 항성들의 밀도가 $\rho(r) = \rho_0(r_0/r)^\alpha$ 일 때, 반경 r 이내의 질량은 $\mathcal{M}(<r) \propto r^{3-\alpha}$임을 보이고, 반경 방향의 힘은 다음과 같이 표현됨을 보이라.

$$F_r(r) = -\frac{G\mathcal{M}(<r)}{r^2} \propto r^{1-\alpha}$$

만약 밀도가 r^{-1}보다 더 천천히 변하는 경우, 작은 반경 범위에서 $F_r(r) \to 0$이다. 이것이 중심에서 유한하게 유지되는 표면 밀도 $\Sigma(R)$에 대한 문제 6.4에서 볼 수 있는 조건과 같음을 상기하여보자.(만약, 삼축 포텐셜의 중심에서 힘이 0이 되는 경우, 박스 궤도는 삼축 조화진동자에서 만큼 존재할 수 있으며, 많은 박스 궤도가 혼돈 궤도로 바뀐다. 중심부의 급격한 광도 상승이 있는 은하는 중심부에서 삼축체의 형태가 아닐 것이다.)

일련의 궤도를 나타내는 간략한 방법은 [그림 6.16]의 아래 오른쪽에 나타낸 것과 같은 *단면도*이다. $\dot{y} > 0$ 방향에서 궤도가 x축을 통과하는 경우, x값과 x의 속도 $\dot{x}$를 그린다. 고리 궤도에 의해 만들어진 점들은 왼쪽의 작은 닫힌곡선을 따른다. 이 궤도는 순환하지 않으나, $x > 0$ 이고 $x < 0$ 은 경우 모두 $\dot{y} > 0$의 값으로 x축을 가로지른다. 이때 입자가 중심을 통과하는 것과 같이 x가 매우 적을 때 $\dot{x}$는 크다. 혼돈 궤도는 중심에 대한 순환을 보여준다. 그러나 고리 궤도와 같은 경우 중심을 피한다. 이러한 궤도 점들은 *곡선 상에 전혀 찍히지 않으며*, 다소 불규칙적인 분포혼돈 궤도와 비 혼돈궤도 또는 *규칙 궤도*, 그리고 고리궤도와의 차이를 완전히 드러낸다. 혼돈 궤도를 찾아내고 그 특성을 알아보는 것은 20세기 수학의 주요 성과였다. 흥미 있는 독자들은 아래 책들을 참고하기 바란다.

더 읽어보기

대학원생 수준으로 J. Binney & S. Tremaine 1987, Galactic Dynamics(Princeton University Press, Princeton, New Jersey)의 Section 3.3, 3.4, 4.3 ; 일반 독자들을 위해 쓰여졌으나, 혼돈에 대한 수학적 설명이 매우 명쾌한 I. Stewart, 1990, Does God Play Dice? The Mathematics of Chaos(Blackwell, Cambridge, Messachusetts)

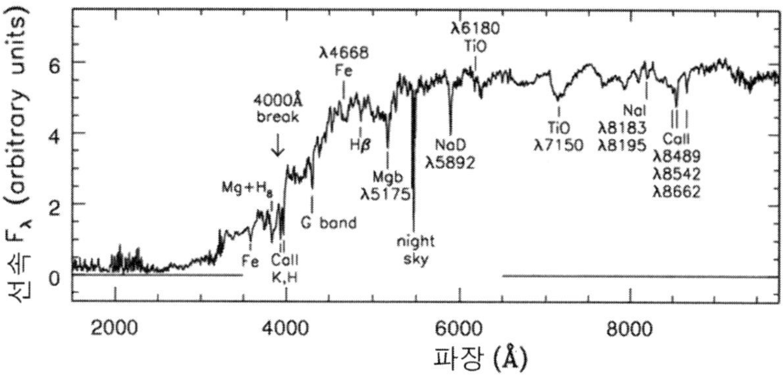

[그림 6.17] 타원 은하의 스펙트럼 : [그림 1.1]의 K와 M형 항성들의 스펙트럼과 [그림 5.24]의 원반 은하들의 스펙트럼과 비교해보라. –A. Kinney.

6.3 항성 종족과 가스

나선 은하나 불규칙 은하와는 달리 타원 은하는 밝고 푸른 항성들이 매우 드물며, 가장 밝은 항성은 적색 거성과 점근 거성들이다(1.1절 참조). 20 Mpc 이상 멀리 떨어져 있는 은하의 경우 개개 항성들을 분해해서 직접 볼 수 없고, 가장 가까운 타원은하에서 조차도 적색거성가지의 끝부분에 위치하는 점근거성들 밖에 볼 수 없다. [그림 6.17]에서와 같은 타원은하의 종합 스펙트럼에는 [그림 1.1]의 K 항성 스펙트럼과 유사하게 칼슘과 마그네슘과 같은 중원소들의 매우 깊은 흡수선들이 나타난다. 3500 Å 이하에는 거의 빛이 없으며, 이는 지난 1 – 2 Gyr 동안 새로운 항성의 탄생이 거의 없었음을 보여준다. [표 1.1]에 의하면, $2\mathcal{M}_{\odot}$ 이하의 항성들만 1 Gyr 정도 살아남게 되며, 이들은 주계열을 떠난 이후 붉은색 항성으로 대부분의 빛을 만들어 낸다. 따라서 은하의 빛은 대부분 적색 거성으로부터 온다. 우리 은하 구상성단 내의 오래된 항성들과는 달리, 그러나 은하 중심 팽대부의 항성들처럼, 타원은하의 중심부에 있는 항성들은 태양과 유사한 중원소 함량을 가진다. 스펙트럼에서 4000 Å 에서의 단절 현상을 볼 수 있는데 이는 짧은 파장에서의 많은 빛을 금속선이 흡수하기 때문이다.

[그림 6.18]은 모든 항성의 급격한 형성이 지난 100 Myr에서 일어난 모형 은하의 스펙트럼으로 왜 젊은 은하의 빛이 푸른색을 띠는가를 설명하고 있다. 항성 형성 직후 은하는 밝고 매우 푸르며, 뜨거운 O나 B 항성의 특성인 헬륨 흡수선등이 뚜렷하다. 이 항성들에서 이온화된 가스로부터 나오는 방출선도 볼 수 있다. 약 100 Myr 이후 항성의 형성은 감소되며, 은하는 어두워지고 붉은색을 띠게 된다. 1 Gyr 에서 A 항성의

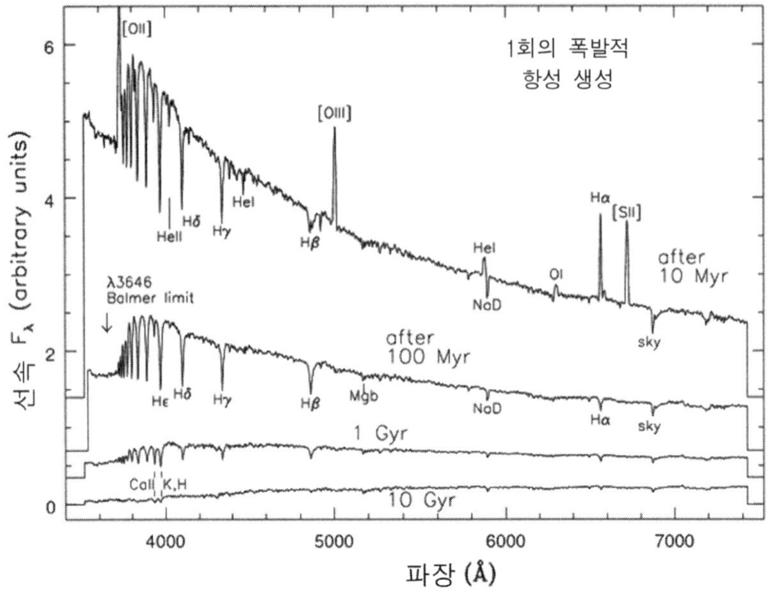

[그림 6.18] 10^8 년에 자체 항성 형성이 일어난 '은하'에 대한 스펙트럼으로서, 세로축의 간격은 같다. 이온화 가스의 방출선은 항성 형성 이후, 10 Myr에서 강하게 나타난다. 100 Myr 후에, 은하는 어두워지고 붉어지며, A형 항성의 강한 수소선이 두드러진다. 1 Gyr를 지나서, 빛은 어둡고 약간 붉어지지만, 이 변화는 매우 느리다. −B. Poggianti.

깊은 발머선 특성을 가진 *폭발적 항성 생성후* 스펙트럼을 볼 수 있다. 이러한 스펙트럼을 갖는 타원 은하를 'E + A' 타원 은하라고 부른다. 이 은하들은 1억 년 전 즈음에 급격한 항성 형성을 겪었으며, 이후 항성의 형성률이 거의 없을 정도까지 급격히 떨어진다. 처음 2 Gyr 이후, 차가운 거성들이 주를 이루고, [그림 6.17]에서와 같이 모형 스펙트럼은 타원 은하의 스펙트럼과 유사하게 된다. 시간이 흐를수록 4000 Å 단절 현상이 더 강해지면서, 은하는 희미해지고 천천히 붉어진다.

문제 6.12 나이가 10 Gyr인 [그림 6.18]의 모형 은하는 4000 Å의 B 파장 영역에서 1 Gyr에서보다 대략 3배 정도 약하며 100 Myr보다는 10배정도 약하다. [그림 6.13]은 오늘날의 Coma 은하단 내 은하들과 비교하여 $\mathcal{M}/L_B$가 $z \sim 1$에서의, 즉 8 Gyr 전의 은하보다 5배나 적음을 보여준다. 만약 이 거리의 은하들이 한 번의 항성 생성으로 은하들 내의 항성들을 생성하고 Coma 은하단의 은하들과 비슷할 정도로 희미해졌다면, 왜 이들이 우리가 관측하기 전 <1 Gyr에 형성되어야만 하는지를 설명하여라.
(이러한 임의의 타원 은하들이 9 Gyr 이전에 매우 가까운 시기에 모두 형성되지는 않았을 것이다. 아마도 어떤 항성 생성은 $z=1$에 가까울 때까지 계속되었을 것이다.)

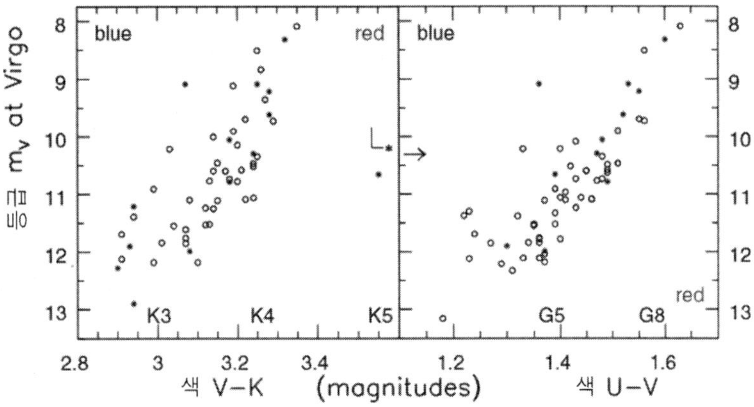

[그림 6.19] Virgo 은하단(열린 표시)과 Coma 은하단(닫힌 표시)의 타원 은하에 대한 $U-V$와 $V-K$ 색을 겉보기 등급에 대하여 나타냈다. [표 1.5]에 주어진 거성의 색을 나타내었다. Coma 은하단 내 은하들의 경우, Virgo 은하단의 거리에 있다고 생각하여 3.6등급 더 밝게 나타내었다. − Bower *et al.*, 1992, MN 254, 601.

이전 절에서 타원 은하의 중심 밝기와 속도 분산, 그리고 회전 속도는 광도에 연관이 있음을 살펴보았다. [그림 6.19]는 이와 같은 사실이 전체 빛의 색에서도 사실임을 나타낸다. 가시광 영역과 2.2μm의 근적외선 K 파장 영역에서 밝은 은하는 더 붉은색을 띠며, 어두운 은하는 더 푸른색을 띤다. 이러한 경향은 작은 타원 은하가 크고 밝은 은하보다 더 젊고 중원소 함량이 적었다고 가정하면 설명된다. 어떤 천문학자들은 밝은 타원 은하내 거의 모든 항성들은 적어도 10 Gyr 이전부터 있어왔다고 하며, 반면 작은 타원 은하의 경우 수십억 년 젊은 항성들을 가지고 있다고 한다.

밝은 은하들은 평균적으로 더 많은 늙은 항성들을 포함하고 있다. [그림 6.20]의 오른쪽은 Sloan Digital Sky Survey로부터 얻은 가까운 은하들의 항성 생성률이다. 이것은 젊은 항성에 의해 이온화된 Hα선의 세기와 4000Å 단절 현상의 강도로부터 측정되었다. 가장 큰 은하들은 그들의 항성생성을 초기에 끝낸 것처럼 보이며, 우리 은하보다 2배 정도 밝은 은하들 내의 항성 생성률은 우주 평균 항성 생성률의 ~1% 정도에 해당한다. 이러한 사실은 [그림 1.16]에서 이미 확인한 바가 있다. 즉 오늘날 매우 밝은 은하들은 늙거나 중간 정도 나이의 항성으로 가득 찬 붉은 구조이다. 식 1.24의 우리 은하의 광도 또는 식 1.24의 $L \sim L_\star$를 가진 중형 은하들 중에서, 소수는 항성 생성률이 질량이 큰 은하들에서처럼 급격히 느려졌다. 그러나 대부분의 중형 은하들은 우주의 나이동안 각각의 현재의 항성 함유량을 갖기 위해 필요한 평균 항성 생성률 근처 또는 약간 큰 정도로 항성을 형성한다. $M_r \sim -18$보다 어두운 왜소 은하들은 그들의 평균 항성 생성률보다 더 빠르게 항성을 생성하고 있다. 현재 항성 생성이 끝나고 있는 왜소 타원 은하와 왜소 구형 은하들은 너무 어두워 이 결과에 거의 포함되지 않았다.

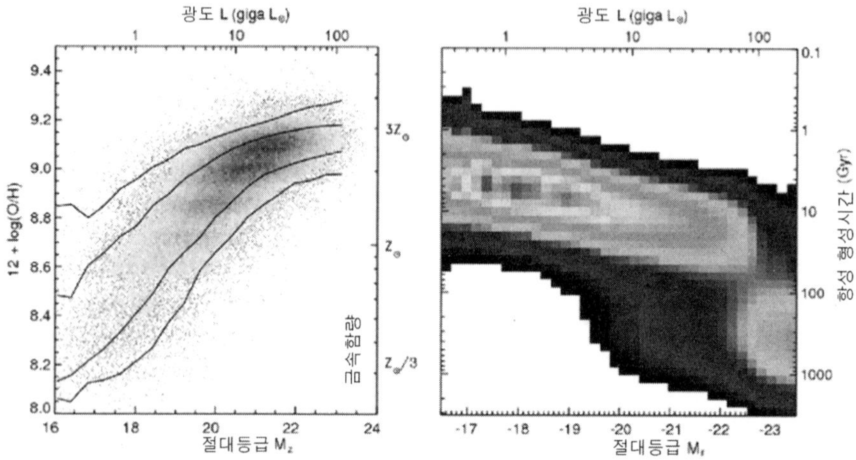

[그림 6.20] Sloan Digital Sky Survey의 83963개의 은하들에 대한, 왼쪽 그림은 밝은 은하들이 중원소를 풍부하게 가지고 있음을 보여준다. 바깥쪽 곡선들은 은하의 95%가 놓여진 곳을, 안쪽 곡선은 60%에 해당한다. 우리 은하는 [표 1.3]의 z 파장 영역에서 $(3-4)\times 10^{10}L_\odot$에 해당한다. 중심 근처에서 금속 함유량 Z는 $Z_\odot$보다 약간 크다. 오른쪽에서는 현재의 항성 생성률로 은하의 현재 항성 함유량을 이루기 위해 걸리는 시간을 보여준다. 가장 밝은 은하들에서 지금의 항성 생성률은 우주 평균보다 적다. 많은 작은 은하들이 평균보다 빠르게 항성을 만들고 있다. – C. Tremonti and J. Brinchmann.

또 다른 천문학자들은 [그림 6.19]에서의 색과 광도의 관계가 화학 조성비의 차이에 의해 설명될 수도 있다–즉, 큰 타원 은하들이 중형의 타원 은하보다 중원소 함량이 풍부하다–고 주장한다. [그림 6.20]의 왼쪽은 많은 수의 가까운 은하들 중심에 있는 가스의 방출선으로부터 구한 중원소 함량을 보여준다. 대부분의 밝은 은하들은 분명히 중원소 함량이 풍부하다. 작은 은하들은 그들의 늙은 항성들로부터 방출되는 중원소가 풍부한 가스를 대부분 잃기 때문에 중원소 함량이 결핍되어 있을 것이다. 큰 은하들은 중원소로부터 새로운 항성을 만드는 이러한 가스들을 붙잡아 둘 수 있다. [그림 1.5]는 주어진 질량에서 중원소 함량이 적은 항성이 더 푸르다는 것을 보여주며, 특히 이 항성들의 중심부에서 헬륨이 연소하는 동안 그 특징이 뚜렷하다. 따라서 중원소 함량이 적은 작은 은하가 더 푸르다는 사실이 그리 놀랄 것은 아니다.

5175 Å 의 Mgb 와 같은 흡수선을 볼 때, 타원 은하의 중심에 있는 항성들이 외부에 있는 항성보다 금속 함량이 풍부함을 알 수 있다. 이는 [그림 4.15]에서 원반 은하에 대한 것과 같은 모습이다. 밝은 타원 은하 중심의 항성들은 최소 태양만큼 금속이 풍부하지만, 같은 비율의 중원소를 가지고 있지는 않다. 산소, 나트륨, 마그네슘과 같은 상대적으로 가벼운 원소들이 철과 비교하였을 때 더 많은 양을 가지고 있다. 태양 근처의 늙고 중원소 함량이 적은 항성([그림 4.17])과 [그림 9.16]의 빅뱅 후 3 Gyr 보다 적은 것으로 관측되어지는 젊은 은하 cB58 의 성간 가스에서도 같은 모습을 볼 수 있

다. 이 효과는 중형 타원 은하에서 약해진다.

4.3절에서 논의하였듯이, 성간 가스 내의 철은 쌍성계에서 생기는 Type Ia 의 초신성에 의해 주로 방출된다. 이러한 현상은 이와 같이 폭발하는 많은 항성들이 1 Gyr 의 나이 또는 그보다 더 많은 나이에서 일어난다. 산소 대 철의 비율이 큰 태양 근처의 항성들은 아마도 많은 Type Ia 초신성 폭발 전이나 이들로부터 방출된 가스들이 은하 내에 가두어 지기 전에 생성되었을 것이다. 그러나 산소와 같은 가벼운 원소들은 100 Myr 또는 그보다 수명이 짧은 무거운 항성들의 Type II 초신성에 의해 주로 방출된다. 이들은 빠른 속도로 가스에 첨가되고 새로운 항성에 포함된다.

비슷한 이유가 타원 은하에 적용된다. 아마도 매우 밝은 타원 은하들은 Type Ia 초신성이 은하내 가스에 철을 첨가하기도 전에 대부분의 항성을 초기에 생성하였다. 또는 이 은하들은 상대적으로 많은 무거운 항성이나 적은 쌍성계를 만들기 때문에 Type Ia 초신성이 부족할 수도 있다. 다른 가능성으로는 초기에 Type Ia 초신성 폭발의 생산물들이 은하들을 떠나 주면 은하단의 뜨거운 X-ray 방출 가스와 섞일 수도 있다. Type II 초신성 폭발에서 방출된 가스는 천천히 움직이기 때문에 은하내에 쉽게 가두어진다.

놀랍게도, 젊고 뜨거운 항성의 부재에도 불구하고 타원 은하(그리고 원반 은하의 팽대부)는 자외선 영역에서 어둡지 않다. 중원소 함량이 풍부한 타원 은하는 밝은 경향이 있는데, 구상성단에서 볼 수 있는 것처럼 수평 계열의 늙고 중원소 함량이 적은 항성이 그 광원이 아니라는 제안이 있다. 대신 주계열에 남아 있고 수소 외곽부층의 대부분을 잃어 뜨거운 항성 핵을 보이는 늙고 중원소 함량이 풍부한 항성들로부터 방출이 나오는 것일 수도 있다. 우리 은하의 원반이 너무 젊기 때문에 태양 근처에서는 그러한 항성을 찾을 수 없다. 따라서 이에 대한 자세한 연구는 불가능하며 모형은 아직 불확실하다.

타원 은하의 X 선 광원은 활동성 은하 핵을 포함하고 있다. 물질이 블랙홀 또는 중성자 별로 부착되거나 백색 왜성 표면에서 타고 있는 쌍성계와, $T \gtrsim 10^6$ K 의 뜨거운 가스가 은하를 채우고 있거나 항성 표면, 항성풍 또는 초신성 잔해물에 자리 잡고 있다. 대부분의 타원 은하들은 활동성 핵을 가지고 있지 않으며, 주로 뜨거운 성간 가스로부터 X 선이 나온다. 이들의 초신성 잔해물은 강한 X 선 광원이 아니다. 초신성 잔해물이 $T \lesssim 10^4$ K 의 은하 원반의 차갑고 따뜻한 가스로 팽창될 때, 이들은 높은 초음속이 되며 강한 충격파를 만들어 가스를 X 선을 방출할 수 있는 온도까지 가열한다. 그러나 타원 은하내의 잔해물은 겨우 초음속으로 뜨거운 가스까지 팽창하여 약한 충격파만을 만든다. 은하가 가스가 적을 때, 쌍성들이 가장 중요한 X선 광원이 된다.

타원 은하가 새롭게 형성된 항성들을 거의 가지고 있지 않다는 사실은 원료가 되는 차가운 가스를 거의 가지고 있지 않다는 사실에 의하면 그리 놀랄만한 일이 아니다. 얼핏 보아 타원 은하들은 먼지와 가스가 없는 것으로 생각된다. Hubble에 따르면, *"밝은 주변에 대해 빛을 막는 물질들의 작은 조각들이 있다. 그러나 이 성운에는 뚜렷한 구조가 보이지 않는다."* 그러나 좀 더 상세한 연구에 의하면 대부분의 타원 은하들이 중심부 영역에 약간의 먼지를 가지고 있으며, 이들이 아마도 차가운 가스와 혼합된다. 그러나 타원 은하의 단 5% − 10%에서 만이 충분한 수소 원자와 분자 가스가 관측된다. 이것은 큰 Sc 은하의 경우 $10^{10}\mathcal{M}_\odot$의 차가운 가스를 가지는 반면 가장 큰 타원 은하들의 경우 $(10^8 - 10^9)\mathcal{M}_\odot$ 보다 적은 정도의 차가운 가스를 갖는다는 것을 의미한다.

외곽부 껍질 구조나 명확한 먼지 층과 같은 '특이한 구조'를 갖는 소수의 타원 은하들은 이러한 경향을 가지지 않는다. 몇 타원 은하들은 큰 나선 은하와 같이 차가운 가스를 가지고 있다. HI 가스가 많은 지역은 은하에서 항성으로 구성된 영역 바깥쪽에 고리를 형성하며, 은하 영상의 단축이나 은하 내 항성들의 공전축 어디에도 해당되지 않는 임의의 축에 대한 궤도를 갖기도 한다. 강한 전파 은하인 타원 은하 NGC 5128 (Centaurus A)은 은하의 겉보기 장축을 회전하는 가스와 먼지의 뚜렷한 고리 구조를 가지고 있다. 이러한 모양은 나선 은하와는 다르지만, 5.2절에서 살펴본 가스가 많은 S0 은하와 유사하다. 차가운 가스는 은하 내 항성이 만들어지는 원료의 잔재도 아닌 것 같으며 이러한 항성들이 잃어버린 가스도 아닌 듯하다. 대신, 은하의 바깥부분에서 포획된 것으로 여겨진다.

그러나 일반적인 타원 은하들은 엄청난 양의 뜨거운 이온화된 가스를 포함하고 있다. 몇 십억년 동안, 나이를 먹어가는 항성으로부터 잃게 되는 가스는 하나의 물질의 저장소를 형성한다. 수십억 년 이상의 나이를 갖는 항성 종족에 대하여, 적색거성과 점근거성 단계 동안 방출되는 질량은 광도 $10^{10}L_\odot$에 대해 1년당 대략 $(1 \sim 2)\mathcal{M}_\odot$의 가스가 된다. 뜨거운 가스는 가시광선이나 전파에서 볼 수 없다. 왜냐하면, 너무 희박하게 퍼져있어 그와 같은 에너지에서 방출 또는 흡수가 일어날 수 없기 때문이다. 온도 $(1-3)\times 10^7$ K에서 주로 X-선을 복사한다. 큰 속도 분산을 가지고 있는 매우 밝은 은하들은 뜨거운 은하의 대기를 가지고 있다. 이들은 전형적으로 중심으로부터 최소 30 kpc 이상으로 뻗어 있으며, 질량도 매우 커서 밝은 타원 은하의 경우 은하 내 밝은 항성들에 의한 질량의 10~20%에 해당하는 $(10^9 - 10^{11})\mathcal{M}_\odot$이다. 크기가 작으며 질량이 작은 타원 은하들은 가스의 양이 더욱 적다. 이들은 중력이 매우 약하여 은하간 공간으로 가스들이 탈출하는 것을 막지 못한다.

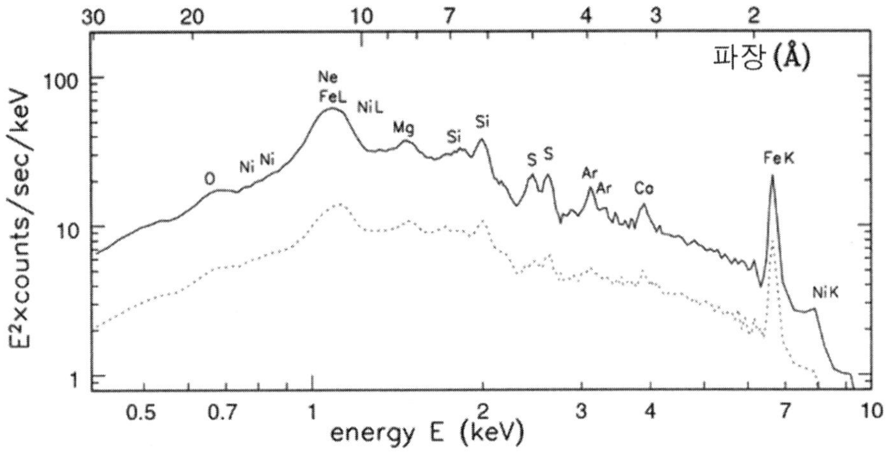

[그림 6.21] 밝은 타원 은하 M87 주변에서 $T \sim 2\times10^7$K의 뜨거운 가스의 X-선 스펙트럼. 실선은 중심에서부터 4′ 또는 5kpc 내 가스로부터의 방출선을 보여준다. 점선은 반경 4′와 8′사이의 가스에 대한 것이다. 철 L과 니켈 L을 제외한 모든 선들은 K껍질에서 전자가 낮은 에너지 궤도로 떨어질 때 방출된 것이다. – XMM-Newton: K. Matsushita *et al.* 2002, AAp, 386, 77.

[그림 6.21]은 M87 주변의 뜨거운 가스들로부터 나오는 X-선 스펙트럼이다. 이러한 에너지 범위에서 은하는 $\sim 3\times10^{35}$ W 또는 $10^9 L_\odot$를 방출한다. 태양의 전체 복사광도 $L_\odot$은 3.86×10^{26} W이다. 중원소 선들을 볼 수 있으며, 이는 적어도 이 가스의 일부분이 항성 내에서 핵융합에 의해 형성되었음을 의미한다. 이를테면 태양의 철 함량의 반 정도이다. 타원 은하 주변의 뜨거운 가스는 그리 중원소 함량이 풍부하지는 않아, 일반적으로 $\sim 0.5\,\mathrm{Z}_\odot$ 정도이다. 초신성 폭발로 던져진 물질들은 중원소 함량이 매우 높을 것이다. 그러나 대부분의 뜨거운 가스들은 항성이 진화하며 뿌려지는 항성 외곽부 물질들이다. 이러한 항성들이 은하 내에서 큰 임의의 운동을 하며, 하나의 항성으로부터 나온 가스는 또 다른 가스로 항성의 속도 분산 σ와 유사한 속력으로 부딪히며, 이때의 충격으로 인해 운동에너지가 열로 변환된다. 밝은 은하에서 $\sigma \gtrsim 350\ \mathrm{km\ s^{-1}}$이므로 현재 관측되는 가스의 온도로 열을 가하기에 충분하다. 은하가 풍부한 은하단 중심의 거대 타원 은하에서 이 뜨거운 대기는 은하단의 가스와 합쳐진다(7.2절 참조).

타원 은하들은 구상 성단들의 무리로 둘러싸여져 있다. 평균적으로 밝은 원반 은하보다 두 배나 많은 구상 성단들이 있다. cD 은하 NGC 1399는 7000개의 알려진 구상 성단을 가지고 있다. 이 숫자는 은하들마다 많은 차이를 보이는데 M87은 NGC 3923와 밝기가 비슷하지만 네 배나 많은 밝은 구상 성단을 가지고 있다.

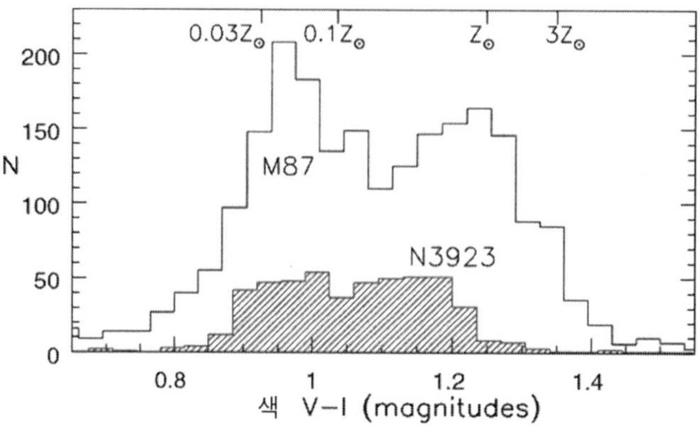

[그림 6.22] 거대 타원 은하 M87 주변과 껍질 구조 은하 NGC 3923 주변의 구상 성단들의 색. 중원소 함량은 대략적으로 가정하였다. − A. Kundu and S. Zepf.

[그림 6.22]는 이 은하들 주변의 구상 성단들이 붉은 무리와 푸른 무리로 나누어지고 있음을 보여준다. 푸른 성단들은 나이가 많거나 중원소 함량이 적다. 우리 은하의 구상 성단들은 두꺼운 원반의 중원소 함량이 풍부한 성단과 중원소 함량이 적은 헤일로 성단에 해당하는 두 개의 최고점을 가진 이와 비슷한 색 분포를 가지고 있다(2.2절 참조). NGC 3923 주변의 호와 같은 껍질 구조는 다른 은하가 그 안으로 병합되었음을 시사해 준다. 아마도 더욱 중원소 함량이 풍부하고 추측하건대 젊은 구상 성단들이 그 과정에서 생성되었을 것이다. 어떤 천문학자들은 M87의 성단들의 비슷한 색 분포가 합병으로 인한 것이라고 주장하기도 한다.

6.4 암흑 물질과 블랙홀

2.3절과 5.3절에서 본 바와 같이 나선 은하들의 은하 중심으로부터 반경 R 까지의 질량은 거의 원궤도를 갖는 가스의 회전 속력 $V(R)$을 측정하고 중력에 대한 식 3.20을 적용하여 결정한다. 일반적으로 이 은하들의 질량은 밝은 별들의 분포 보다 더 넓게 퍼져 있어 은하 중심부로부터 아주 먼 곳까지의 질량 대 광도 비 $\mathcal{M}/L$는 더욱 크다. 나선팔의 외곽부를 구성하는 것이 무엇이든 간에 대부분은 거의 빛을 내지 않으며, 이를 *암흑 물질*이라고 한다. 타원 은하 역시 암흑 물질을 가지고 있는가?

이 질문에 대답하기 위하여, 중력 측정을 하여 주어진 영역안의 질량을 계산해야 한다. 만약 결정된 질량이 현재의 항성과 가스의 질량보다 더 큰 경우 그 차이를 암흑물질로 간주할 수 있다. 타원 은하내의 항성의 분포를 찾는 것은 나선 은하의 경우에서보다 더 쉬운데, 타원 은하 내에는 빛을 가로 막는 먼지가 거의 없기 때문이다. [그림

6.18]에서와 같은 모형 스펙트럼을 은하의 스펙트럼과 비교하여 기대되는 질량 대 광도비를 계산할 수 있다. 이 계산에 의하면, $3 \lesssim \mathcal{M}/L_V \lesssim 5$ 정도의 값을 가지며, 은하의 중심부분에 대해 비리얼 정리를 적용하여 구한 값과 유사하다(문제 6.6 참조). 그러나 큰 반경에서 측정한다면, 일반적으로 $\mathcal{M}/L \gtrsim 20$이다. 원반 은하에서와 같이, 타원 은하 외곽부의 대부분의 질량은 암흑물질이다.

6.4.1_ 암흑 헤일로

차가운 가스를 갖는 몇 타원 은하에 대해서 원반형 타원 은하에서와 같은 질량 결정법을 사용할 수 있다. 예를 들어 밝은 E4 은하 NGC 5277은 겉보기 단축을 따라 뚜렷한 먼지 층을 가지고 있다. 21 cm 중성 수소 분포도에 의하면 중심으로부터 $4'$까지 뻗어나간 약 $10^{10}\mathcal{M}_\odot$의 HI가스를 나타내고 있고, $V(R) \approx 250\,\mathrm{Km\,s^{-1}}$의 거의 원운동에 가까운 회전운동이 나타난다. 이 은하의 50 kpc안쪽에는 태양단위로 $\mathcal{M}/L \approx 10-20$이며, 문제 6.6에서 NGC 1399의 중심부에 대해 결정한 값보다 훨씬 크지만, 5.3절에서 구한 나선 은하들에 대한 결과와 비슷하다. 차가운 가스를 포함하는 은하가 오히려 일반적인 경우이라면, 타원 은하의 바깥영역은 주로 암흑물질로 채워져 있는 것이다.

문제 6.13 NGC 5266의 적색 편이는 $cz \approx 3000\,\mathrm{km\,s^{-1}}$이다. $H_0 = 75\,\mathrm{km\,s^{-1}\,Mpc^{-1}}$이면, 거리 $d \approx 40\,\mathrm{Mpc}$ 임을 보이라. 식 3.20을 이용하여 질량이 $\mathcal{M}(<4') \approx 7\times10^{11}\mathcal{M}_\odot$임을 보이라. 전체 겉보기 등급이 $B_T^0 = 12.02$이다. 광도는 $L_B \approx 4\times10^{10}L_\odot$임을 보이라. 이 은하는 매우 큰 은하이다. 질량 대 광도비는 $\mathcal{M}/L_\odot \approx 18$임을 보이라.

구상 성단의 운동 역시 타원 은하의 바깥쪽에 있는 암흑 물질을 검사할 때 사용할 수 있다. NGC 1399의 중심에서부터 $9'$떨어진 곳까지에 있는 468개의 구상 성단의 속도를 측정하였다. 우리 은하의 헤일로 구상 성단과 같이, 이들은 전체적인 회전 없이 무작위 궤도를 따르는 것처럼 보이고 속도 분산은 $\sigma_r \sim 275\,\mathrm{kms^{-1}}$로 거의 일정하다. 중심에서부터 50 kpc내의 질량 대 광도 비 $\mathcal{M}/L_V \sim 50$(아래 참조)는 문제 6.6에서 구한 값보다 몇 배나 높다. 은하 외곽부의 대부분의 질량은 암흑 물질이다.

문제 6.14 NGC 1399의 구상성단을 표현하기 위해 단일 등온구 모형을 사용할 수 있다. 문제 3.28은 이 모형에서 원궤도가 반경에 대해서 일정한 속도 $V_H = \sqrt{2}\,\sigma_r$을 가짐을 보여준다. NGC 1399에 대하여 거리 $d = 20\,\mathrm{Mpc}$ 일 때, 측정된 속도 분산이 50 kpc내에서 $\mathcal{M} \sim 2\times10^{12}\mathcal{M}_\odot$을 갖는 회전 속도 V_H에 해당됨을 보여라. NGC 1399이 절대 V 등급 $M_V = -21.7$을 가질 때, $\mathcal{M}/L \sim 50$임을 보이라.

6.4.2_ 중심 블랙홀

지상 망원경과 함께 허블 우주 망원경을 사용한 고분해능을 가진 최근의 분광 관측은 가까운 은하들 중심에 있는 무거운 블랙홀을 찾는데 많은 도움을 줬다. 중심 블랙홀에 가까운 항성들은 바깥쪽의 항성들보다 더욱 빠르게 움직인다([그림 2.17]에서 보았듯이). 만약 이들이 임의의 방향으로 궤도 운동을 한다면, 은하의 스펙트럼에서의 흡수선으로부터 측정된 속도분산은 중심에서 커질 것이다. 중심 주변의 원궤도 속도가 주변의 항성들의 속도 분산 σ_c를 넘어서는 중심에 충분히 가까운 곳을 조사할 때 이러한 효과를 주목하여야 하며, 이는 다음을 의미한다.

$$V^2(r) \approx \frac{G\mathcal{M}_{\mathrm{BH}}}{r} \gtrsim \sigma_c^2 \tag{6.34}$$

그러므로 아래와 같은 반경 r_{BH} 내를 관측하여야만 한다.

$$r_{\mathrm{BH}} \approx 45\,\mathrm{pc} \times \left(\frac{\mathcal{M}_{\mathrm{BH}}}{10^8 \mathcal{M}_\odot}\right) \times \left(\frac{\sigma_c^2}{100\,\mathrm{kms}^{-1}}\right)^{-2} \tag{6.35}$$

[그림 6.23]은 가까운 타원 은하의 중심과 원반 은하의 팽대부의 밀집된 천체에 해당하는 질량을 보여준다. 우리 은하군의 은하 M32에서, 중심 몇 파섹 내에 여분의 질량 $2\times10^6\mathcal{M}_\odot$이 필요할 것으로 보이며, 거대 타원 은하 M87에서는 20 pc 내의 초과 질량은 $\sim 3\times10^9\mathcal{M}_\odot$ 정도이다. $\mathcal{M}_{\mathrm{BH}} \approx 4\times10^6\mathcal{M}_\odot$을 가진 우리 은하의 블랙홀은 아래의 경향에 잘 맞아 떨어진다.

$$\mathcal{M}_{\mathrm{BH}} \approx 2\times10^8\mathcal{M}_\odot \times \left(\frac{\sigma_c}{200\,\mathrm{kms}^{-1}}\right)^{4.86} \tag{6.36}$$

가장 큰 중심 질량은 속도 분산 σ가 가장 큰 은하에서 찾을 수 있으며, 비리얼 정리는 깊은 중력 포텐셜을 보여준다. Faber-Jackson 관계와 [그림 6.13]의 기본면에서 예상할 수 있듯이 이는 또한 가장 밝은 은하이다. 오른쪽 그림은 이 질량이 현재 최상의 관측에서 발견한 최소값에 근접함을 보여준다. 작은 천체들은 숨겨진 채로 남아 있다.

만약 선방출 가스가 중심 근처의 궤도에 존재하여 궤도 속도 $V(r)$을 측정할 수 있다면, 식 3.20을 사용하여 그 궤도 내에 놓여져 있는 질량을 측정할 수 있다. M87에는 중심핵 주변의 가스의 작은 원반이 있다. 가스 방출선으로부터 측정된 회전속력은 $3\times10^9\mathcal{M}_\odot$의 질량을 갖는 중심천체에 대한 궤도운동을 하는 물체에 대하여 기대되는 경우와 정확히 일치한다. 증명할 수는 없지만 아마도 이러한 거대한 질량은 블랙홀일

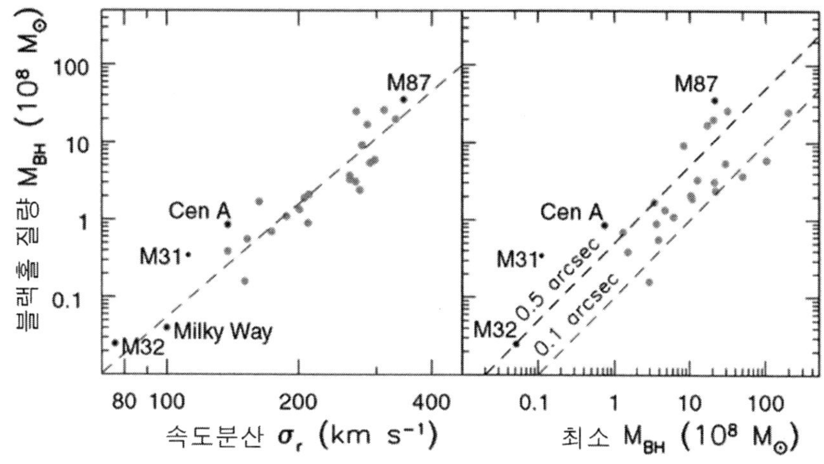

[그림 6.23] 왼쪽, 블랙홀로 추정되는 중심부 고밀도 질량은 은하 중심부 속도 분산에 따라 커진다. 파선은 식 6.36에서 얻어진 것이다. 오른쪽, 추정되는 질량을 검출되는 최소값에 근접한다. 파선은 $r_{BH} = 0.5''$ 와 $0.1''$ 에 해당된다. – L. Ferrarese.

것이다. 이를 확인하기 위해서는 Schwarzschild 반경의 몇 배 되는 지역에 있으며 광속에 근접한 속력으로 궤도운동을 하는 가스에 대한 관측이 필요하다. 하지만 현재의 기술로는 관측이 불가능하다.

문제 6.15 블랙홀의 Schwarzschild 반경 R_s은 2.3절에서 이미 정의되었다. $\mathcal{M}_{BH} = 3 \times 10^9 \mathcal{M}_\odot$일 때, 다음 식이 성립됨을 보여라.

$$R_s \equiv \frac{2G\mathcal{M}_{BH}}{c^2} \approx 10^{10}\text{km} \quad \text{또는} \quad 3 \times 10^{-4}\text{pc}$$

M87의 $d \sim 16\,\text{Mpc}$ 거리에서 이 값은 4×10^{-6} 초각에 해당한다.

문제 6.16 M87의 중심 근처 가스의 방출선이 허블 우주 망원경으로 관측되었다. 관측은 중심으로부터 $0.1''$ 떨어진 곳에서 궤도 속도 $1000\,\text{kms}^{-1}$로 가장 잘 맞았다. 거리 $d = 16\,\text{Mpc}$일 때, 이 반경 내의 질량이 $\mathcal{M} \sim 2 \times 10^9 \mathcal{M}_\odot$임을 보여라.(이 측정을 위해서 왜 우주 망원경이 필요할까?)

$M_B \sim -20$ 또는 $L \gtrsim L_\star$인 대부분의 밝은 타원 은하는 전파원이며, 20 cm 파장에서 방출세기는 $P \gtrsim 10^{20}\,\text{W Hz}^{-1}$정도이다. 전파 방출 에너지는 태양의 총 광도의 약 백배에 불과하지만, 나선 은하의 전파방출의 대부분을 차지하는 HI 영역과 초신성 잔해로부터 기대되는 값의 10배 이상이다. 타원 은하는 일반적으로 중심핵 부분에 수

파섹 정도의 크기에 불과한 작고 밝은 전파핵이 있다. $P \gtrsim 10^{23}\,\mathrm{W\,Hz^{-1}}$ 정도의 이런 구조는 종종 이중 로브 구조를 나타낸다. 이 구조는 거의 광속에 가까운 운동을 관측한 9.1절의 강력한 전파 은하 로브구조의 축소모형이다. 일반적인 밝은 타원 은하의 전파원이 활성 은하핵에서 관측된 것의 축소판이라면, 이는 $L \sim L_\star$ 보다 밝은 거의 모든 타원 은하의 중심에 $\mathcal{M}_{\mathrm{BH}} \gtrsim 10^6 \mathcal{M}_\odot$ 정도의 질량을 가진 블랙홀이 숨어있다는 사실의 결정적인 증거가 될 수 있다.

7. 은하군과 은하단

우주에 있는 반 이상의 은하들은 은하군과 은하단 내에서 발견되어진다. 은하군과 은하단 내에는 이들에 속해있는 반 정도의 은하들이 약 1 Mpc 내에 모여있다. 은하군과 은하단은 더 이상 우주 팽창에 따라 팽창하지 않으며, 오히려 상호간의 중력에 이끌려 은하들이 안쪽으로 움직이거나 혹은 이미 그 중심부분을 지나고 있다. 은하단은 더욱 밀도가 높고 풍부한 구조를 갖는다. 그 중심 Mpc 영역에 전형적으로 적어도 50개 이상의 밝은 은하들($L \geq L_\star \sim 2\times10^{12}L_\odot$)을 포함하고 있다. 그보다 적은 모임의 집단체를 은하군이라 부르며, 질량은 일반적으로 $\sim 10^{14}\mathcal{M}_\odot$ 보다 작다.

은하단과 은하군은 단순히 은하라는 개체의 집합체가 아니라, 속해 있는 개개의 은하들로부터 그 발달에 영향을 받는다. 은하군 내의 가장 일반적인 구성원은 나선은하와 불규칙은하이다. 우리 은하군이 그 전형적인 예로서, 가장 밝은 세 개의 구성원들 모두 나선 은하이다. [그림 5.6], [그림 5.8], [그림 5.23]에서 볼 수 있듯이 큰곰자리 은하군 내 대부분의 큰 은하들은 원반 은하이며 밝은 79개의 은하 중에서 약 2개 정도만이 타원은하이다. 타원 은하와 S0 은하들은 밀도가 큰 은하단에 주로 분포한다. 흥미롭게도 가장 밝은 거대 타원 은하와 밝기가 $L \leq 3\times10^9 L_\odot$ 정도밖에 안 되는 왜소 은하들이 중간 크기의 타원은하들보다 더욱 은하군 중심 영역으로 강하게 집중되어 있다.

7.1절에서 다루게 될 은하군과 달리, 7.2절에서는 다룰 은하단에 있는 *대부분*의 바리온(일반적인) 물질들은 그 은하들에 직접적으로 속해있는 것이 아니다. 은하단은 $T \sim 10^7 - 10^8$K 온도의 뜨거운 가스로 차 있으며, X-선을 밝게 방출하고 있다. 새로운 은하가 은하단에 합류하게 될 때, 은하는 은하단 내에 뜨거운 가스 속으로 떨어지면서 그 압력으로 인해 자신의 차가운 원자, 분자 가스들을 잃어버리게 된다. Virgo 은하단에 내부와 같은 밀도가 큰 지역에 있는 은하들의 중성수소 원반은 바깥 부분의 차가운 가스들을 다 잃어버리기 때문에 아주 작은 크기를 가진다. 따라서 은하군은

이러한 밀도가 크고 뜨거운 은하간 가스가 결핍되어 있다. 그러나 은하들 사이에 있는 매우 희박한 가스들은 우주 공간 바리온의 90%를 포함한다. 이러한 가스들은 너무 밀도가 낮아 복사에 의해 냉각될 수 없으므로, 밝은 배경 은하들의 빛을 흡수하는 경우에만 이를 확인할 수 있다.

문제 7.1 코마 은하단 내에 은하들의 속도를 측정해 보았더니 중심 영역근처는 $\sigma_r \sim 100\,\mathrm{kms^{-1}}$이었고, 반경 $R \geq 1.5\,\mathrm{Mpc}$ 에서는 $\sigma_r \sim 800\,\mathrm{kms^{-1}}$로 떨어졌다. $R \sim 3\,\mathrm{Mpc}$에 위치한 은하가 이 은하단을 통과하려면 얼마정도의 시간이 걸리는가? 이 값이 거의 우주의 나이 t_H의 반 정도임을 증명해 보시오.

우리 은하의 가장 오래된 별과 비교하여, 은하단과 은하군은 우주에서 나중에 생긴 것이다. 은하단내의 은하들의 운동은 은하내의 항성들의 속도보다 몇 배 정도 빠르지만, 은하단 자체는 수백 배 정도 크다. 따라서 끝자락에 있는 은하들은 빅뱅 이후 은하단을 아직 한 번도 통과하지 못했을 것이다. 4.5절에서 볼 수 있듯이, 우리 은하군에서 우리 은하와 M31은 처음으로 서로를 향해 떨어지고 있는 중이다. 적어도 10 Gyr 전에 항성 원반부 형성을 시작한 우리 은하가 어떻게 밀도가 적은 지역에서 그 일생을 보내는지 알 수 있을까? $z \geq 2$이며, 늙은 적색 항성들로 이루어진 타원은하들이, 이미 오래전 그들이 있는 밀도가 큰 은하단들이 하나로 되었음에도, 어떻게 전형적인 은하단 구성원이 될 수 있을까? 우리는 이를 7.3 절에서 다룰 것이나, 아직은 정확한 답을 알 수가 없다.

은하들처럼, 은하군과 은하단의 대부분의 질량은 암흑으로 보여진다. 그러나 질량을 측정하는 일반적인 방법으로 가정해 보았을 때, 이들 구조는 평형을 이루고 있기 때문에, 그 전체적인 구조는 변하지 않으며 또한 독립적이다. 하지만 이러한 이론은 대부분의 은하군과 은하단에 대하여 사실이 아니다. 7.4 절에서는 빛의 중력적 휨 현상으로부터 어떻게 질량을 측정하는지, 심지어 은하단이 커지고 변하는 중에서 어떻게 이 방법을 적용할 수 있는지에 대해 알아본다.

더 읽어보기

이 주제와 관련해서 학부생 수준의 교재는 없다. 대학원생 수준의 교재로서는 M. S. Longair, 1998, *Galaxy Formation* (Springer, Berlin)이다. Abell의 은하단 목록은 G.O. Abell, H. G. Corwin, and R. P. Olowin, 1989, *Astrophysical Journal Supplement*, 70,1에서 찾아볼 수 있다.

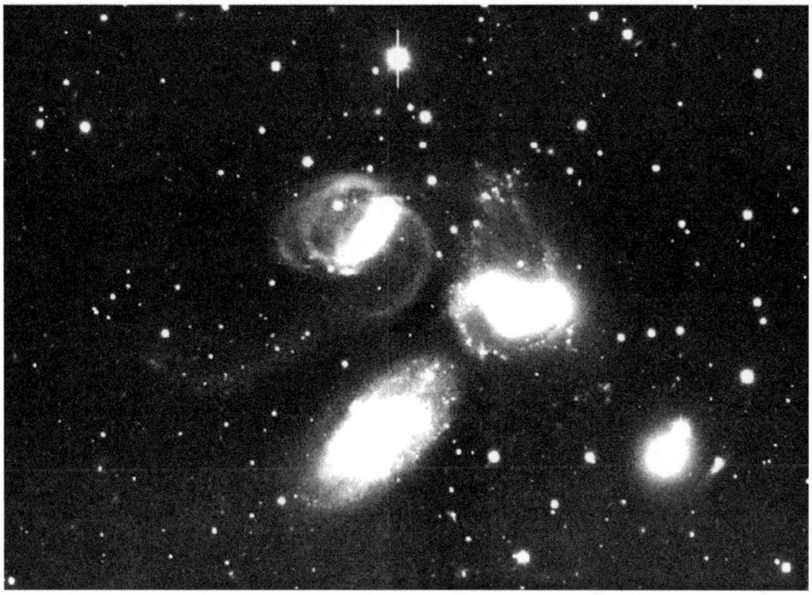

[그림 7.1] Stephan의 Quintet(Hickson 92 밀집 은하군)은 ~85 Mpc 정도 떨어져 있으며, 그 크기는 80 kpc로써 하늘에서 3.2′에 해당한다. 그림의 위쪽이 북쪽, 왼쪽이 동쪽이다. 막대 나선 은하인 NGC 7319 는 Seyfert 2의 활동성 핵을 가지고 있다. 아래쪽 중간 부분의 거대 나선 은하인 NGC 7320 은 이 은하군의 구성원이 아니며, 적색 편이가 보다 앞쪽에 위치한 은하이다. – D. J. Pisano, WIYN telescope

7.1 은하군 : 원반 은하들의 고향

[그림 7.1]은 Stephan의 Quintet 이라 불리우는 매우 희기한 *고밀도 은하군*으로서, 은하군 내에서 대부분의 은하들 사이의 접촉이 있다. 은하들 간의 상호 중력적인 힘으로 인해 은하들의 원반부로부터 항성들의 긴 꼬리가 나타난다. 밝은 은하와 맞먹는 항성들이 막대 나선 은하인 NGC 7319와 근처의 겹쳐있는 두 은하(나선 은하와 타원 은하)들 주변에 분포되어 있다. 이 세 은하 주변으로 $10^9\mathcal{M}_\odot$에 해당하는 $T_X \sim 10^7$ K의 뜨거운 가스가 X선을 방출하고 있다. 약 $10^{10}\mathcal{M}_\odot$ 정도의 차가운 가스가 이 은하군 내에 있으나, 은하들 내에는 거의 존재하지 않는다. 그 대신, 100 kpc이 넘는 HI 꼬리가 뜨거운 가스 주위 남쪽 동쪽으로 길게 휘감겨 있다. 아마도 차가운 HI 가스는 은하들이 가까워질수록 은하 원반부로부터 떨어져 나갔을 것이다. 약간의 가스 구름은 은하들이 서로 부딪치는 과정에서 X선의 온도만큼 가열되었을 것이다.

은하들의 운동과 항성 꼬리로부터 이 은하군의 형성 역사에 대한 단면을 알 수 있다. 나선 은하인 NGC 7318b(두 개의 겹쳐진 은하 중 하나) 는 이 은하군에 이제 막 도착하여, NGC 7319 의 한쪽 나선팔로부터 밝은 항성 꼬리를 끌어내고 있다. 차가운 가스는 잃어버리고 있는 중이다. 남쪽으로는, 더 길지만 더 희박한 항성 꼬리가 작은 은하 NGC 7320c 를 향하여 굽은 채로 동쪽으로 140 kpc 까지 뻗어있는데, 이는 ~ 500 Myr 전에 은하군을 가로 질러 다시 돌아오고 있다. Stephan의 Quintet 은 우리 은하의 약 2배 정도의 가스를 가지고 있으며 항성 밝기는 3배 정도 밝다. 은하들은 반복되는 충돌과 회피로부터 가스를 잃으면서 우리 은하와 매우 유사한 일생을 시작하는 시점에 있을 것이라 생각된다.

문제 7.2 은하군 내의 가스 입자와 은하들이 같은 평균 속도 σ로 각각의 방향으로 움직이고 있다고 가정하자. 온도가 T 일 때, 가스 입자의 평균 에너지는 $3k_B T/2$이다. 여기서 k_B는 볼츠만 상수이다. 만약 가스가 주로 이온화된 수소이면, 이 입자들은 양성자와 전자들일 것이다. 원자의 운동 에너지 $(3m_p/2)\sigma^2$가 똑같이 나누어져 있을 때,

$$T \approx \frac{(m_p/2)\sigma^2}{k_B} \approx 5 \times 10^6 \left(\frac{\sigma}{300\,\mathrm{kms^{-1}}} \right) \mathrm{K} \tag{7.1}$$

임을 보여라. 은하군과 은하단 내의 뜨거운 가스는 일반적으로 *비리얼 온도*에 가깝다.

문제 7.3 X-선 광자의 에너지는 전자가 1 볼트에서 움직이는 양의 1000 배인 keV 단위로 측정되어진다. Stephan의 Quintet에서 가스는 전형적인 에너지인 $k_B T_X = 0.5\,\mathrm{keV}$로 X선을 방출하는데 이 때, $T_X \approx 6 \times 10^6\,\mathrm{K}$ 임을 보여라. 은하의 시선 속도인 V_r의 분산은 $\sigma_r \sim 350\,\mathrm{kms^{-1}}$이다. σ_r의 속도로 움직이는 수소 원자의 운동 에너지는 온도가 $T = 7 \times 10^6\,\mathrm{K}$ 일 때, 두 입자들(하나의 원자와 전자) 이 각각 가지는 1차원 에너지 $k_B T/2$와 유사함을 보여라. 은하군 내 은하들이 서로 만날 때, 그들의 운동 에너지는 가스를 관측적인 온도만큼 올릴 수 있다.

[그림 7.2]는 가까운 나선 은하인 M81 주변의 밀도가 낮은 은하군이다. 단지 몇 개의 은하간 항성을 볼 수 있으나, 은하들이 서로 가깝게 지나가듯이 서로의 원반부로부터 수소가 뻗어 나온 긴 스트림으로 연결되어 있음을 볼 수 있다. 나선 은하의 HI 층이 항성들이 있는 주 원반부보다 멀리 뻗어져 있기 때문에, 가스 원반부가 더 쉽게 영향을 받는다. 은하들로부터 뻗어 나온 대부분의 가스들은 차갑게 남아있다. 이와 유사

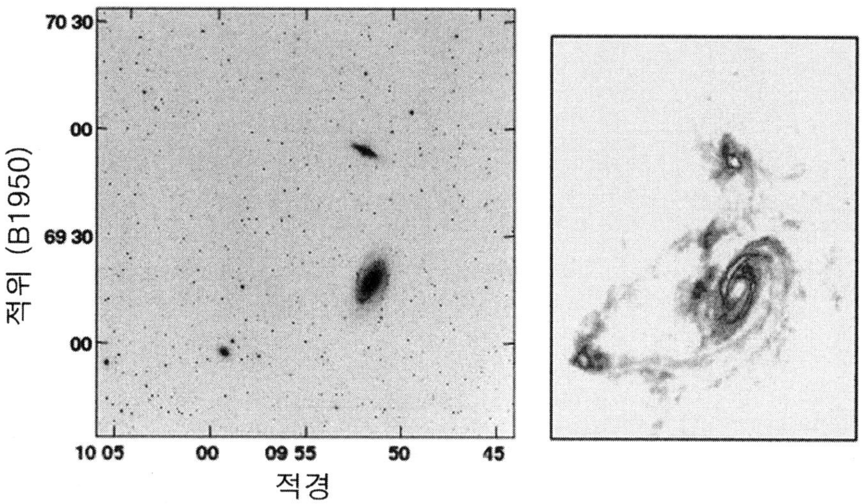

[그림 7.2] 약 3.5 Mpc 떨어진 거대 Sc 나선 은하인 M81 근처의 은하군. 왼쪽은 가시광 영역의 영상으로서, M81 의 북쪽으로 늘어져 있는 은하는 항성형성 은하인 M82이다. NGC 3077 은 남동쪽에 있다. 오른쪽은 같은 크기의 HI 분포 지도이다. – M. Yun

하게, [그림 4.6]에서 볼 수 있듯이, 마젤란 성운으로부터 뻗어 나온 수소 원자 가스가 우리 은하 근처에서 스트림을 이루고 있다.

단지 반 정도의 은하군이 X-선을 방출할 정도 즉, $T \geq 3 \times 10^6$ K의 뜨거운 가스를 가지고 있다. 이 은하군들은 일반적으로 많은 구성원들을 가지고 있으며, 적어도 하나 이상의 타원 은하를 포함하고 있다. 예를 들어, S0 은하인 NGC 1550 주변 1 Mpc 내의 15개 은하로 이루어진 은하군(두개의 타원 은하를 포함한)은 Stephan의 Quintet의 100배가 넘는 $4 \times 10^9 L_\odot$ 의 X-선을 방출한다. 24배나 강한 이온화된 철의 분광선과 함께, 몇 배나 많은 이온화된 산소, 마그네슘, 황의 분광선을 가진 X-선 스펙트럼은 헬륨보다 무거운 원소들이 태양 함량의 수십 분의 몇 정도로 존재함을 보여준다. 1 keV 에서의 철 분광선으로부터 NGC 1550 은하군의 가장 내부의 가스가 태양의 중원소 함량비 $Z_\odot$ 의 약 반 정도를 가지며, 반면, 중심에서부터 200 kpc에서는 $0.1 Z_\odot$ 임을 알 수 있다.

일반적인 방법으로 은하군의 질량을 측정할 수 있는데, 이는 운동하는 대상에 대해 뉴턴의 운동방정식을 적용하는 것이다. NGC 1550 은하군에서, 은하들의 속도분산은 $\sigma_r = 310\,\mathrm{kms}^{-1}$ 이다. 만약 은하군이 평형 상태의 독립된 개체라 가정하고, 그 밀도를 식 3.12 와 3.37에서 $a_P = 100$ kpc에 해당하는 Plummer 구체 식으로 추정하면, 식 3.44(비리얼 정리)를 적용하여 질량을 계산할 수 있다.

$$\frac{3\mathcal{M}\sigma_{\mathrm{r}}^2}{2} = K\mathcal{E} = \frac{3\pi}{64}\frac{G\mathcal{M}^2}{a_{\mathrm{P}}}, \text{ 따라서 } \mathcal{M} \approx 2\times 10^{13}\mathcal{M}_{\odot}$$

은하군이 뜨거운 가스를 포함하고 있다면, 6.4절에서 타원 은하에 적용했던 방법으로 그 질량을 구할 수 있다. 먼저 분광선으로부터 X-선의 온도 T_{X}를 구한다. 가스의 밀도가 낮으며, 2.4 절에 있는 식 2.23으로부터 밀도를 구할 수 있다. $T_{\mathrm{X}} \geq 10^7\mathrm{K}$ 일 때, 태양의 함량을 갖는 가스는 주로 *자유-자유* 방출, 즉 *열적 제동복사*로 에너지를 잃는다. 만약 각각의 입방 센티미터 내에 n개의 원자를 가지고 있다면 그 광도는 다음과 같다.

$$L_{\mathrm{X}} = n^2\Lambda(T_{\mathrm{X}}), \text{ 여기서 } \Lambda \approx 3\times 10^{-27}T_{\mathrm{X}}^{1/2}\,\mathrm{erg\,s^{-1}} \tag{7.2}$$

([그림 2.25] 에서 얼마나 천천히 Λ 가 온도와 함께 증가했는지를 살펴보자.) 따라서 측정된 표면 밝기 I_{X}로부터 n을 계산할 수 있다.

*정역학적 평형*의 식으로부터 뜨거운 가스가 항성풍으로부터 날아가지 않기 위해 필요한 중력을 알 수 있다. 즉 압력 p는 안쪽으로 끌어당겨지는 힘과 평형을 이루어야 한다. 가스 밀도를 $\rho(r)$이라 한다면, 구형의 은하에서는 다음과 같다.

$$\frac{\mathrm{d}p}{\mathrm{d}r} = -\rho(r)\frac{G\mathcal{M}(<r)}{r^2} \tag{7.3}$$

가스 입자의 평균 질량 m은 $m = \mu m_{\mathrm{p}}$ 이며, 완전히 이온화된 수소의 경우 $\mu = 0.5$ 이고, 태양의 함량을 갖는 가스의 경우 $\mu \approx 0.6$ 이다. 온도가 T, 밀도가 ρ 인 이상 기체에 대하여 다음과 같은 식이 만족한다.

$$p = \frac{\rho}{\mu m_{\mathrm{p}}}k_{\mathrm{B}}T, \text{ 따라서 } \mathcal{M}(<r) = \frac{k_{\mathrm{B}}}{\mu m_{\mathrm{p}}}\frac{r^2}{G\rho(r)}\frac{\mathrm{d}}{\mathrm{d}r}(-\rho T) \tag{7.4}$$

문제 7.4 은하군의 뜨거운 가스가 균일한 온도 T_{X}를 가지고, 중심부 바깥의 X-선의 표면밝기가 반경 R에 대하여 $I_{\mathrm{X}} \propto R^{-\gamma}$의 비율로 떨어진다고 가정해 보자. 가스 밀도가 $\rho(r) \propto r^{-\beta}$ 일 때, 식 7.2를 사용하여 입방 센티미터 당 광도는 $L(r) \propto r^{-2\beta}$임을 보여라. 문제 6.4의 결과를 사용하여 $\gamma = 2\beta - 1$ 임을 보여라.
NGC 1550 은하군에서, $T_{\mathrm{X}} = 1.6\times 10^7\,\mathrm{K}$이며 중심으로부터 200 kpc까지 $\rho(r) \propto r^{-1.1}$로 표현된다. 식 7.4를 사용하여 은하군의 질량이 대략 $10^{13}M_{\odot}$ 임을 보여라. 뜨거운 가스가 약 $8\times 10^{11}\mathcal{M}_{\odot}$이고, 은하의 빛이 $L_B \approx 8\times 10^{10}\mathcal{M}_{\odot}$ 이다. 항성들의 질량-광도 비가 문제 6.6에서의 NGC 1399 중심부분의 오래된 항성들의 경우보다

크지 않다. 뜨거운 가스의 질량이 모든 항성들의 질량보다 적어도 2 배가 되며, 따라서 은하단이 은하들과 뜨거운 가스 내의 질량에 비해 약 8배의 질량을 포함함을 보여라.

일반적으로 은하군의 질량-광도비는 $80 \leq \mathcal{M}/L \leq 300\mathcal{M}_{\odot}/L_{\odot}$의 범위를 가진다. 항성들과 X-선을 방출할 수 있을 만큼 뜨거운 가스는 전체의 10% 보다 작다. 은하군 전체는 5.3절에서의 개개의 나선 은하의 회전 곡선으로부터 구할 수 있는 질량보다 몇 배나 되는 질량을 갖는 것처럼 보인다. 각 은하들의 암흑 물질 헤일로가 회전으로부터 측정할 수 있는 HI 가스 원반부의 질량의 몇 배나 많은 양이 뻗어 있거나, 상당한 양의 질량이 은하군 헤일로라 불리는 은하와 은하 사이에 존재하고 있다.

문제 7.5 모든 은하군의 밀도 분포가 Plummer 구체 식 3.12, 3.37과 같이 하나의 형태를 갖는다고 가정해 보자. 만약 모든 은하군이 같은 반경 a_{P}을 가지고, 질량이 구성원 개수 N에 비례한다고 할 때, 비리얼 정리로부터 $\sigma_{\mathrm{r}} \propto \sqrt{N}$ 임을 보여라. 이는 [그림 7.3]에서 대충 알 수 있는 것과 같다. 매우 희박한 은하군들이 이 관계에 놓여있다고 볼 때, 이 은하군들이 보다 더 작은 반경을 가짐을 보여라.

[그림 7.3]은 은하군 내 은하들이 은하들 내에 있는 항성의 속도보다 빠르지 않은 $\sigma_{\mathrm{r}} \sim 100-500\,\mathrm{kms}^{-1}$ 속력으로 움직이고 있음을 보여준다. 이와 같은 작은 상대적인 속도 때문에, 중력은 은하들이 서로 지나칠 때, 상대방 은하의 바깥 부분의 항성과 가스를 강하게 끌어들일 수 있는 보나 충분한 시간을 갖는다. 다음 절에서는, 어떻게 두 개의 은하가 병합하여 하나가 되는지에 대해 알아보겠다.

7.1.1_ 은하간 근접 충돌 : 동역학적 마찰

두 개의 은하가 서로 가까이 지나칠 때 어떤 일이 일어나는가에 대해서 3.2 절에서 알아보았다. 은하들이 서로 다가갈 때에 사용되는 에너지의 일부분이 은하에 속해있는 항성들의 운동 에너지로 바뀐다. 따라서, 그들이 떨어질 때에는 서로 다가갈 때보다는 느린 속도로 움직이게 된다. 만약 은하들이 서로에게서 벗어나지 못할 정도로 늦게 움직인다면, 각각의 궤도는 서로를 다시 충돌하게 되며, 궁극적으로 병합된다.

[그림 3.5]와 같이, [그림 7.4]에서 질량이 $\mathcal{M}$인 물체가 V의 속도로 거리 b 만큼 떨어진 질량이 m인 항성을 지나간다. 그러나 여기에서의 $\mathcal{M}$은 두 은하들 중 하나이며, m은 다른 하나의 은하에 속해 있는 항성이다. 따라서 $\mathcal{M}/m \sim 10^8 - 10^{11}$(!)이다. 두 은하가 서로 지나갈 때, $\mathcal{M}$은 원래 궤도와 수직인 방향의 운동을 다음과 같이 하게 된다.

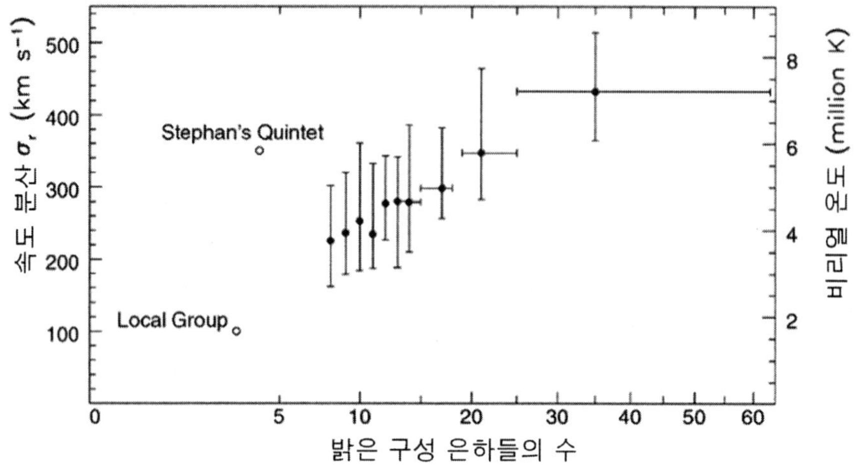

[그림 7.3] 2dF 은하 목록에서 선택한 은하군으로서, 은하들의 평균 속도 분산 σ_r과 문제 7.2에서의 비리얼 온도는 구성원 수가 많을수록 증가한다. 수직막대는 σ_r의 범위를 나타내며, 절반의 은하들이 포함된다. – F. van den Bosch and X. Yang

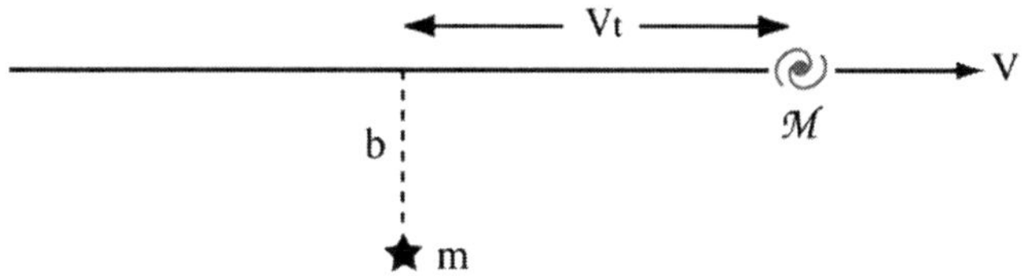

[그림 7.4] 빠르거나 약한 충돌: 질량이 $\mathcal{M}$인 은하가 V의 속도로 그것의 경로로부터 b만큼 떨어진 두 번째 은하 내에 있는 질량이 m인 정지하고 있는 항성을 지나간다.

$$\Delta V_\perp = \frac{2Gm}{bV} \tag{3.51}$$

서로가 매우 근접하지 않았을 때 적용되며, 따라서 은하 $\mathcal{M}$은 반경 $\ll b$ 안에 포함된다. 이 공식은 매우 빠른 속도의 접근의 경우도 고려해야 하는데, 이 때 $\mathcal{M}$과 m은 충돌하는 동안 서로를 향하여 큰 움직임을 보이지 않는다. 이 전에 본 바와 같이, 아래의 식을 적용해야 한다.

$$b \gg \frac{2G(\mathcal{M}+m)}{V^2} \equiv 2r_s \tag{3.53}$$

($\mathcal{M}=m$일 때, r_s는 식 3.48에서 정의한 것과 같이 *강한 충돌 반경*이다.) 두 번째 은하의 항성 m은 같은 크기의 반대 방향 운동량을 얻기 때문에, 수직 운동의 전체 운동 에너지는 아래와 같다.

$$\Delta KE_{\perp} = \frac{\mathcal{M}}{2}\left(\frac{2Gm}{bV}\right)^2 + \frac{m}{2}\left(\frac{2G\mathcal{M}}{bV}\right)^2 = \frac{2G^2 m\mathcal{M}(\mathcal{M}+m)}{b^2V^2} \tag{7.5}$$

작은 질량의 물체가 대부분의 에너지를 얻는다는 점을 명심하라. 이 에너지는 은하 $\mathcal{M}$의 접근 운동으로부터만 얻을 수 있으며, 결과적으로는 $\Delta V_{\parallel}$ 값만큼 변한다. 충돌 한참 전과 후에 위치 에너지는 작으며, 따라서 운동에너지들은 동등하기 때문에 아래와 같은 식을 얻을 수 있다.

$$\frac{\mathcal{M}}{2}V^2 = \Delta KE_{\perp} + \frac{\mathcal{M}}{2}(V+\Delta V_{\parallel})^2 + \frac{m}{2}\left(\frac{\mathcal{M}}{m}\Delta V_{\parallel}\right)^2 \tag{7.6}$$

만약 $\Delta V_{\parallel} \ll V$ 이면, $\Delta V_{\parallel}^2$ 을 생략할 수 있게 되어, 정지된 은하 내의 항성 m이 $\mathcal{M}$을 아래와 같은 크기로 느려지게 함을 알 수 있다.

$$-\Delta V_{\parallel} \approx \frac{\Delta KE_{\perp}}{\mathcal{M}V} = \frac{2G^2 m(\mathcal{M}+m)}{b^2V^3} \tag{7.7}$$

m에 전달되는 운동에너지는 $\mathcal{M}^2$에 비례하여 증가하므로, 접근 운동은 지나가는 은하의 질량 $\mathcal{M}$이 증가하는 만큼 더욱 빨리 제동이 걸린다. $\mathcal{M}$이 빨리 움직일수록, m으로의 에너지 이동에 걸리는 시간이 적고, 잃는 속도는 더 적다.

은하 $\mathcal{M}$이 입방 파섹에 질량 m인 항성이 n개가 있는 두 번째 은하의 영역을 통과한다고 가정해 보자. 그러면 평균 속도 감소율은 모든 항성들에 대한 적분으로 다음과 같이 표현된다.

$$-\frac{dV}{dt} = \int_{b_{\min}}^{b_{\max}} nV\frac{2G^2m(\mathcal{M}+m)}{b^2V^3}2\pi b\,db = \frac{4\pi G^2(\mathcal{M}+m)}{V^2}nm\ln\Lambda \tag{7.8}$$

여기서 $\Lambda = b_{\max}/b_{\min}$이다. 식 3.55 이하의 논의에서와 같이, $b_{\min}$는 식 3.48의 반경 r_s로 둘 수 있으며, 이 범위 내에서의 $\mathcal{M}$의 변화는 더 이상 작지 않다. 그리고 $b_{\max}$는 항성 밀도가 $\mathcal{M}$ 주변의 값보다 훨씬 적게 되는 거리로 둘 수 있다. 이러한 감속이 바로 *동역학적 마찰*이며, 이는 항성들의 배경에 대한 상대적인 어떠한 운동도 줄이게 하는 역할을 한다.

식 7.8에 따르면, 은하 $\mathcal{M}$이 천천히 움직일수록, 그 감속은 더 커진다. 두 은하의 빠른 속도의 충돌은 느린 속도의 충돌보다 접근 운동으로부터 적은 에너지를 소모한다. 그러나 이는 은하 $\mathcal{M}$의 접근 운동에 비해 항성 m의 무작위 운동을 무시할 때만 사실이다. 만약 그렇지 않다면, 저항력은 줄어든다. V가 두 번째 은하에 있는 항성의 속도 분산보다 매우 작을 때, 공중 낙하를 표현하는 Stokes의 법칙에서와 같이 $dV/dt \propto -V$ 이다.

식 7.8은 큰 은하의 암흑 헤일로 내를 돌고 있는 작은 위성 은하에 적용할 수 있는데, 마치 인공위성이 공기저항에 대하는 것과 같이, 작은 위성 은하의 궤도는 줄어들며, 나선형을 그리며 안쪽으로 들어간다. 마찰력은 암흑 헤일로를 구성하는 물질에 영향을 받는 것이 아니라, 단지 질량 밀도, 즉 nm에 의존한다. 무거운 위성은 작은 것보다 더 빨리 느려진다. 아래의 문제는 대마젤란성운이 우리 은하와 수십억 년 내에 충돌할 수 있으나, 그보다 10^5배만큼 가벼운 대부분의 구상성단은 그러한 위험에 처하지 않음을 보여준다.

문제 7.6 식 2.19의 암흑 헤일로 포텐셜의 핵 a_H 으로부터 멀리 떨어져 있는 영역에 대하여, 식 3.14를 사용하여 $\rho(r) \approx V_H^2/(4\pi G r^2)$ 을 보여라. 반경이 r인 원궤도이며 질량이 $\mathcal{M}$인 위성의 운동에 반대되는 힘이 아래와 같이 근사적으로 표현됨을 설명해 보시오.

$$F_{\parallel} = -\frac{G\mathcal{M}^2}{r^2}\ln\Lambda \cdot F$$

힘은 식 7.8에서와 같이 F배만큼 감소되는데, 이는 암흑 헤일로의 입자들이 자체 무작위 운동을 가지고 있기 때문이다. 만약 헤일로 입자의 무작위 속도가 모든 방향에서 $V_H/\sqrt{2}$ 일 때, 단일 등온 구의 식 3.105 에서와 같이, $F \approx 0.4$ 이다. 위성들이 나선형으로 감겨 들어올 때, 각 운동량은 $L = \mathcal{M} r V_H$이다. 마찰 토크가 L의 변화율과 같다고 할 때, 다음을 증명하여라.

$$r\frac{dr}{dt} = -\frac{G\mathcal{M}}{V_H}\ln\Lambda \cdot F, \text{ 그리고 } t_{sink} = \frac{r^2 V_H}{2G\mathcal{M}}\frac{1}{\ln\Lambda \cdot F}$$

여기서 t_{sink}는 위성이 포텐셜의 중심에 닿을 때까지 걸리는 시간이다.

$\mathcal{M} \approx 2 \times 10^{10}\mathcal{M}_\odot$, $V_H \approx 200\,\mathrm{km\,s^{-1}}$, $r \approx 50\,\mathrm{kpc}$ 인 대마젤란성운의 경우, $r_s \approx b_{min}$, $\Lambda \sim 20$ 임을 보여라. 또한, $F \approx 0.4$ 일 때, 이 간단한 공식으로부터 대마젤란성운이 3 Gyr 내에 우리 은하와 충돌함을 보여라. 그러나 $\mathcal{M} = 10^6\mathcal{M}_\odot$인 구상성단은 궤도가 우리 은하 중심으로부터 몇 kpc 내에 있지만 않다면 같은 시간 내에 은하내로 가로 앉지 않음을 보여라.

(사실, 서로의 궤도상에 있는 두 은하에 대한 식 7.8을 사용할 때 조심해야 한다. $\mathcal{M}$이 느려지는 속도를 찾을 때, 이들이 서로 무관하다고 가정하더라도, 질량 m과의 연속적인 충돌에 대한 효과를 고려해야 한다. 하지만 항성 m들은 하나의 은하내에서 묶여 있으며, 서로의 운동에 영향을 준다. 또한 $\mathcal{M}$이 은하의 궤도 운동을 할 때, 같은 항성 m들을 반복적으로 충돌하게 되며, 마찰을 줄이거나 크게 하는 *공명* 효과를 경험하게 된다.)

동역학적인 마찰은 두 개의 지나가는 은하들의 접근 운동으로부터의 에너지를 제거하여, 그들 내의 항성들의 무작위 운동으로 전환한다. 충돌이 한참 지난 후에라도, 각 은하들의 회전 운동과 무작위 속도의 조합은 충돌전보다 *적은* 값을 가질 것이다. 그 이유를 알아보기 위해, 충돌 전에는 은하 하나의 내부 운동에너지를 KE_0 라고 가정해 보자. 식 3.44, 비리얼 정리에 의하면, 위치 에너지는 $PE_0=-2KE_0$이기 때문에, 내부 에너지 E_0는 다음과 같다.

$$\mathcal{E}_0 = K\mathcal{E}_0 + P\mathcal{E}_0 = -K\mathcal{E}_0 \qquad (7.9)$$

동역학적 마찰은 항성의 무작위 운동의 에너지를 증가시킬 뿐만 아니라, 은하의 내부 에너지도 $\Delta K\mathcal{E}$ 만큼 증가시킨다. 이 구조는 그다지 강하게 묶여있지 않기 때문에, 팽창한다. 충돌 이후, 비리얼 평형이 다시 성립되면, 운동에너지가 그 전보다 적다.

$$K\mathcal{E}_1 = -(\mathcal{E}_0 + \Delta K\mathcal{E}) = K\mathcal{E}_0 - \Delta K\mathcal{E} \qquad (7.10)$$

항성들은 은하로부터 탈출할만큼의 에너지를 얻게 되고, 에너지를 적게 얻은 항성들은 약하게 묶여 부풀은 바깥 영역으로서 남아 있게 된다. 나선 은하나 S0 은하에서는, 수직 운동에 더해진 에너지는 항성 원반부를 두껍게 한다.

만약 두 개의 은하가 밀도가 큰 은하단의 전형적인 빠른 속도로 서로를 지나간다면, 그들은 중력적으로 묶인 한 쌍이 될 수 있을 만큼 느려지지는 않을 것이다. 서로 분리되어, 헝클어진 채로 남을 것이다. 그러나 은하군에서는 은하들이 항성들의 운동보다 빠르지 않은 속도로 좀 더 천천히 움직이기 때문에, 가까워지면서 더 많은 교란을 한다. 우리가 알고 있는 충돌하는 과정의 거의 대부분의 은하들이 은하군의 구성원이다.

많은 은하군 은하들은 근거리 충돌의 증거를 보여준다. 이는 은하가 혼자 있을 때는 불가능한 은하의 막대나 나선팔의 생성을 도와준다. M81과 같이, 거대한 두 개의 나선팔을 가진 많은 은하들은 근거리 동반 은하를 가지고 있다. 또한 병합과 근거리 작용은 원반부의 가스를 은하 중심으로 집어넣기도 한다. 중력의 변화는 거의 원궤도를 갖는 물질들을 잡아당기기 때문에, 가스 스트림은 다른 방향으로 뻗어있게 된다. 5.5 절에서 다뤘듯이, 이것은 가스로부터의 에너지를 제거할 수 있는 충격파를 발생시키며, 일부 가스들을 안쪽으로 떨어뜨리기도 한다. 만약 이것들이 은하 중심에 도달하면, 거대한 블랙홀을 키우거나 은하핵의 활동 연료가 된다. Stephan의 Quintet의 NGC 7319와 M81은 9.1절에서 다룰 활동성 은하의 하나인 세이퍼트 은하이다.

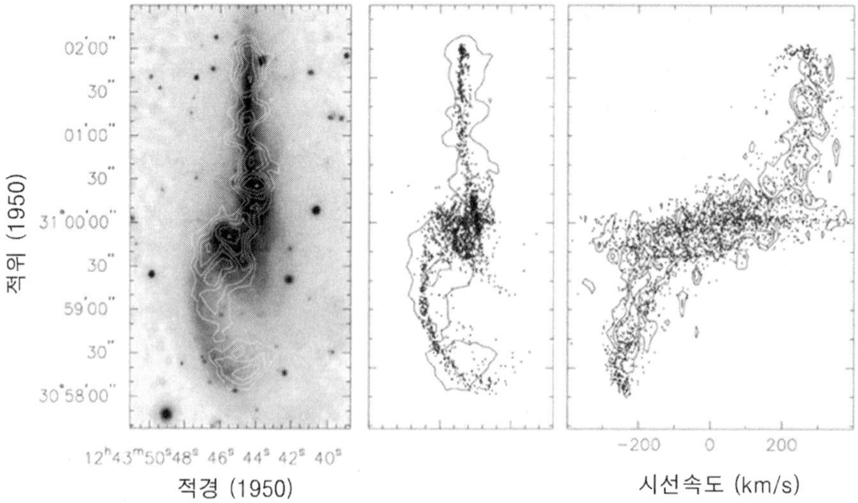

[그림 7.5] 'the Mice'라 알려져 있는 은하쌍인 NGC 4676, 왼쪽, R 파장의 가시광 영상, 흰 윤곽선은 꼬리의 중성 수소 가스를 보여준다. 중간, 별들로 이루어진 두 개의 항성 원반부를 중력적 N-체 모의실험 한 결과, 항성들의 위치는 가장 바깥 중성 수소 윤곽선에서 나타난다. 오른쪽: 꼬리를 따라서 각 위치각에서의 가스와 비교한 항성들의 속도 - J. Hibbard and J. Barnes

7.1.2_ 은하 병합과 항성 생성

만약 충돌에 의해 은하들의 궤도 운동으로부터 충분한 에너지를 흡수하면, 은하들을 서로 묶인 상태로 되며, 결국 병합하게 된다. [그림 7.5]는 병합 과정에서 일어나는 것들에 대하여 세 가지 측면에서 보여주고 있으며, [그림 7.6]은 그것을 일으키는 충돌에 대한 컴퓨터 모의실험이다. 이는 *중력적 N-체 모의실험*으로서, 식 3.2에서의 중력적인 힘에 의해 대략 10^6개의 입자들이 서로를 끌어당긴다. 사실, 우리는 이 식을 정확하게 풀 수는 없다. 10^{12}개의 다른 입자쌍들, 특히 이들이 매우 근접해 있을 때, 이들 사이에서의 힘들을 모두 계산하기는 매우 어렵다. 이 모의실험은 공간을 격자에 의한 셀로 나누는 '트리 코드'를 사용하며, 셀 내의 모든 질량을 하나의 입자로 간주하여, 서로 떨어져 있는 물질의 인력을 유추한다. 각각의 입자는 자신의 격자를 가지는데, 멀리 있는 물질일수록 불확실한 격자를 가지는 반면, 가까운 이웃의 입자들에 힘은 하나씩 계산되어진다. 이러한 거대한 모의실험은 매우 많은 시간을 요구한다. 따라서 전체 계산을 위해 하나의 격자를 고정하고, 각각의 셀에 있는 모든 입자들의 힘을 평균 낸다. 또한 격자를 사용하면 3.2절에서 살펴본 '유화 효과', 즉 이체 이완을 줄이는 효과도 있다.

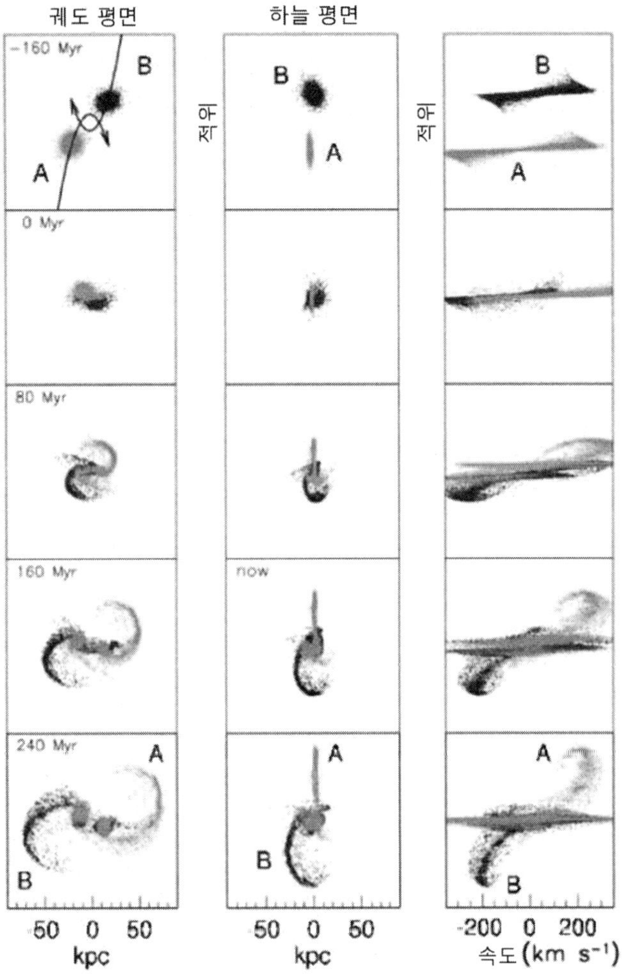

[그림 7.6] 은하쌍 NGC 4676: [그림 7.5]의 컴퓨터 모의실험, 왼쪽, 은하들 초기의 궤도 평면에서의 운동, 가운데: 시선방향을 따라 바라본 것, 오른쪽, 각 적위에서의 입자들의 시선속도 V_r. 시간은 처음 접근으로부터 백만 년 단위이며, 거리는 kpc 단위이고, $H_0 = 75\,\mathrm{km\,s^{-1}Mpc^{-1}}$로 가정하였다. 모의실험이 끝났을 때도 꼬리 가장 자리의 물질들은 여전히 운동중이다. 즉, 수십 억년동안 은하로 떨어지지 않을 것이다. – J. Hibbard and J. Barnes

이 충돌에서, 하나의 은하의 원반은 두 구조가 서로를 도는 궤도 평면에 가까이 놓이게 되고 같은 개념으로 회전하게 된다. 이 때, 강한 효과를 알 수 있다. 상호작용하는 구조의 가까운 원반부 한 쪽 면에서, 회전은 두 물체의 상대적인 운동의 많은 부분을 없앤다. 항성들과 가스는 오랫동안 섭동체 가까이 머무르게 된다. 각운동량과 에너지를 받아 찌그러진 궤도가 되며, 매우 큰 반경까지 밖으로 나갈 수 있게 된다. 원반으로부터 뜯겨나온 물질은 병합된 은하의 잔해로 다시 떨어지기 전까지의 수십 억년동안 '조석 꼬리'로 보이며 남는다.

가스가 풍부한 은하들의 근접한 통과나 병합은 가스들을 압축시키기 때문에, 때로는 수억 년 이내에 가스를 빨리 소진하며 항성이 매우 빠른 속도로 생성되는, *폭발적 항성생성*을 일으킨다. 조석 꼬리와 최근 병합의 증거를 가지고 있는 은하들은, 흔히 그 중심에 $(10^9-10^{10})\mathcal{M}_{\odot}$의 고밀도 분자 가스를 가지고 있다. 이들에 대부분은 아마도 충돌하는 동안 주 원반부로부터 들어온 물질들일 것이다. 이 가스들이 중력에 의해 압축되면, 그 결과는 격렬한 항성 생성이 될 것이며, 이 과정이 끝난 후 항성으로 이루어진 밝고 밀도가 큰 내부 원반부가 남을 것이다.

[그림 5.24]의 가장 맨 위의 스펙트럼은 푸른 항성생성 은하의 스펙트럼이다. 새롭게 탄생한 무거운 항성들이 자외선 영역에서 밝게 빛나고 있으며, 그 주변에 이온화된 가스들이 강한 방출선을 만들어 내고 있다. [그림 7.2]의 작은 은하 M82 역시 항성생성 은하이다. 우리 은하의 큰 나선팔과 같이 $(2-4)\mathcal{M}_{\odot}\,\mathrm{yr}^{-1}$의 새로운 항성들을 만들고 있지만 그 영역은 단지 600 pc밖에 되지 않는다. 전파영역에서 밝게 나타나는 곳은 젊은 항성에 의해 가스가 이온화되어 자유–자유 복사가 일어나는 지역을 나타낸다. 이러한 비율로 볼 때, $2\times10^8\mathcal{M}_{\odot}$의 원자와 분자 가스는, 식 3.23의 *자유–낙하* 시간 또는 역학적 시간인, 100 Myr 안에 소모되어질 것이다.

책 뒤표지에 있는 M82의 두 장의 영상은, 폭발적 항성생성이 강한 항성풍으로 은하 밖으로 가스를 어떻게 밀어내는지를 보여준다. 위의 이미지는 $3-9\,\mu\mathrm{m}$ 의 적외선 빛으로부터 얻은 것이다. 새로운 항성들은 탈출하는 항성풍 내의 먼지들을 데워 $8\,\mu\mathrm{m}$에서 붉게 보이는 반면, 항성 원반부는 푸르게 보인다. 아래의 영상은 하얀 항성 원반부를 가로지르는 먼지띠를 보여주는데, 보라색은 항성풍으로부터의 $\mathrm{H}\alpha$선 방출을 보여준다. 이 항성풍들은 은하에서 새롭게 만들어지는 항성만큼의 질량을 제거한다.

폭발적 항성생성은 단순히 우리 은하와 같은 은하에서처럼 항성이 생성되는 지역이 커진 것이라 생각하기는 어렵다. 직접적으로 가스 압력을 측정할 수 있는 M82에서, 가스 압력은 태양 근처에서보다 100배나 더 크다. 가스의 많은 부분이 활발하게 항성을 생성하고 있다. 폭발적 항성생성에서는 항성생성핵([표 1.8])의 고밀도 가스 지표인 HCN의 방출선이 더욱 밀도가 낮은 CO 방출선과 비교했을 때 약 5배나 강하다. 9.4절에서 우리는 멀리 있는 많은 은하들이 은하의 폭발적 항성생성으로 인한 무질서한 모습과 매우 밝은 표면 밝기의 특징을 찾아 볼 수 있다. 우리가 이 은하들을 관측할 수 있다는 사실은, 그것들이 우리 주변의 폭발적 항성생성보다 더욱 강하고, 상대적으로 먼지에 의해 가려지지 않았다는 의미를 가진다. $z\geq2$에서, 빅뱅으로부터 5 Gyr 이내에 일어난 이 거대한 폭발적 항성 생성은 아마도 오늘날 은하들의 오래된 고밀도 영역을 만들었을 것이다.

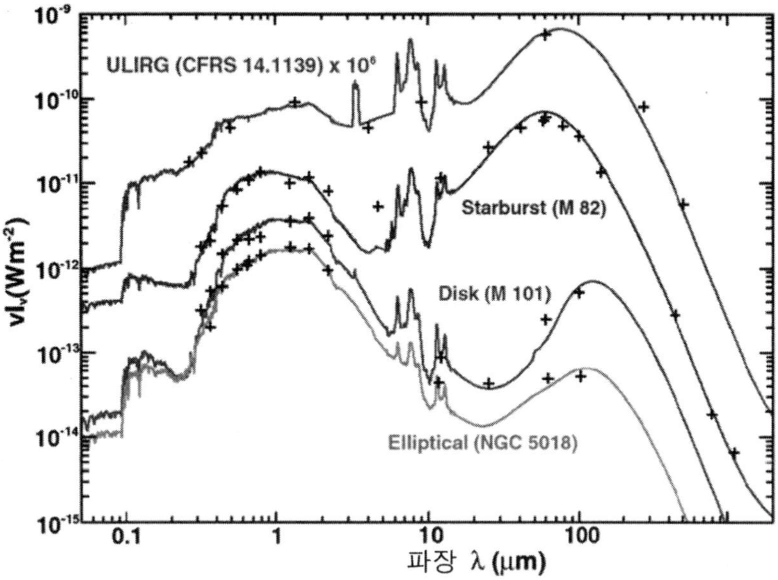

[그림 7.7] 일반적인 타원와 원반 은하들은 $\lambda < 2\mu m$ 인 가시광과 근적외선에서 밝게 보인다. 대부분의 먼지티끌들은 30K 보다 차가우며, 이들은 $100\mu m$ 보다 더 먼 곳에서 최고로 방출된다. 폭발적 항성생성은하인 M82와 초발광적외선 은하에서, 먼지는 많은 빛들을 흡수하여 뜨거워져 주로 $\lambda < 100\mu m$ 에서 빛을 발한다. 방출선을 자세히 보기위해서는 [그림 2.24]를 보아라. – ISO: P. Chanial and G. Lagache.

만약 폭발적 항성생성이 항성이 생성될 때의 먼지가 많은 가스로 인해 가려진다면, 먼지는 대부분의 항성빛을 가로챈 후, 적외선으로 재방출 할 것이다. [그림 7.7]은 M82의 항성빛의 90%가 이러한 상황에 처해 있음을 보여준다. 우리 은하와 같은 은하는 원적외선에서 약 $10^{10}L_\odot$ 의 빛을 방출하지만, 먼지로 둘러싸인 강한 폭발적 항성생성은 $L_{FIR} \geq 10^{11}L_\odot$ 을 가진 *강한 적외선 은하*로 보여진다. 반면 항성빛의 수 퍼센트만 직접적으로 보인다. 심지어 $L_{FIR} > 10^{12}L_\odot$ 의 강한 광원 *초발광 적외선은하* 또는 ULIRG로 알려져 있다. 대부분의 ULIRG는 병합의 마지막 단계이다.

폭발적 항성생성으로부터 형성되는 다른 질량의 항성들이 상대적인 수가 우리은하의 경우와 같다고 가정한다면(2.1절의 초기질량 함수), 적외선 영역에서의 에너지 방출로부터 새로운 항성들이 얼마나 빠르게 생성되느냐를 알 수 있다. $10\mu m$ 과 1mm 사이의 광도 $L_{\rm FIR}$을 태양의 복사 광도 3.86×10^{26} W의 단위로 측정해보았을 때, 새로운 항성들은 대략 다음과 같은 비율로 생성된다.

$$\mathcal{M}_\star \sim \frac{L_{\rm FIR}}{6 \times 10^9 L_\odot} \mathcal{M}_\odot \, {\rm yr}^{-1} \tag{7.11}$$

따라서, $L_{\mathrm{FIR}} \geq 10^{13} L_{\odot}$ 의 밝기를 가진 가장 강한 ULIRG에서는, 매년 $\sim 1000 \mathcal{M}_{\odot}$ 의 새로운 항성들이 탄생한다. 이중 반 정도가 활동성 핵을 가지고 있으며(9.1절 참조) 엄청나게 폭발적으로 항성 생성을 일으킨다.

조석 꼬리를 가지고 있는 은하 병합 쌍인 ARP 220은 75 Mpc 밖에 떨어져 있지 않기 때문에 ULIRG의 자세한 모습을 보여준다. 이들은 $\sim 200 \mathcal{M}_{\odot} \mathrm{yr}^{-1}$의 새로운 항성들을 만들어 내고 있으나, 단지 수 퍼센트의 적은 양의 빛들만이 직접적으로 탈출한다. 나머지 빛들은 먼지에 의해 흡수되어, 적외선 영역에서 $L_{\mathrm{FIR}} \sim 1.5 \times 10^{12} L_{\odot}$ 의 빛으로 관측할 수 있다. 먼지를 통하여 보이는 전파와 적외선 관측으로부터 두 개의 핵이 있음을 밝혀냈고, 각각의 핵은 밀도가 $n(\mathrm{H}_2) \sim 10^3 \mathrm{cm}^{-3}$, 질량이 $6 \times 10^8 \mathcal{M}_{\odot}$ 인 가스가 반경이 ~ 20 pc으로 둘러싸고 있다. 전형적으로 ULIRG는 주로 중심영역의 고리나 회전하는 원반에 $(5-10) \times 10^9 \mathcal{M}_{\odot}$의 고밀도 분자가스를 가지고 있다. 우리 은하는 그 반 정도의 가스를 가지고 있으나(표 2.2 참조), 10배나 더 큰 영역에 분산되어 있으며, 100배 정도 느리게 항성들이 탄생되고 있다.

두 개의 원반 은하가 병합된 후 10억년 이내에, 그 소동은 거의 끝나간다. 병합이 되는 동안 응축된 가스에서 형성된 뜨겁고 무거운 항성들은 타서 없어지며, 원래 원반부의 확실한 잔해 흔적들은 대부분 바깥쪽으로 뻗어 있는 조석 꼬리이다. 종종 합쳐진 은하의 안쪽 부분이 둥그렇게 되어 이전의 원반부에 있던 항성들이 이제는 큰 무작위 운동과 작은 회전을 하는 구조를 이루게 된다. 이 구조는 마치 타원은하같이 보인다. 많은 천문학자들이 *모든* 밝은 타원은하들이 이와 같이 격렬한 은하 충돌로부터 만들어졌다고 주장하기도 한다. 이를 7.3절에서 다뤄볼 것이다.

은하군의 미래는 어떻게 될 것인가? 우리 은하군은 거의 독립되어 있기 때문에 큰 은하들이 안으로 떨어질 위험은 거의 없다. 4.5절에서, M31과 우리 은하가 충돌할 것 같고 아마도 합병될 것이라고 보았다. 우리 은하군은 아마도 모든 밝은 은하들을 잡아먹은 하나의 독립된 은하와 작은 위성들만 남은 화석 은하군이 될 것이다. 이러한 잡아 먹기 과정으로부터 결국 타원 은하, 또는 [그림 5.5]의 Sombrero 은하와 같은 거대 S0 혹은 Sa 은하로 끝날 것이다. Stephan의 Quintet에서 일어나고 있는 것처럼, 새로운 은하들이 은하군으로 떨어지는 동안, 그들의 중력적인 당김은 서로의 무작위 속도를 증가시킬 것이다. 그리고는 동역학적 마찰에 의해 에너지가 약화되어 병합이 느려질 것이다. 우리는 다음 절에서 밀도가 풍부한 은하단이 은하들의 덩어리를 흡수하면서 커가는 것을 알아 볼 것이다. 많은 은하군이 그들의 구성원인 은하들이 병합되어지기 전에 더 큰 구조로 흡수되는 것을 알 수 있다.

[표 7.1] 멀리 있는 은하단과 비교한 가까운 은하단

	Virgo	*Fornax*	*Coma* A1656	*Persus* *A426*	*RDCS* 1252.9-2927	*Stephan's* *Quintet*
거리(Mpc)	16	20	100	80	[a] $z=1.24$	85
은하 개수 $>10^9 L_\odot$	150	30	450	350	120	4
B 영역 광도 $L_B(10^{10}L_\odot)$	130	20	500	300	[b]300	7
속도 분산 $\sigma_r(\mathrm{km\,s^{-1}})$	700−800	350	~1000	1300→600	800	350
중심 반경 r_c(kpc)	400	200	200	250	100	25
X-선 $L_X(10^{10}L_\odot)$	1.3	0.03	25	50	20	0.005
온도 $T_X(10^7\mathrm{K})$	2	1−2	9	7	7	0.6
[c]뜨거운 가스 $\mathcal{M}_X(10^{10}\mathcal{M}_\odot)$	2000	≥60	7000	7000	2000	≥0.07
[c]질량 $\mathcal{M}(10^{10}\mathcal{M}_\odot)$	20000	5000	40000	50000	20000	100
$\mathcal{M}/L_B$	150	250	80	180	[b] ~200	14
$\mathcal{M}/\mathcal{M}_X$	10	80	6	7	10	>1000

[a] 기초 우주론에서 $z=1.24$는 $d_L=8.5$ Gpc, $d_A=1.7$ Gpc에 해당된다.

[b] 9000 Å 의 z 파장 영역에서의 광도, [c] 은하단 중심으로부터 1 Mpc내의 질량

X선 망원경은 $T_X \le 10^7$ K인 가스에 대해 덜 민감하기 때문에, 질량 $\mathcal{M}_X$는 과소평가 되었을 것이다.

7.2 고밀도 은하단: SO 은하와 타원은하의 영역

밝은 은하의 약 5−10% 정도는 은하단내에 위치한다. 구성원이 많은 가장 가까운 은하단은 북반구 하늘의 처녀자리와 남쪽 하늘의 Fornax에 있으며, 우리로부터 15−20 Mpc 떨어져 있다. [표 7.1]은 밀도가 더 큰 은하단과 Stephan의 Quintet과 비교하여 그들의 특성을 나열하였다. George Abell의 1958 목록과 1989 보충 목록에는 4073개의 고밀도 은하단이 나열되어 있으며, 적어도 30개의 거대 은하들이 $\sim 1.5h^{-1}$Mpc의 반경 내에 있다.

Virgo 은하딘의 1300개의 목록화된 구성원늘 중에 단지 150개의 거리가 $d=16$ Mpc인 경우, $L \ge 10^9 L_\odot$에 해당하는 겉보기 전체 B 등급 $B_T=14$ 보다 밝다. [그림 7.8]은 대부분의 은하들이 왜소 은하라는 것을 보여준다. Virgo 은하단의 가장 밀집된 부분, 즉, 거대 타원 은하 M87 근처의 평균 B 등급 표면 밝기는 $\sim 5\times10^{11}L_\odot\,\mathrm{Mpc}^{-2}$ 혹은 $0.5L_\odot\,\mathrm{pc}^{-2}$이다. 은하의 표면 밀도가 중심부의 반으로 떨어지는 곳, 즉 *중심반경*은 대략 $r_c=1.7°$ 또는 0.5 Mpc이다. 은하단이 구라는

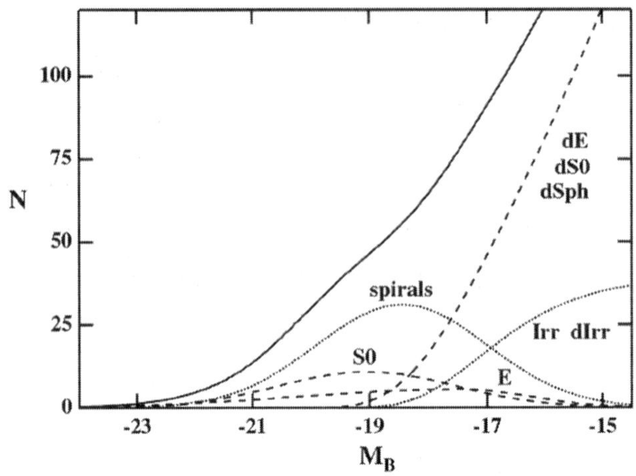

[그림 7.8] Virgo 은하단: 절대 등급이 M_B 와 M_B+1 사이의 여러 형태의 은하들의 개수. 광도함수 $\Phi(L)$는 은하 형태에 따라 다르다. 식 1.24의 Schechter 함수는 단지 평균일 뿐이다. $M_B \leq -20$인 밝은 은하의 대부분은 나선 은하이며, 어두운 타원은하와 왜소은하들도 많다. 진한 선은 총합을 보여준다. – H. Jerjen

아주 대략적인 가정을 하였을 때, 중심 영역은 $3\times10^{11}L_\odot\,\text{Mpc}^{-3}$의 값을 가진다. 중심 6° 내의 은하단의 총 밝기는 평균 밀도가 $4\times10^{10}L_\odot\,\text{Mpc}^{-3}$이며, $L\approx1.3\times10^{12}L_\odot$이다. Fornax 은하단의 중심에는 cD 은하인 NGC 1399가 있다. Fornax는 단지 Virgo의 1/5 의 밝은 구성원들을 가지고 있으나, 더욱 밀집되어, 그 중심부는 근거리 우주에서 가장 밀집된 지역 중 하나이다. 은하군에서 찾은 경향처럼, Fornax 은하단은 매우 밝은 Virgo 은하단보다 항성빛에 대하여 뜨거운 가스를 더 적게 가지고 있다.

문제 7.7 NGC 1399의 중심 표면 밝기에 관한 문제 6.3의 결과를 사용하고, 중심부의 광도 밀도를 구하기 위해 모든 빛들이 중심 반경 $r_c = 2''$ 혹은 650 pc에서 나온다고 가정하자. Virgo 은하단 중심의 광도 밀도가 전 우주의 평균(식 1.25)보다 2500배나 크며, NGC 1399의 중심은 10^7배 더 밀도가 큼을 보여라. 항성들은 은하들이 은하단에 모여 있는 것보다 더 단단히 뭉쳐있다.

Abell 1656인 Coma 은하단과 Abell 426인 Perseus 은하단은 Virgo보다 크다. Coma는 3배나 밝으며, 우리로부터 $70h^{-1}$Mpc이나 떨어져 있으나 하늘상에서 4°, 혹은 7 Mpc의 크기로 뻗어있다. 은하단은 둥글고 대칭적으로 보이며, 그 중심부에는 매우 밝은 타원은하 쌍이 있다. Perseus 는 X-선 하늘에서 가장 밝은 은하단이다. 중심부 가까이에, 10-15개의 밝은 은하들이 열을 지어 있는 것처럼 보인다. [그림 7.9]에서 볼 수 있듯이 그 한쪽 끝에는 커다란 타원은하 NGC 1275이며 이는 전파은하다

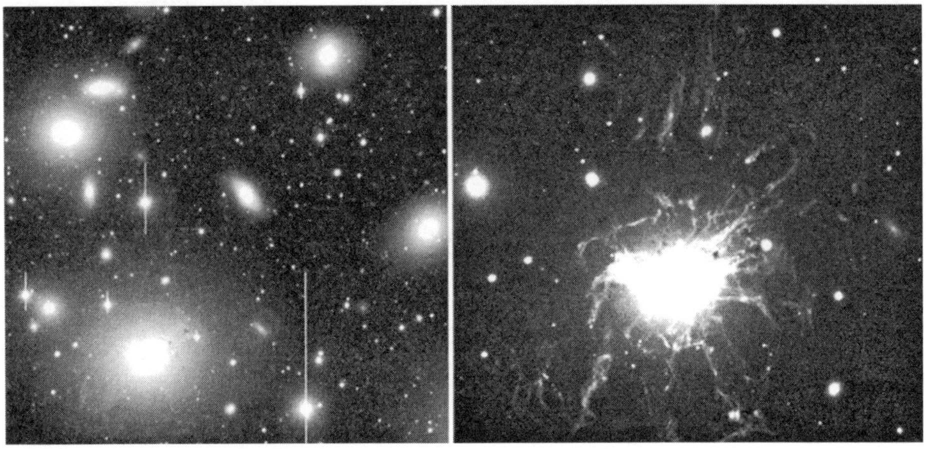

[그림 7.9] Perseus 은하단의 중심 영역. 왼쪽, R 파장의 반전 영상은 수많은 왜소 은하들, 다른 밝은 타원은하와 S0 은하와 함께 왼쪽 아래의 큰 cD 은하인 NGC 1257을 보여준다. 오른쪽, $H\alpha$ 선을 포함한 협대역의 영상으로써, NGC 1275 주변의 반짝이는 밝은 가스 필라멘트의 모습이다. – C. Conselice, WIYN telescope

(9.1 절에서 알아 볼 것이다). 그러나 Perseus는 은하 평면에서부터 13° 정도 밖에 안 떨어져 있어 우리 은하의 먼지를 통해서 볼 수밖에 없으므로 비교적 연구가 적게 되어 있다.

대부분의 은하단들이 불규칙적이거나 울퉁불퉁한 모습을 가지고 있다. 큰 도시처럼, 그들은 주변의 은하군이나 은하단을 흡수하면서 커진다. 그러나 교외지역과는 달리, 새롭게 합류한 은하군의 궤도는 도심지인 은하단 중심부로 향한다. 은하단은 갈수록 무거워지나, 그 반경은 아주 천천히 증가한다. Virgo 은하단에서, 약 1/3정도의 은하들이 타원 은하 M49 주변에서 덩어리를 형성하고 있는 반면, 나머지들은 북쪽에서 1 Mpc 정도에 있는 M87 주변을 둘러싸고 있다([그림 8.2]). Fornax에서도 15%의 은하들이 중심으로부터 약 3° (1 Mpc) 떨어진 NGC 1316 근처에서 무리지어 있다. 이 지역들은 주은하단에 합류할 때 뻗어져 나오는 $5\times10^8\mathcal{M}_\odot$의 HI 가스를 가지는 은하단의 가장 활발한 항성생성 은하를 포함하고 있다. Coma 은하단은 하늘에서 부드러운 구조를 보이나, 측정된 속도로부터 3개의 밝은 은하들 주변에 모여 있는 구조를 보여준다. [그림 7.10]에서 cD 은하 NGC 4839 주변의 덩어리들을 확실하게 볼 수 있으며, 중심으로부터 남서쪽으로 약 1° 떨어진 곳에 X-선 윤곽선들이 들어나 있다. 이 비율로 보아, 떨어지는 덩어리들은 매 2–3 Gyr 마다 적어도 Coma 은하단의 질량을 10%만큼 증가시킨다. 그러나 우주 척도 $a(t)$는 그것의 현재 크기의 2-3배에 달하기 때문에, 은하단의 중력을 압도하게 되어 자유 낙하가 거의 사라지게 되는 암흑 에너지에 의한 우주 가속을 기대한다.

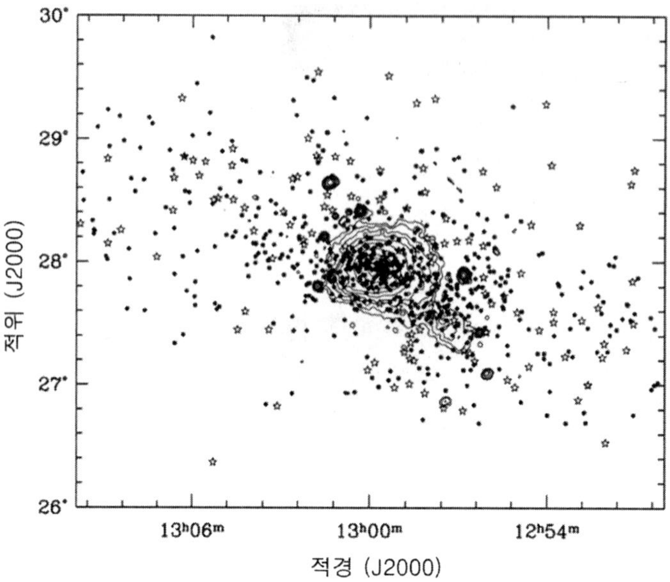

[그림 7.10] Coma 은하단: 점은 타원 은하이며, 별표는 나선은하이다. 윤곽선은 X-선의 강도인데, 남서쪽으로 뻗은 불룩한 영역은 cD 은하 NGC 4839 주변의 가스와 은하 덩어리이다. 확산된 방출은 뜨거운 은하단 가스로부터 나오고, 점광원은 멀리 떨어진 활동성 은하이다. - M.van Haarlem.

Virgo 은하단은 매우 느슨한 은하단이며, 새로운 항성들이 여전히 생성되고 있는 많은 나선 은하들을 포함하고 있다. 이와 반대로, 고밀도 은하단의 밀집된 지역에는 나선 은하들이 거의 없다. [그림 7.10]은 은하의 *형태와 밀도 관계*를 보여준다. Coma의 중심부에는 타원 은하만 있을 뿐, 나선 은하들은 바깥쪽 부분에 있다. Perseus에서는 심지어 항성이 생성되는 은하들의 결핍이 강하게 나타난다. [그림 7.11]은 고밀도 은하단과 같은 밀집된 지역에서의 일반적인 모습을 보여주는데, 대부분의 밝은 은하들은 붉은색을 띠며, 스펙트럼에는 최근 형성된 뜨거운 항성에 의한 특성이 나타나지 않는다. 밝고 푸른 은하들은 거의 없으며, [그림 7.9]의 NGC 1275와 같은 특이한 중심부 은하에서 항성생성을 볼 수 있다. 비어있는 곳, 보이드 지역(8.1절에서 볼 수 있는)에서, 밝은 은하가 붉고 죽은 것 같은 푸른 항성-형성처럼 보이는 반면, 왜소 은하들은 압도적으로 푸른 항성 형성 불규칙 은하이다. 은하단에서, 대부분의 왜소 은하들은 dE와 dSph형 은하로서, 오래 되거나 중간의 나이를 가진 항성들만을 포함하고 있다.

대부분의 은하단 은하들은 그들의 차가운 가스를 모두 다 잃기 때문에 더 이상 항성들을 만들 수 없다. 은하들이 은하단에 합류하기 위해 떨어질 때, 그들은 은하들 가스 내에서의 음속보다 빠른 속도(우리 은하와 같은 은하의 원반부에서는 $\sim 10\,\mathrm{km\,s^{-1}}$, 2.4 절의 문제 2.21)로 뜨거운 은하단 가스를 통과한다. 은하 가스와 뜨거운 은하간

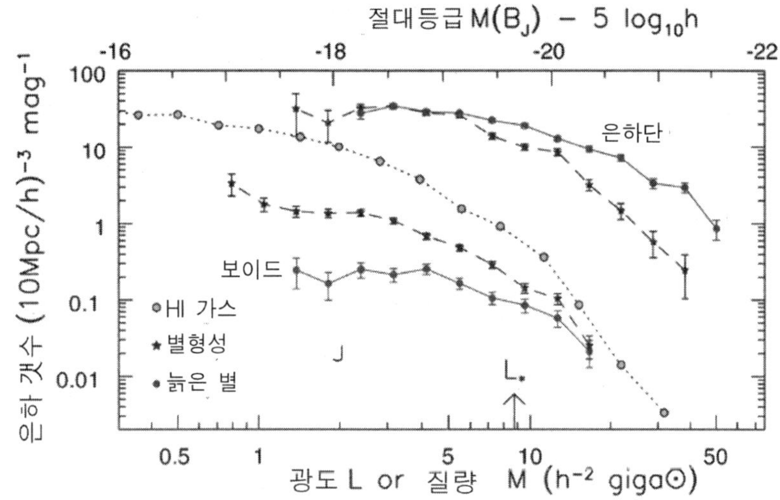

[그림 7.11] 푸른 항성 형성 은하(별표)와 붉은 은하(채워진 점)의 광도 함수. 밝고 붉은 은하들은 은하단에서 우세하나, 푸른 은하들은 밀도가 낮은 곳이나 보이드 영역에서 많이 나타난다. 밀도가 낮은 지역에서 찾을 수 있는 중성 수소 구름은 푸른 은하들과 비슷하며, 작은 구조들이 큰 것들보다 더 일반적이다. − D. Croton, 2dF Survey, M. Zwaan, HIPASS

가스 사이의 경계에서 생기는 충격이 생기며, 서로를 통해 쉽게 움직일 수 없게 된다. 항성들과 암흑 물질은 서로 영향을 미치지 않으며, 따라서 은하의 나머지 부분이 낙하하는 동안 가스는 뒤에 남게 된다. Virgo 은하단과 Coma 은하단 중심 영역의 나선 은하들에서, HI 원반은 작은 반경을 가지며, 이러한 내부 나선 은하들은 이미 중성 수소층의 바깥쪽을 잃어버렸다.

은하군에서처럼, 고밀도 은하단 내의 은하들 사이에도 항성은 존재하지만, 이들은 매우 희박하게 분포하기 때문에 찾기가 어렵다. 허블 우주 망원경이 Virgo의 거리에서 적색 거성을 겨우 찾을 수 있었다. 대부분의 은하단에서, 독립적으로 볼 수 있는 특별한 천체들은 폭발하는 신성이나 초신성 혹은 행성상 성운들이다. 몇몇의 은하간 신성들이 Fornax 은하단에서 발견되었다. 행성상 성운에서는, 질량이 작은 항성이 자체 핵융합 연료를 다 소모하고, 바깥층을 날려 보내어 뜨거운 핵이 겉으로 드러난다. 이 핵의 자외선 방출이 방출된 가스를 이온화시켜 특별히 5007 Å 의 산소선과 같은 강한 방출선을 보이며 빛을 낸다. 이 선을 가진 밝게 빛나는 천체를 찾을 때, 여러 개의 가까운 은하단내 은하들 사이에서 행성상 성운을 찾을 수 있었다. Virgo 은하단에서의 이들의 숫자는 모든 항성의 10-20% 가 은하들 사이에 있음을 보여준다. 이 떠돌이 항성들은 병합시 은하로부터 떨어져 나왔거나, 느슨하게 묶여 있는 작은 은하들이 조석에 의해 갈라질 때 생긴 잔해로 볼 수도 있다(4.1절 참조).

독립된 타원 은하내의 항성들의 경우와 같이, 은하단 내의 은하들의 운동으로부터 은하단의 질량을 비리얼 정리를 통해 구할 수 있다. Virgo 은하단 끝쪽의 나선 은하들이 중심부로 떨어지는 비율은 작은 반경에서의 질량에 의존하기 때문에, $\mathcal{M} \approx 2 \times 10^{14} \mathcal{M}_{\odot}$을 추론할 수 있으며, 따라서 질량 대 광도 비는 $\mathcal{M}/L \sim 150 \mathcal{M}_{\odot}/L_{\odot}$이다. 은하단이 구형도 아니며 역학적 평형 상태도 아니기 때문에, 질량은 대략의 값일 뿐이다.

문제 7.8 Coma 은하단에서 은하 밀도로부터 구한 중심 반경은 [표 7.1]에서처럼 $r_c = 200\,\text{kpc}$ 이다. 문제 3.2로부터 은하단이 Plummer 구라는 가정하여 대략의 모형을 만들어보았을 때, $a_P \approx 300\,\text{kpc}$ 임을 보여라. 평균 속도 분산 σ_r은 [표 7.1]에서, 문제 3.11의 결과를 사용하고, 문제 3.13의 방법을 적용하여, $\mathcal{M} \sim 7 \times 10^{14} \mathcal{M}_{\odot}$이며, 따라서 $\mathcal{M}/L \sim 150 \mathcal{M}_{\odot}/L_{\odot}$ 임을 보여라.

은하군의 경우처럼, 우리는 식 7.4를 사용하여 뜨거운 가스 관측으로부터 은하단의 질량을 구할 수 있다. 이로부터 Virgo 은하단 중심에서 6° 혹은 1.7Mpc에서의 질량은 $\mathcal{M} \sim 3 \times 10^{14} \mathcal{M}_{\odot}$을 구할 수 있다. 이 값은 은하들의 운동으로부터 얻은 것보다 더 큰데, 그 이유는 가스가 더 큰 반경까지 있기 때문이다. 이 방법을 사용한 최근의 32개 은하단에 관한 최근의 연구로부터 질량 대 광도 비가 $180 \le \mathcal{M}/L \le 300$ 사이에 놓여져 있음을 알 수 있다. 이 비는 5.3에서 찾은 개개의 나선 은하들의 값인 $5h \le \mathcal{M}/L \le 25h$ 또는 문제 6.6과 6.14에서의 타원 은하에 대한 값보다 매우 큰 값이다. 뜨거운 가스와 같이(아래를 보시오), 대부분의 은하단의 암흑 물질은 은하들 내보다 은하들 사이에 놓여져 있어야 한다.

7.2.1_ 은하단내의 뜨거운 가스

은하단은 몇 개의 은하들과 함께 엄청난 양의 X-선을 발하는 뜨거운 가스의 집합체이므로, 은하단이라는 이름은 사실상 적합하지 않다. Fornax와 같은 밀도가 낮은 은하단에서 뜨거운 가스의 질량은 항성의 질량과 거의 비슷하다. 반면, Coma와 같은 최고밀도 구조에서 그 비율은 10:1로 커진다. [표 7.1]은 가장 큰 은하단이 그들의 가스를 항성으로 바꾸는데 있어 가장 비효율적임을 보여준다. Stephan의 Quintet와 같은 은하군과는 달리, 고밀도 은하단의 상당히 많은 뜨거운 가스들은 은하들로부터 나온 것이 아니다. 뜨거운 가스들이 전체 은하단을 채우고 있으며, 종종 항성빛보다 더욱 큰 반경까지 분포하고 있음을 알 수 있다.

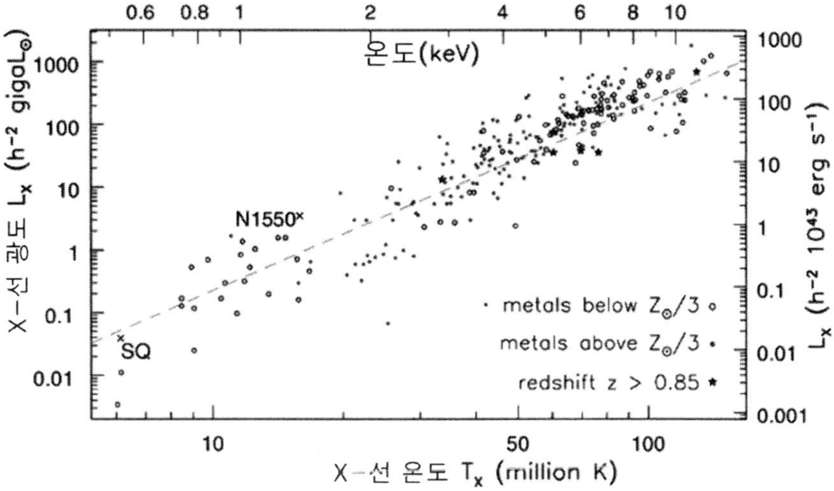

[그림 7.12] 태양의 단위 복사 광도 당 은하군과 은하단의 X-선 광도 L_X는 가스 온도 T_X와 함께 증가한다. : 파선은 $L_X \propto T_X^3$을 보여준다. Stephan의 Quintet와 NGC 1550 은하군도 같은 경향을 따른다. 이 관계는 적색 편이가 $z \approx 1$ 이후로 약간 바뀐다. $T_X > 3 \times 10^7$K의 대부분의 은하단에서 가스는 태양 철 함량의 1/3을 가진다.

[그림 7.12]는 매우 밝은 은하단이 온도가 10^8K 보다 더 뜨거운 가스들을 가지고 있음을 보여준다. 은하군에서처럼, 은하단의 가스는 은하들의 속도 분산 σ_r로부터 예상되어지는 비리얼 온도를 가진다. 은하들의 새로운 무리들이 지속적으로 은하단에 더해지기 때문에, X-선 광도와 비리얼 온도는 시간을 더할수록 커져 가야 한다. 모형 계산에 의하면 온도가 더욱 빠르게 증가할 것이라 예상하기 때문에, 매우 밝은 은하단은 초기에는 차가워야만 한다. 그러나 우리는 [그림 7.12]에서 이러한 증거들을 찾을 수가 없다. 심지어 우주가 지금 나이의 절반 정도밖에 되지 않는 $z \sim 1$ 일 때도 그러한 증거들은 없다. 아마도 초기 폭발적 항성 생성 은하와 활동성 핵으로부터의 항성풍이 가스에 에너지를 더하기 때문일 것이다.

문제 7.9 아래의 문제 8.2에 따라, 모든 은하군과 은하단이 같은 밀도를 가지고 있다고 가정하여 보자. 만약 은하단의 가스가 문제 7.2의 비리얼 온도로 가열되었을 때, 은하단의 질량이 $\mathcal{M} \propto T_X^{3/2}$임을 보여라. 만약 뜨거운 가스가 은하단의 질량의 일정 부분을 차지할 때, 평균 밀도 n은 다 똑같다. 식 7.2를 사용하여 $L_X \propto \mathcal{M}\sqrt{T_X}$, 즉 $L_X \propto T_X^2$ 임을 보여라([그림 7.12] 에서 L_X는 온도보다 더욱 급격하게 증가한다. 은하군과 밀도가 낮은 은하단에서 가스는 밀도가 큰 은하단에서보다 밀도가 더 작다).

냉각 시간 t_{cool}은 뜨거운 가스가 열적 에너지를 얼마나 빨리 방출하는가를 나타낸다. n개의 수소원자가 완전히 이온화된 세제곱 센티미터 부피의 열적 에너지는 $2n \times (3k_B T/2)$이며, 식 7.2로부터 아래의 관계를 얻을 수 있다.

$$t_{\text{cool}} = \frac{3nk_B T}{3 \times 10^{-27} n^2 \sqrt{T}} \text{s} \approx 14 \left(\frac{10^{-3}\text{cm}^{-3}}{n} \right) \left(\frac{10^7 \text{K}}{T} \right) \text{Gyr} \tag{7.12}$$

은하단의 가스 밀도는 중심부의 10^{-2}cm^{-3}부터 바깥 영역의 10^{-4}cm^{-3} 까지 다양한 값을 가진다. 밀도가 큰 은하단의 핵의 가장 밝은 은하 주변에서 가스는 우주 시간 t_H 안에 식어야만 한다. 그것의 에너지가 다시 채워지지 않는 이상, 가스는 식어야만 하고 밀도가 높아져 새로운 항성들이 생겨난다. 그러나 중심부에 있는 은하에서 이와 같이 뚜렷한 항성 생성을 볼 수 없다. 그러므로 9.1절에서 다루게 될 초신성으로부터의 뜨거운 항성풍이나, 전파원 방출로부터 가스가 재가열되리라 여겨진다. 바깥쪽의 가스들은 $> 10\,\text{Gyr}$ 동안 뜨거운 상태로 남기 때문에 항성을 생성할 수가 없다.

문제 7.10 Fornax 은하단 중심에 있는 NGC 1399 주변 뜨거운 가스로부터의 X-선 방출은 100 kpc 반경까지 뻗어나간다. 중심에서부터 45″ 혹은 5 kpc내의 이 가스의 온도는 $T_X \approx 1.5 \times 10^7 \text{K}$이고, 밀도는 $n_H \approx 0.02\,\text{cm}^{-3}$이며, 대략 $n_H \propto r^{-1}$의 비율로 떨어진다. 중심부에서 $t_{\text{cool}} \approx 0.5\,\text{Gyr}$이며, $r = 100\,\text{kpc}$에서 10 Gyr로 증가함을 보이시오.

은하단은 종종 가시광에서보다 X-선 영상에서 더욱 울퉁불퉁하게 나타난다. [그림 7.10] 오른쪽 아래에서 우리는 Coma 은하단에 있는 은하 NGC 4839 주변의 덩어리로부터의 X-선을 볼 수 있다. 가스의 온도는 주 은하단의 절반정도이다. X-선 윤곽선의 목 부분에서, 가스 덩어리가 주 은하단과 마주치는데, 이때의 온도는 대략 10^8K의 두 배 정도이다. Perseus 은하단에서, 중심 X-선 가스에서 밀도가 낮은 거품구조들을 볼 수 있는데, 아마도 전파 은하 NGC 1275로부터의 강한 에너지 방출로부터 불러져 나온 것이다. 오늘날의 대부분의 은하단은 여전히 커지고 있으며, 심지어 그 중심부는 새롭게 첨가되는 은하들이 중심부로 떨어지므로 교란이 생겨 항상 평형상태는 아니다.

뜨거운 은하단 가스는 [그림 7.12]에서 볼 수 있듯이 태양 비율의 약 1/3 정도에 해당하는 철과 다른 무거운 원소들을 포함하고 있다. 중심부분 근처의 가스들은 더욱 금속이 풍부한데, 낙하하는 은하들 덩어리나 활동성 은하로부터의 방출 어느 것도 중심부의 가스를 다른 은하단 가스와 섞이게 할 수 없다. 비록 이 무거운 원소들이 항성내 핵융합 반응에 의해 요리되어져야만 하지만, *대부분*의 은하단의 금속 공급은 뜨거운 가스로부터이다. 아마도 은하간 항성으로부터 만들어졌거나 초신성 폭발의 힘으로 물질들이 은하단으로 옮겨졌을 것이다. 또는 은하를 만들기 위해 나중에 떨어지는 작은 덩어리에서 생성된 많은 초기의 항성들이 병합을 하는 동안 중원소가 풍부한 가스를 내어 놓는다. 그러나 은하 자체의 항성들은 우리 은하에서처럼 금속이 풍부하다. 그러므로 만약 금속이 은하 내에서 만들어지는 것이라면, 이 구조는 무거운 원소를 만드는데 있어 매우 효율적이어야 한다.

뜨거운 가스는 밝은 은하단 질량의 약 1/10 정도를 차지하지만, $T_X < (2-3)\times10^7$K의 온도를 가진 구조에서 매우 작은 부분에 해당된다. 만약 은하내의 항성들에 대해 $\mathcal{M}/L_B = 4-8$ 이라고 할 때, 항성과 뜨거운 가스가 함께 은하단 질량의 약 1/6 정도를 차지할 것이다. 이는 1.5절의 표준 우주론에서 우주적 평균에 가깝기 때문에, 은하단은 어둡고 밝은 물질들이 혼합된 좋은 표본이 된다. 이와는 대조적으로, 바리온 물질들이 은하에 더욱 집중되어 있다. 문제 2.18에서처럼 우리 은하를 돌고 있는 태양의 궤도 안쪽 질량의 반 이상이 암흑물질이 될 수 있을 것이다. 은하군에서 암흑물질의 양에 비해 매우 적은 밝은 가스와 항성을 찾을 수 있다. 어떤 바리온 물질은 격렬한 항성 생성 동안 잃어버리거나 날려갈 수도 있으나, 다른 것들은 은하들 사이의 매우 희박한 가스들로 숨겨져 있을 수도 있다.

7.2.2_ 모든 바리온 물질은 어디로 갔는가?

이 책을 통하여, 우리는 은하내의 항성과 가스가 은하 질량의 아주 적은 부분만을 차지함을 알 수 있었다. [표 7.2]에서 볼 수 있듯이 밝은 항성들과 죽은 항성들은 은하 원반부의 차가운 가스를 포함하더라도 난지 $(3-4)\times10^{-3}\rho_{\text{crit}}$에 불과하다. 그러나 식 1.40은 우주의 *바리온 물질*(중성자와 양자)이 임계 밀도의 일부 Ω_B, 약 $0.03 \le \Omega_B \le 0.07$을 차지할 것이라고 보여준다. 항성과 차가운 가스가 이것의 10% 만 차지한다면 나머지는 어디 갔는가?

은하단 내 뜨거운 X-선 방출 가스는 모든 항성을 합한 만큼의 질량을 갖는다. 은하군에는, [그림 7.2]에서의 M81 은하군의 HI 스트림과 같이 은하들, 사이의 차가운 가스가 있다. 이온화된 가스의 총양은 불확실하지만, 은하군이 밀도가 큰 은하단보다 훨씬 많다면, 그것은 클 수도 있다. 만약 은하군이 형성될 때 가스가 [그림 7.3]의 비리얼 온도까지 가열된다면, 식 7.12는 $n < 10^{-3}cm^{-2}$ 와 같이 작은 밀도가 냉각을 막을 수 있다는 것을 보여준다. 현재까지 이온화된 채로 남아 있을 것이고, 이렇게 되면 라이만 α선을 흡수할 수 없게 되어 관측이 거의 불가능해 질 것이다.

9.3절에서 우리는 멀리 있는 천체로부터의 스펙트럼에 형성되는 흡수선을 통하여 은하간 가스를 다룰 것이다. 가장 밀도가 큰 가스는 감쇠 라이만 α 구름에 있는데,

[표 7.2] 우주적 바리온 물질의 예상

어디에서?	밀도($10^{-3}\rho_{crit}$)
전체(기준우주론)	45
은하간 가스	
저밀도, 이온화	≈ 40
Lyman-α 구름	1
은하단과 Es내 뜨거운 가스	1.8
항성과 항성 잔해	
Es와 팽대부내 항성	1.5
원반부내 항성	0.55
죽은 항성	0.48
갈색 왜성	0.14
은하들 내 차가운 가스	0.78

우리는 단지 10% 의 바리온 물질만 찾을 수 있을 것이다. 이는 물질의 15%이며, 임계 밀도의 30% 정도이다. - M. Fukugita와 P.J.E. Peebles 2004 *ApJ* 616, 643

주로 중성 원자이며, 오늘날 은하내보다 더 많은 차가운 가스를 포함한다. 반면, 설명의 균형이 좀 맞지 않지만, 대부분의 바리온 입자들은 거의 가장 밀도가 낮은 가스이며 수소가 거의 완전하게 이온화 되어 있는 라이만 α 숲에 있다.

7.3 은하 형성 : 자연적, 사육적, 또는 합병?

은하단은 단순하게 은하들이 밀집되어 있는 장소가 아니다. 은하단내 은하들은 서로 다른 특성을 갖는다. [그림 7.11]은 크고 붉은 은하, 타원 은하나 cD 은하들이 밀도가 큰 은하단내의 밀집된 지역에 살고 있고, 항성이 형성되고 있는 나선 은하나 불규칙 은하들은 덜 밀집된 지역에 살고 있음을 보여준다. 이러한 분리는 난제이다. 이는 8.1절에서 보게 될 은하단 은하들이 오늘날 여전히 합쳐지는 반면, 타원 은하의 항성들은 거의 우주의 나이만큼 오래됐기 때문이다. 하나의 은하가 형성될 때, 은하단 중심부 밀집 지역으로 갈 것인지, 외곽부의 나선은하로 갈 것인지 어떻게 알 수 있는가? 우리는 아직 이 과정을 제대로 이해할 수 없고 단지 몇 개의 힌트만 있을 뿐이다.

4.3절에서 우리는 은하의 기원에 대하여 간단히 살펴보았다. 우주 역사의 초기에 암흑 물질이 편평하게 펼쳐져 뜨거운 가스 형성은 바리온 물질들과 함께 섞여 있었다. 약간 덜 밀한 지역에서, 물질 덩어리가 자체 중력에 의해 서로를 당기고 있다. 큰 덩어리들이 자신들을 향해 떨어지는 작은 것들을 흡수하여, 오늘날의 은하단을 형성했을

것이다. 덩어리들이 충돌할 때, 그들의 가스는 응축되며 가열된다. 만약 차가울 정도로 밀집된다면, 가스는 에너지를 잃고 안쪽으로 떨어진다. 암흑 물질들의 입자는 에너지를 잃지 않기 때문에 은하의 중심부분에 차가운 가스와 밝은 별들만이 모이게 된다. 가열된 가스는 너무 확산되었기 때문에 식지 않으며, 그 압력이 안쪽으로 모이는 것을 막는다.

아마도 타원 은하들은 그들의 항성만큼 늙지는 않았을 것이다. 우리는 몇 개의 가까운 타원 은하들이 최근에 다른 은하들을 흡수했음을 알고 있다. 그들은 희미한 껍질 구조와 다른 비대칭의 바깥부분을 나타내며(6.1절), 중심부에서의 항성들은 원래 은하의 항성과 다르게 회전하며(6.2절), 차가운 가스는 무작위의 경사를 가진 것처럼 궤도 운동을 한다(6.3절). 9.4절에서 볼 수 있듯이 $z \sim 1$에 있는 상당히 밝은 은하들의 5~10%가 주요 병합의 흔적처럼 보인다. 이 비율에 비롯하여, 오늘날의 상당하게 밝은 은하들($L \leq 0.4L_\star$)의 $1/3 \sim 2/3$정도가 과거 5 Gyr 내에 거대한 병합을 겪었다. 모든 타원은하들이 작은 은하들의 병합으로부터 생겨났기 때문에, 그들의 항성들이 은하들이 합쳐지기 전에 태어난 것일까? 만약 그렇다면, 우리는 그들이 왜 작은 은하들 덩어리를 집어삼키면서 커져가는 밀도가 큰 은하단에서 살고 있는지 이해할 수 있다. 7.1절에서 다룬 것처럼 은하들이 상당히 작은 무작위 속도를 가지기 때문에 덩어리들은 병합을 위한 훌륭한 장소이다.

초기 교란과 이어지는 격렬한 항성 형성 이후 병합의 잔해는 어떻게 보일까? 이는 충돌하는 구조가 가스를 포함하고 있는지, 혹은 단지 항성과 암흑 물질만을 포함하고 있는지에 따라 달라진다. 비슷한 크기의 두 개의 은하가 병합할 때, 그들의 항성 원반부는 파괴된다. 차가운 가스가 존재하면, 새로운 항성들이 생성이 될 원반이 다시 만들어진다. 차가운 가스가 없이는 새로운 항성들이 생성되지 않으며, 잔해로써 단지 늙고 중간 나이의 항성들만이 있다. 이를 위해, 비리얼 정리는 병합된 구조는 덜 밀해야 한다는 뚜렷한 예상을 보여준다.

문제 7.11 하나의 은하가 질량이 $\mathcal{M}$이고 크기가 R인 동일한 N개의 조각으로 이루어져 있다고 가정하여 보자. 각각의 조각에서, 두 개의 항성(또는 암흑 물질 입자) 사이의 평균 거리는 $R/2$이면, 위치 에너지는 식 3.56에서처럼 $P\mathcal{E} \approx -G\mathcal{M}^2/R$이 된다. 식 3.44를 사용하여, 각각의 조각이 가지는 에너지가 $P\mathcal{E}/2$이며, 반면, 각각의 조각이 서로 잘 떨어져 있고, 서로를 향해 천천히 움직인다면, 총 에너지는 $\mathcal{E} \approx -G\mathcal{M}^2N/(2R)$임을 보여라. 병합된 은하가 비리얼 평형이 된 이후, 그것의 에너지는 $-G(\mathcal{M}N)^2/(2R_g)$이다. 이것의 새로운 크기가 $R_g = NR$이고, 그 밀도가 원래 조각의 경우만큼 큰 $1/N^2$ 임을 보여라. [그림 6.6] 이 거대 타원 은하(채워진 원)가 반복적인 병합으로부터 생겨난 것을 어떻게 나타내는지 설명하시오.

그러나 질량이 큰 타원은하를 형성하기 위하여, 가스가 없는 두 개의 작은 은하의 항성 종족을 단순히 결합 할 수는 없다. [그림 6.20]에서 밝은 타원 은하 중심부의 항성이 작은 은하에서의 어느 부분에 있는 항성보다 중원소 함량이 더 풍부함을 알아보았다. 만약 병합하는 구조가 약간의 차가운 가스를 가지고 있다면 새로운 항성이 만들어 질 수 있다. 7.1에서 논의한 바와 같이, 빠르게 변하는 중력은 가스를 안쪽으로 몰아가 중심부의 원반을 생성하고 항성 생성을 재촉한다. 만약 항성이 여러 세대가 생겨났다면, 후에 생긴 항성은 초기에 생긴 항성에서 나온 중원소를 포함하고 있어 은하는 밀도가 큰 중원소 함량이 큰 중심부를 형성하게 된다. [그림 7.6]에서와 같이 충돌의 무질서함에서, 안쪽으로 들어오는 가스의 회전이 그것 주위의 항성들과 같이 배열할 필요는 없다. [그림 6.12]에서 NGC 1399가 그러하듯이 은하의 중심부는 다른 부분과는 그 회전이 다르다.

그러므로 병합하는 두 개의 차가운 가스를 가진 구조들은 밝은 중심부를 가진 일반적인 밝기를 가진 원반형 타원 은하를 만들 수 있다. [그림 6.15]에서 원반형 타원 은하가 그러하듯, 새로운 항성을 가지고 있는 작고 밀집된 안쪽 원반부에 의해, 이 은하들은 빠른 속도로 회전한다. 이것들 가운데 어떤 것들은 다음에는 매우 밝은 타원 은하와 충돌하기도 한다. 중력적 N-체 모의실험에서는 그 결과가 삼축 박스형 구조를 보이기도 한다. 사실, [그림 6.11]에서 박스형 구조들이 가장 밝은 것으로 나타난다.

그러나 여전히 충분한 설명을 할 수 없는 사실이 있다. 합병의 결과로 대부분의 타원은하가 생겼다는 이론에 동의하지 않는 천문학자들은, 은하의 밝기가 중심부 크기와 중심 밝기와 관계있다는 [그림 6.13]에서 기준면에 초점을 두고 있다. 왜 은하들이 이 관계를 형성하기 위한 방법으로 병합할까? 더군다나 은하의 색은 금속 함량에 민감하게 변하지만 은하의 광도는 은하의 역사동안의 모이게 되는 항성과 가스 물질의 합에 비례한다. [그림 6.19]에서 보여지듯이 이 두 가지는 왜 상호 연관이 되는 것일까?

만약 매우 밝은 은하들이 여러 번의 병합으로부터 생겨났다고 하면, 우주 역사 초기에는 이것들이 매우 드물 것이다. 그러나 우리는 앞으로 9.4절에서 볼 수 있듯이, 매우 밝은 붉은 은하들이 아주 먼 $z \sim 2$인, 우주의 나이가 5 Gyr 밖에 안 된 지점에서 상당수가 발견됨을 알 수 있다. 이 구조들은 현재의 우리 은하의 항성의 질량의 두 배 정도를 포함하고 있다. 이 은하의 젊은 푸른 항성들 또는 A형 항성의 깊은 발머 흡수선이 결여되어 있으며, 따라서 그러한 항성들은 적어도 10억년 더 빨리 형성되어 졌을 것이다. 우주의 나이가 1 Gyr도 되지 않는 $z \geq 6$에 있는 몇 개의 은하들은 이미 강한 4000 Å 불연속 구조를 보여준다. [그림 6.18]에서의 모형은 그들의 항성이 적어도 100 Myr 나이인 반면, 은하들은 우리 은하 내 항성의 질량의 1/5 혹은 그보다 많아 보인다. 이는 전혀 예상치 못했던 일이다. 만약 이러한 초기의 은하들이 병합으로부터 형성되었다면, 병합 과정과 초기 항성 생성 둘 다 현재보다 매우 효율적이어야만 한다.

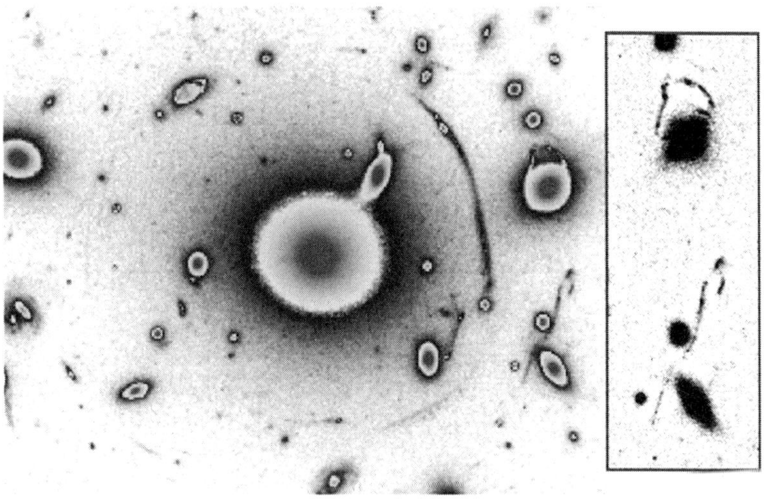

[그림 7.13] $z=0.188$에 있는 Abell 383: 왼쪽이 북쪽이다. 중심의 cD 은하 근처의 16″ 크기의 밝은 호 구조는 $z=1.01$에 있는 배경은하들의 영상이다. 오른쪽 삽입된 그림은 멀리 있는 다른 은하가 개개의 은하단 은하에 가까이 지나가면서 생긴 빛으로 이루어진 복잡한 호 구조의 자세한 모습이다. – G.P. Smith *et al.* 2001 *ApJ* 552, 493

7.4 은하간의 암흑 물질 : 중력 렌즈

중력은 광자의 진로를 휘게끔 하면서 빛 그 자체에 영향을 준다. 만약 우리가 하늘 상에 이웃하고 있는 두 개의 은히를 본다면, 너 벌리 있는 은하의 빛은 우리에게 다가올 때 우리와 더 가까운 은하를 지나오면서 방향을 바꾸게 된다. [그림 7.13]은 $z=0.188$에 위치하고 있는 Abell 383 은하단이다. 거대한 cD 은하를 둘러싸고 있는 밝은 호 구조는 $z=1.01$에 있는 배경은하의 영상이다. 전체 은하단의 중력이 빛을 구부려 여러 개의 영상을 만들어 그 빛을 호 구조로 보이게끔 한다. 다른 멀리 있는 은하는 호 구조를 부러트린 후, 두 개의 희미한 은하단의 구성원들 앞에서 꼬여 있다. 은하단의 중력은 그렇지 않은 상황에서 우리가 빛을 받는 것보다 많은 양의 빛을 빗나가게끔 한다. 따라서 ㅎ 구조는 원래 광원보다 더욱 밝다. 은하들의 형상은 일그러지며 그 크기보다 더 크게 보인다. 비록 빛이 초점에 모이지 않지만, 이 효과를 *중력 렌즈 현상*이라 부른다.

중력 렌즈 현상은 은하간 암흑 물질을 공부하는 데 있어 강력한 방법을 제공하는데, 이는 이 효과가 은하단이 평형 상태이든 아니든, 또는 여전히 커져가고 변하여도 영향을 받지 않기 때문이다. 먼저 렌즈 물질이 빽빽하여 단일점으로 다룰 수 있는 간단한

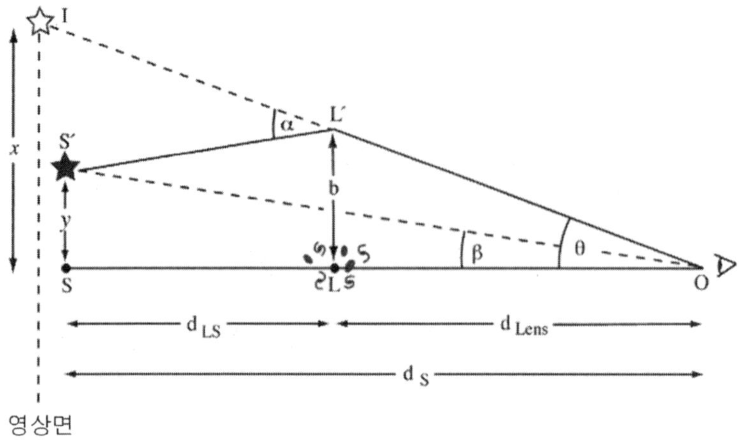

[그림 7.14] 거리 L에 있는 질량 $\mathcal{M}$인 물체의 중력이 멀리 있는 물체 S로부터 관측자 O에게 오는 빛을 구부린다. 이때 광원은 I위치에 있는 것처럼 보인다.

경우에 대해 생각해 보자. 그리고 확장된 의미의 렌즈, 즉 은하나 은하단으로부터 구부러짐이 어떻게 계산되는가를 고려해보아야 한다. 렌즈 효과는 멀리 있어서 매우 희미한 물질에 대한 정보를 제공한다. [그림 9.16]의 cB58과 같은 큰 적색 편이에 있는 잘 연구된 은하 중 몇몇은 이 방법에서 매우 뚜렷한 천체이다. 그러나 멀리 있는 은하들의 모양에 대한 종합적 연구를 할 때에는 렌즈 현상에 대해 매우 조심해야 한다.

7.4.1_ 미세 중력 렌즈 : 고밀도 물체에 의한 빛의 구부러짐

태양에 의한 빛의 구부러짐은 Einstein의 일반상대론의 첫 번째 실험중 하나였다. 1919년의 개기일식 동안, Eddington 경은 가려진 태양 주변의 하늘의 사진을 조사하였다. 그들은 [그림 7.14]에서처럼 빛이 구부러짐을 발견하였고, 가까이 있는 항성들이 태양 중심으로부터 계산된 위치보다 아주 조금 움직여 보임을 발견하였다. Einstein은 빛이 거리 b에 있는 질량 $\mathcal{M}$인 물체 앞을 지나올 때 다음과 같이 α 만큼의 각도로 휘어진다고 예상하였다.

$$\alpha \approx \frac{4G\mathcal{M}}{bc^2} = \frac{2R_S}{b} \tag{7.13}$$

여기서 R_S는 *Schwarzschild 반경* $2G\mathcal{M}/c^2$이며, 태양 질량의 물체에서는 약 3km에 해당한다. 이 근사치는 빛의 구부러짐이 매우 작은 $\alpha \ll 1$의 경우 적용된다. 이 식은 광속으로 움직이는 입자에 대해 식 3.51 을 적용하였을 때 얻는 값보다 정확히 *두 배*의 값을 보여준다.

이 식을 사용하여, 질량 $\mathcal{M}$인 물체가 *중력 렌즈*로서 멀리 있는 물체 앞에서 작용할 때, 그 멀리 있는 물체의 영상이 어디에서 보일지를 계산할 수 있다. 만약 [그림 7.14]에서의 렌즈 L이 없었다면, 우리는 L 방향으로 각도 β의 위치에서 항성 S′를 볼 수 있을 것이다. 만약 거리$d_S \gg y$일 때, $\beta \approx y/d_S$이다. 빛이 α만큼 휘어지기 때문에, 항성은 그 방향으로 각도 θ의 위치에서 보인다. $d_s \gg x$이면 $\theta \approx x/d_s$이다. 만약 x가 선 OL과 I 사이의 거리라면, 항성의 겉보기 위치는, [그림 7.14]에서 볼 수 있듯이 구부러짐이 매우 작을 때, $x - y = \alpha d_{LS}$ 이다. 결국 $d_S \gg b$이면, 충돌 요소는 $b = \theta d_{Lens}$이다. α에 식 7.13을 사용하여 d_S로 나누어서 다음을 구할 수 있다.

$$\theta - \beta = \frac{\alpha d_{LS}}{d_S} = \frac{1}{\theta}\frac{4G\mathcal{M}}{c^2}\frac{d_{LS}}{d_{Lens}d_S} = \frac{1}{\theta}\theta_E^2 \tag{7.14}$$

각 θ_E는 *Einstein 반경*이다. L과 항성의 영상 사이의 각 거리 θ에 대한 2차 방정식은 다음과 같다.

$$\theta^2 - \beta\theta - \theta_E^2 = 0,\ \text{따라서}\ \theta_\pm = \frac{\beta \pm \sqrt{\beta^2 + 4\theta_E^2}}{2} \tag{7.15}$$

항성이 정확하게 렌즈 뒤에 있어 $\beta = 0$일 때, 항성은 하늘 상에 반경 θ_E의 빛의 원으로 보일 것이다. $\beta > 0$일 때, θ_+에서 영상은 렌즈로부터 $\theta_+ > \beta$로 멀고, Einstein 반경 밖에 놓인다. 즉, $\theta_+ > \theta_E$이다. 이 바깥쪽의 영상들이 가려진 태양의 주변에 보였던 것들이다. θ_-에서의 영상은 역상이 되며, Einstein 반경 내 렌즈의 반대 위치에 놓인다.

문제 7.12 **$d_{Lens} = 1\,\text{AU} \ll d_S$일 때, $\theta - \beta \approx \alpha$임을 보여라. 멀리 있는 항성 S로부터의 빛이 태양의 중력에 의해 구부러질 때, Einstein 반경은 $\theta_E \approx 40''$이다. 태양의 원반의 지름이 $30'$ 또는 $0.5°$ 일 때, 태양 표면을 지나는 항성 빛은 약 $2''$ 구부러져, 항성이 태양 중심으로부터 더 떨어져 보이게 됨을 보이시오.**

일반적으로, 우리 은하 팽대부의 항성은 원반부에 있는 다른 별에 의해 중력적으로 렌즈 현상을 보인다. 상 θ_+와 θ_-는 너무 가까이 있어 구분되기 어렵다. 그러나 항성이 밝아 보이기 때문에 렌즈현상을 보인다고 말할 수 있다. Einstein 고리의 크기가 작기 때문에, 은하의 헤일로에 있는 고밀도 물체에 의한 중력적 렌즈 효과를 *마이크로 렌징*이라 불리운다.

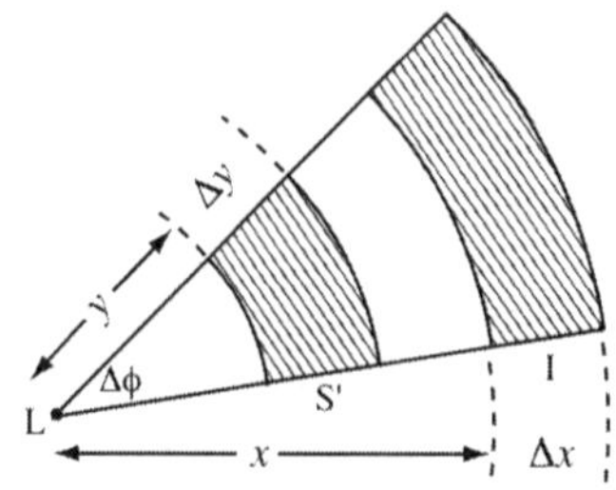

[그림 7.15] 중력 렌즈 효과에 의한 영상 확대

문제 7.13 만약 렌즈 L이 우리로부터 $d_{\rm Lens}$ 만큼 떨어진 곳의 질량 $\mathcal{M}_\odot$인 물체일 때, $d_{\rm S}=2d_{\rm Lens}$인 항성의 Einstein 반경이 다음과 같음을 보이시오.

$$\theta_{\rm E}=\sqrt{\frac{R_{\rm S}}{d_{\rm Lens}}}\approx 2\times 10^{-3}\sqrt{\frac{1\,{\rm kpc}}{d_{\rm Lens}}}\ {\rm arcsec} \tag{7.16}$$

만약 점질량 렌즈가 작지만 확장된 밝은 조각에 앞에 있다면, 영상은 $\theta_\pm$ 주변의 두 개의 조각으로 보인다. 중력 렌즈 효과로 표면 밝기 $I(\mathbf{x})$는 변하지 않으며, 따라서 광원의 각 영상의 겉보기 밝기는 그것의 면적에 비례한다. [그림 7.15]에서 반경 y와 $y+\Delta y$ 사이의 L에 중심에 있는 고리의 조각 S′을 생각해보자. S′의 영상 I는 같은 각도인 $\Delta\phi$만큼 차지하지만, 중심으로부터의 거리는 늘어나거나 줄어든다. 즉, $x/y=\theta/\beta$이지만, $\Delta x/\Delta y={\rm d}\theta/{\rm d}\beta$이다. 면적의 비는 다음과 같다.

$$\frac{A_\pm({\rm image})}{A({\rm source})}=\left|\frac{\theta}{\beta}\frac{{\rm d}\theta}{{\rm d}\beta}\right|=\frac{1}{4}\left(\frac{\beta}{\sqrt{\beta^2+4\theta_{\rm E}^2}}+\frac{\sqrt{\beta^2+4\theta_{\rm E}^2}}{\beta}\pm 2\right) \tag{7.17}$$

따라서 L로부터 더 멀리 있는 상 θ_+는 항상 광원보다 밝고, 접선 방향으로 뻗어있다. 가까운 상 θ_-는 $\beta^2<(3-2\sqrt{2})\theta_{\rm E}^2/\sqrt{2}$ 또는 $\beta\le 0.348\,\theta_{\rm E}$이 아닌 경우 더 어두워진다. 이와 같은 현상은 렌즈가 은하나 은하단과 같이 확장된 구조에서도 적용되는데, 최소 하나의 상은 렌즈효과 없이도 광원보다 밝다.

문제 7.14 식 7.17로부터, $A_+ + A_- > A({\rm source})$, 즉 렌즈가 없을 때, 광원 S로부터 받는 빛보다, 두 개의 상에서 더 많은 빛이 우리에게 도달함을 보이시오. $\beta=\theta_{\rm E}$일 때, 그 증가가 약 40%인 반면, $\beta\approx 0.7\theta_{\rm E}$일 때 총 밝기는 두 배임을 보이시오.

문제 7.15 만약 광원까지의 거리 d_S가 고정되어 있다면, 광원과 관측자 사이 중간 지점에 렌즈가 놓여 있을 때, 즉 $d_S = 2d_{\rm Lens}$일 때, Einstein 반경 내 면적 $\pi\theta_E^2 d_{\rm Lens}^2$이 가장 큼을 보이시오. 만약 렌즈로 작용하는 물체가 공간상 균일하게 퍼져 있다면, 광원은 관측자와 광원 중간쯤에 있는 렌즈에 의해 매우 강하게 빛이 날 것이다.

7.4.2_ 은하와 은하단에 의한 중력 렌즈

렌즈가 전체 은하 또는 은하단일 때, 그것을 점질량의 집합체라고 생각할 수 있다. *렌즈 포텐셜* ψ_L을 정의하기 위해 식 7.13을 다시 써보자.

$$\alpha(b) \equiv \frac{d\psi_L}{db},\ \text{여기서}\ \psi_L = \frac{4G\mathcal{M}}{c^2}\ln b \tag{7.18}$$

이때 렌즈 내의 모든 질량의 효과를 다 더함으로써 휘어짐을 계산할 수 있다. 만약 렌즈가 우리로부터 렌즈까지의 거리 $d_{\rm Lens}$와 광원까지의 거리 $d_{\rm LS}$와 비교하였을 때 매우 작다면 휘어짐의 정도는 단지 렌즈의 *표면 밀도* $\sum(x)$만에 의존한다. 일반적으로 은하단의 중심에 가장 근접하는 광선을 벡터 b로 나타내며, 은하단 전체에 대해 적분하여 휘어짐 벡터 α를 계산한다.

$$\alpha(\mathrm{b}) \equiv \nabla\psi_L(\mathrm{b}),\ \text{여기서}\ \psi_L(\mathrm{b}) = \frac{4G}{c^2}\int \sum(\mathrm{b}')\ln|\mathrm{b}-\mathrm{b}'|dS' \tag{7.19}$$

이것은 중력 포텐셜 $\Phi(x)$의 식 3.4와 매우 비슷한 형태이지만, 적분은 2차원이며, 로그 인자가 $1/|\mathbf{x}-\mathbf{x}'|$을 대신하였다.

일반적으로, 컴퓨터를 사용하여 주어진 $\sum(\mathrm{b})$의 분포로부터 $\psi_L(\mathrm{b})$를 계산한다. 그러나 렌즈 은하나 은하단이 비대칭이라면, 표면 밀도는 중심으로부터의 투영된 거리 R에 의존한다. 따라서 반경 b에 있는 지나가는 빛의 휘어짐이 원 내에 *투영되는* 질량 $\mathcal{M}(< b)$에만 의존함을 알 수 있다.

$$\alpha(b) = \frac{4G}{bc^2}\int_0^b \sum(R)2\pi R dR = \frac{4G}{c^2}\frac{\mathcal{M}(< b)}{b} \tag{7.20}$$

이를 증명하기 위해, 우리는 3.1절에서 사용한 논의를 적용하여, 구형 천체로부터 거리 r에 있는 지역의 중력이 마치 반경 r내의 모든 물질이 구의 중심에 모여 있는 것과 같다고 생각하자. 이러한 주장을 받아들인다면 이 결과를 적용하기 위해 식 7.24 뒤로 건너뛰어도 된다.

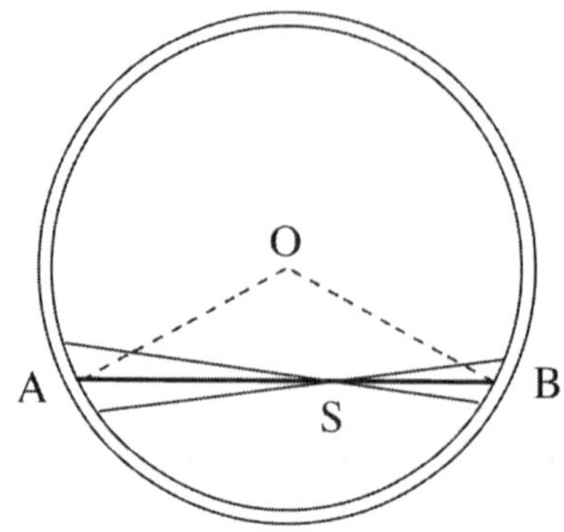

[그림 7.16] 균일한 밀도의 둥근 고리에 의한 빛의 중력적 휘어짐

첫째, 균일한 고리를 통과하는 광선은 모두 전혀 휘지 않음을 보인다. [그림 7.16]에서, 점 S를 통과하는 광선이 고리 구조에 의해 반대 방향으로 당겨져 A와 B의 원뿔 내로 떨어진다. 삼각형 AOB에서 AO와 BO는 같다. 따라서 선 AB와 A에서의 법선인 OA 사이의 각 OAB는 B에서의 각 OBA와 동일하다. 그러므로 좁은 원뿔 내에 놓여 있는 호는 SA/SB 의 비율의 길이(그리고 질량)을 가진다. 휘어짐은 S로부터 떨어진 거리에 반비례하므로, A와 B에서의 물질에 의한 휘어짐 정도는 방향은 반대이고 크기는 같으므로 상쇄된다. 따라서 광선은 휘어지지 않으며, 렌즈 포텐셜 ψ_L은 고리 안에서 상수가 되어야 한다. 질량 $\mathcal{M}$, 반경 a인 고리에서 중심에서의 ψ_L은 쉽게 계산할 수 있다.

$$\psi_L(R < a) = \frac{4G\mathcal{M}}{c^2}\ln a \tag{7.21}$$

다음으로 고리 밖을 지나가는 광선이 그것의 중심에서의 점질량에 의한 것과 동일하게 휘어짐을 증명해야 한다. [그림 7.17]을 사용하여 질량 $\mathcal{M}$인 균일한 고리의 중심으로부터 거리 $R > a$에 놓여져 있는 점 P에서의 렌즈 포텐셜 $\psi_L(P)$이, 같은 질량이지만 반경이 R인 고리의 *내부*의 포텐셜 $\psi'_L(P')$과 같음을 보일 수 있다. 왼쪽 그림에서, Q′ 주변에 호 $\Delta\theta$ 내에 있는 질량이 P에서의 포텐셜의 양에 공헌하는 정도는 다음과 같다.

$$\Delta\psi_L(P) = \frac{4G}{c^2}\frac{\mathcal{M}\Delta\theta}{2\pi}\ln|\mathbf{x}(P) - \mathbf{x}(Q')| \tag{7.22}$$

오른쪽에 있는 그림으로부터, Q에서의 같은 가장자리 내에 있는 질량은 P′에서의 렌즈 포텐셜에 공헌하는 정도는 다음과 같다.

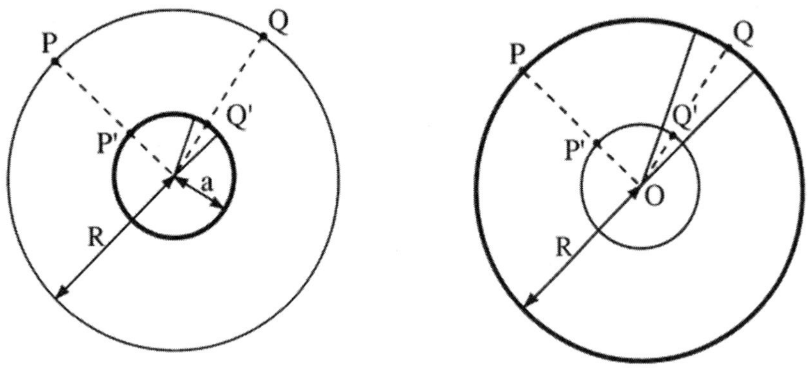

[그림 7.17] 균일한 둥근 고리의 바깥쪽을 지나는 빛의 중력적 휘어짐

$$\Delta\psi'_{\mathrm{L}}(\mathrm{P}') = \frac{4G}{c^2}\frac{\mathcal{M}\Delta\theta}{2\pi}\ln|\mathbf{x}(\mathrm{P}') - \mathbf{x}(\mathrm{Q})| \tag{7.23}$$

$\mathrm{PQ}' = \mathrm{P}'\mathrm{Q}$이므로, 서로 같은 값을 가지며, 전체 고리를 적분하면,

$$\psi_{\mathrm{L}}(\mathrm{P}) = \psi'_{\mathrm{L}}(\mathrm{P}') = \frac{4G\mathcal{M}}{c^2}\ln R \tag{7.24}$$

반경 R의 고리 바깥쪽을 지나가는 빛의 휘어시는 각도는 질량이 중심에 집중되어 있는 경우와 같다. 따라서 식 7.20을 유도할 수 있다. 즉 만약 렌즈가 비대칭이면, 빛은 반경 내에 반영되어 있는 모든 물질이 중심에 있는 경우와 정확하게 같게 휘어진다.

식 7.20 을 사용하여 [그림 7.14]에서처럼 축대칭인 은하단이 그 뒤에 있는 멀리 있는 은하의 빛을 어떻게 구부리는가를 알 수 있다. 만약 은하단이 없다면, 은하단 방향 OL과의 각도 β에 있는 S′에서 은하를 볼 수 있다. 대신, OL과의 각 θ에서 그것의 영상 I를 볼 수 있다. 식 7.14는 아래와 같이 수정된다.

$$\theta - \beta = \alpha(\theta)\frac{d_{\mathrm{LS}}}{d_{\mathrm{S}}} = \frac{1}{\theta}\cdot\frac{4G\mathcal{M}(<b)}{c^2}\frac{d_{\mathrm{LS}}}{d_{\mathrm{Lens}}d_{\mathrm{S}}} \tag{7.25}$$

$b = \theta d_{\mathrm{Lens}}$이므로, 렌즈를 위한 *임계밀도* $\sum_{\mathrm{crit}}$의 항으로 다음과 같이 쓸 수 있다.

$$\beta = \theta\left[1 - \frac{1}{\sum_{\mathrm{crit}}}\frac{\mathcal{M}(<b)}{\pi b^2}\right],\ \text{여기서}\ \sum_{\mathrm{crit}} \equiv \frac{c^2}{4\pi G}\frac{d_{\mathrm{S}}}{d_{\mathrm{Lens}}d_{\mathrm{LS}}} \tag{7.26}$$

양 $\mathcal{M}(<b)/(\pi b^2)$은 반경 b 내의 평균 표면 밀도이다. 보통 표면 밀도 $\sum(R)$는 중심에서 가장 큰 값에서부터 떨어지기 때문에, 평균 값 역시 떨어진다. 만약 중심 밀도가

$\sum_{\rm crit}$를 초과한다면, 정확하게 은하단에 중심선상에 있는 $\beta=0$에서의 대상의 상은 얇고 둥근 각 크기가 $\theta_{\rm E}=b_{\rm E}/d_{\rm Lens}$인 *Einstein 고리*가 될 것이다. 여기서 $b_{\rm E}$는 평균 밀도가 임계값까지 떨어질 때의 반경이다.

$$\frac{M(<b_{\rm E})}{\pi b_{\rm E}^2}=\sum\nolimits_{\rm crit} \tag{7.27}$$

만약 중심 표면 밀도가 $\sum_{\rm crit}$ 보다 작으면, 은하단은 그 뒤에 있는 어떠한 광원에 대해서도 다중상을 만들어 낼 수 없으며, 고리도 보이지 않는다.

문제 7.16 렌즈 물질이 점질량일 때, 식 7.27과 7.24가 Einstein 반경 $\theta_{\rm E}$에 대해 같은 결과를 나타냄을 보이시오.

문제 7.17 만약 거리 $d_{\rm Lens}$에 있는 렌즈가 매우 멀리 있는 은하의 빛을 구부린다면, 즉, $d_{\rm S}$와 $d_{\rm LS}\gg d_{\rm Lens}$이면, 임계 밀도가 다음과 같음을 보이시오.

$$\sum\nolimits_{\rm crit}\approx 2\times 10^4\left(\frac{100\,{\rm Mpc}}{d_{\rm Lens}}\right)\mathcal{M}_\odot{\rm pc}^{-2} \tag{7.28}$$

그리고 중심에서의 각도 $\theta_{\rm E}$ 안의 투영된 질량이 아래와 같음을 보이시오.

$$\mathcal{M}(<\theta_{\rm E})\approx\left(\frac{d_{\rm Lens}}{100\,{\rm Mpc}}\right)\left(\frac{\theta_{\rm E}}{1''}\right)^2 10^{10}\mathcal{M}_\odot \tag{7.29}$$

cD 은하 NGC 1399에 대한 문제 6.3과 6.6의 결과를 사용하여 $6\times 10^4\mathcal{M}_\odot{\rm pc}^{-2}$를 얻었다. Virgo 은하단 중심에서는 $0.5L_\odot{\rm pc}^{-2}$이며, 이는 $\mathcal{M}/L\sim 150$인 경우 $<100\mathcal{M}_\odot{\rm pc}^{-2}$에 해당된다. 밝은 개개의 은하 주변에 렌즈화된 호구조 보기를 기대하지만, Abell 383과 같은 커다란 호구조를 갖는 은하단은 Virgo 보다 훨씬 질량이 크며, 때로는 $d_{\rm Lens}>1\,{\rm Gpc}$에 놓여 있다.

문제 7.18 Einstein 십자가는 적색 편이 $z=1.695$에 있는 퀘이사의 빛이 $z=0.039$에 있는 나선 은하 2237+0305를 지나면서 밝게 나타나는 5개의 영상 구조이다.

$d_{\rm Lens}\approx 120h^{-1}{\rm Mpc}$임을 보이고, $d_{\rm S}\ll d_{\rm Lens}$이면, $\sum^{\rm crit}\approx 1.4\times 10^4 h\mathcal{M}_\odot{\rm pc}^{-2}$ 임을 보이시오. 4개의 상은 반경이 $0.9''$인 하나의 원에 근접해 있다. $\theta_{\rm E}$에 대하여 이 값을 적용하여, 이 결과는 밝은 은하의 중심에 대해 적절한 값이다. $b_{\rm E}\approx 0.5h^{-1}{\rm kpc}$이며 $\mathcal{M}(<b_{\rm E})\approx 10^{10}h^{-1}\mathcal{M}_\odot$임을 보이시오.

문제 7.19 식 2.19의 암흑 헤일로 포텐셜에서, 다음을 보이시오.

$$\sum(R)=\frac{V_{\mathrm{H}}^2}{4G}\frac{1}{\sqrt{R^2+a_{\mathrm{H}}^2}},\ \text{따라서}\ \mathcal{M}(<b)=\frac{a_{\mathrm{H}}V_{\mathrm{H}}^2\pi}{G}\frac{\pi}{2}\left[\sqrt{1+(b/a_{\mathrm{H}})^2}-1\right] \quad (7.30)$$

식 7.20을 사용하여, $d_{\mathrm{S}}, d_{\mathrm{LS}} \gg d_{\mathrm{Lens}}$ 일 때, 중심으로부터 충분히 멀리 지나가는 $b \gg a_{\mathrm{H}}$ 광선이 아래와 같은 각도로 휘어짐을 보이시오.

$$\alpha \approx \frac{2\pi V_{\mathrm{H}}^2}{c^2}\ \mathrm{radians},\ \text{또는}\ 5'' \times \left(\frac{V_{\mathrm{H}}}{600\,\mathrm{kms}^{-1}}\right)^2 \quad (7.31)$$

$\beta=0$인 정확하게 은하단 뒤에 있는 멀리 있는 광원은 반경이 $\theta_{\mathrm{E}} \approx \alpha$인 고리의 모습으로 보일 것이다. [그림 7.13]은 중심으로부터 $16''$, $V_{\mathrm{H}} \approx 1800\,\mathrm{kms}^{-1}$에 해당하는 큰 접선 호구조를 가진 Abell 383이다. 이 포텐셜의 원궤도에 있는 입자의 운동에너지는 얼마인가? 이 경우 비리얼 온도(식 7.1)는 얼마인가? 이것은 관측되는 X-선 온도 $T_{\mathrm{X}} \approx 6\times10^7\mathrm{K}$와 비슷함을 보이시오.

문제 7.20 문제 3.2의 Plummer 구에 대하여, 다음을 보이시오.

$$\mathcal{M}(<b)=\frac{\mathcal{M}b^2}{a_{\mathrm{P}}^2+b^2} \quad (7.32)$$

렌즈화된 호구조와 뜨거운 가스의 X 선 방출이 관측되는 은하단에서, 두 가지 방법으로 구한 질량을 비교해 볼 수 있다. 식 7.29는 매우 멀리 있는 은하단의 수십 초각의 반경을 가진 호구조를 설명하기 위해 $10^{14}\mathcal{M}_{\odot}$ 이상의 질량이 필요함을 보여준다. 호구조의 위치를 설명하기 위해 필요한 질량은 X 선 관측으로부터 얻은 질량과 잘 부합한다. 은하들 덩어리가 여전히 안쪽으로 떨어지고 있고 은하단 가스가 가열되고 있거나 두 개의 무리가 서로의 뒤에 놓여 있는 울퉁불퉁한 은하단에서는 일반적으로 일치하지 않는다.

여러 영상의 빛은 다른 진로로 우리에게 다가오며, 대상의 남은 빛들은 동시에 도달하지 않는다. 강하게 꺾인 빛은 더 멀리 여행하며, 시간은 깊은 중력 포텐셜에서 더 천천히 지나간다. 만약 멀리 있는 퀘이사가 중심에 집중되어 있는 은하에 의해 렌즈화된다면, 중심에서 가장 먼 영상에 가장 빨리 빛이 도착한다. 이 빛들은 최소의 구부러짐에 영향을 받으며, 해당 포텐셜의 깊이에서 더 작은 시간을 소모한다. 시간 지연은 방출하는 빛이 변하여 차례로 밝아지는 서로 다른 영상을 갖는 퀘이사 관측으로부터 측정할 수 있다.

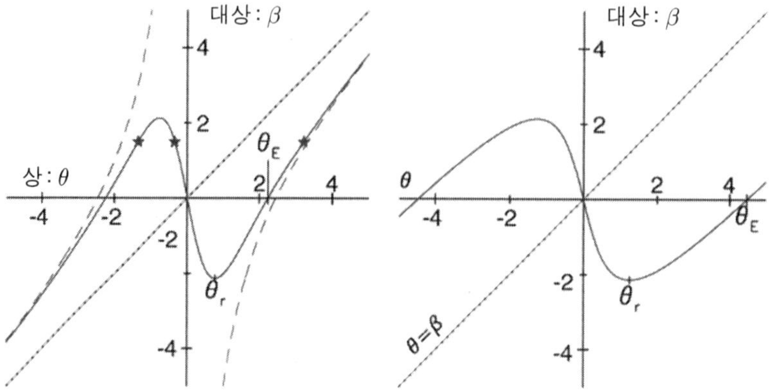

[그림 7.18] 렌즈화된 은하와 그 상의 위치. 왼쪽, $\sum(0)=6\sum_{\text{crit}}$ 을 가진 Plummer 구에 대한 결과(실선); 각도는 $a_{\text{P}}/d_{\text{Lens}}$ 의 단위이다. 중심에서부터 멀리 지나가는 광선은 동일한 점질량에 의한 것과 같은 방법으로 구부러진다(파선). 항성들은 $\beta=1.5$에 있는 광원의 영상으로 나타난다. 오른쪽, 암흑 헤일로 포텐셜에 대한 결과; 각도는 $a_{\text{H}}/d_{\text{Lens}}$ 단위이다. 큰 반경에서 더 큰 질량을 가지며, 곡선은 더 천천히 $\theta=\beta$인 점선에(즉, 휨 없이) 접근한다.

상의 위치와 모양은 렌즈 역할을 하는 은하나 은하단내에 질량이 어떻게 분포되어 있는지를 말해준다. [그림 7.18]은 식 7.30과 7.32의 간단한 은하단 모형에서 상의 위치를 찾기 위해 식 7.26을 어떻게 적용하는가를 나타낸다. 광원의 상이 은하단 바로 뒤에 있을 때, 그 위치는 $\theta=0$이고, 곡선 $\beta(\theta)$가 축 $\beta=0$을 가로지르는 반경 θ_{E}인 Einstein 고리이다. 중심에 가까이 있는 천체는 3개의 상을 만드는데, 하나는 은하단과 같은 방향에, 나머지 두 개는 반대 방향에 생긴다. $\mathrm{d}\theta/\mathrm{d}\beta<0$이므로, 중심에 가장 가까운 상은 역상으로 나타난다. 광원이 축 OS로부터 더 멀리 있다면, 중심에 가장 가까운 두 상들은 $\beta=\beta_{\text{r}}$에서 $\mathrm{d}\beta/\mathrm{d}\theta\to 0$와 같이 함께 움직이며 합하여져 사라지게 된다. 바깥쪽의 대상은 단지 하나의 상만 만들어 낼 뿐이다. *홀수 상 정의*는 만약 렌즈가 어느 곳에서나 제한된 표면 밀도를 가진다면, 하나의 광원은 홀수 개의 상을 만들어 낸다는 내용이다.

만약 은하가 은하단 뒤에 거의 중심에 있을 경우, β는 작고, 식 7.17로부터 그것의 상들이 매우 크게 확대되고 매우 밝을 것임을 알 수 있다. 그들 중 두 개는 $\theta=\theta_{\text{E}}$인 원 가까이에서 *접선 임계 곡선*으로 불리는 호구조를 형성할 것이다. 만약 은하단이 정확하게 둥글지 않다면, 이는 분리된 여러 개의 영상을 만들 것이다. $\theta\approx 0$인 중심에 가까운 상들은 항상 희미할 것이다.

광원이 반경 β_r 바로 안쪽에 있을 때, $\mathrm{d}\beta/\mathrm{d}\theta\to 0$이며, 식 7.17로부터 상이 다시 극도로 밝아지는 것을 알 수 있다. 상이 반경 방향으로 확장되기 때문에, 곡선 $\beta=\beta_{\text{r}}$는 *반경확선*이라고 한다. [그림 7.18]은 이 밝은 광선들이 $\theta=\theta_{\text{r}}$인 *반경 임계 곡선*이라 불리는 Einstein 반경 안쪽의 원에 놓여 있어야 함을 보여준다. 왼쪽 그림에서, 은하단은 Plummenr 구의 밀도와 $\theta_E = \sqrt{5}\,a_P/d_{Lens}$를 가진다. 오른쪽 그림은 식 2.19의 암흑 헤일로의 포텐셜을 가진 은하단의 임계점을 보여준다. Einstein 반경 θ_E는 Plummer 모형보다 θ_r과 더 큰 관계를 가지는데, 이는 질량이 중심에 덜 집중되어 있기 때문이다.

문제 7.21 Plummer 모형에 대하여, 중심 반경 $r_c = 0.644 a_P$에서 표면 밀도(식 3.13)가 중심에서의 값의 절반만큼 떨어짐을 보이시오. 문제 7.19의 암흑 헤일로 포텐셜에서 r_c는 무엇인가? 중심 밀도를 $2\Sigma_{crit}$, $4\Sigma_{crit}$, 나아가서는 $10\Sigma_{crit}$을 적용하여, 단위 r_c/d_{Lens}를 갖는 Plummer 모형에서 Einstein 반경 θ_E를 구해보시오. 암흑 헤일로에 대하여 같이 구해보시오(중심 밀도의 다양한 범위에 대해서, 그리고 다수의 은하단 포텐셜에 대해서 $d_{Lens}\theta_E$는 중심 반경의 몇 배 정도 된다).

문제 7.22 [그림 7.13]의 Abell 383 은하단에서, 방사성의 호구조는 중심으로부터 $2'' \approx \theta_r$에 놓여 있다. [그림 7.13]의 큰 접선 호구조는 $16'' \approx \theta_E$에 있다. $H_0 = 70\,\mathrm{kms^{-1}Mpc^{-1}}$로 가정하여 d_{Lens}를 구하시오(만약 8.3절을 읽었다면, 각 크기 거리 d_A와 기준 우주론을 적용하여라). $d_{Lens}\theta_E \sim 50\,\mathrm{kpc}$임을 보이시오. 이때 은하단의 중심 반경 r_c는 몇 배나 작을 것이다. 식 7.29로부터, 접선 호구조 내의 투영 질량이 $\mathcal{M}(<\theta_E) \sim 2\times10^{13}\mathcal{M}_\odot$임을 보이시오. θ_E내의 광도는 $L_V \sim 4\times10^{11}L_\odot$에 해당하므로, $\mathcal{M}/L \sim 50$이다(관측자 위치에서의 방사상 호구조와 접선 호구조에서의 모형은 $r_c \approx 40\,\mathrm{kpc}$을 갖는다. X 선 방출 가스에서는 중심부는 두 배만큼 크다).

7.4.3_ 약한 중력 렌즈

은하들이 은하단 뒤에 놓여있으나 Einstein 반경 밖에 있다면, 그들의 상은 약하게 확대되며 접선 방향으로 약간 뻗을 것이다. [그림 7.15]는 둥근 은하의 영상이 왜 접선과 시선방향의 축 비율이 x/y: $\Delta x/\Delta y$ 또는 $|\mathrm{d}\beta/\mathrm{d}\theta| : |\beta/\theta|$ 인 타원으로 보이는지를 나타낸다. *비뚤어짐* γ는 두 개의 방향으로 압축된 상의 정도 차이를 말한다. 은하단으로부터 거리 $b \gg \theta_E d_{Lens}$의 상에 대하여 다음과 같다.

$$\gamma \equiv \frac{1}{2}\left(\frac{\mathrm{d}\beta}{\mathrm{d}\theta} - \frac{\beta}{\theta}\right) = \frac{\bar{\Sigma}(<b) - \Sigma(b)}{\Sigma_{crit}} \tag{7.33}$$

여기서 $\bar{\sum}(<b) = \mathcal{M}(<b)/(\pi b^2)$은 반경 b내의 투영된 물질의 평균 표면 밀도이고, $\sum(b)$는 그 반경에서의 표면 밀도이다.

문제 7.23 식 7.26으로부터 식 7.33을 유도해보시오. 왜 $\theta \gg \theta_E$로 두어야 하는가? 만약 표면 밀도 $\sum(R)$이 상수라면, $\theta \propto \beta$ 임을 보이시오. [그림 7.15]를 사용하여 왜 둥근 은하의 상이 원형이며 비틀어짐이 0인지 설명하시오. 이와 같은 *질량과 비틀어짐의 상호성*은 모형 은하단에 대해 상의 구조 변화 없이 균일한 물질 면을 항상 더해주어야 한다는 것을 의미한다.

배경에 있는 약하게 왜곡된 많은 은하들의 평균 모습 측정으로부터 비틀어짐을 측정할 수 있을 뿐만 아니라, 은하단 바깥쪽의 질량 분포를 측정할 수 있다. 일반적으로 이 결과는 우리가 뜨거운 가스로부터 구한 결과와 잘 맞다. 그러나 어떤 은하단에서 약한 렌즈 효과는 큰 질량을 나타내기도 한다. 이들은 다른 은하단 뒤에 또 하나의 은하단이 있는 것처럼 복합적인 경우이다. 어떤 멀리 있는 은하단들은 그들의 약한 렌즈 효과로 인해 발견되기도 하였다.

약한 렌즈효과는 개개의 밝은 은하들의 헤일로 연구에도 사용되어진다. 이를 위해, 하늘에 있는 가까운 렌즈효과의 구조 근처에 있는 멀리 있는 많은 은하들의 평균적인 형태를 측정하고, 많은 렌즈 은하들에 그 결과를 평균해야 한다. 최근 연구들은 전형적으로 밝은 $L \sim L_\star$인 타원 은하나 S0 은하의 암흑 헤일로가 적어도 200 kpc만큼 뻗어 있으며, $\geq 10^{12} h^{-1} \mathcal{M}_\odot$의 질량을 가지고 있으며, 따라서 질량 광도비가 태양 단위로 $\mathcal{M}/L > 50$임을 보여준다. 그래서 암흑 헤일로는 우리가 원반 은하 바깥 부분의 회전으로부터 측정할 수 있었던 것보다 더 크며 더 무겁다. 여전히 항성을 생성하고 있는 푸른 은하들은 주어진 암흑 헤일로의 질량에 대하여 더욱 밝다. 헤일로는 약간 비구면으로 보이며, 은하의 항성 구조처럼 찌그러져 있는 것처럼 보인다.

은하들과 달리, 은하군과 은하단은 서로가 명쾌하게 분리되어 있지 않다. 다음 장에서 그들이 벽과 밝은 은하들의 필라멘트로 어떻게 연결되어 있는지를 살펴볼 것이다. 약한 렌즈 효과는 암흑 물질이 이 구조에서 어떻게 분포되어있는가를 보여주지만, 그 계산은 매우 복잡하다. 멀리 있는 광원의 빛은 우리에게 다가올 때 큰 구조들을 지나올 때마다 여러번 구부러지기 때문에, 우리는 식 7.19의 단일 렌즈 거리 d_{Lens}에 대해 일어나는 모든 구부러짐과 같이 근사를 적용할 수 없다. 대신에 이를 계산하기 위해 컴퓨터를 사용할 수밖에 없다.

더 읽어보기

중력 렌즈 효과의자세한 설명은 P. Schneider, J. Ehelrs, and E. E. Falco, 1992, *Gravitational Lenses*(Springer, New York) 이 수준 높은 교과서이다. 일반적인 책으로서는 N. Cohen, 1989, *Gravity's Lens : Vies of the New Cosmology*(Wiley, New York)이 있다.

8. 은하들의 거대 구조

1980년 대 초 이래로, 다 천체 분광기, CCD 검출기, 몇몇 망원경으로부터 은하의 적색 편이에 대한 엄청난 정보를 얻을 수 있었다. 이러한 방대한 탐사는 우주의 밝은 물질 구조에 대해 놀라운 결과를 알 수 있게 하였다. 많은 천문학자들은 마치 샐러드 속의 미트볼 같이 무질서 운동을 하는 개개 은하들 사이로 떠다니는 구형의 은하단을 고려할 수 있게 되었다. 그러나 대부분 비어 보이는 공동을 감싸고 있는 거대 벽과 긴 필라멘트 구조에 은하들이 몰려 있음을 알 수 있게 되었다. 은하의 분포는 비눗물 안의 공기 거품을 둘러싼 비눗물 막에 비유할 수 있다. 우주의 선형적인 필라멘트 구조는 다른 비누 거품이 모여 만든 막에서 보이는 구조와 비슷하고, 은하 밀도가 높은 은하단은 세 개 또는 그 이상의 막이 모여 형성된 곳에서 보이는 구조와 비슷하다고 생각할 수 있다. 좀 더 정확한 은유를 들면, 그 구조는 스펀지에 비교할 수 있다. 공동들은 막 속에서 낮은 밀도의 구멍들에 의해 상호 연결되어 있다고 볼 수 있다. 때때로 필라멘트 구조는 *우주적 거미줄* 형성이라고 생각할 수 있다.

우리 은하의 원반에서 태양과 같은 항성에 대하여, 이것이 형성된 곳을 찾기란 불가능한 일이다. 왜냐하면, 이미 은하에 대해 많은 궤도 운동을 하였고, 따라서 항성들의 탄생 영역에 대한 정보를 대부분 잃어버린 상태이다. 그러나 이 장에서 얘기할 거대 구조는 아직 형성 단계에 있으며, 현재 질량이 집중된 곳은 우주 초기에 밀도가 높은 물질이 쌓인 곳을 밝혀준다. 은하군이나 은하단의 특이 운동이나 균일한 팽창 우주에 대한 상대적 속력을 보면, 대부분 거대구조에서 질량이 많이 몰려 있는 곳을 향해서 낙하하는 운동의 특성을 보인다. 그러므로 오늘날 우리가 보는 거대구조를 이해하는 문제는 초기 우주의 작은 밀도 차이를 설명하는 한 방법이 되고 있다.

8.1절에서 우리 주변의 은하를 탐사함으로써, 수백 Mpc에 걸친 거대 구조와 국지적 분포를 살펴보는 것으로 시작하겠다. 그 다음 절에서는 관측된 스펀지 구조들의 성장이 나타내는 우리 우주의 팽창 역사와 팽창과 거대 구조의 곡률이 은하 관측에 어떠한 영향을 주는지에 대해 논의한다. 8.4절에서는, 우주 배경 복사에서의 요동과 이것이 오늘날 은하를 있게 하는 초기 불균형에 대하여 어떠한 의미를 가지는지를 논의한다. 현재 얼마나 많은 물질이 있는지 알기 위해서 어떻게 관측된 은하들의 특이운동을 사용할 수 있는지에 대해서 알아 볼 것이다. 마지막 절은 은하와 같은 밀집된 구조가 작은 시작에서부터 어떻게 발전되었는지에 대해 알아보도록 한다.

더 읽어보기

B. Ryden, 2003, *Introduction to Cosmology*(Addison Wesley, San Francisdo, USA)와 A. Liddle, 2003, *An Introduction to Modern Cosmology*, 2nd edition (John Wiley, & Sons, Chichester, UK) 는 학부 수준의 교재로서 이 책과 수준이 비슷하다. 대학원 수준의 교재로서는, M. S. Longair, 1998, *Galaxy Formation*(Springer, Berlin)과 T. Padmananbhan, 1993, *Structure Formation in the Universe* (Cambridge University Press, Cambridge, UK)

8.1 오늘날의 거대 구조

밤하늘을 살펴보면, 분명히 은하들이 공간에 고르게 퍼져있지 않다. [그림 8.1]은 광학 사진에서 만든 서로 다른 세 개의 천체 목록에서 발췌한 약 15 000개의 은하의 위치를 보여준다. 은위 $b=0°$ 인 우리은하 원반 평면 근방에는 거의 은하가 없는데, 이 지역을 종종 *회피 지역*이라고 부른다. 그러나 그 용어는 잘못되었다. 21 cm 중성 수소선과 극적외선 관측은 은하들이 그 지역에도 존재하고 있음을 보여주며, 다만 가시광선 영역은 우리 은하 원반부의 먼지들에 의해 가리기 때문에 은하가 보이지 않은 것이다. 지도상에 밀집된 지역은 은하 밀도가 높은 은하단을 나타낸다. Virgo 은하단은 $b=90°$ 인 은하의 북극 근방에 있고, 은경 $l=40°$, 은위 $b=-20°$ 부터 $l=0°$, $b=30°$ 으로 가로지르는 국지적 공동에는 거의 은하가 보이지 않는다.

은하단들은 하늘에 고르게 퍼져 있지 않다. 100 Mpc 이내의 은하단들은 우리 은하 원반을 거의 수직으로 가로지르는 약한 타원체 형태로 모여 있다. 이것의 중앙 평면인 *초은하 평면*은 은하의 북반구($b>0$)에서 잘 보이지만, 남반구에서는 다소 흐트러져 있다. 초은하 평면의 북극 또는 Z축은 $l=47.4°$, $b=6.3°$ 방향에 있다. 우리 은하 평면에서 초은하 평면의 X축은 $l=137.3°$, $b=0$을 가리키게 잡고, Y축은 $b=90°$ 의 은하 북극에 가까운 방향이므로, $Y\approx 0$은 회피 지역을 따라서 있게 된다. [그림 8.1]의 굵은 실선으로 나타낸 바와 같이 초은하 평면은 은경 $l=140°$ 와 $l=320°$ 을 가로지르는 대원 근처에 있다. 이는 5.6과 5.8의 Ursa Major 은하군과 7.2절에 서술되어 있는 근처의 4개의 은하단, 즉 적경 $\alpha=12^h$, 적위 $\delta=12°$ 에 있는 Virgo 은하단, $\alpha=3^h$, $\delta=40°$ 의 Perseus 은하단, $\alpha=4^h$, $\delta=-35°$ 의 Fornax 은하단이 있으며, 거의 은하 북극 근처 $\alpha=13^h$, $\delta=28°$ 의 Coma 은하단을 통과하고 있다.

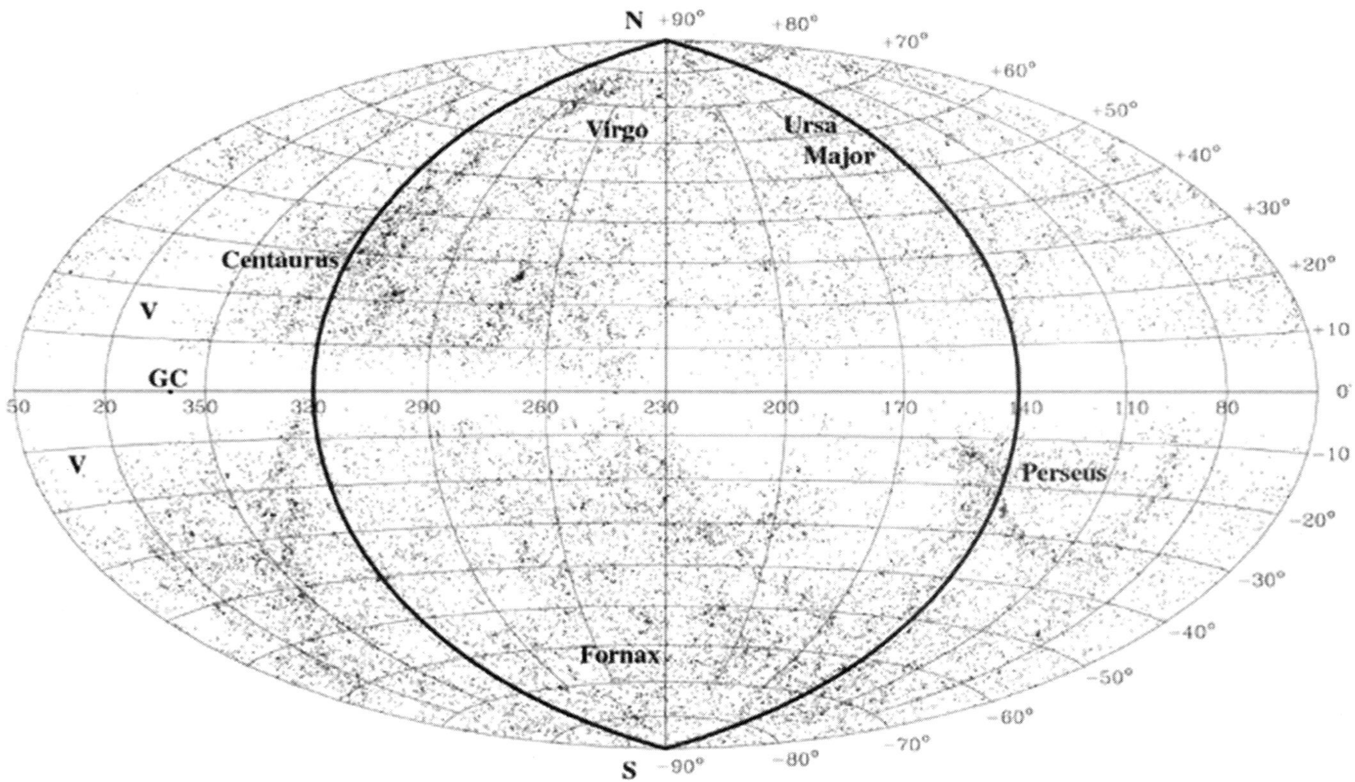

[그림 8.1] 은경 l 과 은위 b 인 은하좌표계 상의 14 650 개의 밝은 은하의 위치. 많은 은하가 대략 $l = 140^\circ$ 에서 $l = 320^\circ$ 을 가로지르는 굵은 실선의 대원, 즉 초은하 평면 근방에 위치해 있다. V는 국지적 공동을 표시한다. $b = 0^\circ$ 인 우리 은하 원반부상의 은하들은 먼지에 의해서 가려져 있다 – T. Kolatt, O.Lahav.

[그림 8.2]는 우리로부터 Virgo와 Fornax 은하단을 알 수 있는 영역인 거리 약 20 Mpc 안에 있는 타원 은하의 위치를 보여준다. 이러한 천체까지의 거리는 *표면밝기 요동*(SBF)을 분석한 것이다. 은하가 우리에게서 너무 멀어서 개개의 항성으로 구분이 안 되지만, 영상의 임의의 1평방초 사각형 안에 위치하는 N개의 항성은 어떤 무작위의 분산값 을 가진다. 그래서 어떤 평균값에 대한 그 사각형의 표면 밝기는 요동을 나타낸다. 은하가 가까울수록, 각각의 사각형에는 상대적으로 작은 수의 항성이 있게 되고, 인접한 사각형과 비교해서 요동 값이 커질 것이다. N이 충분히 크면, 부분적인 변화는 $1/\sqrt{N}$에 비례한다. 그래서 만약 우리가 대부분의 빛을 내는 밝은 항성들의 상대적인 광도를 알고 있는 두 개 은하의 표면밝기요동을 측정했다면, 그 은하 간의 상대적인 거리도 알 수 있다.

이 방법은 대부분의 항성이 적어도 3 ~ 5 Gyr 나이를 갖는 상대적으로 가까운 은하에만 적용할 수 있다. 따라서 대부분의 빛은 광도가 확실히 정의되는 적색거성 가지 꼭지에 있는 항성에서 오는 것이다. 1.1절에서 다룬바와 같이, 이들은 약 $2\mathcal{M}_{\odot}$ 이하의 모든 항성들에 대해서 거의 같은 광도를 가지고 있다. 이러한 항성들은 나이가 많아 중심에 대하여 많은 궤도 운동을 하였기 때문에, 은하 내 전체적으로 고르게 분포하고 있다. 젊고 푸른 항성의 영향을 최소화하기 위해서 8000 Å 인 I 파장 영역과 2.2 μm 인 K 파상 영역에서 수로 관측한다. 이러한 방법은 나선 은하에 대해서는 적용할 수 없는데, 왜냐하면 가장 밝은 항성들은 나이가 적기 때문이다. 이 항성들은 적색 초거성과 중간 질량을 가진 항성의 마지막 단계로 이루어져 있으며 이들의 광도는 질량과 항성 종족의 평균 나이에 의존한다. 이러한 평균이 은하 표면에 걸쳐 다르기 때문에, 이러한 가장 밝은 항성들의 광도도 변하게 된다. 또한, 밝은 항성들은 그들이 형성된 성협에서 멀리 벗어나기엔 너무 그 나이가 적다. 따라서 표면 밝기 상에서 나이 든 항성들의 무작위 분산값 보다 젊은 항성들의 뭉치의 분포가 더 크게 요동에 영향을 미친다.

[그림 8.2]에서 우리는 Virgo 은하단이 대략 16 Mpc 떨어져있음을 알 수 있다. 분리된 두 개의 조각으로 구성되어 있는 것처럼 보이는데, 7.2절에서 살펴본 은하 M87, M49 주변의 두 개의 속도 분포 덩어리와는 정확하게 부합하지는 않는다. 은하단의 북쪽 M49 근처에 은하들이 모여 있으나, M86 근방에 있는 남쪽의 은하들은 더 먼 거리에 있다. M87은 두 개의 덩어리 사이에 있다. $Y < 0$에 위치하는 남쪽의 Fornax 은하단은 대략 Virgo 은하단와 비슷한 거리에 있다. 이 은하단들은 둘 다 더 거대한 복합체의 일부분으로 보인다. 은하군은 상대적으로 타원 은하를 거의 가지고 있지 않기 때문에, 이 그림 상에는 잘 나타나지 않는다. 우리 은하군은 단지 그림 중앙 오른쪽에 겹쳐진 원으로 표현된 타원 은하와 M31의 동반 은하인 왜소 타원 은하로 나타내져 있다.

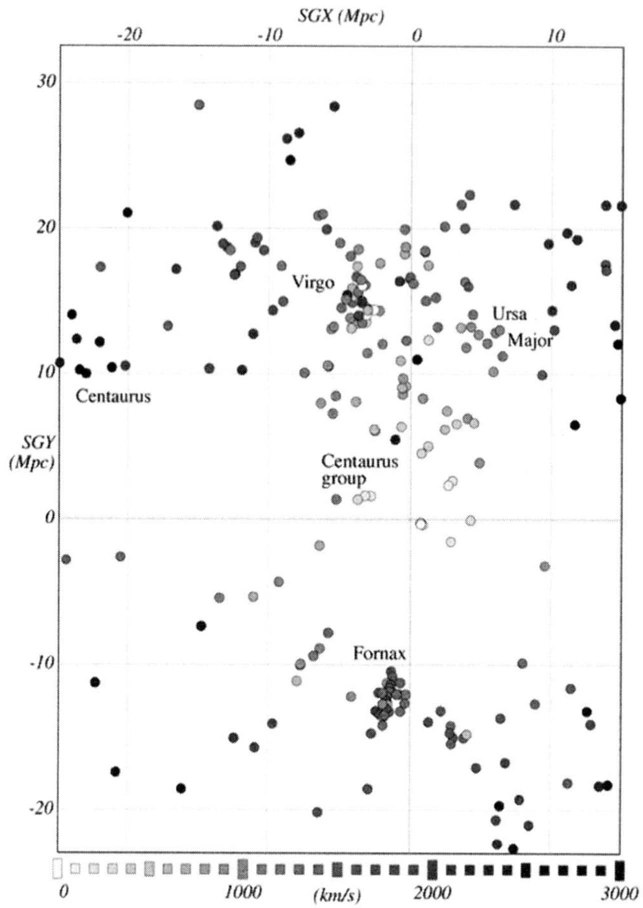

[그림 8.2] 초 은하 $X-Y$ 평면상의 가까운 타원 은하들의 위치. 원점은 우리 은하를 나타낸다. 각 은하의 명암색은 후퇴속도 V_r를 나타낸다. – J.Tonry.

문제 8.1 4.5절에서 우리 은하와 M31의 운동으로부터 우리 은하군의 질량이 $3\times10^{12}\mathcal{M}_\odot$보다 크다는 것을 알았다. 우리 은하군의 반경을 1 Mpc이라고 하면, 평균 밀도는 얼마나 될까? 이 값이 식 1.30에서 정의된 ρ_{crit} 의 단지 $3h^{-2}$ 임을 보여라. 우리 은하군의 질량은 단지 자체 수축을 할 정도이다.

문제 8.2 식 3.23의 자유 낙하 시간 $t_{ff}=1/\sqrt{G_\rho}$으로부터 은하나 은하단의 밀도가 ρ까지 증가하기 위해 걸리는 대략적인 시간을 알 수 있다. 문제 4.7에서 태양 궤도 내에서의 평균 밀도가 $10^5\rho_{crit}$인 우리 은하의 경우 최소 자유 낙하 시간은 $\sim3\times10^8$년이나 $0.03\times t_H$(t_H는 식 1.28에서 주어진 팽창 나이)임을 알았다. 밀도가 $200\rho_{crit}$인 은하단이 우주 나이 내에 겨우 수축함을 보여라. 이러한 밀도는 여전히 수축하고 있는 우리 은하군과 같은 구조를 나눌 수 있으며, 이로부터 평형 상태를 이루게 할 수 있다.

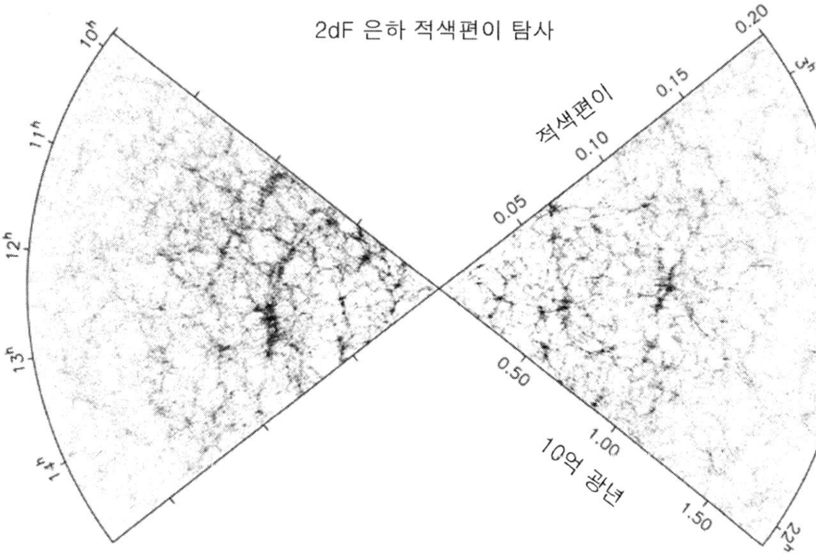

[그림 8.3] Anglo−Australian 4 m 망원경을 사용한 2dF 탐사로부터 얻은 은하 93170개의 '부채꼴도'. 북쪽(왼쪽)의 $-4° < \delta < 2°$ 영역 부분과 남쪽(오른쪽) $-32° < \delta < -28°$ 영역 부분 − M. Colless *et al.* 2001, MNRAS, 238, 1039

더 먼 영역을 탐사하기 위해 하늘을 가로지르는 두 개의 큰 조각 내의 은하들의 적색 편이를 관측한 2dF 탐사로부터 얻은 [그림 8.3]과 같은 '부채꼴도'를 사용할 수 있다. 특이 속도를 무시하면, 식 1.27은 H_0이 Hubble 상수일 때, 그 후퇴 속도가 $V_r \approx cz \approx H_0 d$ 임을 알려준다. 각 부채꼴의 꼭지에 있는 우리 위치로부터 적색편이는 대략 은하의 거리 d에 비례한다. 따라서 이 그림은 $600\mathrm{h}^{-1}\,\mathrm{Mpc}$ 떨어진 영역까지 약간 뒤틀린 모양의 은하 분포 지도를 나타내고 있다.

[그림 8.3]의 3차원 은하 분포는 [그림 8.1] 보다 더 자세하게 그 구조를 보여준다. 밀도가 높은 선형구조로서 우주적 거미줄의 벽 구조와 끈과 같은 필라멘트 구조를 볼 수 있다. 그 구조들이 교차하는 부분이 은하 밀도가 높은 은하단의 복합체이다. 이 필라멘트 구조 사이에 밝은 은하가 없이 거의 비어있는 넓은 영역도 있다. 이러한 *공동*은 보통 $\gtrsim 50\mathrm{h}^{-1}\,\mathrm{Mpc}$의 크기를 갖는다. 특정 겉보기 밝기보다 밝은 은하에 대해서만 적색편이가 측정 가능하므로 $z = 0.15$ 이후엔 표시되는 은하들이 적다. [그림 8.4]에서는 매우 먼 거리에 있는 드물고, 가장 밝은 은하들만 포함되어 있다. 전 하늘에서 입체각 Ω 만큼 탐사할 때, 거리 d와 $d + \Delta d$사이의 체적은 $\Delta V = \Omega d^2 \Delta d$로 거리 d가 증가함에 따라 급격히 증가한다. 그러므로 가까이 있는 은하는 거의 볼 수 없고, 대부분의 관측된 은하들은 $25\,000\ \mathrm{km\,s^{-1}}$ 이상 지역에 놓여 있다.

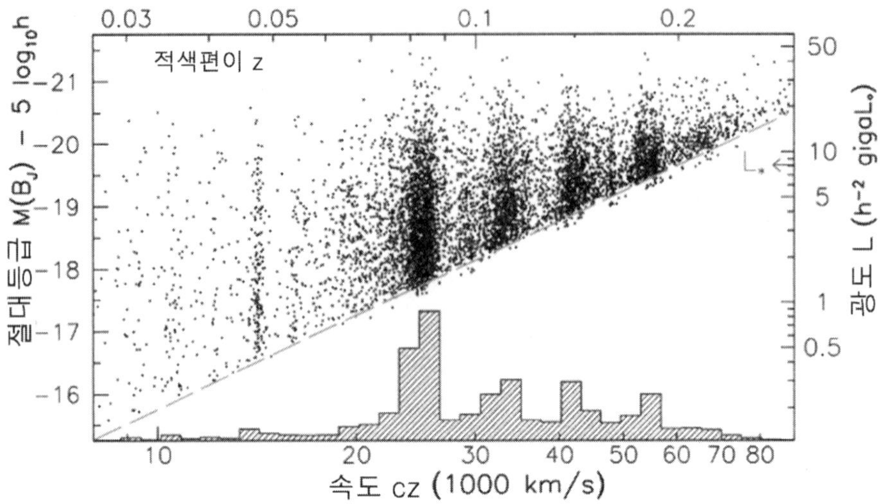

[그림 8.4] [그림 8.3]에서 $13^h\,20^m$ 근처의 8438개의 은하들의 광도(B_J에서의 절대 등급)와 각 적색편이에서의 개수. 전형적인 밝은 은하의 광도 L_*는 [그림 1.16]으로부터 가져왔다. 겉보기 등급 $m(B_J)=19.25$에서의 점선은 탐사의 대략적인 한계를 보여준다.

문제 8.3 우주배경 복사에 대하여 우리 은하군은 $600\,\mathrm{km\,s^{-1}}$로 움직인다. 이 속도로 평균 은하가 전형적인 공동의 중심에서부터 가장자리까지 이동하는데 걸리는 시간이 $\sim 40h^{-1}\,\mathrm{Gyr}$임을 보여라. 공동에서 물질들은 제거하는 과정이 무엇이든지 간에 우주의 크기가 매우 작았던 초기에 일어나야만 한다.

[그림 8.3]과 [그림 8.4]에서 벽들이 공동지역보다 밀도가 여러 배 높게 나타낸다. 그러나 특이 운동을 감안하지 않았으므로 과장되게 얇고 예리하게 나타난다. 실제 은하의 거리를 알아서 그림을 그린다면, 덜 뚜렷하게 나타날 것이다. 벽이나 필라멘트 내의 이러한 잉여 질량은 그 구조 앞에 있는 가까운 은하들을 끌어당기어 우리로부터 멀어진다. 따라서 이러한 은하들의 시선속도는 우주 팽창 이상로 증가하고, 그들을 우리로부터 멀리 벽 쪽에 가까이 있게 됨으로써 거리를 과대 측정하게 된다. 반대로 거대 벽 뒤에 있는 은하는 우리 쪽으로 당기어 그 적색편이 값이 감소된다. 이러한 것들은 실제보다 벽에 가까이 있게 보이고, 우리 쪽에 가까이 있는 것처럼 보이게 된다. 사실, 벽들은 지역적 평균값보다 단지 몇 배 정도 큰 밀도를 가질 뿐이다.

이와 대조적으로, 밀도가 높은 은하단은 관측자 시선방향으로 늘어진 것처럼 보인다. 이러한 은하단의 중심에서 그 수축은 이미 끝났으며, 은하들은 공간상에 강하게 묶여있다. 이들은 $1500\,\mathrm{km\,s^{-1}}$ 이상의 속도로 상호 궤도 운동하며, 따라서 식 1.27로

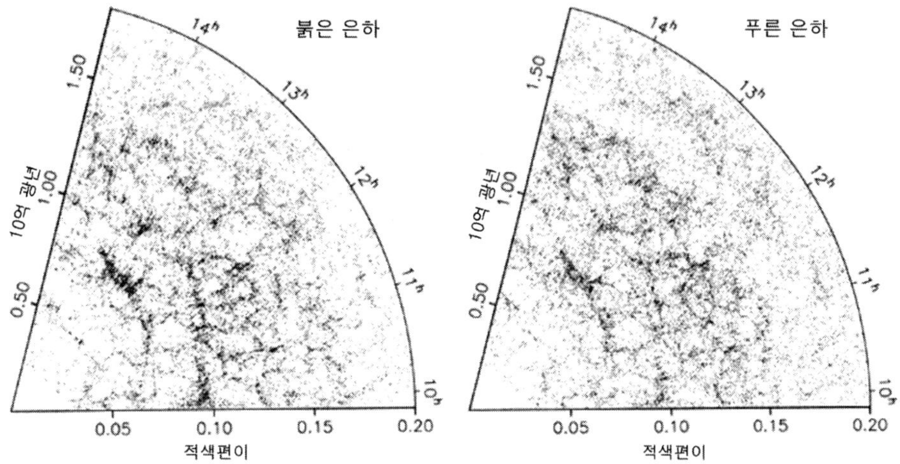

[그림 8.5] 2dF 탐사에서 $-32^\circ < \delta < -28^\circ$ 영역 내의 타원 은하의 스펙트럼과 비슷한 스펙트럼을 가진 약 27000개의 붉은 은하(왼쪽)와 같은 개수의 항성 형성 푸른 은하(오른쪽). 이들은 $-21 < M(B_J) < -19$인 밝은 은하들이다. 타원 은하와 S0 은하들이 나선 은하와 같은 구조보다 더 모여있는 구조를 보인다.

부터 유도되는 각 은하들의 거리는 $\sim 15h^{-1}$ Mpc의 무작위의 오차를 지닌다. 부채꼴도 상의 은하 밀도가 높은 은하단은 관측자 방향을 가리키는 밀도가 높은 '손가락' 형태를 보인다.

문제 8.4 [그림 8.5]의 왼쪽에서 $z = 0.12$와 $12^h\,30^m$ 근처의 얇은 손가락 구조는 얼마나 긴가? 이것이 $\sigma_r \approx 1500\,\mathrm{km\,s^{-1}}$을 가진 거대 은하단에 해당됨을 보여라.

[그림 8.5]는 최근의 항성 생성이 거의 없는 스펙트럼을 가진 붉은 은하와, 젊고 무거운 항성과 그 주변의 이온화된 가스의 특성을 가진 스펙트럼선을 가진 푸른 은하들에 대한 부채꼴도이다. [그림 8.4]에서 $z = 0.05, 0.08, 0.11, 0.15$ 일 때 $13^h\,20^m$ 주변의 은하들의 무리를 볼 수 있다. 이들은 [그림 8.5]의 왼쪽 부채꼴에서 확연하게 나타나지만 오른쪽에서는 매우 약하게 나타난다. 이와 비슷하게, $z = 0.08$와 12^h에서의 공동은 왼쪽 부채꼴에서 보이지 않는다. 왜 그럴까? 왼쪽 날개 은하들은 붉은 타원 은하와 S0 은하들인 반면, 오른쪽은 나선은하나 불규칙 은하이다. 7.2절에서 보았듯이, 타원 은하들은 밀도가 큰 은하단의 중심에서 다같이 살고 있지만, 나선 은하들은 드물다. 따라서 붉은 은하들은 오른쪽의 푸른 은하들에 비해 더 강하게 모여 있게 된다. 은하들이 나선 은하인지 타원 은하인지는 그들이 얼마나 가까이 모여져 있는가와 강한 연관성을 갖는다. 이것을 *형태-밀도 관계*라 부른다.

사실, 이러한 '은하의 분포'를 쉽게, 단순히 얘기해서는 안 되며, 우리가 바라보는 은하들의 특징을 구체화하는데 있어 매우 주의 깊게 보아야 한다. 주어진 공간내의 모든 은하를 볼 수도 없고, 관측을 할 때 선택한 방법에 따라 항상 편향성이 있게 마련이다. 예를 들어서, 만약 흐릿하고 따라서 분명히 비항성체인 충분히 큰 대상을 선택한다면, 대부분의 조밀 은하는 포함되지 않을 것이다. 중성수소 가스에서 방출되는 21 cm 전파 선 관측으로부터 은하를 탐사하면, 광학적으로 희미하지만 가스가 풍부한 왜소 불규칙 은하 들을 쉽게 찾을 수 있지만, 보통 중성수소 가스가 부족한 밝은 타원은하는 놓칠 수 있다. 문제 2.11의 Malmquist의 편향성은 겉보기 등급에 의해 선택된 어떠한 표본에서도 나타난다. 이러한 편향성은 적색편이와 겉보기 밝기와 함께 더욱 나쁜 상황으로 바뀐다. 심지어 우주의 밝은 천체만을 지도로 만드는 것도 쉬운 일이 아니다.

8.1.1_ 은하 군집 측정

은하들이 서로 은하단을 이루는 경향을 표현하는 하나의 방법은 *이점상관함수* $\xi(r)$이다. 두 개의 작은 체적 ΔV_1, ΔV_2를 임의로 선택하고, 은하의 평균 공간 밀도가 입방 Mpc 당 n이라고 하면, ΔV_1 내에서 하나의 은하를 찾을 수 있는 기대값은 $n\Delta V_1$이다. 만약 은하들이 서로 뭉치려는 경향이 있다면, 두 지역 사이의 거리 차 r_{12}가 작을 때, ΔV_2 내의 하나의 은하를 가질 확률 또한 더 커질 것이다. 두 개의 작은 체적 모두에서 하나의 은하를 찾을 수 있는 결합 확률은 다음과 같이 표시된다.

$$\Delta P = n^2[1+\xi(r_{12})]\Delta V_1 \Delta V_2 \tag{8.1}$$

만약 작은 r값에서 $\xi(r)>0$라면, 은하들은 뭉칠 것이고, 만약 $\xi(r)<0$라면, 흩어져 버릴 것이다. 일반적으로 특이속도에 의한 왜곡 보정을 위해, 적색편이로부터 은하의 거리를 계산해서 $\xi(r)$를 구한다. $r \lesssim 10h^{-1}$ Mpc 규모에서, $\gamma > 0$라면 $\xi(r)$는 다음과 같이 표현된다.

$$\xi(r) \approx (r/r_0)^{-\gamma} \tag{8.2}$$

$r < r_0$(여기서 r_0은 *상관 길이*이다)일 때, 반경 r 내에서 다른 한 은하를 발견할 확률은 엄밀히 임의의 분포에서보다 분명히 더 큰 값을 갖는다. $\xi(r)$이 평균 밀도 값과의 편차를 나타내기 때문에, r이 증가함에 따라서 어떤 위치에서는 음의 값을 가지게 된다.

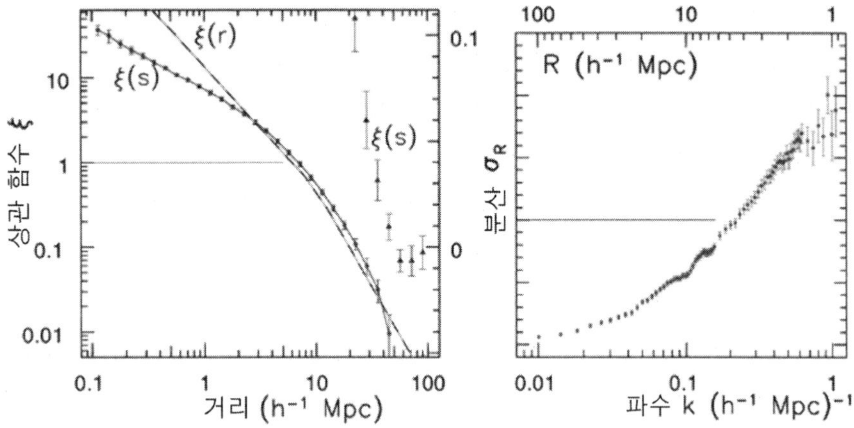

[그림 8.6] 왼쪽, 작은 간격(원, 왼쪽 로그 단위)과 큰 간격(삼각형, 오른쪽 선형 단위) 에서의 2dF 은하들에 대한 상관 함수 $\xi(s)$. 새로 막대는 불확실성을 보여준다. $\xi(s)$는 정확하게 Hubble의 법칙에서부터 계산하였다. [그림 8.5]의 손가락들은 $r \le 1\,\mathrm{Mpc}$의 단위로 $\xi(s)$를 감소시키지만 벽으로의 낙하는 r_0에 가까운 단위로 강하게 군집을 만든다. 파선은 이 효과를 보정한 $\xi(r)$을 보여준다. 오른쪽, 식 8.4의 평방 편차 σ_R로서 평균 밀도가 크기 R의 지역 내에서 변하는 정도를 보여준다. – S. Maddox and S. Cole

[그림 8.6]은 2dF 탐사에서의 은하들의 이점상관함수 $\xi(r)$이다. 상관 길이는 $r_0 \approx 5h^{-1}\,\mathrm{Mpc}$로서, 타원 은하에서는 $6h^{-1}$로서 더 강하게 모여 있음을 나타내고, 항성 생성 은하들의 경우 더 작은 값을 갖는다. r_0 근처에서의 기울기는 $\gamma \approx 1.7$이다. 큰 벽 또는 공동 형태의 대략적인 크기에 해당하는 $r \gtrsim 50h^{-1}\,\mathrm{Mpc}$에서 $\xi(r)$는 0 근방을 왔다 갔다 한다. 더 큰 규모에서 은하의 분포는 매우 일정하다.

불행히도, 이점상관함수는 [그림 8.3]의 일차원 필라멘트 구조나 이차원 벽 구조를 설명하기에는 유용하지 않다. 체적 ΔV_1가 이러한 구조에 있다고 하자, ΔV_2내의 하나의 은하를 찾을 확률은 오직 ΔV_2가 그 구조 내에 있어야 높은 값을 갖는다. $\xi(r)$는 모든 가능한 ΔV_2의 위치에서의 평균값이기 때문에, 거리 r이 벽이나 필라멘트 구조의 두께보다 크면 ΔV_2은 0보다 매우 크게 되지 않는다. 이러한 경우에는 세 개 내지 네 개의 구분되는 체적에서 은하들을 발견할 결합 확률 값을 줄 수 있는 삼점 또는 사점 상관함수를 정의해서 문제를 극복하고자 시도할 수도 있다. 그러나 이 방법은 그리 만족스럽지 못하다. 벽이나 필라멘트 구조의 세기와 형태를 기술하는 좋은 통계적 방법은 아직 없다.

$\xi(r)$의 Fourier 변환이 *파워스펙트럼* $P(k)$이다.

$$P(\mathbf{k}) \equiv \int \xi(r)\exp(i\mathbf{k}\cdot\mathbf{r})\mathrm{d}^3\mathbf{r} = 4\pi\int_0^\infty \xi(r)\frac{\sin kr}{kr}r^2\mathrm{d}r \tag{8.3}$$

위 식의 작은 k 값은 거대 공간 척도에 해당된다.

$\xi(r)$는 물리적인 차원이 없으므로, $P(k)$는 물리적으로 부피의 차원이다. 함수 $\sin kr/kr$ 은 $|kr| < \pi$일 때 양의 값을 지니며, kr이 커지면서 진폭은 점점 감소하며 진동한다. 간략히 봐서, k^{-1}이 $\xi(r)$가 0이 되는 반경과 비슷한 값을 가질 때 $P(k)$는 최대값을 지닌다. [그림 8.17]에서 $P(k)$는 우주 배경 복사 관측과 2dF 은하 탐사를 결합하여 계산한 것이다.

문제 8.5 식 8.3이 성립함을 증명하라. 하나의 방법은 $P(k)$를 r, θ, ϕ 구형 극 좌표계에서 삼중적분을 하고, $\mathbf{k}\cdot\mathbf{r} = kr\cos\theta$로 놓는다. $\xi(r)$가 평균 밀도에서의 차이를 나타내기 때문에 식 8.1이 $\int_0^\infty \xi(r)r^2 dr = 0$라고 의미하고, 따라서 $k \to 0$임에 따라 $P(k) \to 0$로 수렴함을 보여라.

문제 8.6 파워스펙트럼 $P(k) \propto k^n$가 상관함수 $\xi(r) \propto r^{-(3+n)}$에 해당하는 지 보여라. 그러므로 $\gamma \approx 1.5$는 $n \approx -1.5$ 을 의미한다. [그림 8.17]은 k가 클 때 $P(k)$가 예측한 바와 같이 대략적으로 $k^{-1.8}$의 비율로 감소함을 보여준다.

은하들의 비균일성을 설명할 수 있는 또 다른 방법은 평균 밀도로부터 주어진 편차로부터 찾을 수 있다. 위치 $\mathbf{x}$의 지역 밀도는 평균밀도 $\bar{\rho}$를 곱을 사용해서, $\rho(\mathbf{x}) = \bar{\rho}[1 + \delta(\mathbf{x})]$로 나타내며, 구체의 반경 R내의 평균 편차 값 $\delta(\mathbf{x})$를 δ_R이라 하자. 만약 전체에 대하여 δ_R의 평균 값 $\langle \delta_R \rangle$을 구한다면, 당연히 그 값은 0이 된다. 이것의 편차 $\sigma_R^2 = \langle \delta_R^2 \rangle$로부터 이 크기에서 은하 분포가 얼마나 덩어리져 있는지를 측정할 수 있다. 따라서 반경 k^{-1} Mpc의 구형 체적 안에 밀도 요동 값을 기술하는 물리적 무차원 값 $k^3 P(k)$과 이것을 연관 지을 수 있다. 만약 크기가 $k^{-1} \approx R$인 은하들의 덩어리구조가 그보다 더 크거나 또는 더 작은 크기의 덩어리에 연계되어, 무작위로 위치해 있다면(*무작위 위상* 가설), 다음과 같은 식을 얻는다.

$$\langle \delta_R^2 \rangle \approx \frac{k^3 P(k)}{2\pi^2} \equiv \Delta_k^2,\ \text{따라서}\ P(k) \propto k^n\ \text{이면,}\ \sigma_R \propto R^{-(n+3)/2} \tag{8.4}$$

그러므로 $n > -3$이면, 우주는 작은 크기의 것들이 덩어리져 있을 것이다.

[그림 8.6]은 2dF 은하들의 σ_R(또는 Δ_k)이다. 이것은 k에 따라 증가하는데, 작은 지역을 고려할수록 은하들의 밀도가 높은 곳을 발견할 수 있는 가능성이 커진다. $R = 8h^{-1}$ Mpc의 척도 상의 평균 요동 값인, σ_8으로 은하단의 수치화를 하기도 한

다. [그림 8.6]은 $\sigma_8 \approx 0.9$임을 보여준다. $k \sim 0.1$에서의 비뚤어진 선은 우주 배경 복사에 영향을 주는 '바리온 진동'에 해당한다(8.5절 참조). $P(k) \propto k^n$이며, $\sigma(\mathcal{M})$이 질량 $\mathcal{M} = 4\pi R^3 \bar{\rho}/3$을 포함하고 있는 지역의 밀도의 편차라면, $\mathcal{M} \propto R^3$이고 $\sigma(\mathcal{M}) \propto \mathcal{M}^{-(n+3)/6}$이다. 구조의 발달에 대한 우주론 모형은 $P(k)$ 값을 예측할 수 있다. 이 주제에 대해서 8.5절에서 다시 다루도록 한다.

문제 8.7 크기 $1/k$의 더 밀집되거나, 흩어져 있는 지역의 평균 밀도로부터 $\langle \Delta_k^2 \rangle^{1/2}$ 값은 지역적 예상 편차 값 $|\delta(\mathbf{x})|$을 준다. 푸리에 변환으로 $\delta(\mathbf{x})$와 $\Phi(\mathbf{x})$를 기술하고 식 3.9 Poisson 방정식을 이용하여, $k^2|\Delta\Phi_k| \sim 4\pi G\bar{\rho}\langle \Delta_k^2 \rangle^{1/2}$일 때, 이러한 밀집 지역과 공동이 중력 포텐셜에 요동 $\Delta\Phi_k$을 일으킴을 보이라. $P(k) \propto k$하는 *Harrison–Zel'dovich* 스펙트럼에서, $|\Delta\Phi_k|$ 은 k 값에 무관함을 보여라. 포텐셜 값은 모든 공간 척도 상에 동등하게 '물결지어' 있다.

이 절에서 $50h^{-1}$ Mpc의 척도까지 현재 은하의 분포는 무리지어 있으며, 비균질하다는 것을 알았다. 그러나 우주 배경 복사의 측정에 의하면 100 000분의 몇 이내로 전 하늘의 온도가 동일하다. 1.5절에서 보았듯이, $z = z_{rec} \approx 1100$의 재결합 시기 전에, 우주는 이온화된 가스로 가득 차 있었다. 빛이 대전된 입자들을 통과하여 자유롭게 흐르지 못했기 때문에 가스는 불투명해졌고 거대 네온관처럼 반짝였다. 재결합 시기 후 우주가 전체적으로 중성이 되고 투명해졌다. 우주 배경 복사가 오늘날 균일하기 때문에 물질과 복사가 매우 균일하게 분포하였음을 알 수 있다. 이렇게 균일한 우주 초기에서 오늘날의 뚜렷한 은하 분포 구조는 어떻게 생기게 되었을까? 그 사이에 무슨 일이 일어났었는지 이해하기 위해서, 우주가 대폭발 이래 어떻게 팽창해왔고, 그 속에서 은하들은 어떻게 밀집되어 갔는지를 살펴보도록 하자.

8.2 균일 우주 팽창

우주 배경 복사 값이 매우 균일하기 때문에, 우주는 어느 방향을 봐도 그 값이 같은 등방적이라고 할 수 있다. 또한 매우 큰 규모로 본 우주는 다른 위치에서 측정해도 그 값이 같은 균질성을 가진다. 그러면 다음 식을 적분해서 시간 t에 임의의 두 점을 이은 경로의 길이 s를 알 수 있다.

$$\Delta s^2 = \Re^2(t)\left(\frac{\Delta\sigma^2}{1-k\sigma^2} + \sigma^2\Delta\theta^2 + \sigma^2\sin^2\theta\,\Delta\phi^2\right) \tag{8.5}$$

여기서 σ, θ, ϕ는 *곡면 공간* 상의 구형 극 좌표계의 좌표들이다. 작은 특이 속력에도 은하들은 좌표계 상의 한 정점에 위치해 있다. 원점 $\sigma=0$은 특별한 점 같지만, 사실은 그렇지 않다. 단지 경도선이 모이는 지구의 극에서와 같이, 어떠한 곳에 대하여도 여기의 곡률은 같으며, 똑같이 $\sigma=0$인 임의의 점을 잡을 수 있다. 상수 k는 공간의 *곡률*을 나타낸다. $k=1$인 경우, 구의 표면 같이, 우주는 *닫혀있으며*, 곡률 값은 양이고, 제한 공간을 갖고 있다. 이 때 $\Re$는 곡률의 반경을 나타낸다. $k=-1$이면, *열린* 우주로서, 무한 부피의 음의 곡률 공간이다. $k=0$이면, 유사하게 수렴하지 않는 편평한 우주이다.

$\sigma \ll 1$인 원점 근방에선 모든 k값에 대해서 Δs에 대한 식은 같은 값을 갖는다. 아주 작은 크기에서는 곡률은 문제가 되지 않는다. 매우 작은 지역에서는 어떤 곡률 공간의 각, 길이, 그리고 부피의 관계는 평면공간과 같게 될 것이다. 식 8.5의 공변 좌표 σ를 '면적반경'이라 부르는데, 시간 t에서 원점 근방의 반경 σ인 구의 면적이 다음과 같이 표현되기 때문이다.

$$A(\sigma,t) = 4\pi\Re^2\sigma^2 \tag{8.6}$$

문제 8.8 일반 삼차원 공간에서, 원통 극 좌표계를 이용하면 가까운 두 점 (R, θ, z), $(R+\Delta R, \theta+\Delta\theta, z+\Delta z)$의 사이의 거리는 $\Delta s^2 = \Delta R^2 + R^2\Delta\theta^2 + \Delta z^2$로 나타낼 수 있다. 식 $R^2+z^2=\Re^2$는 구의 반경 $\Re$의 구를 기술한다. $\sigma = R/\Re$ 일 때, 그 구 위의 점들의 거리는 다음과 같이 표현됨을 보여라.

$$\Delta s^2 = \Delta R^2(1+R^2/z^2) + R^2\Delta\theta^2 = \Re^2\left(\frac{\Delta\sigma^2}{1-\sigma^2} + \sigma^2\Delta\theta^2\right) \tag{8.7}$$

반경 R, $z>0$인 점 P에서부터 $z=\Re$인 '북극'까지 적분하여 거리 $s=\Re\arcsin\sigma$임을 보여라. P를 통과하는 '위도의 원'의 원주 $2\pi R$이 항상 $2\pi s$보다 크며 $s \ll \Re$일 때는 그에 근접함을 보여라. 식 8.5에서 $k=1$일 때, ϕ가 상수인 어떤 표면은 반경 $\Re$의 구 표면에 해당된다.

우주적 팽창은 시간과 함께 곡률 반경의 증가에 따른 $\Re=\Re(t)$에서 기술할 수 있다. 그들의 작은 고유속도와 별개로, 은하들은 고정된 σ, θ, ϕ 값의 좌표에서 머물러 있으며, 따라서 이들을 *공변좌표계*라 한다. 두 은하간의 거리 d는 단지 그들 사이의 가장 짧은 경로의 길이 s이다. 그들이 고정된 공변 좌표에서 머물고 있다면, d는 $\Re(t)$에 비례해서 팽창한다. Hubble의 법칙은 굽은 공간 팽창의 단지 하나의 징후일 뿐이다. 식 8.5로부터 두 은하는 다음과 같은 속력으로 서로 멀어지게 됨을 알 수 있다.

$$V_r = \dot{d} = \frac{\dot{\Re}(t)}{\Re(t)} d \equiv H(t)d \tag{8.8}$$

여기서 $H(t)$는 *Hubble 상수*며, 현재 그 값은 H_0이다. 식 8.8은 은하들의 평균적인 운동을 표현한다. 아래의 8.4절 이후에서 가까운 주변 은하들의 중력적 당김으로부터 생기는 특이 운동에 대한 설명을 다룰 것이다.

일반 상대성 이론에 의하면 다른 장소에서 다른 시간에 일어난 두 개의 현상 사이의 거리는 관측자의 운동에 의존한다. 그러나 다음 식을 적분하면, 모든 관측자들은 현상들을 연결하는 시공간 경로를 따라 같은 *고유시간* τ을 측정하게 될 것이다.

$$\Delta \tau^2 = \Delta t^2 - \Delta s^2/c^2 \tag{8.9}$$

광선은 항상 $\Delta\tau = 0$인 무고유시간 경로를 따라서 이동한다. 우리가 만약 좌표의 원점에 위치한다면, 공변 거리 σ_e에 있는 은하로부터 우리가 받는 빛은 다음 식과 같은 반경 방향 경로를 갖는다.

$$\frac{c\Delta t}{\Re(t)} = -\frac{\Delta\sigma}{\sqrt{1-k\sigma^2}} \tag{8.10}$$

빛은 우주의 길이 척도 $\Re(t)$가 증가함에 따른 단위 시간당의 공변 거리보다 적은 거리를 간다. 이 식을 파동방정식은 시간 t_e에서 시작해서, 우리 위치의 현재 시간인 t_0까지 적분하면 다음의 식과 같다.

$$c\int_{t_e}^{t_0} \frac{dt}{\Re(t)} = \int_0^{\sigma_e} \frac{d\sigma}{\sqrt{1-k\sigma^2}} \tag{8.11}$$

Δt_e만큼의 시간 차이로 다른 파장이 방출된다고 하자. 새로운 출발과 도착 시간에서 같은 식에 의해 시간 $t_0 + \Delta t$에 그 파장을 수신한다. 식 8.11의 우변의 적분 값과 은하의 공변 위치 σ_e는 변하지 않는다. 그러므로 좌변 값 역시 변하지 않는다.

$$\int_{t_e+\Delta t_e}^{t_0+\Delta t} \frac{dt}{\Re(t)} = \int_{t_e}^{t_0} \frac{dt}{\Re(t)}, \quad \text{따라서} \quad \frac{\lambda_e}{\Re(t_e)} = \frac{\lambda_{obs}}{\Re(t_0)} \tag{8.12}$$

이 식은 $\Delta t \ll \Re(t)/\dot{\Re}(t)$에 한해서 성립한다. 그러므로 멀리 있는 은하의 모든 과정들은 인자 $\Re(t_0)/\Re(t_e)$ 비율만큼 느려지는 것처럼 보인다. Δt_e가 파장 $\lambda_e = c\Delta t_e$에

서 방출된 두 개의 연속적인 꼭대기 사이의 시간이라면, 빛은 $\lambda_{obs} = c\Delta t$에서 관측된다. 따라서 파장은 길이 척도 $\mathfrak{R}(t)$에 따라 증가하는 반면, 각 광자의 진동수, 운동량, 에너지는 $1/\mathfrak{R}(t)$에 비례해서 감소한다. 먼 거리 은하에 대해 측정한 적색편이 z는 그 빛이 우리에게로 출발한 시간 t_e이래로 얼마나 팽창했는지 알려준다. 이것이 식 1.34의 *우주론적 적색편이*이다.

$$1+z = \frac{\lambda_{obs}}{\lambda_e} = \frac{\mathfrak{R}(t_0)}{\mathfrak{R}(t_e)} \tag{8.13}$$

우리는 적색편이 z를 종종 시간 t_e 또는 공변 거리 σ_e 대신 사용한다. 주어진 적색 편이에 해당하는 시간 t_e는 우주가 얼마나 빠르게 팽창하는지에 의존하며, 반면에 식 8.11로부터 빛이 출발한 곳으로부터의 공변 거리 σ_e를 알 수 있다.

우주의 팽창률은 물질들의 중력적 인력과 범위내의 에너지에 의해 결정된다. 팽창을 계산하기 위해서 먼저 Newton 역학을 사용하고, 그 다음 일반 상대성 이론이 그 결과를 어떻게 수정할 것인지에 대해서 논의한다. 균질한 우주의 시간 t에서, 반경 r의 작은 구가 밀도 $\rho(t)$를 가진다고 하자. $r \ll \mathfrak{R}(t)$이며, 공간의 곡률은 무시할 수 있다. 모든 것이 원점 $r=0$을 중심으로 대칭이며, 따라서 3.1절의 Newton의 제 1 법칙에 적용시킬 수 있다. 구 내부에 반경 r에서 중력은 오직 질량 $\mathcal{M}(<r)$에 의해 결정된다. 만약 구의 크기가 충분히 커서 내부 기체 압력이 중력 수축 보다 매우 작은 값을 가진다면(8.5절 이후 참조), 식 3.20으로 그 반경에 있는 질량 m의 가스 구름에 적용하는 힘을 구할 수 있다.

$$m\frac{d^2r}{dt^2} = -\frac{Gm\mathcal{M}(<r)}{r^2} = -\frac{4\pi Gm}{3}\rho(t)r \tag{8.14}$$

물질의 구는 우주 공간을 따라서 확장하며, 따라서 그 반경은 $r(t) \propto \mathfrak{R}(t)$ 이다. 식에서 질량 m은 소거되고, 남는 식은 다음과 같으며,

$$\ddot{\mathfrak{R}}(t) = -\frac{4\pi G}{3}\rho(t)\mathfrak{R}(t) \tag{8.15}$$

밀도가 높아질 수 록, 더 강한 중력이 우주의 팽창을 느리게 한다.

구 내부로 출입이 없기 때문에, 내부 질량은 변하지 않고, $\rho(t)\mathfrak{R}^3(t)$은 상수다. $\dot{\mathfrak{R}}(t)$을 식의 양변에 곱하면, 그 구의 팽창에 따라, 어떻게 운동에너지가 감소하는지 알 수 있다.

$$\frac{1}{2}\frac{\mathrm{d}}{\mathrm{d}t}[\dot{\Re}^2(t)] = -\frac{4\pi G}{3}\frac{\rho(t_0)\Re^3(t_0)}{\Re^2(t)}\dot{\Re}(t) \tag{8.15}$$

시간 t_0는 현재 시간을 나타낸다. 다시 이 식을 적분하면 다음과 같다.

$$\dot{\Re}^2(t) = \frac{8\pi G}{3}\rho(t)\Re^2(t) - kc^2 \tag{8.17}$$

여기서 k는 적분 상수이다. Newton 역학으로 식을 유도해냈지만, 식 7.15는 일반 상대성 이론에서도 맞으며, 상수 k는 식 8.5에서 사용한 것과 같은 값이다. 열역학에 따르면 열 ΔQ가 부피 V로 흘러들어가면서 내부 에너지 $\mathcal{E}$를 증가시키거나 부피를 팽창시켜 압력에 대항하는 역할을 하게 된다.

$$\Delta Q = \Delta\mathcal{E} + p\Delta V = V\Delta(\rho c^2) + (\rho c^2 + p)\Delta V \tag{8.18}$$

여기서 밀도 ρ는 모든 형태의 물질과 에너지를 포함한다. 우주는 균일하므로 부피 V는 다른 것에 해당되는 열을 얻을 수 없다.

$$\Delta Q = 0 = \Delta\rho + \left(\rho + \frac{p}{c^2}\right)\frac{\Delta V}{V} \quad \text{또는} \quad \frac{\mathrm{d}\rho}{\mathrm{d}t} = -3\frac{\dot{\Re}(t)}{\Re(t)}\left(\rho + \frac{p}{c^2}\right) \tag{8.19}$$

식 8.17을 미분하고 $\mathrm{d}\rho/\mathrm{d}t$를 치환하면 다음과 같이 고칠 수 있다.

$$\ddot{\Re}(t) = -\frac{4\pi G}{3}\Re(t)\left[\rho(t) + \frac{3p(t)}{c^2}\right] \tag{8.20}$$

식 8.15가 이와 같이 바뀌면 일반 상대성 이론에서 압력 p가 중력적 끌림에 더해짐을 보여준다. 식 8.17과 8.20은 *Friedmann 모형*을 나타낸 것으로, 우주의 구성 물질이 어떻게 그 팽창을 결정하는지 보여 준다.

차가운 물질의 경우, 음속이 $c_s \ll c$일 때, $p \sim \rho c_s^2$이므로 식 8.20에서 안전하게 압력 항을 무시할 수 있으며, 식 8.19로부터 밀도가 $\rho(t) \propto \Re^{-3}(t)$를 따름을 알 수 있다. 복사와 거의 빛의 속도로 움지이는 입자에 대해시, 입력은 $p \approx \rho c^2/3$로 중요하게 되며, 여기서 ρ는 c^2로 나눠진 에너지 밀도 값이다. 식 8.19로부터 $\rho(t) \propto \Re^{-4}(t)$를 얻을 수 있다. 물질과 복사가 혼재되어 있는 경우, $\rho + 3p/c^2$ 항은 반드시 양수 값을 갖기 때문에 *우주의 팽창은 항상 감속한다*. 물질과 복사가 에너지의 대부분을 차지하고 있는 동안, $\rho(t)\Re^2(t)$는 $\Re(t)$가 증가하는 만큼 감소한다. 그러므로 $k=1$인 닫힌 우주에서 식 8.17의 우변은 큰 $\Re$에서 음수가 된다. 그러나 $\dot{\Re}^2$은 음수가 될 수 없으므로 은하들 사이의 거리는 영원히 증가할 수 없다. $\mathfrak{R}(t)$는 다시 수축되기 전에 어떤 최대값에 도달할 것이다. 만약 $k \geq 0$인 열린 우주인 경우, 팽창은 절대로 멈추지 않을 것이다.

일반 상대성 이론에서 일정한 밀도 $\rho_{VAC} = \Lambda/8\pi G$을 가진 *진공에너지*를 가질 수 있다. ρ_{VAC}가 변하지 않는다면, 식 8.19의 가장 오른쪽 항은 0이 되므로 압력은 $\rho_{\mathrm{VAC}} = -\Lambda c^2/(8\pi G)$가 된다. 구 안쪽으로 미는 압력 대신 이 항은 바깥쪽으로 당기는 팽창력을 의미하게 된다. 진공 에너지는 팽창을 가속화시키는 식 8.20의 우변의 양수 항에 기여한다. 우주가 충분히 팽창된다면, 진공 에너지는 가장 큰 항이 되어야 하며 $\mathfrak{R}(t)$는 지수적으로 증가한다.

문제 8.9 식 8.20에 대입하여, 진공 에너지가 팽창을 지배할 때, $\mathfrak{R}(t) \propto \exp(t\sqrt{\Lambda/3})$임을 보여라.

매우 이른 시기, 즉 $t \leq 10^{-32}$ s일 때, ρ_{VAC}가 물질이나 복사의 밀도보다 훨씬 큰 값을 가진다고 믿는 데에는 여러 이유가 있다. 이 기간 동안, $\mathfrak{R}(t)$는 $\sim e^{70} \approx 10^{30}$배만큼 지수적으로 *급팽창*한다. 우리가 관측하는 거의 균일한 우주는 매우 작은 거의 균질한 지역의 팽창에 의한 결과일 수 있다. 이 부분 조각들은 매우 작아서, 그 내부의 공간의 곡률을 무시할 수 있다. 그러므로 급팽창 이론을 믿는 사람들은 우리 현재 우주가 $k=0$으로, 거의 편평하다고 예상한다. 8.4절에서 우주 배경 복사에서 측정된 온도 요동으로부터 이것이 사실임을 보여줌에 대해 다룰 것이다.

더 읽어보기

급팽창 후로의 물리에 대한 토론에 관해서 Ryden's의 *Introduction to Cosmology* 11장을 보아라.

우주가 편평하고 $k=0$인 경계선 경우에서, 식 8.17에서 밀도 ρ는 임계값과 같게 된다.

$$\rho(t) = \rho_{crit}(t) \equiv \frac{3H^2(t)}{8\pi G} \tag{8.21}$$

현재에 임계 밀도는 $\rho_{crit}(t_0) = 3.3 \times 10^{11} h^2 \mathcal{M}_\odot \, \mathrm{Mpc}^{-3}$ 이다. 우주의 질량 구성을 임계 밀도에 대한 비로써 나타낼 수 있는데, *밀도 계수* $\Omega(t)$를 정의하면 다음과 같다.

$$\Omega(t) \equiv \rho(t)/\rho_{crit}(t) \tag{8.22}$$

Ω_0는 현재 밀도 계수 값을 나타낸다. 그러면, 식 8.17은 다음과 같이 된다.

$$H^2(t)[1-\Omega(t)] = -kc^2/\Re^2(t) \tag{8.23}$$

$k=1$로 우주가 닫혀 있다면, $\Omega(t)>1$이며 밀도는 임계 밀도 보다 항상 크다. 그러나 $k=-1$인 경우 항상 $\Omega(t)<1$이다. 만약 밀도가 현재 임계 밀도와 같다면, 식 8.23으로부터 $\Omega(t)$는 모든 시간에 대해 1이 되어야만 한다. 현재 값 $\Omega(t_0)$은 $\Omega_{\rm tot}$ ($\Lambda=0$일 때 특히)나 Ω_0으로 쓰여 진다.

우리는 이미 1.5절에서 일반적인(바리온) 물질, 주로 중성자와 양성자들이 임계 밀도의 4%−5%만을 차지하고 있음을 배웠다. 아래의 8.4 절에서 암흑물질을 포함하여도 이는 $(0.2-0.3)\rho_{\rm crit}$밖에 안 됨을 알 수 있다. 복사는 거의 기여를 하지 않는다. 그러므로 우주가 편평하려면 0이 아닌 진공에너지가 필요하다. 이를 *암흑 에너지*라 부른다. 이것은 아마도 초기에 급팽창으로부터 생성된 진공에너지와는 다른 물리학적 기원을 가질 것이다. 현재의 물질과 암흑 에너지의 기여는 다음과 같이 서술할 수 있다.

$$\Omega_{\rm m} \equiv \rho_{\rm m}(t_0)/\rho_{\rm crit}(t_0)\text{와 } \Omega_\Lambda = \rho_{\rm VAC}/\rho_{\rm crit}(t_0) \tag{8.24}$$

[그림 8.7]의 *기준* 모형에서 $\Omega_{\rm m}=0.3$, $\Omega_\Lambda=0.7$ 그리고 $H_0=70\,{\rm kms^{-1}Mpc^{-1}}$이다. 그러므로 우주는 편평하다. *차가운 암흑 물질*을 가진(8.5절 참조) 바리온 밀도 $\Omega_{\rm B}=0.045$는 $\Omega_{\rm m}$의 나머지를 차지하고 있다. 경고: 비록 $\Omega_{\rm m}$, Ω_Λ 와 다른 기호들이 아래 첨자 0을 가지고 있지 않더라도 이들은 항상 현재의 값을 의미한다.

급팽창 이후, 우주는 *복사가 우세*하다. 매우 뜨거웠으며, 그 에너지는 대부분 복사와 *상대론적* 입자에 의해서 생성되었다. 상대론적인 입자들은 거의 광속에 가깝게 운동하며, 에너지, 운동량, 그리고 압력은 광자에 대한 경우와 마찬가지로 연관되어 있다. 식 8.19로부터 에너지 밀도 $\rho_{\rm r}c^2$이 $\Re^{-4}(t)$에 비례함을 알 수 있다(몇 개의 광자들이 생성되거나 파괴된다면, 단위 부피당 개수는 $1/\Re^3(t)$에 비례하며 식 8.12에 의해 각각의 에너지는 $1/\Re(t)$에 따라 감소한다). 흑체 스펙트럼에서 온도는 $T\propto 1/\Re(t)$이다(문제 1.17 참조).

팽창이 신행됨에 따라 물질의 밀도는 $\rho_{\rm m}(t)\propto\Re^{-3}(t)$에 따르며, 복사 밀도보다 더 느리게 감소한다. 대폭발 이후 약 백만 년쯤인 *물질-복사 상등*의 시간 t_{eq}에서, 에너지 밀도 $\rho_{\rm m}(t)c^2$은 복사 밀도를 넘어서 우주는 *물질*이 *우세*하게 된다. [그림 8.7]은 기준 모형에서 물질 밀도가 최근에 암흑 에너지의 밀도 아래로 떨어졌음을 보여준다.

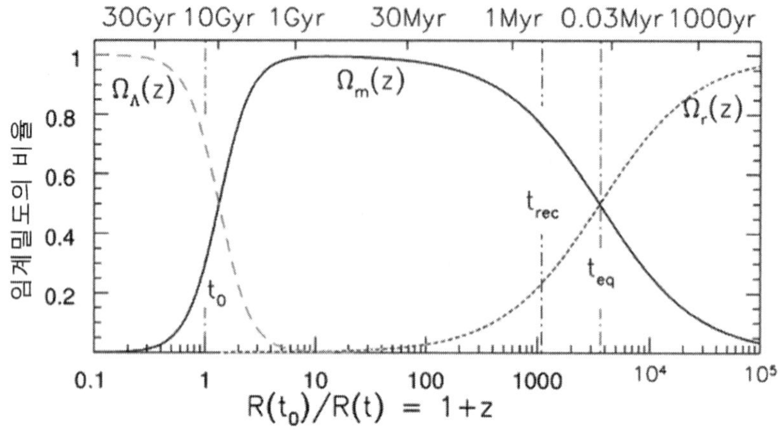

[그림 8.7] $\Omega_r = 8.42\times10^{-5}$, $\Omega_m = 0.3$, $\Omega_\Lambda = 0.7$을 가지는 기준 우주론에서, 복사에 의한(점선), 물질에 의한(실선), 암흑 에너지에 의한(파선) 시간에 의해 임계 밀도의 비율이 기여한다. 이 모형에서, 물질-복사 상등은 $z_{eq} = 3570$, $t_{eq} = 0.05\,\mathrm{Myr}$에서 발생하며, 재결합은 $z_{rec} = 1100$, $t_{rec} = 0.35\,\mathrm{Myr}$에서 끝난다. 현재 나이는 $t_0 = 13.5\,\mathrm{Gyr}$이다.

문제 8.10 우주 배경 복사는 현재 온도 $\mathrm{T} = 2.73\mathrm{K}$의 흑체 복사다. 에너지 밀도가 $\rho_r c^2 = 4.2\times10^{-13}\,\mathrm{erg\,cm^{-3}}$이므로, $\Omega_r = 4.1\times10^{-5}h^{-2}$임을 보여라. 식 1.30으로부터 물질 밀도는 $\rho_m = 1.9\times10^{-29}\Omega_0 h^2\,\mathrm{g\,cm^{-3}}$이다. 그 에너지 밀도 $\rho_m c^2$가 적색편이가 $z_{eq} \approx 40000\Omega_m h^2$일 때의 복사 에너지 밀도와 같음을 보여라. 이는 가스가 대부분 중성이 되는 재결합 적색 편이 이전이다. T_{eq}는 시간 t_{eq}일 때의 온도이고, 뉴트리노 ν_e, ν_μ, ν_τ가 질량 $m_\nu \ll k_B T_{eq}/c^2$를 가진다면, 초기에 그 입자들은 상대론적 입자다. '복사'의 에너지 밀도가 1.68배로 증가하고, 물질과 복사가 같아지는 것은 기준 모형에서 $z_{eq} \approx 24\,000\Omega_0 h^2$, 또는 $z \approx 3600$ 까지 미루어진다.

현재에 대한 우주의 팽창을 측정하기 위해서, 물리적 무차원 *척도* $a(t) \equiv \Re(t)/\Re(t_0)$을 정의했다. 식 8.23을 사용해서 $k/\Re^2(t_0)$을 오늘날의 값 H_0와 Ω_0로 다시 표현하면, 식 8.17은 다음과 같이 표현된다.

$$\frac{kc^2}{\Re^2(t_0)} = H_0^2(1-\Omega_{tot}) = a^2(t)\left[H^2(t) - \frac{8\pi G}{3}\rho(t)\right] \tag{8.25}$$

$\rho(t)$에 기여함을 첨가하고 $1+z = 1/a(t)$임을 취하면 다음의 식을 얻게 된다.

$$H^2(t) = H_0^2\left[\Omega_r(1+z)^4 + \Omega_m(1+z)^3 + (1-\Omega_{tot})(1+z)^2 + \Omega_\Lambda\right] \tag{8.26}$$

문제 8.11 흑체 복사와 상대론적 입자가 $t \ll t_{eq}$에서의 에너지 밀도의 대부분을 차지한다. 식 8.26이 $H(t) = \dot{a}/a \propto a^{-2}$을 포함하고 있어 $\dot{a} \propto 1/a(t)$임을 보여라. 그러므로 $\Re(t) \propto t^{1/2}$, $H(t) = 1/(2t)$이다. 초기에는 식 8.25의 가장 왼쪽 항이 매우 작기 때문에, $H^2(t) \approx 8\pi G\rho(t)/3$이다. 온도 $T(t)$가 식 1.38에서 주어진 것과 같음을 보여라.

문제 8.12 식 8.20을 사용하여, 기준 모형에서 적색 편이가 $z = 0.67$일 때, 우주 팽창이 $\rho_m(t) = 2\rho_{VAC}$ 이후로 증가함을 보여라. 이 모형에 따르면 일반적인 중력과 우주 상수가 대략 팽창에 똑같은 영향을 주는 우주 역사의 작은 부분 동안 우리는 살고 있다. $z \geq 1$에서 Λ항은 거의 팽창에 영향을 주지 않으며, 반면 $\Re(t) \geq 2\Re(t_0)$일 때 물질의 중력적 당김은 무의미하다.

문제 8.13 차가운 물질이 대부분의 에너지 밀도를 차지하고 있을 때 우주는 $k = 0$으로서 편평하여 다음과 같은 식을 가짐을 보여라.

$$\dot{a} \propto a^{-1/2} \text{와 } a(t) \propto t^{2/3} \tag{8.27}$$

$k = 0$이라면, $z_{eq} \gg 1 + z \gg (\Omega_\Lambda/\Omega_m)^{1/3}$일 때 식 8.27은 그대로 유지되지만 매우 나중의 시간에서는 $a(t) \propto \exp(t\sqrt{\Lambda/3})$이 됨을 보여라. $\Omega_{tot} = \Omega_r + \Omega_m + \Omega_\Lambda < 1$과 함께 곡률이 음수라면, $1 + z < (1 - \Omega_{tot})/\Omega_m$일 때 식 8.26의 세 번째 항이 두 번째 항을 초과한다. 팽창은 $a(t) \propto t$에 따라 거의 일정한 속도로 진행되며 $(1+z)^2 < \Omega_\Lambda(1 - \Omega_{tot})$까지 물질에 의해 거의 느려지지 않으며 암흑 에너지에 의해 가속되지도 않는다.

식 8.27은 오랜 우주 역사의 팽창을 설명하는 좋은 식이다. 특히, 오늘날 볼 수 있는 대부분의 은하단 구조와 공동들은 우주가 물질이 우세가 된 후에, 그러나 암흑 물질이 중요시 되기 전에 발전되었다.

문제 8.14 우주가 무한 부피를 가진다고 가정한다 해도, 빛이 유한한 속도로 움직이기 때문에 단지 한정된 일부분만 관측 가능하다. 식 8.11로부터, 시간 t에서 우리에게 도달한 빛은 다음의 식으로 정의된 거리 σ_H 이내에서 온 것이다.

$$c\int_0^t \frac{dt'}{\Re(t')} = \int_0^{\sigma_H} \frac{d\sigma}{\sqrt{1 - k\sigma^2}} \tag{8.28}$$

따라서 우리는 공변 반경 σ_H인 *우주 지평선* 너머로는 관측이 불가능 하다. 시간 t 이전에 오직 $\sigma_H(t)$ 내의 점들만이 신호 또는 입자 교환이 가능할 수 있음을 설명하라. 식 8.27을 사용하여 우주가 물질이 우세하는 동안 $\Re(t)\sigma_H \approx 3ct$임을 보여라.

[그림 8.7]의 기준 모형에서 재결합 시간 $t_{\rm rec}$ 일 때는 $\Re(t_{\rm rec})\sigma_H \approx 0.43\,{\rm Mpc}$이다. 이 직경을 가진 물질의 구가 단지 하늘에서 $2°$ 에만 해당됨을 아래에서 볼 수 있다. 그러므로 마이크로파 우주 배경 복사가 전 하늘에 걸쳐서 거의 동일한 스펙트럼을 가진다는 사실은 매우 놀라운 일이다.
급팽창 우주론은 이 *우주 지평선 문제*를 설명할 수 있다. 어떤 초기 시간 $t_{\rm i}$ 후로 $\Re(t) \propto \exp(t\sqrt{\Lambda/3})$일 때, $t \gg t_{\rm i}$일 때 다음과 같음을 보여라.

$$\int_{t_{\rm i}}^{t} \frac{dt'}{\Re(t')} \approx \sqrt{\frac{3}{\Lambda}} \frac{1}{\Re(t_{\rm i})}, \text{ 그러므로 } \Re(t)\sigma_{\rm H} \approx c\sqrt{\frac{3}{\Lambda}} \frac{\Re(t_{\rm f})}{\Re(t_{\rm i})} \qquad (8.29)$$

대부분의 급팽창 모형에서처럼 $t_{\rm i} \sim 10^{-35}\,{\rm s}$와 $\sqrt{3/\Lambda} \sim t_{\rm i}$일 때, 급팽창이 $t_{\rm f} \approx 70\,t_{\rm i}$일 때 끝남을 보이고, 지평선 거리 $\Re(t_{\rm f})\sigma_{\rm H} \approx ct_{\rm f} \times e^{70}/70 \approx 3.6 \times 10^{28} ct_{\rm f}$ 또는 $7\,{\rm km}$임을 보여라. 급팽창 후, 우주는 물질이 복사가 우세하게 되므로 $a(t) \propto t^{1/2}$이다. 물질-복사 상등의 시간 $\sim 0.35\,{\rm Myr}$일 때 이 거리는 $z(t_{\rm eq})/z(t_{\rm f})$에 의해 $30\,{\rm Gpc}$로 증가됨을 보여라. 오늘날 관측되는 전우주보다 더 클 때까지 급팽창은 빛 신호가 상호 교환이 될 수 있는 지역을 팽창시킨다.

더 읽어보기

우주 지평선에 관해서, Padamanabhan의 책 10장을 읽어보시오.

8.2.1_ 은하의 나이는 얼마일까? 빛여행 시간과 나이

빛이 유한한 속도로 움직이기 때문에 우리는 큰 적색편이에 있는 멀리 있는 은하들을 향해 보는 경우 더 젊은 우주를 볼 수 있다. 적색편이 z의 은하를 관측할 때, 어느 시간 $t_{\rm e}$에 그 광자들이 우리를 향해 떠났던 것일까? 식 8.13으로부터 적색편이 $1+z=\Re(t_0)/\Re(t_{\rm e})$를 가진 것들이 시간 t_0인 오늘날에 도착함을 알 수 있다. $\Re(t_{\rm e})$가 $\Delta\Re = \dot{\Re}(t_{\rm e})\Delta t_{\rm e}$만큼 커졌을 때 더 작은 적색편이 $z-\Delta z$의 다른 은하로부터의 빛은 작은 간격 $\Delta t_{\rm e}$에 의해 아주 조금 후에 방출되어 진다. 그러므로 다음과 같은 식을 구할 수 있다.

$$\Delta z = -\Delta\Re \frac{\Re(t_0)}{\Re^2(t_{\rm e})}, \quad \Delta t_{\rm e} = -\frac{1}{H(t_{\rm e})} \frac{\Delta z}{1+z} \qquad (8.30)$$

여기서 $H(t) \equiv \dot{\Re}(t)/\Re(t)$는 Hubble 변수이다. 두 번째 관계식을 적분하면 우리는 *빛여행 시간(lookback time)* $t_0 - t_{\rm e}$을 다음과 같이 얻을 수 있다.

$$t_0 - t_e = \int_0^z \frac{1}{H(t)} \frac{dz'}{1+z'} \tag{8.31}$$

복사 밀도가 더 이상 중요하지 않은 적색편이 $z \le z_{eq}$에서, 이 시간을 두 가지 특별한 경우에 대해 간단하게 계산할 수 있다. $k=0$인 편평한 우주와 물질만을 가진 우주에서는 $\Lambda = 0$이기 때문이다. 암흑 에너지와 물질의 밀도가 $\Omega_m + \Omega_\Lambda = 1$ 일 때,

$$t_e = \int_z^\infty \frac{1}{H(z')} \frac{dz'}{1+z} = \int_z^\infty \frac{dz'}{H_0(1+z')[\Omega_m(1+z')^3 + \Omega_\Lambda]^{1/2}} \tag{8.32}$$

이를 적분하면 다음과 같은 식을 구할 수 있다.

$$t_e = \frac{2}{3H_0\sqrt{\Omega_\Lambda}} \ln\left(\frac{1+\cos\theta}{\sin\theta}\right), \text{ 여기서 } \tan^2\theta \equiv \frac{(1-\Omega_\Lambda)}{\Omega_\Lambda}(1+z)^3 \tag{8.33a}$$

$k \neq 0$이어도, 이 식은 Ω_Λ를 $0.3\Omega_\Lambda + 0.7(1-\Omega_m)$으로 대체하면 이 값이 양의 값을 갖는한 수퍼센트 이내로 정확하다. $\Lambda = 0$에 대해서, 아래의 식을 가진다.

$$t_e = \int_z^\infty \frac{1}{H_0\sqrt{1+\Omega_0 z}} \frac{dz'}{(1+z')^2}$$

여기서 $\Omega_0 = \Omega_m$은 밀도 변수 $\Omega(t)$의 오늘날의 값이다. $\Omega_0 = 1$이고 밀도가 임계 밀도와 같거나 $\Omega_0 = 0$인 빈 우주에서 정확한 표현을 가진다.

$$t_0 - t_e = \begin{cases} \dfrac{1}{H_0}\displaystyle\int_0^z \frac{dz'}{(1+z')^{5/2}} = \frac{2}{3H_0}\left[1 - \frac{1}{(1+z)^{3/2}}\right] & \Omega_0 = 1 \\ \dfrac{1}{H_0}\displaystyle\int_0^z \frac{dz'}{(1+z')^2} = \frac{1}{H_0}\frac{z}{(1+z)} & \Omega_0 = 0 \end{cases} \tag{8.33b}$$

물질이 우세하던 초기, 식 8.32에 남은 곡률 항은 매우 작을 것이며, Ω_Λ항도 작을 것이다. 따라서 다음의 식을 얻을 수 있다.

$$\frac{\Omega_m}{\Omega_r} \gg 1+z \gg \left(\frac{\Omega_\Lambda}{\Omega_m}\right)^{1/3} \text{과 } \frac{1}{\Omega_m} \text{일 때, } t_e \approx \frac{2}{3H_0\sqrt{\Omega_m}} \frac{1}{(1+z)^{3/2}} \tag{8.34}$$

문제 8.15 Hubble의 법칙은 거리 d에 있는 물체가 속도 $V_r = cz = H_0 d$로 후퇴함을 보여준다. 빛여행 시간은 빛이 이 거리를 덮는데 걸리는 시간으로서 $t_0 - t_e = d/c = z/H_0$이다. $z \ll 1$ 한도내에서 식 8.33의 양쪽 부분도 이와 같음을 보이시오.

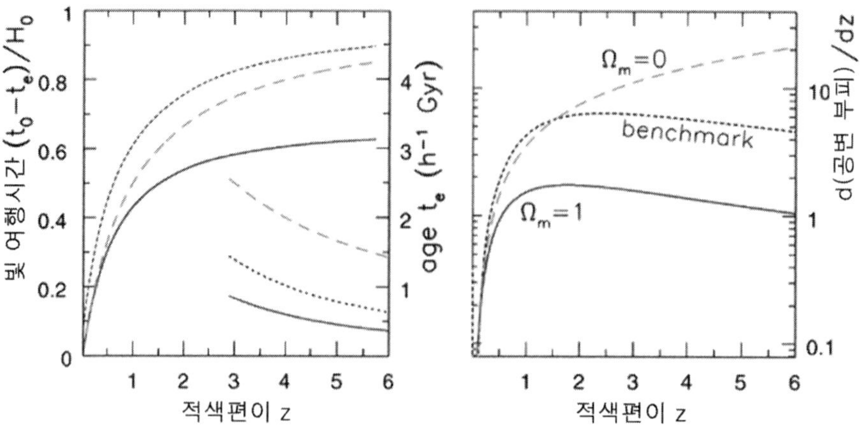

[그림 8.8] 왼쪽, 적색 편이 z에서 보이는 물체의 빛여행 시간을 Hubble 시간 t_H의 단위로 나타내었다. 오른쪽 척도와 오른쪽의 부분적인 곡선은 t_e를 보여준다. 오른쪽, 단위 적색편이 당 공변 부피 $\Re^{-3}(t)\mathrm{d}V/\mathrm{d}z$를 $(c/H_0)^3$단위로 나타내었다. 실선은 $\Lambda=0$, $\Omega_m=1$에 대해서, 파선은 $\Lambda=0=\Omega_m$에 대해서, 점선은 기준 모형에 대해서 보여준다.

문제 8.16 $\Omega=1$인 물질 우세인 우주에서 $H(t)=2/(3t)$임을 보이시오. 따라서 대폭발 이후의 시간 t_0는 식 1.28에서의 대략적인 값인 $t_H=1/H_0$의 2/3이다. 식 8.21로부터 밀도가 $1/t^2$만큼 떨어짐을 보여라.

식 8.33은 현재 우주의 나이 t_0를 보여준다. $\Lambda=0$일 때, 우주의 나이는 식 1.28에서의 내략직인 값 $t_H=1/H_0$보다 항상 작다. $\Lambda=0$인 빈 우주에서는 $t_0=H_0^{-1}=t_H$이며, $\Omega_0=1$에서 나이는 2/3이다. 고정된 값 H_0에 대하여, [그림 8.8]은 주어진 적색편이 z에서 수억년 동안의 빛여행 시간은 $\Omega_0=1$인 경우보다 $\Omega_0=0$에서 더 길다. 그러나 은하들이 나이는 더 많으며, 시간 t_e는 더 길어질 것이다. $\Lambda>0$이고 $k=0$이어서 우주가 편평할 때, 물질 밀도가 $\Omega_m\le 0.2$정도로 적다면 t_0는 Hubble 시간 $t_H=1/H_0$보다 커진다. 예를 들어, $\Omega_\Lambda=0.9$, $\Omega_m=0.1$ 일 때 $t_0=1.3t_H$이다. 기준 모형에서는 나이가 $0.964t_H$ 또는 13.5 Gyr이다.

문제 8.17 은하들은 적색편이 $z\ge 5$에서 관측되고 있다. 이들의 나이는 얼마인가? $z=5$에서 우주가 거의 비어 있어 $\Omega_0\approx 0$일 때 $t_e=0.17t_0=1.6h^{-1}$Gyr임을 보이고, $\Omega_0=1$일 때, $0.07t_0=0.44h^{-1}$Gyr임을 보여라. 반면 기준 모형에서는 $t_e=0.8h^{-1}$Gyr이다. 최초 은하들을 모으기 위한 시간은 매우 짧다. 적색편이 $z=3$에서 $\Omega_0=0$ 일 때 t_e는 $2.4h^{-1}$Gyr이며, $\Omega_0=1$일 때 $0.82h^{-1}$Gyr이고, 기준 모형에서 $0.07t_H=1.5h^{-1}$Gyr임을 보여라.

8.3 최초 은하 관측

매우 멀리 있는 대상을 관측할 때 우주 팽창과 그들의 빛이 통과해오는 공간의 곡률에 의해 이는 복잡해진다. 팽창 때문에 멀리 있는 은하는 우리가 예상했던 것보다 더 크게 보인다. $1/\Omega_{\mathrm{m}}$ 보다 큰 적색 편이 z에 있는 주어진 대상은 그것이 우리에게서부터 더 멀리 있을수록 더 많은 하늘을 차지한다. 그러나 이 큰 은하들의 빛은 팽창하는 우주에서 은하가 퍼지는 만큼 빨리 희미해진다. 또한 이들의 자외선과 가시광 영역의 빛들은 적외선 영역으로 옮겨져, 지구에 대기에 의해 나오는 강한 방출선([그림 1.15] 참조)에 의해 지상에서의 관측이 더 어렵게 된다. 은하들이 공간상에서 얼마나 밀하게 퍼져있는가를 측정하기 위해서, 우주 팽창과 공간의 곡률 두 가지를 함께 고려해야 한다.

8.3.1_ 광도, 크기 그리고 표면 밝기

가까이에 있는 대상에 대하여, 거리 d에 있는 항성 또는 은하의 겉보기 밝기 F는 광도 L과 다음과 같은 관계있다.

$$F = L/(4\pi d^2) \tag{1.1}$$

팽창하는 우주에서, 이는 더 이상 성립되지 않는다. 우주 팽창이 그들의 에너지의 광자를 약화시키고 광선이 퍼져있는 구의 면적이 팽창하기 때문에 물체들은 더 희미하게 보인다. 이와 같이 균일하세 정석인 우주에서 멀리 있는 항성들의 빛은 한계가 없이 축적되기 때문에 하늘 전 영역을 밝게 할 것이다. 이것이 바로 *올버스 역설*이다.

문제 8.18 광도 L을 가진 은하들이 우주 공간상에 균일하게 분포되어 있다고 하자. F보다 밝은 겉보기 밝기를 가진 은하들의 개수 $N(>F)$는 $F^{-3/2}$에 따라 변하는 반면, F와 $F+\Delta F$사이의 개수는 $N(F) \propto F^{-5/2}$에 따라 변함을 보이시오. 은하들이 광도의 범위를 가지는 경우에도, 균일하게 분포하고 광도함수가 어디든지 일정한 경우, $N(F) \propto F^{-5/2}$임을 설명하시오.

$F_\star$보다 밝아 보이는 모든 은하들에서 나오는 전체 빛이 $\int_{F_\star}^{\infty} FN(F)\mathrm{d}F$에 비례함을 보여라. $F \to 0$일 때, $N(F)$가 $1/F$보다 빠르게 증가할 때마다 $F_\star$가 감소하는 것처럼 이것은 한계없이 증가한다.

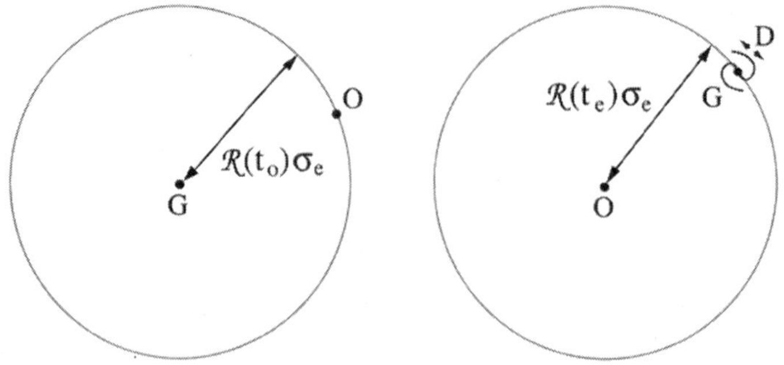

[그림 8.9] 왼쪽: 관측자 O가 은하 G의 빛을 받을 때, 에너지는 구면적 $4\pi\Re^2(t_0)\sigma_e^2$ 에 퍼진다. 오른쪽: 관측자 O에서 보이듯이, 직경 D를 가진 은하 G는 하늘상에서 $D/\Re(t_e)\sigma_e$ 라디언만큼을 덮고 있다.

어떻게 식 1.1을 수정해야하는지 살펴보기 위해, σ_e를 현재 관측하였을 때 적색편이 z에 있는 은하 G의 면적 반경 또는 공변 거리로 두자. 멀리 있는 은하의 겉보기 밝기는 개개의 광자가 적은 에너지를 옮기기 때문에, 그리고 광자들이 느린 비율로 도착하기 때문에 $1+z$의 지수함수로 감소한다. [그림 8.9]의 왼쪽을 보면 G의 빛이 면적 $4\pi\Re^2(t_0)\sigma_e^2$안의 구내에 퍼져 있다. 우리가 받는 $\mathrm{W\,m^{-2}}$단위의 에너지 플럭스 F는 전체 또는 *복사* 광도 L과 다음과 같은 관계가 있다.

$$F = \frac{L}{4\pi\Re^2(t_0)\sigma_e^2(1+z)^2} \equiv \frac{L}{4\pi d_L^2}, \text{ 여기서 } d_L = (1+z)\Re(t_0)\sigma_e \tag{8.35}$$

여기서 d_L을 은하의 *광도 거리*라 부른다.

이와 비슷하게, 물체가 하늘 상에서 얼마나 크게 보이는지를 알기 위해 식 1.2를 수정하여야 한다. 은하 G가 D kpc 의 직경을 가진다고 가정해 보자. [그림 8.9]의 오른쪽에서 시간 t_e일 때 하늘의 원주의 부분 $D/[2\pi\Re(t_e)\sigma_e]$만큼을 덮고 있음을 알 수 있다. 그러므로 이를 각으로 계산하면 다음과 같다.

$$\alpha(\text{in radians}) = \frac{D}{\Re(t_e)\sigma_e} \equiv \frac{D}{d_A}, \text{ 따라서 } d_A = \Re(t_e)\sigma_e = \frac{\Re(t_0)\sigma_e}{1+z} \tag{8.36}$$

그러므로 *각-크기 거리* d_A는 광도 거리 d_L보다 $(1+z)^2$배만큼 작다. 식 7.14와 7.25에서 사용된 빛의 중력적 구부림 현상을 계산할 때 거리 d_A를 사용하여야만 한다. 경고: 어떤 연구자들은 $\Re(t_0)\sigma_e$를 각-크기 거리라 언급하는데, 이때는 d_A보다 $(1+z)$배 크다.

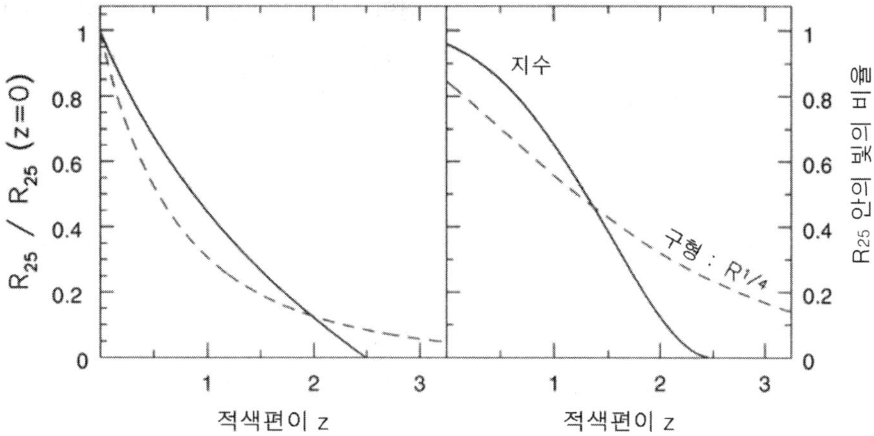

[그림 8.10] 인쪽, 두 개의 모형 은히의 측정된 반경 R_{25}: 지수 원빈부(실선)와 $R^{1/4}$ 구형부(식 6.1: 파선). $z=0$에서 원반부에 대해서 $R_{25}=5h_R$를, 구형부에 대해서 $R_{25}=4R_e$를 취한 다음, 각각의 적색 편이에 대해서 관측된 표면 밝기가 이 수준까지 도달하는 곳에 반경을 그렸다. 오른쪽, 이 반경 내의 전체 빛의 비율. 작은 적색편이에서, 지수 원반부는 구형부보다 적게 수축하지만 $z\geq 1$에서는 더 강하게 영향을 받는다.

문제 8.19 적색 편이 z에서 알려진 광도 L과 직경 D를 가진 은하가, 관측된 겉보기 밝기로부터 거리를 계산하기 위한 식 1.1에서 예상한 것보다 $(1+z)^2$배만큼 크게 보이는지를 보이고, 식 1.2로부터 관측되는 직경을 찾으시오.

은하의 표면 밝기 $I(\mathbf{x})$는 은하가 하늘상에서 보일 때 평방초각 당 우리가 받는 플럭스이다. 복사 표면 밝기를 측정하기 위해 모든 파장에 대해서 적분하면 식 1.23 대신 아래의 식을 얻을 수 있다.

$$I(\mathbf{x})=\frac{F}{\alpha^2}=\frac{L/(4\pi d_L^2)}{D^2/d_A^2}=\frac{L}{4\pi D^2}\left(\frac{d_A}{d_L}\right)=\frac{L}{4\pi D^2}\frac{1}{(1+z)^4} \tag{8.37}$$

$z\ll 1$인 가까운 은하의 복사 표면 밝기는 거리에 따라 줄어들지 않는다. 새로운 항성의 탄생 또는 항성의 나이에 의한 변화를 무시한다면, 주어진 등광도선은 항성 은하 내의 고정된 반경에 해당하며, 거리를 무시하면 은하의 빛의 같은 부분으로 둘러싸여질 것이다. 그러나 멀리 있는 적색편이에서는 $I(\mathbf{x})$의 몇 십 분의 일로 급하게 감소하여 측광을 매우 어렵게 한다.

[그림 8.10]은 고정된 표면 밝기로 정의된 등광도선이 어떻게 줄어드는가와 그 안의 빛의 양이 얼마나 감소하는지 보여준다. 멀리 있는 은하와 가까이 있는 은하의 광도를 비교하기 위해서는 이 사라지는 빛을 보정해줘야 한다. 은하의 각 평방파섹에서의 광

도가 변하지 않는다면 이 보정은 적색편이 z에만 의존할 것이다. 그러나 9.4절에서 볼 수 있듯이, $z \geq 5$인 많은 은하들이 오늘날의 그들에 해당하는 것보다 상당히 밝음을 알 수 있다. 새로운 항성의 빛이 시간을 지남에 따라 희미해지는 정도를 설명하기 위한 모형을 사용하여 이 밝음 현상을 설명할 수 있다. [그림 6.18]은 은하 내의 모든 항성들이 동시에 태어나는 간단한 모형을 보여준다. 이를 주어진 적색편이에서 광도에 대한 예측으로 나타내기 위해, 적색편이와 함께 팽창률 $H(z)$를 포함하고 있는 식 8.31이 필요하다.

적색편이 z에서 보이는 은하 G의 거리 d_L와 d_A를 계산하기 위해 공변 면적 거리 σ_e를 알아야 한다. 은하의 빛이 우리에게 도착하려면 얼마나 멀리 와야 하는지에서부터 시작해 보자. 식 8.5에 따르면, 시간 t에서 원점에서부터 면적 반경 σ의 한 점까지의 거리는 다음과 같다.

$$\Re(t)\chi \equiv \int_0^{\sigma} \mathrm{d}s = \Re(t)\int_0^{\sigma} \frac{\mathrm{d}\sigma'}{\sqrt{1-k\sigma'^2}} \tag{8.38}$$

이는 공변 '거리 반경' χ를 다음과 같이 정의한다.

$$\chi(\sigma) = \begin{cases} \arcsin(\sigma) & k=1 \\ \sigma & k=0 \\ \mathrm{arcsinh}(\sigma) = \ln(\sigma + \sqrt{(1+\sigma^{2})} & k=-1 \end{cases} \tag{8.39}$$

$k=0$인 편평한 우주에서 두 거리는 동일하다. $k=1$인 닫힌 우주에서는, 지구의 위도의 원의 길이가 북극에서의 거리 2π배보다 작은 것처럼, 면적 반경 σ는 거리 반경 χ보다 작다. 이와 반대로, $k=-1$인 열린 우주에서는, $\sigma > \chi$가 되어 중심에서부터 경계까지의 거리와 비교하였을 때 원의 주변, 또는 구의 면적이 예상했던 것보다 크다.

광속으로 움직일 때, Δt 후에 은하 G의 빛은 우리를 향해서 거리 $c\Delta t = \Re(t)\Delta\chi$에서 움직이고 있다. 적색편이와 Δt의 관계 식 8.30을 사용하면, 총 거리는 아래와 같다.

$$\chi_e = \int_{t_e}^{t_0} \frac{c\,\mathrm{d}t}{\Re(t)} = \int_0^{z} \frac{c}{\Re(t_0)} \frac{\mathrm{d}z'}{H(t)} \tag{8.40}$$

$\Lambda = 0$일 때 이 적분은 정확하게 계산되어 진다.

$$\frac{\Re(t_0)H_0}{c}\chi_e = \begin{cases} \displaystyle\int_0^z \frac{dz'}{(1+z')^{3/1}} = 2\left(1-\frac{1}{\sqrt{1+z}}\right) & \Omega_0 = 1 \\ \displaystyle\int_0^z \frac{dz'}{(1+z')} = \ln(1+z) & \Omega_0 = 0 \end{cases} \tag{8.41}$$

식 8.39의 χ_e를 대입하면 공변 반경 σ_e는 다음과 같다.

$$\Re(t_0)\sigma_e = \begin{cases} \dfrac{2c}{H_0}\left[1-\dfrac{1}{\sqrt{1+z}}\right] & \Omega_0 = 1 \\ \dfrac{c}{H_0}\dfrac{z(1+z/2)}{1+z} & \Omega_0 = 0 \end{cases} \tag{8.42a}$$

계산에 의해 더 일반적인 *Mattig 공식*으로 표현할 수 있다.

$$\Re(t_0)\sigma_e = \frac{c}{H_0}\frac{2}{\Omega_0^2(1+z)}[\Omega_0 z + (\Omega_0 - 2)(\sqrt{1+\Omega_0 z} - 1)] \tag{8.42b}$$

큰 적색편이에서 $\Re(t_0)\sigma_e \to 2c/(H_0\Omega_0)$이 된다. $\Omega_0 \ll 1$로 밀도가 작을 때, 아래와 같이 더 편리한 형태가 나온다.

$$\Re(t_0)\sigma_e = \frac{c}{H_0}\frac{z}{1+z}\frac{1+\sqrt{1+\Omega_0 z}+z}{1+\sqrt{1+\Omega_0 z}+\Omega_0 z/2} \tag{8.42c}$$

$\Omega_{tot} = 1$인 편평한 우주의 경우, 일반해는 없으나, $\Omega_m \geq 0.1$에 대하여는 다음과 가트 표현된다.

$$z \to \infty \text{ 때},\ \Re(t_0)\sigma_e \approx 2c/(H_0 z \Omega_m^{0.4}) \tag{8.43}$$

[그림 8.11]은 어떤 특별한 경우의 d_L과 d_A를 보여준다. 문제 8.21에 따르면 가까운 거리에서는 두 가지 다 적색편이에 따라 선형적으로 증가한다. 그러나 이 광도 거리 d_L은 항상 이 선형관계보다 더 빠르게 증가하며 밀도 Ω_{tot}가 낮을 때 더 강하다. 이로부터 올버스의 역설을 해결할 수 있다. 각-크기 거리 d_A는 더 천천히 증가하며 $z \sim 1/\Omega_0$(또는 $\Lambda = 0$인 편평한 모형에서 $z \sim 1/\Omega_m$)일 때 최대값을 가지고, 그 후로 감소한다. 적색편이 $z \geq 1.5$에서의 기준 모형에서 광원은 더 떨어지는 만큼 크게 보인다.

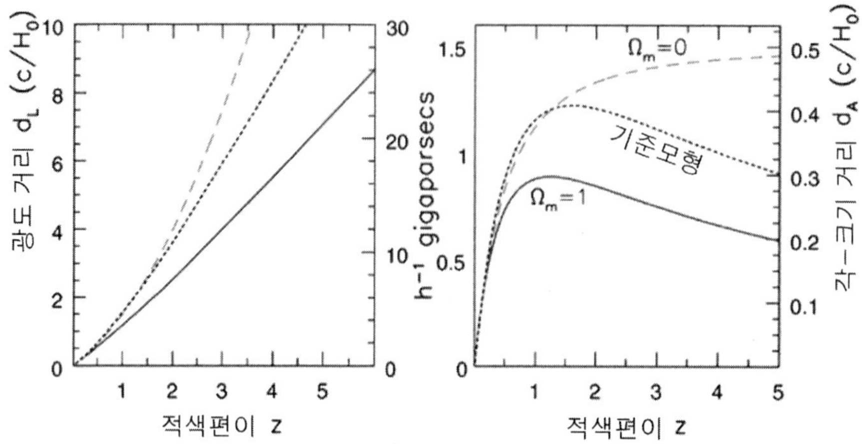

[그림 8.11] 적색편이 z의 물체에 대해서 왼쪽, 광도 거리 $d_{\rm L}$과 오른쪽, 각-크기 거리 $d_{\rm A}$. 둘 다 $c/H_0 \approx 3h^{-1}{\rm Gpc}$의 단위이다. 실선 $(\Omega_0 = 1)$과 파선 $(\Omega_0 = 0)$은 $\Lambda = 0$에 대해서이다. 점선은 기준 모형에 대해서이다.

문제 8.20 식 8.39로부터 σ와 χ가 1보다 매우 작을 때 $\sigma \approx \chi$임을 보이고, $d_{\rm L}$과 $d_{\rm A}$ 둘 다 $c/H_0 \approx 2990h^{-1}{\rm Mpc}$보다 훨씬 작음을 보이시오(가까이 있는 은하에 대해서 측정할 때는, 마을을 가로지를 때 지구의 곡률을 고려하지 않는 것처럼, 우주 공간의 곡률에 대해서 고려할 필요가 없다).

문제 8.21 식 8.40을 사용하여, 적색 편이가 $z \ll 1$일 때, $d_{\rm L}$과 $d_{\rm A}$ 둘 다 일반적으로 적색편이 z로부터 계산되는 거리, 즉 $d_{\rm A} = \Re(t_{\rm e})\sigma_{\rm e} \to c/H_0 \approx d_{\rm L}$임을 보여라. 식 8.42b로부터 $\Lambda = 0$이고 적색편이가 클 때, $d_{\rm A} \to 2c/(H_0 z \Omega_{\rm m})$임을 보여라.

문제 8.22 $M_{\rm bol,\odot} = 4.75$, $L_\star = 2 \times 10^{10} L_\odot$이고 $H_0 = 70\,{\rm km s^{-1} Mpc^{-1}}$일 때, $\Lambda = 0$이고 $\Omega_0 = 1$이면 적색편이 $z = 3$에서의 은하의 관측 복사 등급은 $m_{\rm bol} = 25.2$이고, $\Omega_0 = 0$에 대해서는 $m_{\rm bol} = 26.2$이며, 반면 기준 우주론에서는 $m_{\rm bol} = 26.1$임을 보여라.

문제 8.23 $\Omega_0 = 0$인 저밀도 우주에서 큰 적색편이에서 $d_{\rm A} \to c/(2H_0)$임을 보여라. [그림 8.11]을 사용하여 직경 $10\,{\rm kpc}$에 해당하는 대상의 각이 $\Omega_0 = 0$에 대해서 항상 적어도 $1.4h$ arcsec임을, $\Omega_0 = 1$에 대해서 $\geq 3h$ arcsec임을 보여라([그림 9.14]의 항성 형성 지역들의 반경은 $0.1 - 0.2$ 초각이며, 이와 같은 밝은 조각은 $\leq 1\,{\rm kpc}$의 직경을 가진다).

8.3.2_ 은하 스펙트럼과 측광학적 적색편이

실제로 우리는 복사 광도를 관측하지 않는다. 대신 특별한 파장 또는 주파수 영역에서의 겉보기 밝기를 측정한다. 우주 팽창은 은하의 색을 바꾼다. 특정한 파장 영역에서 관측할 때, 우리가 보는 빛은 스펙트럼 중 푸른 부분에서 방출된 것이다. 시간 t_e에서 적색편이 z에서 보이는 은하의 λ와 $\lambda+\Delta\lambda$ 사이의 파장 영역에서의 광도는 $L_\lambda(\lambda, t_e)\Delta\lambda$이라고 가정하자. 우리가 빛을 받을 때 주어진 파장영역을 통과하는 방출된 에너지를 계산하기 위해 광도 L을 취하면 파장 λ_1과 λ_2 사이의 모든 빛을 투과시키는 파장 영역 BP에서의 겉보기 밝기 F_{BP}는 식 8.35에서 주어진다. 그러므로 아래와 같은 식을 얻을 수 있다.

$$\begin{aligned} F_{\mathrm{BP}} &= \frac{1}{4\pi d_{\mathrm{L}}^2}\int_{\lambda_1/(1+z)}^{\lambda_2/(1+z)} L_\lambda(\lambda, t_{\mathrm{e}})\,\mathrm{d}\lambda \\ &= \frac{1}{4\pi d_{\mathrm{L}}^2}\frac{1}{1+z}\int_{\lambda_1}^{\lambda_2} L_\lambda[\lambda/(1+z), t_{\mathrm{e}}]\,\mathrm{d}\lambda \end{aligned} \tag{8.44}$$

가까운 은하에 대해서, 식 1.15를 사용하여 어느 거리에서든지 은하의 겉보기 등급을 계산할 수 있다. 그러나 큰 적색편이에서는 두가지 항을 첨가해야만 한다. 이 파장 영역에서의 겉보기 등급 m_{BP}는 다음과 같다.

$$m_{\mathrm{BP}} = M_{\mathrm{BP}} + 5\log_{10}\left(\frac{d_{\mathrm{L}}}{10\,\mathrm{pc}}\right) + k_{\mathrm{BP}}(z) + e_{\mathrm{BP}}(z) \tag{8.45}$$

절대 등급 M_{BP}는 현재 시간 t_0에서 빛을 방출하는 은하가 10 pc의 거리에 있을 때를 가정한 겉보기 등급을 의미한다. 전통적으로 *k보정*이라 알려져 있는 $k(z)$항은 파장 영역에서 은하의 빛 이동의 영향을 나타낸다. 9.3절에서 다루게 될 *진화* 항 $e(z)$은 빛이 방출된 시점에서 현재 사이의 은하의 광도 변화를 나타낸다.

식 8.44로부터 아래의 식을 얻을 수 있다.

$$k_{\mathrm{BP}} \equiv 2.5\log_{10}(1+z) - 2.5\log_{10}\left\{\frac{\int_{\lambda_1}^{\lambda_2} L_\lambda[\lambda/(1+z), t_0]\,\mathrm{d}\lambda}{\int_{\lambda_1}^{\lambda_2} L_\lambda(\lambda, t_{\mathrm{e}})\,\mathrm{d}\lambda}\right\} \tag{8.46}$$

여기서 $L_\lambda(\lambda, t_0)$는 오늘날의 스펙트럼이다. 물론, 우리를 향해서 여전히 오고 있는 멀리 있는 은하의 스펙트럼을 현재의 경우처럼 측정할 수는 없다. 그러나 현재의 은하가 적색편이 z에서 관측된다면 어떻게 보일지는 계산할 수 있다. [그림 8.12]는

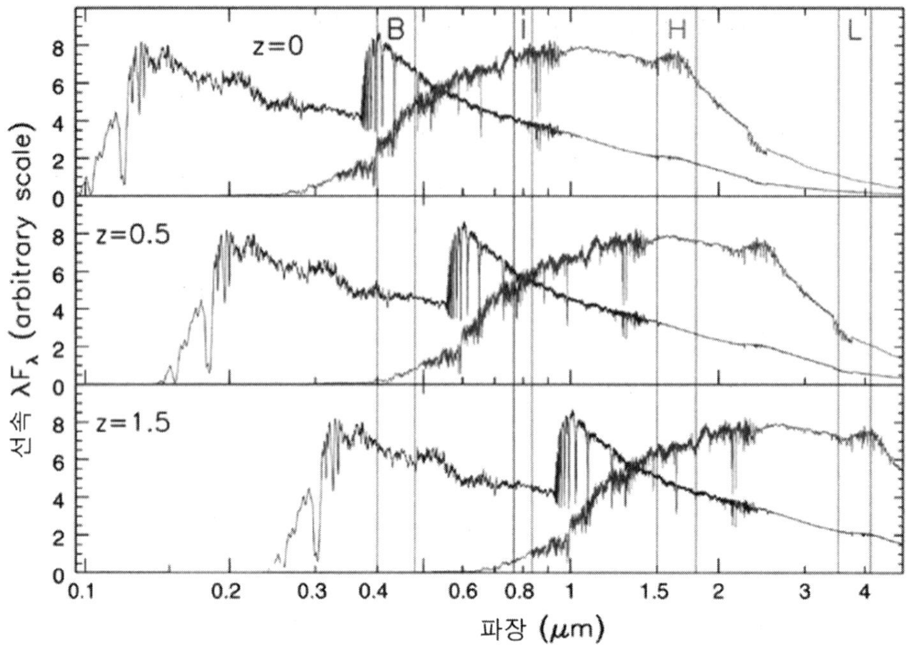

[그림 8.12] 두 모형 은하의 스펙트럼: 푸른 은하의 항성들은 100 Myr 전의 단일 폭발 형성으로 이루어진 반면, 붉은 은하의 항성들은 모두 4 Gyr의 나이를 가진다. 수직선은 **[그림 1.7]**의 B, I, H, L 파장 영역을 보여준다. 가장 위의 그림은 개개의 은하에서 방출된 빛을 보여주며, 아래의 그림들은 적색편이가 각 파장 영역에서 상대적인 밝기에 어떠한 영향을 주는지를 보여준다. 각 파장 영역에서의 에너지는 곡선 아래 면적에 비례한다. – S. Charlot.

4400 Å 의 B파장영역에서 관측한다면 타원 은하가 적색편이가 증가하면서 급격하게 희미해짐을 보여준다. 왜냐하면 파장 영역이 항성들이 빛을 발하는 자외선 영역으로 이동하기 때문이다. 뜨겁고 젊은 항성들이 짧은 파장에서 빛을 발하는 폭발적 항성 생성 은하는 더 적게 감소한다. $z \le 1$에서 두 은하 다 8000 Å 의 I 파장 영역에서의 붉은 빛이 B 파장 영역보다 더 적게 줄어든다. 그러므로 $B-I$ 색은 큰 적색편이에서 점진적으로 붉어진다. $z \ge 2$의 적색편이에서, 두 은하의 빛은 적외선 영역으로 크게 이동한다.

문제 8.24 은하가 $L_\nu \propto \nu^{-\alpha}$의 스펙트럼을 방출한다면, $L_\lambda \propto \lambda^{\alpha-2}$와 $k(z) = (\alpha-1) \times 2.5\log_{10}(1+z)$임을 보여라. 많은 퀘이사들이 그렇듯이(9.1절 참조) νL_ν가 거의 상수로서 $\alpha \approx 1$이면 k보정은 0이다. 스펙트럼이 $L_\nu \propto \nu^{-\alpha}$보다 더 빠르게 높은 주파수 쪽으로 갈수록 감소할 때, $k(z) > 0$이고 물체는 더욱 희미하게 보인다.

*측광학적 적색편이*는 [그림 8.12]와 같은 도형에서 예측되어지는 은하의 여러 파장 영역에서의 겉보기 밝기와 비교하여 만들어지는 적색편이 측정값이다. 예를 들어, $z \sim 0.5$의 타원 은하는 $B-I$ 색에서 매우 붉지만 $V-I$ 에서는 그 정도가 작다. $z \sim 1$에서 I 파장 영역에서 급격하게 바래서, $I-H$ 색은 붉어지기 시작한다. 3640 Å 에서부터 9140 Å 사이 파장의 17개의 필터를 가진 COMBO-17 팀은 $0.2 < z < 1.2$ 범위에서 $\Delta z \approx 0.05$로 적색편이를 측정하였다. 측광학적 적색편이의 가장 훌륭한 사용법은 $z > 3$인 은하를 찾을 때이다. 이들 *Lyman 불연속 은하*들은 은하간 중성 수소 원자가 모든 빛을 거의 흡수하는(9.4절 참조) $912(1+z)$ Å 보다 작은 파장에서 거의 보이지 않는다.

> **문제 8.25** B 파장 영역에서의 영상을 기초로 하여 은하 탐사를 하였을 때, $z \geq 0.5$에서 오늘날 타원 은하와 비슷한 붉은 스펙트럼을 가진 많은 은하들이 포함되지 않는 이유를 설명하여라.

8.3.3_ 얼마나 많은 은하가 있을까? 우주 공간 밀도

우주 역사동안 은하의 형성을 알아보기 위해 주어진 부피 내 은하의 개수를 셈으로서 팽창을 설명할 수 있어야 한다. 적색편이 z와 $z+\Delta z$ 사이의 대상의 개수는 공간의 부피에 해당하는 ΔV에 비례한다. 이는 빛을 방출하는 시점에서 은하를 포함하는 구의 면적 $A(\sigma_e, t_e) = 4\pi \Re^2(t_e)\sigma_e^2$과 적색편이 시간 간격에 해당하는 시간동안 빛이 우리를 향해 여행한 거리 $c|\Delta t_e|$의 곱에 해당한다. 식 8.30과 8.31로부터 아래의 식을 얻을 수 있다.

$$\frac{Ac|\Delta t_e|}{\Delta z} \approx \frac{dV}{dz} = \frac{4\pi c \Re^2(t_0)\sigma_e^2}{H(z)(1+z)^3} \tag{8.47}$$

여기에서는 마지막 단계에서 $\Re(t_e)$를 $\Re(t_0)/(1+z)$으로 대치하였다.

적색편이 z에서의 부피 ΔV는 오늘날의 부피인 $\Delta V(1+z)^3$를 채우기 위해 팽창할 것이다. 여기서 $\Delta V(1+z)^3$를 *공변* 부피라 부른다. 우주 내의 은하의 개수가 항상 상수로 유지된다면, 각 공변 부피 단위에서의 개수인 *공변 밀도*는 바뀌지 않을 것이다. 수십억파섹 입방체내의 한 특정한 형태의 은하의 현재 개수가 n_0이면, 적색 편이 z와 $z+\Delta z$ 사이에서 $(dN_-/dz)\Delta z$를 기대할 수 있다. 이때 다음의 식이 성립된다.

$$\frac{\mathrm{d}N_{-}}{\mathrm{d}z} = n_0(1+z)^3\frac{\mathrm{d}V}{\mathrm{d}z} = n_0 c\frac{4\pi\Re^2(t_0)\sigma_e^2}{H(z)} \tag{8.48}$$

각 적색편이에서의 은하들의 개수 $\mathrm{d}N/\mathrm{d}z$와 식 8.48에서의 $\mathrm{d}N_{-}/\mathrm{d}z$를 비교하면 공변 밀도가 어떻게 변하는지 알 수 있다.

[그림 8.8]의 왼쪽은 적색 편이 z와 $z+\Delta z$ 사이의 공변 부피 $(1+z)^3\mathrm{d}V/\mathrm{d}z$를 보여준다. $\Omega_0=1$인 편평한 우주에서보다 $\Lambda=\Omega_0=0$인 열린 우주에서 더 큰 값을 가진다. 따라서 열린 모형에서 큰 적색편이에서 상대적으로 더 많은 은하를 볼 수 있을 것이라 기대된다. 기준 모형은 작은 적색편이에서는 $\Lambda=\Omega_0=0$ 모형보다 약간 큰 부피를 가지나 $z\geq 2$에서는 더 작아진다.

문제 8.26 식 8.23과 8.42를 사용하여 $\Omega_0=0$일 때 적색편이 $z=5$가 $\Re(t_0)\sigma_e = 2.92\,c/H_0$에 해당하며, 반면 $\Omega_0=1$일 때, $\Re(t_0)\sigma_e = 1.18\,c/H_0$ 임을 보여라. 주어진 밀도 $n(z)$에 대해서, 식 8.48을 사용하여 $\Omega_0=1$일 때 볼 수 있는 것처럼, $\Omega_0=0$일 때 $z=5$에서 작은 적색편이 범위 Δz내에서 약 15배나 많은 물체를 찾을 수 있음을 보이시오. $z=3$일 때 이 비율은 얼마인가?

다음 장에서 다룰 매우 밝은 활동적 은하 핵인 퀘이사는 매우 밝아 관측할 수 있는 대부분의 우주 공간에서 볼 수 있다. 이들은 강한 방출선을 가지므로 적색편이를 쉽게 측정할 수 있다. [그림 1.16]으로부터 각 십억 파섹 입방체가 $L\approx L_\star$인 은하 $\sim 10^6$개를 포함하고 있음을 알 수 있다. 여기서 $L_\star \approx 2\times 10^{10}L_\odot$은 식 1.24에서 정의한 밝은 은하의 광도이다. 현재, 각 십억 파섹 입방체는 $L\geq 100L_\star$인 매우 밝은 퀘이사를 하나씩은 포함하고 있다. 즉 밝은 퀘이사들은 밝은 은하들보다 희귀하다. 그러나 [그림 8.13]에서, 적색편이 $z\approx 2$에서는 밝은 퀘이사들이 오늘날의 퀘이사의 개수보다 약 100배나 많음을 알 수 있다. 오늘날의 거대 은하 약 10000개당 퀘이사는 한 개 정도 존재한다. 이러한 차이는 어디에 기인하는 것인가?

퀘이사가 젊은 은하핵이라면, 적어도 10000개의 밝은 은하중 하나는 과거의 밝은 퀘이사여야 한다. 이 비율은 핵융합 반응이 십억 년보다 적게 유지된다면 100%로 커지게 된다. 퀘이사 핵을 갖는 기간은 은하의 초기 형성의 일반적인 과정이 될 것이다.

9.1절에서, 퀘이사는 가스가 $\geq 10^9\mathcal{M}_\odot$인 매우 무거운 블랙홀로 떨어질 때 방출되는 에너지에 의해 빛난다는 사실을 다루게 될 것이다. 6.4절에서 오늘날의 밝은 은하들이 그 중심에서 무거운 블랙홀들을 품고 있음을 알아보았다. 아마도 이들은 초기의 퀘이사 단계에서 남은 것일 것이다. 이것이 가스를 소모하는 동안 블랙홀을 형성하기

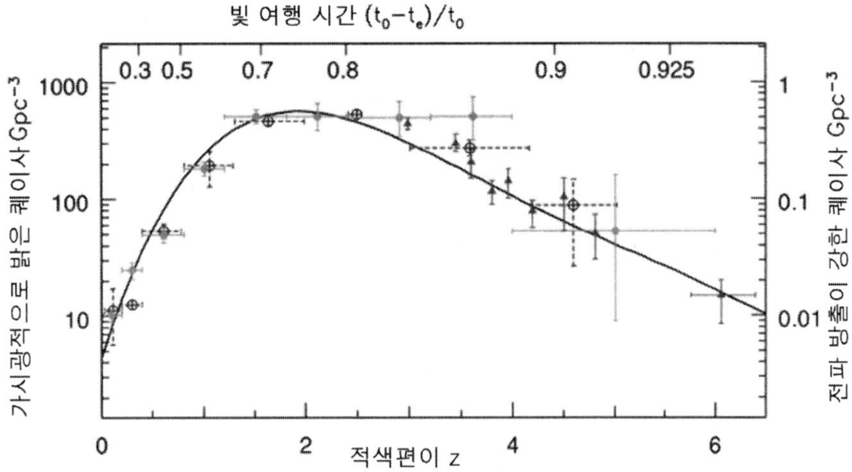

[그림 8.13] 곡선은 전파 방출이 큰($2.7\,\mathrm{GHz}$에서 $\nu L_\nu > 3\times10^{10}L_{bol,\odot}$) 퀘이사의 밀도를 보여주며, 삼각형은 가시광적으로 밝은 퀘이사 $(L \ge 100L_\star)$를 보여준다. 둘 다 $z\sim2$에서 매우 흔하다. 약한 X선에서 밝은 퀘이사(채워진 점)와 강한 X선에서 밝은 퀘이사(빈 점)의 개수들은 같은 경향을 보인다. 공변 Gpc^3 당 밀도는 기준 모형을 사용해서 계산하였다. – J. Wall.

위해 시간이 걸리며, 따라서 퀘이사들은 $z\sim2$ 이전, 우주 역사의 첫 1/4 기간 동안 거의 없다. 더 놀라운 것은 대폭발 후 십억 년 내인 $z>6$에서 이미 이들을 관측할 수 있다는 사실이다.

8.4 구조의 성장 : 작은 시작에서부터

우주 배경 복사는 전하늘을 걸쳐 거의 균일하다. 그러나 완전히 균일한 것은 아니며, 수십만 분의 일 정도의 온도 차이가 있다. 이 작은 차이는 복사가 중성 원자들을 형성할 수 있을 만큼 차가워 졌을 때인 재결합 시간 $t_{\rm rec}$에서 우주가 얼마나 울퉁불퉁하였는가의 정도를 보여준다. 급팽창의 원인인 양자역학적 요동은 물질과 복사 밀도의 불규칙 현상으로 남게 된다. 대부분의 급팽창설은 요동이 임의 형태 가설을 따라야하며 예측하며 파워 스펙트럼은 $P(k)\propto k$(문제 8.7 참조)가 되어야함을 보여준다. 이를 *기준 초기 요동*이라 부른다. 식 8.4로부터 밀도는 작은 공간 크기에서 또는 큰 k에 따라 강하게 변함을 알 수 있다.

하늘상에서 1° 이상으로 뻗어있는 큰 구조로부터 초기의 물리를 알 수 있다. 작은 크기의 불규칙성은 밀도가 높은 지역으로 향하는 과잉의 중력적 당김과 밀도가 큰 가스의 압력에 의해 변한다. 이들을 관측함으로서 우주의 기하와 그 구성물에 대해 알 수 있다. 재결합 후, 밀도가 높은 지역은 빠르게 주변의 물질들이 떨어짐으로서 여전히 그 밀도가 더 커진다. 떨어지는 은하들의 *특이 운동*을 관측함으로서 오늘날의 대규모 질량 분포를 조사할 수 있으며 은하들의 빛에 의해 드러나는 분포와 비교할 수 있다.

8.4.1_ 우주 배경 복사에서의 요동

물질의 분포가 오늘날 관측되어지는 우주 배경 복사에 어떻게 영향을 주었을까? 밀도가 매우 큰 지역에서부터 빛이 우리에게 도달하기 위해서는 복사는 깊은 중력적 포텐셜을 벗어나야 한다. 이와 같은 과정에서, 복사는 포텐셜의 여분 깊이인 $\Delta\Phi_g$의 비율로 *중력적 적색편이*를 겪게 된다. 온도 T는 ΔT로 바뀌며 여기서 $\Delta T/T \sim \Delta\Phi_g/c^2$이다. 온도는 포텐셜이 현저하게 깊은 곳에서 감소되는데 $\Delta\Phi_g$가 음수이기 때문이다. 그러나 시간 역시 밀도가 높은 지역에서는 $\Delta t/t = \Delta\Phi_g/c^2$의 비율로 느려지기 때문에, 초기의 뜨거운 가스를 볼 수 있다. 복사 온도는 $T \propto 1/a(t)$만큼 감소하기 때문에, 다음과 같은 식을 얻을 수 있다.

$$\frac{\Delta T}{T} = -\frac{\Delta a}{a} = -\frac{2}{3}\frac{\Delta t}{t} = -\frac{2}{3}\frac{\Delta\Phi_g}{c^2} \tag{8.49}$$

식 8.27로부터 $a \propto t^{2/3}$을 사용하였다. 부분적으로 중력적 적색편이를 상쇄시켜 $\Delta T/T \sim \Delta\Phi_g/(3c^2)$가 된다. 이 초기에는, 평균 밀도 $\bar{\rho}$는 거의 식 8.21에서의 임계 밀도와 동일하다. 밀도 $\bar{\rho}(1+\delta)$와 반경 R을 가진 지역에서 이것의 초과 질량은 $\Delta\mathcal{M} = 4\pi\bar{\rho}R^3\delta/3$이다. 따라서 아래와 같이 쓸 수 있다.

$$3c^2\frac{\Delta T}{T} = \Delta\Phi_g \sim -\frac{2G\Delta\mathcal{M}}{R} = -\frac{8\pi}{3}G\bar{\rho}R^2\delta \sim -\delta(t)[\overline{H}(t)R]^2 \tag{8.50}$$

밀도가 높은 지역에서부터 우리에게 오는 복사는 *차가워진다*.

0.3° 보다 큰 영역에서 현재 가장 잘 수행된 우주 배경 복사 측정은 2001년 발사된 WMAP 위성의 관측이다. WMAP은 배경 복사가 하늘 어디에서든지 흑체 복사의 형태를 가지고 있음을 확인시켜 주었고, 온도가 지역마다 단지 약간 차이가 있음을 보여주었다. 이는 물질 밀도에서 불균일성에 의해 영향을 받았을 때 우리가 기대했던 모습을 정확하게 보여주었다. 따라서 하늘의 어떤 극좌표 θ, ϕ를 선택할 때의 온도 변화를 설명할 수 있게 되었다. 주어진 방향으로 바라보았을 때, 구형 조화 함수 Y_l^m를 사용하여 평균 온도 T와의 차이 ΔT를 쓸 수 있다.

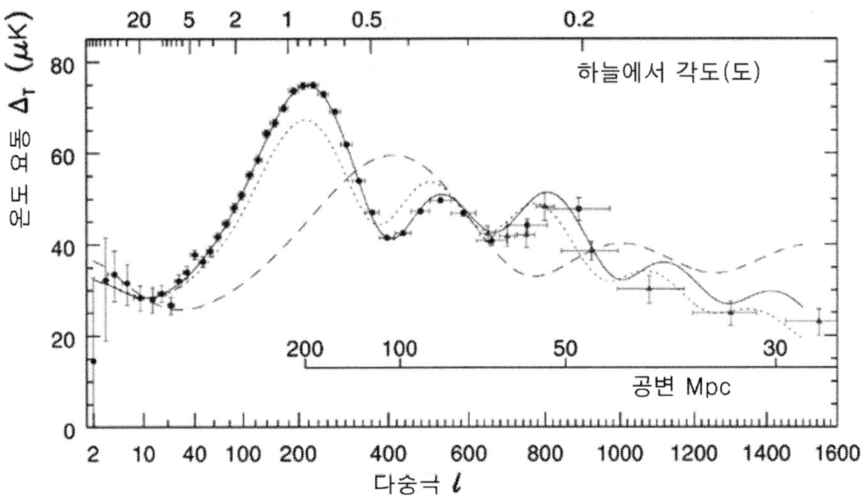

[그림 8.14] 우주 배경 복사에서의 온도 요동 Δ_T: 삼각형 점은 많은 실험의 자료를 합친 것이며, 원들은 WMAP의 결과이다. 수평 막대는 각 크기의 범위를 보여준다. 곡선은 기준 모형에 대한(실선), 절반의 바리온을 가진 편평한 모형에 대한(점선), $\Omega_0 = 0.3$, $\Lambda = 0$에 대한(파선) 예측들을 보여준다. 두 번째, 세 번째, 그리고 그 후의 최고점들은 재결합 전에 음파가 두 번, 세 번 등등 겹치는 지역에 해당한다. l이 작을 때, 몇 개의 a_l^m 평균을 가지며($l = 2$일 때 5개), 수직 막대는 큰 불확실성을 보여준다. – M. Tegmark, CMBFAST

$$\Delta T(\theta, \phi) = \sum_{l > 1} \sum_{-l \le m \le l} a_l^m Y_l^m(\theta, \phi) \tag{8.51}$$

각 θ가 0에서부터 π로 바뀔 때, Y_l^m이 $l = 0$을 가지므로, a_l^m은 하늘에서 각 $(180/l)^\circ$ 만큼 떨어진 두 점 사이의 평균 온도 차이를 측정한다. 배경 복사에 비하여 우리의 운동을 반영하는 $l = 1$을 제외하면, 모든 a_l^m의 평균은 0이 되고 이들의 제곱 평균으로부터 T가 하늘을 가로질러 얼마나 강하게 요동치는가를 측정할 수 있다. 이론가들은 모든 m값에 대하여 평균된 $C_l = \langle |a_l^m|^2 \rangle$을 계산하고자 하는데, 북극 방향 $\theta = 0$을 어떻게 선택하느냐에 의존하지 않기 때문이다. [그림 8.14]는 $\Delta_T^2 = T^2 l(l+1) C_l / (2\pi)$에 의해 정의된 $\Delta_T(l)$을 나타낸다.

밀도가 높은 지역의 밀도를 더 크게 만드는 중력과, 밀도를 균일하게 하는 압력은 급팽창 이후로 남은 요동을 변화시킨다. 이 힘들은 빛보다 빠르게 전해지지 않으므로, 문제 8.14에서의 *지평선* 내에서만 적용된다. 가스가 투명해지면, 지평선의 공변 거리 σ_H는 다음과 같다.

$$\mathfrak{R}(t_\mathrm{rec})\sigma_\mathrm{H} = 3ct_\mathrm{rec} = \frac{2c}{H(t_\mathrm{rec})} \approx \frac{2c}{H_0 \sqrt{\Omega_\mathrm{m}}\,(1 + z_\mathrm{rec})^{3/2}} \tag{8.52}$$

마지막 단계에서 식 8.26을 사용하였다(Ω_Λ를 무시할 수 있는 이유는 무엇인가?). 이 크기의 지역이 오늘날의 $184/(h^2\Omega_{\rm m})^{1/2}$ Mpc만큼 팽창할 것이다. 급팽창은 $P(k) \propto k$로 남게 되므로, 대규모(작은 l에서)의 경우, l이 증가할수록 $\Delta_T(l)$이 단조롭게 증가함을 기대할 수 있다.

지평선이 덮고 있는 하늘의 각 $\theta_{\rm H}$은 각-크기 거리 $d_{\rm A}$를 통하여 Ω_Λ와 $\Omega_{\rm m}$에 의존한다. $\Lambda = 0$이고 $\Omega_0 z \gg 1$일 때, 식 8.42로부터 $d_{\rm A} \to 2c/(H_0 z \Omega_0)$임을 알 수 있다. 따라서 이 각보다 적게 떨어진 점들은 시간 $t_{\rm rec}$ 전에 서로 소통이 가능하다.

$$\theta_{\rm H} \approx \frac{\Re(t_{\rm rec})\sigma_{\rm H}}{d_{\rm A}(t_{\rm rec})} \approx \sqrt{\frac{\Omega_0}{z_{\rm rec}}} \approx 2^\circ \times \sqrt{\Omega_0} \tag{8.53}$$

물질 밀도가 낮을수록 이 각은 작아진다. 자세한 계산으로부터 $\Omega_0 = 1$일 때, [그림 8.14]에서 주 *최대 음파*를 나타내는 1° 보다 더 작은 크기에서 Δ_T가 가장 크다는 것을 알 수 있다. $\Omega_0 = 0.3$인 모형에서는 이 각의 대략 절반쯤에서 최고점을 가진다. $\Omega_{\rm m} + \Omega_\Lambda = 1$로 두면 거리 반경 $d_{\rm A}$가 물질 밀도에 의존하게 된다. 식 8.43으로부터 큰 적색편이에서 $d_{\rm A} \propto 1/\Omega_{\rm m}^{0.4}$이기 때문에, 파동들의 각 크기는 거의 $\Omega_{\rm m}$에 무관하다. 최대 음파의 관측된 위치는 암흑 에너지를 지지하는 현재의 가장 강한 증거이다.

다음 절에서는 재결합 전 불규칙성이 암흑 물질 내에서 강하게 형성된다는 것을 다룰 것이다. 바리온 물질과 복사가 혼합된 유체는 중력하에 밀도가 큰 지역으로 떨어진다. 혼합된 유체가 $t_{\rm rec}$ 동안 떨어질 수 있는 최대 거리로부터 Δ_T에서의 첫 번째 최고점의 위치, 즉 $l = 220$을 알 수 있다. 기준 우주론에서 현재 이 거리는 105 Mpc 또는 $2.5 \times 10^{16} \mathcal{M}_\odot$을 가진 구이다. $l = 540$의 두 번째 최고점은 암흑 물질의 작은 덩어리에 해당하며 여기서 유체는 안으로 떨어지고 자신의 증가된 압력에 의해 다시 밖으로 밀린다. 세 번째 최고점은 '안-바깥-안'에 해당하며, 네 번째는 '안-바깥-안-바깥', 그리고 계속 최대 음파에 해당된다. 현재 암흑 물질이 더 많을수록, 불규칙성을 일으키는 중력은 더 강해지고, 주 최고점의 높이는 커진다. 바리온 물질의 질량은 바리온-복사 유체가 암흑 물질이 밀집된 지역으로 떨어뜨리는 것을 도우며 다시 튀어나오는 것을 막는다. 이것은 홀수 번째의 최고점을 짝수 번째의 최고점보다 상대적으로 강하게 만든다. $\Omega_{\rm B} \approx 0.045$, $\Omega_{\rm m} = 0.3$, $\Omega_\Lambda = 0.7$, 그리고 $H_0 = 70\,{\rm kms^{-1}}$인 기준 모형으로부터 중수소와 리튬의 양(1.5절 참조), 은하의 운동, 우주 배경 복사에서의 요동을 정확하게 예측할 수 있다.

더 읽어보기

Padmanabhan 의 책 6장

8.4.2_ 은하의 특이 운동

가장 큰 거대 구조를 탐사할 수 있는 하나의 방법은 [그림 8.3]에서처럼 은하들의 지도를 작성하는 것이다. 그러나 이 표본들은 밝은 것들 뿐이다. 다른 방법으로는 식 8.8에 의해 서술된 균일성으로부터 이들의 편차를 나타내는 은하의 특이 운동을 관측하는 것이다. 밀도가 높은 지역의 여분의 중력차에 의해 특이 운동은 커진다. 우리 은하군에서, 우리 은하와 안드로메나 은하 M31은 이들 상호의 중력직 끌림(4.5절) 아래에서 시로 근접하고 있는 반면, 은하군들은 가까운 은하단으로 떨어지고 있다(7.2절). 이 운동들이 어떻게 은하단과 은하군에 무게를 더하는지에 대해서는 알아보았다. 이와 비슷하게, 거대 구조에서 관측된 특이 운동으로부터 대부분이 암흑인 질량의 분포를 재구성할 수 있다.

[그림 8.2]를 보면, 가까이 있는 타원 은하들의 특이 운동을 볼 수 있다. Fornax 은하단은 내략 Virgo 은하단만큼 멀리 떨어져 있지만, Fornax 은하단의 은하들이 우리에게서 더 빨리 멀어져 간다. 우리 은하군과 그 주변의 은하들은 Virgo 은하단 주변의 은하 복합체 쪽으로 이끌려 가는 것처럼 보인다. [그림 8.15]의 이러한 *Virgo 중심낙하*를 검증하기 위해서, [그림 8.2]의 우리에게서 멀어지는 각각의 은하군의 평균 시선 속도를 알아본다. 은하단내의 개개 은하의 이동 궤도가 그 은하의 특이 속도에 영향을 주지만, 전체 은하단의 평균값은 거대 규모의 운동을 알게 한다. 이러한 속도들은 왼쪽 그림에 표시되어 있다. 가장 큰 두 개의 흰 기호는 M86과 M49 주변의 두 개의 Virgo 은하단 은하 뭉치를 나타낸다. Virgo 은하단 주변의 은하군을 나타내는 다른 큰 기호들은 일반적인 선형 경향성과 맞아 떨어진다.

[그림 8.15]의 오른쪽 그림은 우리 위치에서 270 km s^{-1}의 유입 속력을 예측하는 단순 모형에 따른 Virgo 중심 유입 흐름을 제거한 결과다. 이제 대략 $V_r \propto d$임을 알 수 있다. Virgo 은하단의 약 25 Mpc 이내, 표시된 값 대부분은 평균에 대해 100 km s^{-1}보다 작은 차이를 갖는다. 특이운동은 Hubble상수 H_0의 측정을 어렵게 만든다. 만약 Virgo 은하단 방향의 은하들의 속도와 거리로 H_0을 측정한다면, Virgo 은하단 중심 방향으로의 유입흐름이 부분적으로 우주 팽창을 상쇄 시켜서 Hubble 상수를 더 낮게 측정하게 될 것이다. 그러나 만약 반대 방향의 은하들을 가지고 H_0를 측정한다면, 원래보다 높은 값을 얻게 될 것이다.

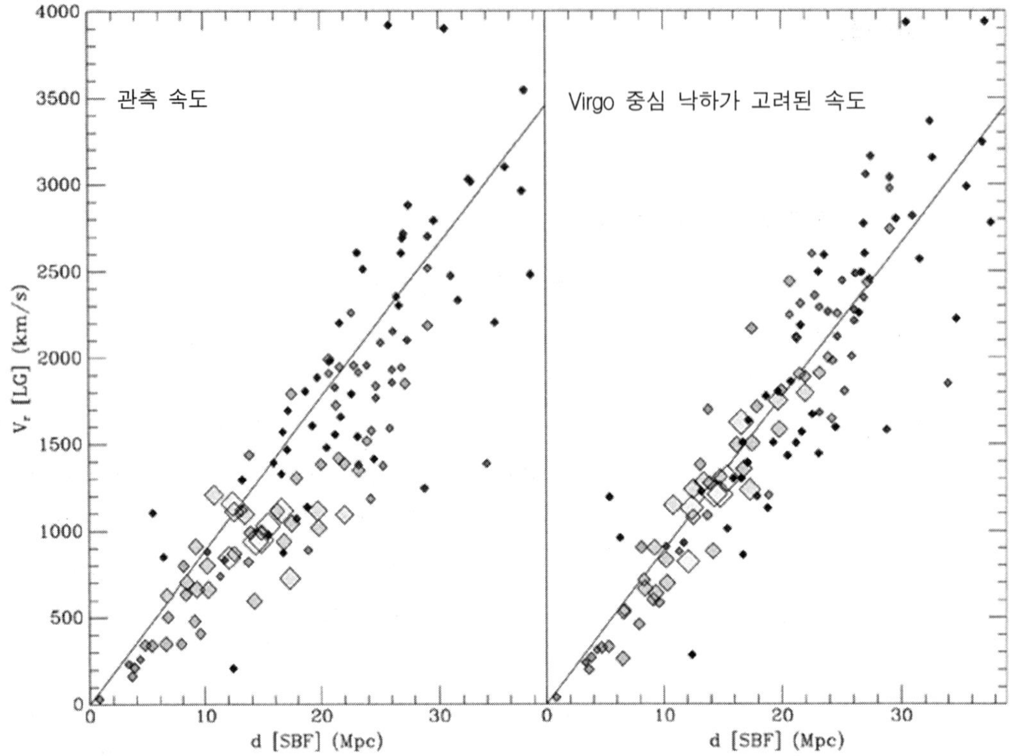

[그림 8.15] 다이아몬드는 [그림 8.2]의 은하들의 우리 은하군에 대한 측정된 평균 후퇴속도 V_r 를 나타낸다. 가장 큰 두 개의 흰 기호는 Virgo 은하단 내의 두 무리다. 다른 기호들은 Virgo 은하단으로 부터의 거리를 나타내기 위해 크기를 줄여 나타내었다. 왼쪽, Virgo 은하단에 가까운 은하일수록 선형 경향성보다 더 속도 V_r이 작다. 오른쪽, Virgo 중심 낙하를 보정한 것이다(오른쪽). −J. Tonry.

가장 정밀하게 측정된 특이 운동은 우주 배경 복사에 대해 상대적인 태양 속도로부터 측정된 우리 은하군의 특이 운동이다. 1.5절 참조. 현재 우리 은하군은 $(l, b) \approx (276°, 30°)$방향으로, $V_{pec} \approx 630\,\mathrm{km\,s^{-1}}$의 속도로 이동한다. 대부분의 이 특이운동은 우리 은하군 내 은하들이나 Virgo 은하단에서 당기는, 매우 먼 거리의 물체의 중력으로 인해서 비롯된다. Virgo 은하단에서부터 가장 먼 거리에 있는 은하들, 즉, 거의 하늘 반대쪽에 있는 은하들의 속도는 [그림 8.15]의 오른쪽의 기울어 있는 선 위쪽에 주로 있다. 더 멀리 있는 물질들이 Virgo 와 Fornax를 당긴다면 이와 같이 예측되어 질 것이다.

지역적인 속도 분산과 Virgo 은하단을 향한 우리 은하군의 운동 둘 다, 우주 배경 복사에 대한 우리의 운동보다 분명히 작다. 작은 규모에서는 우주 공간에 대한 은하들의 움직임은 '차갑다'. 상호간 수십 Mpc 이내로 떨어져 있는 은하들은 그들의 특이 속도의 많은 부분을 공유한다.

문제 8.27

가까운 은하들의 특이 속도가 우리 은하의 특이 속도와 매우 비슷한 값을 가지며, Hubble이 주변 지역 22개의 은하 표본으로는 우주의 팽창을 알아낼 수 없었음을 몬테카를로 모의실험으로 보여라.
하늘 모형은 A($1\,\text{Mpc} < d < 3\,\text{Mpc}$), B($3\,\text{Mpc} < d < 5\,\text{Mpc}$), C($5\,\text{Mpc} < d < 7\,\text{Mpc}$), D($7\,\text{Mpc} < d < 9\,\text{Mpc}$) 지역에 있는 은하들로 구성되어 있다. 만약 밀도가 일정하고, 지역 B에는 4 개의 은하가 있다면, 지역 A, C, 그리고 D에는 몇 개의 은하가 있는가(가장 가까운 정수 값으로 반올림하라)? 좀 더 단순화시켜서, 지역 A에 있는 모든 은하는 2 Mpc에, B는 4 Mpc에, C는 6 Mpc에, D는 8 Mpc에 놓자. 그리고 은하들에 대해 임의로 특이 속도를 주자. 개개의 은하에 대해, 주사위를 굴려 뒤집어 나온 숫자 N을 기록하고, 은하에 시선속도를 $V_r = H_0 d + (N - 3.5) \times 350\,\text{kms}^{-1}$로 주자. 여기서 $H_0 = 70\,\text{kms}^{-1}\text{Mpc}^{-1}$로 놓자 (만약 더 많은 은하를 사용해서 프로그램을 만들기를 원한다면, 공간상에 임의로 은하를 위치시키고, 평균값은 0에 표준 편차는 $600\,\text{km s}^{-1}$인 정규분포로 특이속도를 임의로 준다).
V_r과 각 지역의 평균 속도를 거리d에 대해서 그려라. 뚜렷한 경향성이 있는가? 얼마나 많은 모형 은하가 음의 시선 속도를 갖는가? [그림 8.15]의 오른쪽 그림과 너의 그림을 비교하면 어떠한가? Hubble은 우리 은하군 너머의 은하 중에서 우리에게 다가오는 은하는 발견하지 못했다.

8.4.3_ 어떻게 특이 속도가 형성되는가?

특이 속도는 우주가 팽창함에 따라 약해져 없어지는 경향이 있다. 왜냐하면, 이동하는 은하는 그 운동이 우주 팽창의 운동과 일치하는 지역에 이를 때까지, 다른 천체를 따라가며 움직인다. 공변 좌표계에서 가까운 거리의 두 관측자 P와 Q가 있다고 하자. 그 두 관측자는 배경복사에 대해서 상대적으로 정지해있고, 우주 팽창만으로 서로 멀어지고 있다. 그리고 한 은하가 특이 속도 V_{pec} 로 관측자 P를 지나서 Q에게 향하고 있다. P와 Q가 $V_{pec} \gg H(t)d$일만큼 충분히 가깝다면, 은하가 $\approx d V_{pec}$의 시간이 걸려서 P와 Q 사이를 이동하는 동안, 둘 사이의 거리는 거의 변하지 않을 것이다. 그러나 은하는 관측자 Q에 상대적으로 $V_{pec} - H(t)d$의 속력으로 이동할 것이다. 현재 위치에서 공변하는 관측자에 상대되는 은하의 속력은 다음 식과 같은 비율로 감소한다.

$$\frac{\mathrm{d}V_{pec}}{\mathrm{d}t} = -\frac{H(t)d}{d/V_{pec}} = -V_{pec}\frac{\dot{\Re}(t)}{\Re(t)} \qquad (8.54)$$

이 식을 적분하면 $V_{pec} \propto 1/\Re(t)$ 임을 알 수 있다. 식 8.12에 의해서, 은하의 특이속도 V_{pec}는 광자의 운동량이 감소하는 것과 똑같은 방식으로 감소한다.

특이 속도가 식 8.54처럼 단순하게 감소한다면, $z \approx 1100$인 재결합 후 곧 우리 은하군의 물질이 거의 광속에 가깝게 움직인다. 이는 가스에서 충격을 일으키며 우주 배경 복사에서 큰 왜곡을 일으킨다. 사실, 은하의 특이 운동은 은하들의 상호 중력적 끌림에 의해 매우 최근에 생성되었다. 우주의 어느 부분이 평균보다 많은 물질을 포함하고 있을 때, 증가된 중력은 팽창을 더 강하게 멈추게 한다. 평균보다 물질이 적다면, 팽창은 더 빨라져서 이 지역은 주변의 다른 지역보다 더 밀도가 낮아진다. 그러므로 은하들은 우주 배경에 따라 움직이며, 특이 운동을 얻게 된다.

어떻게 이러한 현상이 일어나는 지를 설명하기 위해, 물질의 평균밀도를 $\bar{\rho}_{\mathrm{m}}(t)$로 하면 평균 팽창은 척도 항 $\bar{a}(t)$와 Hubble 상수 $\bar{H}(t)$로 기술된다. 지역적으로, 우리가 연구하는 부피내에서 다음과 같은 식을 사용할 수 있다.

$$\rho_{\mathrm{m}}(t) = \bar{\rho}_{\mathrm{m}}(t)[1 + \delta(t)],\ \ a(t) = \bar{a}(t)[1 - \epsilon(t)] \tag{8.55}$$

만약 영역이 대략 구형이라면, 범위 밖의 물질은 범위 안의 어떠한 중력에도 영향을 미치지 못하며, 더 천천히 팽창하는 밀도가 더 큰 우주의 일부와 같은 특성을 가질 것이다. 지역 밀도가 $\Omega_{\mathrm{m}}[1 + \delta(t)] > 1$로 임계값을 초과하는 곳에서는 팽창이 정지하게 되어, 결합된 은하군과 은하단을 형성하게 한다.

우리가 식 8.55의 δ와 ϵ이 1보다 매우 작은 *선형* 구간에 있다고 하면, 우리의 삶은 매우 단순해진다. 식 8.4에서 논한 바와 같이 이는 밀도가 우주 평균에 비해 매우 작은 비율의 차이를 보이는 약 $8h^{-1}$Mpc보다 큰 규모의 구조에 적용할 수 있다. 식 8.25에 $\rho_{\mathrm{m}}(t)$와 $a(t)$의 표현을 대입하면, $\delta^2, \delta\epsilon, \epsilon^2$이나 이 변수들의 고차 항은 무시할 수 있다. $a(t)H(t) = \dot{a}(t)$이며, 평균적인 양을 포함한 항만이 상쇄되어 식 8.25는 다음과 같이 된다.

$$\Delta[H_0^2(1 - \Omega_0)] + 2\frac{\mathrm{d}\bar{a}}{\mathrm{d}t}\frac{\mathrm{d}}{\mathrm{d}t}[\bar{a}\epsilon(t)] + \frac{8\pi G}{3}\bar{\rho}(t)\overline{a^2}(t)[\delta(t) - 2\epsilon(t)] + = 0 \tag{8.56}$$

첫 번째 항은 밀도가 높은 지역 내의 현재 밀도와 팽창률의 변화를 나타낸다.

[그림 8.7]에서 보았듯이 은하군과 은하단이 형성되는 시기의 대부분에서, 암흑 에너지는 중요하지 않으며 평균 팽창 $\bar{a}(t)$를 기술하기 위해 간단하게 식 8.27을 사용할 수 있다. 우주가 물질이 우세할 때, ρa^3이 상수이고, 따라서 $\delta = 3\epsilon$이다.

$$1 + z \gg (1 - \Omega_{\mathrm{tot}})/\Omega_{\mathrm{m}},\ (\Omega_\Lambda/\Omega_{\mathrm{m}})^{1/3}\text{에 한해서 } \delta \propto t^{2/3} \propto \bar{a}(t) \tag{8.57}$$

이는 식 8.56의 성장해이다(거꾸로 대입하여 확인해 보자!). 초기에 δ의 차이는 $\Re(t)$에 비례해서 커진다. $\Omega_{\mathrm{m}} + \Omega_\Lambda < 1$일 때, 어느 한 지점에서 z의 처음 조건에 위배되

며 평균 운동은 $\overline{a} \propto t$이 되어, 물질은 일정한 속력으로 밖으로 나아간다. 물질이 방출되어 밀도가 너무 낮아 팽창에 영향을 미치지 못하게 되면, δ는 고정되어, 구조가 *고정되게 된다*. $\Omega_{\text{tot}} = 1$인 편평한 우주 모형에서 $1+z \sim (\Omega_\Lambda/\Omega_{\text{m}})^{1/3}$까지 성장은 계속된다. 기준 모형에서 거대 구조는 $z \sim 0.3$인 매우 최근까지 계속 성장한다. $\Omega_{\text{m}} = 0.3$과 $\Omega_\Lambda = 0$인 저밀도 우주에서 $z \sim 2$ 근방에서 밀도 증가가 멈추게 된다.

더 읽어보기

특이 운동에 대해서 Padmanabhan의 책 4장 참조

8.4.4_ 특이 운동으로 측정하는 은하단의 무게

평균보다 밀집된 지역은 그 주변 은하를 그쪽으로 강하게 이끈다. 일정한 밀도에 대한 지역적인 편차 $\delta(\mathbf{x}, t)$가 작게 유지되는 동안, 주어진 시간에서 식 8.57은 $\delta(\mathbf{x})$가 어디에서나 같은 배율로 증가함을 보여준다. 각각의 더 밀집된 지역이 은하를 당기는 힘은 같은 비율로 증가하기 때문에, 가속도와 그에 따르는 특이 속도는 항상 지역적인 중력에 평행하다. 그러므로 특이 운동을 측정함으로써, 힘 벡터와 그에 따르는 질량 분포를 재구성할 수 있다.

이 작용에 대해 알아보기 위해서, 원점에서 직접 멀어지는 평균 우주 팽창의 합으로서의, 위치 $\mathbf{x}$에서의 물질의 속도 $\mathbf{u}(\mathbf{x}, t)$ 와, 이 때 특이속도는 $\mathbf{v}$를 다음과 같이 표현할 수 있나.

$$\mathbf{u}(\mathbf{x}, t) = \overline{H}(t)\mathbf{x} + \mathbf{v}(\mathbf{x}, t) \tag{8.58}$$

질량 보존 방정식은 속도장 $\mathbf{u}(\mathbf{x}, t)$에 대하여 $\rho(\mathbf{x}, t) = \overline{\rho}(t)[1 + \delta(\mathbf{x}, t)]$로 표시되는 밀도와 연관이 있다.

$$\left(\frac{\partial \rho}{\partial t}\right)_{\mathbf{x}} + \nabla_{\mathbf{x}} \cdot \rho\, \mathbf{u} = 0 \tag{8.59}$$

평균 양을 포함한 항만이 상쇄되며, δ^2, $\delta\mathbf{v}$, $\mathbf{v}^2$을 제거하면 다음 식을 얻는다.

$$\left(\frac{\partial \delta}{\partial t}\right)_{\mathbf{x}} + \overline{H}(t)\mathbf{x} \cdot \nabla_{\mathbf{x}}\delta + \nabla_{\mathbf{x}}\mathbf{v} = 0 \tag{8.60}$$

$\mathbf{x} = \overline{a}(t)\mathbf{r}$로 놓고, 평균 우주 팽창과 공변하는 좌표계 $\mathbf{r}$로 변환한다. 고정된 $\mathbf{r}$에의 위치를 시간에 의해 미분한 식은 다음과 같다.

$$\left(\frac{\partial}{\partial t}\right)_{\mathrm{r}} = \left(\frac{\partial}{\partial t}\right)_{\mathrm{x}} + \overline{H}(t)\mathbf{x} \cdot \nabla_{\mathrm{x}} \tag{8.61}$$

$\overline{a}(t)\nabla_{\mathrm{r}} = \nabla_{\mathbf{x}}$이기 때문에, 식 8.60은 다음과 같이 간단히 표현된다.

$$\left(\frac{\partial \delta}{\partial t}\right)_{\mathrm{r}} + \nabla_{\mathbf{x}}\mathbf{v} = 0 \tag{8.62}$$

충분히 작은 부피에 대하여, 우주 전체가 균질하고 등방적이라고 가정하면, 평균 밀도 $\overline{\rho}$로부터 지역적 편차에 해당하는 중력 포텐셜 Φ_{g}를 계산하기 위해 Newton 법칙을 사용할 수 있다. 중력은 $\mathbf{F}_{\mathrm{g}} = -\nabla\Phi_{\mathrm{g}} = \mathrm{d}\mathbf{v}(\mathbf{x}, t)/\mathrm{d}t$이므로, $0 = \mathrm{d}(\nabla \times \mathbf{v})/\mathrm{d}t$가 된다. 초기의 작은 요동으로부터 성장한 특이 운동은 $\nabla \times \mathbf{v} \approx 0$이 되며 $\mathbf{v} = \nabla_{\mathbf{x}}\Phi_{v}$로 *속도 포텐셜* Φ_v 정의할 수 있다. Φ_v항으로 식 8.62 다음과 같이 쓸 수 있다.

$$\nabla_{\mathbf{x}}^2\Phi_v = -\left(\frac{\partial \delta}{\partial t}\right)_{\mathrm{r}} \tag{8.63}$$

식 3.9의 Poisson 방정식으로부터 다음과 같이 표현되며, 이때 Φ_v에 대한 식과 유사하게 보인다.

$$\nabla_{\mathbf{x}}^2\Phi_{\mathrm{g}} = -\nabla_{\mathbf{x}} \cdot \mathbf{F}_{\mathrm{g}} = 4\pi G\overline{\rho}\delta(\mathbf{x}, t) \tag{8.64}$$

식 8.57은 모든 섭동들이 같은 비율로 증가함을 보여준다. 즉 δ가 두 배 커지면 $\dot{\delta}$ 역시 두 배 커진다. 따라서 $\delta(\mathbf{x}, t) \propto \partial\delta(\mathbf{x}, t)/\partial t$이고, 식 8.63과 8.64의 우변은 서로 비례한다. $|\mathbf{x}|$가 증가함에 따라, $\mathbf{v}(\mathbf{x}, t)$와 $\mathbf{F}_{\mathrm{g}}$ 둘 다 0 으로 감소하는 한, 그 둘은 서로 비례해야 한다. *특이 속도는 물질의 지역적인 밀집으로 인한 힘과 같은 방향을 갖는다.* 식 8.64의 우변으로 식 8.63의 우변을 나누면 다음과 같은 식을 얻는다.

$$\frac{|\mathbf{v}(\mathbf{x}, t)|}{|\mathbf{F}_{\mathrm{g}}|} = \frac{\overline{H}(t)f}{4\pi G\overline{\rho}(t)}, \text{ 여기서 } f \equiv \frac{\overline{a}(t)}{\delta}\left(\frac{\partial \delta}{\partial t}\right)_{\mathrm{r}} / \frac{\mathrm{d}\overline{a}}{\mathrm{d}t} \tag{8.65}$$

식 8.57로부터 물질이 우세한 우주에서는 $\Omega_{\mathrm{m}} \approx 1$일 때 $f = 1$이고, $\Omega_{\mathrm{m}} \to 0$임에 따라 $f \to 0$이다. 일반적으로 $f(\Omega) \approx \Omega^{0.6}$가 좋은 근사 값이다. 힘에 대한 식 3.5를 사용해서, 특이 속도는 다음과 같이 쓸 수 있다.

$$\mathbf{v}(\mathbf{x},\ t) = \frac{\overline{H}(t)f(\Omega)}{4\pi}\int \frac{\delta(\mathbf{x}')(\mathbf{x} - \mathbf{x}')}{|\mathbf{x} - \mathbf{x}'|}\mathrm{d}^3\mathbf{x}' \tag{8.66}$$

문제 8.28 만약 $x=0$의 밀도가 높은 한 지역에서 떨어진 곳의 밀도가 균질하다면, 원점에서 어느 정도 거리가 떨어진 은하들은 $v(x,t) \propto 1/x^2$의 속도로 원점을 향해 이동함을 보여라.

문제 8.29 팽창하는 좌표계 r에서

$$v(\mathbf{r}, t) = \frac{\overline{H}(t) f \overline{a}(t)}{4\pi} \int \frac{\delta(\mathbf{r}')(\mathbf{r}-\mathbf{r}')}{|\mathbf{r}-\mathbf{r}'|} d^3\mathbf{r}' \tag{8.67}$$

임을 보여라. $\delta(\mathbf{r})$에 대한 식 8.57을 사용해서, 특이속도가 $v \propto t^{1/3}$임을 보여라(식 8.57의 적용하기 위해서는 왜 공변 좌표계로 바꿔야 하는가?).

따라서 만약 밀도가 높은 가까운 은하단의 초과 밀도 $\delta(\mathbf{x})$와 그 은하단 주변의 은하들의 특이 속도를 측정할 수 있다면, 식 8.66을 검증하고, 물질 밀도 Ω_m를 구해낼 수 있을 것이다. 먼저, 은하들의 평균 특이 운동 $v(\mathbf{x})$을 결정한다. 더 큰 척도에서조차 우주는 균질하고 등방적임을 가정해야만 하고, 따라서 탐사 영역 밖에 있는 은하가 영향을 미치는 힘의 합은 평균적으로 0이 될 것이다. 식 8.66을 역변환 시키면, $f(\Omega_0) \cdot \delta(\mathbf{x})$의 곱을 알 수 있고, 이로부터 Ω_m를 결정할 수 있다.

그러나 특이 속도로 예측된 질량 분포는 관측된 은하단의 분포와는 아주 잘 맞지는 않는다. 그 대신에, 관측된 위치의 은하들로부터 계산된 중력이 측정된 특이 운동을 반영하지 못한다고 말할 수 있다. 현재의 탐사 범위 밖에서 물질이 이끄는 것이 분명해 보인나. 특히, 우리 은하군 내 대부분의 특이운동이 $\sim 600\ \mathrm{km\,s^{-1}}$임을 설명할 질량의 밀집정도에 대해서 여전히 알아내지 못했다. 현재 연구의 문제점은 이러하며, 더 먼 거리를 볼 수 있는 기술이 개발되는 대로, 은하 탐사의 범위도 늘어난다.

지역적으로, 물질 밀도 Ω_m를 측정하기 위해 Virgo 중심 낙하에 대해 [그림 8.15]와 같은 간단한 모형을 사용할 수 있다. Virgo 은하단 중심에서 우리 은하군까지의 거리를 $d_V \approx 16$ Mpc 라고 하자. 은하단 중심에서 d_V의 반경을 갖는 구 이내에 있는 밝은 은하들의 밀도는 평균 값보다 대략 2.4배 정도 크다. 만약 질량 밀도가 같은 비율로 증가한다면, 초과 밀도는 $\delta \approx 1.4$이다. 식 8.65은 $\delta \ll 1$의 조건에서 세워졌지만, $f(\Omega)$의 대략적인 계산을 하는 데는 사용할 수 있다.

Virgo 은하단이 대략 구형이라고 가정하면, 마치 은하단의 모든 질량이 그 중심에 몰려 있는 것과 같다면, 우리 은하군에 대한 부가적인 중력은 $F_g \approx 4\pi G d_V \overline{\rho} \delta / 3$이다. 따라서 Virgo 은하단을 향하는 우리의 특이 운동은 다음과 같다.

$$|\mathbf{v}_{LG}| \approx \frac{(H_0 d_V)\Omega^{0.6}\delta}{3} \approx 270\,\mathrm{km\,s^{-1}} \tag{8.68}$$

우주의 팽창이 은하단을 우리에게서 멀어지게 $H_0 d_V \approx 1200\,\mathrm{km\,s^{-1}}$의 속력으로 당기고 있기 때문에, $\Omega_\mathrm{m} \approx 0.3$으로 기준 모형에서 합당한 값이 된다.

8.4.5_ 조석 토크 : 은하들이 어떻게 회전하게 되었을까?

물이 싱크대에서 마개 주변을 소용돌이치며 빠져나가는 것과 같은 이유로 태양은 회전한다. 원래 물질은 임의의 크기로 그 중심 근처에서 작은 각 운동량 $\rho\mathbf{x}\times\mathbf{v}$을 가진다. 이는 유체가 방사상의 방향으로 안쪽으로 들어갈 때 보존되어 $|\mathbf{x}|$가 감소함에 따라 $\mathbf{v}$에 의해 서술되는 회전은 가속되어야만 한다. 그러나 은하들과 은하단들은 초기 무작위 운동에 의해 회전하는 것이 아니다. 이 특이 운동은 [그림 4.13]에서 설명한 바와 같이, 중력에 의해 서로를 끌어당기는 물질들의 불규칙적인 덩어리로부터 발생한다.

문제 8.29로부터 우주에서 물질이 우세할 때, 특이 속도는 $t^{1/3}$에 비례하여 증가하며, 은하들 사이의 거리 d는 $a(t) \propto t^{2/3}$을 따름을 알 수 있다. 그러므로 우리가 $\delta(t) \ll 1$인 선형 구간에 있는 한 각운동량은 $d\times v \propto t$에 따라 형성된다. 8.5절에서 다룰 내용에서처럼, 밀도가 높은 지역 자체가 수축하기 시작할 때 증가를 멈춘다. 초기 덩어리의 밀도가 높을수록 빨리 수축하며 적은 시간 동안 회전이 커진다. 그러나 조석 토크는 밀도가 높은 지역에서 더 강하기 때문에, 차가운 암흑 물질로 가득 찬 우주에서 물체는 질량과 에너지에 관련한 동일한 평균 각 운동량을 획득한다.

은하의 각 운동량이 얼마나 중요한지를 알아보기 위해 반경이 R, 질량이 $\mathcal{M}$, 각 운동량이 $\mathcal{L}$인 은하가 각 속도 $\omega \sim \mathcal{L}(\mathcal{M}R^2)$으로 회전하고 있다고 하자. 반경이 R인 원 궤도에서의 각속도 ω_c는 $\omega_\mathrm{c}^2 R \sim G\mathcal{M}/R^2$에서 주어진다. 에너지는 $\mathcal{E} \sim -G\mathcal{M}^2/R$이다(문제 3.36과 비리얼 정리를 떠올려 보자). 따라서 비는 다음과 같다.

$$\lambda = \frac{\omega}{\omega_\mathrm{c}} = \frac{\mathcal{L}}{\mathcal{M}R^2} \times \frac{R^{3/2}}{\sqrt{G\mathcal{M}}} = \frac{\mathcal{L}|\mathcal{E}|^{1/2}}{G\mathcal{M}^{5/2}} \tag{8.69}$$

이 비는 은하가 항성의 무작위 운동이나 압력보다 회전에 의한 수축에 대해서 얼마나 잘 지탱하는지를 말해준다. 중력적 N-체 모의 실험으로부터 관측된 은하들의 분포가 매우 강하게 수축하는 덩어리의 회전을 크게 하지 않음을 알 수 있다. 여기서 $0.01 < \lambda < 0.1$을 기대할 수 있다. 이는 타원 은하에서와 비슷하지만 우리 은하와 같은 원반 은하에서는 $\lambda \approx 0.5$의 값을 가진다. 변수 λ는 가스 원반이 복사에 의해 그러한 것처럼, 물질이 안쪽으로 이동하면서 에너지를 잃을수록 증가한다.

이러한 논의로부터 우리 은하가 암흑 헤일로를 가지고 있음을 알 수 있다. 그렇지 않다면 원반부가 형성될 시간이 없을 것이다. 헤일로가 없다면, 원시 원반이 안으로 움직일 때 $\mathcal{L}$ 과 $\mathcal{M}$ 은 변하지 않으며, 반경은 $\mathcal{E}$ 을 증가시키기 위해 1/100로 줄어들어야 한다. 태양 근처의 원반 물질은 중심에서부터 800 kpc 떨어진 곳에서 기인하여야 하며, 그 반경 내 질량 $\mathcal{M}(< R)$은 현재 태양의 궤도와 은하 중심 사이에 놓여 있는 것과 같을 것이다. 식 3.20은 궤도 주기가 태양의 현재 궤도보다 100배 정도 길어 약 240 Gyr 정도임을 보여준다. 우리 은하는 대략 이와 비슷한 비율로 수축하였다면, 원반을 생성하기에는 우주의 나이보다 더 몇 배 긴 시간이 필요할 것이다.

그러나 문제 3.5에서부터, 우리 은하는 $\mathcal{M}/L \geq 50$을 가지고 있으며 적어도 질량의 90%가 암흑임을 알 수 있다. 암흑 헤일로가 에너지를 잃지 않고 줄어들지 않기 때문에, 원반이 될 가스는 $\mathcal{M}(\text{disk})/\mathcal{M}(\text{total})$의 비율로 중심 근처에서 기인할 것이다. 그러므로 우리 은하 원반은 $\lambda \approx 0.5$가 되기 위한 원래의 크기의 1/10 정도만 수축하게 된다. 낙하와 궤도 속도가 암흑 헤일로에 의해 결정되기 때문에 이들은 오늘날의 값과 비슷한 값을 유지하고 있다. 80 kpc 반경에서부터 200 kms^{-1}속도로 줄어든다면 원반은 ≤ 2 Gyr 내에 형성될 것이다.

더 읽어보기

Padmanabhan의 책 8장 참조

8.5 구조의 성장 : 은하단, 벽, 그리고 공동

[그림 8.3]에서 볼 수 있는 은하단과 거대한 벽들은 밝은 물질의 밀도가 주변보다 더 크기 때문에 잘 보인다. 은하들이 질량 밀도를 나타낸다면, 현재 밀도의 부분적인 변동은 크다. 즉, 식 8.55의 표현을 빌리자면 $\delta(t_0) \geq 1$이다. 8.4절에서 알아본 작은 요동이 우리가 오늘날 볼 수 있는 구조를 어떻게 만드는 것일까?

8.5.1_ 압력과 중력의 싸움 : Jeans 질량

항성과 같은 천체는 중심 방향의 중력에 대응하는 내부 가스 압력에 의해 형태가 유지된다. 천체가 더 크면, 천체를 유지하는 바깥 방향 힘에 대응하는 중력도 더 크게 된다. 생명체를 예를 들어, 공포영화에서 보던 거대 곤충이 있다면, 자체 무게에 의해서 짜부라지게 될 것이다. 구형 가스운에 대해서, 반경 r과 밀도 ρ인 단일구에 대한 문제

3.11의 결과를 사용하여 위치에너지 $P\mathcal{E}$를 측정할 수 있다. 그런 다음 위치에너지와 열 에너지 $K\mathcal{E}$를 비교한다. 가스에서의 음속 c_s는 한 방향을 따라서 입자들의 평균 운동 속도에 가까워져 다음과 같은 식을 얻을 수 있다.

$$P\mathcal{E} \equiv -\frac{1}{2}\int \rho(\mathbf{x})\Phi(\mathbf{x})d^3\mathbf{x} \approx -\frac{16\pi^2}{15}G\rho^2 r^5, \text{ 그리고 } K\mathcal{E} \approx \frac{3c_s^2}{2}\frac{4\pi r^3\rho}{3} \quad (8.70)$$

평형 상태에서 식 3.44의 비리얼 정리로부터 $|P\mathcal{E}| = 2K\mathcal{E}$이다. 운동 에너지가 이보다 작다면 가스운은 수축한다. 가스운이 충분히 크다면 이는 항상 일어나며, $K\mathcal{E} < |P\mathcal{E}|/2$이고 다음식이 만족된다.

$$2r \gtrsim \sqrt{\frac{15}{\pi}}\sqrt{\frac{c_s^2}{G\rho}} \approx \lambda_J, \text{ 여기서 } \lambda_J \equiv c_s\sqrt{\frac{\pi}{G\rho}} \quad (8.71)$$

길이 λ_J는 *Jeans 길이*라고 한다. 가스 구름이 압축될 때, 내부 압력은 증가하며 팽창을 일으키는 경향을 보이고 안쪽 방향의 중력 역시 강해진다. 직경이 λ_J보다 작다면, 추가된 압력이 증가된 중력보다 상쇄되는 이상의 힘을 가하게 되고 가스 구름은 재팽창된다. 더 큰 가스 구름의 경우, 중력이 커서 결과적으로 수축이 일어난다.

초기에, 우주에서 복사가 우세할 때, 밀도 $\rho_r = a_B T^4/c^2$은 낮고 $c_s = c/\sqrt{3}$ 속도를 가진 압력은 높다. 따라서 식 8.71은 다음과 같아진다.

$$\lambda_J = c^2\left(\frac{\pi}{3Ga_B T^4}\right)^{1/2} \propto T^{-2} \quad (8.72)$$

Jeans 질량 $\mathcal{M}_J$은 직경 λ_J 구 안에 있는 물질의 양이다.

$$\mathcal{M}_J \equiv \frac{\pi}{6}\lambda_J^3\rho_m \quad (7.44)$$

여기서 ρ_m은 물질 밀도에 해당되는 값이다. 복사가 우세한 시기에 $\mathcal{M}_J \propto \rho_m T^{-6}$이며, 여기서 $T \propto 1/\mathfrak{R}(t)$이고 ρ_m이 $\mathfrak{R}^{-3}$에 따라 감소한다. 따라서 Jeans 질량은 $\mathcal{M}_J \propto \mathfrak{R}^3(t)$로 증가한다. 우주의 밀도가 낮아짐에 따라서, 직경 λ_J의 구 내의 질량은 증가한다. 물질의 밀도와 복사의 밀도가 같은 시기 t_{eq}에, 온도는 T_{eq}이고, $\rho_m = \rho_r = a_B T_{eq}^4/c^2$이다. 복사가 여전히 대부분의 압력을 제공하므로 $p \approx c^2\rho_r/3$이며 다음과 같은 식이 성립된다.

$$\mathcal{M}_{\mathrm{J}}(t_{\mathrm{eq}}) = \frac{\pi}{6}\rho_{\mathrm{m}}(t_{\mathrm{eq}})\left(\frac{\pi c^4/3}{G a_{\mathrm{B}} T_{\mathrm{eq}}^4}\right)^{3/2} = \frac{\pi^{5/2}}{18\sqrt{3}}\frac{c^4}{G^{3/2}a_{\mathrm{B}}^{1/2}}\frac{1}{T_{\mathrm{eq}}^2} \tag{8.74}$$

만약 위의 상등식이 문제 8.10의 $1 + z_{eq} = 24\,000\ \Omega_0 h^2$ 적색편이 때에 일어났다고 하면, 다음과 같이 된다.

$$\mathcal{M}_{\mathrm{J}}(T_{\mathrm{eq}}) = 3.6\times 10^{16}(\Omega_{\mathrm{m}}h^2)^{-2}\mathcal{M}_{\odot} \tag{8.75}$$

이 값은 Virgo 은하단보다 100배나 많으며, 한 변의 길이가 $(50/\Omega_0 h^2)$ Mpc인 거대 입방체 내에서 오늘날 발견되는 질량 정도이다. 이것은 [그림 8.3]의 은하단 복합체나 매우 거대한 공동과 비슷한 공간적 규모다. $\mathcal{M}_J$ 미만 질량을 갖는 초과 밀도 지역은 바깥방향 복사 압력이 강하기 때문에 수축할 수 없다. 대신, 이온화된 가스를 포함하게 되고 작은 불규칙성이 감소되어 복사는 서서히 확산된다.

이 시기 이후로, 물질이 대부분의 질량과 에너지를 제공하며 복사로부터 대부분의 압력이 만들어진다. 그러므로 $\rho = \rho_{\mathrm{m}}$ 이지만 $p \approx c^2\rho_{\mathrm{r}}/3$ 이다. 물질과 복사가 혼합된 유체의 작은 공간이 단열 수축한다면, 우주 팽창에서처럼 물질 밀도의 변화 $\Delta\rho_{\mathrm{m}}$ 은 $\Delta\rho_{\mathrm{r}}$ 에 대해서 $4\Delta\rho_{\mathrm{m}}/\rho_{\mathrm{m}} = 3\Delta\rho_{\mathrm{r}}/\rho_{\mathrm{r}}$ 의 비율로 비례하게 된다. 따라서 음속은 다음과 같아진다.

$$c_{\mathrm{s}}^2 = \frac{\partial p}{\partial \rho} = \frac{c^2\Delta\rho_{\mathrm{r}}/3}{\Delta\rho_{\mathrm{m}}} = \frac{c^2}{3}\frac{4\rho_{\mathrm{r}}}{3\rho_{\mathrm{m}}} \propto \frac{1}{\Re(t)},\ \text{따라서}\ \lambda_{\mathrm{J}} = c_{\mathrm{s}}\sqrt{\frac{\pi}{G\rho_{\mathrm{m}}}} \propto \Re(t) \tag{8.76}$$

식 8.73의 Jeans 질량은 상수가 된다.

적색편이가 $z_{rec} \sim 1100$ 이고, 온도가 $T_{rec} \approx 3000K$ 이 되면, 수소 원자들은 재결합된다. 복사는 자유롭게 중성 물질들을 통과하며 더 이상 압력에 영향을 주지 않는다. 음속은 다음과 같은 물질의 음속만큼 감속한다.

$$c_{\mathrm{s}}(t_{\mathrm{rec}}) \approx \sqrt{\frac{k_{\mathrm{B}}T}{m_{\mathrm{p}}}} \approx 5\ \mathrm{km\,s^{-1}} \tag{8.77}$$

바로 직후, Jeans 질량은 다음과 같으며,

$$\mathcal{M}_{\mathrm{J}} = \frac{\pi}{6}\rho_{\mathrm{m}}\left(\frac{\pi k_{\mathrm{B}}T_{\mathrm{rec}}}{G\rho_{\mathrm{m}}m_{\mathrm{p}}}\right)^{3/2} \approx 5\times 10^4(\Omega_{\mathrm{m}}h^2)^{-1/2}\mathcal{M}_{\odot} \tag{8.78}$$

이는 갑자기 10^{14}의 비율로 감소한다.

$z \sim 100$까지 복사는 물질에 대한 열을 지속적으로 전달해주며, 온도는 일정하게 유지된다. Jeans 질량은 $\mathcal{M}_{\mathrm{J}} \propto T^{3/2}\rho_{\mathrm{m}}^{-1/2}$이며 복사가 $T_{\mathrm{r}} \propto \Re^{-1}$로 식기 때문에 $\mathcal{M}_{\mathrm{J}}$를 일정하게 유지하기 위한 밀도 ρ_{m}의 감소를 일으킨다. 만약 처음 밀집된 물질들이 구상 성단과 비슷한 정도의 질량으로 형성되었다면, 결과적으로 더 크게 성장하고자 병합하게 된다. 더 이상 열을 공급받지 못할 때, 물질은 $T_m \propto \Re^{-2}$에 따라 차가와진다. 왜 그런지 알기 위해서, 온도와 부피에 대한 이상 기체 법칙을 생각하거나, 식 8.54에 따라서 팽창이 원자의 무작위 속력을 감소시킴을 생각하면 된다. 따라서 재결합 후 Jeans 질량은 더욱 감소하며, 가스 압력은 은하 크기의 어떠한 천체의 수축에도 영향을 미치지 못할 만큼 약하게 된다.

그러나 너무 작아서 재결합 이전 성장할 수 없는 은하나 은하단의 크기의 천체를 어떻게 만들 수 있을까? 식 8.57로부터 밀도가 평균을 넘어서는 비 δ가 $t^{2/3}$ 또는 $\Re(t)$로 시간에 따라 증가함을 알 수 있다. 현재 이전에 $\delta \geq 1$이 되기 위해서는 $z_{\mathrm{rec}} = 1100$에서 $\delta(t_{\mathrm{rec}}) \geq 10^{-3}$이 필요하다. 그러나 [그림 8.14]의 가장 큰 최고점을 제외하고는 $\Delta_T < 50\,\mathrm{mK}$ 또는 평균 온도의 2×10^{-5}이 된다. 이것은 너무 작다. 그렇다면 우리는 어떻게 오늘날의 은하나 은하단을 볼 수 있는 것일까?

8.5.2_ WIMPs

암흑 물질은 양성자나 중성자보다 현저하게 무겁다. 비록 이 입자들을 아직 발견하지 못했지만, 암흑 물질은 아마도 약하게 상호작용하는 질량의 입자(WIMPs)로 구성되어 있을 것이다. 뉴트리노같이 WIMPs는 강한 상호 작용과 전자기적 상호작용이 적고, 암흑적이지 않을 수 있으며, 매우 작지만 질량은 0이 아니다. 바리온과 달리 복사 압력에 영향을 받지 않기 때문에 초기에 WIMPs는 은하 크기의 덩어리로 수축할 수 있다.

이 수축을 설명하기 위해 Jeans 길이와 Jeans 질량에서 사용했던 것과 같은 계산을 밀도 ρ_{w}와 전형적인 무작위 속도 c_{w}를 가진 WIMPs에 대해 적용할 수 있다. 식 8.73 대신, 밀도가 높은 지역이 매우 작은 운동 에너지를 가지고 있으며 아래보다 더 큰 질량을 포함하고 있을 때 수축함을 알 수 있다.

$$\mathcal{M}_{\mathrm{J,\,wimp}} = \frac{\pi}{6}\rho_{\mathrm{w}}\left(\frac{\pi c_{\mathrm{w}}^2}{G\rho_{\mathrm{w}}}\right)^{3/2} \tag{8.79}$$

상대론적 WIMP의 경우, 이들의 Jeans 질량은 크고 복사 우세 시기에서처럼 시간에 따라 증가한다. WIMP가 광속으로 뻗어나감에 따라 수축이 활발하게 일어나고 있지

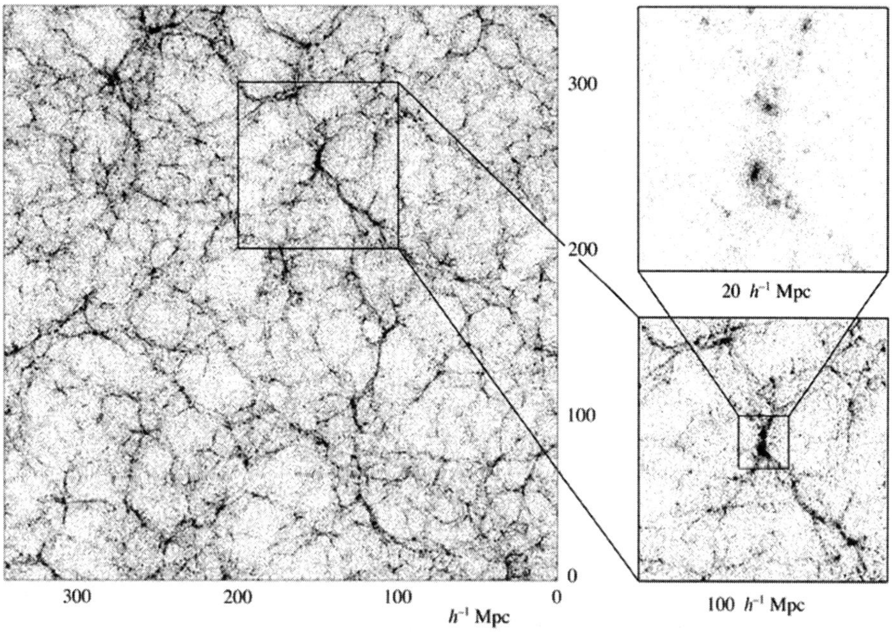

[그림 8.16] 차가운 암흑 물질을 포함한 중력적 N-체 모의 실험 결과의 $20h^{-1}$ Mpc 두께 단면의 오늘날의 모습. 옆의 그림은 밀도가 큰 지역을 확대해서 본 것이다. 은하군은 이러한 '암흑 헤일로'에서 형성된다. – D. Weinberg.

않은 약간 고밀도 지역은 쉽게 흩어진다. 문제 8.14의 지평선 규모보다 작은 모든 구조들은 이 방법에 의해 사라진다.

그러나 무작위 운동의 속력 c_{w}가 $c/\sqrt{3}$ 이하로 적절히 떨어지면, Jeans 질량이 감소하기 시작한다. 상대론적으로 움직임이 멈추는 시기에서의 지평선 규모보다 큰 모든 WIMP 덩어리가 이제 수축하기 시작한다. 급팽창이 k가 증가하는 멱함수 스펙트럼 $P(k)$을 가진 요동을 남긴 이래로, 이보다 큰 덩어리는 가장 큰 밀도를 가질 것이다. WIMPs가 무거울수록 상대론적으로 움직임이 멈출 때의 지평선 크기는 작아지고 이때 형성된 구조들은 더 작아지고 밀도가 커질 것이다.

수 eV를 가진 질량의 뉴트리노들은 지평선의 공변 크기가 $\sim 16(h^2\Omega_{\mathrm{m}})^{-1}\mathrm{Mpc}$이 되는 t_{eq}일 때까지 상대론적으로 남는다. 이러한 빛 입자들을 *뜨거운 암흑 물질*이라 부른다. 암흑 물질이 뜨거우면, 은하나 심지어 은하단 같이 작은 물질이 어떻게 생성되었는지를 이해하는 데 어려움이 따른다. 물질과 복사가 같아지는 시간 t_{eq} 훨씬 이전에, 음속 c_{w}가 광속보다 작은 질량이 충분히 큰 WIMPs를 *차가운 암흑 물질*이라고 한다. 가장 일반적인 WIMP 후보는 $\geq 1\,\mathrm{GeV}$의 질량을 가지고 있다. 지평선 내 질량 $\mathcal{M}_{\mathrm{H}}(\mathrm{WIMP})$가 $\mathcal{M}_{\odot}$보다 작으며 대폭발 후 10^{-6}s인 $T < 10^{13}$K일 때 WIMPs의 무작위 운동이 광속 아래로 떨어진다.

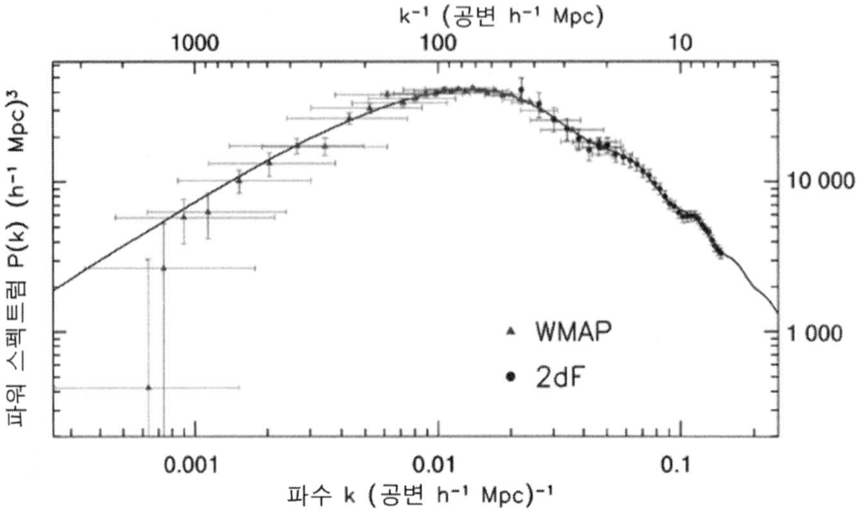

[그림 8.17] WMAP의 자료(삼각형)와 2dF 은하 탐사(점)를 파워 스펙트럼 $P(k)$를 구하기 위해 합쳤다. 곡선은 기준 우주론과 비슷한 편평한 우주 모형 $(k=0)$에서의 예측이다. $k \approx 0.1$에서의 구불구불한 선은 너무 작아서 WMAP에서 관측이 안 되는 ~ 10 Mpc 규모에서의 최대 음파이다. – A. Sanchez: b5 모형, *MNRAS*, 355, 189(2006).

축소하는 WIMP 구름으로부터 복사가 탈출할 때, 복사는 일반적인 물질을 포함하게 된다. 그러므로 이들은 재결합 시기에 상당히 균일하게 퍼져야 하며 우주 배경 복사의 온도는 전 하늘에서 거의 동일해진다. 재결합 시기에, 물질은 중성이 되고 복사압으로부터 자유로워지며, 이미 밀집된 WIMP 덩어리로 떨어진다. 일반적인 물질의 밀도 요동은 식 8.57에서 허용되는 것보다 더 빠르게 증가하며, 은하나 은하단을 만들어 낸다.

암흑 물질이 차갑다면, 작은 조각들의 연속적 병합으로부터 은하들이 생성될 것이다. 은하가 초기에 형성된 후, 은하단이나 더 큰 구조를 형성하기 위해서 서로 뭉치기 때문에 이를 *상향식 모형*이라 부른다. [그림 8.16]은 팽창하는 우주 내에서 차가운 암흑 물질의 초기의 작은 요동을 중력이 증폭시키는 방법에 대한 중력적 N-체 모의 실험의 결과를 보여준다. 그림은 현재에 해당되는 계산 단계를 보여준다. 필라멘트 구조의 우주적 거미줄과 연결된 밀도가 높은 작은 구조들과 큰 구조의 규모를 축소시킨 듯한 밀도가 커 보이는 작은 구조들이 풍부하게 많음을 알 수 있다. 그림 옆의 박스 그림에서 보이는 가장 밀집된 지역은, 확장을 멈추고 다시 자체 수축하는 경우이다. 밝은 은하들로 이루어진 은하단을 형성하기 위해서 냉각된 가스가 그 지역에 축적된다.

[그림 8.17]은 오늘날의 물질의 파워 스펙트럼 $P(k)$를 측정하기 위해, [그림 8.14]의 WMAP의 정보와 [그림 8.3–8.5]에 2dF 은하 탐사의 정보를 결합시킨 것이다. 기준 우주론과 비슷한 모형을 사용하여 Sanchez 박사는 우주 배경 복사에서의 불규칙성

으로부터 WIMP와 바리온 물질의 분포가 시간 t_{rec}에서 있어야만 한다는 결론을 도출하였다. 그런 다음, 식 8.57에 따라 바리온 물질이 안으로 떨어지는 동안 WIMP의 밀집도가 어떻게 더 커지는 지를 계산하였다. 결과는 겹치는 영역에서의 2dF 탐사의 은하들로부터 측정된 $P(k)$와 일치하였다. 이와 같은 규모에서, 밝은 은하들은 암흑 물질과 같은 방식으로 분포되어 있으며 이들은 모형 곡선에 의해 잘 설명이 된다. 과연 이로서 우주론의 모든 문제를 풀었다고 할 수 있을까? 어떤 사람들은 Friedmann 공식에 삽입되어 있는 항인 암흑 에너지의 물리적 이해에 대해 기대를 가진다. 그러나 이 장에서 다루고 있는 거대 구조에서는 기준 우주론과 기준 초기 요동은 우리가 관측할 수 있는 것들을 잘 설명할 수 있다.

8.5.3_ 은하와 은하단은 얼마나 빠른 시기에 형성되었을까?

은하 또는 은하단이 오늘날의 밀도가 되기 위해서 걸리 시간을 구하기 위해, 고밀도 원시 은하단을 균일한 구로 간주하는 '상모' 모형을 사용한다. 균일한 우주에서, 구 외부의 물질은 내부에 어떠한 영향을 줄 수 없다. 따라서 우리는 자유롭게 구를 주변보다 밀도가 높게 또는 낮게 만들 수 있으며 Friedmann 공식은 여전히 성립된다. 아래의 문제에서, 식 8.26을 사용하여 일반적인 지역보다 밀도가 커 은하나 은하단이 될 지역의 수축을 실험해 본다.

문제 8.30 우주가 물질이 우세한 시기를 시간 t_0라 하고 구형의 원시 은하단에서 $\Omega_{\mathrm{m}} > 1$이라 하사. 8.26에 대입하여, 아래의 모수화식이 해를 포헌함을 보여라.

$$\frac{\mathfrak{R}(t)}{\mathfrak{R}(t_0)} = \frac{\Omega_{\mathrm{m}}}{2(\Omega_{\mathrm{m}}-1)}(1-\cos\eta), \qquad (8.80)$$
$$H_0 t = \frac{\Omega_{\mathrm{m}}}{2(\Omega_{\mathrm{m}}-1)^{3/2}}(\eta-\sin\eta)$$

(이것은 $e=0$에 대해서 4.5절의 식 4.24와 같은 것이다. 왜 그런가?) *회귀 시간* $t_{\mathrm{ta}} = \pi\Omega_{\mathrm{m}}/[2H_0(\Omega_{\mathrm{m}}-1)^{3/2}]$에서 $\eta=\pi$일 때, $\mathfrak{R}(t)$가 가장 큼을 보이고, $2t_{\mathrm{ta}}$에서 구가 높은 밀도로 수축힘을 보여라.

t_0에서, 밀집된 지역이 주변과 동일한 속도로 팽창하고, t_0가 식 8.27에 적용할 정도로 초기라고 가정하자. $\mathfrak{R}(t) \propto t^{2/3}$이므로 $\rho(t) \propto 1/t^2$과 $t_0 H_0 = 2/3$이 된다. 문제 8.16의 결과를 사용하여, t_0와 t_{ta} 사이의 구 외부의 밀도 ρ_{out}이 다음과 같이 떨어짐을 보여라.

$$\frac{\rho_{\mathrm{out}}(t_{\mathrm{ta}})}{\rho_{\mathrm{out}}(t_0)} = \left[\frac{9\pi^2}{16}\frac{\Omega_{\mathrm{m}}^2}{(1-\Omega_{\mathrm{m}})^3}\right], \text{ 반면 내부는 } \frac{\rho_{\mathrm{in}}(t_{\mathrm{ta}})}{\rho_{\mathrm{in}}(t_0)} = \left(\frac{\Omega_{\mathrm{m}}-1}{\Omega_{\mathrm{m}}}\right)^3 \qquad (8.81)$$

그러므로 $\rho_{\text{in}}(t_{\text{ta}})/\rho_{\text{out}}(t_{\text{ta}}) = (3\pi/4)^2$이다. 회귀하여 수축되기 시작할 때, 이 구의 밀도는 대략 주변의 밀도보다 5.6배 높다.

식 3.23의 자유 낙하 시간이 일정한 밀도의 구 내의 모든 입자들에 대해 동일한 것처럼, 수축 시간 $2t_{\text{ta}}$는 이 구내에서 동일하다. 그러므로 간단한 모형에서, 모든 입자들은 동시에 중심에 도착한다. 실제 우주에서, 이러한 현상을 방지하기 위해 입자들은 작은 무작위 운동을 가지고 있다. 오늘날의 암흑 물질과 항성들이 비리얼 평형에 놓이게 될 때 이들은 *급격한 이완*(6.2절 참조)을 겪을 것이다. 가스는 수축될 때 열을 복사함으로서 에너지를 잃을 것이다. 원시 은하단이 평형에 놓여 있다면 비리얼 정리로부터 이것의 에너지는 $\mathcal{E}_1 = P\mathcal{E}_1 + K\mathcal{E}_1 = -P\mathcal{E}_1/2$임을 알 수 있다. 최종 에너지 $\mathcal{E}_1$은 시간 t_{ta}의 정지 상태의 전체 에너지 $\mathcal{E}_0 = P\mathcal{E}_0$보다 클 수 없다. 팽창과 수축은 균형을 이루며 $P\mathcal{E}_1 < 2P\mathcal{E}_0$이 된다.

문제 8.31 **항성으로 이루어진 은하의 위치 에너지 $P\mathcal{E}$에 대한 식 3.33을 사용하여, 항성들 사이의 거리가 f의 비로 줄어든다면, 밀도가 $1/f^3$으로 증가하며 $P\mathcal{E}$가 $1/f$로 증가함을 보이시오.**

수축이 동일하다는 매우 간단한 가정을 한다면, 입자들 사이의 모든 거리는 같은 비로 줄어들 것이다. 문제 8.31은 원시 은하단의 마지막 반경이 회귀시 반경의 반보다 클 수 없고 밀도는 최소 8배 정도 큼을 보여준다. 동시에 우주는 계속 팽창하고 평균 밀도는 t_{ta}후로 적어도 4배 감소한다(왜 그런가?). 따라서 비리얼 평형에 이를때, 은하단의 밀도는 근방의 우주의 임계 밀도보다 $4 \times 8 \times 5.6 \approx 180$배 더 높아진다(문제 8.2 참조). 은하단에서, 평균 밀도가 임계 밀도보다 200배 큰 곳의 반경을 r_{200}이라 정의하며, 이것은 *비리얼 반경*이라고도 한다. 큰 반경에서 은하단은 아직 이완되지 않아 비리얼 평형 상태가 아니다. 심지어 이완 핵조차도 새로운 은하가 은하단에 합류하면서 이를 통과하여 떨어질 때 교란을 받는다.

언제 은하와 은하단이 생성되는지를 계산하기 위하여 '상모' 모형을 사용할 수 있다. 태양의 궤도 내에서 우리 은하의 밀도의 평균은 $10^5\rho_{\text{crit}}$이다. 따라서 $2t_{\text{ta}}$에서 수축할 때, *평균* 우주 밀도는 현재의 임계 밀도의 500배에 지나지 않는다. $\Omega_{\text{m}} = 0.3$이므로 현재의 평균 밀도의 1700배에 해당한다. 이 평균 밀도는 $(1+z)^3$에 따라 바뀌므로 수축은 $(1+z) \le (1700)^{1/3} \approx 12$에서 일어난다. 가스가 에너지를 방출하므로, 이 시간은 더 늦어지며, 비리얼 정리의 예측보다 더 밀도가 커지게 된다. 그러나 더 이상 이른 시간에는 일어날 수 없다.

문제 8.32 문제 7.7에서 알 수 있듯이, Virgo 은하단의 핵에서 밝은 은하들은 우주 평균보다 2500배나 더 밀집되어 있다. 은하단 내에 암흑 물질과 밝은 물질이 잘 혼합되어 있다면 은하단의 핵이 적색편이 $z=1.3$ 전에는 모여 있지 않음을 보여라. 문제 6.4로부터 NGC 1399의 중심 지역이 어느 시기에 모이기 시작했는가?

8.5.4_ 우주론 모형 연구를 위한 은하

차가운 암흑 물질을 가진 기준 우주론이 실제 은하들을 얼마나 잘 설명하는가? 이것의 가장 큰 성공은 은하들의 분포는 울퉁불퉁한 반면, 우주 배경 복사는 왜 균일한가에 대한 설명이다. 심지어 불균일성을 기술하는 [그림 8.17]의 파워 스펙트럼 $P(k)$까지 설명할 수 있다. 이 파워 스펙트럼은 [그림 8.6]에서 보았듯이 가장 작은 물질의 작은 덩어리가 현재 가장 밀집되어 있음을 요구한다. 문제 8.30은 이들이 처음으로 팽창을 멈추고 자체 수축함을 보여준다. 따라서 모든 은하들이 초기에 항성을 생성했을 밀도가 매우 높은 지역을 포함하고 있을 것이라 예측할 수 있다. 우리 은하군의 왜소 은하들에 대한 설명이 있는 4.4절에서 보았듯이 심지어 매우 작은 은하들도 어느 정도 늙은 항성을 가지고 있어야 한다.

가장 최근에 수축한 구조들은 초기에 형성된 것들보다 크며 밀도가 낮아야 한다. 임계 밀도에 대해서 식 8.21을 사용하면, 비리얼 반경 r_{200} 내에서 측정된 질량 $\mathcal{M}_{200}$을 계산할 수 있다.

$$\mathcal{M}_{200} = \frac{4}{3}\pi r_{200}^3 \times 200\rho_{\mathrm{crit}} = \frac{100\, r_{200}^3 H^2(t)}{G} \tag{8.82}$$

반면 이 반경에서의 원 궤도의 속도는 다음과 같다.

$$V_{\mathrm{c}}^2(r_{200}) = \frac{G\mathcal{M}_{200}}{r_{200}}, \text{ 따라서 } \mathcal{M}_{200}(t) = \frac{V_{\mathrm{c}}^3(r_{200})}{10GH(t)} \tag{8.83}$$

그러므로 반경 r_{200} 근방의 회전 속도 또는 무작위 속도를 측정한다면(또는 이 반경 내에서 이들이 심하게 바뀌지 않는다면), 질량과 광도는 측정된 속도와 함께 급격하게 증가할 것이다.

이와 같은 형태를 원반 은하에 대한 Tully-Fisher 관계([그림 5.23])와 타원 은하에 대한 기준 평면([그림 6.13]), 그리고 은하단 내 가스에 대한 온도와 X 선 광도 사이의 관계([그림 7.12])에서 찾을 수 있다. 과거에 Hubble 변수 $H(t)$가 더 크기 때문에 온도와 속도가 주어진 질량과 광도에 대해 더 클 것이다. [그림 6.13]은 이 효과를 보여주며 [그림 7.12]에서는 $z \sim 1$에서의 은하단이 우리 주변 은하들과 같은 관계를 따른다. [그림 8.16]과 같이 모의 실험에 가스를 첨가하면, 질량과 회전 속력에 의존하는 Tully-Fisher 관계를 따르는 모형 은하의 결과로 된다. 그러나 은하들은 큰 거리로부터의 충분한 가스를 모을 수 없기 때문에 원반은 매우 적은 각 운동량을 가지며 반경은 매우 작다.

[그림 8.17]의 $P(k)$의 기울기는 작은 물체가 큰 것들보다 더 많음을 보여준다. 가장 작은 값은 대략 태양 질량 정도를 가지며, 이는 WIMP의 무작위 운동이 광속 근처로 떨어지는 지평선 내의 질량 $\mathcal{M}_{\mathrm{H}}(\mathrm{WIMP})$ 이다. 우리 은하와 같은 은하의 헤일로는 떨어져 나간 대부분의 수천 개의 작은 물체들이 병합하여 만들어진 것이다. 상대적으로 늦게 떨어진 것들이 오늘날의 위성 암흑 헤일로라는 뚜렷한 물체로 살아남는다. [그림 8.16]에서의 모형과 같이 우리 은하 크기의 암흑 헤일로는 $V_{\mathrm{c}} > 10\,\mathrm{kms}^{-1}$을 만족하는 질량을 가진 암흑 위성을 ~ 300개정도 포함하고 있다. 그러나 실제 우리 은하는 10개 정도의 또는 어느 정도 밝은 위성들을 가지고 있다. 지평선 내의 질량이 $\mathcal{M}_{\mathrm{H}}(\mathrm{WIMP}) \geq 10^{9}\mathcal{M}_{\odot}$일 때까지 무작위운동이 상대론적으로 남는 따뜻한 암흑 물질을 선택하면 가장 큰 위성들을 제외한 모든 것을 없애버린다. 입자 물리학의 어떤 이론은 이 특성을 가지며 질량 $\sim 1\,\mathrm{keV}$를 가진 '중성 뉴트리노'를 포함한다. 다른 가능성들은 이들의 몇 개의초기 항성들이 모든 남아있는 가스를 암흑 헤일로 밖으로 보내버리거나, 격렬한 처음 은하의 자외선이나 X 선 방출이 가스를 데워 새로운 항성을 만들 수 있을 만큼 차가워 지지 못하게 하는 것이다. 그렇다면 우리 은하는 10개의 밝은 위성을 가지고 있으며 290개의 암흑 위성을 가지고 있을 것이다.

이와 같은 설명의 어려움을 가지고 있는 또 다른 문제는 우주 역사에서 매우 초기에 큰 은하들을 볼 때이다. 9.4절에서 무거운 은하들이 대폭발 후 2 Gyr 전, $z \geq 3$에서 $10^{12}\mathcal{M}_{\odot}$의 암흑 물질보다 많은 것에 해당하는 $10^{11}\mathcal{M}_{\odot}$의 항성 이상을 생성하는 것에 대해 알아 볼 것이다. 차가운 암흑 물질의 기준 모형은 이러한 초기 '괴물'은하들이 극소수라 예측한다. 아직은 이 모형이 관측과 충돌을 일으키는 지에 대해서는 확실하지 않다.

암흑 물질이 차갑다면, 모든 은하들은 매우 밀도가 높은 핵을 가지고 있어야 한다. [그림 8.6]은 거리지수 R에서의 밀도 편차 σ_R이 작은 R에서 또는 큰 k에서 증가함을 보여준다. 따라서 수축하는 첫 번째 영역은 가장 작을 것이며 가장 밀도가 클 것이다. 식 8.83으로부터 $H(t)$가 크기 때문에 영역 내의 입자의 속도가 낮을 것임을 알 수 있다. 그러므로 이 처음의 천체들의 위치와 속도는 단단하게 모여 있으며 위상 공간에서의 밀도는 크다. [그림 8.16]과 같은 모의 실험은 은하가 생성되는 것처럼 어떤 물체들이 매우 밀도가 높은 중심으로 떨어짐을 보여준다. WIMP의 밀도는 $1 \leq \alpha \leq 1.5$일 때 $\rho_w \propto r^{-\alpha}$을 따른다. 식 3.24의 Navarro-Frenk-White 모형은 이 중심 *집중* 현상을 설명하기 위해 만들어 졌다. 은하단 내 왜소 은하들의 많음([그림 7.8] 참조)은 이들이 조석력에 의해 찢어지지 않기 위해서 매우 단단하며 밀도가 높음을 보여준다. 그러나 우리가 관측하는 항성들은 WIMP가 그렇듯이 이 모형이 요구하는 것처럼 밀집되어 있지 않다. [그림 5.21]의 나선 은하의 회전 곡선 또한 ρ_w의 형태가 따르는 것보다 더 완만하게 증가한다.

은하의 중심이 일반적인 바리온 물질을 대부분 포함하고 있으며, 가스의 물리학이 복잡하다는 사실은 알지만, 우리 은하 내에서 지역적으로 형성된 항성의 질량을 어떻게 예측하는지는 모른다. 그러므로 우리가 은하들이 어떻게 형성되었는지를 정확하게 계산하기 위해 기초적인 물리를 사용할 수 없다는 사실은 놀랄만한 일이 아니다. 다음 장에서는 멀리 있는 우주 관측과, 우리은하가 원반을 형성하기 전 8-10 Gyr 이전, 그리고 가장 오래된 항성이 태어나기 이전의 은하와 원시 은하 가스의 관측으로 알 수 있는 것을 알아보겠다.

9. 활성 은하 핵과 은하의 초기 역사

이 장에서는 활성 핵을 가지고 있는 은하들에 논하기로 한다. 활성 핵은 은하의 중심부에 위치하며 항성이나 항성으로 인해 뜨거워진 가스로부터의 방출이 아닌 매우 많은 복사광이 관측된다. 활성 핵은 대부분의 은하들이 방출할 수 없는 영역, X선, γ선, 전파 영역을 포함한 전자기파 스펙트럼의 전 영역에서 강하게 방출된다. 그 중 가장 강하게 전파를 방출하는 퀘이사는 모 은하 전체를 밝게 비출 정도로 많은 빛을 방출한다. $10^{12}L_\odot$ 이상의 광도를 가진 많은 퀘이사들이 관측 가능한 우주 대부분의 영역에 걸쳐 관측될 수 있을 정도로 밝다. 그러나 방출 파장 영역은 태양보다 넓지 않으며 활성 은하의 에너지의 근원은 중심의 블랙홀로 낙하하는 가스에서 방출되는 에너지이다. 퀘이사와 같은 매우 밝은 활성 은하 핵은 우주가 현재 나이의 $20\%-40\%$ 정도일 때가 현재보다 더 많다. 따라서 핵에서의 활동은 은하 초기의 특성으로 보인다.

많은 밝은 퀘이사에서, 핵으로부터 나오는 좁은 제트 쌍이 보인다. 이들은 유입하고 있는 물체의 주변 원반에서 형성되는 강한 자기장에 의해 방출되고 좁게 유지된다. 어떤 경우에는, 제트들이 광속보다 빠른 속도로 바깥쪽으로 움직이는 듯이 보인다. 이것은 환영으로서, 실제 움직임은 광속에 가깝지만 빠르지는 않다. 9.2절에서 이러한 현상과 항성과 비슷한 질량의 물체인 마이크로 퀘이사에서 나오는 '초광도' 제트에 대해 알아볼 것이다. 마이크로퀘이사는 쌍성계에서 질량을 부착하는 중성자 별과 블랙홀과 매우 무거운 항성의 마지막 폭발에서의 γ 선 폭발에 해당한다.

9.3절에서 스펙트럼에서 흡수선을 만들어내는 먼 은하나 퀘이사와 우리 사이의 가스를 다룰 것이다. 흡수 물질 대부분은 퀘이사로부터 매우 멀리 떨어져 있고, 우리의 시선 방향에 위치하고 있다. 밀도가 높은 가스는 은하의 외부에 있는 것으로 보이는 반면, 우주 평균 밀도보다 단지 몇 배 정도 큰 밀도를 가진 희박한 물질들은 암흑 물질로 이루어진 필라멘트 구조의 '우주적 거미줄'을 따를 것이다. 놀랍게도, 이 가스가 은하로부터 매우 멀리 있다고 하더라도 가스는 우주 초기의 수소와 헬륨으로 이루어 진 것이 아니라 항성의 핵융합반응의 결과의 무거운 원소에 의해 오염된 것이다.

이 마지막 장의 마지막 절에서는, 오늘날의 은하들이 초기의 수소, 헬륨 함량으로부터 어떻게 바뀌었는지에 대한 질문으로 돌아갈 것이다. 대략 지금으로부터 대폭발 시점 중간 지점에서, 비록 은하들 내 항성 생성이 지금보다는 활발하게 일어났겠지만 이들은 아주 정상적으로 보일 것이다. 적색편이 $z \sim 2$ 후로 이들은 격렬하게 항성을 생성하였으며 먼지도 많았을 것이다. 따라서 더 이상 [그림 1.11]의 분류를 따르지 않을 것이다. 관측된 가장 멀리 있는 구조는 대폭발 이후 십 억년 내인 $z \sim 6$에서 보인다. 적외선 영역과 밀리미터 파 지역의 새롭고 더 좋은 망원경들이 은하의 탄생에 대해 더 정확한 모습을 보여 줄 것이다.

9.1 활성 은하 핵

Twinkle, twinkle, little star,
We know exactly what you are:
Nuclear furnace in the sky
You'll burn to ashes, by and by.
But twinkle, twinkle, quasi-star,
Biggest puzzle from after;
How unlike the other ones,
Brighter than a trillion suns.
Twinkle, twinkle, quasi-star,
How we wonder what *you* are ...

G. Gamow and N. Calder

많은 활성 은하핵들은 가시광선, 자외선, X선 파장 영역에서 매우 밝은 빛을 방출한다. 어떤 은하핵들은 이 스펙트럼 파장 영역에서 그들이 속한 모 은하보다 많이 어둡지만 전파 영역에서 밝은 빛을 방출한다. 매우 작은 영역에서 큰 에너지를 방출한다는 것과, $> 0.1c$의 속도를 가지고 있으며 상당히 큰 상대론적 내부 운동을 가지고 있다는 점이 그들의 공통적인 특징이다.

퀘이사의 가시광과 자외선 스펙트럼은 전형적으로 보통의 밀도를 갖는 가스들의 방출선의 특징인 넓고 강한 방출선을 방출한다([그림 9.1]). 방출선의 두께는 도플러 편이와 연관된 것으로 가스들이 약 $10{,}000\ \mathrm{km\,s^{-1}}$에 해당하는 속도로 움직이고 있다는 것을 의미한다. 이 방출되는 가스 구름의 속도는 대체로 몇 백 $\mathrm{km\,s^{-1}}$의 속도로 공전하는 은하의 항성들보다도 매우 빠른 것이다. 대부분의 활성 은하핵은 몇 달, 몇 일 혹은 몇 시간의 주기로 변광한다. 방출선 또한 몇 일, 몇 주의 주기로 강해지거나 약해지기도 한다. 넓은 방출선과 연속선 복사 모두 그 길이가 몇 광주도 안 되는 매우 작은 영역으로부터 나오는 것 이어야만 이러한 빠른 변광이 가능하다.

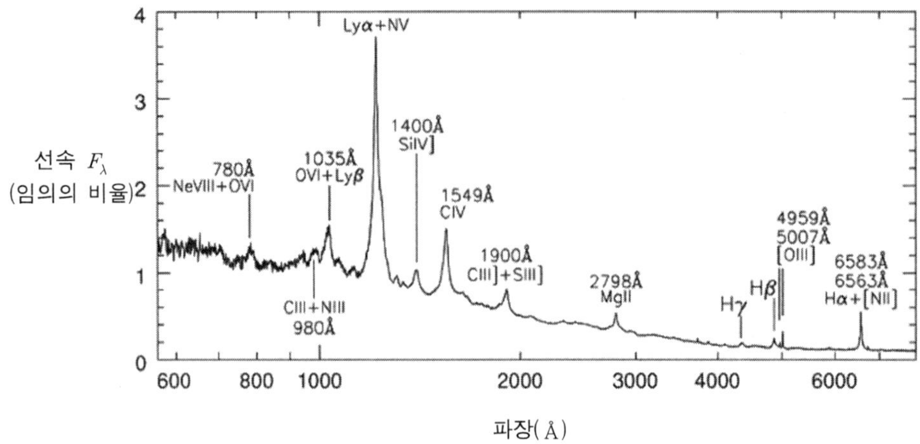

[그림 9.1] 전파를 내지 않는 평균 퀘이사의 자외선 및 가시광선 영역의 스펙트럼. – R. Telfer *et al.* 2002 ApJ, 565, 773

아주 큰 질량이 이 작은 부피에 압축되어있다. 식 3.20을 이용하여 넓은 방출선을 생성하는 가스운이 핵으로부터 벗어나지 않게 하는데 필요한 중력을 계산할 수 있다. $V \sim 10^4\ \mathrm{km\,s^{-1}}$에 해당하는 속도와 $r = 0.01$ pc, 즉 빛이 약 이 주 동안 가는 거리만큼의 반경을 가진 핵의 질량은 약 $\sim 10^8 \mathcal{M}_\odot$이다. 가까운 전파 은하 M87에서 중심의 10 pc 내의 질량은 $\sim 3 \times 10^9 \mathcal{M}_\odot$이다(문제 6.16 참조). 태양 1억 개에 해당하는 질량이 태양계보다 약간 큰 영역에 압축되어있는 유일한 천체는 *블랙홀*이다. 이를 이용하여 우리는 활성 핵이 *Schwarzschild 반경* R_s의 몇 배쯤 되는 작은 지름 내에서 그 에너지를 생성하고 있다고 추측할 수 있다. $\mathcal{M}_{BH}$에 해당하는 질량에서 Schwarzschild 반경은 다음과 같다.

$$R_s = \frac{2G\mathcal{M}_{BH}}{c^2} \approx 3 \times \frac{\mathcal{M}_{BH}}{\mathcal{M}_\odot}\ \mathrm{km} \tag{9.1}$$

문제 9.1 지구와 같은 질량을 가진 블랙홀의 반경은 $R_s \approx 1$ cm이며, 질량이 $\mathcal{M}_{BH} = 10^8 \mathcal{M}_\odot$인 블랙홀의 경우, $R_s \approx 2$ AU임을 보여라. 문제 5.15에서 언급되었던 세이퍼트 은하 NGC 4258에 있는 블랙홀의 Schwarzschild 반경 R_s를 계산하여라.

은하핵으로부터 방출된 넓은 방출선은 은하 분광학이 시작되었던 시기인 1907년에 처음으로 보고되었지만, 1943년에 이르러 체계적인 연구가 시작되었다. Carl Seyfert가 HII 영역을 이온화시키는 젊은 항성들의 광자보다도 더욱 에너지가 큰 광자에 의해서만 들뜰 수 있는 넓은 이온 방출선을 방출하는 핵을 가진 12개의 은하 목록을

[표 9.1] 일반적인 은하와 활동성 은하의 밀도

형태	지역적으로 (Gpc^{-3})	$z \sim 1$에서 ($^*Gpc^{-3}$)	$z \sim 2-3$에서 ($^*Gpc^{-3}$)	$z \sim 4-5$에서 ($^*Gpc^{-3}$)
밝은 은하: $L > 0.3L_\star$ ([그림 1.16])	7000000	20000000		
Lyman 감쇠 은하: $L > 0.3L_\star$			1000000	(300000)
LIRGs: $L_{FIR} > 10^{11}L_\odot$	30000	3000000		
ULIRGs: $L_{FIR} > 10^{12}L_\odot$	< 10000	2000000		
무거운 은하: $L > (2--3)L_\star$	400000[a]	200000[b]	(10000[c])	
세이퍼트 은하	100000			
전파 은하: $L_r > 2 \times 10^8 L_\odot$	1000			
X 선 AGN: $L_X > 8 \times 10^{10} L_\odot$	100		5000	
$L_X > 2.5 \times 10^9 L_\odot$	20000	100000	30000	
퀘이사: $L > 25L_\star$	90			
$L > 100L_\star$ ([그림 8.13])	20		600	50
강전파 퀘이사: $L_r > 5 \times 10^8 L_\odot$	4			
$L_r > 3 \times 10^{10} L_\odot$ ([그림 8.13])	0.004		0.6	0.05

*기준 우주론에서 공변의 Gpc^3 당 밀도, [그림 1.16]으로부터 $L_\star \approx 2 \times 10^{10} L_\odot$ 이다. ()안의 값은 3−5 배 정도 불확실하다.

[a]2dF 에서의 우리 은하들, [b]$z \sim 1.5$에서의 '붉고 죽은' 은하들, [c] 서브밀리미터 관측 은하.

출판하였다. 이 목록은 이후에 [그림 9.1]과 같이 넓은 방출선을 가진 *세이퍼트 1*과 약 $1000\ km\,s^{-1}$보다 작은 너비의 방출선을 가진 *세이퍼트 2*로 분류되었다. 세이퍼트 은하는 대부분 나선 은하이지만, Perseus 은하단에 중심에 위치한 거대한 cD 타원 은하인 NGC 1275도 세이퍼트 은하로 분류되었다([그림 7.9] 참조). [표 9.1]은 밝은 은하의 1% − 2% 가 세이퍼트 핵을 가지고 있음을 보여준다.

전파 천문학 연구가 꽃피기 시작한 1950년대에는 많은 전파 방출원들이 밝은 타원 은하와 관련되어 있다는 것이 밝혀졌고, 현재 이들은 *전파은하*로 분류된다. 대부분의 전파 은하에는 각각의 길이가 1 Mpc가량 되는 두 개의 강한 전파광의 로브가 은하 양 방향으로 뻗어나가고 있다. 이 전파 방출은 에너지를 가진 입자가 자기장을 지나면서 방출되는 *비열적 방출*이다. 몇 년 동안 어떤 은하는 강하고 작은 전파원 핵을 가지고 있고 어떤 것들은 거대한 전파 로브를 가진 것들이 발견되어 전파 천문학자들을 혼란스럽게 했다. 하지만 이후 발전된 전파 관측 장비들이 전파 은하 중심부에 작은 핵과 외곽의 로브가 밝은 직선 제트로 연결되어 있음을 밝혀냈다.

첫 번째 *퀘이사*(quasi−stellar radio source)는 이후 10여년에 걸쳐 은하가 없는 전파은하로서 발견 되었다. 퀘이사들은 가시광선 영역 관측에서 마치 항성과 같은 점광원으로 관측되었으나 그 적색편이가 크게 관측되었기 때문에, 우리 은하에 소속된 항성이 아닌, 거리가 수십억 파섹에 해당되는 매우 밝은 천체였다. 이후, 가시광선 관측에서는 마치 항성처럼 보이나 적외선, 자외선의 파장 영역에서는 상대적으로 강한 빛을 방출하는 천체를 찾아내는 과정에서 '전파광을 내지 않는' 퀘이사, 즉 오늘날 *QSO* (*quasi-stellar object*)로 분류되는 천체들이 발견되었다. 전파를 내지 않는 QSO들은 전파를 내는 퀘이사보다 적어도 30배 더 많지만, 두 천체 모두 같은 종류의 천체가 변형된 것으로 보이기 때문에 우리는 QSO가 퀘이사의 한 종류인 것으로 분류한다. 1980년대에 이루어진 가까운 퀘이사에 대한 정밀한 관측에 의하여 퀘이사는 사실 은하의 매우 밝은 핵인 것으로 밝혀졌다. 오늘날 대부분의 천문학자들은 퀘이사가 세이퍼트의 핵보다도 보다 강력한 것으로 보고 있다. 퀘이사의 광도는 매우 광범위하다. [표 9.1]은 가장 강한 것이 가장 희박함을 보여준다.

BL Lac 천체는 매우 약한 방출선을 보이는 퀘이사의 한 종류로서 활성 은하 핵의 가장 특이한 경우이다. 이들은 발견될 당시 변광성으로 여겨졌고 BL Lacertae라고 명명되었었기 때문에 이를 따라 BL Lac이라는 이름을 갖게 되었다. 이 천체로부터 오는 빛은 3시간 후에 그 광량이 2배가 될 정도로 며칠의 주기로 매우 빠르고 급격하게 변광한다. 전파, 가시광선 영역의 방출선 모두 강하게 편광 되어 있다. 이와 같은 변광의 성질을 가졌으나 더 강한 방출선을 보이는 퀘이사를 OVV(optically violently variable)이라고 한다. 이 OVV와 BL Lac를 통틀어 *블레이저*라고 부른다. 모든 블레이저는 전파광을 낸다. 총 방출 광량은 $10^{14}L_{\odot}$으로, 모든 방향으로 똑같은 광량의 빛을 방출한다면 온 우주를 통틀어 가장 밝은 천체이다. 그러나, 블레이저는 모든 방향으로 같은 광량의 빛을 방출하지 않는다. 그 이유는 다음 절에서 설명하도록 하겠다.

모든 활동성 핵은 가스가 블랙홀에 낙하하며 그 위치에너지를 방출하는 것과 동일한 원리로 에너지를 방출한다고 여기고 있다. 다음 절에서 그 위치 에너지가 우리가 관측하는 복사광으로 전환되는 물리적 과정을 간단히 설명하고, 하나의 기본 모형이 우리가 관측하는 활성 핵의 다양성을 어떻게 설명할 수 있는지를 논하기로 하겠다.

더 읽어보기

B. M. Peterson, 1997, *Active Galactic Nuclei*(Cambridge University Press, Cambridge, UK) 는 관측들을 정리하였다. 전파 은하에 대해서, B. F. Burke 와 F. Graham-Smith, 1997, *An Introduction to Radio Astronomy*(Cambridge University Press, Cambridge, UK). 이에 해당되는 물리를 이해하기 위해서, M. S. Longair, *High Energy Astrophysics*, 2nd edition: Volume 1, *Particles, Photons and Their Detection* 1992; Volume 2, *Stars, the Galaxy and the Interstellar Medium* 1994(Cambridge University Press, Cambridge, UK). 대학원생 수준의 책은 F. H. Shu, 1991, *The Physics of Astrophysics*, Volume 1: *Radiation*(University Science Books, Mill Valley, California)

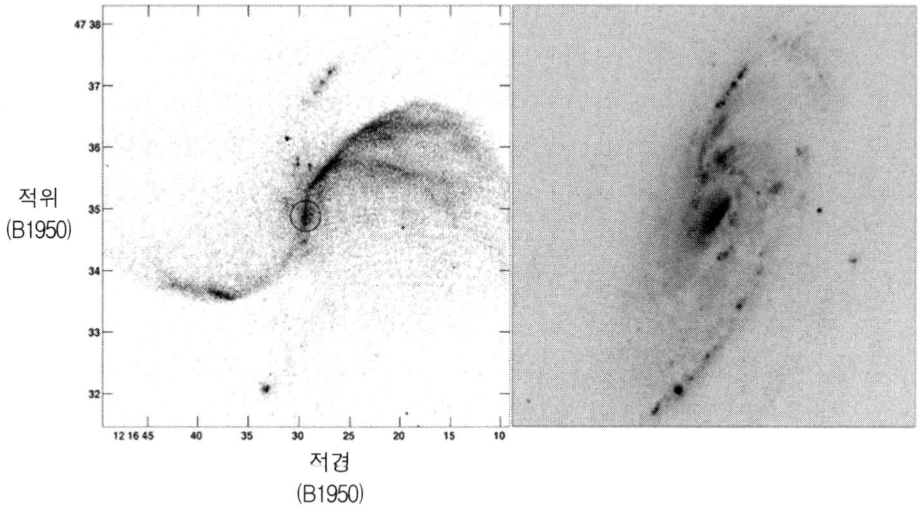

[그림 9.2] 세이퍼트 2 은하인 NGC 4258(Sbc). 왼쪽, 20cm 전파 관측 지도이며 중심핵으로부터 동서 방향의 로브로 뻗어나가는 전파 플라즈마로 연결되는 반대 방향의 두 개의 제트와, 나선팔 상에 위치한 HII 영역이 보인다. 오른쪽 그림은 3700Å의 U 파장 영역 관측으로 중심에 밝은 핵과 나선팔에 위치한 젊은 항성으로 보이는 밝은 광원들이 보인다. $d \approx 7\,\mathrm{Mpc}$에 위치하며, 사진 상에서 $1' = 2\,\mathrm{kpc}$이다. – G. Cecil.

9.1.1_ 세이퍼트 은하

[그림 9.2]는 세이퍼트 2 은하인 NGC 4258를 나타낸다. 가시광선 영역에서 이 은하는 Sbc로 분류되는 나선 팔과 밝은 핵을 보인다. 하지만 전파 영역에서는 나선팔의 혹처럼 보이는 구조에서 방출선이 보이며, 중심핵으로부터 양 방향으로 뻗어나가는 두 개의 제트도 'S'자의 휘어진 형태로 관측되며, 은하의 양 쪽 끝에는 두 개의 밝은 로브가 보인다. 중심핵은 전파, X선 영역에서 모두 점광원의 형태로 관측된다. 전파 방출선은 강하게 편광 되어 있으며, 이는 *싱크로트론 복사*로, 전자들이 빛의 속도와 비슷한 속력으로 자기장 주변에서 나선형으로 움직이고 있다는 증거이다. 이 은하의 전파 제트는 매우 강하며, 가시광과 자외선 영역에서 방출선을 관측할 수 있는 이온화된 가스의 나선형 제트와 겹쳐진다. NGC 4258은 세이퍼트 은하의 두 가지 공통적인 특성을 보이고 있다. 첫째는 항성에 기인하지 않는 방출선이며, 두번째는 물질과 에너지의 유출이다. 5.5절에서 언급했던 것처럼, 빠른 회전을 하는 작은 원반부로 둘러싸인 핵에는 $10^7\mathcal{M}_\odot$이 넘는 블랙홀이 위치할 것이다. 세이퍼트 은하와 퀘이사는 가시광선 영역뿐만 아니라 X선, 적외선, 자외선 영역에서도 강한 빛을 방출하지만, 대부분 강한 전파원 아니다. 이 은하들의 νL_ν량은 적외선에서 X선 영역까지 거의 동일한 값을 갖는다. 주파수 증가에 따르는 각 범위에서 방출되는 에너지는 10배수로 증가하게 되면서 같은 에

너지를 내게 된다. 광도는 γ선 영역에서 $\sim 100\,\mathrm{keV}$보다 많이 떨어진다. 적외선에서 X선까지의 영역에서 세이퍼트 2 핵은 세이퍼트 1 핵 보다 덜 밝지만 γ선 영역에서는 비슷한 에너지를 방출한다. 세이퍼트 핵의 등급은 $M_V \gtrsim -22.5$, 즉 $L \lesssim 10^{11} L_\odot$이다. 이보다 더 밝은 천체들을 퀘이사로 분류한다. X 선의 밝기는 $\sim 2 \times 10^8 L_\odot$에서부터 $10^{11} L_\odot$의 범위를 가진다.

활동성 핵은 중심의 블랙홀로 낙하하는 가스에 의하여 더욱 강해진다. 낙하하는 가스는 각운동량을 가지고 있기 때문에 강착 원반을 형성한다. 가스가 블랙홀 근방의 마지막으로 안정된 궤도에 도달하기 전까지(문제 3.20 참조) 가스의 점성 때문에 원반부의 가스는 서서히 안 쪽 방향으로 회전하고, 온도가 상승하며, 복사에 의해 중력적 위치 에너지를 방출하게 된다. 이론적으로, 물질의 정지 에너지 $\mathcal{M}c^2$의 42% 이상이 블랙홀로 낙하하는 질량 $\mathcal{M}$에서 나온다. 실제로 $\sim 0.1\mathcal{M}c^2$ 이상의 에너지가 복사로 방출되기는 힘들다. 이는 $\mathcal{M}c^2$의 1%보다 적게 나오는 핵융합 반응보다 더 효과적이다. 뜨거운 이온화된 가스의 유입과 함께 자기장 또한 안쪽으로 끌어당겨진다. 블랙홀과 가까운 곳의 매우 강력한 자기장은 회전축 양방향으로 두 개의 상대론적인 플라즈마의 제트를 빛에 가까운 속도로 뿜어낼 수가 있다.

적외선 방출선의 일부와 모든 전파 방출선은 제트에서 상대론적인 에너지에 의해 가속된 입자로부터 나온 것이다. 역설적으로, 우리는 매우 강력한 현상을 장파장 전파를 이용하여 추적할 수 있다. 제트의 전자들은 전파나 가시광선 영역의 광자들을 산란시키고, 그것들을 γ선 에너지로 높힌다. X선과 자외선 방출선은 원반의 가장 깊숙한 뜨거운 지점이나 제트에서 방출되고, 가시광선은 원반이나 제트의 바깥쪽에서부터 온 것일 것이다. 부가적인 적외선은 핵융합 복사에 의하여 온도가 높아진 주변의 먼지에 의해 방출되는 것으로 추측된다.

세이퍼트 핵의 빛은 주변의 가스에 상당한 압력을 가할 수 있을 정도로 강력하다. 이 바깥으로 미는 압력이 매우 강하다면, 가스는 중심부로 낙하하지 않고 핵은 곧 연료가 바닥이 날 것이다. 따라서 핵이 유지될 수 있는 광도의 한도를 알 수 있다. 구면대칭인 천체에 대하여, 우리는 어떤 지점에서 복사 압력과 중력에 의한 인력이 평형을 이루는지 계산할 수 있다. 핵 주변의 가스들이 완전히 이온화된 수소라고 가정하고, 전자에 의한 Thomson 산란으로 유도되는 바깥으로 밀어내는 힘을 계산 한다. 양성자는 질량이 전자보다 훨씬 크기 때문에 이에 의한 산란은 무시할 수 있다. 각 전자의 상호 작용 단면적 σ_T는 다음과 같다.

$$\sigma_T = \frac{e^4}{6\pi\epsilon_0^2 c^4 m_e^2}\ (\mathrm{SI})\ \text{또는}\ \frac{8\pi e^4}{3c^4 m_e^2}\ (\mathrm{cgs}) = 6.653 \times 10^{-25}\mathrm{cm}^{-2} \tag{9.2}$$

여기서 e는 전자의 전하량이며 m_e는 전자의 질량이다. 중심의 광원이 광도 L의 광자를 방출한다면, 광자는 L/c의 운동량을 갖고, 반경 r에 위치한 전자는 매 초당 $\sigma_T L/(4\pi r^2 c)$ 만큼의 운동량을 받게 된다.

전자는 양성자와 함께 움직이는 것이 아니라면 밖으로 움직일 수 없으며. 매우 강력한 정전기력이 양전하와 음전하를 떨어지지 않게 한다. 그러므로 우리는 양성자와 전자 모두에 가해지는 밖으로 밀어내는 힘과 이 둘 모두의 안쪽으로 가해지는 중력을 비교해야한다. 중심 물체의 질량이 $\mathcal{M}$이라면, 복사압과 중력은 다음과 같은 조건에서 평형이 된다.

$$\frac{G\mathcal{M}(m_e+m_p)}{r^2} \approx \frac{G\mathcal{M}m_p}{r^2} = \frac{\sigma_T L}{4\pi r^2 c} \tag{9.3}$$

여기서 m_p는 양성자의 질량이다. *Eddington 광도* L_E은 물질이 안쪽으로 낙하 할 수 있는 광도 L의 최대값을 의미한다.

$$L_E = \frac{4\pi G\mathcal{M}m_p c}{\sigma_T} \approx 1.3\times 10^{31}\frac{\mathcal{M}}{\mathcal{M}_\odot}\mathrm{W} \approx 30000\times\frac{\mathcal{M}}{\mathcal{M}_\odot}L_\odot \tag{9.4}$$

여기서 $L_\odot$은 태양의 복사광도를 의미하며, 그 값은 3.86×10^{26} W이다. 태양과 같은 항성들은 Eddington 광도에 미치지 못하며, 가장 밝은 초거성은 그 값을 가질 수 있다. 세이퍼트 핵의 복사광의 일부는 유도된 제트로부터부터 나오지만, 그 총 광도는 L_E의 몇 배보나 크시 않은 것으로 보인다. 만약 $L \sim 10^9 L_\odot$이라면, 식 9.4로부터 활성 핵을 연소 시킬 수 있는 가스 모두를 날려버리지 않으려면, 중심의 질량은 $10^7\mathcal{M}_\odot$ 이상임을 알 수 있다.

문제 9.2 질량 m인 가스가 블랙홀로 낙하할 때, 많아야 $0.1mc^2$이 복사로 방출되고 나머지는 블랙홀에 의해 흡수된다. 질량이 $\mathcal{M}$인 블랙홀의 Eddington 광도가 $2\times 10^{-9}\mathcal{M}c^2\,\mathrm{yr}^{-1}$에 해당함을 보여라. 블랙홀의 질량이 매 5×10^7년마다 적어도 e 배로 증가하는 이유를 설명하여라.

세이퍼트 1 핵의 스펙트럼은 다양한 이온으로부터의 넓은 방출선을 보이는 [그림 8.1]의 퀘이사의 스펙트럼과 비슷하다. 수소로부터 나오는 발머선과 MgII와 같은 한 번 이온화된 원소에서 나오는 방출선과 같은 몇몇 선들은 고온의 항성들 근처의 HII 영역 등에서도 발견되는 자외선 광자에 의하여 들뜰 수 있다. NV나 OVI와 같은 여러 번 이온화된 원소와 같은 다른 선들은 더 큰 에너지를 필요로 한다. 약한 X선은

고 이온화 선을 들뜨게 할 수 있다. 이런 식으로, 핵으로부터의 복사에 의하여 물질들이 광이온화 되었다면 다양한 선의 상대적인 강도를 이해할 수 있다.

[그림 9.3]은 활성 핵의 기본적인 모형을 나타낸 그림이다. '*넓은 선 영역*'에서는 가스는 $n_H \gtrsim 10^{10}$ atoms cm^{-3}의 밀도가 높은 구름을 형성한다. 대부분의 세이퍼트 은하핵으로부터 Lyman 한계 보다 짧은 파장, 즉 $\lambda < 912$Å 파장의 연속 복사를 관측할 수 있다. 이 광자들은 만약 넓은 방출선을 방출하는 가스들을 통해왔다면 흡수되었을 것이다. 그러므로 넓은 선 영역의 가스 구름은 중심부의 아주 일부만을 가리고 있을 것이다. 관측되는 방출선은 핵에 가까운 지역에 위치하여 각각 $1000\mathrm{km\,s}^{-1}$이상으로 움직이는 가스 구름의 도플러 이동의 총 합이라고 할 수 있다. 연속선이 증가하고 감소함에 따라 넓은 방출선 역시 증가하고 감소한다. 고 이온화선은 연속선의 변화를 몇 일 정도 후에 따른다. 저 이온화선은 약 몇 주 정도로 고 이온화선 보다 더 느리게 변화를 따르며, 이것은 이온화 선은 핵으로부터 더 먼 곳에서 기인한다는 증거이다.

3727Å 에서 나타나는 [OII]나 5007Å 에 나타나는 [OIII]의 좁은 방출선은 *금지된* 천이로 방출된다(1.2절 참조). 금지선은 $n_H \lesssim 10^8$ 원자수 cm^{-3}의 밀도의 환경에서만 방출될 수 있다. 보통의 실험실 환경의 밀도에서는, 광자가 방출되기 전의 출동에 의해 이온은 들뜬 상태를 벗어난다. 퀘이사와 세이퍼트 은하의 금지선은 $1000\ \mathrm{km\,s}^{-1}$이하의 속도에 해당하는 폭을 보인다. 금지선은 핵이 밝아짐에 따라 바뀌지 않으므로, 금지선은 넓은 폭의 선과는 달리, 핵으로부터 먼 곳에서 기인한다는 것을 알 수 있다. 몇몇 이온화된 가스는 중심으로부터 수만 파섹 떨어진 곳에서 관측되지만, '*좁은 선 영역*'은 대체로 몇 천 파섹의 크기를 갖는다. 이 좁은 선 영역은 활성 핵에 의하여 커진 가스와 주변의 질량이 큰 항성들에 의하여 이온화된 물질의 복합체일 것이다.

더 읽어보기

활성 은하 핵의 방출선 스펙트럼에 대하여, D.E. Osterbrock 와 G. J. Ferland, 2005, *Astrophysics of Gaseous Nebulae and Active Galactic Nuclei*, 2nd edition (University Science Books, Mill Valley, California)

세이퍼트 2 은하의 핵에서는 대부분의 방출선이 $\lesssim 1000\mathrm{km\,s}^{-1}$로 거의 같은 폭을 가지고 있다. H$\alpha$와 같은 몇몇 강한 선은 매우 약하고 넓은 날개 모양의 특성을 보인다. 중간 분류로써 강도를 나타내는데 약하게 넓은 날개를 보이는 은하는 세이퍼트 1.8이나 1.9로 표기한다. NGC 4258을 비롯한 많은 세이퍼트 2 은하에서 편광이 관측되며, 넓은 방출선과 함께 세이퍼트 1의 스펙트럼과 유사한 스펙트럼을 보인다. 반사된 빛은 일반적으로 편광 되어 있다. 그래서 편광 선그라스가 눈이나 물에서 반사된

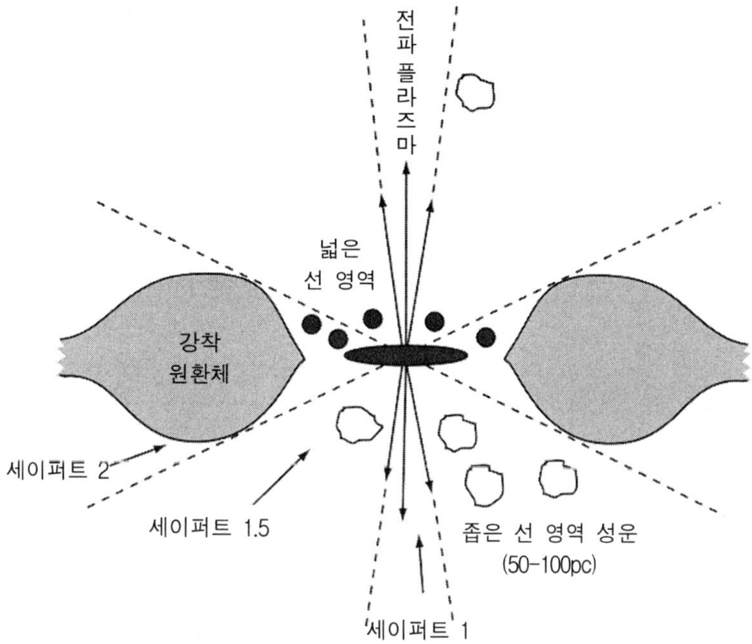

[그림 9.3] 활성 핵의 간단한 모형. 중심의 강착원반의 회전축을 따라서 빛의 속도와 비슷한 속도로 두 개의 강력한 제트가 뻗어나간다. 원반과 제트로부터의 복사가 약 ≤1파섹 크기의 넓은 신 영역의 빠르게 움직이는 조밀한 구름을 이온화 시킨다. 더 큰 반경 지역에 더 퍼져 있고 천천히 움직이는 가스의 좁은 선 영역이 있다. 제트 방향을 따라 관측하면 매우 밝은 세이퍼트 1 핵을 관측하게 된다. 하지만 회색으로 표시된 불투명한 강착 원환체를 통하여 비스듬하게 관측하면 세이퍼트 2가 관측되는 것이다.

눈부신 빛을 감소시킬 수 있는 것이다. 세이퍼트 2 은하는 넓은 선 영역이 있으나 아마도 감추어져 있어서, 먼지나 가스의 반사에 의해서만이 볼 수 있다. [그림 9.3]에서는 시선 방향에 따라 어떻게 한 은하가 세이퍼트 1이나 혹은 세이퍼트 2로 보일 수 있는 지를 묘사하였다. 중심의 원반 윗 쪽에서 내려다 본 관측자에게는 세이퍼트 1으로 보일 것이다. 원반 영역의 평면에서 바라보면 도너츠 모양으로 생긴 *강착 원환체*에 의하여 연속선 광원과 넓은 방출선 영역은 가려지고 세이퍼트 2의 핵으로 관측될 것이다(NGC 4258이 바로 이런 경우이다). 핵으로부터 방출된 낮은 에너지의 X선은 가스 원환체에 의해 더 잘 흡수되기 때문에, 세이퍼트 2 은하의 스펙트럼은 세이퍼트 1 은하의 스펙트럼보다 수 keV 이상의 에너지를 가진 매우 '강력한' X선을 보인다.

대부분의 세이퍼트 핵은 나선 은하나 S0 은하 내에 위치한다. Sa와 Sb 나선 은하의 약 10%가 세이퍼트 핵을 가지고 있다. 즉, Sa, Sb 은하들이 생의 10% 가량을 세이퍼트로 보내는 것이거나 혹은 10%의 Sa, Sb 은하들이 오래 지속되는 세이퍼트 핵을 가진 것일 것이다. 대부분의 세이퍼트 은하는 $L > 0.3L_\star$ 로서 상당히 밝다. 여기서 $L_\star$

는 식 1.24에서 상당한 크기의 은하의 광도를 의미한다. 그러나 $M_B = -17.1$ 또는 $L_B \sim 10^9 L_\odot \sim 0.05 L_\star$ 의 작은 Sd 은하인 NGC 4395는 세이퍼트 1 핵을 가지고 있다. 세이퍼트 2 핵의 스펙트럼은 종종 뜨겁고 무거운 항성의 특징인 흡수선을 가지고 있다. 즉 핵융합 반응에 더하여 폭발적 항성생성의 모습을 보여준다.

약 25%의 Sa, Sb 은하들에 LINERs(low-ionization nuclear emission regions)로 알려진 *낮은 이온화 방출선 영역*이 있다. 세이퍼트 2 핵보다는 어두운 이들은 들뜨는 데 큰 에너지가 필요하지 않은 [SII]의 6716Å과 6731Å, [OI]의 6300Å과 같은 방출선을 보인다. 이 방출선 세기의 비율을 통하여 우리는 가스가 충격파를 통하여 이온화되었음을 짐작할 수 있다. [그림 5.24]의 은하들과 달리 LINERs에서 6548Å과 6583Å의 [NII]선은 일반적으로 Hα보다 강하다. 항성을 생성하고 있는 구조에서 [NII]/Hα가 약할 때만 5007Å의 [OIII]는 Hβ에 비해 강하다. 활동성 핵에서 이 두 비는 보통 $> 1/3$정도이다. Sloan Digital Sky Survey 와 2dF 같은 큰 탐사에서 이 비를 LINER 이나 세이퍼트 핵을 가진 은하를 고를 때 사용할 수 있다.

어떻게 중심 블랙홀에 가스가 계속 유입될 수 있는 것일까? 일반적으로 연료의 양은 상당한 크기의 은하에서 항성들의 진화에 의해 손실되는 질량보다 적다. $10^8 \mathcal{M}_\odot$ 이상의 많은 양의 분자 가스들이 몇몇 가까운 세이퍼트 은하의 중심부에서 발견되었다. 하지만, 우리 은하를 비롯한 몇몇 원반 은하들은 중심부에 가스가 있고 $10^6 \mathcal{M}_\odot$ 이상의 블랙홀이 있음에도 활성 핵의 활동이 없거나 아주 적다. 블랙홀 주변의 항성이나 희박한 가스는 활성 핵 활동의 활성화 조건을 충족시키지 못하는 것이다. 아주 질량이 큰 항성들이 밀집되어 있는 경우 주변에 성간 가스들을 움직여 강착에 보탤 수 있다. 세이퍼트 핵에서 아주 강력한 항성 생성이 이루어지고 있는 것으로 보아 이 이론은 타당하다. 하지만, 많은 전파 은하들에서 중심핵에서의 항성 생성이 거의 보이지 않는다.

문제 9.3 $10^{12} L_\odot$의 광도가 연간 $0.1 \mathcal{M}_\odot c^2$의 에너지 방출과 동일한 양임을 보여라. 나이를 먹어감에 따라 태양 주변에 있는 항성들은 $10^{10} L_\odot$ 광도를 갖는 항성에 대해, 일년에 약 $\mathcal{M}_\odot$의 가스를 분출한다. 이렇게 우리 은하에서 항성들로부터 분출된 가스 모두가 중심부로 모일 수 있고 10%의 질량이 에너지로 방출된다면, 우리 은하의 핵의 광도는 얼마나 될지 계산하여라.

9.1.2_ 전파 은하

만약 우리 눈이 전파 파장의 빛도 감지할 수 있다면, 우리 은하에 있는 천체가 아닌 아주 멀리 위치한 은하의 밝은 활성 핵들이 가장 밝게 보일 것이다. 보통의 항성과 보통의

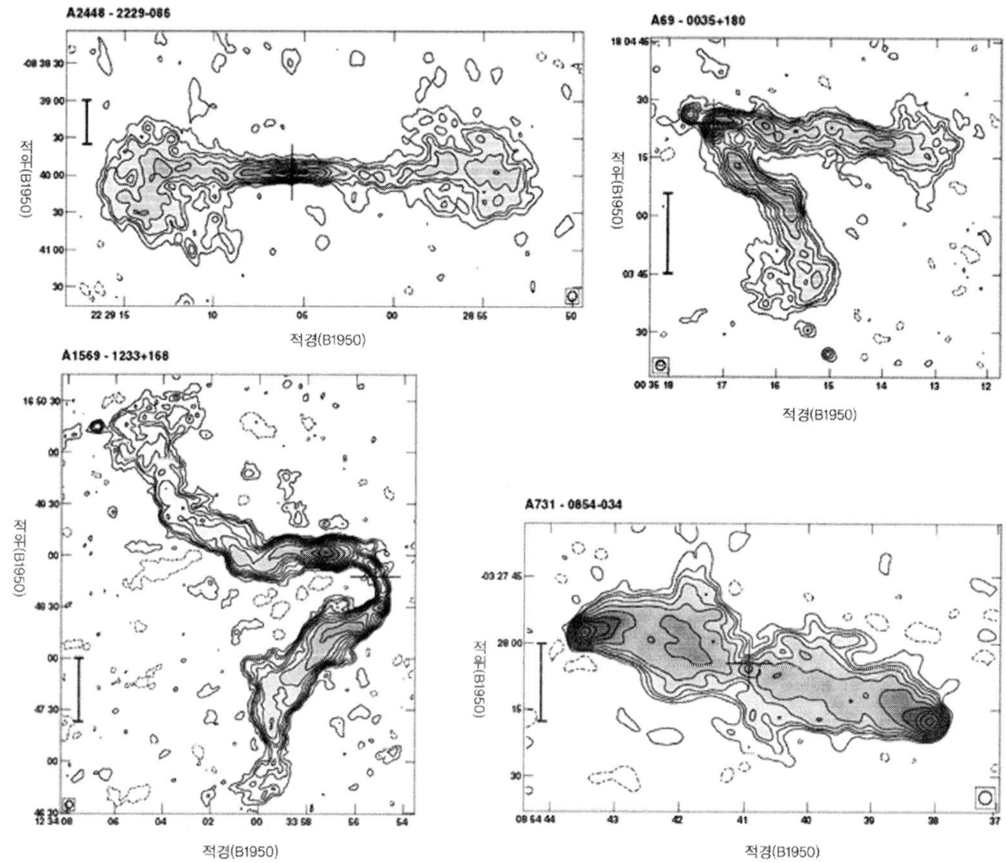

[그림 9.4] 20cm 파장에서 관측된 4개의 전파 은하. 은하의 광도 L은 R 파장 영역에서 측정되었으며, 20cm에서의 전파 방출량 P를 $10^{25}\,\mathrm{W\,Hz^{-1}}$의 단위로 표시하였다. 왼쪽 위의 은하에서부터 시계 방향으로 – 두 개의 똑같은 모양의 제트는 $L \approx 6L_\star$, $P \approx 1$; 좁은 각도로 휘어진 로브는 $L \approx 3L_\star$, $P \approx 1$; 가장자리가 더 밝은 전형적인 두 개의 로브는 $L \approx 1.4\,L_\star$, $P \approx 7$; 넓은 각도로 휘어진 로브는 $L \approx 2\,L_\star$, $P \approx 1.7$이다. 축척은 Hubble 상수 $H_0 = 75\,\mathrm{km\,s^{-1}\,Mpc^{-1}}$, $\Omega_0 = 1$을 가정했을 때, 50 kpc을 의미한다. – M. Ledlow

은하들은 강한 전파원이 아니다. 태양의 복사광도 $L_{bol,\odot} = 3.86 \times 10^{26}\,\mathrm{W}$을 기준으로 측정하면, 우리 은하의 가시광선 영역의 광도는 $10^{10} L_\odot$ 이상이지만 전파 방출은 $10^{30}\,\mathrm{W}$ 정도, 즉 $2500 L_\odot$ 정도 밖에 되지 않는다. 전파 방출량이 $10^{34}\,\mathrm{W}$, 즉 $\sim 10^8 L_\odot$을 넘으면 *전파은하*로 분류된다. 하지만 세이퍼트 은하는 전파 영역에서 전파 은하보다 100배에서 1000배 정도 밝다. 가장 밝은 전파 은하와 퀘이사의 전파 광도는 $10^{38}\,\mathrm{W}$, 약 $\sim 10^{12} L_\odot$에 이른다. 방출광은 편광도가 매우 높은 싱크로트론 복사이다. 전파 은하들은 세이퍼트 핵보다 더 드물다. [표 9.1]로부터 10^4개의 일반적인 은하에 대해 하나씩만 존재함을 알 수 있다.

전파 은하는 은하의 양 쪽에 전파를 매우 강하게 내는 두 개의 로브가 있는 독특한 구조를 보인다. [그림 9.4]의 오른쪽 밑에 있는 은하는 전형적인 전파 은하로, 로브의 바깥 끝에서 가장 밝다. 전파원이 강할수록 로브도 큰 경향을 보이며, 가장 큰 로브는 그 직경이 약 $\sim 3\,\mathrm{Mpc}$이다. 현재의 로브를 충분히 채울 만큼의 물질을 방출하려면 활성 핵은 약 1000-5000만 년 동안 활동해 왔어야 한다. 전파원이 약해지면 로브도 역시 작아진다. [그림 9.2]에서 보이듯이 세이퍼트 은하에서 전파에서의 로브의 크기는 가시광에서의 크기와 일치하기도 한다. 로브의 *광학적 두께는 얇으며*, 작은 진동수의 전파에서 가장 밝다. 로브 안에는 반경 약 $\sim 1\,\mathrm{kpc}$정도 크기의 밝은 '고온점'이 있다. 이 고온점의 약 10%는 편광된 가시광과 싱크로트론 복사를 방출한다. 우리는 로브에서 방출되는 전파 스펙트럼에 대하여 다음과 같이 가정한다.

$$L_\nu \propto \nu^{-\alpha} \tag{9.5}$$

여기서 *스펙트럼 지수* α의 값은 $0.7 \leq \alpha \leq 1.2$이다.

활성 핵은 직경이 몇 파섹 정도밖에 되지 않는 핵 전파원으로 관측된다. 로브와는 달리, 핵의 스펙트럼 지수는 약 $\alpha \sim 0$으로, 높은 전파 진동수에서 가장 밝다. 핵은 *광학적 두께는 두꺼우며*, 저진동수 복사는 방출이 가장 어렵다. 많은 핵들이 일 년 혹은 그 보다 더 짧은 주기로 변광하므로, 그 직경이 1광년을 넘지 않을 것이라고 추측할 수 있다.

방출선을 내는 가늘고 밝은 *제트*는 중심의 핵 안쪽에서 뿜어져 나오는 것으로 보인다. 어떤 것들은 은하의 양쪽에서 발견되고, 어떤 것들은 은하의 한쪽에서만 보이기도 한다. 제트의 경로를 통하여 핵으로부터 전파 로브까지 어떻게 에너지가 전달되었는지를 확인 할 수 있다. 다음에서 우리는 이 물질들이 은하 핵 근처에 있을 때 거의 빛의 속도와 같은 속도로 움직임을 확인 할 것이다. 어떤 제트는 가시광과 X선 영역에서 싱크로트론 복사를 방출한다. [그림 9.5]에서 보이는 전파 은하 M87의 가시광 제트는 이미 1918년에 H.D. Curtis가 '신기한 직선 광'으로 표기하였다. 이후에 M87은 전파 은하로 밝혀졌으며 전파 영역의 제트가 가시광 영역의 제트와 일치하고 X선에서도 매우 밝게 보인다는 사실이 밝혀졌다.

거대한 전파 로브를 가진 은하들은 대부분 거대 타원 은하나 초거대 타원 은하임이 밝혀졌다. 은하단 내에서 가장 밝은 은하들이 로브를 보이곤 하는 것이다. 대부분의 전파 은하들은 가시광에서 일반적으로 보이나, 어떠한 것들은 그렇지 않다. 사실 특별나게 매우 강한 것들은 특이 천체이다. 많은 은하들이 푸른색이며 중심에서 최근 항성 형성이 일어났다. 이들의 핵은 세이퍼트와 비슷한 방출선 스펙트럼을 보여준다. 그 예로 Perseus 자리의 특이한 타원은하 NGC 1275가 있다([그림 7.9] 참조). 은하단 내부를

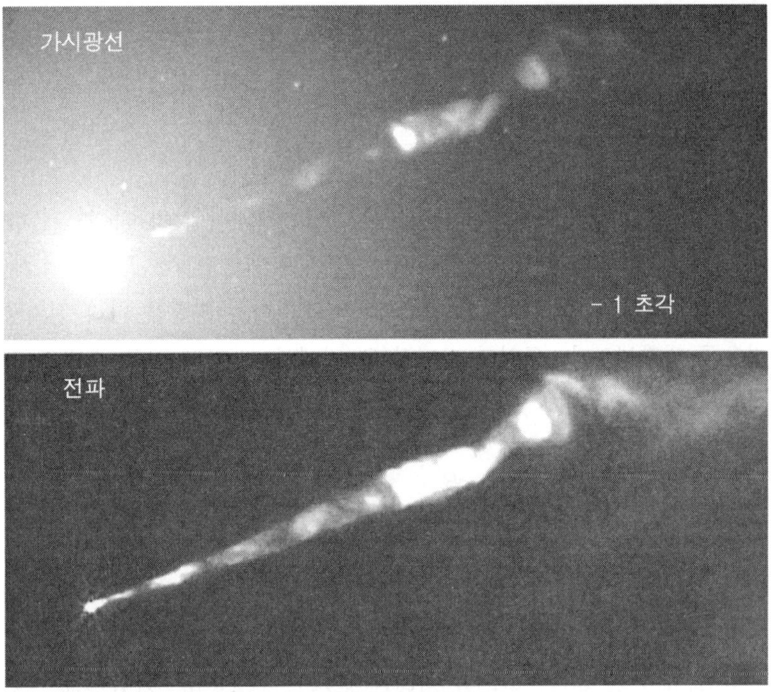

[그림 9.5] 타원 은하 M87의 한쪽으로 뻗어나가는 제트. 위쪽의 그림은 약 8000Å의 가시광 영역에서 Hubble 우주 망원경이 관측한 것으로, 밝은 은하 중심에서 제트가 뻗어나가는 모습을 볼 수 있다. 은하 주변의 밝은 원형의 점들은 구상 성단이다. 밑의 그림은 2cm에서 강한 전파광의 플라즈마를 볼 수 있다. 여기서 1 초각은 약 80pc이다. – J.Biretta, NASA, NRAO

궤도 운동하는 조금 어두운 타원 은하에서 전파원이 발견되면, 이 은하단의 뜨거운 가스를 가로질러 움직이는는 운동 때문에 제트가 'C' 모양으로 휘어진다. [그림 9.4]의 오른쪽 위와 왼쪽 밑의 그림이 각각 좁고 넓게 휘어진 로브이다.

상대적으로 차가운 가스가 부족할 때 전파가 더 강하게 방출되는 것으로 여겨진다. 세이퍼트 은하가 대체적으로 나선 은하인 반면, 전파 은하는 항상 타원 은하이다. 세이퍼트 은하는 전파 은하보다 약한 전파 방출을 보인다. 핵이 이 방출선의 대부분을 방출하고, 두 개의 로브가 있을 경우 [그림 9.2]에서 볼 수 있는 것처럼 그 크기는 수천 파섹 정도에 불과하다. 전파 로브는 세이퍼트 핵 주변에 밀집한 가스에 의하여 마치 '억제된' 것처럼 보인다.

9.1.3_ 전파 은하의 싱크로트론 방출

거대 전파 은하의 로브에 저장된 에너지는 엄청나게 크다. Longair와 Shu의 책의 자세한 결과를 이용하여 이 에너지를 추정해 보자. Longair는 SI 단위를 사용하였고, Shu는 천문학 관련 문헌에서 여전히 일반적으로 쓰이는 cgs 단위를 이용하여 기술하였다. 가속 전하 q는 자신의 에너지 $\mathcal{E}$를 다음의 비율로 방출한다.

$$-\frac{d\mathcal{E}}{dt}=\frac{q^2|\mathbf{a}|^2}{6\pi\epsilon_0 c^3}\quad \text{(SI) 또는 } \frac{2q^2|\mathbf{a}|^2}{3c^3}\quad \text{(cgs)} \tag{9.6}$$

여기서 $\mathbf{a}$는 전하가 순간적으로 정지해 있는 계에서의 가속도이다(Longair의 책의 식 3.9나 Shu의 책 16장 참조). 복사광은 전기력 벡터가 가속도의 방향에 대해 수직한 편광된 빛이다. [그림 9.6]과 같이, 전하가 움직이는 방향을 따라 전기장 선을 끌어가는 경우를 생각해보자. 균일한 자기장 B 내에서, 자기장 선을 주변의 전자는 다음의 주파수로 나선 운동 한다.

$$\nu_L=\frac{eB}{2\pi m_e}\quad \text{(SI) 또는 } \frac{eB}{2\pi m_e c}\quad (cgs) \tag{9.7}$$

자기장 선과 θ각도를 이루며 속도 V로 움직이는 전자의 가속도는 $a=2\pi\nu_L V\sin\theta$이다. 이를 식 9.6에 적용하여 주파수 ν_L에서 *사이클로트론 복사*에 의하여 잃는 에너지를 계산할 수 있다. 쌍극자 형태로 복사가 방출되며, 전기장과 수직한 전자의 이동 방향에서 세기가 최대가 된다. 양성자의 경우 질량이 크기 때문에, 강하게 가속 되지 않으며, 그 복사 방출도 $(m_p/m_e)^2 \simeq 3\times10^6$의 비율로 약하다.

속도 V가 빛의 속도 c에 가깝게 증가할수록, 전자의 관성도 증가한다. 전자의 궤도 주파수는 ν_L/γ로 감소하지만(여기서 $\gamma\equiv 1/\sqrt{1-V^2/c^2}$이다), 이 복사 방출의 주파수는 γ^2배 로 증가한다. 전자가 $\gamma \gg 1$로 상대론적으로 이동할 때, 전자는 *싱크로트론 복사*를 방출한다. 전자로부터 방출되는 대부분의 복사는 진행 방향의 $1/\gamma$의 각 두께 이내로 좁은 원뿔 모양으로 압축되어 방출된다. [그림 9.7]에서, 방출선은 전자가 A점과 B점 사이에 있을 때 $\Delta t \sim 2/\nu_L$의 짧은 시간 동안만 시선 방향을 향하여 방출된다. 그 에너지가 도착하는 것은 더 짧은 시간동안 이루어진다. B점으로부터의 광자는 A에서보다 시간 Δt 늦게 방출 되지만, 그 도착은 다음과 같이 지연된다.

$$\Delta t(1-V/c)\approx \Delta t/(2\gamma^2)\sim 1/(\gamma^2\nu_L) \tag{9.8}$$

검출되는 빛의 주파수는 ν_L/γ가 아니라 약 $\gamma^2\nu_L$의 값을 가진다. 더 정밀하게 계산하면 주파수는 다음과 같다(Longair의 책 18장, Shu의 책 18장 참조).

$$\nu_c=\frac{3}{2}\gamma^2\nu_L=4.2\gamma^2\left(\frac{B}{1\text{ G or }10^{-6}\text{T}}\right)\text{MHz} \tag{9.9}$$

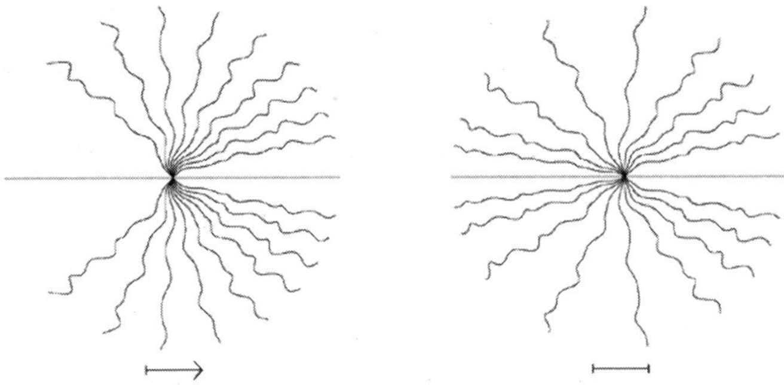

[그림 9.6] 각 주파수 ω로 조화 운동 하고 있는 점전하 주변의 전기장 E. 왼쪽 그림은 중심에 있는 전하가 오른쪽으로 $c/2$의 속도로 움직이고 있는 것으로, 전하의 복사는 앞쪽으로 나간다. 오른쪽 그림은 전하가 적정한 위치에서 정지해 있는 것이다. 그림 하단의 화살표와 막대의 길이는 $2\pi c/\omega$로, 주파수 ω일 때의 빛의 파장의 길이를 의미하며, 전기장 선의 구불구불한 것은 대략 이 정도의 길이를 나타낸다.

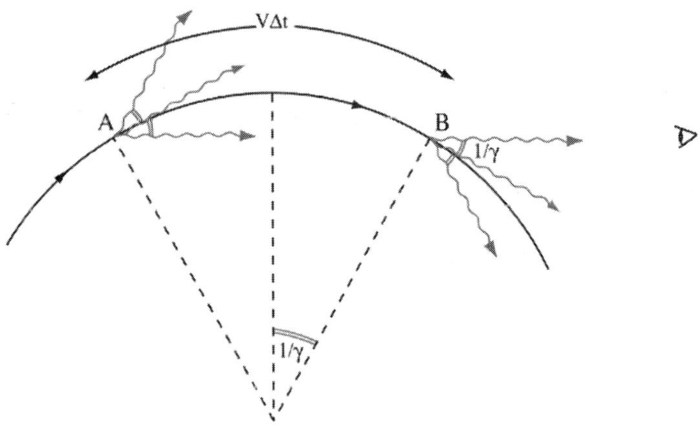

[그림 9.7] 책 쪽으로 뚫고 들어가는 방향의 자기장 주변을 속도 V로 회전하는 전자. 전자의 복사는 이동 방향으로 방출된다.

문제 9.14 자기장이 $B \approx 10\mu$G인 전파 로브에서 5 GHz 전자 복사는 $\gamma \sim 10^4$임을 보여라.

식 9.6을 통하여 전자가 얼마나 빠르게 에너지를 잃는지 알 수 있다. 먼저 식 8.9에서 *고유 시간*이 τ로 표현될 때, *4성분 속도* $\vec{u}$와 4성분 벡터 가속도 $\vec{a} = d\vec{u}/d\tau$를 계산한다. 회전하는 전자의 순간 정지계에서 가속도는 $\vec{a} = (0, a)$이며, 그러므로 식 9.6의 $|a|^2$은 $|\vec{a} \cdot \vec{a}|$ 와 같다. 하지만 $\vec{a} \cdot \vec{a}$는 Lorentz 불변량이므로 일정하게 움직이는 모든 관찰자에게 똑같이 적용될 수 있고, 우리 관찰자의 계에 대하여 계산할 수 있다. $dt/d\tau = \gamma$ 이므로, 복사량 손실을 무시하면 전자가 자기장선을 원운동할 때 γ는 일정하게 유지된다.

$$\vec{u} \equiv \frac{d\vec{x}}{d\tau} = \frac{d\vec{x}}{dt}\frac{dt}{d\tau} = \gamma\begin{pmatrix}1\\ \mathrm{v}\end{pmatrix} \text{ 그리고 } \frac{d\vec{u}}{d\tau} = \gamma^2\begin{pmatrix}0\\ \mathrm{dv/dt}\end{pmatrix} = \vec{u} \qquad (9.10)$$

$|\mathrm{dv/dt}| = 2\pi(\nu_L/\gamma)V\sin\theta$이므로, $|\vec{a}\cdot\vec{a}| = (2\pi\gamma\nu_L V\sin\theta)^2$와 같다. 그러므로 복사로 방출되는 에너지 $-d\mathcal{E}/dt$는 γ^2에 비례한다(Longair의 식 18.5의 미분과 비교해 보자).

전자의 평균 에너지가 얼마나 빨리 줄어드는지를 계산하기 위하여 전자가 임의의 방향으로 운동하고 있다고 가정하면, $\sin^2\theta$는 평균적으로 2/3이 된다. $\gamma \gg 1$일 때, 에너지 손실은 다음과 같다.

$$-\frac{d\mathcal{E}}{dt} = \frac{4}{3}\sigma_T c U_{mag}\gamma^2 \text{ 여기서 } U_{mag} = \frac{B^2}{2\mu_0}(\mathrm{SI}), \text{ or } \frac{B^2}{8\pi}(\mathrm{cgs}) \qquad (9.11)$$

전자의 에너지 $\mathcal{E} = \gamma m_e c^2$의 약 절반이 다음의 시간 동안 손실된다.

$$t_{1/2} = \frac{\mathcal{E}}{2}\left|\frac{dt}{d\mathcal{E}}\right| \approx 170\left(\frac{10^{-5}\mathrm{G\ or\ }10^{-11}\mathrm{T}}{B}\right)^2\left(\frac{1000}{\gamma}\right)\mathrm{Myr} \qquad (9.12)$$

고정된 주파수 ν에서 전자 복사에 대하여, 에너지는 $\mathcal{E} = \gamma m_e c^2$는 $B^{-1/2}$에 비례하므로 다음과 같이 표현 할 수 있다.

$$t_{1/2} \approx 34\left(\frac{10^{-5}\mathrm{G\ or\ }10^{-11}\mathrm{T}}{B}\right)^{3/2}\left(\frac{10^9\mathrm{Hz}}{\nu}\right)\mathrm{Myr} \qquad (9.13)$$

전파 로브의 전형적인 자기장 값인 10^{-5}G의 자기장에서, 5 GHz 방출 전자의 평균 수명은 약 천만 년이다. 전자의 수명이 이렇게 짧은 것은 제트와 뜨거운 지점에서의 고주파 가시광선과 X선 싱크로트론 복사가 에너지를 훨씬 빨리 잃기 때문이다. $\sim 10^{-4}$G 정도의 자기장 주변에서 10^{15}Hz의 가시광선을 방출하는 전자는 에너지의 절반을 $10^3 - 10^4$년 이내에 잃어버리며, 이 때 생성되는 X선은 100년 정도만 지속된다. 방출선 영역이 은하 중심으로부터 수 천 파섹 떨어져 있기 때문에 이들이 은하 중심 핵의 바깥쪽에 있을 때 높은 에너지를 받았었어야만 한다. 전자는 제트의 충격파를 통과하면서 가속되고 자기장에 의하여 산란된 것으로 여겨진다. X선과 γ선 방출은 *싱크로트론 자체 Compton* 작용에 의하여 생긴다. 전파 파장대 영역의 광자들이 상대론적인 전자들을 산란시키면서, 광자의 에너지는 $\sim \gamma^2$배로 증가하게 된다.

식 9.11은 주파수 ν의 전자들이 개수 밀도 n으로 채워진 부피 V에서의 방출 에너지 L_ν와 방출 전자의 전체 에너지 U_e의 관계를 나타낸다.

$$L_\nu \propto n\mathcal{V}\mathcal{E}^2 B^2,\ \text{그리고}\ U_e = n\mathcal{V}\mathcal{E} \propto L_\nu B^{-3/2} \tag{9.14}$$

관측되는 방출선을 생성해내기 위하여 필요한 에너지는 전자의 에너지 U_e를 모두 합한 값과 같다. 전자의 에너지 U_e는 자기장이 강할수록 감소하고, 자기장 에너지 U_{mag}는 $\mathcal{V}B^2$에 비례하여 증가한다. 총 에너지는 $U_{mag} \approx U_e$의 *에너지 등분배점*에서 최소가 된다. 거대 전파 은하의 로브에 대하여 이 에너지는 $10^{59} - 10^{61}$ erg에 달한다. 10^{60} erg는 10^{10}개의 태양이 10억 년 동안 내는 에너지, 혹은 강력한 전파원이 10^7년 동안 내는 방출 에너지로 매우 막대한 양이다. 작은 핵이나 제트에 포함된 에너지는 $10^{52} - 10^{58}$ erg로 훨씬 적다.

전파원의 전자 에너지나 자기장 세기에 대해서는 거의 알려진 바가 없으며 에너지 등분배점에서의 값들과 유사한 것으로 가성한다. 대체적으로 거대 전파 로브에서의 자기장은 $B = 1 - 10\ \mu$G 혹은 $10^{-11} - 10^{-12}$ T으로, 우리 은하 원반부 내에서 태양의 위치 주변의 자기장의 값과 비슷하다. 전파 제트의 자기장은 이보다 10배는 더 세다. 아주 밀집된 은하 중심 핵에서, 에너지 등분배점 자기장은 약 0.1 G로, 5 GHz 방출 전자의 $\gamma \sim 100$이며, 그 수명은 약 100년이다.

9.1.4_ 퀘이사

퀘이사는 모은하를 환히 비출 정도의 밝은 활성핵이다. 그러나 가장 가까운 모든 퀘이사들도 가시광 영상에서 준항성체로 나타난다. 가시광선 영역에서 퀘이사의 광도는 $L_V \gtrsim 5L_\star \sim 10^{11} L_\odot$이다. 이보다 어두운 천체는 세이퍼트 1핵으로 분류된다. 퀘이사는 우리가 알고 있는 천체 중에서 가장 밝은 천체이며 우주가 현재 크기의 1/7 밖에 되지 않는 시기인 적색편이 $z > 6$에서 관측된다. 이상하게도 퀘이사의 스펙트럼은 모든 적색편이에서 비슷해 보인다. 가스의 넓은 선들의 화학 조성을 측정하기는 어렵지만 선의 상대적인 세기로부터 이들이 적어도 태양 정도의 중원소를 가지고 있음을 알 수 있다. 대폭발 후 십 억년 내 어떤 은하들의 중심 부분은 이미 형성되었으며 1세대 항성들이 중원소로 가스를 오염시켰을 것이다.

퀘이사의 스펙트럼 에너지 분포는 보통의 은히와 매우 다르며, 전파에서부터 γ선까지 모든 영역에서 상당히 강하게 나타난다. 단지 몇 퍼센트의 퀘이사만이 강한 전파원이다(표 9.1 참조). [그림 9.8]에서 볼 수 있듯이 전파를 거의 내지 않는 퀘이사에서 전파 방출량은 전파가 강한 퀘이사 방출량의 $\lesssim 1\%$밖에 되지 않는다. 많은 양의 방출선들이 뻗어있는 로브 보다는 중심핵에서 방출되며, 전파 방출 퀘이사의 중심핵과 제트는 전파 은하보다 약 10배에서 100배 강하다. 강한 가시광 편광을 보이는 퀘이사들과 블레이저(아래 참조)의 일부는 대부분 에너지를 γ선 형태로 방출하며, [그림 9.9]에서

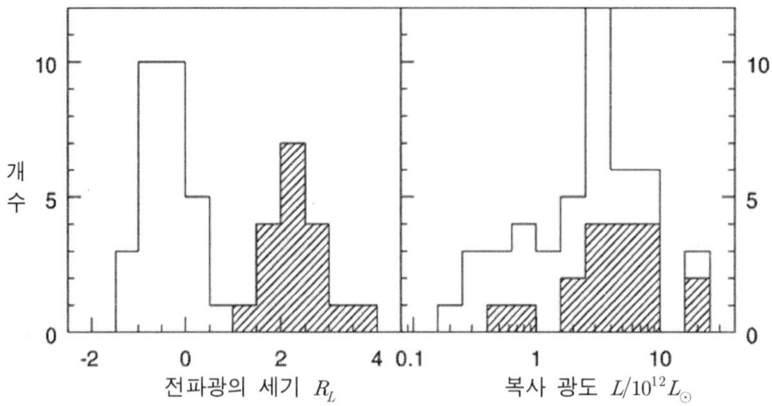

[그림 9.8] 왼쪽, 137개의 퀘이사 모형에 대한 전파 방출 $R_L = \log_{10}[L_\nu(5\ \mathrm{GHz})/L_\nu(B\ \mathrm{band})]$. 오른쪽, 전파 방출이 활발한 천체(빗금으로 나타낸 $R_L > 1$인 천체)는 $L < 10^{12}L_\odot$인 어두운 퀘이사에서는 거의 나타나지 않음을 보여준다. – J. McDowell

볼 수 있듯이 γ선에서의 νF_ν은 스펙트럼의 전파와 밀리미터, 가시광선, 또는 X선 영역 에너지의 10배에 이른다.

세이퍼트 2 핵에서와 같은 원리로, 퀘이사는 넓은 방출선을 생성하는 구름을 가리고 있는 [그림 9.3]에서의 부착 원환체의 밀집된 가스에 의해 가려져 있다. 이 *제 2형 퀘이사*에서 가시광과 자외선 영역의 대부분의 빛을 발하는 내부 원환체를 볼 수 없으며, 방출선은 2000 kms^{-1}의 너비보다 작다. 5007 Å 의 [OIII]의 매우 강한 선과 강한 X선방출로부터 이들 중 밝은 것들만을 찾을 수 있었다. 세이퍼트 2 은하와 제 2형 퀘이사 둘 다에서, 원환체의 밀집된 가스를 통과하여 방출되는 강한 복사가 NGC 4258에서와 같이 22.2 GHz 에서 우리를 향해 빛나는 물 메이저를 강하게 한다.

[그림 8.13]은 모든 종류 중 가장 밝은 활동성 은하가 대략 대폭발 후 3 Gyr 정도인 $z \sim 2$ 에서 가장 일반적임을 보여준다. $z \sim 5$에서 밀도는 지금보다 단지 몇 배만 큰 반면, 우리 주변 우주보다 30 – 100배나 많은 퀘이사가 있다. 덜 밝은 활동성 핵은 $z \sim 1$ 근처에서 일반적인 항성 생성 은하와 비슷한 모습을 보인다([그림 9.17] 참조).

핵 활동은 은하의 젊은 시절을 특성지으며, 오늘날 은하의 블랙홀의 질량은 이들이 겪었던 단계들을 보여준다. 식 9.4는 $10^{12}L_\odot$로 빛나고 있는 퀘이사의 중심 블랙홀의 질량이 $\mathcal{M}_{\mathrm{BH}} \gtrsim 3 \times 10^7 \mathcal{M}_\odot$ 이며, 방출하는 빛을 유지하는 동안 매년 $\gtrsim \mathcal{M}_\odot$으로 증가하여야 함을 보여준다. 따라서 활동이 적어도 100 Myr 동안 지속된다면, 적어도 $10^9\mathcal{M}_\odot$의 질량이 남아 있어야 한다. 가까운 은하들 중에는 $10^{10}\mathcal{M}_\odot$ 만큼 무거운 블랙홀을 가지고 있는 은하는 없다([그림 6.23] 참조). 그러므로 퀘이사들은 ~ 1 Gyr 보다 긴 시간동안 $10^{12}L_\odot$의 밝기를 낼 수가 없다. 그러나 전파 은하와 같은 경우, 활동은 적어도 100 Myr 동안 계속되는 것 같다.

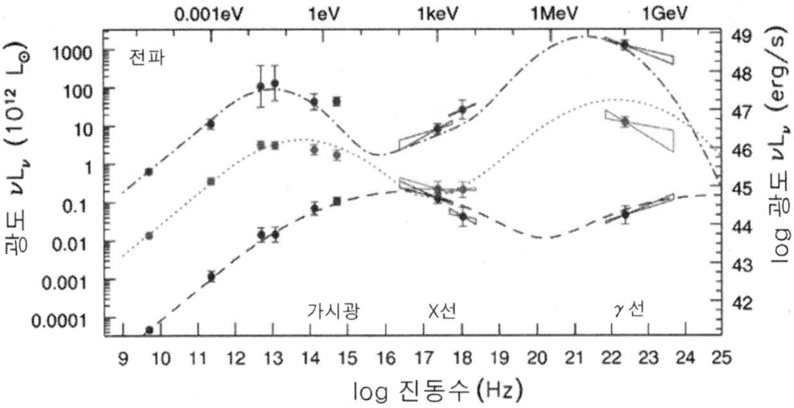

[그림 9.9] 전파 방출량에 따라 구분지은 블레이저의 평균 스펙트럼 에너지 분포. 가장 전파가 강한 것은 γ선에서도 가장 밝다. 자외선과 X선 영역에서 낮은 에너지 최고점은 제트에서 전자의 싱크로트론 복사를 나타낸다. 이 광자들은 γ선 최고점을 생성하는 동일한 회전을 하는 전자로부터 흐트러진다. 전자가 더 강해졌을 때, 두 개의 최고점은 더 높은 주파수로 옮겨간다. – G. Fossati.

활동성 핵이 어떻게 자신이 포함된 은하에 대해서 알려줄까? 즉 [그림 6.23]에서 볼 수 있는 질량과 무작위 항성 속도 사이의 관계를 성립될 정도로 블랙홀이 커질 수 있을까? 아마도 이들은 항성 생성과 관계가 있을 것이다. 강한 복사에도 불구하고, 퀘이사는 밀도가 높은 분자 가스를 가지고 있다. CO 분자의 전파 방출선을 $z>2$의 12개 정도의 천체에서 찾을 수 있었다. 이들 중 절반이 퀘이사이며 몇 개는 전파 은하였다. 큰 적색편이 $z=6.4$의 퀘이사 J1148에서 약 $10^{10}\mathcal{M}_{\odot}$의 질량을 가진 분자 가스가 중심에서부터 2.5 kpc 떨어진 곳에서 거의 300 kms^{-1} 속도로 궤도 운동을 하고 있다. 평균적으로 CO로 관측되는 퀘이사들은 $\sim(10^{10}-10^{11})\mathcal{M}_{\odot}$의 분자 가스를 포함하고 있다. J1148은 원적외선에서 $10^{13}L_{\odot}$의 빛을 방출한다. 식 7.11은 젊은 항성에 의해 가열된 먼지로부터 이 모든 빛이 방출된다면, J1148은 $\sim$20 Myr 동안 가스를 소모하여 $600\mathcal{M}_{\odot}\,\mathrm{yr}^{-1}$의 항성을 생성하여야 한다. 그러나 활동성 핵이 이 에너지의 어느 정도를 제공할 것이다.

문제 9.5 J1148의 궤도 운동하는 분자 가스 내의 질량이 $\mathcal{M}_{\mathrm{orbit}}\sim5\times10^{9}\mathcal{M}_{\odot}$임을 보이시오. 퀘이사의 복사 광도는 약 $L_{\mathrm{bol}}=4\times10^{40}$ W이다. 식 9.4를 사용하여 중심의 질량이 $\mathcal{M}_{\mathrm{BH}}\gtrsim3\times10^{9}\mathcal{M}_{\odot}$임을 보여라. 블랙홀과 분자 가스가 $\mathcal{M}_{\mathrm{orbit}}$의 대부분을 차지한다. 은하에는 아마도 [그림 6.23]을 기초로 하여 기대할 수 있는 질량이 큰 팽대부가 없을 것이다.

흡수되는 물질이 우리를 향하여 $\sim 0.1c$의 속도로 움직일 때에 해당하는 적색편이에서, 어떤 퀘이사들은 $10\,000\,\mathrm{kms}^{-1}$ 이상의 너비의 넓은 흡수선을 보인다. 가장 두드러진 선은 SiIV, CIV, NV, OVI와 같은 들뜨기 위해 큰 에너지를 필요로 하는 이온의 선들이다. 이 흡수 가스들은 cm^2당 $10^{19}-10^{21}$개의 원자를 가지고 있을 정도로 밀도가 크다. 몇 개의 전파가 강한 퀘이사들이 넓은 흡수선을 가지는 것은 거의 없으며, 요구되는 가스가 거의 없다. 넓은 흡수선을 가진 퀘이사의 15%가 그렇지 않은 퀘이사들과 다른지, 또는 모든 퀘이사들이 관측 가능한 15%의 시선에 밀도가 높은 가스운이 놓여 있는지 알 수 없다.

퀘이사가 어떻게 이와 같은 고속으로 흡수 가스를 바깥쪽으로 내보내는지는 정확하게 모른다. 예를 들어 넓은 흡수선은 이를 *방출하는* 구름 중 하나가 우연히 우리의 시선방향으로 지나감으로서 생성된 것일 수도 있다. 다른 가능성으로는 초신성 잔해물과 퀘이사 주변의 밀도가 높은 성단에서 흡수가 일어난 것일 수도 있다. 이는 왜 가스가 중원소 함량이 풍부한지를 설명해준다. 또는 흡수 물질이 퀘이사의 복사압에 의해 바깥쪽으로 나갔을 수도 있는 것이다.

9.2 활동성 핵, 마이크로퀘이사, γ선 폭발에서의 빠른 제트

퀘이사와 전파 은하의 중심의 조밀한 전파 핵은 직경이 수 파섹 밖에 되지 않지만, 기준선을 길게 만든 간섭계(5.2절 참조)를 이용하여 밀리 초각 이내의 구조적 특징을 지도를 그리듯이 밝혀낼 수가 있다. 대부분의 핵은 길쭉한 모양의 밝은 안쪽 핵이나 그로부터 10에서 50 파섹 떨어진 지점에서 뻗어있는 덩어리를 보인다. 바깥쪽에는 수 천 파섹 크기의 제트가 한 쪽 방향으로 뻗어 있고, 안쪽 핵이 길쭉하게 늘여진 방향은 이 제트의 방향과 항상 일치한다. [그림 9.10]은 BL Lac의 제트이다. 안쪽 핵에 가까운 곳에 있는 덩어리로부터 뻗어나가는 제트는 수 십도로 기울어져 있지만, 바깥쪽의 제트는 큰 형태의 제트의 방향과 일치한다. 그러므로 수십만 파섹 길이로 관측되는 바깥쪽의 제트의 물질은 은하 중심 내부의 한 파섹의 좁은 빔으로 초점을 맞추어야 한다.

거의 모든 조밀한 핵들은 몇 일, 주, 달 단위로 광도가 바뀌면서 변광한다. [그림 9.10]에서처럼 가장 밝을 때의 시간은 나선 무늬로 운동하면서 사라지는 새로운 덩어리가 나타나는 시간과 일치한다. 자세히 연구된 핵의 절반 영역에서의 운동은 *초광속*으로 관측된다. 덩어리는 핵으로부터 $(3-50)c$에 해당하는 빠른 속도로 멀어진다. 이렇게 속도가 빠르게 보이는 것은 방출 가스가 거의 빛에 가까운 속도로 우리를 향하여

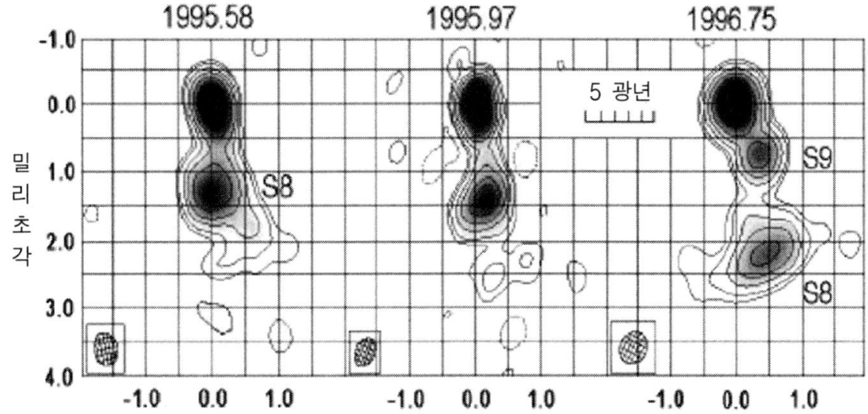

[그림 9.10] 블레이저 BL Lac의 22 GHz에서의 전파 지도. 여기서 축척은 Hubble 상수 $H_0 = 67\ \mathrm{km\,s^{-1}Mpc^{-1}}$을 가정했을 때, 5광년의 크기를 나타낸다. 덩어리 S8이 중심 핵으로부터 나선형으로 $\sim 3c$의 속도로 멀어지고 있다. 빗금친 타원은 망원경 빔을 나타내며, 한 점광원은 이 크기와 모양으로 보일 것이다. – G. Denn

움직이고 있기 때문이다. 파섹 크기의 한 방향 제트만이 보이며, 다가오는 쪽은 상대론적 운동에 의해 크게 밝아진다.

1990년대 천문학자들은 항성의 밀집된 잔해가 광속에 가까운 물질의 가느다란 제트를 방출한다고 알고 있었다. *마이크로퀘이사*에서는 제트는 블랙홀이나 중성자별 주위 강착원반을 형성하는 쌍성의 동반성으로부터 포획되는 질량으로 방출된다. 매우 무거운 항성의 격렬한 죽음인 초신성은 *γ선 폭발*로 보이는 두 개의 상대적인 제트를 생성한다.

9.2.1_ 초광도 운동과 상대론적 운동

이러한 초광속의 빠른 속도를 해석하려면, V의 속도로 다가오는 제트 물질의 덩어리의 방출 방향과 관측자 사이의 각도가 θ만큼 기울어져 있음을 고려해야한다([그림 9.11] 참조). 덩어리가 점 S를 $t=0$에 지나고, 점 T를 Δt의 시간 이후에 지난다. T 지점에서 방출된 복사는 관측자에게 S점으로부터 방출된 복사보다 늦게 도착하지만, T가 가깝기 때문에 두 복사가 도착하는 시간 차이는 다음과 같다.

$$\Delta t_{obs} = \Delta t(1 - V\cos\theta/c) \tag{9.15}$$

이 때, 덩어리는 하늘에서 $V\Delta t\sin\theta$의 거리를 가지고 있으므로, 그 겉보기 속력은 다음과 같다.

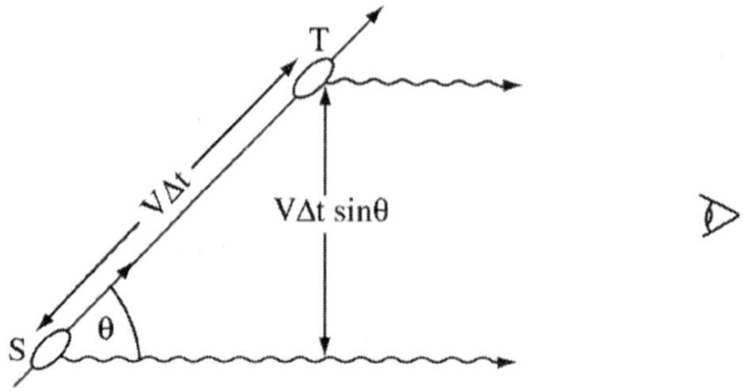

[그림 9.11] 시선 방향과 θ로 기울어진 각도로 방출된 밝은 덩어리는 그 방출 속도가 $V \approx c$일 때, 초광속의 빠른 속도로 하늘을 가로지르는 것으로 나타난다.

$$V_{obs} = \frac{V\sin\theta}{1 - V\cos\theta/c} \tag{9.16}$$

$V \to c$에서, 덩어리의 모습은 빛의 속도보다 빠르게 관측된다.

문제 9.6 $\gamma = 1/\sqrt{1 - V^2/c^2}$로 정의하면, $\cos\theta = V/c$일 때, $V_{obs} \le \gamma V$임을 증명하고, $V > c/\sqrt{2}$일 경우에만 V_{obs}가 c이상이 될 수 있음을 증명하여라.

블레이저에서 팽창 속도는 대체로 $(5-10)c$이다. 즉, 덩어리는 $\gamma \gtrsim 5-10$의 속도로 바깥쪽으로 이동하며, 식 9.9로 계산되는 복사 전자의 평균 에너지보다 작은 값이다. 관측 방향과 제트가 향하는 방향이 $1/\gamma$ 이하의 각도, 즉 대부분의 경우 $10°$ 이하일 경우에만, 이러한 초광속 운동을 관측할 수 있다. 하지만 복사광은 제트의 운동 방향으로 비추기 때문에, 제트가 우리 쪽을 향하여 뻗어 나오는 은하핵은 훨씬 더 밝아 보인다.

이 빛의 증폭을 계산하기 위하여, 정지한 관측자에 대하여 방출되는 덩어리에 위치한 원자 시계는 γ의 비율로 느리게 가는 것처럼 보임을 떠올려보자. 하지만, 식 9.15에 의하여, 다가오는 움직임은 관측되는 시간차가 곱해져 $(1 - V\cos\theta/c)$배가 된다. 그러므로 덩어리의 시간 Δt_{blob} 동안 정지계에서 주파수 ν_e로 방출되는 복사는, 관측 시간 Δt_{obs} 동안 ν_{obs}의 주파수로 도착하게 된다.

$$\Delta t_{\text{obs}} = \Delta t_{\text{blob}}[\gamma(1 - V\cos\theta/c)] \quad \text{그리고} \quad \nu_{\text{obs}} = \nu_e[\gamma(1 - V\cos\theta/c)]^{-1} \tag{9.17}$$

그러므로 $\gamma \gg 1$이고 제트가 우리를 향하여 이동하여 $\theta \approx 0$일 때, $\Delta t_{\text{obs}} \sim \Delta t_{\text{blob}}/(2\gamma)$이 된다. 싱크로트론 복사의 경우와 마찬가지로, 관측자는 진행 방향의 $1/\gamma$의 각 두께 이내로 좁은 원뿔 모양으로 압축되어 방출된다. 덩어리의 정지계에서 복사광이 등방적이면, 다가오는 덩어리의 복사는 $\sim (2\gamma)^2$배로 증폭된다. 광자는 식 9.17을 따라 청색 편이되며, 주파수 영역도 증가된다.

모든 요인을 통틀어서, 정지계에서 $L_\nu \propto \nu^{-\alpha}$의 에너지를 방출하는 하나의 덩어리로부터 방출되는 주파수 ν의 선속 $F_\nu(\nu)$는 관측자 방향으로 똑바로 향할 때 $\sim (2\gamma)^{3+\alpha}$배로 증폭된다. 덩어리가 관측자 시선 방향에서 똑바로 멀어질 경우에는 이와 똑같은 계수로 어두워 진다. 만약 서로 반대 방향을 향하는 두 개의 제트가 동일한 덩어리의 일련으로 이루어져 있고, 각각의 덩어리는 정지계에서 측정된 것처럼 일정한 시간 동안 복사광을 방출한다면, 식 9.17은 다가오는 덩어리의 관측 수명이 짧아짐을 보여준다. 따라서 정확히 우리를 향하는 제트는 $(2\gamma)^{2+\alpha}$배 만큼만 증폭되게 되는 반면, 후퇴하는 제트는 같은 비율로 감소한다. $\alpha \sim 0$인 조밀한 핵에 대하여 $\gamma \sim 5-10$일 때, 관측자를 향하여 다가오는 제트는 멀어지는 제트보다 $(2\gamma)^4 \sim 10^4 - 10^6$배 밝아 보인다. 종종 우리 쪽으로 다가오는 제트 하나만 있는 은하가 관측되며, 우리로부터 멀어지는 나머지 제트는 거의 보이지 않는 경우가 있다. 제트가 거의 우리를 향하는 방향을 갖는 은하가 밝은 전파원으로 관측될 확률이 높으며, 따라서 관측되는 밝은 전파핵의 절반이 초광속 운동을 보이게 된다.

*블레이저*는 조밀한 핵으로부터 강한 전파 방출을 보인다. 대체로 타원 은하에서 발견되는 이 천체는 아마도 제트가 똑바로 내려다보이는 전파 은하일 것이다. 상대론적 운동에 의하여, 다가오는 제트는 강착 원반과 방출선 영역을 환히 비출 정도로 밝게 나타난다. 블레이저는 강한 변광 천체로, 일부는 몇 일을 주기로 가시광 영역과 전파 영역의 광도가 두 배로 바뀌기도 한다. 식 9.17에 의하여 제트의 광도가 변화하는 시간은 $[\gamma(1-V\cos\theta/c)]$배로 짧아지므로, 이런 빠른 변광은 당연한 것이다. 대부분의 퀘이사의 가시광 복사는 몇 퍼센트의 비율로 편광되어 있다. 이는 복사광의 일부는 제트에 의한 싱크로트론 복사라는 것을 의미한다. 하지만 블레이저에서 편광 정도는 20%로 높아서 제트로부터 더 많은 복사광이 방출됨을 알 수 있다. 1000개의 퀘이사 중 오직 1개만이 블레이저이지만, 이들은 다가오는 빔에 의해 밝아지는 것이므로 관측되는 밝은 퀘이사의 수 퍼센트에 불과하다.

9.2.2_ 마이크로퀘이사 : 쌍성계에서 상대론적인 제트

1990년대 천문학자들은 항성 질량의 블랙홀로부터 나오는 광속에 가까운 전파 제트을 발견하고 깜작 놀랐다. *마이크로퀘이사*에서, 무거운 항성이 블랙홀 또는 중성자 별 주변의 강착 원반으로 질량을 전달한다. 이 구조는 오랫동안 X선원으로서 잘 알려져 있었고, 이들 중 10%는 전파를 강하게 내기도 한다. 따라서 빠른 제트는 놀랍지 않다. 활동성 핵에서와 같이 제트는 10° 보다 작은 시작각을 가져 다소 좁으며, 싱크로트론 전파 방출을 한다. 12개 정도 알려진 마이크로퀘이사 중 최소 2개가 초광도 운동을 한다.

중심 질량이 수 $\mathcal{M}_\odot$ 정도밖에 안되기 때문에, 마이크로퀘이사 주변의 강착 원반은 활동성 은하에서의 강착원반보다 더 뜨겁고 자외선보다 X선에서 대부분을 빛을 방출한다. 온도를 계산하기 위해, 질량 $\mathcal{M}_{\mathrm{BH}}$ 주변의 원궤도에 있는 질량 m의 가스운이 반경 r에서부터 $r-\Delta r$로 움직이면서 에너지를 잃을 때를 고려해보자. 이것의 초기 에너지는 다음과 같다.

$$\mathcal{E} = -\frac{Gm\mathcal{M}_{\mathrm{BH}}}{2r}, \text{ 따라서 } \Delta\mathcal{E} = -\frac{Gm\mathcal{M}_{\mathrm{BH}}}{2r^2}\Delta r \tag{9.18}$$

이 에너지는 r과 $r+\Delta r$ 사이의 원반의 일부로 바뀌면서 사라질 것이다. 온도 T에서의 흑체와 같이 방출한다면 단위 면적당 광도는 $\sigma_{\mathrm{SB}}T^4$이다. 원반이 두 면임을 명심하자. 단위시간당 질량 $\dot{\mathcal{M}}$이 유입될 때 다음과 같은 식을 가진다.

$$\frac{G\dot{\mathcal{M}}\mathcal{M}_{\mathrm{BH}}}{2r^2}\Delta r = \sigma_{\mathrm{SB}}T^4 \times 4\pi r\Delta r, \text{ 따라서 } T^4(r) = \frac{G\dot{\mathcal{M}}\mathcal{M}_{\mathrm{BH}}}{8\pi r^3\sigma_{\mathrm{SB}}} \tag{9.19}$$

유입되는 질량이 $\epsilon \approx 10\%$의 효율로 에너지로 전환된다면 식 9.4의 Eddington 광도에서 복사되기 위해 요구되는 질량 $L_{\mathrm{e}}/(\epsilon c^2)$의 단위로 $\dot{\mathcal{M}}$을 구할 수 있다. Schwarzschild 반경 $R_{\mathrm{s}} = 2G\mathcal{M}_{\mathrm{BH}}/c^2$의 단위로 r을 표현하면 다음과 같아진다.

$$T^4(r) = \frac{1}{G\mathcal{M}_{\mathrm{BH}}}\left(\frac{r}{R_{\mathrm{s}}}\right)^{-3}\left(\frac{\dot{\mathcal{M}}}{L_{\mathrm{E}}/(\epsilon c^2)}\right)\frac{c^5 m_{\mathrm{p}}}{16\epsilon\sigma_{\mathrm{T}}\sigma_{\mathrm{SB}}} \tag{9.20}$$

따라서 Eddington 한계 근처에서 강착하는 원반의 안쪽 가장자리 근방의 온도는 블랙홀의 질량 $\mathcal{M}_{\mathrm{BH}}^{-1/4}$의 비로 감소한다.

원반 내 각운동량이 외부로 옮겨질 때에만 물질이 떨어질 수 있다는 사실을 무시하기 때문에 이는 정확하게 맞지 않다. 에너지가 이를 따라 바뀌기 때문에, $r \gg R_{\mathrm{s}}$의 원반은 식 9.19에서 주어진 에너지의 3배를 방출하는 반면, 안쪽 원반은 그보다 적게 발산할 것이다.

문제 9.7 문제 3.20에서 회전하고 있지 않은 블랙홀의 마지막의 안정된 궤도는 $3R_{\mathrm{s}}$이다. $\mathcal{M}_{\mathrm{BH}} = \mathcal{M}_\odot$이고 $\dot{\mathcal{M}}$가 Eddington 한계에 가까울 때, 원반의 안쪽 가장자리는 2.6 keV의 광자 에너지에 해당하는 $T \approx 3 \times 10^7$ K임을 보여라. 물질의 궤도의 속도가 3.20에 의해 주어졌을 때, 궤도의 주기는 $P \approx 3 \times 10^{-4}$ s 임을 보이시오.

물질은 중심광원의 10AU내 좁은 제트를 따라 평행하게 놓이며, 제트는 수백만 파섹 대신 수 파섹을 움직인다. 밝은 덩어리들이 핵에서부터 이동하여 활동성 은하핵에서와 같이 수십, 수백 년이 아닌, 한두 달 동안에 어두워진다. 아마도 강착 원반 내 물질이 안쪽으로 소용돌이치며 중심으로 향할 때처럼 X선의 밝은 상태에 들어설 때 이 덩어리들이 분출된다. 제트는 빨라질 것이므로, 빠른 물질이 그 앞의 느린 플라즈마에 돌진할 때 밝은 전파 방출 매듭을 볼 수 있다. 마이크로퀘이사는 중력과 전자기력이 모든 공간 규모에서 작용할 수 있음을 보여주는 놀라운 증거이다.

더 읽어보기

M. S. Longair의 16장, High Energy Astrophysics, 2nd edition(Cambridge University Press, Cambridge, UK).

9.2.3_ 폭발하는 항성으로부터의 빠른 제트 : γ 선 폭발

감마선 폭발(GRBs)은 1960년대에 핵폭탄 실험을 감시하는 인공위성에 의해 발견되었다. 이들은 짧은 시간동안 1MeV에 가까운 최고 에너지의 강한 γ선 분출하며 X선의 낮은 에너지 꼬리를 만든다. 일반적으로 500초 또는 그보다 짧은 시간동안 지속되며, 하늘 상에 임의의 방향에서 일어나는 것처럼 보인다. γ선 망원경이 하늘에서 $\sim 1°$보다 더 가깝게 이들을 조준할 수 없기 때문에, 1997년에 Beppo-SAX 위성이 관측을 시작하기 전까지는 가시광 천체를 확인할 수 없었다. 폭발이 관측된 후, Beppo-Sax는 $3'$의 분해능으로 X 선 영상을 즉시 찍을 수 있었고, 이는 천문학자들에게 어디서 보이는지를 말할 수 있을 정도로 충분했다. 2초 또는 그 이상 지속되는 '긴' 폭발은 일반적으로 항성 생성 지역에서 찾을 수 있다. 적색편이 6.3까지 약 백 개 정도의 광학적으로 GRBs에 해당하는 것을 확인하였다.

긴 폭발은 평균적으로 50초 동안 지속되지만, 대부분은 $1-100\,\mathrm{ms}$ 내에 최고가 되었다가 희미해지는 많은 짧은 펄스로 이루어져 있다. 그러므로 방출되는 지역은 $100\mathcal{M}_{\odot}$인 블랙홀의 Schwarzschild 반경에 해당하는 백만분의 일광초 또는 300km보다 작다. 폭발은 은하 중심에서 볼 수 있는 거대 블랙홀보다는 항성 질량을 가진 천체에 의해 일어난다. 같은 위치에서 반복되는 GRBs를 찾을 수 없었으며, 이러한 사실은 GRBs가 무거운 항성의 폭발 또는 블랙홀끼리나 블랙홀과 중성자 별의 병합과 같은 어떤 폭발적 사건에 의해 생성됨을 암시한다.

대략 매 100000개의 초신성마다 하나의 GRB를 볼 수 있는데, 이는 전체의 작은 일부일 뿐이다. 블레이저처럼 GRB는 좁은 제트에서 밝은 물질들을 발한다. 모든 방향으로 동등하게 방출한다면 폭발의 전형적인 에너지는 엄청난 양으로서 $10^{52}-10^{54}$erg 또는 거의 $\mathcal{M}_{\odot}c^2$이 된다. 일반적 초신성으로부터의 에너지와 분출되는 외곽부 운동에너지는 $\sim 10^{51}$erg정도 밖에 안 된다. 제트의 분출각 θ는 보통 $1-20°$ 이므로 각 폭발에서부터 요구되는 에너지는 θ^2의 비로 감소되어 초신성의 에너지와 비슷한 $10^{50}-10^{51}$erg이 된다. 그러나 제트가 우리의 방향으로 향해있지 않기 때문에 대부분의 폭발 관측을 실패한다.

방출되는 물질은 광속에 가까운 속도로 팽창한다. 이와 달리 γ 선은 탈출을 할 수 없을 정도로 단단하게 묶여있지만, 입자–반입자 쌍을 생성함으로서 에너지를 잃게 된다. 이러한 운명을 피하기 위해, '폭발'은 Lorenz 인자 $\gamma \equiv \sqrt{1-V^2/c^2} > 100$을 가지고 팽창해야 한다. 우리에게 직접적으로 향한 물질의 방출은 $(2\gamma)^4$의 비로 증가하므로, 우리가 받는 거의 모든 에너지는 시선으로부터 각 $1/\gamma$ 내에서 외부로 향하는 운동이 일어나는 작은 원뿔로부터 나온다. 밖으로 향하는 물질들이 느려지고 γ가 감소할 때, 이 원뿔은 복사하는 부피의 큰 부분을 포함하게 되어 커진다. 식 9.17은 유출되는 가스와 함께 움직이는 관측자와 비교한 $1/(2\gamma)$의 시간동안 압축된 폭발을 보여준다. γ 선은 빠른 전자가 유출되고 있는 상대론적인 입자에서의 충격에 의해 가속됨으로서 생성되는 싱크로트론 복사일 것이다.

X선과 함께, 가시광과 전파 영역에서 잔광을 보곤 한다. 가시광 영역에서의 흡수선으로부터 모은하의 적색편이를 측정할 수 있다. 빛은 일반적으로 편광되며, 이것은 제트가 주변의 가스로 돌진할 때의 충격에서 가속되는 전자로부터의 싱크로트론 복사를 암시한다. 가시광 잔광은 $1-100$일 후에 매우 급격하게 희미해지기 시작한다. 이 시간은 밖으로 나가는 물질들이 느려지는 시기, 즉 $1/\gamma \sim \theta$ 이므로 근접하는 전체 제트로부터 빛을 받게 된다. 또한 제트는 옆으로 팽창하기 시작하며(폭발각이 마하 수 $\mathcal{M} \sim 1/\gamma$와 비교할 정도가 되면), 밀도와 방출량을 떨어뜨리게 된다. 전파 잔광은 폭발 후 하루 정도만 강하게 남으며 1년 이상 약한 밝기로 남는다. 이 시간동안 외부로 향하는 운동은 c보다 느려지며 팽창은 구형이 되어 바깥쪽으로 움직이는 물질들의 총 에너지를 측정할 수 있게 된다. 많은 폭발이 상대론적인 유출에서 같은 양의 에너지, 약 10^{51}erg를 가지는 듯 보이며 이 에너지는 즉각적인 방출과 잔광으로 나뉜다.

어떤 긴 폭발 후, 가시광의 감소 곡선은 $\sim 20(1+z)$일 후에 증가하고 다시 감소하는 굴곡을 보여준다. 잘 관측된 경우에서, 넓은 방출선은 폭발과 동시에 폭발하는 초신성 유형 Ic의 빛에서의 굴곡이 동정된다. 이러한 폭발은 주계열상에서 $(20-40)\mathcal{M}_{\odot}$의 질량을 가진 회전하는 항성의 마지막 단계를 의미한다. 항성의 철 핵이 수축할 때, 다른 물질이 충분히 합쳐져 핵은 안정적인 중성자별이 될 수 없는 대신 블랙홀을 생성할 수 있다. 항성의 남은 물질은 너무 큰 각운동량을 가져 블랙홀 안으로 바로 낙하할 수가 없다. 이와 같은 물질의 대부분은 폭발에 의해 방출되지만 $\sim 0.1\mathcal{M}_{\odot}$은 블랙홀 주변에서 짧은 생을 사는 강착 원반을 형성하게 되어, [그림 9.3]에서처럼 두 개의 밖으로 향하는 제트를 만든다.

2초보다 짧게 지속되는 짧은 GRB는 훨씬 어두운 잔광을 갖는다. 2005년에 처음 인식된 GRB 050724는 상대적으로 가까운 $z = 0.26$의 타원은하 내에 있었다. 폭발 자체는 전형적인 긴 폭발보다 적어도 10배 정도 어두웠으며, 잔광은 100배정도 어두웠다. 이는 두 개의 중성자 별 사이에서의 병합이나 중성자별과 블랙홀의 병합(초신성보다 10000배나 희귀하다고 여겨지는)에서부터 생성됐을 것이다. 이와 같은 두 개의 천체는 이미 매우 조밀한 상태이기 때문에 수축하는 무거운 항성에서의 폭발에서보다 짧을 것이다.

γ 선 폭발은 상대적으로 초기 우주에서 더 많이 일어났을 것이다. 중원소가 가스에 없을 때 매우 무거운 항성들의 생성이 쉽기 때문이다(1세대 항성이 모두 질량이 커서 현재 생을 마감했다면 오늘날 우리 은하 내에서 이들을 발견할 수 없음을 설명할 수 있다). γ 선은 먼지에 의해 산란되지도 않으며 성간 가스에 의해 흡수되지도 않는다. 따라서 이들은 상당히 멀리 있는 은하내의 항성 생성 연구에 도움을 준다. 오늘날의 γ 선 망원경으로 관측한 어떤 폭발들은 $z \sim 10$ 또는 그보다 더 큰 적색편이에서 보이기도 한다. 이들은 너무 멀기 때문에 아주 긴 파장 영역에서 잔광을 볼 수 없다. X 선과 γ선 방출로부터 적색편이 측정에 대한 더 많은 연구를 통하여 초기에 질량이 큰 항성들을 조사하는데 GRB를 사용할 수 있을 것이다.

더 읽어보기

일반적인 독자들을 위해서, J. I. Katz, 2002, *The Biggest Bangs: The Mystery of Gamma Ray Bursts*(Oxford University Press, Oxford, UK)

9.3 은하간 가스

대부분의 퀘이사의 스펙트럼에서 방출선에서보다 현저히 낮은 적색편이에서 다중 흡수선 구조를 볼 수 있다. 이들의 적색편이가 가스가 거의 광속으로 퀘이사에서부터 우리에게 다가옴을 의미하지만, 대부분의 선은 좁으며 그 너비는 $100\,\mathrm{kms}^{-1}$보다 느린 내부 운동에 해당한다. 사실 이 가스는 퀘이사 근처에 있는 것이 아니며 퀘이사의 빛을 가로챘다. 오늘날의 은하와 은하단 내 바리온 물질의 양은 이들의 형성이 비효율적임을 보여준다(표 7.2 참조). 바리온 물질의 대부분이 저밀도 가스운에 남는데 이는 구름이 멀리 있는 광원의 빛을 가로챌 때만 볼 수 있다. 이러한 가스운은 가스가 태어나려고 하는 은하로 흘러들어갈 때부터 저장소가 되어 오늘날 까지 계속 공급하고 있다.

흡수선은 수소의 Lyman 계열, 마그네슘과 탄소의 이중선들과 같은 간단한 형태를 보이는 무리로 동정된다. 측정된 하나의 스펙트럼이 한 쌍의 선들을 보여주기 때문에 작은 파장 차이는 분류를 쉽게 만든다. 2796.3Å과 2803.5Å의 MgII선은 흡수 성운의 적색편이가 $0.2 \lesssim z_{abs} \lesssim 1.5$일 때 가시광선 영역에서 관측되며, 1548.2Å과 1550.8Å의 CIV선은 흡수 성운의 적색편이가 $1.1 \lesssim z_{abs} \lesssim 3.5$일 때 가시광선 영역에서 관측된다. 1031.9Å과 1037.6Å의 OVI는 Lyman-α 숲 선(아래 참조)에 의해 사라지기 때문에 관측하기가 어렵다. 흡수선의 적색편이가 한번 결정되면 다른 원소의 선들도 찾아낼 수 있다.

은하간 가스는 오늘날의 은하 원반처럼 밀집된 중성 물질의 가스운에서부터 중성 원자의 비가 10^{-3} 이하가 되는 밀도가 낮은 가스까지의 범위를 가진다. 시선 방향을 따라 $N(\mathrm{HI})$개의 수소 원자를 가진 흡수선의 개수 N은 $N \propto N(\mathrm{HI})^{-1.5}$를 따른다. 매우 밀도가 낮은 가스운이 가장 일반적이지만 이들 중 밀도가 높은 가스운은 거의 모든 중성 가스를 가지고 있다. 흡수되는 물질은 초기의 것이 아니지만 항성의 핵융합 반응에 의해 생성된 중원소들을 포함하고 있다.

9.3.1_ 중성 가스 : 감폭 Lyman α 구름

중성 가스의 기둥 밀도가 $N(\mathrm{HI}) \approx 2 \times 10^{20}\,\mathrm{cm}^{-2}$보다 크면, Ly$\alpha$ 선은 현저하게 감폭되는 날개를 가지며 광학적으로 두껍다. 이를 감폭 Lyα 구름이라 부른다. 이 가스 밀도는 $1.5\mathcal{M}_{\odot}\mathrm{pc}^{-2}$로, 현재의 은하의 바깥쪽 HI 원반 밀도의 전형적인 값에 해당한다(5.2절 참조). *Lyman 한계* 구름은 $N(\mathrm{HI}) \gtrsim 2 \times 10^{17}\mathrm{cm}^{-2}$를 가지고 있으며, 수소 원자를 이온화 시킬 수 있는 충분한 에너지를 가진 대부분의 광자를 흡수한다. 그러므로 퀘이사의 측정된 선속은 $912(1+z_{abs})$Å의 짧은 파장영역에서 거의 0이 된다. 감폭 Lyα 구름은 거의 중성이지만 Lyman 한계 구름의 대부분의 수소는 이온화되어 있다. [그림 9.12]의 스펙트럼은 $z_{abs} = 2.827$의 감폭 Lyα 선을 보여준다. 기둥 밀도는 $2 \times 10^{20}\mathrm{cm}^{-2}$에 가깝다. 전파가 강한 퀘이사 앞의 감폭 Lyα 구름 역시 21 cm의 HI 선에서 흡수에 의해 찾아 낼 수 있다. 전형적인 퀘이사의 스펙트럼에서 구름의 개수 세기는 현재의 나선 은하와 불규칙 은하의 원반을 만들 수 있을 정도로 밀도가 높은 가스를 포함하고 있음을 말해준다.

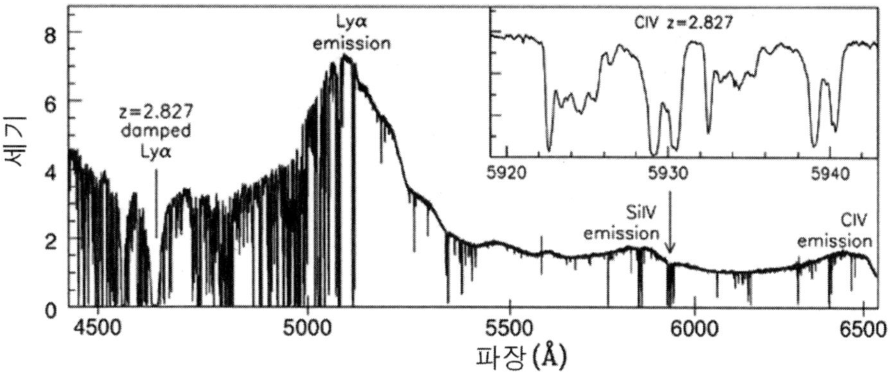

[그림 9.12] 적색편이가 $z_{em} = 3.173$인 퀘이사 1425+6039의 스펙트럼. 1216 Å의 넓은 Lyα 방출선이 가시광선 영역으로 적색편이 되었다. 더 짧은 파장에서 Lyα숲의 좁은 흡수선이 빽빽하게 보인다. 4650 Å의 상단 박스의 흡수선은 $z_{abs} - 2.827$에서 흡수된 감폭 Lyα 흡수선이다. 화살표로 표시된 곳은 정지 상태에서 1550 Å 근처에서 나타나는 CIV 이중선이 같은 적색편이에서 나타난 것이다. 위에 삽입된 그림은 여러 개의 가스 성운에 의하여 별개의 흡수선이 나타남을 보이고 있다.

문제 9.8 적색편이 z에서 Mpc^3 당 $n(z) = n_0(1+z)^3$의 감폭 Lyα 구름이 있다고 하자. 각각은 단면적 σ를 가지고 있다. 퀘이사 방향으로 길의 길이 l을 따른 $n(z)\sigma l$을 통과하여 볼 수 있는 이유를 설명하여라. 식 8.47을 사용하여, 적색편이 z와 $z+\Delta z$사이에서 길이 $\Delta l = c\Delta z/[H(z)(1+z)]$이며, 따라서 단위 적색편이에서의 개수는 다음과 같음을 보이시오.

$$\frac{\mathrm{d}N}{\mathrm{d}z}\Delta z = \frac{n(z)\sigma c\Delta z}{H(z)(1+z)} \equiv \frac{n_0\sigma c}{H_0}\Delta z\frac{\mathrm{d}X(z)}{\mathrm{d}z} \tag{9.21}$$

(두번째 상등을 위해 식 8.26을 사용하면) 다음과 같다.

$$\frac{\mathrm{d}X(z)}{\mathrm{d}z} = \frac{H_0(1+z)^2}{H(z)} = \frac{(1+z)^2}{\sqrt{\Omega_\mathrm{m}(1+z)^3+(1-\Omega_\mathrm{tot})(1+z)^2+\Omega_\Lambda}} \tag{9.22}$$

우주가 편평하고 $\Omega_\mathrm{tot} = 1$이면 초기에

$$(1+z)^3 \gg \Omega_\Lambda/\Omega_\mathrm{m}\text{인 경우 } X(z) = \frac{2}{3\sqrt{\Omega_\mathrm{m}}}\left[(1+z)^{3/2}-1\right] \tag{9.22}$$

임을 보여라. 지역적으로 $\mathrm{d}N/\mathrm{d}z \approx 0.045$이다. 단면적 σ가 바뀌지 않는다면 $z=3$에서 $\mathrm{d}N/\mathrm{d}z \approx 0.16$이 됨을 보이시오. $z=5$에서 $\mathrm{d}N/\mathrm{d}z \approx 0.4$이다. 이것이 σ가 일정할 때 예상되는 값의 약 2배에 해당함을 보여라. 이 결과는 더 많은 흡수 구름 또는 개개의 구름이 더 클 것임을 의미한다.

문제 9.9

문제 9.8에서 구름이 cm^{-3}당 수소 원자 밀도를 n_{H}로 하고, 반경 r의 균일한 구라고 가정하자. 수소 원자 당 평균 질량이 μn_{H}이고 평균 기둥 밀도가 $N(\mathrm{HI}) \approx rn_{\mathrm{H}}$이면, 그 질량은 $\mathcal{M} = (4/3)\pi r^3 n_{\mathrm{H}} \mu n_{\mathrm{H}}$이다(75% 수소와 25%의 헬륨으로 이루어진 가스의 평균 분자량은 $\mu \approx 1.3$이다). 중성 성운에 대하여 단면적이 $\sigma = \pi r^2$이고 수소 원자의 밀도가 $N(\mathrm{HI})$일 때, 질량이 $\mathcal{M} \approx \sigma N_{\mathrm{H}} \mu N(\mathrm{HI})$임을 증명하여라. 식 9.21을 사용하여, 중성 가스의 밀도 ρ_{g}가 적색편이 z에서 다음과 같음을 보이시오.

$$\rho_{\mathrm{g}}(z) \equiv n(z)\mathcal{M} = \frac{\mu m_{\mathrm{H}}}{c} N(\mathrm{HI}) \frac{\mathrm{d}N}{\mathrm{d}z} H(z)(1+z)$$

가스가 오늘날까지 바뀌지 않고 유지되어 왔다고 하면, 이것이 왜 식 8.21의 임계밀도의 비 Ω_{g}를 대표하는지 설명하여라. 여기에서

$$\Omega_g \equiv \frac{n_0 \mathcal{M}}{\rho_{\mathrm{crit}}(z)} = \left[\frac{\mu m_{\mathrm{H}} H_0}{\rho_{\mathrm{crit}}(t_o)c}\right] N(\mathrm{HI}) \frac{\mathrm{d}N}{\mathrm{d}z}\Big\} \qquad (9.23)$$

이다. 이 비율은 $\Omega_g(z) \propto h^{-1}$와 같이 현재의 Hubble 상수에 의존한다. 왜 그러한가? 괄호의 항이 $1.2 \times 10^{-23} h^{-1}$임을 보여라. 적색편이 $z \sim 2$에서 $\mathrm{d}N/\mathrm{d}z = 0.2$이며 평균 밀도 $N(\mathrm{HI}) = 10^{22}\,\mathrm{cm}^{-2}$라고 하면, 기준 우주론에 대해서 $\mathrm{d}X/\mathrm{d}z = 3.0$이고 $\Omega_{\mathrm{g}}(z=2) \approx 10^{-3}$ 임을 보여라.

[표 7.2]에서 볼 수 있듯이 현재의 은하 원반에서 중성 원자와 분자 가스는 $\Omega_{\mathrm{g}} \sim 8 \times 10^{-4}$에 해당하는 반면, 은하 원반 내의 항성은 $\Omega_{\star} \sim 6 \times 10^{-4}$을 차지한다. 그러므로 $z \sim 2$에서 감폭 Lyα 구름 내 중성 가스는 현재 보이는 은하 원반을 형성하기에는 충분하다. 그러나 기준 우주론이 옳다면, 우리 은하와 같은 원반 내 항성의 절반이 생성된 때, 적색 편이 $0.7 \lesssim z \lesssim 5$ 사이에서 6 Gyr 동안 Ω_{g}는 이 단계에 남는다. 따라서 더 희박한 이온화된 가스가 흘러들어가고 재결합할 수 있을 만큼 밀도가 커질 때 감폭 Lyα 구름은 다시 채워진다.

감폭 Lyα 구름이 단순히 은하의 원반의 가스일까? 우리는 이에 대해서 잘 알지 못한다. 가까운 은하들의 HI 원반은 $z \lesssim 1$에서의 흡수 특성을 설명할 수 있을 만큼 충분히 크며 많다. 이들이 상대적으로 큰 HI원반을 가지기 때문에 적어도 절반이 $L \leq 0.2L_{\star}$의 덜 밝은 은하에 의해 일어난다. $z_{\mathrm{abs}} < 1.5$일 때, 감폭 Lyα 구름과 같은 적색편이에서 1초각 내 항성의 밝은 조각 또는 하늘의 퀘이사의 밝은 조각을 볼 수 있다. 이 구조들은 항성 형성 원반 은하, 불규칙 은하, $0.02L_{\star} < L < 3L_{\star}$의 밝기를 가진 항성 생성이 일어나는 조밀한 지역의 복합체이다. 큰 적색편이에서, 문제 9.8은 충분한 흡수선을 증명하기 위해 은하들이 오늘날보다 더 크며 많아야함을 보여준다. 자외선에서 밝기 때문에 선택된 $2 \lesssim z \lesssim 3$의 Lyman 감쇠 은하가 퀘이사에서부터

300 kpc 이내에 있다면 일반적으로 Lyα 흡수는 증가한다. 전형적으로, 퀘이사의 빛이 은하를 가깝게 지나갈수록 흡수하는 가스는 밀도가 커진다. 이상하게도, Lyman 감쇠 은하의 1/3은 Lyα 흡수를 보이지 않는다.

문제 9.10 현재 $L_\star$인 은하의 밀도는 대략 식 1.24의 $n_\star$ 또는 $0.02h^3\,\mathrm{Mpc}^{-3}$이다. [그림 1.16]은 이들 중 절반이 원반 은하임을 보여준다. 따라서 $h=0.7$이라 하면, 밝은 나선 은하의 개수는 $n_0 \approx 0.003\,\mathrm{Mpc}^{-3}$이다. $z \sim 3$에서 $\mathrm{d}\mathcal{N}/\mathrm{d}z \approx 0.25$이다. 그 후 은하가 이미 원반을 생성하였다고 하면, 밀도 $n(z) \approx n_0(1+z)^3$을 예상할 수 있다. 기준 우주론에 대해서, $\mathrm{d}X/\mathrm{d}z = 3.6$임을 보이고 식 9.21을 사용하여 $\sigma = 2500\,\mathrm{kpc}^2$이며, 따라서 흡수하는 물질은 반경 $\sim 30\,\mathrm{kpc}$으로 뻗어있음을 보여라. [그림 5.15]는 $\mathcal{M}(\mathrm{HI}) = 10^{10}\mathcal{M}_\odot$인 우리 은하와 같은 은하의 HI 원반이 거의 이 반경임을 부여준다.

9.3.2_ 은하간 가스의 중원소

감폭 Lyα 구름은 수소나 헬륨 뿐 만 아니라 중원소와 먼지도 포함하고 있다. CIV와 SiIV와 같은 고이온화 흡수선과 더불어 MgII, ZnII, CrII와 같은 낮은 에너지 이온의 흡수선을 볼 수 있다. [그림 9.12]에서 $z_{\mathrm{abs}} = 2.83$에서 CIV선 계열은 5920 Å 에서 나타나는데, 이 선들은 감폭 Lyα 흡수선을 생성하는 같은 가스로부터 나온다. $N(\mathrm{HI}) \gtrsim 10^{16}\mathrm{cm}^{-2}$정도로 밀도가 낮은 구름에서, 가장 강한 중원소 선은 현재의 은하 원반에서 중성 수소와 함께 발견되는 MgII, SiII, OI와 같은 낮은 이온화 에너지 이온의 선들이다. 오늘날의 은하 헤일로의 빌노가 낮은 뜨거운 가스의 특성인 CIV와 SiIV선은 $N(\mathrm{HI})$가 낮을 때 일반적이 된다. 중원소 복합체 선들은 보통 $300-500\,\mathrm{kms}^{-1}$의 너비를 가지지만, 개개의 구성 원소선의 너비는 $T \lesssim 10^5\mathrm{K}$에 해당하는 $10\,\mathrm{kms}^{-1}$이하이다. 이 온도에서 열적 평형 상태의 플라즈마는 CIV 이온이 거의 없기 때문에, 흡수 가스는 퀘이사에 의한 은하간 복사나 새롭게 태어나는 뜨거운 항성들에 의해 이온화 된 것이다.

모든 감폭 Lyα 구름이 MgII 흡수를 일으키지만, MgII 흡수가 있다고 해서 감폭 Lyα 구름이라고 말할 수는 없다. 주어진 적색편이에서, MgII 선은 감폭 Lyα 구조보다 10배나 일반적이며, CIV 선은 더 자주 나타난다. 그러므로 MgII 흡수에 해당하는 가스는 감폭 Lyα 구조가 생산하는 영역보다 더 큰 영역이어야 한다. 강한 MgII 흡수는 은하에서 $40h^{-1}\mathrm{Mpc}$내에서 일반적으로 일어나며 약한 흡수는 $80h^{-1}\mathrm{Mpc}$ 후로 일어난다. CIV선을 유발하는 가스는 보통 $50-100\,\mathrm{kpc}$의 크기로 뻗어 있지만, 때때로 $200\,\mathrm{kpc}$이상으로 보이기도 한다. 중력적 렌즈 효과가 하늘에서 ~ 1초각 정도로

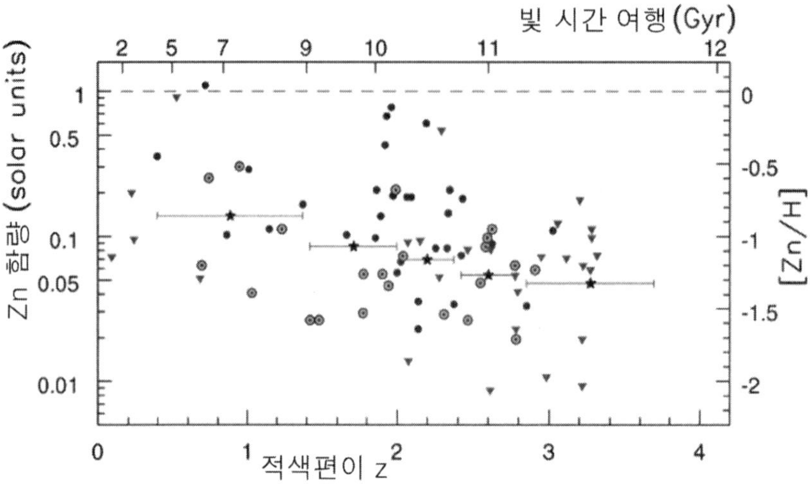

[그림 9.13] 감폭 Lyα 흡수를 일으키는 가스운에서의 수소에 대한 아연의 함량. 점원은 $N(\mathrm{HI}) \geq 10^{21}\mathrm{cm}^{-2}$인 밀도가 높은 가스운이며, 채워진 점은 밀도가 작은 가스운, 아래로 향한 삼각형은 상한을 나타낸다. 수평막대는 $N(\mathrm{HI})$로 가중치를 둔 평균 함량을 보여준다. 빛여행 시간은 기준 모형으로부터 구하였다. 아연은 먼지 알갱이와 쉽사리 합쳐지지 않으므로 가스에서의 아연의 함량은 중원소의 총 비율을 말해준다. – Kulkarni *et al.* 2005, *ApJ*, 618, 68

퀘이사의 이미지를 떨어뜨려 놓는 경우, 두 개의 빛이 흡수체를 통과하면서 지나는 이들의 경로는 ~ 10 kpc정도 떨어져 있게 된다. 두 퀘이사의 영상의 경로가 20 – 50 kpc 이상으로 떨어져 있을 때, 이들의 스펙트럼에서 강한 CIV 선은 서로 다르며 이로부터 흡수하는 구름의 크기를 대략적으로 측정할 수 있다.

은하의 헤일로에서처럼, OVI 흡수는 CIV와 MgII를 흡수하는 부분적으로 이온화된 따뜻한 구름 근처의 얇은 층에서 나온다. 때때로 OVI선은 $T \gtrsim 3 \times 10^5$K일 때 기대되는 것처럼 넓으며, OVI는 우주 평균보다 100배 이상의 밀도 $n \geq 10^{-3}\mathrm{cm}^{-3}$에서 충돌적으로 이온화된다. 이 가스는 항성을 생성하고 있는 은하에서부터 불어오는 항성풍의 충격으로 인해 가열된다.

흡수선 가스운에서 수소의 기둥 밀도 N_H를 측정할 수 있으면, 중원소선의 세기를 이용하여 가스의 중원소 함량을 측정할 수 있다. [그림 9.13]은 감폭 Lyα 구름의 평균 중원소 함량이 시간에 따라 천천히 증가함을 보여준다. 그러나 이는 우리 은하의 원반에서 많은 항성이 생성되고 있을 때인 8 – 10 Gyr 전의 태양의 값의 1/10밖에 되지 않는다. [그림 9.13]의 가스는 우리 은하의 원반에서 생성된 가스가 될 수 없다. [표 2.1]과 [그림 4.14]는 대부분의 원반부 항성들이 $Z > 0.1Z_\odot$임을 보여준다. [그림 4.15]에서 보았듯이 은하의 원반들은 그 중심보다 중원소가 풍부하지만, [그림 9.13]의 점들은 주변의 중원소가 적은 영역을 통과하여 빛나는 퀘이사를 나타낸다.

2.4절에서는 우리 은하에서 $N(\mathrm{HI}) = 10^{20}\mathrm{cm}^{-2}$보다 밀도가 큰 가스운들이 주로 분자운이 됨을 보았다. 감폭 Lyα 가스운에서 수소 분자는 퀘이사의 자외선 빛을 흡수함으로서 쉽게 관측되지만, 사실 H_2는 그리 많지 않다. 아마도 가스에 먼지들이 너무 적어 분자들이 쉽게 형성되지 않는 것이다. 어떤 감폭 Lyα 구름에서 쉽게 먼지와 합쳐지는 철과 같은 원소는 먼지와 쉽게 합쳐지지 않는 아연과 규소와 같은 원소에 비해 매우 드물다. 이 가스운들은 적은 양의 먼지를 생성하기 시작하여야 하지만, 가스에 대한 먼지의 비율은 식 1.22에서 주어진 우리 은하에 대해 값보다 ~30배정도 작다.

1335.7Å 에서 들뜨는 C^+인 CII^* 흡수선은 우리은하에서 그러하듯이 원자외선 광자가 먼지 알갱이들을 가열하고 있음을 보여준다. 이 열은 주변의 가스로 전도되고 CII^*상태로 들뜬 탄소는 158μm(표 2.5 참조)에서 열의 대부분을 재방출한다. CII^* 흡수선의 세기로부터 재방출되는 열의 양을 측정할 수 있다. 이는 은하간 복사장에 의해 공급되는 양보다 훨씬 많다. 이 감폭 Lyα 가스운은 자신의 자외선 광자를 가지고 있어야만 한다. 즉 항성을 생성하고 있다는 말이다. 심지어 어떤 경우에서 이 항성들의 Lyα 방출을 관측할 수 있었다. 적색 편이 $z \sim 2-4$에서 추측한 항성 생성률은 충분히 빨라 감폭 Lyα 가스운의 모든 가스를 ~2Gyr 동안 다 소모할 것이다. 이는 이 가스운들이 더 밀도가 낮은 가스의 저장소로부터 다시 채워짐의 증거이다.

이 중원소선들이 은하나 은하군에 있는 가스를 나타낸다면, 이들의 적색편이는 은하들의 경우에서와 같이 모여 있어야 한다. 예측한대로 CIV 흡수선이 관측된다면, 비슷한 속도에서 두 번째 선을 찾을 가능성이 더 커지지만, 이 효과는 500kms^{-1}이상 떨어진 상황에서는 사라진다. 이는 750kms^{-1}에 더 가까운 OVI의 선에 대해서도 해당된다. 이 속도들은 은하의 회전 속도 또는 은하군의 속도 분산보다 다소 크다. 그러나 벽이나 필라멘트에 대한 관측에 해당하는 [그림 8.4]의 최고 속도의 두께에 해당된다.

9.3.3_ Lyman-α 숲

$N(\mathrm{HI}) \sim 2\times10^{17}\mathrm{cm}^{-2}$이하의 기둥 밀도에서, 자외선 광자는 가스 구름을 통과하며, 대부분의 수소는 이온화된다. $N(\mathrm{HI}) \lesssim 3\times10^{14}\,\mathrm{cm}^{-2}$일 때, 정밀한 분광 관측을 통해 약한 CIV와 OVI선이 종종 발견되기는 하지만 주로 수소의 Lyα 선만이 발견된다. 퀘이사의 Lyα 방출선보다 짧은 파장에서 밀집되어 발견되는 많은 수소 흡수선을 *Lyman*-α 숲이라고 한다. 중성 수소에서 숲을 관측한다고 하면, 대부분의 가스들은 이온화되며, HI는 전체의 0.1%밖에 안 되는 작은 비율을 가질 것이다. 이 구름들은 우주의 중성자와 양성자의 주 저장소일 것이다.

[그림 9.12]에서 숲 가스운이 Lyα 방출선보다 더 짧은 쪽 퀘이사 빛의 상당한 부분을 흡수할 수 있음을 알 수 있으며, 방출선보다 짧은 파장 쪽의 세기가 긴 파장 쪽의

세기보다 작아진다. 이를 *Gunn–Peterson* 효과라 한다. [그림 9.12]의 Lyα 숲의 선들 사이에서 빛의 정도는 방출선 양쪽이 같다. Lyα선은 $N(\mathrm{HI}) \sim 10^{14}\mathrm{cm}^{-2}$에서 포화되기 때문에, 흡수 구름사이에서 HI 가스를 찾기란 매우 어렵다. 이는 $z \lesssim 5.8$에서의 퀘이사에서 전형적으로 일어난다. 그러나 $z \gtrsim 6$의 천체에서 Lyα 방출선보다 짧은 쪽의 모든 빛이 사라지는 *Gunn–Peterson 골*을 볼 수 있으며, 이는 $z \gtrsim 5.8$에서 밀도가 낮은 중성 가스에 의해 흡수되어진다.

초기의 퀘이사와 항성 형성 은하들은 $z_{\mathrm{rec}} \approx 1100$의 재결합 시기에서 중성이 되는 가스에서 빛을 발한다. 이들은 우리 은하에서 뜨겁고 무거운 항성 주변의 HII영역과 같이 이온화된 가스의 '섬'과 같은 HII영역을 형성한다. 우주가 팽창됨에 따라 밀도가 큰 가스들은 가스운으로 모이게 되는 반면, 남아 있는 작은 밀도가 낮은 가스를 이온화시키며 항성과 퀘이사들이 생겨난다. Gunn–Peterson 골이 사라진다는 것은 $z \sim 6$에서 둘러싼 밀집된 중성 가스의 작은 섬들과 관련된 지역들이 완전하게 이온화됨을 의미한다. $\sim 100\,\mathrm{Myr}$에 걸쳐, 우주는 매우 급하게 자외선 복사에서 투명해지기 시작하는데 이를 *재이온화*라 한다. 그 후, 퀘이사의 자외선 빛은 자외선 빛이 중성 가스운과 부딪히는 곳에서만 흡수된다.

가스를 재이온화시키는 자외선 광자의 원인은 무엇일까? 밝은 퀘이사는 아니다. [그림 8.13]에서 보았듯이 $z \sim 6$전에 밝은 퀘이사는 매우 드물었기 때문에 그 영향은 거의 없다. 항성 형성 은하가 그 원인이 될 수 있을까? 이는 은하간 공간으로 탈출하는 항성 형성 은하의 자외선 빛의 양과 이 은하 주변의 우주 평균보다 밀도가 높은 가스의 양에 의존한다. 문제 2.24에서부터 주변의 밀도가 낮아지면, 은하와 퀘이사는 많은 양의 가스를 이온화 시킴을 알 수 있었다. [그림 9.17]의 자외선에서 밝은 천체와 같은 큰 은하들은 밀도가 큰 영역에서 형성된다([그림 7.11] 참조). 이러한 불리한 조건이므로 이들의 항성은 그 원인에 부적합하다. 그러나 희미한 은하들은 밝은 은하들보다 매우 많으며([그림 1.16] 참조), 은하 밀도가 낮은 곳에서도 우세하다. 따라서 희미한 은하들 주변의 가스의 밀도는 낮을 것이다. 모든 은하들이 그들의 암흑 물질에 비례하여 항성을 생성한다면, 개개의 항성 대부분은 우리가 관측하기에는 어둡지만, 그 집합체는 가스를 재이온화시킬 수 있을 것이다. 그러나 8.5절에서 다루었듯이, 대부분의 암흑 물질의 작은 덩어리들이 항성을 만들 수 없다. 그렇지 않으면 우리 은하는 우리가 관측한 위성보다 더 많은 위성을 가지고 있어야 한다. 다른 가능성으로는 수많은 어두운 퀘이사의 X 선과 자외선 빛이 재이온화의 에너지를 제공한다는 것이다.

퀘이사 방출선의 적색편이 근처에서 Lyα 숲이 약해지는 정도를 관측함으로서 은하들 사이의 이온화되는 복사의 양을 측정할 수 있다. $z_{\mathrm{abs}} \sim z_{\mathrm{em}}$인 가스운은 이온화의 수준을 증가시켜 HI를 거의 남아있지 않게 하는 퀘이사의 복사에 의하여 영향을 받을 정도로 충분히 가까운 곳에 있다. 숲의 흡수선이 드문 지역의 적색편이 간격은 복사가 보통의 은하간 배경에 두드러지게 영향을 미치는 지역을 보여준다. 이러한 근접효과를 측정은 적색편이 $1.6 < z < 4$의 범위에서 912Å에 가까운 광자 $\sim 3\times10^{-22}\mathrm{erg\,cm^{-2}s^{-1}Hz^{-1}sr^{-1}}$ 만큼의 수소 원자를 이온화할 수 있음을 보여준다. 이는 오늘날보다 조금 높은([그림 1.19] 참조) $\nu I_\nu \sim 2\mathrm{nW\,m^{-2}sr^{-1}}$에 해당한다.

꽤 많은 이온화 광자와 함께, Lyα 숲의 확산된 가스에서의 10^3나 10^4개 중 오직 하나의 수소 원자만이 중성으로 남게 된다. 관측한 더 확산된 구름은 우주 평균보다 단지 몇 배 정도만 밀도가 높다. 이들의 가스는 에너지를 방출하기에 너무 적기 때문에 식으며 더 밀집될 것이다. 이는 여전히 [그림 8.16]의 우주적 거미줄의 필라멘트에서 암흑 물질과 혼합되어 있다. 하늘에서 서로 가까이 놓여 있는 같은 적색편이의 흡수선을 가진 퀘이사의 관측은 $z \sim 2$에서 Lyα 숲의 필라멘트가 $\gtrsim 0.5h^{-1}$Mpc로 뻗어 있음을 보여준다.

대부분의 확산된 이온화 가스는 수소와 헬륨보다 무거운 원소를 포함하고 있는 것처럼 보인다. 최근의 한 연구에서 비록 구름의 30%가 $Z \sim Z_\odot/3000$정도로 금속 함량이 적어도, 태양의 값의1/1000 정도의 탄소와 산소를 찾았다. 많은 항성들이 초기에 작은 은하에서 생성된다면, 이들의 핵융합 반응의 생성물들은 Lyα 숲을 통해서 퍼질 것이다. 얼마나 많은 양의 무거운 원소가 생성되었을까? [그림 9.17]의 은하들의 자외선 빛을 포함하면, $z \sim 2.5$에서 은하들이 바리온 물질을 통하여 균등하게 섞여있다면 은하들만으로 $\sim Z_\odot/30$의 평균 함량을 만족할 정도로 충분한 중원소를 생성할 수 있을 것이다. 대부분의 바리온 물질을 포함하고 있는 Lyα 숲에서 $0.001Z_\odot$만을 보는 이유는 무엇일까? 이는 *잃어버린 중원소* 문제에 관한 것이다. 정확한 정보가 없기 때문에, 잃어버린 중원소는 너무 확산되어서 식을 수 없는(?) 뜨거운 가스에서 매우 이온화된 상태에 의해 가려져 있을 것이라 결론을 내렸다.

9.4 최초의 은하

[그림 9.14]는 [표 1.2]와 1.3의 U, B, i와 z 의 4색 파장 영역에 대한 Hubble 우주 망원경으로 얻은 정밀 영상 하늘 영역인 *Hubble 울트라 딥필드*의 일부이다. 이 영상의 은하들의 일부는 우리 은하 근처의 작은 은하들이지만, 다른 것들은 그 적색편이가 $z \sim 5$ 이상에 이른다. 이들은 현재의 구조들보다 더욱 비대칭이고 불규칙한 모습을 보인다. 하지만, 우리는 이 은하들을 젊고 질량이 큰 항성들로부터 방출되는 자외선

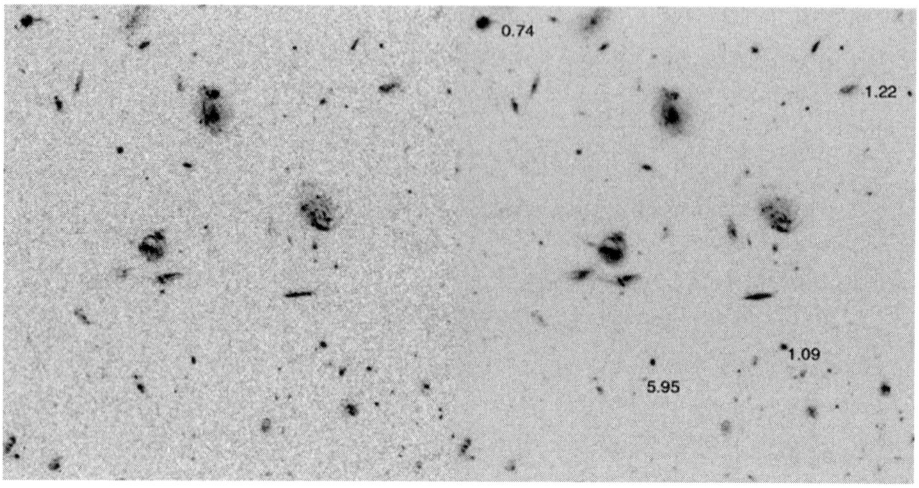

[그림 9.14] 푸른빛(B, 왼쪽)과 붉은빛(i, 오른쪽)에서의 Hubble 딥필드 일부. 선택된 은하의 적색편이가 표시되어 있다. 중심의 오른쪽에 $z \lesssim 1$에서 나선은하로 보이는 것들이 있으며 왼쪽에 병합하는 그룹이 보인다. – Space Telescope Science Institute(NASA)

영역의 빛으로 보고 있는 것이다. [그림 5.10]의 우리 은하 근처의 은하에 대한 자외선 영상은 가시광선 영역의 영상과 매우 다르게 보인다. 또한 국부 항성 생성 은하들은 자외선 영역에서 띄엄띄엄하게 보이는 경향이 있다.

가시광에서 방출되는 빛의 지도를 작성하기 위해 적외선에서 관측할 때, $z \sim 1$에서의 매우 밝은 은하들만이 [그림 1.11]에 따라 분류될 수 있다. 적색편이 $z \gtrsim 2$에서 얼마 없는 [그림 9.14]의 밝은 조각들은 가까운 우주에서의 나선 은하와 타원 은하와 비슷하다. 이들은 불규칙적인 모습이며 매우 큰 표면 밝기와 항성 생성의 밝은 푸른색을 가지고 있다. 이들은 $0.1'' - 0.2''$ 밖에 안 되는 크기로 오늘날의 은하보다 매우 작다. 아마도 이들은 은하를 생성하기 위해 병합하려는 원시 은하의 조각일 수도 있으며, 아직 다 성장하지 않은 은하의 중심부일 수도 있다.

은하의 빛의 방출량은 시간에 따라 바뀌며, 새로운 항성이 태어나고 진화함에 따라 색과 광도에도 영향을 받는다. 비록 개개의 은하가 과거에 지금보다 밝았는지 어두웠는지에 관하여 정확하게 실험할 수는 없지만, 큰 적색편이를 가진 은하들과 오늘날의 은하들의 평균적인 항성 족족과 비교해 볼 수는 있다. 항성 형성 역사와 스펙트럼이 시간에 따라 어떻게 바뀌는지 계산하기 위한 항성 진화에 관한 지식으로부터 모형을 만들 수 있다. 이로부터 결과적으로 식 8.46의 진화 항 $e(z)$을 구할 수 있다. 그런 다음, 주어진 형태의 은하들이 얼마나 많이 발견되는지를 계산함으로서 모형을 실험해 본다. 예를 들어, 은하 원반에서 일정한 속도로 항성이 생성된다면, 이들은 항상 같은 개수의 젊고 푸른 항성을 가지는 반면, 붉은 항성들은 시간이 흐름에 따라 생성된다. 타원

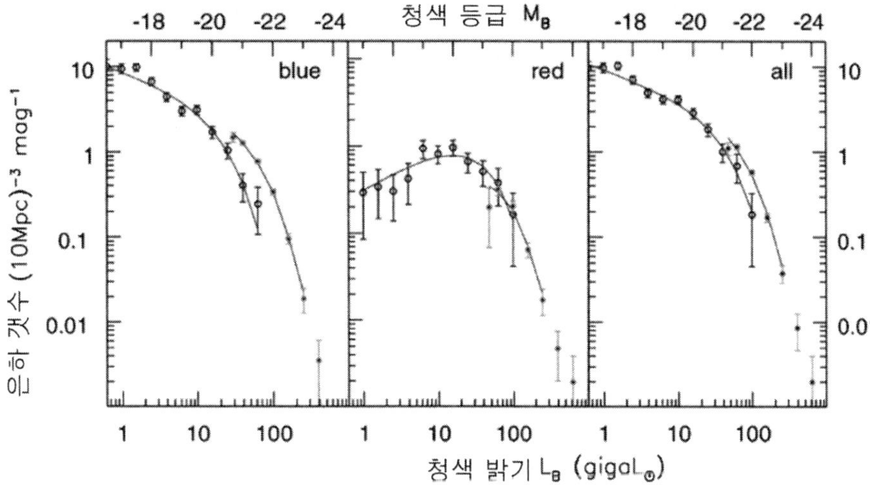

[그림 9.15] 공변 10Mpc 입방체당 절대 등급이 $M(B)$와 $M(B+1)$사이인 은하들의 개수: 속이 빈 원은 $0.2 < z < 0.4$의 가까운 은하들이며 속이 찬 점은 $1 < z < 1.2$의 은하들이다. 각 광도에서의 붉은 은하의 개수는 거의 바뀌지 않지만 밝고 푸른 은하들은 $z \approx 1$에서 더 일반적이다. [그림 1.16]에서처럼, 매우 밝은 은하들은 거의 붉은 은하이며, 희미한 은하의 대부분은 푸른 은하이다. – DEEP2, S. Faber *et al.*, astroph/0506044

은하들이 적색편이 $z \gtrsim 3$에서 모든 항성들을 생성한다면, [그림 6.18]의 폭발적 항성 생성 모형으로부터 이들의 항성들이 과거에는 더 푸르고 밝았어야 함을 알 수 있다.

[그림 9.15]는 각 광도에서의 *공변* 부피 당 은하의 개수로부터 적어도 우주 역사의 반쯤 전의 모습을 보여준다. 나이가 많은 항성들만의 스펙트럼을 가진 붉은 은하의 개수는 오늘날과 거의 똑같다. $z \sim 1$에서 각 은하를 구성하고 있는 항성 종족이 오늘날에는 사라져 있음을 [그림 6.18]에서 보았다. 그러므로 이 은하들은 새로운 항성을 만들어야 하거나, 7.1절에서 논의한 바와 같이 동료들을 잡아먹음으로서 성장하여야 한다. 혹은 새로운 밝고 붉은 은하들이 생성되어야 한다. 예를 들어 항성 생성을 멈춘 푸른 은하는 붉어지기 시작할 것이다.

$z \sim 1$에서 활발하게 새로운 항성을 생성하고 있는 푸른 은하의 개수는 각 광도에서 오늘날보다 많다. 각각의 은하가 3배 정도 더 밝다거나, 그렇지 않다면 과거에는 푸른 은하의 개수가 더 많았을 것이다. 이는 항성의 희미해짐을 탓할 수는 없다. 오늘날의 푸른 은하들이 과거 십 억년동안 새로운 항성을 생성하였거나 이 은하들이 지금 푸르지가 않고 붉을 것이다. 여분의 항성 생성은 은하 병합에서의 폭발적인 항성 생성에 의한 것이 아니다. [그림 9.15]에 기인하는 은하들의 10%보다 적은 수가 병합한다. 대신 우리 은하와 같은 일반적인 은하들은 오늘날보다 더 빠르게 항성을 생성하여야 한다. 오래된 항성이 은하에게 더 많은 질량을 구성하는 것처럼 은하들은 시간이 지남

에 따라 붉어져야 하며 사실 항성을 형성하고 있는 은하의 평균 색은 $z \sim 1$에서보다 더 붉어야 한다.

은하에서 관측되는 항성생성률과 우주의 일생동안 보이는 항성을 만족하기 위해 필요한 항성생성률을 비교할 수 있다. 폭발적 항성 생성 은하는 이 평균비율보다 훨씬 더 빠른 속도로 항성을 생성하는 천체 중 하나이다. 2.1절에서 보았듯이, 우리 은하의 원반은 지난 수십 억년동안 안정적인 속도로 항성을 생성하고 있는 반면, 작은 은하들은 훨씬 더 빠르게 항성들을 생성해냈다(4.4절). [그림 6.20]은 $L_r > 8\times10^{10}L_\odot$ 또는 우리 은하 광도의 2배정도를 가진 큰 은하들이 우주 역사동안 평균 비율의 1% − 10% 정도로 항성을 생성하고 있음을 보여준다. 오늘날, 중심에 한정된 폭발적 항성 생성이 일반적이긴 하나 항성들을 $2\times10^{10}\mathcal{M}_\odot$ (우리은하의 약 1/3)이상 가진 은하들의 < 1% 정도의 은하들은 전체적인 폭발적 항성생성을 가진다. 그러나 $z \sim 0.7$에서 이와 같은 은하의 40%가 평균 비율보다 더 빠르게 항성을 생성하고 있다.

폭발적 항성 생성으로부터 항성을 생성하고 있는 은하의 스펙트럼은 늙은 항성들의 붉은 빛을 가지고 있으며 [그림 6.18]의 스펙트럼과 비슷하다. $z \sim 0.7$에서 큰 은하들의 거의 절반이 깊은 발머 흡수선과 함께 '폭발적인 차세대 항성형성'의 스펙트럼을 보여준다. 이들은 약 0.5 − 2 Gyr 전에 갑자기 항성 생성을 멈춰야 한다. 이러한 현상은 ~ 100 Myr의 급생성에서 항성생성이 일어난 은하들에 대해 기대한 것이며, 십 억년 이상의 조용한 기간에 의해 분리된다. 오늘날 큰 은하들의 단지 수 퍼센트만이 폭발적인 차세대 항성형성 스펙트럼을 가지고 있다.

9.4.1_ Lyman 감쇠 은하들

큰 적색편이에서의 은하들을 관측하기 위해, 먼저 영상에서 이들을 골라낼 수 있는 좋은 방법을 찾아야 한다. 가스가 풍부한 모든 은하들은 912 Å 에서 스펙트럼의 불연속을 보이는데 이는 항성 주변과 은하내의 중성 가스들이 이보다 짧은 파장의 빛의 많은 양을 흡수하기 때문에 일어난다. $z \gtrsim 4$의 천체에서 Lyα 숲의 은하간 가스는 1216 Å 아래의 빛을 없애버린다. 이 *Lyman 감쇠 은하*들은 이러한 스펙트럼 특징으로부터 찾을 수 있는 멀리 있는 항성 형성 천체에 해당한다. $z \sim 3$에서 912 Å 의 불연속은 근자외선 파장 U의 $\lambda \approx 3650$ Å 로 옮겨진다. 그러므로 이 적색편이에서의 은하들은 U 파장 영역에서 거의 보이지 않지만, 가시광에서의 $B-V$ 색은 여전히 푸르거나 중간 정도이다. 적색편이 $z \sim 4-5$에서 항성 형성 은하는 B 파장 영역에서 보이지 않지만 V에서는 여전히 밝다. $z \sim 6$에서 1216 Å 의 불연속이 옮겨감으로서 8000 Å 의 I파장에서 어두워지기 시작한다.

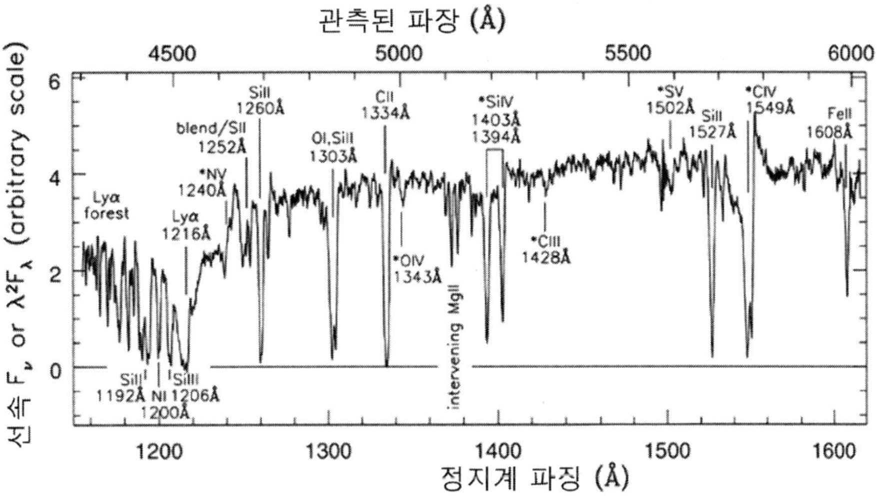

[그림 9.16] $z = 2.723$에서 Lyman 감쇠 은하 cB58의 스펙트럼. 뜨거운 대기의 특징인 선들은 *으로 표시하였다. 5100Å 근처에서 작은 적색편이의 가스에 의한 MgII 흡수선을 볼 수 있다. 스펙트럼선은 [그림 5.24]의 폭발적 항성 생성과 비슷하지만, 이 은하는 더 푸르며 대략 일정한 F_ν를 가지고 있다. 폭발적 항성 생성은 약 $F_\lambda \propto \lambda^{-1}$ 또는 $F_\nu \propto \nu^{-1}$을 보인다. – C. Steidel.

[그림 9.16]은 대폭발 후 2.4 Gyr에 해당하는 적색편이 $z = 2.7$에서의 Lyman 감쇠 은하인 cB58이다. 자외선 스펙트럼 선들은 [그림 5.24]의 가까운 폭발적 항성 생성 은하의 스펙트럼과 비슷하지만, 이 은하는 더 푸르다. 강한 Lyα선들이 없다. 비록 뜨거운 항성들이 이 파장 영역에서 많은 빛을 내지만, Lyα광자들이 은하를 떠나기 전에 수소 원자에 의해 여러 차례 산란된다. 긴 여행 동안 이들은 심지어 작은 양의 먼지에 의해서 쉽게 흡수된다. CIV 흡수선은 붉은 쪽에서 갑자기 떨어지지만, 푸른 쪽에서는 부드럽게 섞인다. 이 *P Cygni 윤곽*은 무겁고 뜨거운 항성 대기의 팽창의 특징이다.

중원소선들은 젊은 항성들의 중원소 함량이 $0.4Z_\odot \lesssim Z \lesssim Z_\odot$ 임을 보여준다. 이 중원소들은 전세대 항성들에 의해 생성되었다. 많은 것들이 먼지 알갱이들에 의해 가려져 있지만, 가스로부터 몇몇의 원소의 함량비를 측정할 수 있는데, 산소는 태양의 40% 정도이지만, 철은 ~10% 밖에 되지 않는다. 이는 [그림 4.17]의 우리 은하의 오래된 항성과 같은 모습이다. 산소는 짧은 일생을 사는 무거운 항성의 폭발인 II형 초신성에서 생성된 반면, 철은 오래 사는 가벼운 항성에 해당하는 Ia 형 초신성으로부터 철이 나온다. 그러므로 산소는 처음의 상당한 항성 생성 이후 ~10 Myr 내에 가스에 첨가되지만, 철은 ~1 Gyr 후에 포함된다. 역시 질량이 적은 항성에서 만들어지는 적은 양의 질소와 함께, 이 비는 cB58이 지난 250 Myr 동안 대부분의 항성을 생성하였음을 의미한다.

가스가 바깥쪽으로 뻗어나감을 의미하는 청색 이동 흡수선들은 Lyman 감쇠 은하에서 일반적인 것이다. cB58에서 항성풍은 은하가 새로운 항성을 만들 때만큼의 질량을 불어내는 $250\,\mathrm{kms^{-1}}$의 속도로 밖으로 움직인다. 이와 같이 금속을 만드는 물질들의 어느 정도는 은하간 공간으로 탈출할 것이다. 항성은 밀도가 높은 가스로부터 생성되기 때문에, CO와 같은 분자들의 전파 파장을 가진 선의 발견은 놀랄 일이 아니다. cB58에서 약 50 Myr 동안 현재의 생성률로 항성을 생성할 수 있을 충분할 정도의 양인 $\sim 10^9\mathcal{M}_\odot$의 분자운을 찾았다. 이 가스는 젊은 항성의 자외선 빛의 80%를 흡수하여 원적외선에서 $L_{\mathrm{FIR}} \sim 10^{11}L_\odot$의 에너지를 재방출할 수 있을 만큼 밀도가 크다.

가시광 또는 근적외선에서 이 멀리 있는 은하들을 관측할 때, 우리는 은하 내 가장 무겁고 가장 최근에 생성된 항성들로부터 발생되는 자외선에서의 에너지를 받는다. 항성생성률을 측정하기 위해서, 질량이 크고 작은 항성들의 비를 나타내는 *초기 질량 함수*를 추측하여야 한다. cB 58에서 CIV 선의 P Cygni 윤곽과 다른 선들의 모양은 적어도 질량이 큰 항성들에 대해서 같은 이 은하가 우리 은하와 거의 같은 초기 질량 함수를 가지고 있음을 알 수 있다. 합성 단위 $3.86\times10^{26}\,\mathrm{W\,\AA^{-1}}$로 자외선 광도 $L_\lambda(1500\,\text{Å})$를 측정할 수 있다. 태양의 복사 광도는 $L_\odot = 3.86\times10^{26}\,\mathrm{W}$이다. 그러면, 초기 질량 함수가 $\mathcal{M} \gtrsim 0.1\mathcal{M}_\odot$에 대하여 식 2.5의 Salpeter 형태를 가진다면, 항성들은 다음과 같은 비율로 생성되는 것을 알 수 있다.

$$\dot{\mathcal{M}}_\star \sim (3-5)\times10^{-7}L_\lambda(1500\,\text{Å})\mathcal{M}_\odot\,\mathrm{yr}^{-1} \tag{9.24}$$

$\mathcal{M}_\odot\mathrm{yr}^{-1}$의 항성이 생성되는 것은 $L_\lambda(1500\,\text{Å}) \sim 3\times10^6 L_\odot\,\text{Å}^{-1}$나, 광도 $\lambda L_\lambda \sim 4\times10^9 L_\odot$에 해당한다. 질량이 작은 항성들을 더 적게 포함한 보다 사실적인 질량 함수에 대하여, $\dot{\mathcal{M}}_\star$는 주어진 자외선 광도에 대하여 오직 절반 정도가 된다.

제대로 측정된 항성 생성률은 먼지에 의해 가로채지는 항성의 빛과 원적외선에서 재방출되는 빛을 측정하는 식 7.11에 주어진 비율에 식 9.24에 주어진 비율을 더한 것이다. 전형적으로, 더 항성 생성이 더 격렬할수록 먼지에 의해 차단되는 젊은 항성의 빛의 양이 더 커진다. $z \sim 3$에서 대부분의 Lyman 감쇠 은하는 $(10-50)\mathcal{M}_\odot\,\mathrm{yr}^{-1}$로 새로운 항성을 생성한다. cB58은 $\sim 40\mathcal{M}_\odot\,\mathrm{yr}^{-1}$을 생성한다. 이는 가까운 매우 밝은 병합 은하 Arp 220 또는 서브밀리미터 은하(아래 참조)들에서의 $200\mathcal{M}_\odot\,\mathrm{yr}^{-1}$와 적절히 비교된다. 오늘날 우리 은하와 같은 거대 나선 은하에서는 $\sim 5\mathcal{M}_\odot\,\mathrm{yr}^{-1}$로 항성이 생성되는 반면, 일반적인 지역적 폭발적 항성 생성의 비율은 $30\mathcal{M}_\odot\,\mathrm{yr}^{-1}$이상이다.

Lyman 감쇠 은하들은 짧은 인생을 사는 무거운 항성들 때문에 매우 밝다. 이들은 [그림 1.16]에서 정의한 $L_\star$ 은하보다 가시광에서 수배 밝다. [그림 6.18]에서 폭발적 항성 생성 후 약 50 Myr와 1 Gyr 사이에서 4000 Å 근처의 발머 점프의 세기가 증가함을 보았다. 현재의 항성 생성 과정을 구하기 위해 이를 사용하면, 가장 빠른 항성 생성은 단지 30 − 100 Myr 동안 일어남을 찾을 수 있다. 반면, 이보다 조용한 은하들은 $\geq$ 1 Gyr 동안 항성 생성이 지속되었다. 가시광에서 방출되는 빛의 색은 질량의 대부분에 해당하는 늙은 항성들의 정보를 준다. Lyman 감쇠 은하들은 무겁지 않다. 단지 몇 개만이 현재의 우리 은하와 같이 $5 \times 10^{10} \mathcal{M}_{\odot}$의 항성이 모여 있고, 대부분은 $\mathcal{M}_{\star} \sim 10^{10} \mathcal{M}_{\odot}$ 정도인 cB58과 같은 작은 천체이다.

빛이 파장 영역에서 펼쳐 있기 때문에 이 어두운 은하의 분광은 많은 것을 요구한다. 관측이 잘 된 큰 적색편이의 은하 몇몇은 *중력 렌즈효과* 때문에 몇 배나 밝아보인다. 이들의 빛이 우리에게 다가올 때 은하단을 통과하면서 빛은 구부러진다(7.4절 참조). cB58에서 나오는 빛이 이와 같은 방법으로 대략 30배 정도 밝아진다. 이와는 달리, 대부분의 먼 은하들의 분광은 8 − 10m 급의 망원경을 사용하여 가능하다.

매우 밝은 Lyman 감쇠 은하들은 $z \gtrsim 6$에서 보인다. $z = 5.515$의 BD38이 그 예이다. 대폭발 후 거의 1 Gyr 정도에서 보이지만, 이것의 스펙트럼은 [그림 9.16]의 cB58과 비슷하다. ~ 200 Myr 동안 지속되고 있는 과정에서 $140 \mathcal{M}_{\odot} \mathrm{yr}^{-1}$의 새로운 항성이 만들어졌다. 이 항성들은 은하 초기의 항성이 아니며, 이들의 스펙트럼선의 세기로부터 태양의 절반정도의 중원소를 가지고 있음을 알 수 있었다. Spitzer 우주 망원경을 사용한 4.5 μm 에서의 관측은 600 − 700 Myr 의 나이를 가진 $(1-6) \times 10^{10} \mathcal{M}_{\odot}$ 만큼의 항성의 붉은 빛을 보여준다. 이 천체들은 아주 작다. BD38은 큰 것 중 하나이지만 그 반경은 1.6 kpc밖에 되지 않는다. 아래에서 디룰 가스가 매우 풍부한 천체와 반대로, 이와 같은 활동성 핵은 드물기 때문에 Lyman 감쇠 은하들의 수 퍼센트에서만 이들을 관측할 수 있다.

문제 9.11 가시광선 영역과 근적외선 영역의 파장에서, 천구상의 평방초각 당 방출되는 선속 F_λ은 약 $F_\lambda \propto \lambda^{2.5}$에 비례하여 증가한다. 은하가 1216 Å 의 Lyα선 근처에서 방출하는 에너지를 측정하기 위해서는, $1216(1+z)$ Å 근처에서 은하를 관측해야한다. 은하의 영상에서 단위 평방초각 당 방출되는 선속 F_λ은 $(1+z)^5$에 비례하여 감소하고, F_λ(은하)/F_λ(하늘)$\propto (1+z)^{-7.5}$인 이유를 설명하여라. $z \sim 5$인 원시은하의 Lyα 방출은 8−10m급 망원경 없이는 관측하기 어렵다.

9.4.2_ 숨어있는 항성들 : 서브밀리미터 은하들과 분자 가스

지역적으로, 강한 항성 생성을 가진 은하들은 먼지 가스에 의해 젊은 항성의 푸른 자외선빛 대부분이 감추어진다. 7.1절에서 보았듯이, 단지 이 빛의 몇 퍼센트만이 M82 또는 Arp 220과 같은 폭발적 항성 생성은하로부터 탈출한다. 평균적으로, 자외선 빛의 약 2/3정도가 은하들을 탈출하고 나머지는 따뜻한 먼지 알갱이에 의해 흡수되어 적외선 영역에서 재방출된다. $z \sim 1$에서 대부분의 항성들은 먼지가 많은 지역에서 생성되며, 항성 빛의 에너지는 주로 $\gtrsim 50\mathcal{M}_\odot \mathrm{yr}^{-1}$로 항성을 생성하고 있는 $L_{\mathrm{FIR}} > 10^{11} L_\odot$을 가진 적외선에서 밝은 은하(LIRGs)에서 나타난다(식 7.11참조). 큰 적색편이에서, 먼지가 많은 폭발적 항성 생성들은 더욱 일반적이 된다. 어떤 퀘이사들이 그 중심 주변에 많은 양의 분자 가스를 가지고 있는 것처럼, 대부분의 밝은 항성 생성 은하들이 핵활동을 하고 있다. 활동성 핵은 먼지가 많은 가스를 통과하여도 빛을 발할 수 있는 X선에서 뚜렷하지만, 항성 생성은 여전히 이들의 에너지 방출에 기여하고 있다.

7.1절에서 보았듯이 은하 병합은 폭발적 항성 생성을 일으킨다. 이는 오늘날 드물기 때문에 항성 생성의 총량에는 큰 영향을 미치지 않는다. 우리 은하 근처에서, 크기가 우리 은하 크기의 1%정도인 은하들보다 더 적은 은하들이 가까운 상호작용을 하고 있으며 상대적으로 큰 천체와 병합하려고 한다. 심지어 $z \sim 1$에서 약 LIRGs의 1/3이 보통 나선 은하같이 보이며, 1/4은 불규칙 은하같이, 다른 1/4에서는 빛이 조밀한 중심에 집중되어 있다. 단지 20%만이 큰 병합을 확실히 겪고 있으며 이들이 가장 강한 광원이다. 그러나 적색편이 $z = 2-3$에서, 원적외선 빛은 주로 $200\mathcal{M}_\odot \mathrm{yr}^{-1}$이상로 새로운 항성을 생성하고 있는 $L_{\mathrm{FIR}} > 10^{12} L_\odot$을 가진 *초발광 적외선 은하*(ULIRGs)에서 나온다. 많은 ULIRGs들은 최근의 병합 또는 현재 병합하고 있는 모습을 보인다. 이는 망원경이 이러한 희미한 천체들을 관측할 수 있을 정도로 강력하지 않기 때문에 간단하게 말할 수 없다. 이 파장 영역에서, ULIRGs의 빛의 합은 [그림 1.19]의 배경 복사의 대부분을 설명한다.

먼지가 많은 은하 관측으로부터, 식 8.46의 항 $k(z)$는 $1 \lesssim z \lesssim 10$의 범위에서 $\lambda \sim 1\,\mathrm{mm}$에서 은하의 측정된 플럭스가 거의 일정하여 큰 음의 값을 가진다. 매우 격렬히 항성 생성을 하고 있는 은하 중 몇몇은 $850\,\mu\mathrm{m}$에서의 따뜻한 먼지의 적색이동 방출에서 처음 관측되었다. 가시광 영상에서, 이 *서브밀리미터 은하들*은 어둡고 불규칙적이고 복잡한 모습을 가지고 있으며, 이웃들과 병합하고 있는 듯하다. 이 적색편이에서, CO 분자의 $3 \to 2$, $4 \to 3$ 천이의 선들([표 1.8] 참조)은 지상에서 관측 가능한 $3\,\mathrm{mm}$ 근방으로 옮겨진다.

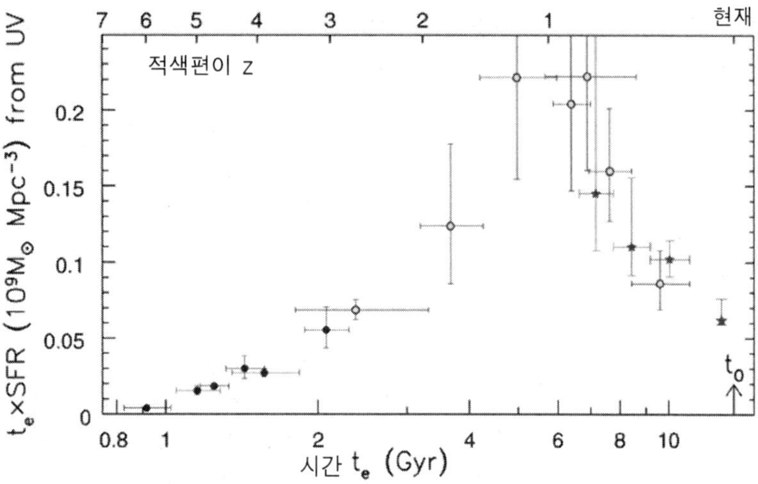

[그림 9.17] 자외선 영역에서 방출되는 빛으로부터 계산한 공변 Mpc^3 당 항성 생성. 기준 우주론에서부터 계산되었다. 별표는 Galex의 자외선에서 관측된 것이며 속이 찬 원은 Lyman 감쇠 은하에서부터 관측된 것이다. 시간 간격에서 나타나는 항성의 질량은 점 아래의 면적에 비례한다. – E. Stanway and A. Barger

이와 같이 연구된 $z = 2.8$에서의 한 천체 J02399는 은하단 뒤에 자리하고 있어 중력적 렌즈 효과로 인해 2.5배정도 더 밝아 보인다. $L_{\rm FIR} \sim 10^{13} L_\odot$인 은하에 대하여, 식 7.11은 $600\mathcal{M}_\odot \rm yr^{-1}$로 새로운 항성이 생성됨을 보여준다. 이와 같은 비율에서는 $6\times10^{10}\mathcal{M}_\odot$의 분자 가스로부터의 공급은 단지 100 Myr 밖에 지속되지 않는다. 가스가 $420 \rm kms^{-1}$의 속도로 회전하는 반경 8 kpc인 고리 내에 있다면 그 질량은 $3\times10^{11}\mathcal{M}_\odot$이다. 2.3절과 문제 6.6으로부터 우리는 은하 중심의 수 kpc 내의 대부분의 질량이 암흑 물질이 아니라 항성과 가스임을 알고 있다. J02399가 이와 비슷하다면, 은하는 $\sim 2\times10^{11}\mathcal{M}_\odot$의 항성을 생성하였을 것이다. 이는 만약 가스 소비량의 관점을 동시에 고려하지 않으면, 오늘날의 항성 생성에 대해서 너무 많다.

850μm 에서 발견된 매우 밝은 은하들의 적색편이는 $1.5 < z < 3.5$이다. [그림 8.13]의 가장 강한 퀘이사와 같이, 그러나 밝은 항성 형성 은하([그림 9.17] 참조)와는 달리, 이 은하들의 개수는 $z \sim 2$에서 최대값을 가진다. 대부분이 이는 Lyman 감쇠 은하들보다 훨씬 많은 우리 은하의 10배 정도 되는 $\sim 2\times10^{10}\mathcal{M}_\odot$의 분자가스를 포함하고 있다. 그러나 이는 20 – 40 Myr 동안의 항성 생성만을 지속할 수 있을 연료밖에 되지 않는다. 가스는 보통 $\gtrsim 10^{11}\mathcal{M}_\odot$의 질량을 포함하고 있는 $400 - 500 \rm kms^{-1}$의 속도로 중심에서 2 kpc 정도 떨어진 곳에서 회전하고 있는 고리나 원반 내에 놓여있다. 여기에는 $\sim 3\times10^{10}\mathcal{M}_\odot$의 젊은 항성들과 그 이상의 늙은 항성들이 있을 것이다. 가

스와 젊은 항성들은 $5\times10^{10}\mathcal{M}_\odot$ 정도 될 것이며, 이는 오늘날의 우리 은하 내의 일반적인 물질(바리온 물질)의 질량과 같다. 그러나 덜 밝은 천체들 역시 총 서브밀리미터 방출에 많은 기여를 하며, [그림 9.17]과 매우 유사한 형태로 $z\lesssim1.5$에 놓여있다. $0.4-4\,\mathrm{mm}$에서 관측하는 ALMA(Atacama Large Millimeter Array) 전파 망원경은 $3\lesssim z\lesssim12$에서의 먼지가 많은 폭발적 항성 생성 은하들의 자세한 지도를 작성할 수 있도록 할 것이다.

문제 9.12

항성이 폭발적으로 생성되는 은하의 먼지 입자는 $T\sim50\,\mathrm{K}$의 온도로 가열이 된다. 온도 T의 흑체에 대하여, 광도는 $L\propto\nu n(\nu)$이다. 여기서 $n(\nu)$는 식 1.35의 값이다. 하지만 먼지 입자가 $\lesssim1\,\mu\mathrm{m}$ 정도로 매우 작기 때문에, 긴 파장 대역에서는 효율적으로 에너지를 방출하지 못하여, 먼지의 방출 에너지는 $L_\nu\propto\nu^3n(\nu)$가 된다. $\lambda\gg300\,\mu\mathrm{m}$에 대하여, $L_\nu\propto\nu^4$임을 증명하여라.

100 GHz 또는 3 mm에 대한 관측의 경우, 주파수 ν와 $\nu+\Delta\nu$ 사이에서 관측되는 에너지 $F_\nu(\nu)\Delta\nu$는 주파수 $\nu(1+z)$와 $(\nu+\Delta\nu)(1+z)$사이에서 방출된 것이다. 식 8.37은 각 평방 초각 당 방출되는 에너지는 적색편이가 증가함에 따라 $(1+z)^4$의 비율로 감소함을 나타낸다. 이 주파수 근처에서, 항성이 폭발적으로 생성되는 은하의 각 평방 초각 당 방출되는 선속 F_ν은 적색편이 $5\lesssim z\lesssim20$에 대하여 거의 일정함을 증명하여라. 이 파장 영역을 정밀하게 관측할 수 있는 검출기와 큰 망원경이 있다면, 아주 먼 곳에 위치한 항성이 생성되는 은하를 관측할 수 있을 것이다.

9.4.3_ 늙고, 붉고, 그리고 죽음?

[그림 6.20]으로부터 오늘날 가시광에서 매우 밝은 은하들이 거의 항성을 생성하고 있지 않음을 알고 있다. 초기의 은하들은 언제 항성 생성을 마쳤을까? 우리 은하 주변에서는, 대부분의 붉은 은하들은 푸른 젊은 별들이 없기 때문에 붉다. 폭발적 항성 생성 은하인 M82와 같은 몇몇만이 먼지에 의해 푸른 젊은 별들이 가리고 있기 때문에 붉다. 적외선 하늘이 어두운 우주에서의 최근 관측은 이러한 현상이 $z=2-3$에서는 반대임을 보여준다. 최근의 한 자료에서, $z\sim2.5$에서 13개의 붉은 은하들 중 3개만이 정말로 '죽은' 것처럼 보인다. 적외선 $8\,\mu\mathrm{m}$ 관측으로부터 우리는 먼지가 많은 은하들은 별빛을 재방출함으로서 밝게 보이는 것과 달리 이들은 희미함을 알 수 있다. [그림 6.18]과 같은 모형과 이들의 스펙트럼을 비교하면 이들이 $\mathcal{M}_\star>3\times10^{10}\mathcal{M}_\odot$ 정도로 질량이 큰 은하임을 알 수 있다. 하지만 지난 $\sim2\,\mathrm{Gyr}$ 동안 항성의 생성은 거의 없었다. 이들은 대폭발후 $2.6\,\mathrm{Gyr}$ 동안 은하를 형성을 위해 필요한 평균 비율의 0.1%보다 작은 비율로 항성을 만들고 있다.

초기의 '붉고 죽은' 은하들은 $z \sim 6$에서 관측된다. 이들은 스펙트럼을 얻기에는 너무 어둡지만 광대역에서 이들의 빛을 볼 수는 있다. 이들 중 몇몇은 $3\,\mu m$보다 긴 파장에서 증가하는 빛을 보여준다. [그림 6.17]의 4000Å 불연속은 나이가 200−600Myr, 또는 $z \sim 7-13$에서 태어난 항성들을 발견할 수 있을 정도로 강하다! 이 은하들은 $\mathcal{M}_\star \sim (1-4)\times 10^{10}\mathcal{M}_\odot$을 가지고 있으며 우리 은하의 20%−50% 정도의 항성을 생성하였다.

$z \sim 1.5$ 또는 빅뱅 후 4.2Gyr에서, 우리 은하와 거의 같은 항성 질량 $\mathcal{M}_\star > 5\times 10^{10}\mathcal{M}_\odot$을 가진 붉은 은하들은 아마도 은하의 절반 이상의 항성을 가지고 있을 것이다. 몇 개 안되는 진짜 괴물들은 심지어 $z \approx 1.5$에서 $\mathcal{M}_\star > 10^{11}\mathcal{M}_\odot$을 가진다. 우주에 바리온 물질보다 암흑 물질이 6배나 많다면, 이 천체들은 $\sim 10^{12}\mathcal{M}_\odot$의 암흑 헤일로를 가져야 한다. 8.5절의 차가운 암흑 물질 모형에 따르면, 이와 같은 무거운 헤일로는 초기에는 매우 드물어야 한다. 이들의 항성들은 태양과 같이 중원소가 풍부하며, 2Gyr 정도의 나이를 가지고 있기 때문에, 가장 마지막의 두드러지는 항성 생성은 $z \sim 3$에서 있다. $(300-500)\mathcal{M}_\odot\,\mathrm{yr}^{-1}$로 새로운 항성을 생성한다고 하면, 이 질량을 충당하기 위한 마지막 일부의 '숨겨진' 천체를 위해서는 300Myr밖에(폭발적 항성 생성을 위한 전형적인 시간으로) 걸리지 않는다. $850\,\mu m$에서 발견된 매우 밝으며 먼지가 많은 폭발적 항성 생성 은하들은 처음에는 '밝고 죽은'은하로 발전된 후, 오늘날의 밝은 타원은하가 될 것이다.

9.4.4_ 우주의 항성 생성 역사

식 9.24의 편차를 사용하여 자외광초과 은하가 그들의 항성을 얼마나 빨리 형성하는지를 계산할 수 있다. [그림 9.17]에 따르면, 우주의 대부분의 항성들은 대폭발 후 5와 8Gyr사이인 $z \sim 1$에서 생성되었다. 항성 생성 은하들은 [그림 8.13]의 $z \sim 2$에서 최고점을 이루는 밝고 활동적인 핵보다 후에 쏟아져 나왔다. 또한 급격한 변화는 적으며, 오늘날의 항성 생성은 최고이었을 때보다 5배나 적게 일어난다. 반면 $z \sim 4$에서 최고값의 절반정도가 된다.

$z \gtrsim 0.7$에서 나이가 어린 항성의 자외선 방출 대부분은 먼지에 의해 흡수되며, [그림 9.17]은 자외선 빛의 색을 기초로 한 보정을 포함하고 있다. 그러나 사실상 아무 자외선 빛도 서브밀리미터 은하와 같이 밀도가 매우 큰 구조로부터 탈출할 수 없다. 그러므로 이들은 그래프에서 나타나지 않는다. 또한 어두운 항성 생성 은하가, 많은 양의 항성을 생성하고 있긴 하지만, 역시 나타나지 않는다. 그러나 생성된 항성의 개수는 [그림 9.17]에서 주어진 값보다 작을 수는 없다.

이러한 항성들이 중원소를 생성하는 비율은 질량이 큰 항성들의 자외선 광도와 관련이 있다. 대략 2배로 알려진 각 질량의 항성에서 생기는 초신성으로부터의 중원소 생산을 합쳐야 한다. 식 9.24의 $L_{\odot}\,\text{Å}^{-1}$와 같은 단위로 자외선 플럭스를 측정하면, 헬륨보다 무거운 원소가 다음과 같은 비율로 생성되는 것을 알 수 있다.

$$\dot{\mathcal{M}}_Z \sim 8\times10^{-9}L_{\lambda}(1500\,\text{Å})\mathcal{M}_{\odot}\,\text{yr}^{-1} \qquad (9.25)$$

여기서 $\mathcal{M}\gtrsim6\mathcal{M}_{\odot}$의 큰 질량을 가진 항성들이 식 2.5의 Salpeter 함수에 의해 결정되는 상대적인 비율로 생성된다고 가정할 수 있다. 다행히도, 이러한 항성들은 모두 비슷한 비율로 중원소를 생성해 내므로, 식 9.25는 채택한 초기 질량 함수에 의해 큰 영향을 받지 않는다.

[그림 9.17]에 따르면, 모든 항성의 약 1/4이 $z=2$에서 형성되었으며 바리온 물질들이 균질하게 혼합되어 있다면 평균 함량 $\sim Z_{\odot}/30$을 만족할 수 있을 만큼 충분한 금속을 내뿜는다. 앞의 절 마지막에서 보았듯이, 이는 우리가 관측한 값보다 크다. 많은 작은 항성 생성 은하들이 재이온화에 기여한다면, 더 많은 '사라지는 금속들'이 확산된 가스에 의해 가려질 것이다.

멀리 있는 은하의 일생에 대한 결과는 항성 형성 역사를 재구성하기 위해 개개의 밝은 항성의 스펙트럼을 관측할 수 있는 우리 은하군에서의 결과와 일치할까? 항성 질량의 약 절반이 M31과 우리 은하의 팽대부에 있고 4장에서 보았듯이 이 항성의 대부분이 $z\sim1.5$ 전을 만족할 정도로 나이가 많다. 우리 은하의 원반은 지난 수 십 억년 동안 꾸준히 항성을 생성하였다. M31의 원반은 더 밝지만 나이가 어린 항성의 개수가 적음으로서 이 기간 동안 항성생성율이 늦춰졌을 것이라 추측할 수 있다. 우리 은하군의 평균을 내면, 항성 생성이 아마도 [그림 9.17]의 최고보다 좀 더 이른, 과거 8 − 13 Gyr에 가장 활발했을 것이라 본다. 그러나 우리 근처에서 보는 항성의 대기는 헬륨보다 무거운 원소를 포함하고 있으며 매우 적은 수만이 태양의 금속 함량의 10^{-3}보다 작은 값을 가지고 있다. 수소와 헬륨만으로 형성된 가장 초기의 항성 세대로부터 어떠한 '화석'도 찾을 수가 없다. 그러므로 가까운 은하와 멀리 있는 은하에 대한 앞으로의 연구는 [그림 9.17]이 우주적 항성 생성을 정확하게 보여줄 수 있는지를 확인하기 위해 필요하다. ALMA나 계획 중인 James Webb 우주망원경과 같은 더 긴 파장을 관측할 수 있는 새로운 기기들이 먼지를 뚫고 은하의 탄생을 탐구할 수 있게 할 것이다.

부록 A. 단위와 환산표

[표 A.1] 단위와 접두사

magnitudes(등급)		1.1절 참조
arcsecond(초각)	$1''$	$=(1/60)\times 1'$; 1/206265 radians
arcminute(분각)	$1'$	$=(1/60)\times 1°$
angstrom	Å	$=10^{-10}$ m $=0.1$ nm
nanometer	nm	$=10^{-9}$ m
micron	μm	$=10^{-6}$ m $=10^{-4}$ cm
centimeter	cm	$=10^{-2}$ m
jansky	Jy	$=10^{-26}$ W m^{-2}Hz^{-1}
joule	J	$=10^{7}$ erg 또는 10^{7} g cm^{2}s^{-2}
watt	W	$=10^{7}$ erg s^{-1}
micro	μ	1 μs $=10^{-6}$ s; microsecond
milli	m	1 mJy $=10^{-3}$ Jy; millijansky
kilo	k	1 km $=10^{3}$ m; kilometer
mega	M	1 Mpc $=10^{6}$ pc; megaparsec
giga	G	1 Gyr $=10^{9}$ yr; gigayear

[표 A.2] 변환 인수

수소에서의 음속	$c_s = \sqrt{k_B T/m_p} = 9\ \mathrm{km\,s^{-1}} \times \sqrt{T/10^4 K}$
표면 밀도	$\mathcal{M}_\odot\,\mathrm{pc}^{-2} = 1.25\times 10^{20}$ H atom cm^{-2}
부피 밀도	$\mathcal{M}_\odot\,\mathrm{pc}^{-3} = 6.7\times 10^{-23}$ g cm^{-3} 또는 44 H atoms cm^{-3}
표면 밝기	$L_\odot\,\mathrm{pc}^{-2} = 27$ mag arcsec^{-2} B 파장 영역
광도	$M_B = -20$ $L_B = 1.6\times 10^{10} L_\odot$ $M_B = -18$ $L_B = 2.5\times 10^{9} L_\odot$ $M_B = -16$ $L_B = 3.9\times 10^{8} L_\odot$
속력	1 km s^{-1} = 1.023 pc Myr^{-1}
중력 상수	$G = 4.5\times 10^{-3}$ 질량이 $\mathcal{M}_\odot$으로 주어지는 경우 거리는 pc으로, 속력은 km s^{-1}으로 각각 나타낸다.
벡터곱	$A\times(B\times C) = (A\cdot C)B-(A\cdot B)C$ $(A\times B)\cdot(C\times D) = (A\cdot C)(B\cdot D)-(A\cdot D)(B\cdot C)$

[표 A.3] 물리 상수

중력 상수	$G = 6.67 \times 10^{-8}\,\mathrm{cm^3 s^{-2} g^{-1}}$ 또는 $6.67 \times 10^{-11}\,\mathrm{N m^2 kg^{-2}}$
빛의 속도	$c = 2.99792458 \times 10^{10}\,\mathrm{cm\,s^{-1}}$ 또는 $2.99792458 \times 10^{8}\,\mathrm{m\,s^{-1}}$
Planck 상수	$h_P = 6.626 \times 10^{-27}\,\mathrm{erg\,s}$ 또는 $6.626 \times 10^{-34}\,\mathrm{J s}$
광자 에너지	$\nu h_P = 4.136 \times (\nu/10^{15}\,\mathrm{Hz})\,\mathrm{eV}$ 또는 $1.240 \times (1\mu\mathrm{m}/\lambda)\,\mathrm{eV}$
Boltzmann 상수	$k_B = 1.381 \times 10^{-16}\,\mathrm{erg\,K^{-1}}$ 또는 $1.381 \times 10^{-23}\,\mathrm{JK^{-1}}$ 또는 $0.862\,\mathrm{MeV}/10^{10}\,\mathrm{K}$
흑체 상수	$a_B = 8\pi^5 k_B^4/15 c^2 h_P^3 = 7.566 \times 10^{-15}\,\mathrm{erg\,cm^{-3} K^{-4}}$ 또는 $7.566 \times 10^{-16}\,\mathrm{Jm^{-3} K^{-4}}$
Stefan-Boltzmann 상수	$\sigma_{\mathrm{SB}} = c a_B/4 = 2\pi^5 k_B^4/15 c^2 h_P^3 = 5.671 \times 10^{-8}\,\mathrm{Wm^{-2} K^{-4}}$ 또는 $5.671 \times 10^{-5}\,\mathrm{erg\,s^{-1} cm^{-2} K^{-4}}$
전하량	$e = 1.602 \times 10^{-19}$ coulomb 또는 4.803×10^{-10} esu
전자 볼트	$\mathrm{eV} = 1.602 \times 10^{-12}\,\mathrm{erg}$ 또는 $1.602 \times 10^{-19}\,\mathrm{J}$
전자 질량	$m_e = 9.11 \times 10^{-28}\,\mathrm{g}$ 또는 $9.11 \times 10^{-31}\,\mathrm{kg}$ $m_e c^2 = 0.511\,\mathrm{MeV}$
양성자 질량	$m_p = 1.673 \times 10^{-24}\,\mathrm{g}$ 또는 $1.673 \times 10^{-27}\,\mathrm{kg}$ $m_p c^2 = 938.3\,\mathrm{MeV}$
중성자 질량	$(m_n - m_p) c^2 = 1.293\,\mathrm{MeV}$
Thomson 단면적	$\sigma_T = (8\pi/3)(e^2/m_e c^2)^2$ (cgs) 또는 $(8\pi/3)(e^2/4\pi\epsilon_0 m_e c^2)^2$ (SI) $6.652 \times 10^{-25}\,\mathrm{cm^2}$ 또는 $6.652 \times 10^{-29}\,\mathrm{m^2}$
정밀 구조 상수	$\alpha = 2\pi e^2/c h_P$ (cgs) 또는 $e^2/2\epsilon_0 c h_P$ (SI) 7.297×10^{-3} 또는 $1/137.04$
SI 전자기 상수	$\mu_0 = 4\pi \times 10^{-7}\,\mathrm{Hm^{-1}}$ $\epsilon_0 = 1/\mu_0 c^2 = 8.854 \times 10^{-12}\,\mathrm{C^2 m^{-2} N^{-1}}$

[표 A.4] 천문상수

회귀년(1900)	yr =	3.155693×10^7 s
천문단위	AU =	1.496×10^{13} cm 또는 1.496×10^8 km
광년	ly =	9.46×10^{17} cm 또는 9.46×10^{12} km
파섹	pc =	$(648000/\pi)$ AU 또는 206265 AU
		3.09×10^{18} cm 또는 3.26 light−years
태양 반경	$R_\odot$ =	6.96×10^{10} cm 또는 6.96×10^5 km
태양 질량	$\mathcal{M}_\odot$ =	1.99×10^{33} g 또는 1.99×10^{30} kg
태양 복사 광도	$L_\odot$ =	3.86×10^{33} erg s^{-1} 또는 3.86×10^{26} W
태양의 유효 온도	T_{eff} =	5780 K
태양의 표면 중력	$g_\odot$ =	2.74×10^4 cm s^{-2} 또는 274 m s^{-2}
태양 절대 등급	$M_{B,\odot}$ =	+5.48
	$M_{V,\odot}$ =	+4.83
	$M_{K,\odot}$ =	+3.31
	$M_{bol,\odot}$ =	+4.75
지구 질량	M_E =	5.98×10^{27} g 또는 5.98×10^{24} kg
지구 반경	R_E =	6.38×10^8 cm 또는 6.38×10^3 km
지구의 표면 중력	g_E =	980.7 cm s^{-2} 또는 9.807 m s^{-2}
지구의 궤도(항성년)	=	3.155815×10^7 s
평균 지구−달 거리	=	3.84×10^5 km
Hubble '상수'	H_0 =	$100h$ km s^{-1} Mpc^{-1} ; $0.4 \lesssim h \lesssim 0.8$
Hubble 시간	t_H =	$1/H_0 = 9.78h^{-1}$ gigayears
	c/H_0 =	$2.99h^{-1}$ gigaparsecs
임계 밀도	ρ_{crit} =	$1.9 \times 10^{-26} h^2$ kg m^{-3}
		또는 $2.8 \times 10^{11} h^2 \mathcal{M}_\odot$ Mpc^{-3}

[표 A.5] 자주 사용되는 기호들

기호	의미
γ	Lorentz 요소 $1/\sqrt{1-V^2/c^2}$
λ	파장
ν	진동수
ρ	질량의 체적 밀도
σ	속도 분산, 표준 편차, 또는 공변 반경 좌표계(우주론)
Σ	질량의 표면 밀도
$\Phi(\mathbf{x},t)$	단위 질량 당 중력 포텐셜 에너지
$\Phi(L)$	광도 함수
$\Omega(R)$	원궤도 내 반경 R에서의 각 속력
$\Omega(t)$	임계값 ρ_{crit}에 대한 우주 밀도의 비 : 현재 값 Ω_0
Ω_{m}, Ω_{B}	임계값에 대한 물질 밀도 또는 바리온 밀도의 현재 비
Ω_Λ	임계값에 대한 '암흑 에너지'의 현재 비
$a(t)$	$\mathfrak{R}(t)/\mathfrak{R}(t_0)$: 우주 팽창에 대한 무차원의 척도 요소
$\mathcal{E}$	에너지
E	단위 질량 당 에너지
F_λ, F_ν	단위 파장 또는 진동수 당 에너지 선속
$f(\mathbf{x},\mathbf{v},t)$	분포 함수: 위상 공간 내 $\mathbf{x},\mathbf{v}$에서의 입자의 밀도
H_0	Hubble '상수': 변수 $H(t)=\dot{\mathfrak{R}}(t)/\mathfrak{R}(t)$의 현재 값
h	$100\,\mathrm{km\,s^{-1}Mpc^{-1}}$ 단위의 H_0
HI	수소 원자
HII	수소 이온
H_2	수소 분자
$I(\mathbf{x})$	표면 밝기(mag arcsec^{-2} 또는 $L_\odot\mathrm{pc}^{-2}$의 단위)
L	광도: $L_\odot$는 태양의 광도
$L_\star$	$2\times10^{10}L_\odot$, 밝은 은하의 전형적인 광도: 식 1.24 참조.
$\mathcal{L}$	각운동량
$\mathbf{L}$	단위 질량 당 각운동량(벡터)
M	절대 등급
m	겉보기 등급, 또는 질량
$\mathcal{M}$	질량: $\mathcal{M}_\odot$는 태양의 질량
$\mathcal{M}/L$	질량-대-광도 비: $\mathcal{M}_\odot/L_\odot$의 단위
N	표면 밀도: 항성 또는 원자 수
n	체적 밀도: 항성 또는 원자 수
r	반경(3차원 공간에서)
R	반경(2차원) 또는 원반 내 한 점으로부터 은하 중심까지의 거리
R_0	태양에서 은하 중심까지의 거리
$\mathfrak{R}(t)$	빅뱅 이후 시간 t가 흘렀을 때 우주의 길이 척도
t	시간
T	온도
V_r	시선 속도: 관측자로부터 또는 관측자 쪽으로의 운동
$V(R)$	원궤도 내 반경 R에서의 선 속력
$V_{\max}$	최고 회전 속력
Z	H와 He보다 무거운 중원소의 질량 비
z	적색편이 또는 은하 내 중간 평면 위로의 거리

[표 A.6] 천문학 전문용어

조기형 항성	분광형 OBAFGKM 앞부분의 고온의 항성
만기형 항성	분광형 OBAFGKM 뒷부분의 저온의 항성
왜성	주계열성(백색왜성은 제외)
조기형 은하	Hubble의 은하분류 앞부분의 E 또는 S0
만기형 은하	Hubble의 은하분류 뒷부분의 나선 또는 불규칙 은하
왜소 은하	광도 $L \leq 10^9 L_\odot$
중원소	헬륨보다 무거운 원소들
적색편이 z	도플러 이동 $(\lambda_{obs} - \lambda_e)/\lambda_e$
시선 속도 V_r	관측자를 향하거나 관측자로 부터 멀어지는 운동
접선 속도 V_t	관측자에 수직인 운동
길이 또는 높이 척도	밀도가 e의 배수만큼의 감소함에 따른 거리

부록 B. 참고 문헌

아래의 학부 수준 교재에 기초하여 설명하였다.

은하와 성단의 역학에 관한 서적 J. Binney & S. Tremaine, 1987, *Galactic Dynamics* (Princeton University Press, Princeton, New Jersey); 이 교재와 비슷한 수준의 F. Combes, P. Boisse, A. Mazure & A. Blanchard, *Galaxies and Cosmology*, 2nd edition(영어 번역본, 2002; Springer, Heidelberg, Germany); 우리 은하와 다른 은하들 관측에 대한 광범위한 설명을 담은 J. Binney & M. Merrifield, 1998, *Galactic Astronomy* 3rd edition(Princeton University Press, Princeton, New Jersey)

이 교재와 비슷한 수준의 S. Phillipps, 2005, *The Structure and Evolution of Galaxies* (Wiley, Chichester, UK)와 P. Schneider, *Extragalactic Astronomy and Cosmology: An Introduction*(영어 번역본, 2006; Springer, Heidelberg/Berlin, Germany)

더 쉬운 교재로는 M. H. Jones & R. J. Lambourne(eds.), 2003, *An Introduction to Galaxies and Cosmology*(Cambridge University Press and the Open University, Cambridge, UK).

더욱 전문적인 참고서는 각 장 아래에 나열하였다.

1장

학부 수준의 항성 구조에 관한 소개서 D.A. Ostlie & B.W. Carroll, 1996, *An Introduction to Modern Stellar Astrophysics*(Addison-Wesley, Reading, Massachusetts); A.C. Philips, 1994, *The Physics of Stars*(Wiley, Chichester, UK); 그리고 D. Prialnik, 2000, *An Introduction to the Theory of Stellar Structure and Evolution*(Cambridge University Press, Cambridge, UK).

대학원 교재 C.J. Hansen & S.D. Kawaler, 1994, *Stellar Interiors: Physical Principles, Structure, and Evolution*(Springer, New York); 주계열 이후의 항성 진화와 관련한 서적 D. Arnett, 1996, *Supernovae and Nucleosynthesis*(Princeton University Press, Princeton, New Jersey)와 M. Salaris & S. Cassisi, 2005, *Evolution of Stars and Stellar Populations*(Wiley, Chichester, UK).

Hubble의 은하 분류에 대한 내용을 담은 서적 E. Hubble, 1936, *The Realm of the Nebulae*(Yale University Press; reprinted by Dover, New York); Sandage의 은하 분류 삽화를 담은 서적 A. Sandage, 1961, *The Hubble Atlas of Galaxies*(Carnegie Institute of Washington, Washington, DC). 현대적인 은하 분류를 담은 학부 수준의 서적 S. van den Bergh, 1998, *Galaxy Morphology and Classification*(Cambridge University Press, Cambridge, UK)

2장

성간 가스와 먼지에 관한 학부 수준의 서적 J. E. Dyson & D. A. Williams, 1997, *The Physics of the Interstellar Medium*, 2nd edition과 D. C. B. Whittet, 1992, *Dust in the Galactic Environment*(둘 다 Institute of Physics Publishing, London과 Bristol, UK). 대학원 수준 서적 J. Lequeux, 2004, *The Interstellar Medium*(영이 번역본, 2004; Springer, Berlin과 Heidelberg, Germany)

3장

일반적인 대학원 수준의 서적 J. Binney & S. Tremaine, 1987, *Galactic Dynamics* (Princeton University Press, Princeton, New Jersey)

4장

S. van den Bergh, 2000, *The Galaxies of the Local Group*(Cambridge University Press, Cambridge, UK) 참조; 대폭발과 그 후의 원소 생성에 관한 서적 B. E. Pagel, 1997, *Nucleosynthesis and Chemical Evolution of Galaxies*(Cambridge University Press, Cambridge, UK).

5장

천문학 어레이 검출기에 대한 책들 G.H. Rieke, 1994, *Detection of Light: from the Ultraviolet to the Submillimeter*(Cambridge University Press, Cambridge, UK), 더 넓은 파장 영역을 다룬 자료 P. Léna, F. Lebrun & F. Mignard, *Observational Astrophysics*, 2nd edition(English translation, 1998; Springer, Berlin, Germany)

분광 C.R. Kitchen, 1995, *Optical Astronomical Spectroscopy*(Institute of Physics Publishing, Bristol, UK)과 D.F. Gray, 2004, *The observation and Analysis of Stellar Photospheres*, 3rd edition(Cambridge University Press, Cambridge, UK) 을 참조. 두 번째 책은 대학원 수준

통계와 관측적 불확실성에 대한 자료 P.R Bevington & D.K. Robinson, 1992, *Data Reduction and Error Analysis for the Physical Sciences*, 2nd edition (McGraw-Hill, New York)과, R. Lupton, 1993, *Statistics in Theory and Practice* (Princeton University Press, Princeton, New Jersey)

전파 천문학 B. Burke & F. Graham-Smith, 2002, *An Introduction to Radio Astronomy*, 2nd edition(Cambridge University Press, Cambridge, UK);와 G.L. Verschuur & K.I. Kellermann, eds., 1988, *Galactic and Extragalactic Radio Astronomy*, 2nd edition(Springer, New York)

6장

I. Stewart, 1990 *Does God Play Dice? The Mathematics of Chaos*(Blackwell, Cambridge, Massachusetts) 수학적 혼돈에 대해 명쾌한 논의가 되어있고, 일반인을 위한 저술

7장

P. Schneider, J. Ehlers, & E.E. Falco, 1992, *Gravitational Lenses*(Springer, New York)미시 중력렌즈 현상에 대한 학부생 수준의 참고문헌

8장

우주론에 대한 자세한 설명의 입문서 T. Padmananbhan, 1998, *After the First Three Minutes*(Cambridge University Press, Cambridge, UK).

매우 명확한 학부 수준의 서적 B. Ryden, 2003, *Introduction to Cosmology* (Addison-Wesley, San Francisco), *An Introduction to Modern Cosmology*, 2nd edition(Jonh Wile & Sons, Chichester, UK);와 M. Lachièze-Rey, *Cosmology : a First Course*(English translation, 1995; Cambridge University Press, Cambridge, UK).

최근의 종합적인 대학원 교재들. J.A. Peacock, 1999, *Cosmological Physics*(Cambridge University Press, Cambridge, UK);와 M.S.Longair, 1998, *Galaxy Formation* (Springer, Berlin, Germany).

9장

활성 핵의 포괄적인 복습. B.M. Peterson, 1997, *Active Galactice Nuclei*(Cambridge University Press, Cambridge, UK);와 A.J. Kembhavi & J. V. Narlikar, 1999, *Quasars and Active Galactic Nuclei*(Cambridge University Press, Cambridge, UK).

관련된 물리학 도서로, 학부생 수준의 SI 단위를 사용. M.S. Longair, *High Energy Astrophysics*, 2nd edition(Cambridge University Press, Cambridge, UK): 1992, Volume 1, *Particles, Photons and their Detection*; 1994, Volume 2, *Stars, the Galaxy and the Interstellar Medium*

대학원생 수준의 cgs 단위를 사용. F.H. Shu, 1991, *The Physics of Astrophysics*, Volume I, Radiation(University Science Books, Mill Valley, California);와 J.H. Krolik, 1999, *Active Galactic Nuclei*(Prineton University Press, Prinston, New Jersey)

부록 C. 문제 힌트

문제 1.14 [표 1.4]의 태양의 절대 등급 M_V와 $M_B = M_V + (B-V)$와 $M_I = M_V - (V-I)$임을 사용하여라.

문제 1.20 배경복사에서의 에너지는 10^{54} J Mpc^{-3}.이다. 태양은 4×10^{26}W이나 10^{43}J Gyr^{-1}을 복사한다. 식 1.25로부터, 은하는 약 2×10^{51}J Mpc^{-3}Gyr^{-1}을 방출한다. 은하들이 과기에는 더 밝았을지라도, 빅뱅이후의 모든 별빛은 우주배경복사에서의 에너지에 훨씬 미치지 못한다.

문제 2.4 시간 t일 때 항성의 생성률이 $B(t)$라고 하면, 주계열에서 $\tau_{MS} < \tau_{gal}$의 시간을 보내는 항성에 대해서 초기의 광도 함수 $\Psi(M_V)$는 현재의 광도 함수 Φ_{MS}와 다음 관계를 만족한다.

$$\Psi(M_V) = \Phi_{MS}(M_V) \times \int_0^{\tau_{gal}} B(t)\,dt \Big/ \int_{\tau_{gal}-\tau_{MS}}^{\tau_{gal}} B(t)\,dt\ .$$

$B(t)$가 시간에 따라 더 빨리 감소할수록 이러한 짧은 수명의 항성들이 더 많이 형성되어서 우리가 오늘날 보는 것과 같은 수가 되어야 한다.

문제 2.5 각 항성에 대하여 $L \propto \mathcal{M}^{3.5}$일 때, 별의 개수 N과 총 광도 L은 다음과 같다.

$$N = \xi_0 \int_{\mathcal{M}_l}^{\mathcal{M}_u} \left(\frac{\mathcal{M}}{\mathcal{M}_\odot}\right)^{-2.35} \frac{d\mathcal{M}}{\mathcal{M}_\odot},\quad L = L_\odot \xi_0 \left(\frac{\mathcal{M}}{\mathcal{M}_\odot}\right)^{-2.35+3.5} \frac{d\mathcal{M}}{\mathcal{M}_\odot}$$

N과 총 질량에 대한 적분은 하한 $\mathcal{M}_l \to 0$일 때 발산하지만, L에 대한 적분은 $\mathcal{M}_u$가 증가할수록 커진다. 젊은 성단에서부터 나오는 대부분의 빛은 몇 개의 무거운 항성으로부터 오는 것이다. $2-3$ Gyr 이후의 나이에서는 빛은 주로 항성의 초기 질량과 상관없이 같은 광도를 가지는 적색 거성으로부터 나온다.

문제 2.7 astro-ph/0309416을 참조하여라.

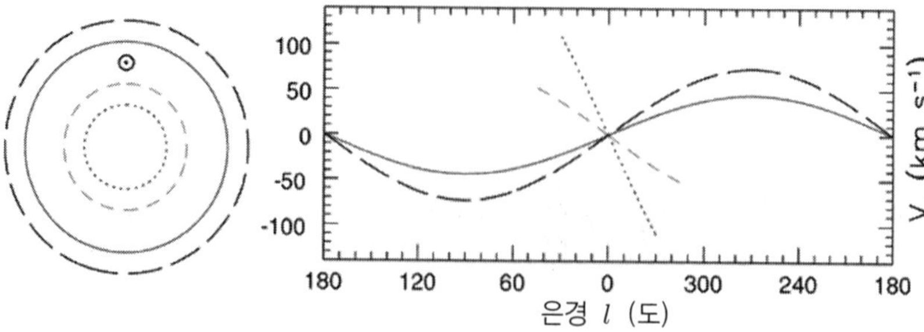

[그림 C.1] 원궤도 속력이 $V(R) = 220\,\mathrm{km\,s^{-1}}$이고, 각각 반경이 $R = 4,6,10,12\,\mathrm{kpc}$인 네 개의 고리 상의 가스의 시선 속도 V_r. 태양 ⊙는 $R_0 = 8\,\mathrm{kpc}$의 위치에 있다.

문제 2.11 Malmquist 편향 때문에 표본 내의 항성이 전체 하늘의 평균보다 더 밝다. 이 편향에 대한 보정을 하지 않고 표본 내의 항성들이 하늘에서 평균에 해당한다면, 거리가 실제보다 크게 측정될 것이다. 광도와 관계된 다른 양에 대한 평균값도 또한 틀릴 것이다.

문제 2.12 $m_V = 20$인 푸른 항성은 원반부 항성이 거의 없는 중간 평면에서 멀리 떨어져 있어야 한다. 붉은 항성은 어둡고 근처에 있는 왜성이다. 이 겉보기 등급에서 적색 거성은 M31의 절반 거리에 있을 것이다!

문제 2.13 식 1.6으로부터 $\mathcal{M}_{\rm eye} \approx 0.6\mathcal{M}_\odot$은 $L_{\rm eye} = 0.08L_\odot$에 해당한다. 3 Gyr 후, $\mathcal{M}_u \approx 1.5\mathcal{M}_\odot$보다 가벼운 항성들은 여전히 주계열상에 존재한다. $\mathcal{M}_l = 0.2\mathcal{M}_\odot$과 $\mathcal{M}_u$ 사이의 $6.08\xi_0$항성들이 만들어지며, 이들의 총 질량은 $2.54\xi_0\mathcal{M}_0$이다. 여기서 $\xi_0 = 3.95\times10^6$이다. $\mathcal{M}_{\rm eye} \le \mathcal{M} \le \mathcal{M}_u$를 가진 $N_{\rm eye} = 1.05\xi_0 \approx 4\times10^6$개의 주계열성이 있다.
[표 1.1]은 질량이 적은 항성에 대하여 적색 거성 단계가 주계열성에서 머무는 기간의 1/3정도임을 보여준다. 주계열 상에서 2.25와 3 Gyr$(1.5\mathcal{M}_\odot \le \mathcal{M} \le 1.8\mathcal{M}_\odot)$ 사이에 $0.1\xi_0$개의 항성들이 있다. 이는 $N_{\rm eye}$와 약간의 차이가 있다. $L < L_{\rm eye}$를 가진 항성은 $r_{\rm max} = 3\,\mathrm{pc}(L/L_{\rm eye})^{0.5} \approx 3\,\mathrm{pc}(\mathcal{M}/\mathcal{M}_{\rm eye})^{2.5}$을 가진다. $r_{\rm max}(\mathcal{M})$를 가지며 $\mathcal{M}$와 $\mathcal{M}+\Delta\mathcal{M}$ 사이의 항성의 개수는 $(\mathcal{M}/\mathcal{M}_{\rm eye})^{7.5-2.35}$에 비례하며 $\mathcal{M} < \mathcal{M}_{\rm eye}$이면 급격하게 감소한다.

문제 2.15 [그림 C.1]을 보라. $(l = 120^\circ,\ V > 0)$에서 은하의 회전이 아닌 태양 주변의 가스의 지역적인 운동을 볼 수 있다.

문제 2.20 밀도가 $\rho_{\rm H}(0)$에 가까운 중심부 근처에서 식 2.19는 $V(r) \to rV_{\rm H}/(\sqrt{3}\,a_{\rm H})$이다. 큰 반경 $V(R) \to V_{\rm H}$일 때, [그림 5.19]를 보라. a_H 너머 먼 곳에서 질량 $M(r)$은 반경에 따라 선형적으로 증가한다. 실제 은하에서 암흑 헤일로는 영원히 뻗어나가지 않는다. 따라서 어떤 반경에서 밀도가 식 2.19에서 주어진 값 아래로 내려가기 시작해야 한다. 하지만 식 2.18에 의하면 구형 헤일로에서 반경 r에서의 궤도 속력은 r 내부의 질량에만 의존한다. 밀도가 반경 r 내에서 식 2.19에서 주어지는 값과 가까운 한 식 2.20을 사용해서 $V(r)$을 계산할 수 있다.

문제 3.2 $s^2=z^2/(R^2+a_P^2)$이라 하면, 다음과 같은 식을 얻을 수 있다.

$$\Sigma_P(R)=\frac{3\mathcal{M}a_P^2}{2\pi(R^2+a_P^2)}\int_0^\infty\frac{ds}{(1+s^2)^{5/2}}$$

$s=\tan\phi$로 두면 적분은 2/3이 된다.

문제 3.10 $\mathcal{E}=m\Phi(1-\alpha/2)$, $\mathcal{L}=m\sqrt{\alpha K}r^{1-\alpha/2}$이다. $\Delta r_2=-\Delta r_1(m_1/m_2)(r_1/r_2)^{-\alpha/2}$일 때, $\Delta\mathcal{L}_{tot}=0$이며, 에너지 변화량은 다음과 같다.

$$\Delta\mathcal{E}=\alpha K(1-\alpha/2)m_1\Delta r_1 r_1^{-\alpha-1}[1-(r_1/r_2)^{1+\alpha/2}]$$

문제 3.12 $s=\tan\phi$를 대입하면 다음과 같은 적분값을 얻을 수 있다.

$$\int_0^\infty\frac{s^2ds}{(1+s^2)^3}=\frac{\pi}{16}$$

문제 3.20 유효 포텐셜을 미분하면 다음과 같다.

$$r^4\frac{d\Phi_{eff}}{dr}=L^2\left(\frac{3G\mathcal{M}_{BH}}{c^2}-r\right)+G\mathcal{M}_{BH}r^2$$

이는 원궤도일 때 0이 된다. 즉, $L^2>0$이면 $r>3G\mathcal{M}/c^2$이다. 안정성(stability)에 대해서는 다음과 같은 식을 가진다.

$$r^5\frac{d^2\Phi_{eff}}{dr^2}=L^2\left(r-\frac{6G\mathcal{M}_{BH}}{c^2}\right)>0$$

문제 3.22 [그림 C.2] 참조. 식 3.71로부터 다음을 알 수 있다.

$$\kappa^2(R)=\Omega^2(R)+\frac{V_H^2}{a_H^2}\frac{1}{1+R^2/a_H^2}$$

문제 2.20으로부터 중심에서 $\Omega^2(R)\to V_H^2/(3a_H^2)$이므로, 밀도가 일정하다고 할 때 예상되어 지는 것처럼 $\kappa\to2\Omega$이다. 큰 반경에서는 $\Omega\to V_H/R$, $\kappa^2\to2\Omega^2$이다.

문제 3.25 $2d^2\phi/dy^2\cdot d\phi/dy=d(d\phi/dy)^2/dy$이므로, 식의 양변에 $d\phi/dy$를 곱한 후 적분하여 $(d\phi/dy)^2$의 값을 얻는다. 그런 후 $y=0$에서 $\phi=0$와 $d\phi/dy=0$으로 놓는 것을 기억하라. 그러면 다음과 같은 결과를 얻을 수 있다.

$$y(\phi)=\int_0^\phi\frac{d\psi}{\sqrt{1-e^{-\psi}}}$$

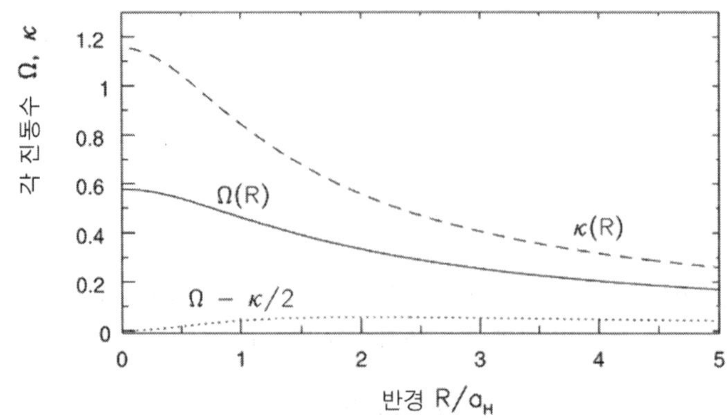

[그림 C.2] '암흑 헤일로' 포텐셜의 반경 R에서의 원궤도에 대한 각속도 Ω(실선), 주전원 주파수 κ(파선), 그리고 $\Omega-\kappa/2$(점선)이 주어져 있다. 단위는 V_H/a_H이다.

$u=e^{-\psi/2}$로 놓으면, $t=\mathrm{sech}u$이며, 적분을 통해 $e^{-\phi/2}=\mathrm{sech}(y/2)$를 얻을 수 있다. z가 큰 경우, $n(z)=n_0e^{-\phi}\to 4n_0e^{-|z|/z_0}$이다. 즉, 중간 평면의 밀도 n_0은 내부에 대한 지수함수의 외삽보다 네 배나 더 낫다.

문제 4.1 이 영역에서 가장 밝은 청색 항성은 $V-I\approx 0\approx M_V$이다. 이 항성들은 만기 B형 또는 조기 A형의 주계열성들이다. 가장 밝은 적색 항성은 초거성이 아닌 K형 거성이다. [그림 2.2]의 태양 근처 항성들 중에서 초거성이 거의 발견되지 않는 것처럼, LMC 원반부의 좁은 곳에서 이렇게 밝은 항성들은 드물다.

문제 4.4 Jacobi 반경은 $r_J=0.01$ AU인 반면 지구와 달 사이의 평균 거리는 $r_{\mathrm{EM}}=0.0026$ AU이다. 지구와 태양으로부터의 중력의 비는 $(m/\mathcal{M})(1\,\mathrm{AU}/r_{\mathrm{EM}})^2\approx 0.5$이다.

문제 4.5 $m\ll\mathcal{M}$일 때, 질량 중심 C는 헤일로 중심에 자리한다. 원궤도에서 m을 만족하려면 회전률 Ω은 얼마가 되어야 하는가? 식 4.7에서 $\mathcal{M}(<r)$로부터 $\partial\Phi_{\mathrm{H}}/\partial x$임을 알 수 있다.

문제 4.10 가스가 우리은하로 흘러들어오고 있다는 사실에는 다른 이유도 있다. 우리은하의 원반부는 매년 $(3-5)\mathcal{M}_\odot$의 새로운 항성들을 생성하고 있다. 이는 $1-3$ Gyr 내에 $(5-10)\times10^9\mathcal{M}_\odot$의 원반부 가스들을 소모할 것이다. 죽는 항성들은 매년 $(\mathcal{M}_\odot-2\mathcal{M}_\odot)$의 가스를 되돌리지만, 이것은 소모되는 양을 채우기엔 부족하다. 만약 가스가 외부에서 원반부로 흘러들어온다면, 우리 은하나 다른 나선 은하가 항성 생성 시기의 거의 마지막에 있다는 꺼림칙한 결론에서 벗어날 수 있다.

문제 5.1 0.6m 망원경에서는 1.1″ 픽셀, 37′. 4m 주 초점에서 0.54″ 픽셀, 18′. $(f/7.5)$인 4m 망원경의 주초점에서는 0.167″ 픽셀, 5.7′. 시상이 0.8″일 경우, $f/7.5$에서의 영상은 주초점에서 보다 더 세밀하지 않을 것이다. 0.6m 망원경에서만 은하 전체가 관측 시야 안에 들어온다.

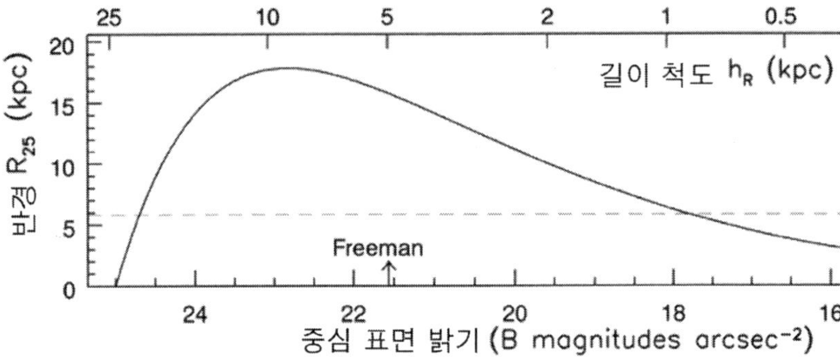

[그림 C.3] 광도가 $2.5\times10^{10}L_{B,\odot}$이며, 지수 함수를 따르는 원반부에 대하여, 표면 밝기 $I(B)=25\,\mathrm{mag\,arcsec^{-2}}$인 지점에서의 반경 R_{25}를 길이 척도 h_R, 혹은 중심부 표면 밝기 $I_B(0)$에 대하여 그렸다.

문제 5.2 문제 1.14를 회상해보자.

문제 5.3 NGC 7331은 우리 은하보다 더 크고 더 밝은 은하이다. $d=1.37\,\mathrm{Mpc}$일 때, $R_{25}\approx22\,\mathrm{kpc}$이다. 반경 8 kpc에서 표면 밝기는 $40L_{I,\odot}\,\mathrm{pc}^{-2}$이며, 이는 대략 태양 근처의 2배에 해당한다(문제 2.8 참조). 왜 이 문제에서 우리는 일반적인 값 75 대신 $H_0=60\,\mathrm{km\,s^{-1}M\,pc^{-1}}$을 골랐을까? $V_r\lesssim2000\,\mathrm{km\,s^{-1}}$ 인 가까운 은하들의 경우, 특이 운동의 양은 우주의 팽창보다 클 수도 있다(1.4절 참조). 이러한 은하들을 관측해서 얻어지는 Hubble 상수의 값은 클 수도 있고 작을 수도 있다. Cepheid 변광성을 사용하면(4.1절 참조; Hughes et al. 1998 ApI, 501, 32) NGC 7331은 15.5 Mpc에 위치하며, Tully-Fisher 관계를 이용하면(문제 5.11 참조) 대략 $55\,\mathrm{km\,s^{-1}M\,pc^{-1}}$인 '유효 H_0'에 해당하는 값을 가진다. 8.4절에서 은하단을 이루고 있는 은하늘로부터의 균일하시 않은 중력 작용이 어떻게 특이 운동을 일으키는지를 논의한다.

문제 5.4 [그림 C.3] 참조. 중심 밝기는 $140L_{B,\odot}\,\mathrm{pc}^{-2}$이고, $M_B=-20.5$는 $2.5\times10^{10}\,L_{B,\odot}$과 같다.

문제 5.5 식 1.35에 따르면, 온도가 T인 흑체의 각 입체각으로부터의 받아들인 파장 λ와 $\lambda+\Delta\lambda$ 사이의 에너지는 다음과 같다.

$$F_{\lambda\Delta\lambda}=\frac{2h_p^2c^2}{\lambda^5}\frac{\Delta\lambda}{e^{h_pc/(\lambda k_BT)}-1}\,\mathrm{W\,m^{-2}}$$

F_λ는 $T=300\,\mathrm{K}$일 때 $10\,\mu\mathrm{m}$에서 최대값을 가진다(식 1.5 참조). $\lambda=10\,\mu\mathrm{m}$일 때, $T=100\,\mathrm{K}$에서 $e^{h_pc/\lambda k_BT}-1$는 300 K 에서보다 약 $\sim1.5\times10^4$ 배 더 크므로, F_λ는 같은 배수만큼 감소한다.

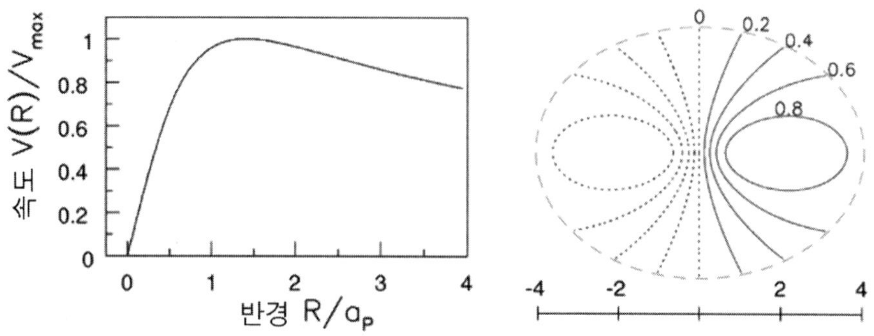

[그림 C.4] 왼쪽, Plummer 포텐셜 내에서의 회전 곡선. $V(R)$은 $V_{\rm max}$ 단위로 주어지고, 반경 R은 a_p 단위로 나타내었다. 오른쪽, 정면에 대하여 $i = 30°$ 기울어진 원반부에 분포하는 가스의 시선 속도 $V_{\rm r} - V_{\rm sys}$의 윤곽선들을 $\sin i \, V_{\rm max}$ 단위로 나타낸 거미줄 구조 그림이다. 음수값을 가진 윤곽선들은 점선으로 나타내었다.

문제 5.6 $\lambda/D = 21\,{\rm cm}/73\,{\rm m}$는 $\sim 10'$에 해당하지만, 이 크기 절반보다 더 큰 구조들은 간섭계 지도에서 이미 뚜렷하게 분해된다.

문제 5.8 $V^2(r) = G\mathcal{M}r^2/(r^2 + a_{\rm P}^2)^{3/2}$이다. $V(r)$이 반경에 따라 감소하기 시작할 때, [그림 C.4]의 거미줄 구조에서 닫힌 고리를 볼 수 있다.

문제 5.11 [그림 5.20]은 NGC 7331이 $V_{\rm max} = 250\,{\rm km\,s^{-1}}$의 값을 가진다는 것을 보여준다. 식 5.6에 따르면, 이는 $L_I \approx 10^{11} L_\odot$에 해당한다. 이는 은하가 $d \approx 16\,{\rm Mpc}$ 정도 떨어져 있음을 의미한다. 그러나 Tully-Fisher 관계가 정확한 것은 아니다. [그림 5.23]에서 보듯이, 다른 은하들은 회전 속력에 비해 더 밝고 일부는 더 어둡다.

문제 5.13 모든 주파수는 1/R에 비례해 감소한다. 형태 속력이 Ω_p인 두 개의 나선팔 구조는 각각 $\Omega_p = \Omega \pm \kappa/2$인 반경 R_+ 와 R_- 사이에 존재할 수 있다. $\kappa = \sqrt{2}\,\Omega$ 이므로 $R_+/R_- = (\sqrt{2}+1)/(\sqrt{2}-1) \approx 5.8$이다. $\Omega_p = \Omega \pm \kappa/4$인 반경 지점들에서는 $(2\sqrt{2}+1)/(2\sqrt{2}-1) \approx 1.6$가 된다.

문제 5.14 문제 3.2의 M33 핵의 Plummer 반경은 $a_p \lesssim 0.6\,{\rm pc}$ 이며, 이 값은 문제 3.13에서 다루었던 구상성단의 약 1/17에 해당한다. 속도 분산이 약 두 배 더 크므로 핵 성단의 질량이 $2.4^2/16.6 \approx 1/4$배, 혹은 $5 \times 10^5 \mathcal{M}_\odot$배 정도 더 무겁다.

문제 7.19 문제 3.2의 방법을 따르면, $s = \tan\phi$이면 $\int_0^\infty (1+s^2)^{-1} ds = \pi/2$이다.

문제 7.21 Plummer 모형과 암흑 헤일로 모형에 대한 Einstein 반경은 다음과 같다.

$$\theta_{\rm E} = \frac{a_{\rm P}}{d_{\rm Lens}} \sqrt{\frac{\Sigma(0)}{\Sigma_{\rm crit}} - 1}\ ;\ \theta_{\rm E}({\rm DH}) = \frac{2a_{\rm H}}{d_{\rm Lens}} \sqrt{\frac{\Sigma(0)}{\Sigma_{\rm crit}}} \sqrt{\frac{\Sigma(0)}{\Sigma_{\rm crit}} - 1}$$

문제 8.6 $\xi(r) = \xi_0 r^{-(3+n)}$이면 다음과 같은 식을 얻을 수 있다.

$$P(k) = 4\pi\xi_0 \int_0^{\infty} \frac{\sin(kr)}{kr} r^{-(1+n)} dr = 4\pi\xi_0 k^n \int_0^{\infty} t^{-(2+n)} \sin t \, dt$$

문제 8.7 포텐셜 $\Phi(\mathrm{x})$와 밀도 요동 $\bar{\rho}\delta(\mathrm{x})$를 푸리에 변환의 인자로 다음과 같이 나타낼 수 있다.

$$\Phi(\mathrm{x}) = \frac{1}{(2\pi)^3} \int \Phi_{\mathrm{k}} e^{-i\mathrm{k}\cdot\mathrm{x}}, \quad \delta(\mathrm{x}) = \frac{1}{(2\pi)^3} \int \delta_{\mathrm{k}} e^{-i\mathrm{k}\cdot\mathrm{x}} d^3\mathrm{k}$$

무작위 상(random-phase) 가정에서, δ_{k}는 무작위 변수에 무관하다. δ과 실수라면, $\delta_{-\mathrm{k}} = \delta_{\mathrm{k}}^*$로 복합쌍(?)이 된다. 각 k 성분에 Poisson의 법칙을 적용하면 $-k^2\Phi_{\mathrm{k}} = 4\pi G\bar{\rho}\delta_{\mathrm{k}}$이 된다.

여기서 δ_{k}와 $P(k)$를 연결시켜야 한다. 관계 함수 $\xi(\mathrm{r})$는 $\delta(\mathrm{x})\delta(\mathrm{x}+\mathrm{r})$에서의 모든 가능한 점들 x에서의 평균값이다. 은하들의 개수를 셀 때, $\delta(\mathrm{x})$는 현재와 매우 가까운 점에서 0이 되지 않는다. (?) 만약 우주가 등방하다면, 초기 점 x에서부터 어느 방향으로 r을 잡는지와 관계가 없다. 따라서 아래와 같은 식이 성립한다.

$$\xi(r) = \frac{1}{(2\pi)^3} \int |\delta_{\mathrm{k}}^2| e^{-i\mathrm{k}\cdot\mathrm{r}} d^3\mathrm{k}$$

이 식과 식 8.3을 비교하면, $P(k) = |\delta_{\mathrm{k}}^2|$를 알 수 있다.

Parseval의 정의를 사용하고, δ_{k}과 k의 크기에만 비례한다고 하면, 밀도 요동 $\bar{\rho}\delta(\mathrm{x})$은 다음과 같아진다.

$$\delta^2 = \frac{1}{(2\pi)^3} \int \delta_{\mathrm{k}}\delta_{\mathrm{k}}^* d^3\mathrm{k} = \frac{1}{(2\pi)^3} \int |\delta_{\mathrm{k}}^2| 4\pi k^2 dk = \int \frac{k^3 P(k)}{2\pi^2} \frac{dk}{k}$$

k 근처의 파수는 식 8.4에서 시작한 것처럼 $\Delta_k^2 = k^3 P(k)/(2\pi^2)$의 양만큼 밀도 요동 $\langle \delta^2 \rangle$에 영향을 준다. 이와 비슷한 이유로, 파수의 동일한 간격은 포텐셜 Φ에 $\Delta_\Phi^2 = k^3|\Phi_k^2|/(2\pi)^2$만큼 증가시킨다. Poisson 식으로부터 $k^4|\Delta_\Phi^2| \propto |\Delta_{\mathrm{k}}^2| \propto k^3 P(k)$임을 알 수 있다. $P(k) \propto k$이면, $|\Lambda_\lambda^2|$는 k에 따라 변하지 않기 때문에 모든 공간 규모에서 Φ의 동일한 요동을 가질 것이다.

찾아보기

기타

B

C

D

E

F

G

H

J

K

L

M

N

O

P

Q

R

S

T

U

V

W

ㄱ

ㅈ

ㅊ

ㅋ

우주와 외부은하

천문석

- 연세대학교 물리학과 졸업
- 호주국립대학교 천문학 박사
- 영국 옥스퍼드대학교 연구원
- 현재 연세대학교 천문우주학과 교수

손영종

- 연세대학교 천문기상학과 졸업
- 연세대학교 천문학 박사
- 캐나다 도미니언 천체물리연구소 연구원
- 현재 연세대학교 천문우주학과 교수

발 행 일	2008. 2. 10. 제1판 제1쇄 인쇄 2008. 2. 15. 제1판 제1쇄 발행
저 자	Linda S. Sparke and John S. Gallagher III
역 자	천문석 · 손영종
발 행 인	연규산
발 행 처	청범출판사
주 소	서울시 노원구 공릉1동 598-7
전 화	02-971-5385
팩 스	02-977-8967
등 록	1991년 8월 13일 No. 5-282
I S B N	978-89-88247-38-9 93440
정 가	**25,000원**